Venu sur réclamation

AF317563

Conserve la Couverture

524

BIBLIOTHÈQUE AGRICOLE

TRAITÉ PRATIQUE

SUR

LA VIGNE

ET

LE VIN

EN

ALGÉRIE ET EN TUNISIE

PAR

S. LEROUX

OFFICIER DU MÉRITE AGRICOLE

INGÉNIEUR AGRONOME VITICULTEUR

MEMBRE ET LAURÉAT DE PLUSIEURS SOCIÉTÉS SAVANTES

Ouvrage orné de 335 gravures

TOME DEUXIÈME

BLIDA

A. MAUGUIN, ÉDITEUR

Place d'Armes

1894

LA VIGNE ET LE VIN

EN ALGÉRIE & EN TUNISIE

4°S
1610

TRAITÉ PRATIQUE

SUR

LA VIGNE

ET

LE VIN

EN

ALGÉRIE ET EN TUNISIE

PAR

S. LEROUX

Officier du Mérite Agricole

MEMBRE ET LAURÉAT DE PLUSIEURS SOCIÉTÉS SAVANTES

INGÉNIEUR AGRONOME VITICULTEUR

TOME DEUXIÈME

ALGER

IMPRIMERIE ADMINISTRATIVE ET COMMERCIALE HEINTZ

37, RUE D'ISLY ET PLACE BUGEAUD

SUCCURSALE : RUE DU SOUDAN (PRÈS LA PLACE DU GOUVERNEMENT)

1894

QUATRIÈME PARTIE

CHAPITRE PREMIER

DÉFRICHEMENT

SOMMAIRE :

Préparation du sol avant la plantation. -- Défrichement des jujubiers sauvages. -- Défrichement des palmiers nains. -- Défrichement de broussailles. -- Défrichement du chiendent. -- Épierrement ou enlèvement des pierres. -- Préparation des terrains tufacés. -- Préparation des terrains à sous-sol humide.

DÉFRICHEMENT

DÉFRICHEMENT DU SOL AVANT LA PLANTATION

DÉFRICHEMENT DES JUJUBIERS SAUVAGES, DU PALMIER NAIN, DES BROUSSAILLES

DU CHIENDENT, ÉPIERREMENT OU ENLÈVEMENT DES PIERRES

PRÉPARATION DES TERRAINS TUFACÉS OU CEUX A SOUS-SOL HUMIDE

§ 1. — Préparation du sol avant le défoncement.

Une des premières conditions de succès pour une plantation de vigne consiste dans une bonne et complète préparation du sol. Avant de lui confier le faible arbustre qui le rénumèrera de ses peines, le viticulteur entendu commencera par débarrasser le terrain de tout ce qui pourrait nuire à son développement.

Ces obstacles sont de deux espèces :

Il y a d'abord les pierres volumineuses, les scories, les débris rocheux qu'il faut enlever soigneusement.

Il y a en outre les parasites végétaux, tels que le chiendent et ses congénères, qui se développent malheureusement chez nous aussi bien ou moins qu'ailleurs. Mais ce qui exige en Afrique l'effet le plus puissant et le plus soutenu, c'est l'extirpation nécessaire de certains arbustes dont la nature vivace, les racines profondes et la tenacité ont fait longtemps le désespoir de nos colons aux heures des premières luttes.

Les jujubiers sauvages, les palmiers nains, le chiendent, les broussailles proprement dites : voilà l'ennemi. — Il est loin d'être invincible, comme on va le voir, mais il faut procéder avec méthode pour le combattre et le détruire.

Nous allons donner ici un tableau que nous avons dressé après une série d'expériences de défrichement ; il démontre la valeur des main-d'œuvres différentes que nous employons en Algérie et en Tunisie.

TABLEAU

indiquant la comparaison des forces humaines employées dans les travaux de défrichement en broussailles et quelques palmiers nains

NATIONALITÉS	NOMBRE de JOURNÉES	PRIX de la JOURNÉE	TOTAL des SALAIRES	SURFACE faite	PRIX de revient à l'hectare
Allemand.....................	191.66	3 f.00	575 f.	1 hectare	575 f.
Français.....................	183.33	3 00	550 »	id.	550 »
Italien	181.81	2 75	500 »	id.	500 »
Arabe........................	211.11	2 25	475 »	id.	475 »
Kabyle.......................	200.00	2 25	450 »	id.	450 »
Marocain	146.66	3 00	425 »	id.	425 »
Espagnol.....................	152.72	2 75	400 »	id.	400 »

Il résulte de cette comparaison que c'est le Marocain qui a donné la plus grande somme de travail comme unité de journées et l'Espagnol comme unité en valeur d'argent.

---

§ 2. — Défrichement des Jujubiers sauvages.

Les jujubiers sauvages sont très répandus dans les terrains d'alluvions anciennes et modernes ; ils forment sur le sol des touffes basses souvent rampantes, ayant jusqu'à 1 mètre 50 de hauteur ; le bois est tortueux et considérablement garni d'épines fines très résistantes ; on peut dire que le jujubier sauvage a surtout une existence souterraine, car toute sa puissance de résistance provient d'un réseau presque inextricable de racines traçantes qui vont chercher leur nourriture à des distances latérales de plusieurs mètres de l'axe de la souche principale. — Il n'est pas rare de rencontrer des racines de jujubiers sauvages ayant 7 à 8 mètres de longueur et formant un pied d'ensemble de plus de 200 kilogrammes, tandis que la partie aérienne de l'arbuste ne dépasse pas le poids de 15 à 20 kilogs.

Cette puissance de développement latéral n'est pas le seul obstacle à l'arrachage du jujubier sauvage. Ses racines plongent dans le sol à des profondeurs assez considérables.

Aussi faut-il beaucoup de peine et de temps pour les extraire.

Autre cause de découragement.— Si les racines du jujubier sauvage ont été imparfaitement extraites, il repoussera et formera rapidement une nouvelle touffe. On voit combien il est nécessaire de débarrasser complètement le sol d'un ennemi aussi acharné dans sa persistance.

Il ne faudrait pas cependant s'exagérer les sacrifices nécessaires.

La nature du sol qui supporte les jujubiers sauvages vient ordinairement en aide au travail d'extirpation, car cet arbuste se plaît généralement dans les terres légères et profondes faciles à travailler (silico-calcaire-argileuse). Dans ces conditions, le prix de revient du défrichement des jujubiers sauvages est subordonné au nombre et au développement des racines.

Il peut être calculé ainsi qu'il suit, en ramenant les travaux d'extirpation à quatre catégories :

1° Touffes nombreuses et profondes (par hectare).... 250 fr.
2° Touffes moins nombreuses — 200
3° Touffes moyennement nombreuses — 150
4° Touffes clairsemées — 100

Les racines extraites du sol peuvent servir de bois de chauffage qui, à défaut de plus dur, est encore assez résistant.

La vente de ce bois représente à peu près les frais de nettoyage et de remplissage des cavités où étaient ses racines, — c'est-à-dire environ le cinquième de la dépense, ce qui réduit les chiffres précédents à 200 fr. pour la première catégorie, 160 pour la deuxième et ainsi de suite.

Le mode d'extraction du jujubier consiste à piocher le sous-sol, jusqu'à ce que l'on déchausse les racines qui doivent être enlevées.

---

§ 3.— **Défrichement du Palmier nain.**

Les palmiers nains recouvrent des surfaces assez grandes en Algérie et en Tunisie, généralement répandus sur des terrains argilo-calcaires moyennement siliceux, de bonne qualité et de forte consistance. Ainsi que le jujubier sauvage, le palmier nain est très tenace et, par conséquent, très difficile à extraire et à extirper complètement. Leurs racines descendent jusqu'à 30 et 40 centimètres en sous-sol ; on rencontre quelques fois, dans les plaines, des touffes de palmiers qui se touchent et s'enchevêtrent intimement. — Dans ce cas, les frais d'extraction deviennent considérables.

Autrefois, on opérait l'extraction des palmiers, y compris les branches et les feuilles, à l'aide de la pioche, touffe par touffe ; ce procédé est encore en usage dans les terrains inaccessibles aux appareils et dans ceux qui ne possèdent qu'une minime surface. Mais il tend à disparaître aujourd'hui, depuis que notre ami Bernardi, colon à El-Affroun, nous a fait connaître un moyen plus pratique et plus expéditif.

Voici en quoi consiste son système :

Première opération. — Un ouvrier muni d'une sorte de sape, façon herminette, très tranchante, passe de touffe en touffe ; il en coupe les branches au ras du tronc jusqu'à ce qu'il ait fait place nette de toute la surface mise en coupe. Une fois ce travail exécuté, on enlève les feuilles que l'on met sur un charriot et que l'on transporte au fumier, à moins qu'on en ait la vente aux usines du voisinage confectionnant le crin végétal.

Deuxième opération. — La deuxième opération consiste à labourer le sol avec une forte charrue Dombasle (fig. 135), armée d'un coutre en acier très tranchant, en prenant des bandes très étroites, de façon à bien fendre les troncs et les racines qui sont très chevelues.

Le coutre en acier doit être changé d'heure en heure, suivant la résistance que la charrue rencontre. Dans ce cas, il faut avoir sous la main à sa portée plusieurs coutres de rechange, afin de donner le temps de les aiguiser à la meule.

Le nombre des animaux nécessaires à la traction d'une forte charrue dans les palmiers nains dépend de la ténacité de leurs racines due à leur profondeur, et du nombre de touffes par unité de surface. La dureté du sol complique aussi l'opération. On peut cependant affirmer que 24 bœufs ou 17 mulets suffisent pour obtenir des résultats définitifs.

Aussitôt que le labour est exécuté, on opère sur sa surface un hersage très puissant et énergique à l'aide d'une grosse herse, lourde et même chargée d'un poids ; pour traîner cette herse, il faut quatre forts mulets.

§ 4. — **Prix du défrichement du Palmier nain.**

Ainsi que nous l'avons fait pour le jujubier, nous classerons en quatre catégories la nature de résistance des palmiers nains.

FIG. 135. — Forte charrue Dombasle pour trancher et soulever les souches de palmier nain.

PREMIÈRE CATÉGORIE

Coupe des branches et des feuilles de palmiers nains serrés et profondément enracinés, y compris le ramassage des feuilles et les troncs ou racines provenant de labour hersé.

24 journées ouvriers coupeurs à 2,75 . . . 66 f. 00 ⎫
7 — labours à 32,50 . . . . 227 50 ⎪ 345 f. 91
1 journée et demie hersage à 10,50 . . . . 15 57 ⎬ PAR HECTARE
Frais généraux, 12 0/0 . . . . 36 84 ⎭

DEUXIÈME CATÉGORIE

Coupe des branches et feuilles de palmiers nains serrés et moins enracinés que ceux de la première catégorie.

20 journées ouvriers coupeurs à 2,75 . . . 55 f. 00 ⎫
7 journées et demie labours à 32,50 . . . 178 75 ⎪ 274 f. 38
1 1/10 hersage à 10,50 . . . , ... 11 55 ⎬ PAR HECTARE
Frais généraux, 12 0/0 . . . . 29 43 ⎭

TROISIÈME CATÉGORIE

Coupe de branches et feuilles des palmiers nains moitié moins serrés que ceux de la première catégorie.

14 journées ouvriers coupeurs à 2,75 . . . 38 f. 50 ⎫
4 journées et demie labours à 32,50 . . . 146 25 ⎪ 215 f. 38
72° de journée pour le hersage à 10,50 . . . 7 56 ⎬ PAR HECTARE
Frais généraux, 12 0/0 . . . . 23 07 ⎭

QUATRIÈME CATÉGORIE

Coupe des branches et feuilles de palmier nain moitié moins serrés que ceux de la catégorie précédente, y compris le ramassage des feuilles et des troncs, etc.

7 journées ouvriers à 2,75 . . . . 19 f. 25 ⎫
3 journées 80 labours à 32,50 . . . . . 123 00 ⎪ 176 f. 52
65° de journée hersage à 10,50 . . . . . 6 82 ⎬ PAR HECTARE
Frais généraux . . . . 17 45 ⎭

Les travaux que nous venons de détailler se rapportent, comme les défrichements du jujubier, à deux ordres d'opérations :

1° La coupe des branches et des feuilles et leur enlèvement. Cette opération permet de rembourser une partie des frais lorsque le champ est à proximité d'une usine de crin végétal (peignage et corderie de palmiers nains) ;

2° Le ramassage des troncs. Cette opération donne également un produit dont la vente vient en déduction des frais de défrichement.

L'emploi des feuilles et des troncs offre des résultats plus ou moins avantageux, suivant les localités. On peut compter en moyenne, pour le prix des feuilles, de 1 fr. 50 à 1 fr. 75 cent. les 100 kilogs. La production d'un hectare de palmier nain de la deuxième catégorie peut s'élever à 2,500 kilogs de bon choix ; le reste est porté à la litière.

Les troncs, après avoir subi l'action du hersage, se dégagent de la terre avec les racines qui les entouraient. Ce bois spongieux n'est pas *marchand*, — mais il sert utilement à chauffer les fourneaux de la buanderie ; il sert même à allumer les foyers de locomobiles pendant les opérations de battage ou autres. Dans une exploitation agricole bien comprise, rien ne doit être perdu et les moindres détritus doivent être utilisés. Ce sont ces économies journalières de toutes sortes qui produisent, à la fin de l'année, des bénéfices que le véritable agriculteur a le droit de relever avec satisfaction, car ils prouvent l'esprit d'ordre et d'initiative qui font les entreprises prospères.

Il importe de remarquer que les sols à palmiers nains, défrichés comme nous venons de l'indiquer, se trouvent, par le fait, avoir subi un premier défoncement qui facilite l'œuvre de la charrue pour les opérations ultérieures.

§ 5. — Défrichement des Broussailles.

Les immenses broussailles qui recouvrent beaucoup de terrains en Algérie et en Tunisie font naturellement obstacle au développement de la vigne. Aussi un certain nombre de propriétaires hésitent-ils à entreprendre des plantations sur ces terrains, en raison des dépenses préliminaires qu'ils exigent.

Cependant les défrichements de cette nature, lorsqu'ils sont bien compris, sont loin d'être, en fin de compte, aussi onéreux qu'on pourrait le croire, surtout si l'exploitation se trouve en relation avec des centres bien habités.

D'ailleurs une broussaille, quelle qu'elle soit, n'est-elle pas toujours une cause de dépréciation pour l'immeuble, en même temps qu'une source de désagréments et de dommages de toute nature ? C'est là que se réfugient les fauves ; c'est là que se cachent les voleurs indigènes et autres ; c'est de là que partent tous ces destructeurs qui vont la nuit ravager les jeunes pousses de la vigne et dévorer les raisins.

Il y a donc tout intérêt à détruire la broussaille sans parler même de la place qu'elle tient dans une propriété, place qui pourrait être occupée d'une façon infiniment plus rénumératrice pour les capitaux engagés.

Les broussailles dans le nord de l'Afrique sont à peu près toutes de mêmes espèces, ce sont notamment des lentisques, des bruyères, des genêts, des petits arbrisseaux plus ou moins rabougris par le *broutage* des chèvres. Viennent ensuite les petits chênes-liège, les ronces, et autres parasites végétaux.

Afin de rendre aussi clairs que possible les calculs que nous allons faire suivre au sujet du prix de revient des défrichements de broussailles en Algérie et en Tunisie, nous prendrons, comme type de défrichement, ceux exécutés à Dellys et à Port-Gueydon, à Bérard, à Tipaza, sur les coteaux du Sahel, etc.

Ces divers points sont situés à des distances de 50 à 110 kilomètres d'Alger par voie de mer ; ce qui est fort important, car sur le littoral, les transports sont à prix réduits en raison de la facilité d'accoster avec des balancelles. La voie de terre serait évidemment plus coûteuse, à moins toutefois que l'on n'ait un chemin de fer à proximité. Encore faut-il que ce chemin de fer présente les tarifs abordables, car les détritus qui résultent du défrichement constituent ce qu'on appelle une marchandise *pauvre*. Voici des chiffres :

Les transports par balancelles des environs de Port-Gueydon coûtent, comme ceux de Cherchell et Gouraya, environ 9 francs par tonne. — Les transports par chemin de fer de la Cie P.-L.-M., pour une distance de 100 kilomètres (bois de chauffage), coûtent 0,08 cent. par tonne et par kilomètre.

Ce prix, quoique plus élevé qu'en France, n'est pas cependant excessif comme celui qu'exigent actuellement nos chemins de fer de l'Est-Algérien, véritablement *prohibitifs*.

Espérons que ces tarifs anti-coloniaux disparaîtront pour faire place à d'autres mieux appropriés aux besoins et à l'avenir du pays. C'est l'intérêt même des Compagnies de faciliter par le bas prix des transports la mise en valeur des terrains qu'elles traversent.

Prix de revient du défrichement des broussailles.

DÉPENSES

Façon de défrichement d'un hectare à difficulté moyenne........	315 f. 00	
Fabrication de charbon : 7,200 kil. à 2,50 les 100 kilogs........	195 00	
Achat de 125 sacs à 1 fr. (deux voyages).....................	125 00	
Transport et frais divers : 7,200 kil. à 12 fr. la tonne, à quai.....	86 40	
Total.......	721 40	721 f. 40

RECETTES

Vente de charbon : 7,200 kil. à 7 fr. les 190 kil...............	504 00	
Vente de bois, net de transport, pris sur place à 1,25..........	12 50	
Valeur des sacs au retour du premier voyage, 125 à 0,50........	62 50	
Total........	579 00	579 00
Le défrichement coûtera donc par hectare.......		142 40

OBSERVATION. — Lorsque l'on défriche un terrain couvert d'arbrisseaux, il faut prendre la précaution d'extirper toutes les grosses racines qui restent souvent cachées ou recouvertes par l'éboulement de la terre.

§ 6. — Défrichement du Chiendent.

Parmi les parasites végétaux funestes à la vigne, on peut citer en première ligne le chiendent dont nous avons déjà parlé (fig. 136.)

Fig. 136

Racines de chiendent et ses tiges.

Le chiendent est très répandu dans l'Afrique du Nord ; on le rencontre à peu près partout où le sous-sol recèle un peu d'humidité ; il recherche et aime les terres fraîches argilo-siliceuses qui sont précisément les plus avantageuses pour la viticulture.

Ses racines perforent le sol jusqu'à 50 centimètres de profondeur, mais elles se tiennent généralement entre 25 et 50 centimètres.

Le chiendent paralyse le développement des racines des plantes qui l'avoisinent et il amène souvent leur épuisement.

Une vigne qui se laisse gagner par le chiendent est en péril, et ses rendements diminuent considérablement ; aussi la destruction complète de cette plante parasite s'impose-t-elle au viticulteur qui veut créer et entretenir un bon vignoble.

Or, les travaux d'extraction du chiendent coûtent fort cher lorsqu'ils sont exécutés à la pioche, comme cela se pratique habituellement et, malgré ce genre de façon, il reste encore beaucoup de fragments de racines qui repoussent ensuite.

Nous avons trouvé un moyen beaucoup plus économique et dont nos expériences, qui remontent à 1873, nous permettent d'affirmer l'efficacité.

Il s'agit simplement d'arrêter, chaque fois qu'il se produit, le mouvement de végétation du chiendent ; et nous arrivons à ce résultat par les labours continuellement répétés.

Nous avons pu ainsi, sur plusieurs hectares infestés de chiendent, couper court à tout retour de végétation du parasite et le détruire complètement.

Voici le détail des opérations :

1ʳᵉ Opération. — La première opération consiste à labourer le sol (aussitôt qu'il sera suffisamment détrempé) avec une charrue fixe, armée d'un coutre et d'un socle très tranchant (fig. 137).

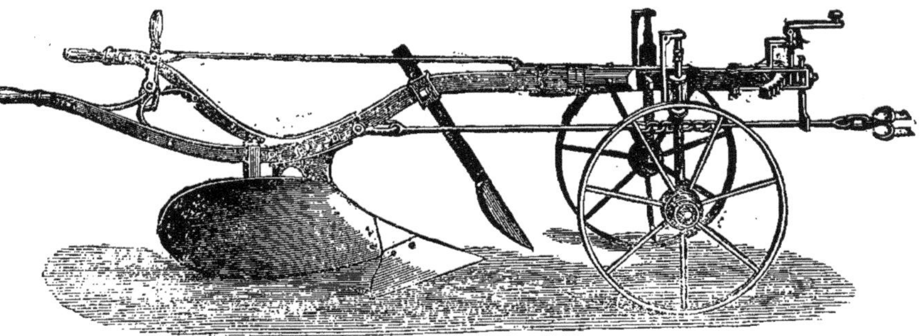

Fig. 137. — Charrue fixe en fer avec régulateur.

Ce labour doit être de 14 à 18 centimètres de profondeur, et c'est généralement vers les premiers jours de décembre qu'on l'exécute ; il doit être suivi d'un scarifiage énergique sur lequel on sème, savoir :

Avoine noire . . . . 16 kilog.
Vesce noire . . . . 100 »

Aussitôt que cette semaille est terminée, on la recouvre à l'aide d'un bon hersage.

C'est vers les premiers jours d'avril en terre sèche, et ceux environ du 15 au 20 avril en terre fertile, que ce fourrage est bon à couper. On fauche aussi rapidement que possible, puis aussitôt qu'il est ressuyé, on le retourne et le surlendemain on l'enlève des champs pour le mettre en meule ou en magasin. A cette époque la terre est encore saturée d'humidité, elle peut donc se labourer immédiatement.

2ᵐᵉ Opération. (Labours d'été). — La deuxième opération a pour but d'exposer au rayons du soleil les têtes de chiendent qui ont été coupées et retournées avec la bande de terre par la charrue.

La chaleur solaire suffit pour amener la dessécation et par suite la mort du parasite. Seulement il faut que cette double série de labours soit exécutée méthodiquement et bien en saison.

Voici comment on procède :

On commence par un labour léger, mais aussi large que possible, afin que la bande de terre retournée présente bien le chiendent coupé au soleil. La motte s'échauffe, se dessèche et le chiendent finit par périr.

Ces labours se repètent aussi souvent que le permet la puissance des attelages de l'exploitation viticole.

La profondeur des labours de printemps ne doit pas dépasser 12 centimètres.

Exemple. — Supposons à détruire le chiendent d'une pièce de terre ayant 300 mètres de chaque côté, c'est à-dire 9 hectares, et préparée, comme nous l'avons dit, par une première opération de culture fourragère. — Nous divisons cette pièce de terre en 40 parties de 6 mètres 25 de largeur. Une charrue attelée de trois bons mulets pouvant parcourir une longueur de 15,000 mètres par jour (à raison de 1,500 mètres à l'heure), on obtient pour le premier jour un labour de 2 planches représentant 37 ares 50 centiares et, en poursuivant ce travail journalier, ces 48 planches se trouvent labourées en 24 jours.

Les premières planches auront été exposées au soleil 23 jours ; grâce à ce premier travail de printemps, le chiendent coupé sera en partie desséché. Cette façon de printemps terminée, on procèdera à un hersage très fort et très énergique, puis on recommencera un labour que nous désignerons dès lors comme labour d'été que l'on fera suivre de plusieurs scarifiages.

Voici le prix de revient des diverses opérations.

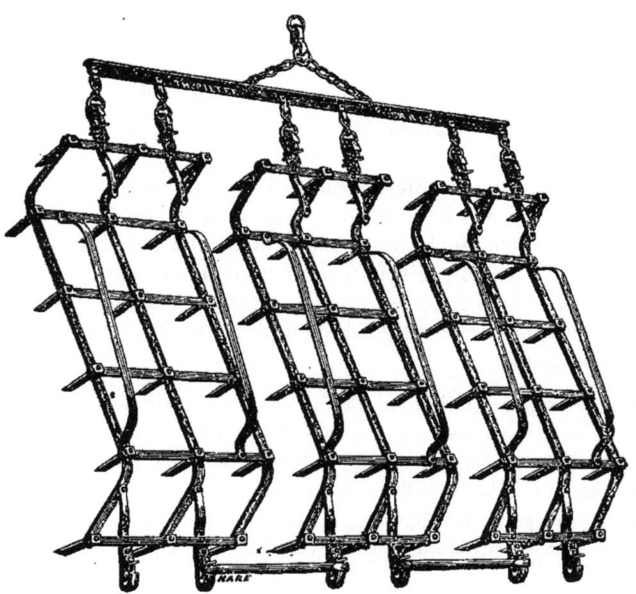

Fig. 138. — Herse en fer articulée.

LABOUR DE PRINTEMPS APRÈS LE FOURRAGE

Prix de revient pour 9 hectares

96 journées de mulets à 1,50. . . . . . 144 f. 00		
24 journées de laboureur à 3 fr. . . . 72 00	241 f. 92	
Frais généraux, 12 0/0 . . . . 25 92		

Le hersage doit être exécuté avec une herse lourde articulée (Fig. 138, page 16).

HERSAGE DE PRINTEMPS

Prix du hersage de printemps pour 9 hectares

27 journées de mulets à 1,50. . . . . 48 f. 50		
9 journées de laboureur à 3 fr. 27 00	75 f. 60	
Frais généraux, 12 0/0 . . . . 8 10		

PREMIER LABOUR D'ÉTÉ

Prix de revient du premier labour d'été

48 journées de mulet à 1,50. . . . . . 72 f. 00		
24 journées de laboureur à 3 fr. 72 00	161 f. 28	
Frais généraux 17 28		

Les labours d'été doivent se faire avec une petite charrue Brabant fixe attelée de 2 chevaux, comme le montre notre figure 139.

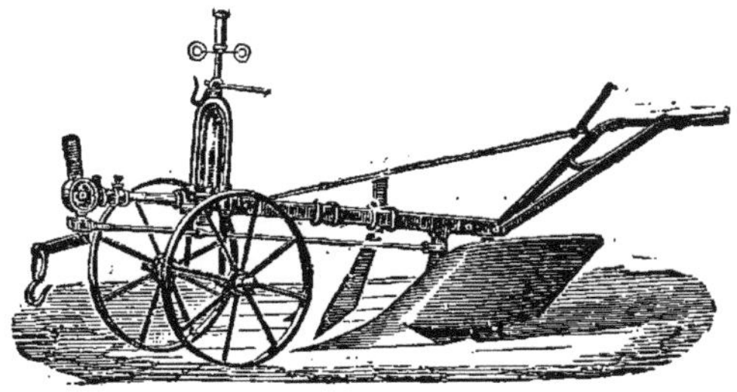

Fig. 139.— Charrue fixe en fer, système Brabant, simple.

HERSAGE

Prix de revient du hersage après le premier labour d'été

21 journées de mulet à 1,50. . . . . . 31 f. 50		
1 journée de 7 laboureurs à 3 fr. . . . 21 00	58 f. 80	
Frais généraux 6 30		

LABOUR D'ÉTÉ FAIT PAR LE SCARIFIAGE

Prix de revient du scarifiage

30 journées de mulet à 1,50. . . . . . 45 00		
10 journées de laboureur à 3 fr. 30 00	84 f. 00	
Frais généraux 9 00		

Le scarifiage, exécuté à la suite du hersage, sera fait à l'aide d'un scarificateur dans le genre de celui donné en la figure 140.

FIG. 140. — Scarificateur à lames d'acier.

CULTURE EXÉCUTÉE AVEC UNE HOUE BINEUSE & SARCLEUSE

Prix de revient du bino-sarclage

30 journées de mulet à 1,50	45 f. 00	
10 journées de labour à 3 fr.	30 00	84 f. 00
Frais généraux	9 00	

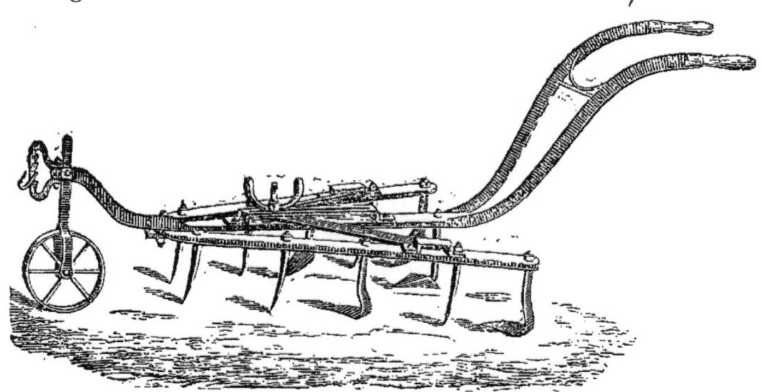

FIG. 141.— Houe bineuse-extirpeuse avec régulateur.

Cette troisième opération de bino-sarclage à la houe (fig. 141), doit être répétée une quatrième et même une cinquième fois, à intervalles suffisamment espacés pour permettre aux scories et aux racines de se dessécher complètement.

La somme totale qui aura été dépensée pour ces différentes opérations s'élèvera à 873 fr. 60 centimes, soit 97 francs par hectare, se décomposant ainsi :

1° Labour de printemps après le fourrage.	241 f.	92
2° Hersage de printemps	75	60
3° Premier labour d'été	161	28
4° Hersage après le premier labour d'été	58	80
5° Labour d'été fait par le scarificateur.	84	00
6° Troisième façon de culture au bino-sarcleur . . .	84	00
7° Quatrième — — — . .	84	00
8° Cinquième — — — . .	84	00
TOTAL. . , . .	873	60

Ce n'est certainement pas là un chiffre négligeable, mais les avantages qu'offre un terrain complètement purgé de chiendent sont tels que cette dépense se trouve récupérée, dès la troisième année de la plantation, par les travaux en moins que nécessitera la vigne ainsi nettoyée et par ses rendements supérieurs.

Nous ajouterons à ces lignes quelques renseignements utiles :

1° Les terrains sur lesquels ont été faites les expériences qui nous ont conduit à conseiller comme certaine la méthode ci-dessus, appartiennent à la catégorie des plateaux ou des plaines. Le chiendent est plus rare dans les terrains en coteau et, quand il s'y trouve, c'est en proportions réduites ;

2° Le chiendent indique toujours une terre fraîche et fertile.

Le chiendent n'est pas la seule des herbes adventives qui soit nuisible à la vigne ; d'autres mauvaises herbes nécessitent des travaux variés suivant la constitution du végétal dont il faut purger le sol. Ce sont les chardons, les fenouils, les carottes sauvages et surtout les diverses variétés de roseaux (fig. 142).

Les chardons se brûlent lorsqu'ils sont à peu près secs, c'est-à-dire vers le mois de décembre, on laboure aussitôt le sol avec une forte charrue.

Les fenouils et carottes se fauchent à l'aide d'une forte faucille, au moment où ces parasites sont encore verts.

On enlève les produits de cette fauchaison que l'on transporte ensuite à la litière après leur avoir fait subir un séchage de quelques jours ; puis on laboure les terrains avec la grosse charrue.

FIG. 142. — Roseau

Les roseaux traînants, dont les racines souterraines (figure 142) vont jeter des pousses aux environs de la racine-mère, doivent êtres enlevés par des coupes successives pendant l'été, comme pour le chiendent, sauf qu'ici c'est avec un instrument tranchant à main.

Tous les 15 jours il faut les couper très ras de terre ; à la fin de la saison, les racines seront mortes si l'on a eu soin de procéder régulièrement à ces coupes. A défaut de cette précaution, ces roseaux très absorbants de leur nature, détourneraient à leur projet une partie des éléments nutritifs du sol et porteraient par suite un grand préjudice au rendement de la vigne.

Notons que lorsque la vigne a atteint sa 3ᵐᵉ année, il est trop tard pour détruire complètement les roseaux rampants. C'est donc le plus tôt possible qu'il faut procéder à cette destruction.

En résumé, pour obtenir les rendements rénumérateurs, on ne doit pas hésiter un instant à nettoyer le sol de toutes les mauvaises herbes qui ont envahi un terrain quelconque destiné à la plantation. Nous sommes convaincus que notre système de labours répétés répond parfaitement aux besoins du vignoble africain, et si en apparence on semble perdre une année lorsqu'on en fait usage, on peut être certain que dès la 4ᵐᵉ année de plantation les rendements d'une vigne, préparée ainsi que nous l'indiquons, seront très supérieurs à ceux d'une vigne de cinq ans plantée sans travaux préalables.

C'est pour avoir négligé ces précautions et pour avoir obéi à une précipitation fâcheuse et à des calculs trompeurs que beaucoup de viticulteurs ont subi des mécomptes. Nous serons heureux d'avoir pu les épargner à nos lecteurs.

---

§ 8. — Epierrement — Enlèvement des pierres.

Les terrains qui avoisinent les rochers, les oueds et les grands torrents, sont quelquefois couverts de pierres plus ou moins grosses et nombreuses, enterrées plus ou moins profondément.

Si ces pierres sont trop fortes on les fait éclater à la dynamite ; leurs débris deviennent alors facilement transportables. — Les pierres qui gêneraient la charrue doivent être enlevées et utilisées, soit comme matériaux d'empierrement, soit comme matériaux de construction. On les fait tout de suite déposer à pied-d'œuvre

Toute pierre dépassant 400 grammes doit disparaître des terrains destinés à être convertis en vignoble.

Toutefois si la situation de ces terrains ne permet pas de les travailler à la charrue, l'épierrement devient moins rigoureux, car la pioche évite les pierres plus facilement que le soc.

---

§ 9. — Terrains tufacés et enlèvement des matériaux.

Les terrains tufacés sont en quantités considérables dans l'Afrique du Nord. En Algérie ils forment une grande partie de sa surface. On rencontre les tufs, tantôt disloqués à la surface du sol et tantôt dans le sous-sol, où souvent ils forment des dépôts très abondants à des profondeurs variant entre 0^m 15 à 1^m.

. S'ils sont disloqués en fragments transportables, rien de plus facile que leur enlèvement. Si au contraire ils se présentent, soit à la surface, soit dans le sous-sol en masses compactes, il faut les diviser avec le pic, ou même employer la poudre de mine ou la dynamite mélangée de poudre pour les réduire en fragments que la masse puisse ensuite diviser.

L'emploi de la dynamite ou de la poudre de mine combinée est toujours indiqué, lorsqu'il s'agit de désagréger, pour en purger le sous-sol d'un vignoble à créer, ces dépôts calcaires que l'on désigne sous le nom de tufières souterraines.

Cette dislocation artificielle du sous-sol tufacé nécessite une dépense qui varie de 50 à 250 francs l'hectare, suivant la profondeur du sol et la résistance du tuf.

Les gros débris résultant de l'opération doivent être transportés sur les bords des chemins d'exploitation ou sur les lieux de construction comme pour les pierres.

Les tufs les moins siliceux servent à produire la chaux nécessaire dans les contrées où il n'y a point d'autres calcaires, bleus ou autres plus durs. En outre, lorsqu'ils sont bien pulvérisés comme le plâtre, ils tiennent leur place dans la composition des amendements. Nous ne saurions trop appeler l'attention des viticulteurs sur les services que l'emploi des tufs pulvérisés peut leur rendre sur les terres noires et rouges ; il y produit, en effet, des combinaisons chimiques et des courants d'aération souterrains qui facilitent la nutrition de la plante et qui, en outre, relèvent le degré alcoolique du vin.

Les petits morceaux de tufs de la grosseur des deux mains, c'est-à-dire pesant 1 kilog environ, se réduisent en quelques années de labours, de scarifiage et de hersage, en petits fragments gros comme des noix, et par suite s'assimilent complètement à la terre.

---

§ 10. — Terrains à sous-sols humides.

Les observations qui précèdent sur la préparation et le nettoyage du sol destiné à la plantation de la vigne seraient incomplètes, si nous ne disions un mot des moyens à employer pour débarrasser autant que possible les sous-sols si souvent peu propices à la viticulture, et qui engendre presque toujours des maladies désastreuses, telles que le pourridié, la chlorose ou jaunisse, l'apoplexie, l'anguillule, etc.

Les moyens que l'on emploie pour assécher dans la mesure possible les sous-sols trop humides consistent, soit dans l'application d'un fort défoncement aussi profond que possible, soit dans un drainage bien compris. Nous préférons de beaucoup ce dernier moyen.

Le drainage, en effet, lorsqu'il est bien pratiqué, enlève l'excédent des eaux qui proviennent soit de la nature compacte du sol, soit de l'infiltration de sources souterraines.

Pour pratiquer un drainage, il faut s'assurer préalablement si le terrain possède une pente pour l'écoulement des eaux. — C'est là une des conditions indispensables.

Le drainage économique s'effectue de la façon suivante :

1° On exécute un ou plusieurs canaux centraux, selon le degré d'hydratation des terrains et la surface déterminée à drainer ;

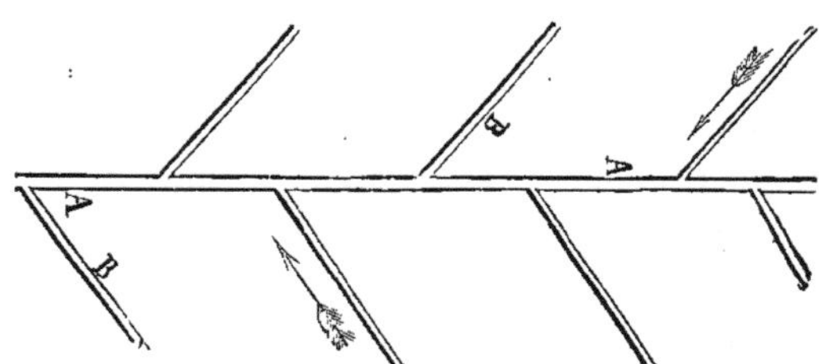

Fig. 143. — Tracé d'un drainage.

2° On pratique des fossés collecteurs qui viennent écouler leurs eaux dans ceux du centre, ainsi que le représente la fig. 143.

Tout drainage bien établi comporte :

1° Un fossé central (A) ;
2° Des fossés collecteurs (B) qui amènent à ce fossé les eaux résultant des drainages.

La profondeur du fossé central (A) varie suivant la pente que le terrain présente. Généralement on lui donne 1ᵐ à 1ᵐ 50 ; prenons donc pour base 1ᵐ 25 sur 0ᵐ 40 de largeur (fig. 144).

Le fossé central fait, on dispose des pier-

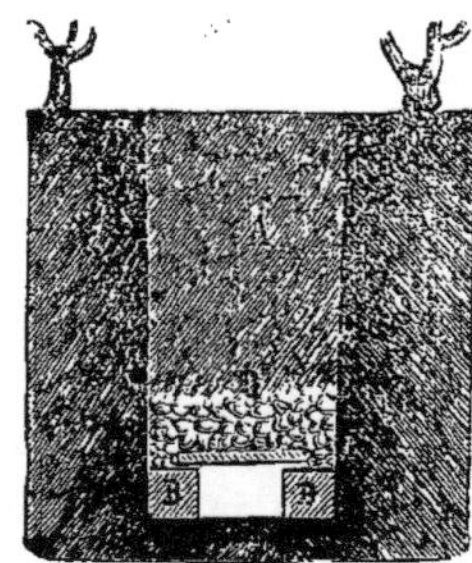

Fig. 144. — Drainage central.

res (B) sur les deux côtés du fond et ensuite on les recouvre avec des dalles de la même nature.

A défaut de pierres on se sert de briques, gros ou moyen modèle, pour mettre sur les côtés et en couverture.

Ou encore, s'il n'y a ni l'un ni l'autre de ces matériaux, on emploie les tuyaux de drainage.

Aussitôt que les pierres et les dalles ont été établies, on les recouvre d'une couche de gravier de moyenne grosseur sur une épaisseur d'environ 0^m20 c^m; cette opération terminée, le fossé collecteur (fig. 145) peut être établi.

Ces drainages collecteurs doivent être de 15 à 20 centimèt. moins profonds que le fossé de drainage central, c'est-à-dire que la cuvette de ce dernier fossé doit se trouver de 15 à 20 c^m en contrebas.

La pente de tous ces drainages doit se régler sur celle du sol lui-même. Généralement les terrains à drainer ont peu de pente, il faut donc mener assez loin les eaux.

La pente doit être de 7 à 8 millimètres par mètre au moins, de façon à ce que l'écoulement des eaux s'effectue sans difficulté.

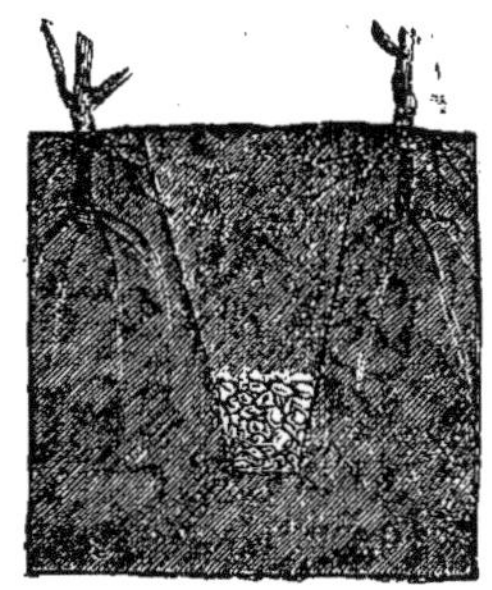

Fig. 145. — Fossé collecteur.

On donne aux fossés collecteurs des dimensions variant de 35 à 40 centimètres à l'ouverture et de 18 à 20 centimètres à la cuvette, puis on garnit les fossés avec des sarments coupés par longueur de 50 centimètres que l'on place au fond et que l'on recouvre d'une couche de gravier de 15 à 20 centimètres d'épaisseur. Par dessus ce gravier, on remet les terres provenant des déblais.

La dépense de ces travaux est subordonnée à la valeur des matériaux que l'on peut trouver sur place. — Insistons sur ce point que toutes les fois que l'on peut se procurer des tuyaux de drainage à bon marché, leur emploi est préférable à tous les autres systèmes employés pour débarrasser le sous-sol de l'excès d'humidité.

Il ne faudrait pas s'imaginer que tous les terrains humides exigent absolument un drainage à fond. Nous pensons que l'ouverture d'un canal central flanqué de canaux collecteurs, garnis de sarments et formant envergure avec le canal central, suffit pour écouler les eaux dans la mesure utile sans dessécher les terrains au-delà de la mesure.

Lorsqu'un sol reste un peu trop humide à la suite de pluies et que l'on peut éviter d'y pratiquer des travaux de canalisation pour le drainer, il suffit quelquefois de saigner la surface du sol par des sillons exécutés dans la direction de la pente afin d'éviter la stagnation des eaux pluviales.

Il est bon de pratiquer à l'aval du canal central une vanne pour retenir les eaux pendant le mois d'août.

La dépense d'un bon drainage exécuté en terre forte peut être estimée, s'en référant au tableau ci-après, à 257 fr. 50 par hectare.

PRIX DE REVIENT D'UN DRAINAGE DE 4 HECTARES

DÉSIGNATION DES TRAVAUX A EXÉCUTER	MÈTRES CUBES	PRIX	TOTAUX PARTIELS
2 fossés centraux ayant 200 mètres de longueur : $2 \times 200 \times 1^m 25 \times 0,40 = 200$ m. c. 200	389	0 f. 50	194 f. 50
12 fossés collecteurs ayant 50 mètres de longueur : $12 \times 50 \times 1^m 05 \times \dfrac{0.40 - 20}{2} = 189$ m. c. 189			
Apport et pose de pierres dalles :	20	8 »	160 »
$400 \times 0.35 \times 0.10 \times 180$.....................	14	10 »	140 »
Gravier pour l'établissement des fossés centraux : $400 \times 0 40 \times 0.20 = 32$................. 32	52	5 »	250 »
Gravier pour l'établissement de fosses collecteurs : $500 \times 0.30 \times 0.20 = 30$................. 30			
Coupe et transport de sarments.........................			50 »
Deux têtes de maçonnerie et vannes....................		60 »	120 »
Frais généraux, 12 0/0.................................			119 74
Montant total........			1.034 24

Ainsi qu'on le voit par le tableau ci-dessus, les frais généraux pour un drainage de 4 hectares s'élèvent à la somme de 1,034 fr. 24 cent., soit 257 fr. 50 cent. par hectare.

CHAPITRE DEUXIÈME

DÉFONCEMENT

SOMMAIRE :

Défoncement. — Classement de la résistance des terrains. — Description et nature des terrains d'Algérie et de Tunisie. — Sable. — Argile. — Calcaire. — Humus. — Terres sableuses. — Terres sablo-humiférées. — Terres argileuses. — Sols argilo-ferrugineux. — Sols argilo-sablonneux. — Sols argilo-calcaires. — Sols calcaires. — Sols humiférés. -- Défoncement à bras d'homme. -- Prix de revient du défoncement à bras d'homme. -- Défoncement à la charrue actionnée par des animaux. -- Défoncements en une seule opération. -- Prix de revient du défoncement par des attelages d'animaux. -- Défoncements à la charrue à vapeur. -- Prix du défoncement à la vapeur.

DÉFONCEMENT

---

§ 1. — **Du défoncement ; son but et ses résultats pratiques.**

Le défoncement du sol arable a un double but :

1° Rendre ce sol perméable à l'humidité dans la mesure que sa nature comporte ;

2° Le rendre assez meuble, assez friable pour que les racines et les radicelles de la vigne puissent le parcourir facilement dans tous les sens, afin d'y chercher les sucs nutritifs.

Les pratiques du défoncement étaient, comme bien on pense, tout à fait inconnues des Arabes ; les Kabyles même, quoique plus avancés en agriculture, n'y avaient point recours. Les Romains, par exemple, disent Pline et Magon (l'Africain), pratiquaient le défoncement préalable des terrains destinés à recevoir la vigne.

Les résultats acquis en Algérie depuis que la culture française a introduit dans ce pays, avec tant d'autres bonnes idées, celle du défoncement, ont démontré qu'ils augmentent dans des proportions considérables la puissance de production du sol.

Toutes les fois qu'il s'agit d'une création nouvelle de vignobles, les défoncements s'imposent d'une façon absolue.

Les anciennes méthodes de plantation, soit au fossé, soit à la cuvette ou au trou, doivent disparaître complètement de la viticulture. Cependant, quelques-uns de nos planteurs d'Afrique les pratiquent encore ; pour certains c'est entêtement et routine, d'autres cèdent à des considérations économiques.

Nous ne pouvons que conseiller aux premiers d'ouvrir les yeux aux résultats et aux seconds de s'imposer un sacrifice de plus. — A tous, nous répétons :

— *Hors du défoncement, pas de salut !*

Vainement on nous objecte quelquefois qu'une terre légère et friable n'a pas besoin d'être défoncée.

C'est une grande erreur. — *Une terre, quelle qu'elle soit, gagne toujours à être retournée. Plus elle est exposée aux influences atmosphériques, plus elle se météorise,* c'est-à-dire plus elle devient assimilable aux végétaux.

CONSEILS TECHNIQUES

Lorsque la surface du sol est bien nettoyée, conformément aux méthodes que nous avons indiquées plus haut, il est temps de procéder au défoncement.

L'époque la plus favorable est celle qui donne le temps voulu à la terre de s'aérer suffisamment.

Nous avons reconnu que le sol, défoncé à partir des premiers jours de juin jusqu'à fin septembre, offrait une certaine supériorité sur celui défoncé pendant les froids.

Voici un exemple qui prouve les avantages du choix de l'époque des défoncements :

En 1887, à Ghuebar-bou-Aoun, une certaine quantité de terre a été défoncée à partir des premiers jours du mois d'août jusqu'à la fin de l'hiver. La plantation du Petit-Bouschet qui a été faite sur ce sol de même nature et défoncé à 45 centimètres de profondeur, a beaucoup varié dans ses rendements : à la troisième feuille, la partie défoncée en août a donné 25 hectolitres à l'hectare, tandis que celle qui a été défoncée en janvier n'a donné que 12 hectolitres, c'est-à-dire moitié moins.

Les défoncements exécutés depuis mai jusqu'à fin septembre sont toujours supérieurs à ceux faits en hiver ; ses rendements sur les premiers excèdent souvent 20 0/0 en sus.

Le défoncement peut se faire de quatre manières :

1° La première méthode consiste à exécuter le travail à bras d'homme à l'aide de la pioche ou autres outils du même genre ;

2° La deuxième manière d'opérer le défoncement se pratique en actionnant directement une charrue spéciale par des animaux de trait ;

3° La troisième méthode diffère un peu de la précédente en ce sens que les animaux de traits actionnent un treuil fixé au sol, qui lui-même fait mouvoir une charrue spéciale à l'aide d'un câble métallique.

4° Le quatrième système ressemble un peu au précédent, avec cette différence que la charrue est mise en mouvement par une ou deux locomotives routières à vapeur.

Passons rapidement en revue les inconvénients et les avantages de chacun de ces systèmes, et disons quelques mots sur l'importance de la profondeur du défoncement.

Tout d'abord, sachons-le bien. Le défoncement d'un sol quelconque est d'autant plus efficace pour la réussite d'un vignoble, *que ce défon-*

cement est plus profond. C'est toujours une erreur de se contenter d'un défoncement superficiel, car les résultats d'un travail *incomplet* ne valent pas la peine prise et les dépenses faites.

La vigne, dans l'Afrique française du nord, réclame, comme nous l'avons dit, un cube de terre remuée suffisamment, afin que les racines les plus menues puissent se développer à l'aise et concourir convenablement aux fonctions de nutrition générale.

La fertilité du sol aidera évidemment à cette expansion des racines en même temps qu'elle maintiendra la fraîcheur.

Répétons-le une fois de plus : La préparation générale du terrain est pour la vigne une condition absolue de fécondité et de longévité.

En Algérie comme en Tunisie, où la chaleur en été est un peu plus élevée que dans le midi de la France, où les vents du sud produisent souvent une certaine évaporation, la couche superficielle du terrain se dessèche assez facilement. Alors ce sont les racines inférieures de la plante qui ont mission de plonger plus profondément dans le sein de la terre pour aller chercher l'humidité nécessaire.

Par suite, le défoncement est encore plus nécessaire en Afrique que partout ailleurs et *il doit être d'autant plus profond que le terrain est plus dur et plus compact.* Dans beaucoup de cas, il doit atteindre 80 centimètres de profondeur et plus, si cela est possible. Il en sera, à peu de chose près, de même pour la terre légère. Si on peut aller jusqu'à 1 mètre de profondeur, les résultats seront encore supérieurs et avantageux.

Dans la pratique, les défoncements aussi profonds ne peuvent se faire partout, à cause des difficultés que leur oppose la nature des terrains, soit en montagne, soit en coteau, etc. Le travail, dans ce cas, devant être exécuté entièrement par bras d'homme, le chiffre de la dépense oblige souvent le viticulteur à limiter ses travaux.

Une connaissance approfondie des ressources que présentent en Afrique, pour la main-d'œuvre, les diverses nationalités qui habitent notre pays, guidera très utilement nos viticulteurs dans le choix des ouvriers et dans l'exécution des travaux de défrichement et de défoncement.

Aussi avons-nous pensé leur être utile en établissant pour eux une série de tableaux qui présentent, suivant les nationalités, une sorte d'échelle des forces humaines au point de vue de l'exécution des divers travaux de terrassement et, par suite, l'économie de main-d'œuvre.

Nous détachons de cette série de tableaux celui qui concerne spécialement les travaux de défoncement, — tableau établi d'après des remarques personnelles faites, de 1864 à 1870, au cours des travaux exécutés sous notre direction dans nos exploitations agricoles et viticoles.

Avant de donner ce tableau, nous croyons utile de mettre sous les yeux de nos lecteurs un tableau spécial indiquant le classement des terrains selon leur résistance à l'action des outils.

Chaque fois que nous désignerons un terrain, il portera un numéro de classement, comme cela se fait dans les terrassements de toutes natures.

§ 2. — Classement de résistance des terrains.

DÉSIGNATION des ESPÈCES	DÉSIGNATION de la NATURE DES TERRAINS A FOUILLER OU RETOURNER
1re	**Terre** végétale, sablonneuse et légère ; sable mélangé de terre rouge et quelques petits rognons de tuf. (Densité de 1,000 à 1,100 kil. le mètre cube).
2me	**Terre** végétale, silico-calcaire, quelquefois mélangée à la terre rouge ; alluvions récentes silico-calcaires et légèrement graveleuses. — (Densité : de 1,400 à 1,500 kilog. le mètre cube).
3me	**Terre** végétale, argilo-calcaire, siliceuse ; graveleuse ; alluvions anciennes et récentes ; terres rouges et tuf. Les déjections de l'Atlas dans la Mitidja, celles formant la Medjerda, la plaine du Chéliff, etc., peuvent être classées dans la catégorie de la 3me espèce, sauf la partie formant le talweg. — (Densité : de 1,600 à 1,650 kilog. le mètre cube).
4me	**Terre** végétale, argilo-calcaire siliceuse, forte et très lourde. (Densité : de 1,765 à 1,800 kilog. le mètre cube).
5me	**Terre** végétale argilo-calcaire et marneuse. Cette terre est collante ; elle est très lourde et dure à travailler.
6me	**Terre** végétale, argilo-marneuse et graveleuse ; c'est une sorte de pouding effrité. Cette terre demande une grande force pour se diviser.

§ 3. — Description et nature des terrains d'Algérie et de Tunisie.

SABLE

Le sable est formé des débris provenant des silex, des pierres meulières, de grès durs, etc. Ces matériaux sont à l'état de roches sur les montagnes, en descendant dans les lits de rivière, se divisent jusqu'au point de produire le sable. La silice joue un rôle très important dans les pailles et dans la charpente des vignes.

ARGILE

L'argile dérive principalement du *Feldspath et de mica* ; lorsque ces matières se désagrègent en roulant dans les ravins à l'état de caillou, la matière fine s'associe avec de la silice fine, de l'alumine, etc., pour former ce que l'on désigne communément sous le nom d'argile, les matières organiques cèdent leur potasse qui se combine à la silice et finissent par compléter le corps d'argile.

L'argile forme à la surface du globe d'immenses étendues à peu près infertiles; généralement les lacs et les étangs ont pour plafond une certaine épaisseur d'argile imperméable.

Les argiles rendent les terrains compactes, qui se fendent pendant leur retrait en été.

On donne le nom d'argileuses aux terres qui contiennent plus de 50 0/0 d'argile.

CALCAIRE

On entend par calcaire la combinaison chimique d'un acide avec la chaux.

Le carbonate de chaux est certainement le calcaire le plus répandu à la surface du globe ; ensuite vient le sulfate de chaux (plâtre) qui forme des groupes de déjection, près des volcans. — Le tuf est très répandu en Algérie et en Tunisie; ce calcaire est formé de carbonate de chaux associé à du sable siliceux ; cette matière est le résultat d'un dépôt liquide.

Les dépôts de calcaires de toutes sortes sont abondants sur les hauts plateaux et dans l'Atlas.

Presque toutes les rivières charrient des pierres calcaires, etc.

On constate immédiatement la présence du calcaire dans un sol en versant quelques gouttes de vinaigre fort sur cette terre humide ; aussitôt il se manifeste une effervescence.

Le calcaire combiné à l'argile consiste à maintenir le sol aussi meuble que possible suivant les autres corps avec lesquels il est associé. En outre, il forme un des principaux aliments de la charpente osseuse des plantes.

On désigne sous le nom de terre calcaire celle qui contient plus de 50 0/0 de carbonate de chaux.

HUMUS

L'humus consiste dans le résidu des matières organiques végétales ou animales après leur décomposition.

Tous les débris des végétaux, soit aériens, soit à l'état de racines, forment l'humus de la terre arable.

Les étangs et les vallées où se sont déposées des forêts entières à l'époque du dernier déluge, sont de véritables dépôts d'humus à l'état tourbeux.

L'humus, après un séjour prolongé dans le sol, devient soluble et s'assimile aux plantes vivantes. Cette assimilation est d'autant plus parfaite que le sol contient des éléments calcaires pour opérer rapidement sa décomposition.

Un sol dépourvu d'humus est complètement stéril ; mais, s'il en contient trop, il s'ensuit une végétation désordonnée qui se traduit par la formation de bois, de feuilles, au détriment du fruit qui coule quand il s'agit de raisin.

En résumé, le terrain qui n'est qu'un amas de débris organiques est considéré comme le principe actif des terres arables.

Les terres de bruyères ne sont en réalité qu'un mélange de terreau et de sable siliceux.

Les fonds de meules de fourrage ou de paille forment un bon terreau et il est bien préférable de faire des tas de débris végétaux de toutes sortes que de les brûler pour en faire de la cendre.

La cendre est un produit complètement dépourvu d'azote ; cette matière ne peut donc plus, dans ces conditions, jouer le même rôle que l'humus dans la fermentation du sol au moment du réveil de la végétation.

TERRES SABLEUSES

Les terres sableuses renferment beaucoup de sable ; c'est en raison de la présence d'au moins 60 0/0 de cette matière qu'elle est généralement désignée sous ce nom.

Cette nature de terre est très légère au travail et ne se tasse pas très facilement.— Elle se laisse rapidement traverser par les pluies et s'échauffe avec une grande facilité.

Les terres sableuses sont généralement associées aux calcaires, aux argiles, etc. — Soumises à l'irrigation, elles fournissent une végétation rapide et succulente, et c'est dans ces terrains qu'ont été créés les plus beaux vergers et jardins maraîchers des environs d'Alger.

En résumé, les sols sablonneux sont très recherchés pour y faire des primeurs, soit en fruits, soit en légumes.

COMPOSITION DE DIVERSES TERRES SABLEUSES

ENTRE GUYOTVILLE ET STAOUÉLI		AIN-TAYA	
Sable	85	Sable	80
Calcaire	7	Calcaire	10
Argile	5	Argile	6
Humus	3	Humus	4
	100		100

SOLS SABLO-ARGILO-CALCAIRES

LA STIDIA		CASTIGLIONE	
Sable	80	Sable	75
Calcaire	12	Calcaire	14
Argile	5	Argile	6
Humus	3	Humus	5
	100		100

TERRES DU SÉNÉGAL

	RAWEÏ		COUKIT		DIAGNE		ROSO	
Sable siliceux ou silice................	87	0	72	0	89	0	78	0
Alumine............................	3	6	10	0	3	0	7	0
Carbonate de chaux.................	3	4	8	0	3	6	5	2
Oxide de fer......................	traces		traces		0	5	traces	
Humus et eau.....................	4	4	10	0	3	6	9	0
Perte............................	1	6	»	»	0	3	0	8
	100	0	100	0	100	0	100	0

TERRES D'ÉGYPTE (Bords du Nil)

Silice..	47	39
Alumine..	32	10
Carbonate et crenate de chaux......................	2	02
Péroxide de fer....................................	11	20
Matières végétales (humus)........................	6	90
Perte..	0	39
	100	00

(MM. Girardin et du Breuil)

SOLS SABLO-HUMIFÈRES

BORDS DE L'HARRACH			BORDS DE LA MEDJERDA	
Sable...................	56		Sable....................	60
Argile..................	16		Argile...................	15
Calcaire schisteux...........	16		Calcaire.................	15
Humus.................	12		Humus...................	10
	100			100

TERRES DE BRUYÈRE

	Sable......................	57	59	63
ENTRE LE M'LÉTA	Alumine....................	3	2	2
ET	Argile.....................	20	25	29
	Calcaire...................	5	4	3
PORT-GUEYDON	Humus.....................	15	10	3
		100	100	100

TERRES ARGILEUSES

On désigne sous le nom d'argileuses les terres dans lesquelles prédomine l'argile. Ces terres proviennent de la désagrégation des roches feldspathiques. — « C'est une espèce minérale dérivée qui ne date pas « des premiers âges du monde, dit M. Malagutti, car elle peut se « former, pour ainsi dire, sous nos yeux. »

Les massifs de l'Atlas sont formés en grande partie de grès et de matériaux appartenant à cet ordre géologique.

Les sols argileux contiennent de grandes proportions de principes alcalins qui ne s'assimilent que difficilement, si on ne leur procure des réactifs tels que les composts calcaires, etc.

Cette terre est lourde ; ses molécules sont resserrées ; elle est difficile à travailler, tant elle est parfois compacte, et ce n'est qu'après les chaleurs qu'elle devient plus facile à travailler, car elle se fendille et se météorise en même temps sous l'action de l'intermittence de la chaleur et de l'humidité.

Les végétaux cultivés dans les terrains argileux sont toujours en retard de 8 à 15 jours sur ceux qui proviennent de cultures sur terrains sablo-calcaire argileux.

TERRES DE LA MITIDJA

	MARAIS DES OULED-CHEBEL	PRÈS DU LAC HALLOULA
Argile .	70	67
Humus.	7	6
Silice .	10	9
Calcaire schisteux .	10	14
Oxyde de fer.	3	4
	100	100

Ligne médiane de la Mitidja passant d'Oued-el-Alleug à Chebli

CHEBLI		BEN KOULA	
Argile.	44	Argile.	40
Humus.	6	Humus.	7
Silice .	25	Silice .	24
Calcaire schisteux .	20	Calcaire siliceux et schisteux .	25
Oxyde de fer.	5	Oxyde de fer.	4
	100		100

Plaine du Chéliff

PRÈS DES ATTAFS		PRÈS DE SAINT-AIMÉ	
Argile.	35	Argile.	33
Humus.	5	Humus.	5
Silice .	35	Silice .	38
Calcaire (carbonaté).	23	Calcaire (carbonaté).	22
Oxyde de fer.	2	Oxyde de fer.	2
	100		100

SOLS ARGILO-FERRUGINEUX

ENTRE SOUMAH ET BOUFARIK		SIDI-MOUSSA	
Argile.	35	Argile.	32
Silice .	22	Silice .	30
Calcaire schisteux .	29	Calcaire carbonate .	25
Humus	4	Humus	5
Oxyde de fer.	10	Oxyde de fer.	8
	100		100

SOLS ARGILO-SABLONNEUX

Argile	40	Argile	50
Sable	38	Sable	25
Calcaire	17	Calcaire	15
Humus	5	Humus	10
	100		**100**

SOLS ARGILO-CALCAIRES

LIMON DU NIL

Argile	48
Silice	4
Carbonate de chaux . . .	18
Carbonate de magnésie . . .	4
Oxyde de fer	6
Humus	9
Eau	11
(M. REGNAULT)	**100**

LIMON A L'EMBOUCHURE DU CHÉLIFF

Argile	45
Silice	25
Calcaire-schisto-carbonaté .	19
Oxyde de fer	4
Humus	7
	100

SOLS CALCAIRES

HAUTS PLATEAUX

Calcaire	26
Silice	35
Argile	35
Humus	4
	100

SIDI-BEL-ABBÈS

Calcaire	22
Silice	35
Argile	35
Humus	8
	100

AÏNE-FÉKAN

Carbonate de chaux . . .	50
Silice	15
Argile	30
Humus	5
	100

ENTRE TIXTER ET HAMAM

Carbonate de chaux . . .	45
Silice	17
Argile	32
Humus	6
	100

TERRE DE AÏNE-BESSEM

Carbonate de chaux . . .	40
Silice	15
Argile	37
Humus	8
	100

TERRE DE POMARD

Calcaire	50
Sable	28
Argile	14
Oxyde de fer	8
	100

SOLS HUMIFÈRES

MAISON-CARRÉE

Matières organiques, tourbe .	30
Sable	25
Argile	35
Calcaire	10
	100

BORD DU MAZAFRAN

Matières organiques, tourbe .	25
Sable	20
Argile	40
Calcaire	15
	100

Le viticulteur ne doit pas ignorer non plus comment se comporte le sol à la surface après les labours de défoncement.

On entend par profondeur de défoncement celle qui part de l'arête de la tranchée jusqu'au fond, et non la partie retournée qui forme une saillie d'autant plus forte que le défoncement a été profond et que le sol se désagrège mieux.

Voici un tableau que j'ai dressé en 1880 sur le volume que prend la terre végétale après avoir été retournée à la charrue et à la pioche.

TABLEAU

représentant le volume d'un mètre cube de terre retournée

DÉSIGNATION DES ESPÈCES DE TERRAINS	DÉFONCEMENT exécuté à la pioche A 0,50 DE PROFONDEUR		DÉFONCEMENT exécuté à la charrue A 0,50 DE PROFONDEUR	
Terres schisteuses	1.40	1.50	1.35	1.40
— 1re espèce	1.35	1.40	1.30	1.35
— 2me espèce	1.35	1.40	1.29	1.34
— 3me espèce	1.33	1.38	1.30	1.35
— 4me espèce	1.32	1.37	1.30	1.35
— 5me espèce	1.29	1.35	1.25	1.30
— 6me espèce	1.28	1.33	1.25	1.30

Nous croyons également qu'il serait utile de renseigner le viticulteur sur la valeur d'eau que peut absorber un sol quelconque et la somme d'évaporation qui se produit dans un état normal.

TABLEAU

représentant la quantité d'eau que peuvent retenir diverses qualités de terre d'Algérie et de Tunisie.

DÉSIGNATION DES NATURES DE TERRAINS	CUBE D'EAU 0/0	
Terres siliceuses	de 40 à	45
Terres rouges du Sahel Algérien	65	70
Argile maigre et siliceuse de la Medjerda	75	80
Argile silico-calcaire de la Mitidja	70	75
Argile grasse	80	85
Argile pure	90	95
Terre de culture d'Hussein-Dey et de Saint-Eugène d'Alger .	60	65
Terre glaiseuse et bleuâtre	85	90

La terre de 3me espèce conserve jusqu'aux premières pluies une certaine quantité d'eau qui varie de 6 à 10 0/0.

DESSICATION DE LA TERRE *(d'après Dehérain et Schlœsing)*

100 grammes d'eau de la terre perdent en 4 heures :

Sable siliceux	88.4	Argile grasse	45.7	Terre de jardin	24.3
Calcaire	75.9	Terre argileuse	34.9	— arable argileuse	32.0
Gypse	71.7	Argile pure	31.9	— siliceuse	40.0
Argile maigre	52.0	Calcaire en p^{dre} fine..	28.0	Humus	20.5

---

§ 4.—Défoncement d'un sol de 3me espèce à 0,50^{c/m} de profondeur

PRIX DE REVIENT SUIVANT CHAQUE NATIONALITÉ

NATIONALITÉ des OUVRIERS	SURFACE et profondeur	NOMBRE de JOURNÉES	PRIX de la JOURNÉE	PRIX de revient de L'HECTARE
Kabyle		437	2 f. 50	1.092 f. 50
Allemand		400	3 »	1.200 »
Arabe.	10,000 MÈTRES superficiels	418	2 50	1.045 »
Français.	0,50 de profondeur	347	3 »	1.041 »
Italien.		340	3 »	1.020 »
Marocain		315	3 »	945 »
Espagnol		310	3 »	930 »

D'après les ressources en hommes que le colon viticulteur trouvera dans sa contrée, il pourra se baser sur ce tableau pour établir le prix de revient des défoncements à exécuter et les proportions qu'il conviendra de donner à ces travaux ; indépendamment de leurs forces physiques, les ouvriers des diverses nationalités ont des aptitudes plus ou moins spéciales pour certains travaux. Ainsi, le Kabyle, qui est très bon pour la pioche, est médiocre pour le défoncement.

Ce premier point arrêté, il restera à établir un ordre rationnel, une méthode facile à suivre pour le travail.

---

§ 5. — Défoncement à bras d'homme.

Les ouvriers chargés du défoncement à la pioche ou à l'aide du pic doivent commencer par ouvrir une tranchée de 1^m50 de largeur, sur toute la longueur formant la base du terrain à défoncer. En faisant la première tranchée, il faut avoir soin de jeter la terre en arrière et continuer le travail de cette façon, afin que la terre superficielle puisse au fur et à mesure être rejetée au fond de la tranchée déjà faite. En procédant ainsi, le sol est retourné ; la terre superficielle se trouve enfouie et elle est remplacée à la surface par de la nouvelle.

Le but du défoncement se trouve donc atteint, à la condition, bien entendu, que si le sous-sol contient des racines ou de grosses pierres, on ait la précaution de les enlever et de diviser les grosses mottes de terre rencontrées au cours du travail.

Le défoncement nécessite une grande surveillance, car il arrive bien souvent que les ouvriers qui en sont chargés ne suivent pas les indications données. Le surveillant doit constamment vérifier la profondeur du défoncement à l'aide d'une tige de fer effilée à une extrémité et jauger à la profondeur convenue.

Le prix de revient du défoncement varie suivant la nature du sol, suivant les difficultés que les ouvriers rencontrent au cours de l'opération, et ainsi que nous l'avons expliqué plus haut, suivant leurs aptitudes en raison de leur nationalité. (Voir tableau).

La surface du sol après le défoncement présente d'ordinaire un fort soulèvement variant de 20 à 30 centimètres, selon la quantité et la qualité de la terre. Mais dès que les terres retournées reçoivent les pluies, elles se tassent peu à peu, de telle sorte que deux années suffisent pour les ramener à peu près à leur ancien niveau.

---

§ 6. — **Prix de revient du défoncement à bras d'homme, suivant la nature du sol.**

Dans le Sahel d'Alger, l'Atlas, la Kabylie, le Dahara, sur les versants des hauts plateaux, les prix du défoncement atteignent de 0,10 à 0,35 centimes le mètre cube. (Voir le tableau ci-dessus : *Main-d'œuvre*).

Voici les prix de revient que nous avons établis dans les chantiers où nous avons été appelé comme expert ou à diriger.

DÉSIGNATION de la NATURE DE LA TERRE		CUBE	PROFONDEUR	PRIX du MÈTRE CUBE	PRIX de L'HECTARE
Sablonneuse	1re espèce	5.000	0m50.	0,10	500
Friable	2me —	—	0m50.	0,13	650
Moyenne	3me —	—	0m50.	0,18	900
Demi dure	4me —	—	0m50.	0,25	1.250
2/3 dure	5me —	5.500	0m55.	0,30	1.650
Dure	6me —	6.000	0m60.	0,35	2.100
Très dure à rognons	7me —	6500.	0m65.	0,50	3.250

Ces prix devront subir une augmentation de 12 0/0 pour frais généraux, comprenant l'intérêt du capital, les outils et la surveillance.

---

§ 7. — **Défoncement à la charrue actionnée par les animaux.**

Le colon n'a pas toujours des appareils à vapeur à sa disposition. Hâtons-nous de dire que le défoncement par la charrue attelée directement suffit toujours dans les terres légères et souvent même dans les terres de deuxième espèce un peu plus fortes, surtout si le sous-sol sablonneux permet à la charrue de pénétrer à une bonne profondeur.

Les types de charrues défonceuses sont nombreux, mais peu sont vraiment pratiques dans notre colonie. De toutes celles que nous avons essayées, dans la pratique, c'est la défonceuse *Vernette* qui a le mieux rempli son rôle jusqu'à présent. Elle est très répandue dans le département d'Alger où elle a permis d'exécuter des défoncements considérables, lorsque ses organes étaient en bon état et que sa mise en train était convenablement dirigée.

Dans la situation reculée où se trouvent quelquefois nos colons, il peut leur être difficile de se procurer la *force nécessaire* pour faire mouvoir un appareil. Rappelons à cet égard le conseil que nous leur avons donné si souvent, déjà, de se réunir en syndicat, de faire appel à la puissance de l'association.

L'acquisition de défonceuse à frais commun leur permettra d'effectuer chaque année des défoncements avantageux, dont le coût sera presque insignifiant en présence de l'apport de chacun.

Quant à la force de traction, elle sera sous la main directe de ceux qui en auront besoin, car il est peu de villages où chaque colon n'ait pas quelques bœufs en repos après les semailles ordinaires.

Prenons, par exemple, un village de 50 feux où 40 colons possèdent chacun 4 bœufs dont 2 disponibles, soit 160 bœufs prêts à défoncer, et admettons aussi qu'il faille 135 journées d'animaux pour défoncer et herser 1 hectare 21 ares que l'on ferait chaque journée de travail.

Comme on peut travailler les mois de mars, avril et mai, on arriverait à faire pendant ce temps au moins 90 hectares de défoncement, c'est-à-dire une valeur minimum de 18,000 francs environ par village.

Si, maintenant, nous admettons 200 villages ayant travaillé de la sorte nous nous trouverons en présence d'un accroissement de richesse coloniale de plus de trois millions par an, sans compter l'avenir.

L'association ne rendrait pas seulement des services au point de vue de la facilité et du bon marché des travaux agricoles; elle permettrait encore à nos colons de se procurer des capitaux, car, il faut bien le dire, le capital français, qui se jette si aveuglement dans certaines spéculations étrangères, prend difficilement le chemin de l'Algérie.

C'est à l'association qu'il convient de suppléer à l'insuffisance des capitaux d'exploitation. La clef de la situation est là et non ailleurs.

Le défoncement par les animaux coûte moins cher que celui qui est exécuté au moyen de la machine à vapeur ou de la pioche.—Malheureusement le travail fait par le moyen des animaux directement, si vigoureux et si bien conduits qu'ils soient, ne vaut jamais le défoncement à la pioche. Il doit être limité aux terres moyennement résistantes car il ne pénètre qu'à une profondeur insuffisante dans les terres dures.

Le défoncement exécuté par l'emploi des animaux se fait de plusieurs façons, soit en une seule opération, soit en deux.

Le défoncement fait en une seule opération, c'est-à-dire en un seul labour, est inférieur à celui qui est fait en deux fois ou en deux labours ; mais il revient à meilleur marché et il est plus facile à pratiquer.

Cette constatation étant établie, nous allons maintenant nous occuper du défoncement à deux opérations.

PREMIÈRE OPÉRATION

La première opération du défoncement est très importante ; elle a pour but de bien soulever la surface du sol.

Nous conseillons, à cet effet, de se servir de la charrue à double versoir, système Brabant, soit de Bajac ou de Fondeur (fig. 146).

Fig. 146. — Charrue système Brabant double.

C'est un instrument qui trace et fouille assez profondément, tout en retournant complètement les sillons. Cette charrue, pour son travail en terre moyenne, est traînée par 16 bœufs.

Elle doit être préparée avec soin; il faut que le soc et le coutre soient bien aiguisés à la meule, de façon à pénétrer facilement dans le sol à 25 ou 30 centimètres de profondeur.

DEUXIÈME OPÉRATION

Lorsque la charrue à deux versoirs a terminé ce premier labour, on doit achever le défoncement au moyen de la charrue Vernette n° 6, dont nous donnons ci-dessous le dessin (fig. 147).

En terre moyenne, on peut pénétrer à la profondeur de 0^m45 maximum, étant donné que le sol a été déjà labouré à 0,25 centimètres.

Fig. 147. — Charrue défonceuse de Vernette.

Pour procéder à cette seconde opération, il faut atteler à cette forte charrue au moins 24 bœufs ou 18 mulets en bon état de traction.

Les attelages seront réunis à un cable en fil d'acier accroché à la tête de la charrue. Chaque toucheur est à côté de ses 8 bœufs et le laboureur n'a qu'à tenir les mancherons de cette charrue qui n'éprouve pas de trépidation si l'on a eu soin de mettre à l'arrière un lest variant de 50 à 60 kilog. ou une forte roulette à l'avant-train.

Le labour de défoncement doit couper en travers les sillons du premier labour. Cette manœuvre a pour but de mieux diviser la terre en la mélangeant et de la rendre plus meuble.

Cette deuxième opération terminée, il faut procéder à un hersage très énergique qui sera exécuté avec un soin tout particulier.

En résumé, le prix de revient de ces deux opérations, y compris le hersage, s'élève, pour 1 hectare, à la somme de 207 fr. 09 c. ainsi que le prouvent les chiffres suivants :

PRIX DE REVIENT DU DÉFONCEMENT PAR LES ANIMAUX, PAR HECTARE

1re Opération en terre de 3me espèce

3 journées de 16 bœufs à 1 fr.	48	00
3 journées de 2 toucheurs à 2 fr. . . .	12	00
3 journées de 1 laboureur à 3 fr. 50. . .	10	50
Frais généraux 12 °/₀	8	46

78f. 96

2me Opération

3 journées de 24 bœufs à 1 fr.	72	00
3 journées de 3 toucheurs à 2 fr	18	00
3 journées de 1 laboureur à 3 fr. 50 . . .	10	50
Frais généraux 12 0/0	12	05

112 55

Hersage très énergique

1 journée de 10 bœufs à 1 fr.	10	00
1 journée de 2 toucheurs à 2 fr.	4	00
1 journée de 1 laboureur à 3 fr. 50 . . .	3	50
Frais généraux 12 0/0	2	08

19 58

Prix de revient du défoncement à 0,45 c/m de profondeur   207f. 11

---

§ 8. — Défoncement en une seule opération

Le défoncement d'un terrain peut se faire en une seule fois avec une forte charrue menée par des animaux ; mais, avec l'ancienne charrue Vernette dont nous avons parlé plus haut, la traction était très pénible si l'on voulait pénétrer profondément du premier coup. C'est pourquoi nous conseillons le nouveau mode.

M. Vernette, s'étant rendu compte de la résistance de nos terrains, a perfectionné son système. — Il a construit une nouvelle charrue défonceuse qui, traînée par 20 chevaux ou 30 bœufs directement, pénètre jusqu'à 45 et même quelquefois 50 centimètres de profondeur, dans des terrains moyens de 3me espèce.

La charrue nouvelle de M. Vernette, que nous reproduisons ci-dessus (fig. 148) est fixe et marche bien dans la raie, sans que le laboureur ait besoin de la tenir, puisque son conducteur est assis sur un siège. Elle peut être actionnée directement, soit par des animaux, soit par l'entremise d'un treuil, ou par la vapeur.

Depuis quelques temps, on préfère défoncer le sol en une seule fois à l'aide du treuil mis en mouvement par 8 chevaux de trait.

Fig. 148.— Charrue défonceuse de M. Vernette, n° 8.

Le treuil, que la figure 149 nous représente, est facilement installé sur deux barres de fer à double T fixées par quatre fiches en fer plongées dans le sol.

Fig. 149. — Treuil mû par des animaux, système Vernette.

Depuis quelques temps on a essayé un nouveau système de charrue désigné sous le nom de *charrue défonceuse à deux étages* (fig. 150).

Fig. 150. — Charrue défonceuse à deux étages.

Elle possède deux corps de socle travaillant dans la même raie, mais l'un plus profondément que l'autre ; de là son nom : charrue à deux étages. Les mottes sont plus petites que celles occasionnées par les charrues à simple versoir. En outre, l'appareil est muni d'un guide gouvernail qui permet de maintenir le sol dans son sillon.

PRIX DE REVIENT DU DÉFONCEMENT PAR LES ATTELAGES
TIRANT DIRECTEMENT DANS LE SILLON

3 journées 1/2 de 32 bœufs à 1 fr	112 00	
3 journées 1/2 de 4 toucheurs à 2 fr. . .	28 00	152 f. 25
3 journées 1/2 de 1 laboureur à 3 fr. 50 .	12 25	

Hersage énergique

1 journée de 10 bœufs à 1 fr.	10 00	
2 journées de 2 toucheurs à 2 fr.	4 00	17 50
1 journée de 1 laboureur à 3 fr. 50. . . .	3 50	

Prix de revient d'un hectare défoncé. . . .	169 75	

Remarque qui a bien son importance : ce travail est accompli sans grand effort et sans cause de dépérissement pour les animaux.

PRIX DE REVIENT DU DÉFONCEMENT PAR L'INTERMÉDIAIRE DU TREUIL

5 journées de 8 chevaux à 2 fr.	80 f. 00	
5 journées de 1 conducteur chevaux à 2 fr.	10 00	
5 journées de 1 conducteur machine à 3 f. 50	17 50	122 f. 50
5 journées de 1 conducteur surveillant à 3 f.	15 00	

Hersage énergique

1 journée de 10 bœufs à 1 fr.	10 00	
2 journées de 2 toucheurs à 2 fr. . . .	4 00	17 f. 50
1 journée de 1 laboureur à 3 fr.	3 50	

Prix de revient d'un hectare défoncé . . .	140 00	

En résumé, il résulte de ces divers systèmes que la charrue à treuil accomplit son travail avec sécurité et économie.

---

§ 9. — Défoncement à la Charrue à vapeur.

Pour la rapidité de l'opération et le bas prix du travail, aucun appareil de défoncement ne vaut la charrue mue par une ou plusieurs locomotives routières à vapeur. — Le planteur de vigne, en Algérie et en Tunisie, doit donc recourir à ce système toutes les fois qu'il le peut.

Il ne doit pas perdre de vue que, dans une création de vignoble, il faut procéder, non-seulement avec économie, mais encore et surtout avec rapidité, afin d'atteindre le plus tôt possible la période de rapport.

Le labourage à vapeur répond parfaitement à cet objectif; aussi est-il pratiqué en Algérie sur une certaine échelle et avec succès.

Plusieurs appareils de labourage à vapeur fonctionnent dans le département d'Alger et de Constantine. — Nous devons signaler en première ligne l'appareil *Folwer*, à 2 locomotives routières de la force de 22 chevaux fonctionnant pour défoncement profond ; vient ensuite l'appareil *Folwer*, à une seule locomotive et à *ancre*, de la force de 16 à 18 chevaux-vapeur, pour défoncement ordinaire.|

L'appareil Folwer, à deux locomotives routières, peut servir aux deux fins.

La plus puissante de ces machines, est figurée par le n° 11, dont la force nominale est de 22 chevaux-vapeur (fig. 151), c'est-à-dire qu'elle représente la force de traction de 60 bœufs au moins pour un sol de moyenne résistance.

Fig. 151. — Locomotive routière de 22 chevaux-vapeur.

Nous reproduisons cette charrue dans son sillon de creusement (fig. 152).

Comme on le voit, cette charrue entre profondément dans le sous-sol en traçant un sillon de 50 à 60 centimètres de profondeur sur une largeur de 45 centimètres ; on conçoit aisément, à la simple inspection du dessin, que, sous l'action d'une puissance aussi considérable, la

terre ne peut manquer d'être retournée de fond en comble dans toute
la hauteur qui sépare la pointe du soc, de la surface du sol.

Les défoncements à la vapeur sont généralement exécutés en Algérie
par des entrepreneurs à forfait. — Le prix de revient du défoncement
dépend de la nature du sol et de la profondeur des sillons.

Fig. 152. — Charrue défonceuse à vapeur en travail.

Tous les terrains ne sont pas de nature à subir le défoncement par
la vapeur, par exemple ceux qui contiennent des blocs de pierre, des
racines d'arbres, ou des conglomerats très durs ; les obstacles de cette
nature provoqueraient certainement des ruptures de câbles. — Il faut,
dans ce cas, opérer préalablement l'extraction des grosses pierres et

enlever les souches ou racines qui pourraient entraver la marche normale de la charrue défonceuse.

Le palmier nain cependant, dont nous avons signalé la ténacité de vie souterraine, n'offre à la charrue à vapeur qu'un obstacle relatif, et son extraction est presque aussi rapide que la marche normale de l'instrument défonceur.

' Ayant attentivement suivi, pendant plusieurs années, les divers défoncements exécutés dans le département d'Alger où fonctionnent plusieurs appareils à vapeur de différents constructeurs, nos observations nous ont permis d'établir — sur des bases incontestables — les tableaux suivants qui indiqueront les prix comparés du défoncement à vapeur pour chacun des appareils en usage.

A titre complémentaire et pour la clarté de nos explications, nous reproduisons, à la suite des tableaux, le dessin d'une charrue à vapeur en train d'exécuter un labour de 0,50 c/^{m} de profondeur (fig. 153).

PRIX DU DÉFRICHEMENT A VAPEUR

DÉSIGNATION des APPAREILS	NOMBRE de LOCOMOTIVES	NOMBRE de chevaux vapeur par LOCOMOTIVE	NATURE du SOL	PROFONDEUR du DÉFONCEMENT	PRIX de L'HECTARE
Debains	1	12	1re espèce	50	295
			2me —	45	300
			3me —	42	305
			4me —	40	310
			5me —	39	315
			6me —	38	320
Aveling et Porter	2	14	1re espèce	55	325
			2me —	53	330
			3me —	51	335
			4me —	50	340
			5me —	49	345
			6me —	48	350
Mac Laren ou Folwer	2	16	1re espèce	55	325
			2me —	53	330
			3me —	51	335
			4me —	50	340
			5me —	49	345
			6me —	48	350
J. Folwer	2	20	1re espèce	60	325
			2me —	60	350
			3me —	60	375
			4me —	60	400
			5me —	60	425
			6me —	60	450

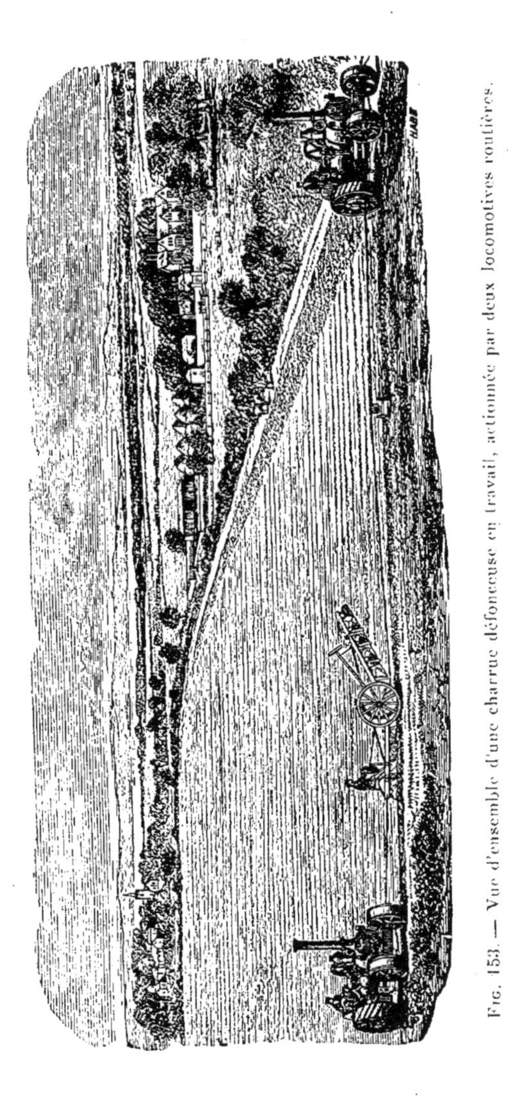

Fig. 153. — Vue d'ensemble d'une charrue défonceuse en travail, actionnée par deux locomotives routières.

TROISIÈME CHAPITRE

CHOIX DES CÉPAGES

à raisins rouges et blancs

SOMMAIRE :

Généralité concernant le choix des cépages rouges et blancs destinés à la production des vins, aux coupages et à la fabrication des eaux-de-vie. — Coloration des vins rouges de coupages, tableaux n°s 1, 2, 3, 4, 5. — Tableau pour les vins rouges ordinaires, tableau n° 6. — Tableaux pour vins rouges bons ordinaires, tableaux n°s 7, 8, 9, 10. — Tableaux pour vin rouge grand ordinaire, tableaux n°s 11, 12. — Généralité concernant le choix des cépages blancs destinés à la production des vins blancs. — Tableaux pour grands vins blancs, tableaux n°s 13, 14. — Tableaux pour vin de Vermuth, tableaux n°s 15, 16. — Tableaux pour vin de Madère, tableaux n°s 17, 18. — Tableaux pour vins blancs ordinaires, tableaux n°s 19, 20. — Tableaux pour vins blancs bons ordinaires, tableaux n°s 21, 22. — Tableaux pour grand vin blanc ordinaire, tableaux n°s 23, 24. — Tableaux pour grand vin blanc supérieur, tableaux n°s 25, 26. — Tableaux pour grand vin de dessert, tableaux n°s 27, 28. — Tableaux pour grands vins de dessert algériens et de muscat, tableaux n°s 29, 30. — Tableau des cépages destinés à produire des eaux-de-vie, tableau n° 31.

CHOIX DES CÉPAGES

A RAISINS ROUGES ET BLANCS

---

§ 1. — Généralité concernant le choix des Cépages à raisins rouges et blancs.

Les nombreuses tribus que l'on cultive en Europe sont très variées ; on les retrouve en grande partie sur le continent africain, notamment en Algérie et en Tunisie où elles ont été importées un peu au hasard par les émigrants qui sont venus s'y fixer. Aussi, nous ne saurions trop encourager nos viticulteurs à faire un classement judicieux des cépages qu'ils trouveront déjà acclimatés dans notre colonie.

Les observations que nous avons faites depuis 30 ans sur la valeur composée des différents cépages répandus dans ce pays, nous ont convaincu que tous sont loin de présenter en Afrique la même résistance à la chaleur et aux influences climatériques.

Tout d'abord, mettons en garde nos colons viticulteurs contre une tendance dont nous avons souvent constaté les fâcheux effets ; nous voulons parler de l'entraînement qui pousse vers la production exclusive des *grands vins*.

Sans doute, les qualités exceptionnelles peuvent donner des bénéfices considérables dans certains cas, encore rares dans nos vignobles. On peut dire qu'il y a plus de consommateurs que de connaisseurs. — C'est donc encore la grande production qui semble à notre époque la garantie la plus certaine et la plus constante d'une culture largement rémunératrice.

Les vins de l'Afrique Française doivent, en vue des exigences commerciales, représenter les facteurs suivants :

1° Quantité ;
2° Qualité proprement dite ;
3° Puissance alcoolique ;
4° Coloration franche et foncée ;
5° Goût franc, soit neutre, soit aromatique ou relevé agréable :
6° Limpidité ;
7° Solidité et fermeté à la conservation.

En général, les consommateurs de notre époque réclament surtout des vins colorés ; dans ce nombre, beaucoup sont incapables de juger de la véritable qualité des produits qui leur sont offerts ; aussi quelques gourmets seulement savent-ils apprécier la valeur des vins, soit blancs, soit colorés. Quant à présent, il faut constater la préférence des consommateurs sans la discuter et se mettre en mesure de répondre à la demande, sans chercher à modifier leurs goûts.

Répétons, encore une fois, qu'avec un bon choix de cépages, on peut obtenir dans le nord de l'Afrique Française des vins très recherchés, soit sur coteaux, soit même en plaine et citons particulièrement nos vins blancs, dont la production déjà importante fait le plus grand honneur à notre pays d'adoption.

En effet, les vins blancs d'Algérie et de Tunisie ne le cèdent en rien aux meilleurs d'Espagne, du Portugal, d'Italie et de Grèce, etc. ; nous osons même dire que plusieurs de nos crûs sont déjà classés au premier rang.

Notre colonie peut donc compter dans un avenir prochain sur un large et facile écoulement de ses vins blancs et rouges.

L'envahissement du phylloxéra en Europe a exercé une influence funeste, non-seulement sur la fortune des viticulteurs, mais encore sur la santé des populations laborieuses qui, à défaut de vins naturels, se sont mises à boire des liqueurs alcooliques présentées sous toutes les apparences et les noms les plus attrayants.

L'Afrique Française est donc appelée à rendre, sous ce rapport, des services signalés à l'hygiène publique, en mettant à la disposition de tous des vins salubres, agréables et fortifiants.

Il appartient aux commissions d'hygiène, qui constatent chaque jour avec effroi les ravages causés dans les populations ouvrières par l'abus toujours croissant des liqueurs alcooliques, d'indiquer hautement le remède au mal, qui consiste simplement à propager sur une large échelle l'usage des vins naturels, soit blancs, soit rouges, secs et doux, tels que l'Algérie et la Tunisie peuvent les produire, en quantité suffisante pour répondre aux besoins de la consommation française et étrangère.

Avant de pénétrer dans les détails des tableaux spéciaux que l'on trouvera ci-dessous et qui indiquent la répartition proportionnelle des différents cépages à planter, en vue de créer un vignoble déterminé suivant la situation, l'exposition et la nature du sol, il importe de résumer ici, sous forme de conseils pratiques, les observations générales auxquelles donne lieu le choix des cépages dans ce pays.

Comme d'ailleurs la composition d'un vignoble doit évidemment varier suivant la situation, l'exposition et la nature du sol qu'elle représente, on trouvera en tête de chacun de ces tableaux, l'indication des situations, de l'exposition et la nature du sol, auxquelles répond la combinaison des cépages recommandés.

En effet et nous insistons, l'Afrique Française étant particulièrement appelée à fournir au centre et au nord de l'Europe des vins de coupages et de consommation directe, il importe de ne pas perdre de vue les succès que nos vins ont obtenu, sous ce rapport, dans divers concours et aux expositions, tant nationales que régionales ou étrangères.

Il importe donc de créer des plantations bien étudiées, en vue de la production de vins extra foncés et alcooliques, destinés aux coupages et à la consommation directe ; car il n'est pas douteux que d'ici quelques années nous défierons et vaincrons pacifiquement la concurrence étrangère. Mais surtout, pressons nos créations, soit entières, soit en modifiant celles déjà existantes, afin d'arriver *bons premiers* sur les marchés d'Europe et y prendre le plus tôt possible la situation suprême à laquelle nos produits nous donnent droit, place enviée que les désastres causés par le phylloxéra ont rendu vacante.

Nous donnons dans le paragraphe suivant, qui traite de la *Coloration des Vins*, la désignation des principaux cépages à pellicules et à jus rouges et ceux à pellicules simplement colorés.

§ 2. — Coloration des Vins rouges.

L'étude sur la valeur colorimétrique et alcoolique de chaque cépage utilisable dans notre colonie, nous a conduit à expérimenter sur les goûts et le degré de résistance à la durée.

Nous relevons de cette étude *que plus un vin est relevé et alcoolique, plus il peut améliorer un vin plat ou un vin très coloré ayant un caractère d'âpreté*, tel que le Petit-Bouschet ; ce vin s'améliore considérablement par une addition de vin blanc, soit de Clairette, soit d'Ugni blanc, dans des proportions déterminées suivant les goûts et les circonstances indiquées dans nos tableaux.

Les cépages hybrides de M. Bouschet, de Bernard, sont généralement très colorés, notamment le Petit-Bouschet que nous avons cité plus haut, dont le goût est âpre comme celui de l'encre (à base de noix de galle) ; il possède une grande quantité de matières colorantes extractives composées en majeure partie d'acides libres où le tannin domine.

Au contraire, les vins *rouges pâles, roses ou blancs,* sont généralement assez pauvres en tannin.

La matière colorante du vin rouge est généralement contenue dans la pellicule et quelques fois dans la pulpe charnue. Dans la pellicule, elle est plus ou moins abondante et renfermée dans de petites cellules ou sortes de cloisons entrelacées dont le tissu membraneux constitue l'enveloppe épidermique du grain de raisin.

La matière colorante de la pulpe est toujours moins foncée que celle contenue dans l'épiderme ; elle semble être d'une constitution plus sensible à l'action de la lumière.

Nous avons fait un classement des principaux cépages qui possèdent leur matière colorante dans la pellicule et dans le jus et, faisant suite, ceux dont la couleur existe seulement dans la pellicule.

CÉPAGES ROUGES dont la pellicule et le jus soient colorés :

Teinturier mâle ;	Alicante Bouschet ;	Terret Bourret ;
D'Keur-el-Aneb ;	Alicante Henri Bouschet ;	Aspiran Bouschet ;
Petit-Bouschet ;	Aramon Teinturier Bouschet ;	Piquepoul Bouschet.

CÉPAGES ROUGES dont la pellicule est seulement rouge :

Aramon ;	B'zoul el Kadem ;	Morastel ;
Amhor bou Amhor ;	Carignane ;	Œillade ;
Aïne-Amokran ;	Cabernet ;	Piquepoul ;
Aïne-Zitoun ;	Cinsaut ;	Pineau noir ;
Ameur-el-R'eub ;	Frenkenthal ;	R'herbi ;
Brun Fourca ;	Grenache Alicante ;	Soultaniesch ;
Beni-Messirah ;	Grillah ;	Syrah ;
Beni-Salem ;	Mondeuse ;	Terret Bourret ;
Beni-Abes-Lekhal ;	Mourvèdre ;	Toustain.

Notons, en passant, que la nature du sol joue un grand rôle dans la formation des matières colorantes des vins. Les terrains calcaires, recouverts d'argiles sablonneuses rouges, donnent une couleur plus foncée que celle obtenue dans les argiles pures ; les terrains sablonneux donnent, au contraire, des vins beaucoup moins colorés, parce qu'ils ne procurent pas à la plante les éléments de réaction chimique qui leur sont nécessaires.

Parmi les vins rouges assez relevés qui peuvent être incorporés aux vins très rouges que nous avons signalés (cépages rouges teinturiers), nous pouvons citer en première ligne l'Hasseroum-Lekhal, l'Œillade, le Cinsaut et la Mondeuse. — En ce qui concerne les cépages blancs, qui peuvent également entrer en combinaison avec eux, le Pedro-Ximénès, principalement, et ceux cités dans les deux ampélographies sont normalement indiqués.

Expliquons ici, en passant, que la matière tinctoriale des vins rouges a une tendance à se précipiter après quelque temps de repos.

Comment peut-on maintenir la couleur des gros vins rouges dans un état de suspension permanente ?

On sait que la majeure partie de la substance tinctoriale est légèrement plus dense que la moyenne du liquide ; elle tend, par conséquent, à descendre à la base du liquide en se précipitant. Aussi, pour la maintenir, il est nécessaire d'augmenter le degré alcoolique du vin et l'équilibrer par une légère addition de tannin.

Les vins blancs entièrement tanisés sont très propres à cet usage, parce qu'ils sont plus alcooliques que les rouges et qu'ils peuvent être tanisés facilement sans se troubler.

Les raisins blancs mûrissent quelque temps après les raisins teinturiers ; on peut donc profiter de cette circonstance pour les employer à augmenter la stabilité de la couleur, surtout dans les *Bouschets*.

Voici un procédé qui réussit toujours et produit un bon effet dans son résultat :

Lorsque le Petit-Bouschet a terminé sa fermentation, on presse vivement les marcs que l'on conserve ensuite à l'abri de l'air dans une amphore jusqu'au moment des vendanges des raisins blancs, c'est-à-dire environ un mois après. — La conservation est beaucoup plus facile dans une amphore que dans un foudre ou une cuve ouverte, parce que la couche d'acide carbonique qui surnage au-dessus des marcs ne peut s'échapper, soit par les pores du bois, soit par l'ouverture qui est étanche.

Au moment où on introduit le raisin blanc foulé dans la cuve amphore à fermenter, on y ajoute au fur et à mesure des marcs conservés de Petit-Bouschet. Le vin qui en résulte est d'un beau rouge, très riche en alcool et en tannin, et sert à additionner le vin de goût de Petit-Bouschet.

Le vin d'ensemble de cette opération pèse environ 11° 1/2 à 12° 1/2 d'alcool ; il est généralement d'un rouge vif, supérieur comme goût au vin de *goutte* de première cuvée. Il représente une valeur supérieure de 10 0/0. Je me hâte de dire que si je conseille ce procédé, c'est que je l'ai pratiqué souvent depuis 1885 et qu'il m'a toujours réussi.

La matière colorante dont nous parlions tout à l'heure est plus ou moins tenace dans les cellules où elle est logée, et son extraction en est plus ou moins difficile, suivant le cas. — Lorsque le raisin a été saisi et échaudé par le siroco, la matière colorante est plus difficile à extraire que dans le cas contraire.

Pour établir la comparaison des nuances, nous nous sommes contenté de les classer suivant les apparences du vin après leur fermentation. — Quant à la valeur d'intensité, au point de vue numérique, nous avons pris comme base conventionnelle :

10 coloriés contenus dans le raisin mâle (teinturiers)

et pour rendre tout à fait pratique cette manipulation, nous avons adopté la méthode de la *mesure de l'intensité colorante* imaginée par M. Salleron.

M. Dujardin [1] en donne la description suivante :

« La mesure de l'intensité colorante des vins est aujourd'hui une « question très importante, surtout lorsqu'il s'agit des vins dits de

---

[1] *Essai Commercial des Vins et Vinaigres.* 1892, p. 180.

« coupages. La plus grande partie des vins de grande consommation,
« les gros vins du Midi, ceux qui sont importés d'Espagne, de Portugal,
« d'Italie, de Dalmatie, etc., sont surtout destinés à être coupés avec
« des vins légers du Centre ou de l'Ouest de France. Pour savoir
« exactement dans quelles proportions ces coupages doivent être faits
« et pour les obtenir toujours semblables, il faut connaître le degré
« d'intensité colorante de ces vins et de ceux avec lesquels on les
« mélange. »

Le moyen le plus élémentaire et, disons-le, le plus employé pour
examiner la couleur du vin, est la tasse à dégustation, dont les formes
unies ou bossuées sont surtout destinées à réfléter la lumière et accentuer ainsi la limpidité du liquide.

On emploie également des petits tubes en verre, aussi semblables
que possible entre eux, dans lesquels on examine le vin par transparence (fig. 154).

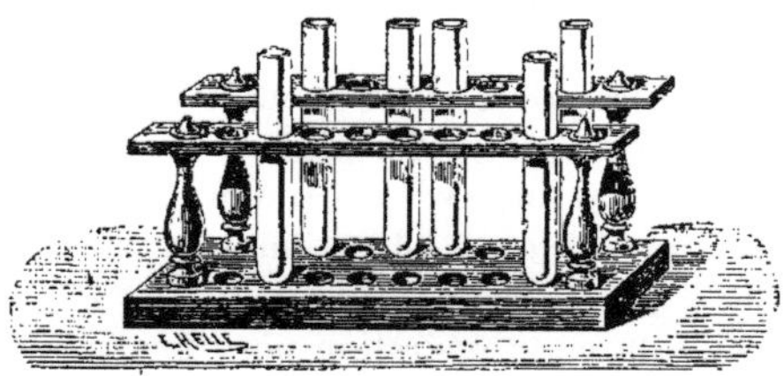

Fig. 154. — Tubes pour examiner la coloration.

On compare encore très commodément la différence d'intensité colorante de plusieurs vins, à l'aide d'une auge en cristal séparée en deux
compartiments de capacité égale.

Mais ces procédés sont tous très approximatifs et pour dire, par
exemple, qu'un vin possède *une* ou *deux couleurs*, il faut se servir
d'un instrument qui *mesure* son intensité colorante ; ce résultat est
très facilement obtenu à l'aide du vino-colorimètre Salleron (fig. 159),
dont nous donnons la description technique avant de présenter le
dessin de l'appareil en entier.

Aujourd'hui, l'emploi de cet instrument est très vulgarisé et il y a
peu de vins dont l'intensité colorante n'ait été mesurée à l'aide de cet
ingénieux appareil.

Pour arriver à la construction d'une gamme *vino-colorimétrique*,
M. Salleron a comparé les teintes des diverses variétés de vins rouges
aux *cercles chromatiques* que M. Chevreul a créés à la manufacture de
tapis des Gobelins, lesquels contiennent, classés et numérotés, des
écheveaux de laine de toutes les nuances que l'art peut être appelé à
reproduire. Il a constaté, de la sorte, que les vins les plus violets
atteignent le point de la gamme des couleurs franches que M. Chevreul

appelle le *violet rouge*. Les vins vieux les plus passés (nous parlons au point de vue commercial), descendent jusqu'au *troisième rouge* de la même gamme. Entre et y compris ces deux couleurs *violet rouge* et *troisième rouge de couleur franche*, il existe — aux Gobelins — dix gammes intermédiaires que M. Chevreul a nommées :

VIOLET ROUGE	1er violet rouge 2me — 3me — 4me — 5me —	**ROUGE**	1er rouge 2me — 3me — 4me — 5me —

Ces dix couleurs et leurs désignations actuelles qui composent une véritable gamme vinico-colorimétrique, ont servi à M. Salleron, non-seulement à dénommer toutes les couleurs des vins, mais encore à déterminer leur intensité.

La comparaison d'un liquide, tel que le vin, à celle d'un écheveau de laine ou d'un morceau d'étoffe teinte, présentait bien des difficultés ; mais, après de nombreux tatonnements, M. Salleron les a résolues et s'est arrêté au procédé suivant :

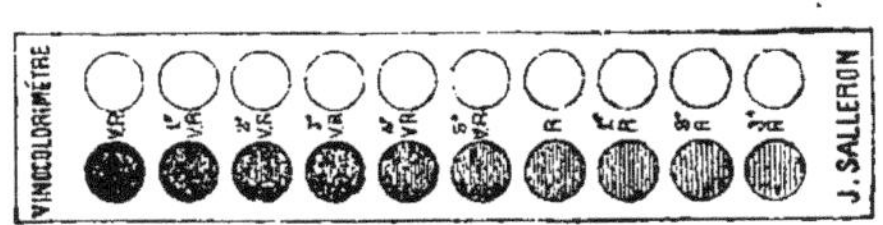

Fig. 155. — Gamme vino-colorimétrique.

Il a fait teindre une série de rubans de satin de soie, rigoureusement échantillonnés, d'après les types des Gobelins, et dont chacun reproduit très exactement l'un des numéros de la gamme ci-dessus désignée.

Il a collé ensuite, sur une bande de carte, des disques découpés dans ces mêmes rubans de satin, en les disposant les uns au-dessus

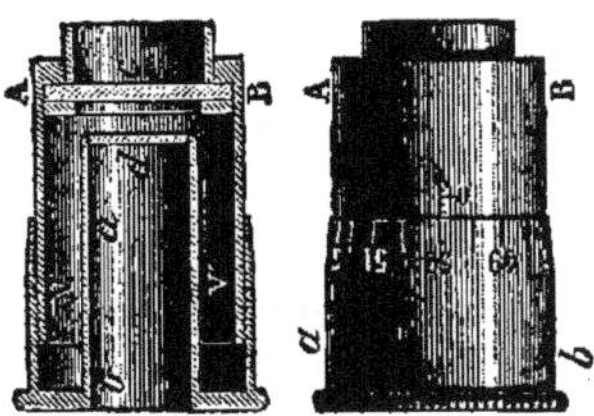

Fig. 156 et 157. — Lunette de vino-colorimètre (coupe et élévation).

des autres (fig. 155), depuis le violet rouge jusqu'au troisième rouge ; enfin, à côté de ces mêmes disques colorés, il a collé une autre série de disques semblables en satin blanc parfaitement incolore.

Il nous reste à montrer maintenant comment cette gamme chromatique va servir de colorimètre. Elle est accompagnée d'une petite lunette (fig. 156 et 157) composée d'un godet en cuivre argenté A B et à fond de verre c, dans lequel entre un tube de même métal *a b*, fermé lui-même par un disque de verre *d* ; l'écartement des deux verres est invariable au moyen d'un pas de vis, de sorte qu'en versant du vin dans le godet extérieur, l'épaisseur de la couche vineuse interposée entre les deux verres est aussi variable. L'écartement des deux glaces s'obtient au moyen d'une vis micrométrique qui permet de mesurer l'épaisseur de la couche liquide avec une très grande précision.

Ce colorimètre A est fixé sur un petit support s incliné à 45° (fig. 158) ; une seconde lunette semblable B, dont les deux disques de verre sont fixes, est placée sur le même support à côté de la première et à une distance à peu près égale à celle de l'écartement des yeux. Pour faire usage de cet appareil, on opère de la manière suivante :

Dans la lunette à verres mobiles appelée le *colorimètre*, on verse quelques centimètres cubes de vin ; on fixe l'appareil sur son support et l'on fait glisser sous ce dernier la gamme colorée G H (fig. 158).

Fig. 158. — Essai au vino-colorimètre.

L'un des disques rouges se trouve en face de la lunette à verres fixes et l'un des disques de satin blanc en face du colorimètre A, de sorte qu'en regardant au travers des deux lunettes en même temps, on voit, l'un à côté de l'autre, deux disques colorés, le premier à un des tons de la gamme, et l'autre ton rouge formé par la couche vineuse colorant le disque de satin blanc.

Généralement le disque coloré par le vin ne ressemble pas au disque de la gamme, il est trop violet ou trop rouge et, en outre, trop clair ou trop foncé ; il faut cependant obtenir leur parfaite ressemblance. Si la teinte du vin est trop intense, on enfonce le tube intérieur dans le vin afin de diminuer l'épaisseur de la couche vineuse interposée entre les deux verres ; l'intensité de la couleur diminue rapidement. Quand elle est à peu près égale au ton de la gamme, on juge mieux de l'identité de la nuance ; on fait alors glisser la gamme sous les lunettes, afin de changer le disque observé, et l'on trouve bien vite celui qui présente (fig. 159) exactement la même couleur. Si les deux disques colorés sont absolument identiques, comme couleur et comme hauteur de ton, l'instrument nous donne la dénomination complète du vin observé au point de vue de sa coloration. La gamme nous dira, par exemple, que le *nom* de la couleur est le 4ᵐᵉ violet rouge et si l'épaisseur de la couche vineuse est 150,[1] nous en déduisons que, sous l'épaisseur de 150 centièmes de millimètre, le vin présente la même intensité que la gamme des Gobelins, prise pour type. Dès lors, en abrégeant, nous dénommerons ce vin 4ᵐᵉ violet rouge 150.

Mais quelle valeur peut avoir ce chiffre 150, quelle part pourrons-nous en tirer, qu'elles seront les conséquences à en déduire?

N'oublions pas que le nombre 150 représente l'épaisseur de la couche sous laquelle la coloration du vin essayé est aussi intense que celles des nuances types. Or, plus ce chiffre est élevé, plus la couche de vin est épaisse, et, par conséquent, moins le vin est coloré ; c'est-à-dire que les intensités sont en raison inverse des épaisseurs.

Fig. 159. — Vino-colorimètre, de M. Salleron.

Si donc nous essayons un autre vin qui nous donne le chiffre 75, nous en conclurons que ce dernier, ayant la même intensité que le précédent sous une épaisseur moitié moindre, est nécessairement deux fois coloré.

En général, pour obtenir le rapport qui existe entre la coloration de deux vins, il faut diviser leurs épaisseurs l'une par l'autre.

Jusqu'ici chaque négociant s'est créé, pour son usage particulier, un type coloré qu'il dénomme *unité de couleur*, et à laquelle il rapporte toutes ses opérations. Ce type ne repose évidemment sur aucune base scientifique et sa reproduction ou seulement sa conservation représente des difficultés insurmontables. Le vin à colorimètre répond aux besoins du commerce en fixant la valeur exacte d'une unité colorée dont la reproduction identique soit toujours assurée et qui puisse être adoptée

<hr>

(1) Le pas de vis du colorimètre est de 1 millimètre subdivisé en 100 parties ; l'unité de l'échelle est donc le centième du millimètre.

— 62 —

d'une manière générale ; c'est ainsi que M. Salleron a choisi comme type la coloration moyenne du vin de coupage, vendu par le commerce en gros de Paris.

Si l'on compare, en effet, l'intensité colorée de tous les vins livrés par les commerçants en gros, on la trouve à fort peu de chose près identique pour tous les échantillons, et la moyenne de toutes les déterminations que nous avons été amené à faire nous a donné le chiffre de 300. de l'échelle de notre vino-colorimètre. Dès lors, on peut considérer comme type de *l'unité de couleur*, le vin qui, sous l'épaisseur de 300 centièmes de millimètre, possède une intensité égale à l'une des teintes de l'échelle vino-colorimètrique.

Il en résulte qu'un vin indiquant au vino-colorimètre le chiffre de 150, contient $\frac{300}{150} = 2$ couleurs ; celui qui marque 100 contient trois couleurs, etc.

TABLEAU

représentant la valeur colorimétrique de quelques vins provenant de cépages cultivés dans le nord de l'Afrique française.

NOMS DES CÉPAGES	DÉSIGNATION DE LA NUANCE	TERRAINS EN PLAINE			TERRAINS EN COTEAU					
		TERRE fertile	TERRE 2/3 fertile	TERRE 1/3 fertile	Calcaire 1 Argile 4 Silice 4		Calcaire 3 Argile 4 Silice 3		Calcaire 5 Argile rouge 3 Silice 2	
					couleur		couleur		couleur	
Teinturier mâle	très foncé B	60	70	80	8	4	9	2	10	0
D'Ker el Aneb	très foncé B	59	69	78	8	2	9	0	9	8
Petit Bouschet	rouge foncé V	48	56	64	6	7	7	4	8	0
Alicante Henri Bouschet	rouge foncé G	47	55	62	6	5	7	2	7	8
Hasscroum Lekhal	rouge terne	42	49	56	5	9	6	4	7	0
Brun Fourca	rouge violacé	24	28	32	3	4	3	7	4	0
Pinot noirien	rouge peu terne	23	27	30	3	2	3	5	3	6
Gamay noir	rouge peu terne	20	24	27	2	9	3	1	3	4
Morastel	rouge noir V	20	24	27	2	9	3	1	3	4
Carignane	rouge pourpré	20	24	27	2	9	3	1	3	4
Cabernet	rouge terne	18	21	24	2	5	2	8	3	0
Grillah	rose carminé	17	20	22	2	4	2	6	2	8
Cinsaut	rose carminé	12	14	16	1	7	1	8	2	0
Aramon	rouge clair	11	13	14	1	5	1	7	1	8
Grenache	rouge clair	11	13	14	1	5	1	6	1	8
Galb el Tsour	rose carminé	6	7	8	1	3	1	3	1	0

Les nombres fournis par le colorimètre peuvent conduire, par de simples opérations arithmétiques, à la solution de nombreux problèmes intéressants pour le commerce des vins. On en trouvera plusieurs exemples dans la notice [1] qui accompagne l'instrument.

C'est donc, en résumé, sur les principes de M. Salleron que nous avons pu reconnaître la valeur colorimétrique des vins qui figurent à la colonne du tableau spécial ci-dessus.

§ 3. — Composition des Cépages devant fournir des Vins de diverses qualités.

Si chaque espèce des cépages, destinés à rentrer dans un plantier devant fournir des vins de diverses qualités, doit être plantée à part, de façon à éviter toute confusion dans les résultats, il y a encore des viti-culteurs qui recommandent de planter en mélange, pêle-mêle, les diffé-rentes qualités devant former un vin. — C'est là une grave erreur dans laquelle il importe de ne pas tomber, car on court souvent à l'incertitude et à un résultat négatif.

La plantation pêle-mêle nécessite des soins plus attentifs au moment des traitements et surtout à l'époque des vendanges, parce que le débourrement suit une courbe de végétation avec des écarts consi-dérables et une maturité tout à fait irrégulière.

Il ne faudrait pas croire, comme on l'a dit, que le bouquet se révèle mieux dans le cas d'un plantier mélangé ; au contraire, si on fait un vin provenant d'un mélange de plusieurs sortes de cépages, le produit qui en résulte n'hérite d'aucunes qualités particulières, tandis que le vin fait avec un cépage unique porte son caractère et il peut être modifié dans une mesure calculée par l'apport d'une autre proportion au dosage étudié.

Le travail suivant, fruit de mes études particulières depuis de longues années, est appelé à combler une lacune qui existe dans l'ordre de nos plantiers d'Afrique.

En effet, les tableaux que nous donnons, et les autres qui suivent, résument des observations pratiques multipliées. Nous avons l'intime conviction que, présentées sous cette forme synoptique, ces observa-tions guideront utilement nos viticulteurs d'Afrique et contribueront à vulgariser dans ce pays bien-aimé du soleil les notions indispen-sables à tous ceux qui veulent réussir, commercialement parlant, dans la création d'un vignoble.

Et, pour terminer, l'attention du producteur devra particulièrement se porter sur le plantier (tableau n° 5), qui est combiné de façon à assurer aux produits les principaux facteurs que le commerce des vins de coupage réclame aujourd'hui.

---

[1] *De la détermination de la coloration des Vins par le Vino-colorimètre de M. J. Salleron,* Paris 1880.

TABLEAUX SYNOPTIQUES

INDIQUANT

LES DIFFÉRENTS CÉPAGES COMPOSANT UN VIGNOBLE. A CRÉER

soit en plaine, soit en coteau.

VINS ROUGES

Vins rouges de Coupage (tableaux n⁰ˢ 1, 2, 3, 4, 5). — *Vins rouges ordinaires* (tableau n⁰ 6). — *Vins bons ordinaires* (tableau n⁰ˢ 7, 8, 9, 10). — *Vins grands ordinaires* (tableaux n⁰ˢ 11, 12).

VINS BLANCS

Vins blancs pour Vermouth (tableaux n⁰ˢ 13, 14). — *Grand Vin* (tableaux n⁰ˢ 15 et 16. — *Vin blanc de Madère* (tableaux n⁰ˢ 17, 18). — *Vin blanc sec ordinaire* (tableaux n⁰ˢ 19, 20). — *Vin blanc bon ordinaire* (tableaux n⁰ˢ 21, 22). — *Grand Vin blanc ordinaire* (tableaux n⁰ˢ 23, 24). — *Grand Vin blanc supérieur* (tableaux n⁰ˢ 25, 26). — *Grand Vin de dessert* (tableau n⁰ 27). — *Vin de dessert de Tokay* (tableau n⁰ 28). — *Grand Vin de dessert Algérien* (tableau n⁰ 29). — *Grand Vin de dessert de Muscat* (tableau n⁰ 30).

EAUX-DE-VIE

VINS ROUGES

VINS ROUGES DE COUPAGE

NOMS des CÉPAGES	PROPORTION des CÉPAGES	DEGRÉ alcoolique de chaque CÉPAGE	ALCOOL total produit en volume	Coloration moyenne DU VIN	OBSERVATIONS

TABLEAU nº 1. — Plantation en terre fertile en plaine.

NOMS des CÉPAGES	PROPORTION des CÉPAGES	DEGRÉ alcoolique de chaque CÉPAGE	ALCOOL total produit en volume	Coloration moyenne DU VIN	OBSERVATIONS
Petit-Bouschet	90	9 50	8 55	70 à 75	Belle couleur rouge goût un peu dur mais se modifiant en vieillissant.
Clairette.	10	13 50	1 35		
Totaux. . .	100		9 90		

TABLEAU nº 2. — Plantation en terre fertile sur coteau (exposition nord).

NOMS des CÉPAGES	PROPORTION des CÉPAGES	DEGRÉ alcoolique de chaque CÉPAGE	ALCOOL total produit en volume	Coloration moyenne DU VIN	OBSERVATIONS
Petit-Bouschet	90	10 00	9 00	72 à 80	Beau rouge goût moins dur
Pedro-Ximenès. . . .	10	14 50	1 45		
Totaux. . .	100		10 45		

TABLEAU nº 3. — Plantation en terre demi-fertile sur coteau (exposition sud).

NOMS des CÉPAGES	PROPORTION des CÉPAGES	DEGRÉ alcoolique de chaque CÉPAGE	ALCOOL total produit en volume	Coloration moyenne DU VIN	OBSERVATIONS
Petit-Bouschet	90	11 00	9 90	73 à 82	Beau rouge goût neutre
Pedro-Ximenès. . . .	10	15 00	1 50		
Totaux. . .	100		11 40		

TABLEAU nº 4. — Plantation en terre fertile en plaine.

NOMS des CÉPAGES	PROPORTION des CÉPAGES	DEGRÉ alcoolique de chaque CÉPAGE	ALCOOL total produit en volume	Coloration moyenne DU VIN	OBSERVATIONS
Petit-Bouschet	90	9 50	8 55	70 à 75	Beau rouge terne Goût un peu dur
Hasseroum Lekhal . .	10	10 00	1 00		
Totaux. . .	100		9 55		

TABLEAU nº 5. — Plantation en terre fertile en plaine.

NOMS des CÉPAGES	PROPORTION des CÉPAGES	DEGRÉ alcoolique de chaque CÉPAGE	ALCOOL total produit en volume	Coloration moyenne DU VIN	OBSERVATIONS
Alicante Henri Bouschet	100	13 00	13 00	»	Très belle couleur rouge foncé et très bon goût

Plantation en terre fertile sur coteau nord.

NOMS des CÉPAGES	PROPORTION des CÉPAGES	DEGRÉ alcoolique de chaque CÉPAGE	ALCOOL total produit en volume	Coloration moyenne DU VIN	OBSERVATIONS
Alicante Henri Bouschet	100	13 50	13 50	»	

Plantation en terre demi-fertile sur coteau sud.

NOMS des CÉPAGES	PROPORTION des CÉPAGES	DEGRÉ alcoolique de chaque CÉPAGE	ALCOOL total produit en volume	Coloration moyenne DU VIN	OBSERVATIONS
Alicante Henri Bouschet	100	14 00	14 00	»	

VINS ROUGES ORDINAIRES

TABLEAU n° 6. — Indiquant les différents cépages composant un vignoble à créer en terre fertile et en plaine pour produire des vins rouges.

NOMS des CÉPAGES	PROPORTION des CÉPAGES	DEGRÉ alcoolique de chaque CÉPAGE	ALCOOL total produit en volume	Coloration moyenne DU VIN	OBSERVATIONS
Mourvèdre.	15	11	1 65		
Carignane	35	11	3 85		Vin rouge ordinaire
Cinsaut	15	10	1 50		pour le commerce,
Aramon	10	10	1 00		belle couleur, bon
Alicante Henri Bouschet	20	12	2 40		goût.
Clairette.	5	13	0 60		
Totaux. . .	100		11 00	37 40	

La composition des cépages que nous donnons ci-dessus, fournit un ensemble de bon goût et de belle couleur qui peut être produit à peu près partout en terre fertile.

VINS BONS ORDINAIRES

Nous allons faire suivre ces classements par l'étude sur la composition des cépages devant produire des vins rouges bons ordinaires.

TABLEAU n° 7. — Plantation à créer en coteau, en terre fertile (exposition sud).

NOMS des CÉPAGES	PROPORTION des CÉPAGES	DEGRÉ alcoolique de chaque CÉPAGE	ALCOOL total produit en volume	Coloration moyenne DU VIN	OBSERVATIONS
Mourvèdre ou Morastel	15	11 75	1 76		
Carignane	30	11 50	3 45		
Gamay.	10	12 00	1 20		Ce vin rouge bon
Cabernet.	10	12 00	1 20		ordinaire est supé-
Cinsaut ou Œillade. .	15	10 75	1 61		rieur au précédent.
Clairette	10	13 75	1 37		Bonne couleur et
Alicante Henri Bouschet	10	13 00	1 30		bon goût.
Totaux. . .	100		11 89	3 60	

La combinaison des cépages ci-dessus a pour but de produire un vin rouge supérieur aux précédents, tant au point de vue du goût que d'utiliser en même temps les terrains en coteau exposés au sud.

NOMS des CÉPAGES	PROPORTION des CÉPAGES	DEGRÉ alcoolique de chaque CÉPAGE	ALCOOL total produit en volume	Coloration moyenne DU VIN	OBSERVATIONS

TABLEAU nº 8. — Plantation à créer en coteau demi-fertile (exposition nord).

NOMS des CÉPAGES	PROPORTION des CÉPAGES	DEGRÉ alcoolique de chaque CÉPAGE	ALCOOL total produit en volume	Coloration moyenne DU VIN	OBSERVATIONS
Mourvèdre ou Morastel	20	11 50	2 30		Belle couleur et bon goût, à cause de la prédominence de la Carignane et de l'Alicante Henri-Bouschet.
Carignane	40	11 50	4 60		
Cinsaut ou Œillade . .	10	10 50	1 05		
Alicante HenriBouschet	20	13 00	2 60		
Clairette	10	13 50	1 35		
Totaux . . .	100		11 90	4 20	

TABLEAU nº 9. — Plantation à créer en coteau, en terre demi-fertile (exposition nord).

NOMS des CÉPAGES	PROPORTION des CÉPAGES	DEGRÉ alcoolique de chaque CÉPAGE	ALCOOL total produit en volume	Coloration moyenne DU VIN	OBSERVATIONS
Mourvèdre ou Morastel	15	12 00	1 80		Ce vin est d'un rouge plus foncé que le précédent, mais il est plus fin.
Grenache rouge . . .	10	12 00	1 20		
Hasseroum Lekhal . .	20	11 00	2 20		
Grillah	20	11 50	2 30		
Cabernet	20	10 50	2 10		
Pedro-Ximenès ou bien Farana	15	15 00	2 25		
Totaux . . .	100		11 85	3 30	

Les éléments qui ont concouru à la composition du plantier nº 9, à créer en terre demi-fertile sur coteau, exposé au nord, sont combinés de manière à utiliser des terrains plus pauvres que les précédents et à produire cependant des vins corsés d'un goût plus fin et relevé.

TABLEAU nº 10. — Plantation à créer en coteau, terre demi-fertile (exposition sud).

NOMS des CÉPAGES	PROPORTION des CÉPAGES	DEGRÉ alcoolique de chaque CÉPAGE	ALCOOL total produit en volume	Coloration moyenne DU VIN	OBSERVATIONS
Grenache rouge	20	12 50	2 50		Ce vin rouge est un peu moins coloré que le précédent, mais il est plus relevé.
Cabernet	10	11 00	1 10		
Hasseroum Lekhal . .	25	11 60	2 87		
Grillah	25	12 00	3 00		
B'zoul Kadem Kabyle .	10	10 00	1 00		
Galb et Tsour	10	10 50	1 05		
Totaux . . .	100		11 52	2 90	

Le Plantier nº 10 est combiné en vue de la production de vins assez parfumés ; les cépages indigènes algériens, qui forment la base de cette association avec le Cabernet et le Grenache, contribueront à donner au produit ces qualités et en même temps de tirer parti d'un terrain pauvre.

VINS GRANDS ORDINAIRES

Nous suivrons nos études sur le choix des cépages à fruits rouges destinés à produire des grands vins algériens.

Nous n'avons pas l'intention d'engager les viticulteurs à faire exclusivement des grands vins, mais simplement de faciliter leur tâche dans la combinaison des plantiers aux conditions particulières de situation et de terrain.

Les éléments des tableaux qui suivent sont, comme les précédents, le résultat de nos expériences personnelles.

NOMS des CÉPAGES	PROPORTION des CÉPAGES	DEGRÉ alcoolique de chaque CÉPAGE	ALCOOL. total produit en volume	moyenne DU VIN	OBSERVATIONS

TABLEAU n° 11. — Plantation à créer en coteau, terre fertile (exposition nord).

NOMS des CÉPAGES	PROPORTION des CÉPAGES	DEGRÉ alcoolique de chaque CÉPAGE	ALCOOL. total produit en volume	moyenne DU VIN	OBSERVATIONS
Pinot	50	13 00	6 50		Ce vin est très bon et possède un bon ton.
Syrah	30	12 00	3 60		
Œillade	10	10 50	1 05		
Amellal gros	10	11 50	1 15		
Totaux	100		12 30	3 20	

TABLEAU n° 12. — Plantation à créer en situation fertile (exposition sud).

NOMS des CÉPAGES	PROPORTION des CÉPAGES	DEGRÉ alcoolique de chaque CÉPAGE	ALCOOL. total produit en volume	moyenne DU VIN	OBSERVATIONS
Cabernet	35	11 00	3 85		Vin très fin.
Malbec	35	10 50	3 67		
Spirau	15	11 00	1 65		
Œillade	15	10 50	1 57		
Totaux	100		10 74	2 50	

VINS BLANCS

§ 4. — Généralité concernant le choix des cépages destinés à la production des vins blancs.

L'Afrique Française du Nord possède de nombreuses variétés autochtones cultivées de temps immémorial par les indigènes, qui, jointes aux cépages importés d'Europe par les colons, fournissent une base déjà largement grande et suffisante pour qu'on puisse se livrer à la fabrication des vins blancs sur une vaste échelle.

Nous ne reparlerons pas, dans ce chapitre, des raisins cultivés en vue de l'exportation ou pour la table ; nous avons dit notre avis à ce sujet dans les lignes qui servent d'introduction à l'*Ampélographie des Cépages Indigènes de l'Afrique Française* (1er vol.).

Nul pays au monde n'assure aussi complètement le succès de ces cépages, la maturation de leurs fruits et l'excellence des produits.

Le vin blanc de l'Afrique du Nord n'aura point d'égal, surtout lorsque les plantations seront mieux équilibrées par un choix judicieusement déterminé des cépages spéciaux ; il faudra aussi des installations plus intelligemment conçues pour la fabrication et la conservation des vins blancs ; mais lorsque les plantations se multiplieront, l'outillage se perfectionnera vite.

En Algérie comme en Tunisie, le passérillage devient à peu près inutile en présence d'une maturation aussi avancée que la nature suffit à compléter sans qu'on ait besoin de lui venir en aide. Ajoutons que les pluies sont rares ici même dans l'arrière saison et que par suite la maturité s'accomplit sans que les inconvénients de la pourriture viennent l'entraver mal à propos.

On trouvera plus loin dans les tableaux spéciaux aux vins blancs le détail de nos études sur chaque qualité produite.

GRANDS VINS BLANCS

NOMS des CÉPAGES	PROPORTION des CÉPAGES	DEGRÉ alcoolique de chaque CÉPAGE	ALCOOL total produit en volume	Coloration moyenne DU VIN	OBSERVATIONS

TABLEAU n° 13. — **Plantation à créer en coteau demi-fertile (exposition nord).**

NOMS des CÉPAGES	PROPORTION des CÉPAGES	DEGRÉ alcoolique de chaque CÉPAGE	ALCOOL total produit en volume	Coloration moyenne DU VIN	OBSERVATIONS
Pinot (moût)	50	13 50	6 75		Vin très fin et bien fleuri.
Syrah (moût)	40	12 50	5 00		
Amellal petit	10	12 00	1 20		
Totaux	100		12 95	3 60	

TABLEAU n° 14. — **Plantation à créer en coteau demi-fertile.**

NOMS des CÉPAGES	PROPORTION des CÉPAGES	DEGRÉ alcoolique de chaque CÉPAGE	ALCOOL total produit en volume	Coloration moyenne DU VIN	OBSERVATIONS
Cabernet (moût)	40	11 50	4 60		Vin exquis et très fleuri.
Malbeck (moût)	40	11 00	4 40		
Spiran (moût)	10	11 50	1 15		
Amellal petit	10	11 00	1 10		
Totaux	100		11 25	3 40	

NOMS des CÉPAGES	PROPORTION des CÉPAGES	DEGRÉ alcoolique de chaque CÉPAGE	ALCOOL total produit en volume	Coloration moyenne DU VIN	OBSERVATIONS

VIN BLANC POUR VERMOUTH

TABLEAU n° 15. — Plantation à créer en plaine, terre fertile. — Vermouth ordinaire.

NOMS des CÉPAGES	PROPORTION des CÉPAGES	DEGRÉ alcoolique de chaque CÉPAGE	ALCOOL total produit en volume	Coloration moyenne DU VIN	OBSERVATIONS
Farana.	40	11 00	4 40		
Aïne-el-Kelb	20	11 50	2 30		
Hasseroum Labiod . .	20	10 50	2 10		Bon vin blanc ordi-
Amellal gros	10	10 00	1 00		naire pour prépa-
Grenache rouge. . . .	10	11 50	1 15		rer un vermouth.
TOTAUX. . .	100		10 95	»	

TABLEAU n° 16. — Plantation à créer en coteau, terre fertile. — Vermouth fin.

NOMS des CÉPAGES	PROPORTION des CÉPAGES	DEGRÉ alcoolique de chaque CÉPAGE	ALCOOL total produit en volume	Coloration moyenne DU VIN	OBSERVATIONS
Grenache rouge. . . .	30	12 00	3 60		
Clairette.	30	13 50	4 05		Bon vin blanc pour
Ugni blanc.	20	13 00	2 60		préparer un ver-
Aïne-el-Kelb.	20	12 00	2 40		mouth fin.
TOTAUX. . .	100		12 65	»	

En observant les proportions indiquées dans ces deux tableaux, on obtiendra un bon vin blanc sec, très fin, fort recherché aujourd'hui par le commerce et tout désigné pour fabriquer un vermouth tout à fait supérieur.

VIN BLANC DE MADÈRE

TABLEAU n° 17. — Plantation à créer en coteau, en terre fertile.

NOMS des CÉPAGES	PROPORTION des CÉPAGES	DEGRÉ alcoolique de chaque CÉPAGE	ALCOOL total produit en volume	Coloration moyenne DU VIN	OBSERVATIONS
Pedro-Ximenès. . . .	50	14 00	7 00		
Macabeo.	20	14 00	2 80		Très bon vin blanc
Farana.	20	12 00	2 40		se madérisant par
B'zoul Hadra Cherchali	20	11 00	2 20		le vieillissement.
TOTAUX. . .	100		14 40	»	

TABLEAU n° 18. — Plantation à créer en coteau, en terre demi-fertile.

NOMS des CÉPAGES	PROPORTION des CÉPAGES	DEGRÉ alcoolique de chaque CÉPAGE	ALCOOL total produit en volume	Coloration moyenne DU VIN	OBSERVATIONS
Pedro-Ximenès. . . .	50	15 00	7 50		
Karem Labiod	20	13 00	2 60		Très bon vin blanc
Galb-el-Ferreudji. . .	20	12 00	2 40		se madérisant très
Milah	10	13 00	1 30		promptement par
TOTAUX. . .	100		13 80	»	le vieillissement.

NOMS des CÉPAGES	PROPORTION des CÉPAGES	DEGRÉ alcoolique de chaque CÉPAGE	ALCOOL total produit en volume	OBSERVATIONS

VINS BLANCS ORDINAIRES

TABLEAU n° 19. — Plantation à créer en plaine, terre fertile. — Vin blanc sec.

NOMS des CÉPAGES	PROPORTION	DEGRÉ	ALCOOL	OBSERVATIONS
Aramon (moût)	50	10 00	5 00	
Folle blanche	40	11 00	4 40	Bon petit vin blanc
Ugni blanc	10	11 50	1 15	sec.
Totaux	100		10 55	

TABLEAU n° 20. — Plantation à créer sur coteau, en terre fertile.

NOMS des CÉPAGES	PROPORTION	DEGRÉ	ALCOOL	OBSERVATIONS
Ugni blanc	50	12 00	6 00	
Grenache (moût)	30	13 00	3 90	Bon vin ordinaire.
Hasseroum Labiod	20	11 00	2 20	
Totaux	100		12 10	

VINS BLANCS BONS ORDINAIRES

TABLEAU n° 21. — Plantation à créer en plaine, en terre fertile.

NOMS des CÉPAGES	PROPORTION	DEGRÉ	ALCOOL	OBSERVATIONS
Folle Blanche	50	11 00	5 50	
Ugni blanc	30	11 50	3 45	Ce vin blanc est un bon vin
Aïne-el-Kelb	10	11 50	1 15	ordinaire
Clairette	10	13 00	1 30	(grande production)
Totaux	100		11 00	

TABLEAU n° 22. — Plantation à créer en situation de coteau.

NOMS des CÉPAGES	PROPORTION	DEGRÉ	ALCOOL	OBSERVATIONS
Ugni blanc	50	12 00	6 00	
Aïne-el-Kelb	15	12 00	1 80	Ce vin blanc est un bon vin
Clairette	20	13 50	2 70	ordinaire
Macabeo	15	13 50	2 02	(bonne production)
Totaux	100		12 52	

SÉRIE DES VINS BLANCS FINS

Nous avons classé à part une série de *Grands Vins blancs* sortant de l'ordinaire.

Nous condensons, dans les tableaux qui suivent, le résultat des essais que nous avons faits depuis plusieurs années; on y verra comment doit être composé un plantier pour produire divers grands vins blancs qui, étant donné la situation extrêmement favorisée des terres composant la géologie viticole de l'Afrique Française du Nord, peuvent être obtenus un peu partout.

NOMS des CÉPAGES	PROPORTION des CÉPAGES	DEGRÉ alcoolique de chaque CÉPAGE	ALCOOL Total produit en volume	OBSERVATIONS

GRANDS VINS BLANCS ORDINAIRES

TABLEAU n° 23. — Plantation à créer en coteau, en terre suffisamment fertile.

Piquepoul (moût)	40	13 50	5 40	
Clairette	20	13 50	2 70	Ce vin est très bon.
Amellal petit	20	11 00	2 20	
Morastel (moût)	20	12 00	2 40	
Totaux	100		12 70	

TABLEAU n° 24. — Plantation à créer en coteau en terre demi-fertile.

Pedro-Ximenès	20	15 00	3 00	
Macabeo	20	14 00	2 80	Ce vin est plus fin que le
Amellal petit	40	11 50	4 60	précédent.
Morastel (moût)	20	12 00	2 40	
Totaux	100		12 80	

GRANDS VINS BLANCS SUPÉRIEURS

TABLEAU n° 25. — Plantation à créer en coteau, en terre suffisamment fertile.

Sauvignon	50	13 00	6 50	
Semillon	30	13 00	3 90	
Ugni blanc	15	13 50	2 02	Ce vin est supérieur.
Furment	5	14 00	0 70	
Totaux	100		13 12	

TABLEAU n° 26. — Plantation à créer en coteau demi-fertile.

Semillon	70	13 50	9 45	
Furment	20	14 50	2 90	Ce vin est extra-supérieur.
Cabernet (moût)	10	11 50	1 15	
Totaux	100		13 50	

NOMS des CÉPAGES	PROPORTION des CÉPAGES	DEGRÉ alcoolique de chaque CÉPAGE	ALCOOL Total produit en volume	OBSERVATIONS

GRANDS VINS BLANCS DE DESSERT

TABLEAU n° 27. — Plantation à créer en coteau suffisamment fertile.

NOMS des CÉPAGES	PROPORTION des CÉPAGES	DEGRÉ alcoolique de chaque CÉPAGE	ALCOOL Total produit en volume	OBSERVATIONS
Furment	40	14 00	5 60	
Semillon	30	13 00	3 90	
Sauvignon	15	13 00	1 95	Ce vin de dessert est excellent
Muscat	10	12 50	1 25	Remonter à 15°.
Clairette	5	13 50	0 67	
TOTAUX	100		13 37	

TABLEAU n° 28. — Plantation à créer en coteau demi-fertile.

NOMS des CÉPAGES	PROPORTION des CÉPAGES	DEGRÉ alcoolique de chaque CÉPAGE	ALCOOL Total produit en volume	OBSERVATIONS
Furment	85	14 50	12 32	*Vin de dessert de Tokay*
Semillon	15	13 50	2 02	Ce vin est très fin et exquis.
TOTAUX	100		14 34	Remonter à 16°

TABLEAU n° 29. — Plantation à créer en coteau.

NOMS des CÉPAGES	PROPORTION des CÉPAGES	DEGRÉ alcoolique de chaque CÉPAGE	ALCOOL Total produit en volume	OBSERVATIONS
Amellal petit	50	11 50	5 75	*Vin de Dessert Algérien*
Akachah	20	13 00	2 60	Vin très fin à remonter à 16°
Aïne-el-Kelb	20	12 00	2 40	le goût de muscat disparait
Muscat d'Alexandrie	10	14 00	1 40	en partie après un an de fa-
TOTAUX	100		12 15	brication.

TABLEAU n° 30. — Plantation à créer en coteau.

NOMS des CÉPAGES	PROPORTION des CÉPAGES	DEGRÉ alcoolique de chaque CÉPAGE	ALCOOL Total produit en volume	OBSERVATIONS
Muscat d'Alexandrie	80	14 50	11 60	*Grand vin de dessert de Muscat*
Aïne-el-Kelb ou Furment	20	12 50	2 50	*Très fin.*
TOTAUX	100		14 10	Remonter ce vin à 16°

OBSERVATIONS GÉNÉRALES. — Le Furment produit un bon effet au goût lorsqu'il est combiné avec les Muscats ; il leur donne un bouquet relevé qui plaît beaucoup au palais.

Les raisins rouges doivent être soumis à l'action d'une pression suffisante pour en extraire le jus; mais, aussitôt que la coloration devient trop apparente, il faut arrêter la pression. — Les raisins de Mourvèdre, de Morastel, de Cinsaut, d'Œillade, etc.. produisent de bons effets dans les vins blancs africains.

EAUX-DE-VIE

TABLEAU nº 31. — *Indiquant les cépages à planter en plaine, terre fertile.*

NOMS DES CÉPAGES	DEGRÉ alcoolique de chaque CÉPAGE	OBSERVATIONS
RAISINS ROUGES		
Aramon	9º à 10º 50	Tous ces plants fournissent indistincte-
Terret-Bourret		ment une bonne eau-de-vie.
Mondeuse	10 à 11 50	Les raisins rouges subissent préalable-
Grillah	11 à 12 00	ment une ou deux opérations avant la
RAISINS BLANCS		fermentation de leur moût.
Folle blanche	11 à 13 00	
Ugni blanc	11 à 14 00	
Farana	11 à 13 00	
Bezzoul Hadra	11 à 13 00	

MÉTHODES DE MULTIPLICATION

DE LA VIGNE

PHYSIOLOGIE GÉNÉRALE

DE LA VIGNE

§ 1. — Réveil de la végétation.

Comme toutes les plantes à feuilles caduques, la vigne est à végétation interrompue pendant l'hiver, c'est-à-dire pendant la saison froide. M. Foëx[1] nous dit, en effet :

« Au premier printemps, le réveil de la végétation se manifeste chez elle par le phénomène que l'on appelle les *pleurs* ; les tisons des racines se sont gorgés d'eau pendant l'hiver ; cette eau, mêlée d'air et d'acide carbonique, a pénétré le reste de la plante ; l'élévation de la température, de l'air et du sol détermine la dilatation des bulles gazeuses interposées dans les colonnes liquides que renferment les vaisseaux. — Ces liquides se trouvent alors à l'état de tension, et, si l'on vient à pratiquer une section perpendiculaire à la direction des vaisseaux, ils s'écoulent en abondance, ou, si on les contient dans un tube vertical convenablement adopté à la tige, ils s'élèvent à une hauteur de plusieurs mètres.

« Bientôt, en effet, les bourgeons, sollicités par l'action de la température de l'atmosphère, plus élevée pendant le jour que celle du sol, se développent et donnent naissance à de jeunes rameaux et à leurs feuilles. — Ces nouveaux organes se forment au moyen de matériaux mis en réserve par la vigne à la fin de l'été précédent, et que le liquide séveux dissout sur son passage et leur apporte.

« Bientôt après, le sol s'échauffant, la vie renaît également dans les racines, les radicelles, organes tendres où domine l'élément cellulaire et qui jouent le rôle le plus actif dans l'absorption souterraine, font leur apparition. »

---

(1) *Cours complet de Viticulture*, Foëx, p. 206.

§ 2. — **Nutrition de la plante.**

La vigne se développe peu à peu ; ses rameaux s'allongent et ses feuilles s'élargissent en surface, fonctionnent activement sous l'influence de la radiation puissante et prolongée de la fin du printemps et de l'été.

Les produits acides et azotés se forment alors abondamment et en même temps les matières, dissoutes et transformées dans les tubes capillaires des racines, s'élancent dans toutes les parties du sujet.

La lumière est le principe essentiel de l'existence de l'arbrisseau ; sans son concours, aucune végétation n'est possible.

L'emmagasinement de l'eau dans le sol constitue le second principe vital de la vigne. — Cet agent décompose les éléments minéraux et organiques de la terre par une sorte de fermentation due à une température assez élevée qui aide la décomposition des corps nourriciers de la plante.

§ 3 . — **Fructification.**

Tout d'abord, on voit apparaître les fleurs à l'état de grappes qui s'ouvrent et lancent leurs pollens qui s'étalent dans l'atmosphère et qui viennent féconder les fleurs voisines ; cet acte réussit d'autant mieux que le temps est sec et peu mouvementé.

Les froids brusques et la pluie contrarient souvent l'acte de fécondation.

Une fois le fruit *noué*, il se développe lentement, mais sûrement, si le siroco ne vient pas toutefois contrarier cette évolution.

Vient ensuite la *veraison* ; les fruits à couleurs prennent alors une teinte qui va chaque jour en se fonçant davantage.

Au fur et à mesure que le raisin grossit, il perd son acidité — ou du moins cette dernière se transforme en sucre et, de proche en proche, il atteint sa maturité.

Pour que l'évolution saccharine s'effectue normalement, il est nécessaire d'une certaine somme de chaleur et de lumière.

Le froid, les pluies et le siroco retardent souvent l'époque de la maturation.

§ 4. — **Aoûtement.**

Lorsque la sève a rempli les vaisseaux de la plante et que le repos est devenu nécessaire, les canaux médulaires se liquéfient et l'aoûtement se produit, c'est-a-dire que les sarments durcissent, pendant que le réserves de la plante se sont accumulées dans les racines et autres parties voisines, pour reprendre leur travail de la végétation qui suit cette période d'évolution naturelle.

QUATRIÈME CHAPITRE

MÉTHODES DE MULTIPLICATION

DE LA VIGNE

SOMMAIRE :

Physiologie de la vigne. -- Méthodes de multiplication de la vigne. — Multiplication par graine. — Choix des cépages pour graines et hybridation. -- Choix des graines. -- Préparation des graines pour semences. -- Semis. -- Entretien des semis. -- Repiquage. -- Utilisation des plants de semis. -- Multiplication par le bouturage. -- Choix des boutures. -- Emballage et transport des boutures. -- Divers systèmes de boutures. -- Bouturage par crossette. -- Bouturage par rameau ordinaire. -- Bouturage par section de rameau. -- Bouturage par semis. -- Bouturage chinois. -- Moyens d'assurer la reprise des boutures. -- Plantations en pépinière.

MÉTHODES DE MULTIPLICATION

DE LA VIGNE

La vigne, comme la plupart des végétaux, peut se multiplier par divers procédés qui sont :

1° Les semis ;
2° La segmentation ou bouturages ;
3° Le marcottage ;
4° Le greffage.

Nous allons décrire successivement ces diverses méthodes, parmi lesquelles le viticulteur pourra choisir celle qui lui paraîtra la mieux appropriée à ses moyens d'action.

Toutes d'ailleurs ont leur mérite — et, à notre connaissance, toutes ont déjà donné en Algérie des résultats avantageux.

SEMIS

§ 1. — **Multiplication par graine.**

Les *semis* s'imposent les premiers à l'attention, car ils donnent naissance à des individus nouveaux qui, tout en conservant en grande partie les caractères généraux des types créateurs, en diffèrent cependant par certains traits spéciaux qui constituent leur originalité propre, leur individualité, pour ainsi dire.

On peut obtenir par ce mode de multiplication une infinité de variétés ou d'espèces. Ces espèces viennent, chaque jour, s'ajouter au contingent des variétés déjà connues et fournissent ainsi à l'art du viticulteur des ressources imprévues, qui répondent à des besoins nouveaux, et qui permettent quelquefois de réparer des désastres. C'est grâce aux semis que l'on a pu arriver, depuis tant d'années, à produire des types nouveaux très recherchés, soit comme raisin de table, soit pour la production du vin.

Lorsque l'espèce créée par les semis est réussie conformément aux désirs de l'expérimentateur, rien de plus facile que de la perpétuer par la segmentation ou le bouturage.

Choix des cépages pour graines et hybridation.

La question la plus importante, lorsque l'on veut créer de nouvelles espèces de vignes, est de chercher, avant tout, à réunir dans les sujets futurs : la puissance de végétation, la résistance aux parasites (soit animaux soit végétaux), l'abondance du fruit, sa couleur et sa qualité, ainsi que sa force alcoolique.

On peut, par des croisements bien raisonnés, obtenir des variétés hybrides dans lesquelles revivent les diverses qualités des espèces que l'on a croisées.

Mais pour arriver à ce résultat, il faut choisir des graines fortement constituées et les combiner avec discernement. C'est ainsi que le Jaquez et l'Herbemont sont issus de la fécondation du *vinifera* par le *V stivalis américain* résistant. On ignore d'ailleurs comment cette fécondation s'est produite, car — même aujourd'hui, en notre siècle de lumière et de découvertes scientifiques — les forêts du Nouveau-Monde ont obstinément conservé leurs secrets.

Hybridation.

D'après M. Foëx, la fleur de la vigne offre une disposition particulière ; ses pétales, au lieu de s'ouvrir par en haut, se détachent du calice par leur base et restent soudés entre eux en formant une sorte de bonnet ou capuchon qui maintient pendant un certain temps les anthères au contact du pistil (fig. 160, 161, 162). Pendant le temps qu'a lieu la fécondation, on doit donc décapuchonner chaque fleur avant le moment où les pétales se sont détachés : on s'assure ensuite qu'aucune trace de pollen n'est sortie des anthères ; on enlève les étamines, afin d'ôter toute chance de fécondation ultérieure par leur moyen ; on apporte alors les fleurs ouvertes de la variété qui doit jouer le rôle de mâle, et on les promène sur les premières, de manière à y faire déposer une portion de la poussière fécondante. On enveloppe enfin les grappes fécondées avec un sachet de gaze, enfin d'empêcher l'arrivée des pollens étrangers.

« Lorsqu'il y a discordance dans les époques de floraison, continue M. Foëx,[1] on peut avancer celle de la variété tardive en plaçant un

----

(1) Foëx, *Cours complet de Viticulture.*

cep sous un coffre vitré, retarder celle de la variété hâtive en l'abritant du coté du midi avec des planches ou des paillassons et en enfermant les grappes de fleurs dans des sacs en papier blanc.

« Une fois la fécondation opérée, il est bon de prendre diverses précautions, afin d'éviter la couture qui peut résulter, soit de l'entraînement du pollen par les pluies, soit du refroidissement accidentel de l'atmosphère.

« Pour éloiger le premier danger, on peut maintenir les sacs protecteurs gonflés au moyen d'une carcasse en fil de fer logée à l'intérieur, et les abriter avec un chapeau en papier fort passé à l'huile de lin. On combat assez efficacement le second par des soufrages répétés à partir du moment de l'opération, par des pincements ou par l'incision annulaire.

« En dehors des graines provenant directement d'une hybridation, on a été tenté d'utiliser celles des cépages hybridés eux-mêmes ; mais ces formes bâtardes n'ont aucune fixité, elles se dédoublent au semis et donnent lieu à des descendants qui reproduisent plus ou moins les anciens types d'où le cépage est sorti ; il n'y a donc aucun intérêt à employer ce procédé.

Fig. 160   Fig. 161   Fig. 162

Fig. 160. Fleur normale de vigne recouverte de sa corolle en capuchon.— Fig. 161. Fleur normale montrant les pétales détachés par la base et soudés au sommet, maintenant les anthères au contact du pistil. — Fig. 162. Fleur normale montrant les anthères débarrassées de la corolle et prêtes à être enlevées.

« Lorsqu'on fait usage du semis en vue de créer des porte-greffes, on cherche au contraire à éviter le plus possible les variations, afin de ne pas risquer la faculté de résistance au *Phylloxéra*, qui constitue leur seule raison d'être. On doit donc s'adresser à des types sauvages dont une longue solution naturelle a fortement fixé les principaux caractères et il faut choisir parmi eux ceux dont la floraison très précoce rend impossible toute chance de fécondation spontanée par les espèces moins résistantes. Ce sont les *V Riparia* sauvages, le *Solonis* et le *V Rupestris* qui semblent remplir le mieux possible ces conditions ; l'expérience a du reste démontré la remarquable permanence des formes générales de ces vignes dans leurs descendants de semis. Il semble donc plus prudent de se limiter à l'emploi de ces espèces, surtout lorsqu'on n'est pas en situation de faire une défection au point de vue de la résistance en plaçant les plantes en terrain phylloxéré. »

Les lignes ci-dessus, empruntées au savant ouvrage de M. Foëx, donnent la note de l'insistance avec laquelle l'éminent professeur se préoccupe du degré de résistance au phylloxéra que doit présenter l'*hybridation*. — Nous nous appuyerons sur cette argumentation bien nette pour rappeler le rôle futur qui est réservé à nos cépages indigènes qui, à l'instar de leurs congénères d'Amérique, présentent de rares qualités de rusticité, de vigueur et de résistance.

Choix des Graines ou Pépins.

Les graines de la récolte précédente sont les meilleures pour la réussite des semis ; il importe cependant d'attendre la maturité complète des grains de raisin, de façon à ce qu'ils possèdent toutes les qualités nécessaires pour produire de bons sujets.

L'expérience a aussi démontré que les graines qui ont subi la fermentation pendant la cuvaison, possèdent souvent encore les mêmes propriétés germinatives qu'auparavant.

Préparation des Graines ou Pépins pour semences.

La germination des graines de raisin est forcément irrégulière, car elle dépend de la nature du pépin, de sa grosseur, de sa dureté et de son état d'hydratation.

Quelles qu'elles soient d'ailleurs, les graines destinées aux semis nécessitent une petite opération avant d'être utilisées.

Les meilleurs auteurs conseillent de la faire *stratifier*, c'est-à-dire étendre par lits dans du sable que l'on tient toujours humide en y versant, par intervalles, quelques gouttes d'eau. — Si, par hasard, on n'avait pas le temps de stratifier, il faudrait se contenter de faire tremper les graines dans l'eau pendant une journée et les laisser séjourner dans le sable mouillé pendant trois ou quatre jours.

Ces semis doivent être employés pendant le mois de mars ; dans ces conditions, la germination s'effectue normalement et les sujets sont mieux constitués.

Semis.

Nous venons de dire — nous en rapportant à nos expériences de plusieurs années — que le mois de mars était l'époque à préférer pour la plantation des semis.

Il ne faudrait pas cependant attacher une trop grande créance à cette façon de procéder, et nous avons personnellement plusieurs motifs assez plausibles pour croire que cette date est tout au moins prématurée, suivant les années et les lieux.

En Algérie déjà, les viticulteurs avisés n'effectuent cette opération délicate que dans les derniers jours du mois de février, afin que les jeunes plants n'aient pas à redouter les gelées tardives. — Or, nous l'avons répété maintes fois, ces dernières sont heureusement fort rares en Afrique et constituent des cas exceptionnels. Elles n'en sont pas moins un danger qu'il convient d'écarter prudemment, car si les frêles semences étaient atteintes, ce serait, dès la première année, une cause de découragement pour le viticulteur qui se serait laissé surprendre.

Pour éviter cette occurence et comme les semis sont chose délicate, il serait plus opportun, nous le pensons, d'attendre aux premiers jours du mois de mars. A cette époque, la terre est déjà chauffée par une température moyenne de 12°, et les gelées tardives ne sont plus à craindre. Dans tous les cas, si cette date paraissait trop éloignée, on peut garantir du froid les semis en les abritant avec des paillassons posés sur piquets à 1ᵐ de hauteur.

Avant d'exécuter les semis, il faut préparer les planches de terrain qui devront les recevoir. La terre doit être aussi meuble que possible, et d'une qualité demi-légère ; sa surface doit être bien pulvérisée et uniforme, de façon que l'air n'atteigne pas les menues radicelles.

On sème les graines ou pépins à 3 ou 4 centimètres de profondeur sur le sol ainsi préparé, auquel on a eu soin d'ajouter un peu de terreau provenant des abords d'un tas de fumier.

Lorsque la planche est complètement disposée pour recevoir les pépins, on trace, à la surface, des lignes espacées entre elles de 30 à 35 centimètres et le pépin est déposé par 0ᵐ25 centimètres dans la ligne, ce qui fait environ 12,000 plantes par 1,000 mètres superficiels.

Aussitôt ces semis mis en place, on arrose et saupoudre ensuite la planche de fin terreau mélangé de sable léger. Nous recommandons aussi d'y répandre une légère couche de poussière ou ovéoles de blé ou d'avoine pour empêcher la dessication du sol.

Entretien des semis.

Les soins d'entretien consistent dans l'arrosage des semis tous les 5 ou 6 jours, arrrosages qui s'exécutent de préférence avec un pulvérisateur ; ces opérations délicates doivent se faire vers les 9 heures du soir, lorsque le sol commence à se refroidir.

Aussitôt que les herbes apparaissent, il faut les enlever et entretenir par des sarclages répétés la surface de la planche en bon état de propreté.

Comme le soleil est très actif en Algérie et en Tunisie, il est utile d'établir pendant la première année, au-dessus des semis, des paillassons clairs suspendus sur des poteaux plantés en terre, en dehors de la plante, à une hauteur d'environ 1ᵐ50, espace suffisant pour permettre la circulation de l'air et même les manutentions d'entretien.

Les mêmes paillassons qui ont servi pour abriter les semis peuvent servir à cet usage ; il suffit, dans ce cas, de changer le piquet et généralement, au bout d'un mois, les semis étaient sortis.

Repiquage des semis.

Les semis au bout de l'année, c'est-à-dire vers le mois de février ou de mars, sont généralement bons à repiquer à demeure. Nous ferons remarquer que ce serait une grosse erreur de les repiquer dans le futur plantier sans préparer spécialement ce dernier pour ce genre d'opération. Si l'on plantait dans les trous simples de jeunes sujets encore délicats, on s'exposerait à en voir périr un grand nombre.

Cette précaution prise, le procédé est bien simple : on mélange un peu de vieux fumier avec la terre sortie des trous ; on coupe l'extrémité chevelue des jeunes plants, on les dispose sur la terre rejetée en partie dans le trou, et on achève de combler le dessus des racines d'environ 0,20 centimètres. De cette manière, on sera certain d'une reprise générale et aucun des plants repiqués ne manquera à l'appel.

Utilisation des plants de semis.

Le but que l'on se propose en opérant un semis, est de découvrir un nouveau cépage supérieur aux cépages connus par certains avantages, par la couleur par exemple, ou par la grande fructification. Il n'est pas rare de voir les graines ou pépins provenant d'une grappe de raisin, fournir de 100 à 150 sujets différents.

Il est évident que, dans le nombre, un ou plusieurs peuvent avoir de l'avenir à condition qu'ils soient bien choisis ; l'état du pépin à semer est donc d'une importance capitale.

C'est particulièrement dans des pays neufs comme l'Afrique Française qu'il y a intérêt à se livrer à ces recherches. Elles ont déjà sur plusieurs points de l'Algérie, ainsi que nous l'avons rappelé plus haut, abouti à des résultats inespérés. Nul doute qu'elles ne réservent encore aux chercheurs bien des surprises heureuses.

Que de viticulteurs, habitant des pays moins favorisés que le nôtre, ont dû leur fortune à la découverte d'un cépage privilégié inconnu avant eux.

SEGMENTATION OU BOUTURAGE

Multiplication par bouturage

Les procédés de multiplication par segmentation ou bouturage offrent, dans l'application, cette différence avec les semis qu'au lieu de donner, comme ceux-ci, naissance à des espèces inédites, ils renouvellent les qualités des espèces déjà existantes en les empêchant de dégénérer.

Le procédé de bouturage consiste à faire naître des racines sur une partie quelconque de la plante, afin de lui permettre une existence particulière.

A l'aide de ce système, on peut, par une sélection bien entendue, choisir les boutures sur les ceps qui ont produit les meilleures qualités et, par le fait, il se passe là, dans le domaine végétal, quelque chose de pareil à l'amélioration des races d'animaux domestiques par les croisements.

Le bouturage est pratiqué de temps immémorial, et l'on peut affirmer qu'il est aujourd'hui le procédé le plus économique pour propager la même espèce ; c'est en même temps, le plus fécond en résultats, car c'est le seul qui ait été employé pour répandre dans le monde entier les innombrables variétés qui existent.

Choix des boutures.

Les boutures destinées à être mises en terre sont généralement de l'année et elles doivent être prises sur des ceps vigoureux. Il importe, avant tout, de s'assurer que ces ceps ne sont pas atteints de maladies cryptogamiques, telles que l'Anthracnose, le Péronospora, l'Oïdium, etc., car les boutures ainsi contaminées ne seraient pas seulement hors d'état de produire de bons sujets, mais elles deviendraient, en outre, les propagatrices actives de la maladie. On aurait, en les employant, enfermé le loup dans la bergerie.

Les boutures de moyenne grosseur sont d'une reprise facile, surtout si on a soin de les prendre le plus près possible de leur point d'attache au cep. Les grosses boutures réclament une grande quantité d'humidité pour l'émission de leurs racines, il faut donc se préoccuper de cette exigence naturelle et prendre les précautions nécessaires pour parer, par tous les moyens appropriés, à la sécheresse qui contrarierait la vitalité des racines naissantes.

Enfin les boutures très grosses et celles qui sont très fines sont également à rejeter ; c'est, en définitive, avec les boutures de moyenne grosseur et bien saines qu'on obtient les souches les plus fructifères.

Observations :

1° *Souches exceptionnellement productives*. — Le même vignoble présente souvent, dans les mêmes espèces, les pieds très fructifères et d'autres très peu productifs. — Par suite, il importe, lorsqu'on veut prendre des boutures dans un plantier, de mettre à *profit le moment des vendanges pour remarquer et noter les souches les plus productives de la plantation*. C'est à ces souches que l'on empruntera les boutures nécessaires, après les avoir laissé s'aoûter complètement. On arrivera ainsi à constituer un vignoble qui, à cépages égaux, produira davantage et d'une manière constante.

2° *Vieux bois*. — Nous estimons utile de dire qu'il faut éviter de prendre des boutures sur le vieux bois, puisqu'on n'y trouve que des sarments gourmands non fructifères. — Les sarments choisis pour boutures sont généralement taillés à 0,70 centimètres de longueur, surtout lorsqu'on veut planter en laissant 2 ou 3 yeux aériens. Mais si l'on préfère suivre le système de M. Rivière, on coupe les sarments à une longueur de 20 à 30 centimètres.

3° *Boutures malades*. — Le viticulteur africain peut, à la rigueur, employer des boutures provenant d'un vignoble atteint de diverses maladies cryptogamiques, à la condition de les préparer d'après la méthode que nous nous efforçons de populariser depuis longtemps. Cette méthode consiste à tremper les boutures avant leur mise en place dans de l'eau légèrement acidulée par l'acide sulfurique dont la formule suit :

> Acide sulfurique à 66°. . . . .   3 litres.
> Eau. . . . .   100 litres.

On laisse séjourner les boutures dans cette eau pendant 15 minutes, on les retire ensuite pour les planter en place. Par ce moyen, toutes les spores déposées sur le bois seront brûlées sans que ce dernier en souffre.

Emballage et transport des boutures.

La réussite et la reprise des boutures dépend de leur mise en place, dans le temps le plus court possible, après leur enlèvement des ceps ; aussi, croyons-nous devoir recommander tout particulièrement d'apporter la plus grande célérité dans le transport des boutures.

Leur emballage exige également beaucoup d'attention et de soins.

Pour les expéditions peu éloignées, on se contente de faire des paquets de 200 boutures, que l'on attache avec une grande ficelle et que l'on enveloppe avec de la toile d'emballage.

Quant il s'agit d'expédier des boutures sur des points éloignés dont le trajet nécessite beaucoup de temps, on a recours à un autre procédé, lequel consiste à mettre ces dernières dans des caisses bien jointes et garnies de papier huilé.

Avant de mettre les boutures en caisse, on trempe leurs extrémités pendant quelques minutes dans une bouillie d'argile dont voici la formule :

Argile ou terre glaise	. . . .	10 kilogr. 000 gr.
Sel marin.	. . . .	— 350 —
Colle forte commune.	. . . .	— 50 —
Eau.	. . . .	15 litres.

On fait d'abord dissoudre la colle forte dans l'eau, puis on y ajoute le sel et la terre ; agiter ensuite fortement pour en faire une bouillie un peu épaisse.

Lorsque les extrémités des boutures ont été trempées dans cette bouillie, on les étale dans la caisse en ayant la précaution de mettre aux deux bouts de chaque paquet un peu de foin humide ou du varech pour que, de cette façon, les boutures puissent voyager plusieurs mois sans sécher.

Les expéditions doivent être faites le plus tôt possible après la taille ; cette précaution est indispensable.

Lorsque les boutures arrivent d'un lieu d'expédition éloigné, il est prudent de les coucher dans du sable humide ou encore de les placer debout dans une bouillie de terre assez claire et homogène. A cet effet, on pratique un fossé ayant 0^m 70 de largeur sur 0^m 25 de profondeur, dans lequel on délaie de la terre légère avec de l'eau pour faire une bouillie assez épaisse dans laquelle sont déposés debout les bottes ou paquets de boutures. — L'eau s'évapore peu à peu, mais il en reste encore une quantité suffisante pour permettre aux boutures de se conserver intactes.

Nous ne saurions trop recommander d'éviter un trop long séjour des boutures dans l'eau. Il ne faut pas qu'elles y restent plus de douze à quinze jours, car passé ce temps, elles s'énervent, tandis que, conservées dans une bouillie de terre, elles peuvent s'y conserver plusieurs mois.

Il faut également remarquer que les boutures, mises dans l'eau avant de les planter, s'altèrent en se ramollissant, quelques fois même elles commencent à se pourrir, et, phénomène singulier, leur long séjour dans l'eau les rend plus impressionnables aux sécheresses. Il n'est donc pas rare de les voir périr pendant l'été.

En résumé, le procédé qui consiste à immerger les boutures doit être employé avec une prudence toute particulière.

Divers systèmes de boutures.

Les systèmes de bouturage usités, soit en Europe, soit dans le Nord de l'Afrique Française, sont nombreux ; citons les principaux :

1° Bouturage par crossette ;
2°   —   par rameau ordinaire partie aérienne ;
3°   —   par rameau ordinaire totalement souterraine ;

BOUTURAGE PAR CROSSETTE

Le bouturage par crossette, qui était jadis employé, disparaît au fur à mesure, supplanté par d'autres systèmes dont la supériorité est prouvée tous les jours.

La bouture à crossette présente, en effet, certaines difficultés pour être mise en place au moyen du plantoir et nécessite de grandes dépenses pour être fixée en terre. Sa mise à demeure ne peut se pratiquer que dans un fossé ou un trou, manutention coûteuse comparativement à celle de la plantation au plantoir. On a constaté, en outre, que la crossette était sujette à s'altérer à sa base, en vieillissant.

BOUTURAGE PAR RAMEAU AÉRIEN

Les excellents résultats obtenus par la bouture prise dans un rameau ordinaire, c'est-à-dire coupé au ras du vieux bois, justifient la substitution de ce procédé à l'ancien système de bouture à crossette.

La bouture par rameau ordinaire, connue aussi sous le nom de chapon (fig. 153), est toujours facile à couper, tandis que celle à crossette nécessite l'emploi d'un gros sécateur pour la séparer du vieux bois.

Comme nous le disions pour la préparation des boutures, celles par rameau ordinaire se prêtent facilement à l'émission des racines, pour produire des ceps vigoureux. Ces racines prennent naissance dans les cellules extérieures du liber mou qui entoure les vaisseaux fibro-vasculaires.

C'est surtout autour des nœuds qu'elles apparaissent particulièrement, et si par hasard on fait une lésion sur un point quelconque des mérithales, il y a également émission de racines quelque temps après.

Ce bouturage est pratiqué dans le nord de l'Afrique, sur une large échelle, par nos viticulteurs ; malheureusement le plus grand nombre ne complètent pas la préparation voulue.

Fig. 153.

Bouturage par rameau.

Préparation des boutures par rameaux.

Avant de mettre en terre les boutures par rameaux, il est nécessaire de leur faire subir une préparation spéciale au point de vue de leur reprise.

Plusieurs moyens ont été prônés pour faciliter la reprise de la bouture par l'émission de ses racines. On a essayé de faire une torsion à la partie de la bouture qui va en terre. On a tenté aussi pour arriver au même résultat, *la meurtrissure* de l'extrémité de la partie du sarment qui plonge dans le sol, que l'on pratique alors à l'aide d'un marteau.

Il est un autre procédé dont l'expérience nous a constamment démontré les avantages :

« Sans rien changer à la forme des boutures, on peut, à l'aide d'une petite opération, en assurer la réussite et rendre en même temps les résultats beaucoup plus satisfaisants. L'opération dont il s'agit est des plus simples et n'exige aucune dépense : elle consiste à écorcer la partie des boutures qui doit être enterrée. — On se sert, pour faire cet écorçage, d'un greffoir ou d'une serpette avec lesquels on enlève l'écorce *externe*, c'est-à-dire *l'épiderme* qui, dans les sarments de vigne est très résistant, forme bride et s'oppose ainsi au développement des racines. De cette façon, la couche génératrice qui forme les racines se trouve mise à nu et ces dernières ne tardent pas à périr. »

Cet écorçage doit se borner à enlever légèrement la pellicule extérieure. — Depuis quelques années, je procède par un autre moyen aussi rapide et qui assure complètement la reprise :

1° Je rajeunis la base de la bouture en opérant une coupe au milieu du nœud de la base, c'est-à-dire que, de cette façon, j'élimine la partie qui a pu durcir depuis la taille sur souche. — J'en fais autant pour l'extrémité aérienne ;

2° J'enlève la pellicule légère qui recouvre les vaisseaux fibro-vasculaire à l'aide d'un gant d'acier que l'on parcourt, sur la partie qui doit être enterrée, généralement sur 25 centimètres de longueur.

Quel que soit le mode de râclure que l'on emploie, les boutures ainsi préparées sont prêtes à être mises immédiatement, soit en jauge, soit en place.

Les boutures par rameaux, ainsi préparées, sont très faciles à faire ; leur prix de revient dépend de l'habileté de l'ouvrier qui les prépare. On estime généralement que la façon revient à 3 fr. le mille et le prix d'achat serait de 6 fr. environ.

BOUTURAGE PAR RAMEAU TOTALEMENT SOUTERRAIN.

Le bouturage par section de rameau est dû à M. A. Rivière, ancien jardinier en chef du Luxembourg [1].

---

[1] *Multiplication de la Vigne par le bouturage souterrain*, A. Rivière.

Cette bouture est formée de deux ou trois mérithalles (fig. 164).

« Cette plantation est simple, dit M. A. Rivière, rien de plus facile que la plantation des boutures ; l'aspect seul de la figure l'indiquera volontiers, sans explication à l'appui.

« On prend la bouture par son extrémité supérieure ; on l'enfonce verticalement *sous terre* ; on ramène la terre par dessus, et c'est fait. »

Fig. 164

Bouture par section d'après M. A. Rivière.

Qu'on remarque que cette condition d'enfouissement *sous terre* est essentielle, indispensable ; il faut que l'œil d'en haut soit recouvert de 2 à 3 centimètres.

Ici, je dois mettre en garde contre une imprévoyance. Il n'est pas très rare de rencontrer des personnes, peu habituées aux travaux horticoles, qui plantent une bouture sans s'inquiéter si elles ne la placent pas à l'envers.

Le terrain sera préparé comme de coutume par de bons défoncements.

Des trous de 0,30 centimètres seront pratiqués aux endroits voulus selon le tracé. — Ces petits trous étroits seront exécutés avec une sorte de tarière légèrement conique, de façon à ce que l'œil d'en haut soit facile à recouvrir de terre.

La bouture une fois posée, un ouvrier versera de la terre même tout autour du pied enfoui, de manière à former une couche superficielle de 2 à 3 centimètres de terre.

Le prix de revient de ce mode de bouturage n'est pas, en somme, beaucoup plus élevé que celui de la bouture ordinaire. Voici le prix de revient pour 1,000 boutures mises en place.

Préparation des trous, 6 journées à 3 fr.	18 f.	00
Achat de boutures	5	00
Pose des boutures en terre	1	50
Dépose de la terre et bourrage, 1 journée à 3 fr.	3	00
Préparation de la terre de bourrage et transport	5	00
Total	32	50

Etant donné une plantation d'un hectare de 2,750 pieds, elle coûtera 89 fr. 37 cent.

Ce système de bouturage est à peine connu et pratiqué en Algérie et en Tunisie. — C'est d'autant plus regrettable que nous avons pu constater par nous-même, dans nos visites viticoles, la vigueur et la puissance des plantations faites ainsi.

BOUTURAGE PAR SEMIS SOUTERRAINS

On doit à M. Hudelot un procédé de bouturage qui est employé depuis quelque temps avec succès par Mme de Fitz-James ; c'est un œil

Fig. 165. — Bouture semée à un œil.

de sarment choisi et coupé des deux côtés (fig. 165) qui produit des sujets réellement remarquables. Voici en quels termes cette dame exposait, elle-même, sa méthode au Congrès de Toulouse :

« On donne un coup de sécateur à 2 centimètres au-dessous et au-dessus de l'œil, et on obtient une bouture de 4 à 5 centimètres que l'on place en pépinière et qui se replante l'année suivante. »

Ce mode de bouture présente cette particularité de forcer le bois à émettre des racines horizontales plutôt que pivotantes, ce qui constitue un avantage au point de vue de la rapidité de la récolte, la mise à fruit étant plus hâtive avec les racines traçantes qu'avec les racines plongeantes.

On coupe ces boutures en novembre, on les met sur de vieilles couches refroidies ; elles émettent pendant l'hiver de petites racines et, au printemps, elles sont en état d'être mises en place.

Observations :

1° Dans tous les cas, les boutures les plus courtes sont les meilleures ;

2° Les yeux préparés en boutures de semis sont, suivant Hudelot, enfouies à une profondeur de 8 à 10 centimètres et émettent leurs racines près de l'œil pour former un beau pied très vigoureux (fig. 166) que l'on met en place en avril ou en mai, et généralement, à la fin de cette première année, ils ont poussé des tiges de 50 à 60 centimètres.

En Algérie comme en Tunisie, point n'est besoin de couches spécialement établies à cet effet. — Il faut tracer des sillons de 15 à 20 centimètres de profondeur dans une terre meuble, surtout dans une contrée indemne de gelée ; on émiette ensuite cette terre à la houe, terre à laquelle on incorpore du vieux terreau. On pose alors en semis, les yeux coupés à la longueur voulue ; la terre étant légèrement arrosée, on saupoudre les semis d'une couche de 5 à 6 centimètres de terre fine et légère.

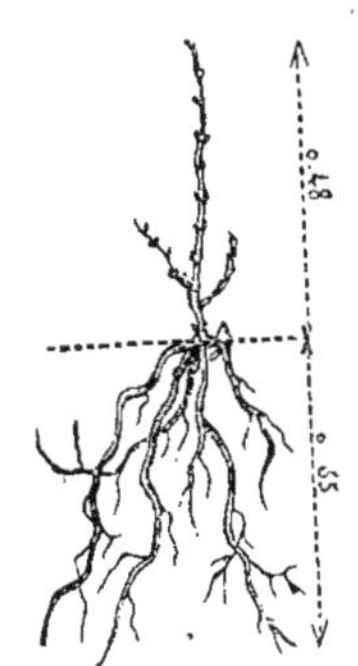

Fig. 166. — Jeune plant d'un an obtenu d'un œil semé.

Vers le mois de février, près du littoral, les jeunes boutures ont déjà émis des racines et, en mars, elles peuvent être mises en place.

Nous recommandons à nos viticulteurs de se conformer à ces indications, car nous avons eu la satisfaction de constater nous-même que Madame la duchesse de Fitz-James avait 8 hectares de vigne plantés par cette méthode aussi simple qu'efficace.

Il est encore un autre procédé non moins parfait et tout aussi rapide ; nous voulons parler du marcottage ou bouturage chinois. Mais avant d'exposer ce système, nous croyons devoir donner le prix de revient des plants racinés d'un an provenant de boutures semées.

Prix de revient de plants racinés provenant de boutures à un œil, semées (le mille).

Préparation du sol : 3 journées à 3 fr.	9 f. 00
Préparation de 1,000 œils ; 1/17ᵉ de journée à 4 fr. .	0 68
Mise en place des boutures : 1 journée à 3 fr.	3 00
Entretien pendant l'année : 3 journées à 3 fr.	9 00
Valeur locative et eau	2 00
Frais généraux : 12 0/0.	2 84
Prix de revient de plants racinés d'un an. . .	26 52

Le prix de revient des plants racinés de *deux ans* sera augmenté de l'intérêt, des dépenses d'entretien et des frais généraux s'appliquant aux frais d'entretien :

Montant de l'année précédente	26 f. 52
Intérêts de l'année précédente à 8 0/0	2 12
Frais d'entretien et valeur locative (eau)	16 50
Frais généraux, etc., sur une somme de 14 fr.	1 68
Prix de revient de plants racinés de deux ans. . .	46 82

Nous ne ferons pas figurer ici les prix de revient des boutures de trois ans, parce que ces boutures sont difficiles à la reprise et ne peuvent entrer réellement dans la pratique. Nous ferons même observer que la reprise d'une bouture racinée est d'autant plus sûre que ses racines sont encore jeunes et fines.

BOUTURAGE CHINOIS.

Les Chinois et les Japonais ont été, de temps immémorial, et sont encore certainement aujourd'hui nos maîtres dans l'art du marcottage et du greffage.

Le marcottage, que les Chinois pratiquent depuis plusieurs milliers d'années, est d'une simplicité exemplaire dans son application; il suffit, pour s'en rendre compte, d'un coup d'œil jeté sur notre figure 167.

On voit que ce procédé offre l'avantage de produire, avec un seul sarment couché horizontalement à une faible profondeur en terre, plusieurs boutures racinées dont l'émission radicellaire s'effectue aussi facilement que promptement. Chaque bouture porte fruit la première année; à chaque nœud correspond une bouture fructifère et, à partir de la deuxième année, cette bouture porte jusqu'à 4 à 5 grappes, à la condition toutefois qu'on ait eu soin de choisir et de marquer, au moment des vendanges — suivant notre recommandation — des sarments bien aoûtés et ayant porté beaucoup de raisins.

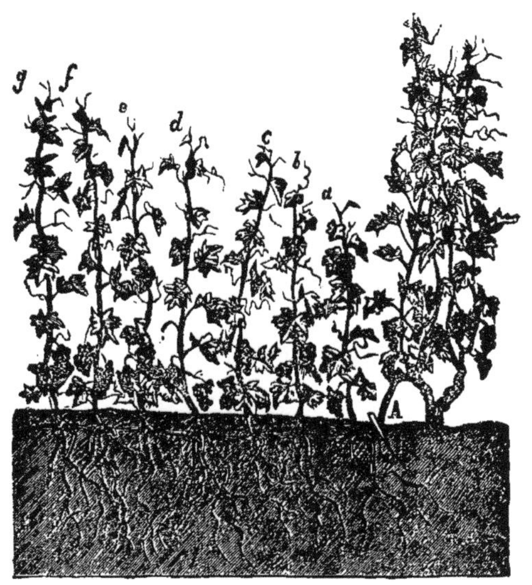

Fig. 167. — Bouture chinoise.
A, B, C, sarment couché en terre horizontalement. — a. b. c, d, e, f, g, rameaux de l'année, enracinés.

Pour effectuer le bouturage chinois, on pratique près de la souche un fossé de 20 à 25 centimètres de profondeur sur 0^m20 de largeur; on laisse aérer cette terre pendant un mois, puis on la dépose au fond du fossé après l'avoir mélangée avec du fumier d'un an. Ce mélange de terre végétale et de fumier doit être bien combiné, de manière à se laisser traverser facilement par les jeunes racines. Ensuite on prend le sarment (A) que l'on courbe doucement pour le coucher horizontalement dans le fossé et on le tend fortement dans cette position où on le maintient avec des piquets. Le sarment doit être placé à 7 ou 8 centimètres en contre-bas du niveau de la surface du sol ; puis on enlève tous les yeux, à partir du point de départ du vieux bois jusqu'au fond de la fosse contre le premier piquet. Cette opération évite une perte de sève qui nuirait à l'émission des boutures sortantes.

Aussitôt que la souche entre en végétation, on voit les bourgeons se développer et sortir de terre et, quelque temps après, lorsque les rameaux atteignent 15 à 20 centimètres de hauteur, on comble définitivement la tranchée avec le restant de la terre sortie que l'on a mélangée préalablement avec du vieux fumier. On obtiendra de la sorte des sujets très beaux et vigoureux même, susceptibles d'une grande fructification dès la première année.

Lorsque le sol manque de l'humidité voulue pour donner la vigueur nécessaire aux racines des boutures, on arrose le fond de la tranchée avec 10 à 15 litres d'eau, puis on recouvre la surface.

Si on désire prendre des plants racinés à la fin de l'année, il suffit de couper le sarment provigné à l'intersection A B, puis de retirer la terre et de dégager du sol chaque bouture racinée que l'on détache avec un sécateur à main.

On utilise généralement les boutures au bout d'un an. Si, toutefois, on préfère des boutures de deux ans, il n'y a aucun inconvénient à les laisser séjourner dans le sol.

Au moment où on les enlève de terre, il faut couper l'extrémité de leurs racines au sécateur.

Ces boutures racinées et rognées peuvent être mises en place dans le plantier à repiquer.

Cette opération fortifie la base de la souche et lui fait procurer, pour l'avenir, un nombre de racines encore plus grand que le nombre primitif.

Si on fait voyager ces plants racinés, il est nécessaire de ne pas rogner leurs racines avant le départ, de peur d'occasionner trop d'évaporation et par suite la dessication des plants en route.

Nous donnons ci-dessous le prix de revient de plants racinés de 1 an et de 2 ans, obtenus par le marcottage dit Chinois.

Prix de revient de 1,000 plants d'un an :

Préparation du marcottage : 7 journées 1/80me à 4 fr. .	31 f.	25
Achat de piquets et ficelles : 320 × 0,02 cent.	6	40
Achat de fumier à pied-d'œuvre : 500 kil. à 1 fr. . . .	5	00
Valeur locative et eau	2	00
Frais généraux, 12 0/0.	5	35
TOTAL. . .	50	00

Le prix des boutures ou plants racinés de deux ans sera augmenté de l'intérêt des dépenses d'entretien dans les proportions suivantes :

Montant des dépenses d'entretien de l'année précédente	50	00
Intérêt de l'année 8 0/0.	4	00
Frais d'entretien.	10	00
Frais généraux portant sur les frais d'entretien 12 0/0.	1	20
TOTAL. . .	65	20

Moyens d'assurer la reprise des boutures.

La reprise des boutures s'effectue d'autant mieux que le milieu où elles sont introduites possède les qualités suivantes :

1° Que la bouture soit décortiquée légèrement à l'aide du gant métallique avant sa mise en place ;

2° Que la bouture soit mise en contact avec le sol sur son pourtour et qu'elle soit résistante à l'enlèvement à la main ;

3° Que le sol soit bien défoncé et ameubli ;

4° Que la température du sol ait au moins 8 à 10 degrés centigrades ;

5° Que le degré d'humidité du sol ne soit pas trop élevé ;

6° Que le sol possède les éléments nutrutifs appropriés à la plante.

Dans ces conditions la reprise des boutures sera assurée.

Observations

Les boutures peuvent être mises en place, aussitôt qu'elles viennent d'être taillées.

Les boutures, après 15 jours de taille, si la température est sèche, ne reprennent que difficilement ; mais si, au contraire, l'état de l'atmosphère est très chargé d'humidité, elles reprendront toutes.

Il est donc parfaitement établi que plus la bouture contient de sève liquide, plus certainement sa reprise aura lieu. La bouture par rameau doit être coupée à ses deux extrémités au milieu des nœuds ; cette disposition a pour but de fermer les cicatrices en dehors de l'action des agents atmosphériques et souterrains.

Mise en pépinière.

Nous venons de dire qu'en dépit de toutes les précautions, certaines causes exceptionnelles empêchent quelquefois la reprise des boutures en place ; entre toutes ces causes citons la sécheresse du sol. Aussi la plantation des boutures en pépinière complète-t-elle utilement les plantations en terre froide ou autre.

Ces pépinières destinées à pourvoir aux boutures manquantes (car il est plus avantageux de repiquer avec des plants racinés qu'avec des sarments), devraient se trouver à côté du vignoble, dans toutes les exploitations bien conduites. On les établit souvent près de la maison dans le jardin de l'exploitation, et il est nécessaire que la terre soit bien meuble et fumée au vieux fumier qui la rend légère et fertile.

Plaçons ici quelques observations dont les viticulteurs apprécieront toute l'utilité :

1° On doit s'assurer de la qualité des eaux pour l'irrigation de la pépinière à créer ;

2° Un terrain froid et fort donne issue à des sujets petits, sans vigueur, en un mot rachitiques ;

3° Toute création de pépinière doit être précédée d'un défoncement préalable du sol, à 30 ou 35 centimètres de profondeur ;

4° Il est bon de faire des petits fossés de 15 centimètres de profondeur sur 15 centimètres de largeur ; on pique, au centre du fossé, les boutures à 5 centimètres de profondeur dans le plafond de la cuvette, comme l'indique la figure 168.

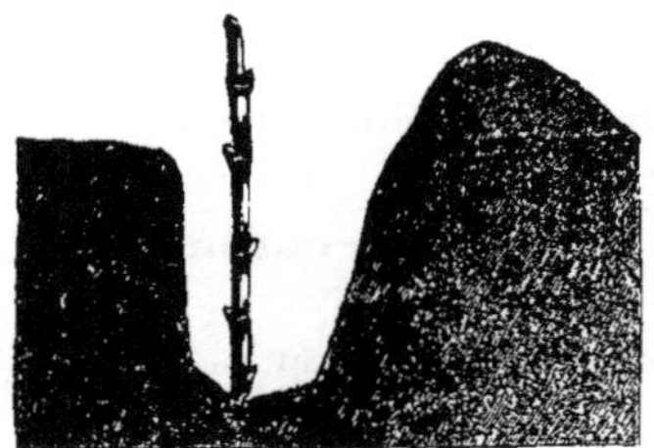

Fig. 168.— Bouture mise dans un fossé.

On espace ces boutures à 0ᵐ30 d'écartement entre elles, puis on remblaie avec la terre sortie que l'on a d'abord parfaitement meublée ; les boutures, de la sorte, se trouvent enfoncées à 20 centimètres dans le sol (fig. 169). Après une année de séjour dans le sol, les boutures portent des branches qui serviront à former la souche (fig. 170) ;

5° Les boutures par rameaux, qu'on nomme encore plants racinés, passent un an ou deux en terre, suivant les circonstances ou les besoins.

L'entretien de la pépinière s'effectue par l'empaillassement du sol, si on n'a pas beaucoup d'eau à sa disposition.

Tous les 15 à 20 jours, on arrose légèrement avec de l'eau qui a séjourné quelques heures au soleil. Une des manutentions indispensables dans l'entretien de la pépinière consiste à enlever les mauvaises herbes au fur et à mesure de leur émission.

Le binage de la pépinière tous les 30 jours influe beaucoup sur le développement des sujets.

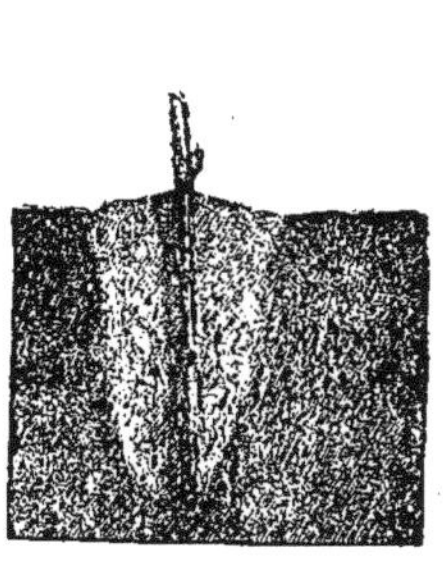

Fig. 169

Bouture entière.

Fig. 170

Bouture racinée d'un an.

Prix de revient de 1,000 Plants racinés d'un an.

Ouvrier terrassier : 3 journées à 3 fr.	9	00
1.000 boutures soignées (façon, y compris la taille) . .	5	00
Mise en place : 3/4 de journée à 3 fr.	2	25
Entretien : 3 journées à 3 fr.	9	00
Valeur locative et eau.	2	50
Frais généraux, 12 0/0.	3	33
Total . . .	31	08

Le prix des plants racinés de 2 ans sera augmenté des soins, de l'intérêt et des frais généraux.

Dépenses de l'année précédente.	31 f.	08
Intérêt de l'année à 8 0/0.	2	48
Soins et entretien	10	00
Frais généraux portant sur l'entretien	1	20
Total . . .	44	76

CINQUIÈME CHAPITRE

PLANTATION DE LA VIGNE

SOMMAIRE :

Époque de la plantation des boutures. — Profondeur des boutures en terre. — Espacements à réserver entre chaque cépage. — Méthode normale de plantation.

TABLEAUX :

Tableau indiquant les époques favorables à la plantation. — Tableau indiquant la profondeur des boutures suivant la nature des terrains. — Tableau indiquant les divers espacements usités en France. — Tableau indiquant les divers espacements usités en Espagne. — Tableaux indiquant les espacements que l'on rencontre, suivant les terrains, dans l'Italie Septentrionale et Méridionale. — Tableaux indiquant les espacements à réserver aux vignes plantées en carrés ou en quinconce. et pour celles conduites en cordon sur fil de fer, pour la production de Vins rouges et blancs avec des cépages européens ou indigènes.

PLANTATION DE LA VIGNE

§ 1. — Epoque de la plantation de la vigne.

L'époque pendant laquelle l'on doit opérer la plantation des boutures et des plants racinés en place, de quelles formes qu'ils soient, est essentiellement variable : elle dépend des localités, de l'état climatérique et hygrométrique, des altitudes et de la nature du sol.

Nous croyons donc utile de donner quelques conseils à cet égard :

1° L'expérience nous a démontré que les plantations faites en hiver, dans les terrains froids et humides, ne résistaient qu'imparfaitement aux abaissements de la température, inévitables même en Algérie, l'émission des racines ne s'effectuant pas toujours dans les conditions voulues.

Les terrains froids sont généralement argileux, compacts et retiennent l'humidité en excès pendant la saison d'hiver.

On constaté que les plantations faites dans ces conditions périssent en partie, faute de ressuyage et de chaleur. Le sarment se décompose en se pourrissant ;

2° Les sols légers et secs s'échauffant généralement avant ceux à base d'argile, ils peuvent, par conséquent, recevoir des plantations de bonne heure, tandis que ceux de nature forte et recélant beaucoup d'humidité, ne doivent recevoir les boutures que fort tard, quand la terre est suffisamment ressuyée.

Sur les hautes altitudes il est nécessaire de retarder les dates que nous indiquons plus loin, au tableau spécial, de 25 à 30 jours.

En résumé, la prudence commande toujours de ne pas trop se presser pour planter la vigne et d'attendre que le sol soit suffisamment ressuyé.

Suivant le système que nous avons adopté dans tout le cours de cet ouvrage et pour répondre aux désirs des viticulteurs, nous avons dressé un tableau indiquant les époques de plantation les plus favorables qui correspondent aux diverses natures des sols.

TABLEAU INDIQUANT LES ÉPOQUES FAVORABLES A LA PLANTATION

DÉSIGNATION DE LA NATURE DU SOL		SITUATIONS		
		LITTORAL	COTEAU	PLAINE
		DATES	DATES	DATES
Sablonneuse	sèche.....	Décembre – Janvr	Janvier	Février
	1/2 humide	Décembre – Janvr	Janvier	Février
	humide ...	Janvier	Janvier	Février
Sablonneuse tuffacée...	sèche.....	Décembre – Janvr	Janvier	Février
	1/2 humide	Janvier	Février	Février
	humide ...	Janvier	Février	Février
Silico-calcaire-argileuse	sèche.....	Janvier	Février	Février
	1/2 humide	Janvier	Février	Mars
	humide ...	Janvier	Février	Mars
Calcaire-silico-argileuse	sèche.....	Février	Février	Mars
	1/2 humide	Février	Février	Mars
	humide ...	Février	Mars	Mars
Argilo-calcaire-siliceuse	sèche.....	Février	Mars	Mars
	1/2 humide	Février	Mars	Mars
	humide ...	Février	Mars	Mars
Argilo faiblemt calcaire	sèche.....	Février	Mars	Mars
	1/2 humide	Mars	Mars	Mars
	humide ...	Mars	Mars	du 1er au 5 avril
Argileuse...........	sèche.....	Mars	Mars	du 1er au 5 avril
	1/2 humide	Mars	Février	du 5 au 10 avril
	humide ...	Mars	Février	du 10 au 15 avril

§ 2. — Profondeur des boutures en terre.

La profondeur de la bouture peut jouer un rôle important dans la réussite future du sujet.

Dans le Midi de la France on plante à une profondeur de 20 à 25 centimètres ; malheureusement beauc p de viticulteurs algériens ont planté leurs boutures au hasard, à es profondeurs plus ou moins grandes. De là, plus d'un mécompte à l'heure des vendanges.

Il ne faut pas oublier qu'en Afrique la température est constamment plus chaude et plus sèche qu'en Europe ; il en résulte une plus grande évaporation et, par suite, une plus grande sécheresse à la surface du sol.

Si donc, une plantation est faite — en Algérie — à une profondeur moindre qu'en France de quelques centimètres, elle est condamnée à péricliter, si ce n'est à périr, même à des profondeurs pareilles à celles qui sont de règle dans le Midi de la France.

Ne jamais planter des vignes en Afrique à moins de 0ᵐ 25, ni à plus de 0ᵐ 35 centimètres de profondeur. — Tel est le principe.

Dans la pratique, la profondeur de la plantation peut varier suivant le sol. On peut se contenter de 25 centimètres dans certains terrains et même d'une profondeur moindre, à condition de suivre le système de M. V. Rivière ; mais, dans tous les cas, c'est là l'exception.

Le tableau ci-dessous résume, à cet égard, les résultats de nos expériences.

TABLEAU

indiquant les profondeurs des boutures suivant la nature des terrains.

DÉSIGNATION DU GENRE DE BOUTURE	DÉSIGNATION ET NATURE DU SOL	PROFONDEUR en CENTIMÈTRES
Boutures	en terre sablonneuse sèche	33 à 35
	— demi-sèche	30 33
	— moyenne	27 30
	— forte et humide	25 27
Plants racinés.. . .	en terre sablonneuse sèche	24 à 26
	— demi-sèche	22 24
	— moyenne	20 22
	— forte et humide	18 20

§ 3. — Espacements réservés entre chaque cépage.

La distance des boutures à planter doit varier suivant la nature du sol et les caractères particuliers de chaque cépage. Beaucoup de planteurs de vigne en Algérie et en Tunisie tombent dans une erreur qu'il importe de relever ici. Ils croient obtenir des rendements supérieurs en plantant en ligne, à des distances de 2 mètres entre chaque rang et 1 mètre dans le rang, ce qui, en réalité, fait 5,000 pieds à l'hectare. — Cet espacement des pieds est notoirement insuffisant.

Si on considère les exigences de nutrition des racines pour alimenter le cep, il est facile de se rendre compte que les intervalles ménagés entre chaque pied, lors de la plantation, doivent être établis sur des bases plus larges. C'est un mauvais calcul que de vouloir faire entrer le plus de pieds de vigne possible à l'hectare.

Il en résulte un encombrement funeste à la production, car les racines ont bien vite épuisé les principes nutritifs qui sont d'une assimilation facile, lorsque les ceps sont rapprochés. Dès lors, elles deviennent impuissantes à nourrir les parties fructifères.

En France, dans chaque région, on a adopté un mode différent d'espacement qui semblent s'amoindrir au fur et à mesure que l'on s'éloigne du Midi vers le Nord.

D'après Dubreuil, voici les distances ou espacements entre les ceps, selon les divers départements mentionnés au tableau ci-dessous.

TABLEAU INDIQUANT DIVERS ESPACEMENTS
usités en France.

RÉGIONS	ESPACEMENT des CEPS	NOMBRE par HECTARE
Château-Neuf, Colevier. Vaucluse	2ᵐ00	2 500
Sainte-Cécile	1 75	3 249
Vauvert, Saint-Gilles, Gard	1 56	4 016
Gers	1 50	4 356
Hérault	1 50	4 356
Palus de Bordeaux.	1 50	4 356
Médoc	1 20	6 889
Haute-Garonne	0 88	12 769
Beaujolais	0 80	15 625
Touraine.	0 73	18 496
Côte-d'Or	0 66	22 801
Seine.	0 63	24 964
Orléanais	0 60	27 856
Vosges	0 50	42 000
Epernay.	0 40	62 500
Moselle	0 36	79 729

Voici, d'après des renseignements recueillis sur place, les espacements encore pratiqués dans une grande partie de l'Espagne.

TABLEAU INDIQUANT DIVERS ESPACEMENTS

usités en Espagne.

NOMS DES PROVINCES	ESPACEMENTS		A L'HECTARE	
	de ligne à ligne	dans la ligne·	NOMBRE de CEPS	RENDEMENT en hectolitre
Ciudad-Réal	2 56	2 58	1 500	25
Alva	2 50	2 50	1 600	28
Valencia	2 00	2 00	2 500	29
Castellon de la Placa	2 00	2 00	2 500	28
Tarragone	1 85	1 85	2 970	20
Albacette	2 55	2 55	3 000	26
Grenade	1 70	1 70	3 100	25
Séville	1 70	1 70	3 100	26
Rioja	1 75	1 75	3 266	21

En général, les rendements des vignobles d'Espagne sont beaucoup plus faibles que ceux du Midi de la France.

La cause réside dans l'état du sol, par suite du manque d'amendements et d'engrais ; il est certain que ces rendements augmenteraient de 25 0/0, si ces terrains, déjà assez pauvres, étaient suffisamment fumés et surtout amendés avec des engrais azotés.

On recherchait autrefois de préférence en Espagne, pour planter les vignobles, des terrains en coteau qui, très souvent, sont maigres et peu recouverts de terre végétale ; et ce n'est que depuis quelques années seulement que les vignobles hispanéens sont plantés et traités en vue de la production.

Le savant italien Ottavi, qui a étudié toutes les questions viticoles et vinicoles de son pays, a publié deux tableaux indiquant les espacements des vignes en général de l'Italie septentrionale et méridionale.

La première partie est assez éloignée de la mer ; elle est située à des altitudes plus élevées que celle similaire qui borde la Méditerranée.

TABLEAU

indiquant les emplacements que l'on rencontre, suivant les terrains, dans l'Italie Septentrionale.

CULTURES		DISTANCES EN METRES		NOMBRE de CEPS à L'HECTARE
		de ligne en ligne	dans la ligne	
TERRAINS FERTILES	Bonne	1 25	0 88	9.000
		1 75	0 63	
		2 25	0 49	
	Médiocre	1 75	0 84	6.750
		2 25	0 63	
		2 75	0 53	
	Mauvaise	2 25	0 98	4.500
		2 75	0 80	
		3 25	0 63	
TERRAINS MÉDIOCRES	Bonne	2 75	0 59	6.750
		3 25	0 53	
		3 75	0 45	
	Médiocre	3 25	0 59	5.060
		3 75	0 53	
		4 35	0 55	
	Mauvaise	3 75	0 80	3.375
		4 25	0 68	
		4 75	0 62	
TERRAINS MAUVAIS	Bonne	4 25	0 45	5.060
		4 75	0 41	
		5 23	0 37	
	Médiocre	4 75	0 33	3.795
		5 25	0 40	
		5 75	0 45	
	Mauvaise	5 25	0 75	2.530
		5 75	0 67	
		6 25	0 63	

Le tableau suivant représente les cultures de la région méditerranéenne sous un climat assez chaud. Les terrains de ces contrées sont plus finement divisés et lavés que ceux d'une altitude plus élevée ; on les considère généralement comme plus arides.

TABLEAU

indiquant les espacements que l'on rencontre. suivant les terrains. dans l'Italie Méridionale.

CULTURES		DISTANCES EN METRES		NOMBRE de CEPS à L'HECTARE
		de ligne en ligne	dans les lignes	
TERRAINS FERTILES	Bonne	1 50 1 75 2 00	0 78 0 84 0 74	6.570
	Médiocre	1 75 2 00 2 25	1 24 0 99 0 86	5.060
	Mauvaise	2 00 2 25 2 50	1 49 1 35 1 20	3.375
TERRAINS MÉDIOCRES	Bonne	2 25 2 50 2 75	0 76 0 79 0 86	5.060
	Médiocre	3 00 3 25 3 75	0 87 0 80 0 60	3.795
	Mauvaise	4 00 4 25 4 50	1 00 0 70 0 87	2.530
TERRAINS MAUVAIS	Bonne	4 25 4 50 4 75	0 60 0 58 0 36	3.795
	Médiocre	4 50 4 75 5 00	0 80 0 73 0 70	2.846
	Mauvaise	5 25 5 50 5 75	1 00 0 96 0 90	1.897

Comme le fait remarquer l'illustre professeur Ottavi, les distances ou espacements entre les ceps doivent s'accroître en proportion de la chaleur du climat et de la maigreur du sol.

C'est avec raison que l'éminent professeur dont nous avons parlé,

M. Foëx,[1] dit : « L'observation ayant démontré que le développement des racines en profondeur est habituellement en rapport avec le développement en surface horizontale, de telle sorte qu'une plantation serrée sera toujours plus superficiellement enracinée qu'une plantation où les pieds seront écartés. »

En résumé, la nature d'un sol indique naturellement l'écartement nécessaire à ménager entre chaque cep, — c'est-à-dire qu'une terre maigre et sèche, n'ayant pas suffisamment de matières substantielles dans sa composition, ne peut alimenter normalement un certain nombre de souches comme le ferait une terre naturellement fertile et généreuse.

C'est ce qui a conduit nos viticulteurs du Midi de la France à préférer un écartement plus grand dans les terrains secs et arides que ceux d'une certaine fertilité.

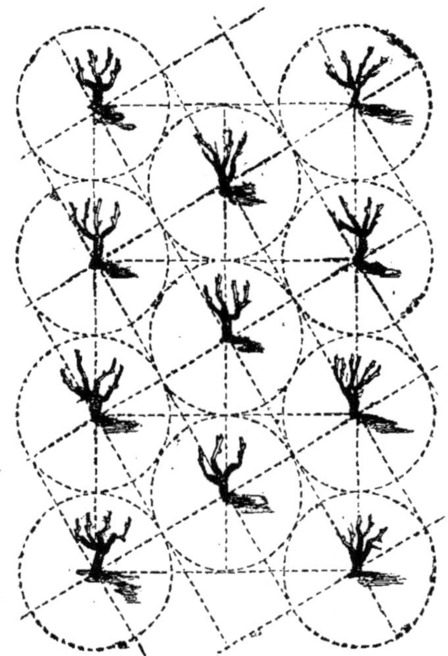

Fig. 171. — Plantation en quinconce.

Sous le rapport de la régularité des espacéments, l'Italie ne semble pas progresser rapidement, cependant cette puissance a développé considérablement son vignoble depuis 10 ans. Les plantations serrées dans la ligne n'ont qu'une durée relativement faible, puisque dans

____

(1) G. Foëx, *loc. cit.* páge 291.

certaines contrées on arrache la vigne après trente ans de production. Une plantation bien comprise doit ménager, entre chaque cep, un espace de 1^m70 au moins en terre fertile et 1^m90 sur coteau, en terre sèche.

La puissance de la végétation, dans l'Afrique du Nord, rend nécessaire, pour l'évolution féconde des végétaux, une aire souterraine de développement plus considérable qu'en Europe.

La plantation en quinconce (fig. 171) est préférable dans les nouvelles créations, car elle réunit tous les avantages : Etablissement uniforme et régulier dans tous les sens, facilité d'accès, économie pour les travaux de main-d'œuvre, végétation mieux équilibrée, etc.

Les rendements d'une vigne plantée dans ces conditions peuvent augmenter jusqu'à l'âge de 10 ans.

La plantation en quinconce permet de réaliser des économies de main-d'œuvre sur l'ancien système.

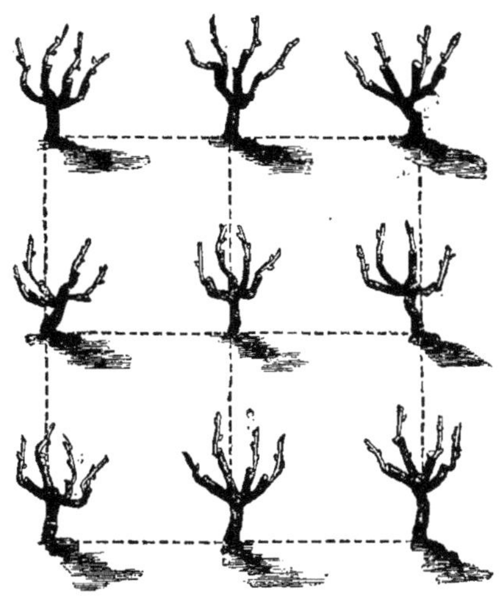

Fig. 172. — Plantation au carré.

Cette disposition est considérée comme la réunion de groupes de trois souches. Cette forme, comme le dit M. Foëx, « possède à un plus haut degré les avantages que nous avons trouvés inhérents à la plantation en carré et surtout en ligne ; elle permet de croiser les labours dans trois directions, de remplacer les ceps manquants en provignant un sarment que l'on peut choisir parmi ceux des six souches environnantes. » En outre, les rendements sont supérieurs à ceux obtenus sur n'importe quelle vigne en ligne serrée.

La plantation en carré (fig. 172) prend le second rang après celle en quinconce. Elle n'en a pas tout à fait les avantages; cependant nous constatons son rapide développement dans nos grandes exploitations en création et nos planteurs ne paraissent pas s'en plaindre.

Il est vrai que nos colons se trouvent souvent embarrassés pour tracer les lignes en quinconce; c'est cependant bien simple, ainsi que nous le ferons voir plus loin.

Afin de faciliter leur tâche aux colons lorsqu'ils ont des plantations à créer, nous avons dressé quelques tableaux indiquant les espacements à donner aux pieds de vigne, suivant leur caractère et la nature du sol qui les supporte.

TABLEAUX

indiquant les espacements à réserver aux vignes plantées en carré ou en quinconce

RAISINS ROUGES EUROPÉENS

NOMS DES CÉPAGES	EN PLAINE (terre fertile)			EN COTEAU (terre fertile)		
	ESPACEMENTS en tous sens	NOMBRE DE PLANTS à l'hectare	NATURE des SARMENTS	ESPACEMENTS en tous sens	NOMBRE DE PLANTS à l'hectare	NATURE des SARMENTS
Aramon..........	2 00	2.500	Rampants	2 10	2.264	
Carignane........	2 00	2.500	assez érigés	2 10	2.264	
Grenache........	1 95	2.621	peu érigés	2 05	2.344	
Œillade........	2 00	2.500	demi érigés	2 10	2.264	
Cinsaut........	2 00	2.500	demi érigés	2 10	2.264	
Spiran.........	1 95	2.621	demi érigés	2 05	2.344	
Brun Fourca......	2 00	2.500	bien érigés	2 10	2.264	
Morastal........	1 90	2.770	très érigés	2 00	2.500	
Mourvèdre.......	1 90	2.770	très érigés	2 00	2.500	
Gamay noir.......	1 90	2.770	demi érigés	2 00	2.500	
Pinot noirien......	1 90	2.770	peu érigés	2 00	2.500	
Cabernet Franc....	1 90	2.770	2/3 érigés	2 00	2.500	
Malbek.........	1 85	2.920	assez érigés	1 95	2.621	
Syrah..........	1 85	2.920	surbaissés	1 95	2.621	
Petit-Bouschet.....	2 00	2.500	surbaissés	2 10	2.264	
Alicante Bouschet...	1 95	2.621	demi érigés	2 05	2.344	
Mondeuse........	2 00	2.500	surbaissés	2 10	2.264	
Frankental.......	2 00	2.500	demi érigés	2 10	2.264	

La nature des sarments en coteau, terre fertile, est la même que celle produite par les cépages plantés en plaine, terre fertile.

| NOMS | TERRE FERTILE | | | | NATURE |
| DES | EN PLAINE | | EN COTEAU | | DES |
CÉPAGES	Ecartement en tous sens	NOMBRE de pieds à l'hectare	Ecartement en tous sens	NOMBRE de pieds à l'hectare	SARMENTS
RAISINS BLANCS EUROPÉENS					
Clairette	1 85	2.920	1 95	2.621	érigés
Pédro Ximenès	1 85	2.920	1 95	2.621	surbaissés
Chasselas.	1 80	3.080	1 90	2.770	surbaissés
Piquepoul gris ou R . . .	1 85	2.920	1 95	2.621	érigés
Piquepoul blanc	1 85	2.920	1 95	2.621	érigés
Sauvignon.	1 80	3.080	1 90	2 770	peu surbais.
Semillon blanc.	1 80	3.080	1 90	2.770	demi érigés
Furment	1 85	2.920	1 95	2.621	érigés
Macabéo	1 85	2.920	1 95	2.621	érigés
Ugui blanc	1 85	2.920	1 95	2.621	demi érigés
Folle blanche	1 90	2.770	2 00	2.500	demi érigés
Muscats.	1 90	2.770	2 00	2.500	rampants
RAISINS BLANCS INDIGÈNES					
El-Rherbi.	1 90	2.770	2 00	2.500	demi érigés
Liada.	1 90	2.770	2 00	2.500	demi érigés
Bezzoul-Kelba.	1 85	2.920	1 95	2.621	surbaissés
Galb et Ferroudji	1 90	2.770	2 00	2.500	demi surbais.
Karem Labiod.	1 90	2.770	2 00	2.500	demi surbais.

Comme on le voit, on rencontre peu de cépages indigènes à fruits blancs qui s'accommodent de la culture en souche basse.

En effet, et ainsi que nous l'avons dit dans l'introduction de la *Monographie des Cépages Indigènes de l'Afrique Française du Nord* (voir le 1er volume), ces variétés — non pas sauvages, mais laissées depuis des siècles vagabonder au travers les bois et les arbres qu'elles enlacent de leurs rameaux et couvrent de leurs feuilles — sont reliées entr'elles par un cachet de congénérescence caractéristique qui leur fait répudier la culture en souche basse et à taille courte, pour réclamer, au contraire, une culture en hautain, avec taille longue, ou conduite en cordon sur fil de fer.

Un simple coup d'œil jeté sur les tableaux qui suivent, consacrés spécialement à ce genre de culture, corroborera nos affirmations si surabondamment prouvées aujourd'hui par la pratique et par l'expérience.

TABLEAUX

indiquant les espacements à réserver aux vignes cultivées en cordon sur fil de fer.

NOMS DES CÉPAGES	EN PLAINE (terre fertile)			EN COTEAU		
	DISTANCES entre les rangs	ESPACEMENTS dans les rangs	NOMBRE DE PIEDS à l'hectare	DISTANCES entre les rangs	DISTANCES dans les rangs	NOMBRE DE PIEDS à l'hectare
RAISINS ROUGES EUROPÉENS						
Aramon	2 00	3 10	1.600	2 05	3 20	1.524
Œillade	2 00	3 03	1.650	2 05	3 10	1.558
Cinsaut	2 00	3 03	1.650	2 05	3 10	1.558
Gamay noir	2 00	3 03	1.650	2 05	3 10	1.558
Pinot noirien	2 00	3 03	1.650	2 05	3 10	1.558
Cabernet	2 00	3 03	1.650	2 05	3 10	1.558
Spiran	2 00	3 03	1.650	2 05	3 10	1.558
Malbeck	2 00	3 03	1.650	2 05	3 10	1.558
Petit-Bouschet	2 00	3 03	1.650	2 05	3 10	1.558
Mondeuse	2 00	3 03	1.650	2 05	3 10	1.558
Frankental	2 00	3 10	1.600	2 05	3 20	1.524
RAISINS ROUGES INDIGÈNES						
Toustain	2 00	3 10		2 05	3 05	
Hasscroumb Lekhal	2 00	3 10		2 05	3 05	
Grillah	2 00	3 10	1.600 pieds à l'hectare	2 05	3 05	1.592 pieds à l'hectare
Cherchali Kadem	2 00	3 10		2 05	3 05	
Bezzoul-el-Kadem Kabyle	2 00	3 10		2 05	3 05	
Ahmor bou Ahmor	2 00	3 10		2 05	3 05	
Soultaniesch	2 00	3 10		2 05	3 05	
Beni Salem	2 00	3 10		2 05	3 05	
Galb-el-Tsour	2 00	3 10		2 05	3 05	
Deker-el-Aneb	2 00	3 10		2 05	3 05	

NOMS DES CÉPAGES	EN PLAINE (terre fertile)			EN COTEAU		
	DISTANCES entre les rangs	ESPACEMENTS dans les rangs	NOMBRE DE PIEDS à l'hectare	DISTANCES entre les rangs	ESPACEMENTS dans les rangs	NOMBRE DE PIEDS à l'hectare

RAISINS BLANCS EUROPÉENS

NOMS DES CÉPAGES	EN PLAINE (terre fertile)			EN COTEAU		
Clairette — Pédro Ximenès . . .	2 00	3 10	1.600	2 05	3 15	1.544
Piquepoul gris, rose, blanc . . .	2 00	3 03	1.650	2 05	3 10	1.568
Sauvignon	2 00	3 03	1.650	2 05	3 10	1.568
Semillon blanc	2 00	3 03	1.650	2 05	3 10	1.568
Furment — Muscats	2 00	3 10	1.600	2 05	3 15	1.544
Macabeo — Folle blanche	2 00	3 10	1.600	2 05	3 15	1.544
Ugni blanc	2 00	3 03	1.650	2 05	3 10	1.568
Chasselas	2 00	3 20	1.560	2 05	3 25	1.500

RAISINS BLANCS INDIGÈNES

NOMS DES CÉPAGES	EN PLAINE (terre fertile)			EN COTEAU		
Farana — Bezzoul Hadra	2 00	3 20	1.560	2 05	3 25	1.500
Cherchali	2 00	3 20	1.560	2 05	3 25	1.500
Aïn-el-Kelb — El-Rherbi	2 00	3 10	1.600	2 05	3 15	1.544
Tabar-Kante — Aïne-Amokran .	2 00	3 10	1.600	2 05	3 15	1.544
Chaouch — El-Mili ou Milah . .	2 00	3 20	1.560	2 05	3 25	1.500
Hasseroum-Labiod — Liadia . .	2 00	3 10	1.600	2 05	3 15	1.544
Bezzoul-Kelba — Ferani	2 00	3 10	1.600	2 05	3 15	1.544
Karem-Labiod Galb et Ferroudji.	2 00	3 03	1 650	2 05	3 10	1.568
Souaba-el-Adja — Galb-el-Theïr.	2 00	3 03	1.650	2 05	3 10	1.568
Amellal gros — Amellal petit .	2 00	3 10	1.600	2 05	3 15	1.544
Akachah	2 00	3 10	1.600	2 05	3 15	1.544

MÉTHODES DE PLANTATION

SOMMAIRE :

Méthodes de plantation. — Préparation du sol avant la plantation. — Exécution de la plantation au plantoir. — Prix de revient d'une plantation de bouture par rameaux au plantoir.

MÉTHODES DE PLANTATIONS

§ 1.— Coup d'œil rétrospectif sur les divers modes de plantation employés jusqu'à ce jour.

En Algérie et en Tunisie, lors de la conquête pacifique du sol par la colonisation, les nombreux viticulteurs de la première heure, venus un peu de toutes les parties de l'Europe, ne tentaient sur le nouveau sol inconnu que des expériences viticoles restreintes et chacun d'eux procédait à la mode du pays où il avait fait son apprentissage agricole, si l'on peut s'exprimer ainsi.

Les systèmes de plantation sont donc nombreux ; quelques-uns seuls, cependant, sont à retenir, l'expérience ayant condamné les autres trop peu appropriés au climat et à la situation des vignobles à créer.

Il est de toute justice cependant d'en parler pour mémoire, et nous allons succinctement examiner les divers procédés les plus fréquemment employés aujourd'hui :

1° Le premier consiste à creuser un fossé de 30 à 40 centimètres de profondeur sur 35 centimètres de largeur, dans lequel on dépose une bouture à rameaux, comme l'indique notre figure 166 ; on remblaie ensuite le fossé avec la terre qui en a été extraite, en ayant soin toutefois de mettre au fond celle qui était précédemment à la surface du sol. — On fait aussi un mélange de 4 parties de terre superficielle. avec une partie de vieux fumier. Ce genre de compost donne une grande activité à la végétation en la développant ;

2° Le second consiste à faire, pour chaque bouture, un trou particulier de $0^m 35$ à $0^m 45$ de profondeur sur $0^m 30$ de diamètre ou de côté dans le sol, sans même avoir été défoncé.

Ce genre de plantation s'effectue généralement dans les contrées où le tuf domine, dans les sous-sols, à une petite profondeur ; aussi est-on souvent obligé d'avoir recours aux instruments d'acier pour arriver à effriter la couche tuffacée qui forme une croûte sous-jacente. Comme dans la première méthode, on fiche en terre, au fond du trou, la bouture à rameau, puis on remblaye le trou avec la terre déjà extraite;

3° La troisième méthode implique un défoncement préalable du sol avant le percement des trous qui ont de 0^m30 à 0^m35 de profondeur sur 0^m10 à 0^m15 de diamètre. — Ce mode de plantation au trou diffère du précédent, en ce sens que le trou est plus étroit et que souvent on le remblaye avec un mélange de terre et de terreau.

La bouture à rameau est mise debout, puis garnie du compost, ainsi que nous l'avons déjà indiqué ;

4° Le |quatrième système consiste à faire des trous ayant de 0^m20 à 0^m25 de profondeur sur 0^m20 à 0^m25 de diamètre ou de côté en terre défoncée. Comme pour les trous de la première méthode, on y dépose au fond 5 centimètres d'épaisseur du compost déjà décrit, la bouture racinée est placée au-dessus en ayant soin que chaque radicelle soit bien entourée de terre ; on remblaye ensuite ;

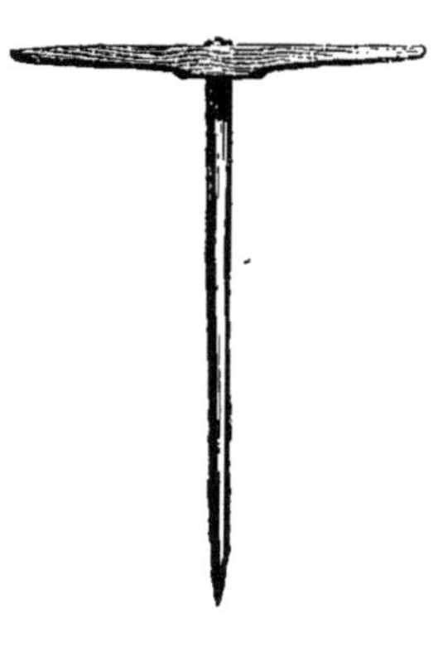

Fig. 173

Plantoir dit barre à mine.

5° La cinquième plantation suppose aussi le défoncement avant toute chose.

— C'est dans un terrain suffisamment meuble que le sarment ou bouture à rameau est fixé dans un trou exécuté avec le plantoir (fig. 173).

De ces cinq procédés, le premier est déjà totalement abandonné ; le second est encore pratiqué dans les terrains tuffacés ou calcaires.

En ce qui concerne le troisième système, il est souvent employé dans les terrains très forts et très difficiles à ameublir.

Le quatrième moyen est spécialement employé pour les plantations de racinés.

Enfin, le cinquième repose sur le principe d'un défoncement préalable et la pose de la bouture dans un trou fait avec le plantoir.

Or, il est admis aujourd'hui par tous les viticulteurs instruits que le défoncement assure des rendements supérieurs parce qu'il procure à la plante les moyens de chercher dans le sol les éléments nutritifs répartis dans le sous-sol.

---

§ 2. — **Préparation du sol avant la plantation.**

Lorsque la surface du sol a été hersée grossièrement après le défoncement, il est nécessaire de laisser quelque temps les mottes se météoriser, afin de favoriser leur divisions.

C'est à la suite de ce repos (qui peut varier de quelques mois), que l'on procède à un hersage énergique et niveleur, car il reste encore à la suite de cette façon des mottes qui émergent le sol.

La terre n'est fertile qu'à la condition d'être le plus possible divisée. Cet axiome, vrai partout, l'est encore plus en Algérie et en Tunisie.

Dans ce but, on emploie avec avantage un rouleau Kroskil concasseur (fig. 174), traîné par 8 bœufs ou 4 chevaux ; les mottes restantes se divisent finalement en petits fragments, de sorte que la surface reste aplanie.

Le prix de revient, par hectare, de ces deux opérations se résume ainsi qu'il suit :

Hersage . . . . , 10	}	20
Roulage 10	}	

Une fois la surface du sol bien nivelée et aplanie, elle se trouve prête à être tracée soit au traçoir soit au diviseur.

Fig. 174. — Rouleau Kroskil concasseur.

§ 3. — Exécution de la plantation au plantoir.

En supposant une plantation à exécuter en plaine sur un carré parfait de 4 hectares, dont la division d'espacement des boutures sera de 2 mètres sur 2 mètres, et la profondeur des trous étant réglée sur la base de 0ᵐ35, voici la marche pratique qu'il conviendra de suivre :

On se procurera 9 grands jalons pour opérer l'établissement des angles A, B, C, D et les points des lignes d'intersection *e*, *f*, *g*, *h*.

Aussitôt ces points marqués, on confectionnera une jauge en fil de fer non recuit (chaîne divisée) ayant 100 mètres de longueur sur 4 millimètres de diamètre ; chaque extrémité de cette jauge sera terminée par un anneau de fer en guise de poignée, qui facilitera la manœuvre de l'instrument.

Cette sorte de chaîne doit servir à diviser les lignes en 50 parties (chaque section à planter), c'est-à-dire 2 mètres en 2 mètres d'espacement, mais avant d'employer cette jauge, il est urgent de la diviser en 50 parties très visibles au moyen de points apparents marqués en étain, suivant les espacements voulus.

La jauge que nous décrivons n'est pas ou peu connue en Europe; cependant elle est très supérieure au cordeau en chanvre.

Dans la plantation que nous prenons pour type, ces espacements seront donc de 2 mètres :

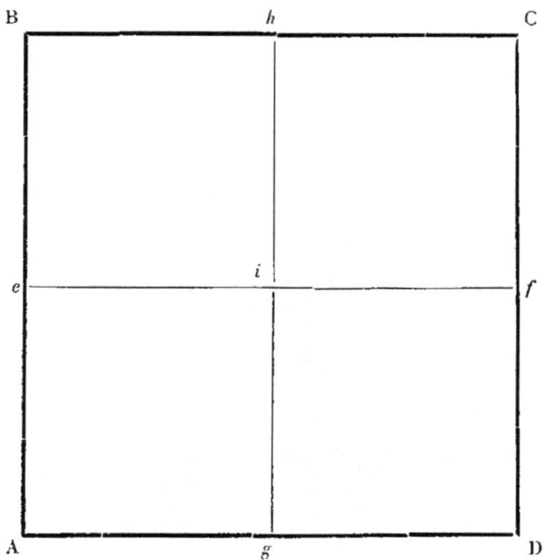

Fig. 175. — Tracé au carré d'une plantation.

À la place de chaque jalon, on place un petit piquet en bois qui servira de point de repère pour le départ de la jauge divisée.

Une fois ce travail accompli, 2 hommes portent la jauge en fil de fer et la tendent de A en E; sur ces deux piquets et en regard de chaque point marqué sur le fil de fer, on plante un piquet, et ainsi de suite de E en B; de g en i et h, puis de C en D passant par f; ce qui en résumé forme 3 lignes piquetées devant servir de repère pour chaque dépôt d'un sarment.

Les mêmes hommes portent alors sur les emplacements de 50 à 60 boutures chacun; ils posent la jauge sur le premier piquet A et g, puis ils enfoncent une bouture en terre de quelques centimètres contre chaque division de la jauge, procédant de la même façon pour les autres lignes.

Derrière eux viennent des planteurs munis chacun d'un plantoir

(fig. 173); ils font un trou en terre, puis y enfoncent la bouture à
rameau préparée comme nous l'avons dit, à la profondeur indiquée
(voir tableaux spéciaux). Ils plongent ensuite leur plantoir sur les côtés
à une distance de 12 à 15 centimètres de la bouture, puis ils font
osciller le plantoir en avant et en arrière, contre la bouture, de façon
à rendre solide son adhérence au sol.

Pour bien consolider le sarment en terre, il faut faire cette dernière
opération à deux endroits différents, puis boucher les deux trous avec
le plantoir.

Observation

Dans la division d'un champ destiné à recevoir une plantation de
vigne, on doit toujours ménager la place nécessaire pour les chemins
d'exploitation. Sans cette précaution utile, on agirait comme l'archi-
tecte de la légende qui avait oublié l'escalier dans les plans de la maison à construire, et l'on se trouverait fort embarrassé pour faire mouvoir les services qu'une plantation de vignes comporte à tour de rôle
suivant les saisons.

Lorsque le vignoble doit être conséquent, on ne doit pas lésiner sur
le nombre des chemins et leurs dimensions ; il faut laisser des passages
combinés de façon à desservir plusieurs hectares.

Ces chemins doivent avoir une largeur correspondante à l'écartement des vignes qui les bordent. Par le fait, ces dernières étant ordinairement plantées à deux mètres, le chemin qui sépare les plantations
aura quatre mètres de largeur. Si l'écartement des deux lignes est
moindre de 1^{m}85 par exemple, le chemin aura 3^{m}70 ; de cette façon, on
peut traverser le chemin d'une vigne à une autre avec les instruments
agricoles nécessaires, puisque les rangs de ceps correspondent.

La largeur de 3^{m}70 suffit pour déposer les fumiers, etc.

Le tableau ci-dessous résume nos observations sur le prix de revient
d'une plantation ordinaire au plantoir :

**Prix de revient d'une plantation de bouture par rameaux au plantoir
sur une contenance de 4 hectares :**

Tracé : Chef de culture : 5 heures à 0,45.	2 f.	25
» Ouvriers de culture : 5 heures à 0,30. . . .	1	50
Achat de piquets pour repères : 400 à 3,50.	14	00
» de boutures faites : 10,000 à 6 fr..	60	00
Pose de piquets : 15 heures à 0,30.	4	50
Transport et services des boutures : 5 heures à 0,25.	1	25
Dépôt des boutures en place : 20 heures à 0,30. . .	6	00
Planteurs : 250 heures à 0,45.	112	50
Rabattage des boutures : 15 heures à 0,55	7	50
Frais généraux	25	15
Total. . .	234	65

Ainsi qu'on le voit par le tableau ci-dessus, la dépense totale pour une plantation de bouture par rameaux au plantoir, sur une contenance de 4 hectares, s'élève à la somme de 234 fr. 65 cent., soit 58 fr. 65 cent. par hectare.

Le système que nous venons de décrire est certainement le plus correct au point de vue de la régularité du tracé.

Enfin le tracé au rayonneur s'obtient de la façon suivante :

On trace sur les deux lignes extérieures bordant le champ voisin, soit avec des piquets, soit avec des bouts de roseaux, une série de points représentant la largeur du rayonneur, soit environ trois espacements. Mais il est cependant nécessaire de planter deux jalons dans la direction du point d'arrivée.

C'est alors que l'ouvrier suit sa ligne avec le traçoir ou rayonneur. Quant toutes les lignes sont terminées dans un sens, l'ouvrier reprend dans le sens inverse pour obtenir une série de lignes transversales coupant les premières. Chaque point d'intersection forme la place du sarment à planter. Deux hommes portent des sarments qu'ils piquent en terre en regard de chaque marque du point.

Les planteurs font un trou au plantoir à la place du sarment déjà piqué, puis le mettent à demeure.

Chaque point forme la place du sarment; deux hommes portent la jauge divisée suivant la distance à pratiquer, sur les deux piquets correspondants, c'est-à-dire à 30 degrés. Cette ligne prend son point de départ à l'angle pour aller au 7e point.

Une fois la chaîne tendue des deux côtés en A et B, les porteurs de boutures piquent un sarment à chaque division de la jauge, puis viennent derrière eux les planteurs qui font un trou à la place avec le plantoir comme pour une plantation au carré.

Cette plantation est moins régulière que celle faite directement par la jauge divisée.

SEPTIÈME CHAPITRE

PLANTATION SUR FIL DE FER

SOMMAIRE:

Plantation sur fil de fer. — Méthode d'installation des fils de fer. — Prix de revient de cette plantation.

PLANTATION EN CORDON SUR FIL DE FER

Nous venons de parler des plantations ordinaires en souches basses; mais aujourd'hui que la plantation en plaine ou en coteau sur fil de fer prend chaque jour une importance plus grande, justifiée par ses rendements très supérieurs, nous pensons utile d'établir ici le projet d'une plantation sur fil de fer en Afrique.

ORIENTATION ET DIRECTION DES LIGNES

L'orientation joue un rôle assez important dans les plantations sur fil de fer.

Lorsque l'on crée une plantation en plaine, il faut orienter les lignes suivant la direction du sud au nord et planter une ou plusieurs lignes de cyprès ou d'eucalyptus de l'est à l'ouest, à 16 mètres de la vigne.

L'orientation que réclame la vigne, en Algérie comme en Tunisie, est contraire à celle nécessaire dans le centre de la France, parce qu'en Afrique il faut éviter l'excès de lumière et les courants de siroco (vent du désert), comme d'autre part, sur les bords de la mer, il faut éviter les courants marins qui dessèchent la vigne par l'apport de vapeurs salines.

La grande ligne de cyprès étalés, espèce de rempart, abrite la plantation contre les vents du sud et, si la ligne a été bien plantée, elle atteint, dès la huitième année, neuf à dix mètres de hauteur, ce qui est déjà bien suffisant.

Si l'on plante sur coteau, au contraire, les lignes de vigne doivent être toujours orientées de l'est à l'ouest, à moins que les faces des coteaux ne soient exposées à l'ouest ou à l'est. Alors les lignes se trouvent orientées du sud au nord.

AVANTAGES DE LA CULTURE EN CORDON SUR FIL DE FER

Nous avons dit plus haut, que la culture sur fil de fer produit des rendements vraiment extraordinaires en Afrique.

Citons un fait :

Chez M. des Sablons, à la Marsa, près de Bougie, nous avons revu

une plantation de Petit-Bouschet sur fil de fer que nous avions conseillé de faire trois ans auparavant. Elle a produit, à sa troisième année,
78 hectolitres à l'hectare, et nous avons su plus tard qu'elle avait
donné 100 hectolitres à la quatrième année.

§ 1. — Méthode d'installation des fils de fer

La première opération pour établir une série de fils de fer sur un
terrain consiste à planter à chacune des extrémités de la ligne des
piquets assez forts pour maintenir la rigidité des fils de fer et, par
suite, éviter l'affaissement des branches et fruits (fig. 176).

Les piquets de l'extrémité sont plantés les premiers. On les enfonce
en terre aussi profondément que possible. On les relie ensuite par des
piquets intermédiaires espacés de 25 en 25 mètres. Entre ces derniers,
on plante d'autres piquets un peu moins forts à une distance de 8m33
les uns des autres. Enfin, entre chacun de ceux-ci, on plante plusieurs
pieds de vigne suivant le terrain.

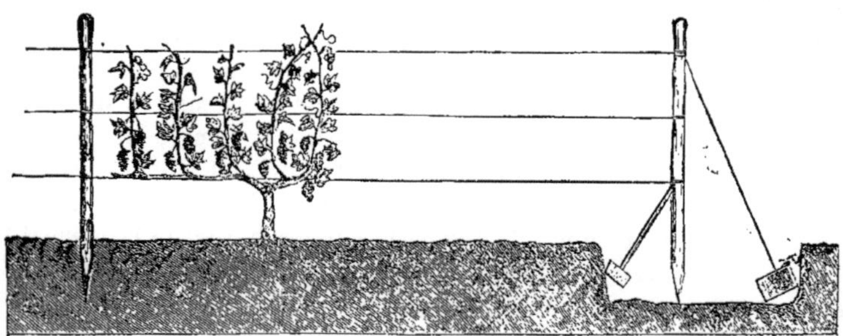

Fig. 176. — Plantation en cordon sur fil de fer.

Chaque gros piquet des extrémités doit être consolidé par une
grosse pierre enterrée à 1 mètre de profondeur et reliée elle-même à
ces piquets par un gros fil de fer, comme le montre la figure. En
outre, pour que la stabilité soit complète, on fixe à chaque piquet extrême
une jambe de force appuyée sur une pierre d'arrêt. L'ébranlement est
ainsi rendu presque impossible. Les piquets sont réunis par trois
cordons en fil de fer recuit et galvanisé, que l'on fixe au moyen de
petits crampons doubles, cloués sur chaque piquet. Il faut avoir soin
d'y adapter un tendeur tous les 50 mètres.

Comme on vient de le voir, le travail matériel de cette installation
est très simple et, quand on met en regard les résultats obtenus, on
s'explique qu'elle soit en faveur.

Les frais d'établissement d'un vignoble pour la taille, soit à court bois, soit à long bois en cordon sur fil de fer, dépend surtout des difficultés que présente le terrain. Voici un aperçu de ces frais pour une plantation de quatre hectares en plaine sur fil de fer.

Prix de revient d'une plantation de 4 hectares de vigne, en plaine, sur fil de fer :

Défoncement à la vapeur : Terrain de 3ᵉ espèce à 0ᵐ50 de profondeur, y compris frais de transport : 4 hectares à 350 francs.	1.400 fr	00
Tracé : chef de culture : 12 heures à 0,45	5	40
Ouvrier : 12 heures à 0,30	3	60
Achat de piquets : gros, 200 à 0.65	130	00
Id. moyens, 800 à 0,40	320	00
Id. ordinaires, 1,600 à 0,30	480	00
Non valeur des piquets.	20	00
Achat de fil de fer galvanisé nº 18 : 43 kil. à 40 fr.	1.720	00
Crampons et tendeurs	40	00
Chef ouvrier : 18 journées à 4 francs	72	00
Ouvrier : 18 journées à 3 francs.	54	00
Achat de plants racinés : 6,600 à 31 fr. 08 le mille.	205	12
Pose de plants racinés en terre : 6,600 à 40 francs.	264	00
Frais généraux 12 0/0.	565	69
Total.	5.279	81

Soit pour un hectare, une dépense de 1,319 francs 95 centimes. — (Nous supposons cette plantation de 1,650 pieds à l'hectare, en plaine, en plants de Sémillon et d'Ugni blanc). L'espacement des lignes est de 2 mètres, et l'écartement entre chaque pied dans la ligne est de 3ᵐ03 ; nous aurons par conséquent 100 lignes à planter, supposant un carré de 200 mètres de côté.

On peut estimer que cet appareil de plantation durera au moins 15 ans, mais à la condition qu'il sera soigneusement entretenu pendant ce temps. Cet entretien pendant les 15 ans coûtera à peu près autant que les matériaux de première installation ont nécessité de dépenses, surtout pour les bois, les clous ou crampons et les tendeurs ; quand aux fils de fer ils peuvent durer 20 ans. En résumé, en estimant cet entretien pendant 15 ans par une dépense totale de....... 1.319 fr.

Intérêts composés et frais généraux pendant 15 ans.... 1.750 fr.

Somme totale..... 3.069 fr.

à diviser en 15 ans, qui donne pour la déperdition annuelle 204 francs pour 4 hectares, soit 51 francs par hectare, faible dépense, si l'on songe à la supériorité des rendements des vignes sur fil de fer, supériorité qui se traduit par une plus-value de 65 à 70 pour 0/0. Cette plus-value en supposant le prix du vin à 15 francs l'hectolitre seulement, donne une recette supplémentaire $= 15 \times 70$, soit............... 1050 fr.

Déduction faite de la déperdition annuelle ci-dessus, ci...   51 fr.

On se trouve en présence d'un bénéfice supplémentaire de   999 fr. par hectare.

Plaçons encore ici quelques conseils pratiques :

1° Pendant les grandes chaleurs de l'été, les fils de fer se dilatent et se détendent. Par conséquent, aussitôt que l'on s'aperçoit de cette dilatation, il faut donner un tour de plus à l'axe de chaque tendeur.

Si par contre, en hiver, les fils de fer se tendent trop, il suffit d'opérer la manœuvre inverse ;

2° Pour la conservation des piqnets qui pourrissent assez rapidement sous l'influence de la fermentation du bois en terre humide, il suffit de charbonner la partie qui s'enfonce dans le sol. On fait encore mieux en trempant les piquets dans du goudron ou coaltar, dans lequel on a ajouté une dissolution de sulfate de cuivre.

L'opération serait encore plus efficace si on trempait l'extrémité des piquets dans une forte dissolution de sulfate de cuivre et, après séchage du bois, le tremper dans le goudron.

Quant à la partie aérienne du piquet, on peut lui donner une couche de peinture très commune, en ayant soin, toutefois, que la conservation des piquets ne coûte pas plus cher que les piquets eux-mêmes.

Les piquets doivent être enfoncés plus bas que la partie du sol défoncé, afin qu'ils soient solidement fixés.

Lorsque l'on fait une plantation semblable, il ne faut pas lésiner l'achat de matériaux insuffisants. — Nous remarquons aussi de nouvelles plantations dont les piquets sont trop écartés et trop faibles, d'où il s'en suit un détraquement à chaque saison, et la rigidité est insuffisante pour supporter les sarments.

Il est bien plus avantageux de faire une dépense de 1,319 francs 95 par hectare que de dépenser seulement 400 ou 500 francs, comme on le pratique ici avec une parcimonie mal raisonnée.

HUITIÈME CHAPITRE

PLANTATION SUR COTEAU

SOMMAIRE:

Plantation sur coteau. — Plantation en plein sur coteau. — Établissement d'une plantation sur coteau en cordon sur fil de fer. — Plantation en montagne moins rapide. — Plantation sur terrasses en terre.

PLANTATION SUR COTEAU

§ 1. — Remarques et observations générales.

Il suffit d'un coup d'œil jeté sur une carte en relief de l'Algérie pour se rendre compte de l'importance des mouvements de terrain que la formation géologique du pays a multipliés dans l'Afrique Française.

L'Atlas est flanqué d'une série de contreforts qui s'étendent très loin de son centre de soulèvement. Aussi ces beaux coteaux fertiles, comme le touriste en admire en Bourgogne, existent-ils encore plus nombreux sur les pentes de nos Sahels d'Afrique et presque sur les flancs de nos plus hautes montagnes de Kabylie.

Doucement inclinés, ces coteaux sont presque tous recouverts à leur surface de bonnes terres d'alluvions très profondes. Là où la charrue n'a pas encore pénétré, ces terrains sont garnis de broussailles dont l'exubérance même prouve la bonté du sol ; sur les points déjà plantés en vignes, la quantité et la qualité des produits démontrent que les promesses de ces belles terres ne sont pas illusoires.

La plantation de ces surfaces s'exécute généralement sur des défoncements faits à la pioche ou à l'aide de la charrue traînée par des animaux, si la pente est peu rapide :

Lorsque l'inclinaison du terrain est trop forte, il devient nécessaire de recourir à un système qui est très répandu en France, sur les bords du Rhône principalement, ainsi qu'en Espagne et en Italie et qui a pour but de prévenir la descente des terres qui recouvrent les coteaux. Ce système consiste à diviser la surface du sol en petites terrasses superposées, plus ou moins éloignées les unes des autres et plus ou moins larges, suivant la pente et les dispositions générales du lieu.

Les terrains dont nous parlons ne sont pas toujours d'une inclinaison uniforme et régulière.

On estime que ceux dont la pente accuse 25 degrés (46 centimètres par mètre), sont à peu près inutilisables pour la vigne, si on ne les a pas préalablement transformés en y pratiquant les séries de petites terrasses étagées dont il est question dans ce chapitre.

Ces terrasses doivent être d'autant plus grandes que la pente est plus faible et réciproquement d'autant plus petites que l'inclinaison du terrain est plus forte. Nous avons dit qu'au-dessus de 25 degrés de pente, mieux vaut renoncer à l'opération, d'autant plus qu'il faudrait compter en Afrique avec les pluies d'hiver souvent torrentielles.

Nous savons qu'il existe en Portugal et ailleurs des vignes plantées sur des pentes encore plus rapides ; mais la création d'un vignoble dans ces conditions est pénible à exécuter ; son prix de revient et ses frais d'entretien sont considérables ; enfin, il existe encore en Algérie trop de terrains faciles à transformer, pour qu'il soit utile de recourir aux pentes très déclives. Par tous ces motifs nous ne saurions conseiller, quant à présent, à nos viticulteurs, les plantations en *escalier*. Bornons-nous à leur rappeler que les produits récoltés en coteau (raisins ou vins) sont généralement supérieurs aux produits obtenus en plaine. Qu'ils fassent donc des essais en coteau, mais à condition que ce soit en pente accessible et en terre fertile.

Lorsque l'on veut établir un vignoble en montagne sur un versant un peu rapide, par exemple avec une pente de 20 degrés (0,35 centimètres par mètre), il est nécessaire préalablement de s'assurer qu'on trouvera la pierre à proximité en suffisante quantité et facile à extraire, de façon à pouvoir établir aussi économiquement que possible les murs de soutènement des terrasses.

Si la pente ne passe pas 15 à 17 centimètres, on peut pratiquer la plantation en plein, c'est-à-dire en souche basse sans la fixer sur des terrasses.

Une ce ces plantations existe à Adélia, dans le département d'Alger (Société Viticole Alsacienne). — La figure 177, que nous donnons à la page suivante, donne la vue d'ensemble de cette magnifique exploitation viticole.

Grâce à M. Ziegler, son gérant, nous avons pu étudier à plusieurs reprises ce vignoble et nous rendre compte des détails de son établissement.

Les plantations en coteau de la Société Viticole Alsacienne, présentent des plans inclinés dont la pente varie de 5 à 20 centimètres par mètre. Les lignes des ceps sont en sens contraire de la pente, ce qui empêche les éboulements.

---

§ 2. — **Plantation simple en plein sur coteau.**

Jusqu'à 0,10 centimètres par mètre d'inclinaison, les terrains en coteau peuvent être défoncés par la charrue défonceuse, trainée par des animaux ou même à vapeur.

Le mode d'opération est le même que pour la plantation en plaine, soit au trou, soit au plantoir sur défoncement.

Vignoble en coteau de la Société Viticole d'Adélia

Mais, à partir de 0^m10 jusqu'à 0^m17, le système de défoncement change ; c'est à la pioche qu'il faut avoir recours. Quant à la plantation, il est préférable d'y employer au lieu de boutures simples des plants racinés d'un an, que l'on fixe dans des trous faits après le défoncement.

Le système de tracé est toujours le même, avec cette différence qu'il faut établir les lignes de ceps dans le sens inverse de la pente, afin de prévenir et d'arrêter les éboulements.

Nous donnons plus bas les détails du prix de revient d'une semblable plantation.

Prix de revient d'une plantation en coteau de 0^m15 de pente par mètre
en souche basse, en plein sans cordons, de deux hectares, dont les ceps sont espacés à 1^m95
soit 2,621 ceps à l'hectare

Défoncement en terre de 4me espèce à la pioche : 2 à 1,250 francs.	2.500 f.	
Tracé ; Chef de culture : 5 heures à 0,45	2	25
Ouvrier : 5 heures à 0,30	1	50
Achat de petits piquets : 204 à 3,50.	7	14
Achat de plants racinés : 5,242 à 31 fr. 08.	162	92
Pose des piquets : 10 heures à 0,30.	3	00
Façon des trous à 0,25 cent. profond^r : 5,242 à 0,02	104	84
Transports et services des plants : 4 heures à 1,50.	6	00
Pose des plants en place : 5,242 à 0,02.	104	84
Rabattage des plants après plantⁿ : 10 heures à 0,45	4	50
Frais généraux, 12 0/0.	247	64
Total. . .	3.144	63

Comme on le voit, la plantation en coteau à 0^m15 de pente, s'élevant à la somme de 3,144 fr. 63 cent., soit 1,572 fr. 31 cent. par hectare, revient à un prix assez élevé parce que le défoncement à la pioche et l'achat de plants racinés forment de suite un gros chiffre.

Mais, en présence de la qualité des produits et de l'utilité à retirer de terrains impropres aux céréales, on ne doit pas hésiter à planter en coteau, surtout si le sol est fertile.

Si j'ai fait figurer les terrains à la 4e espèce, c'est qu'ils sont généralement plus durs que ceux de la plaine.

---

§ 3. — Établissement d'une plantation en cordon sur fil de fer.

La première opération consiste à diviser le terrain de 2 mètres en 2 mètres, (c'est l'espacement normal entre les lignes pour une pente de 0^m35), puis il faut faire d'abord des fossés de fondations ayant 0^m50 de largeur sur 0^m20 de profondeur comme l'indique notre figure 178.

On établira ensuite, pour former le mur de soutènement, une série de murettes en pierres sèches de 0^m72 de hauteur chacune. Une fois toutes les murettes établies, on procède à l'établissement des piquets et des fils de fer suivant les espacements adoptés. On sait que nous fixons à 2 mètres l'intervalle à ménager entre chaque cep.

Comme dans toutes les plantations à fil de fer, il faut maintenir les gros piquets des extrémités par de grosses pierres et les piquets intermédiaires par des contre-fiches. Aussitôt cette installation terminée, on défonce le sol à la pioche et on le nivelle un peu au-dessus de l'affleurement du mur, car la terre tend toujours à descendre jusqu'à son véritable niveau. Dès que le sol est ainsi préparé et nivelé sur chaque terrasse, on peut y planter des boutures racinées ayant un ou deux ans.

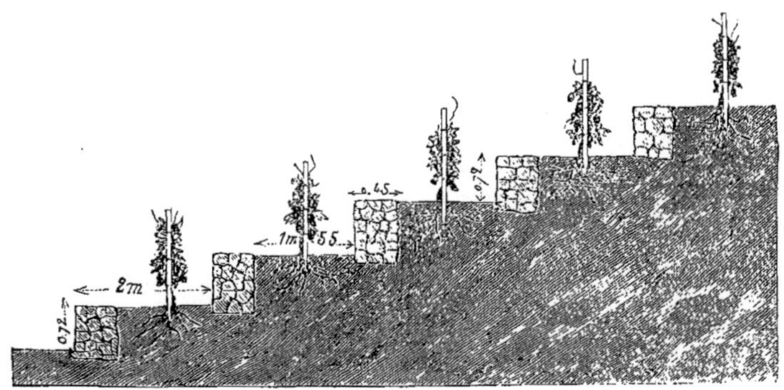

Fig. 178. — Plantation en montagne, pente rapide.

Ces plants se mettent en place dans des trous de 0^m20 de profondeur. Le sol ayant été fraîchement remué, la reprise sera immédiate et la fructification ne se fera pas attendre.

Remarque : Il sera nécessaire de traiter la vigne ainsi plantée par la taille à long bois, qui est seule admissible pour ce système de plantation.

Nous donnons ci-dessous, pour fixer les idées, trois tableaux des prix de revient de plantations sur fil de fer :

1° Plantation en coteau rapide avec terrasses multipliées ;

2° Plantation en coteau, en pente douce, avec terrasses moins nombreuses ;

3° Plantation en pente douce avec terrasses en banquette, sans murs de soutènement.

1ᵉʳ TABLEAU

Donnant les détails d'une plantation en cordon sur fil de fer, sur coteau, en pente de 0ᵐ35
L'écartement des lignes est de 2 mètres ; l'espacement de chaque plant est de 3ᵐ03

Prix de revient de 1 hectare :

Tracé des fondations, piquetage, soit des alignements, soit des plants : 25 heures à 0,45. . . .	11 f.	25
Ouvriers : 25 heures à 0.30.	7	50
Fouilles de fondations : 50 m. c. à 0,45	22	50
Extraction de pierres : 1,845 m. c. à 1,50	2.767	50
Mise en place des pierres : 1.845 m. c. à 1,25 . .	2.206	25
Défoncement du sol 4ᵉ espèce 0ᵐ50 : 3,519 mètres à 0,25 cent..	879	75
Régalage des remblais : 7,038 m. s. à 0.05. . . .	35	19
Achat fil de fer galvanisé nº 18 : 1,075 k. à 40 fr.	430	00
Achat crampons et tendeurs	10	00
Achat de piquets ; gros : 102 à 0,65	66	30
Achat de piquets ; moyens : 300 à 0,40.	120	00
Achat de piquets ; ordinaires : 600 à 0,30	180	00
Achat de plants racinés d'un an : 1,650 à 31,08. .	51	28
Achat de petits piquets : 102 à 4 fr.	4	08
Façon des trous pour plants : 1,650 à 0.02. . . .	33	00
Mise en place des plants : 1650 à 0.02	33	00
Frais généraux. 12 0/0	822	85
TOTAL. . .	7.680	45

FIG. 179. — Plantation en montagne peu rapide.

2ᵉ TABLEAU

Indiquant une plantation en cordon sur fil de fer

Nous prenons pour base une pente peu rapide, soit 25 centimètres par mètre, (un hectare).

Notre figure représente une plantation de vignes, en souche basse en plein, dans les Pyrénées. Si la pente était moindre, le nombre de terrasses diminuerait et par conséquent la dépense. Enfin, si la pente était encore plus douce, on pourrait se passer de murettes et les remplacer par des banquettes en terre.

Tracé des fondations, piquetage, etc. : 20 h. à 0,45	9 f.	00
Soit des alignements, soit des plants : 20 h. à 0,30	6	00
Fouilles des fondations : 25 m. c. à 0,45.	11	25
Extraction des pierres : 990 m. c. à 1,50.	1.485	00
Mise en place des pierres en murs : 990 m. c. à 1,25	1.237	50
Défoncement du sol 4ᵉ espèce 0ᵐ50 : 4,050 m. à 0,25	1.012	50
Régalage des déblais et remblais de la surface : 8,100 mètres à 0,05.	40	50
Achat fil de fer galvanisé nᵒ 18 : 490 kil. à 40 fr.. .	160	00
Crampons et tendeurs.	5	00
Achat de piquets ; gros : 42 à 0,65.	27	30
Achat de piquets ; moyens : 120 à 0,40	48	00
Achat de piquets ; ordinaires : 240 à 0,30.	72	00
Achat de plants racinés : 2,400 à 31,08	74	69
Achat petits piquets de repère : 40 à 4 fr., ...	1	60
Façon des trous : 2,400 à 0,02.	48	00
Mise en place des plants racinés : 2,400 à 0,02. . .	48	00
Frais généraux, 12 0/0	514	00
Total. . .	4.800	34

Ces grandes terrasses seraient accessibles à la petite charrue si l'écartement des lignes n'était pas aussi rapproché, et ce système de défoncement serait bien préférable à celui exécuté par la pioche qui est plus long et plus onéreux. — Il serait donc facile de remédier à cet inconvénient, en laissant entre les lignes un écartement plus grand.

Le dessin que nous donnons représente une vigne des Pyrénées ; chaque terrasse mesure 5 mètres, les lignes sont espacées l'une de l'autre de 1ᵐ25, espacement beaucoup trop près pour l'Algérie et la Tunisie.

La 3ᵉ figure représente une plantation en cordon sur fil de fer, sur terrasse en pente douce ; le dessin démontre la possibilité de pratiquer ces sortes de banquettes en établissant des talus qui permettent de niveler ensuite et former ainsi une série de terrasses sans murettes. Ce genre de plantation est économique, puisqu'il participe des avantages du coteau et de la plaine, soit en produisant d'excellents vins et en abondance, soit par des frais d'établissements peu coûteux, relativement aux précédentes plantations en coteau.

3ᵉ TABLEAU

Indiquant une plantation en cordon sur fil de fer, en pente douce de 0ᵐ15 par mètre, sur terrasses à talus en terre. L'écartement des lignes est à 2 mètres et l'espacement des plants à 3ᵐ03 (2 hectares).

Tracé des lignes ; piquetage, etc. ; 25 heur. à 0,45.	11 f.	25
Ouvriers : 25 heures à 0,30	7	50
Défoncement du sol de 3ᵉ espèce à 0ᵐ50	1.800	00
Terrassements de 25 terrasses.	2.500	00
Achat de piquets ; gros : 100 à 0,65	65	00
Achat de piquets ; moyens : 400 à 0,40.	160	00
Achat de piquets ; ordinaires : 800 à 0,30.	240	00
Achat de fil de fer nº 18 : 2,150 kil. à 40 fr. . . .	860	00
Achat de crampons et tendeurs	20	00
Achat de plants racinés d'un an : 3,300 à 31,08 . .	102	56
Chef planteur : 9 journées à 4 francs.	36	00
Ouvriers : 9 à 3 francs	27	00
Pose des plants racinés en terre : 3,200 à 40 francs	132	00
Frais généraux, 12 0/0	715	34
Total . . .	6676	65

Le prix de revient étant de 6,676 fr. 65 cent. pour 2 hectares, 1 hectare planté suivant cette méthode coûterait donc 3,337 fr. 32 cent.

NEUVIÈME CHAPITRE

PLANTATION EN CHAINTRE

SOMMAIRE:

Plantation en chaintre. — Exécution de la plantation. — Prix de revient comparatif.

PLANTATION EN CHAINTRE

§ 1. — Historique de la plantation en chaintre.

La culture de la vigne « en chaintre », qui donne de si beaux résultats entre les mains des viticulteurs intelligents et persévérants, est due à l'initiative d'un paysan de Chissay (Loir-et-Cher), simple vigneron nommé Denis Lusseaudeau qui, ayant hérité de son père quelques petits morceaux de terre, imagina une plantation où devaient se trouver réunies des céréales, de la vigne et même du fourrage pour nourrir son petit bétail. — Citons M. de Courcy :

« Denis Lusseaudeau loua une charrue attelée et tira un sillon à 2 mètres du bord d'un de ses champs, tandis que sa femme le suivait, armée d'une gaule de deux mètres, et enfonçait une bouture à chaque longueur de gaule dans le sillon ; puis le mari traçait un second sillon servant à fermer le premier. Ils recommencèrent la même opération à douze mètres de distance de la première opération et ainsi de suite, jusqu'à la fin du champ.

« Denis cultiva ensuite l'entre-deux des lignes de ceps comme des champs ordinaires, sans trop approcher des ceps. — A la troisième année, il laissa un mètre de chaque côté des souches, à cultiver désormais à bras ; à la cinquième année, lorsque les ceps furent vigoureux et bien munis de sarments à verges, au lieu de les tenir toujours rangés dans les deux mètres, à leur culture spéciale, il songea à les étaler au mois de juin et de juillet, dans les espaces qui étaient distancés aux cultures de blé, dans une partie, et aux cultures de prairie artificielle dans l'autre. Ce dernier espace est fauché, récolté et labouré à la Saint-Jean, au plus tard.

« Les ceps et leurs verges furent supportés par de petites fourches jusqu'après la vendange. Mais la récolte terminée, il rangea définitivement le tout dans la zône des deux mètres de leur culture spéciale et il sema son froment et sa prairie. »

Ce genre de culture nous semble appelé à un sérieux avenir dans les pays de fertilité et de soleil comme l'Afrique du Nord. — Il exige de grands soins, mais il rend beaucoup.

M. Bertrand, un de nos plus grands viticulteurs de la région d'Alger, a créé de toutes pièces un beau vignoble au domaine de Boukandoura, où figurent 40 hectares plantés en chaintre. Nous avons visité à plusieurs reprises cette vaste plantation ; on ne peut rien voir de plus beau. Mais, nous le répétons, il faut prodiguer à ce genre de culture de grands soins.

Donnons ici les indications utiles pour ceux de nos viticulteurs qui seraient tentés de suivre cet exemple.

---

§ 2. — Exécution de la plantation en chaintre.

On se contente habituellement de tracer une raie profonde sur la ligne que l'on doit planter, mais ce labour, si bon qu'il soit, ne suffit pas toujours pour décider le départ de la bouture au fond de la raie.

Il a été reconnu qu'un trou assez grand répond mieux au tempérament d'une souche plantée ainsi dans un certain isolement. L'expérience a conduit aussi à modifier les espacements que l'on pratiquait autrefois.

Aujourd'hui, on plante à 2^{m}50 dans la ligne avec un écartement de 7 mètres, en ayant soin, toutefois, que les trous se trouvent placés en quinconce.

En France, on plante à 2 mètres dans la ligne avec 6 mètres d'écartement. Si nous engageons à planter à 2^{m}50, c'est que la végétation ici est très puissante et qu'elle couvre la surface du sol plus rapidement et plus abondamment qu'en Europe.

Voici le détail des opérations :

On commence par diviser le terrain selon les espacements que nous venons d'indiquer, c'est-à-dire 7 mètres d'écartement entre les lignes et 2^{m}50 d'espacement entre chaque cep dans la ligne, ce qui fait un total de 572 pieds à l'hectare, si la division a été faite en quinconce allongé.

Aussitôt que le piquetage est fait, on procède à l'ouverture des trous. Les mesures les mieux appropriées à la plantation en chaintre semblent être les suivantes :

> Diamètre des trous............ 1 m 00
> Profondeur 0   75

On laisse la terre qui a été retirée du trou se bien aérer pendant plusieurs mois, de façon à la rendre aussi meuble que possible et à la météoriser au contact de l'air ; puis on ajoute au fond du trou un dixième de cette terre mélangée de 3 kilogs de vieux fumier. On laisse encore deux mois cette terre exposée aux influences atmosphériques ; on la déblaie ensuite et on la replace dans le trou en commençant par celle qui était à la surface du sol. Le trou, une fois rempli aux 9/10mes de sa propre terre, on y dépose un plant raciné d'un an au moins provenant de marcottage chinois.

Il faut avoir la précaution de rogner les racines jusqu'à 5 ou 6 centimètres du tronc. Cette façon provoque l'émission d'une grande quantité de jeunes racines nouvelles.

On termine ensuite le remplissage du trou, lequel présente au-dessus du niveau du sol un renflement de terre meuble ayant environ 0^{m}15 $^{c/m}$ d'épaisseur, ce qui donne pour les boutures un enterrement d'environ 0^{m}30 $^{c/m}$ maximum.

En réalité, après le tassement et les pluies, le dessus des racines ne se trouve guère qu'à 22 centimètres en contrebas de la surface primitive du sol.

L'époque la plus favorable pour faire les trous se trouvant être le mois d'avril ou de mai, cela permet à la terre de se météoriser complètement jusqu'au moment de la plantation.

Vers le mois de février — après la plantation — on coupe avec un sécateur l'excédent de la bouture sortant du sol, puis on dégage un peu de terre autour du nœud enfoui et on remplit cette cavité avec du sable mélangé de terre fine légère.

Cette dernière opération a pour but de faire lancer hors du sol un jeune bois flexible se prêtant suffisamment aux manutentions successives que nécessite la culture en chaintre.

La plantation en chaintre peut encore se faire en défonçant le sol, soit à la machine à vapeur, soit à l'aide d'une charrue défonceuse traînée par des animaux.

Les lignes devant être plantées sont défoncées à 0^{m}70 de profondeur sur 2 mètres de largeur. — Etant donné l'écartement des pieds dans les plantations en chaintre, il est facile de comprendre que le défoncement par larges bandes de terre est plus facile et revient à meilleur marché que la plantation dans des trous ou simples fossés.

---

§ 3. — **Précautions à prendre.**

En vieillissant, la vigne tend toujours à faire du vieux bois ; aussi faut-il réserver, près de la base, des jeunes coursons, de façon à pouvoir rajeunir le cep de temps à autre.

Deuxième année. — On taille à une seule tige la plus basse, à moins qu'elle soit trop faible, avec 2 ou 3 yeux dont le plus haut ne peut dépasser 5 à 6 centimètres au-dessus du niveau du sol. Une fois la taille accomplie, on déchausse les souches à l'aide de la charrue déchausseuse des deux côtés, puis on termine l'enlèvement du cavalier à la houe à main.

Le déchaussement se fait, soit avant la taille des jeunes plantiers, soit après, suivant l'état des rameaux. — Comme pour toute autre culture, on procède à des binages successifs, etc.

Troisième année. — On taille à deux yeux en ne laissant que la branche la plus basse. Quelque temps après, lorsque les brindilles auront atteint 25 à 30 centimètres, on ébourgeonne de façon à ne laisser que trois belles branches ; cet ébourgeonnement doit se faire avec une serpette, pour éviter des blessures qui peuvent engendrer des chancres.

Comme pour l'année précédente, on procède aux mêmes façons : le déchaussement d'abord avant la taille, puis le rechaussement et ensuite la façon de binage, etc.

Quatrième année. — On taille en ne laissant que deux sarments, toujours ceux de la base qui doivent former le pied ; on commence ensuite à les coucher cette année-là pour les plier et se conformer au rôle qu'ils doivent remplir ultérieurement.

Les façons de labour sont les mêmes que précédemment.

Cinquième année. — Le pied est déjà garni de sarments dont une partie porte fruit ; il s'agit de le tailler en conséquence.

Fig. 180

Pied de vigne de 5 ans en taille.

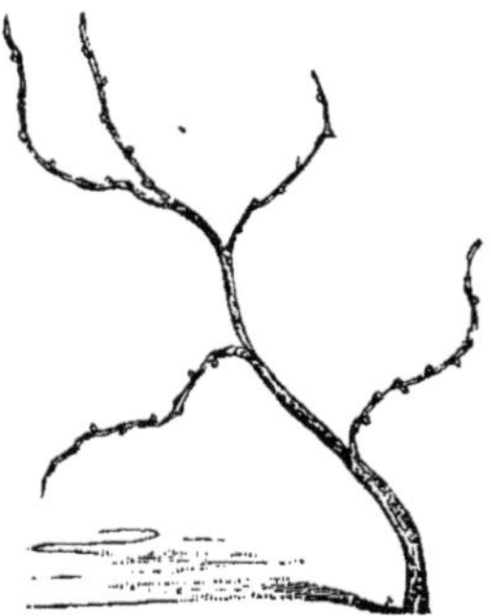

Fig. 181

Pied de vigne de 5 ans, taillé.

La figure 180 représente un pied de cinq ans non taillé qui subira cette année plusieurs scissions, car il faut d'abord couper les sarments par A B C D E F G, en laissant intacts ceux indiqués pour l'année suivante.

Sixième et septième année. — On continue de traiter la vigne de la même façon que les années précédentes. La souplesse avec laquelle les deux branches peuvent se diriger, soit à droite, soit à gauche, se maintient par l'ameublement du sol qui entoure chaque souche.

La figure 182 représente une plantation de six ans, faite en quinconce, comme l'indique le dessin.

La vigne en chaintre, arrivée à six ans, commence à devenir branchue ; à la taille, on lui laisse trois branches, la première de 0^{m}85 à 1 mètre de longueur et les autres de 50 à 60 centimètres plus loin, de façon à aérer le branchage. Au moment de l'ébourgeonnement, on n'hésite pas à le faire soigneusement, de façon à faire diriger la sève dans les branches fructifères.

A la sixième année, il est nécessaire de développer les fourchettes plus communément désignées sous le nom de *fourchines.*

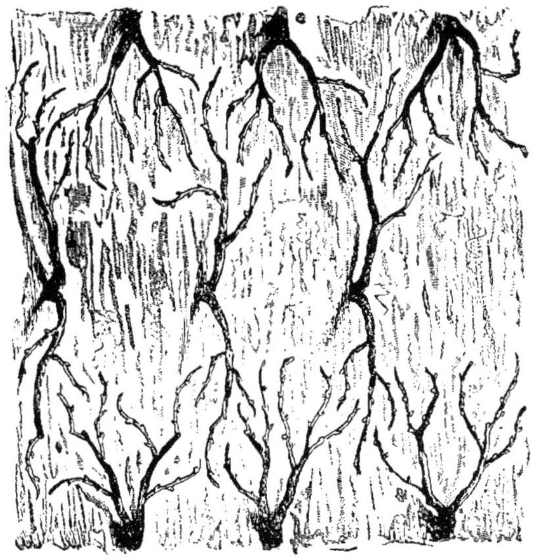

Fig. 182

Vigne à deux branches, plantée en chaintre, de six ans.

A la septième année, des branches ont poussé sur les trois verges ; on coupe le nécessaire en laissant une prise à faire selon les besoins.

Huitième année. — La figure 183 représente une vigne de 8 ans cultivée en chaintre à deux branches en quinconce. Le dessin ne représente que la partie aérienne de chaque branche du cep. Comme on le voit, les ceps sont plantés de façon que les branches croîssent intercalairement en garnissant les intervalles de la plus grande surface du sol.

Pendant les premiers temps de la végétation, on a soin d'épamprer et d'enlever les bourgeons inutiles pour utiliser la sève au profit des fruits, comme il a déjà été dit.

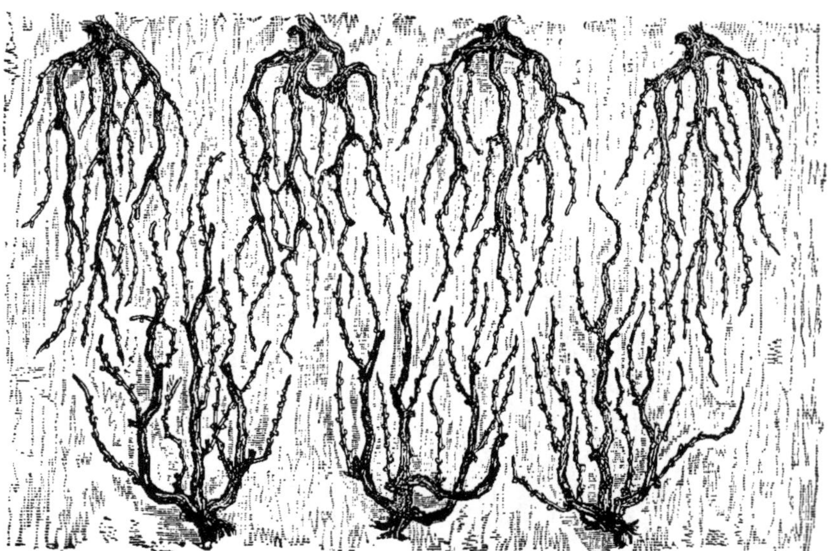

Fig. 183. — Vigne à deux branches, plantée en chaintre, de huit ans.

Pour que les bras des chaintres restent isolés du sol et suspendus à une certaine hauteur (environ 0^{m}45 à 0^{m}50), ainsi qu'on le voit dans notre figure 184, on se sert de petits piquets fourchus que l'on désigne sous le nom de fourchines.

Observations :

1° On recommande de bien équilibrer les verges fructifères sur les branches ou bras nourriciers ;

2° Dans les années très sèches, le siroco a une certaine influence sur les fruits qui peuvent s'échauder par le voisinage trop rapproché du sol. Aussi faut-il, en Afrique, élever les fourchines à 50 centimètres du sol, comme nous l'avons dit plus haut.

Pour la taille, nous prions le lecteur de se reporter à ce que nous disons plus loin, au sujet des plantations en tonnelle ; c'est la même taille.

Fig. 184.

Pied de vigne en plein rapport, planté en chaintre, à deux branches.

Nous donnons, ci-dessous, les renseignements comparatifs nécessaires pour établir les prix de revient d'une plantation en chaintre sur
défoncement à vapeur et au trou.

Le projet de la plantation qui suit est établi en prenant pour base
un sol ordinaire de troisième espèce.

**Prix de revient d'une plantation en chaintre sur trous déblayés et remblayés,
suivant nos indications déjà données :**

Trous 572 $\times$ 1 $^{m\,d}$ $\times$ 0^{m}75 profondeur : 429 m. c. à 0,30 cent	171 fr.	60
Remblais et mélange fumier, trou pour plants raci- nes : 572 à 0,30.	171	60
Engrais en vieux fumier réserve trou : 1,716 kilos à 1 franc les 100 kilos	17	16
Achat de plants racinés de marcottage : 572 à 50 francs le mille.	28	60
Pose des plants racinés : 572 à 0,02.	11	44
Rabattage : 2 heures à 0,45 cent. l'heure.	0	90
Frais généraux	48	20
Dépense totale pour 1 hectare.	449	50

Prix de revient d'une plantation en chaintre sur défoncement à vapeur :

Défoncement à vapeur : 28 ares à 350 fr. l'hectare	98 fr.	00
Achats de plants racinés : 572 à 50 fr. le mille. . .	171	60
Façon des trous et pose des plants : 572 à 0,04 . .	22	88
Hersage : 1 jour à 15 francs	15	00
Rabattage : 2 heures à 0,45 cent. l'heure, ...	0	90
Engrais : 1,716 kilos à 1 franc les 100 kilos	17	16
Frais généraux	39	00
Dépense totale pour 1 hectare.	364	54

En général, les plants qui réclament une taille longue s'accommodent de la plantation en chaintre, comme aussi des plantations en
treille ou en tonnelle.

PLANTATION EN TONNELLE

OU EN TREILLE

SOMMAIRE:

Plantation en tonnelle ou en treille. — Prix de revient d'une plantation.

PLANTATION EN TONNELLE OU EN TREILLE

§ 1. — **Plantation en tonnelle ou en treille.**

Les colons romains, établis bien avant nous dans l'Afrique du Nord, pratiquaient déjà dans de grandes proportions la culture de la vigne en tonnelle et en treille.

On rencontre souvent encore, principalement en Kabylie, des plantations appuyées sur les arbres et même érigées en tonnelle, et les traditions orales des indigènes font même remonter jusqu'aux Romains l'honneur de cette culture perfectionnée.

Malheureusement, si les Kabyles ont conservé jusqu'à nos jours ces cépages antiques en raison des avantages qu'ils en retirent, ils n'ont pas su retenir les procédés de culture qui convenaient. Il nous appartiendra de refaire à cet égard l'éducation des indigènes.

Le fait à constater, c'est qu'ils sont unanimes à reconnaître que les rendements sont beaucoup plus considérables et les raisins bien meilleurs dans les vignes cultivées en tonnelle ou en treille même sur les ceps enlacés à des arbres élevés que dans les vignes en souches basses.

Les raisins, provenant de tonnelle ou de treille élevée, sont moins riches en sucre que ceux provenant de souche basse, mais ils sont plus fins et légèrement acides, qualités précieuses pour la bouche.

La plantation en tonnelle ou treille n'est pas seulement la plus productive dans la pratique, c'est encore la vraie culture normale des altitudes élevées et en même temps celles des parties basses, parce que les unes et les autres sont exposées aux gelées tardives et parce que, comme nous l'avons déjà dit, le meilleur moyen de soustraire les jeunes bourgeons à ce fléau, consiste à maintenir les rameaux à une certaine hauteur du sol. Ce procédé est en même temps excellent contre les insolations d'été.

Aussi, les plaines chaudes pendant l'été et froides pendant l'hiver, telles que celles du Chélif, de l'Oued Sahel, la Medjana et toutes les contrées similaires, deviendraient florissantes si l'on y plantait des vignes en tonnelle ou en treille sur une grande échelle.

Passons aux observations purement techniques :

1° Pour le genre de plantation qui nous occupe, il n'y a pas lieu de se préoccuper de l'orientation, puisque la tonnelle, dans quelque sens qu'elle soit dirigée, offrira toujours à sa partie supérieure un plan uniforme où le soleil ne pourra pénétrer qu'à travers les interstices des feuilles ;

2° Les pieds des vignes destinées à être cultivées en tonnelle doivent être espacés de 5 mètres sur 4 mètres, ce qui donne 500 pieds à l'hectare.

Les plantations de boutures racinées sont faites contre chaque poteau dans des trous défoncés, comme nous l'indiquerons plus bas ;

3° Une série de poteaux goudronnés à leur base sont plantés à cette distance près des pieds de vigne. Chaque poteau repose sur une pierre formant dé, la hauteur de ces poteaux est de deux mètres sur un diamètre de 0^m12 environ. On les relie à leur partie supérieure par des traverses de même bois : Eucalyptus redgum; Orme ou autres essences que l'on trouve dans le pays (fig. 185).

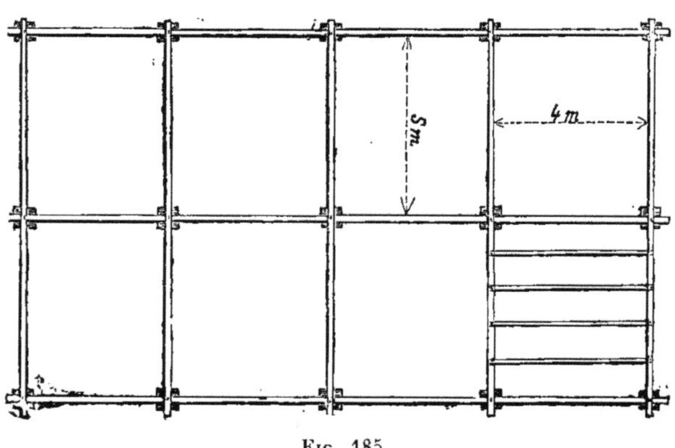

Fig. 185

Charpente en bois supportant une plantation en tonnelle ou en treille.

Lorsque tous les poteaux sont reliés et que les plants racinés sont déjà plantés en place depuis trois ans, comme pour la plantation en chaintre, on lance sur la charpente les branches de la vigne en les divisant en divers sens ;

4° Vers la quatrième année, on taille à fruits. C'est généralement cette année là que la vigne commence à produire des grosses racines.

C'est cette année encore (la quatrième) qu'il convient de défoncer le sol autour de chaque poteau sur toute la surface de la plantation de façon à bien nourrir la jeune vigne et à faciliter le travail de ses racines.

Nous nous occuperons de l'alimentation par les engrais dans le chapitre spécial consacré à ce sujet.

Cependant indiquons, dès maintenant, la nécessité des fumures bisannuelles pour les plantations en hautain ; les façons s'exécutent comme pour les autres plantations.

Observations :

Les vignes plantées en tonnelle ou en treille mûrissent leurs fruits assez tardivement; on peut estimer qu'il y a un écart de 20 jours entre l'époque de maturité de deux cépages de même nature plantés sur le même terrain, mais dont l'un est traité en hautain et l'autre en souche basse.

Fig. 186

Plantation en tonnelle (vigne en plein rapport).

A la quatrième année on défoncera le restant dont l'évaluation est de 9,500 mètres superficiels à une profondeur de 0^m50 en moyenne. Ce travail se fait à la pioche.

La dépense sera pour une terre de 3e catégorie de $9,500^m \times 0,50 = 4,750^{m3}$ à 0,18 = 855 francs.

L'appareillage du matériel de ce genre de plantation peut durer une moyenne de 15 ans.

Pour entretenir ce matériel pendant 15 ans et pourvoir aux réparations qu'il nécessite, il faudra dépenser, d'après nos calculs, une somme de. . . . . 4.345 fr.

Ajoutons à cette somme l'intérêt composé qui s'élève au chiffre de . . . . 4.345 fr.

Nous trouvons un total de 8,690 francs, ci . . . . 8.690 fr.
à diviser en quinze ans, soit une dépense annuelle d'entretien de 579 fr. 33 cent.

La culture en tonnelle donnant 100 hectolitres de plus que celle en souche basse, on voit que les bénéfices qui sont retirés de ce mode de culture, sont assez élevés pour intéresser le monde viticole et le colon avisé.

Rappelons encore, avant de terminer, que tous les plants, soit indigènes, soit européens, qui réclament une taille longue, s'accommodent parfaitement par suite de la culture en hautain.

Nous donnons ci-dessus le dessin d'une plantation en tonnelle en plein rapport, et nous y joignons plus loin le tableau du prix de revient de ce genre de plantation.

Nos lecteurs auront ainsi tous les éléments sous les yeux.

Prix de revient d'une plantation en tonnelle ou treille d'un hectare (1re année)

Trous défoncés, 1 mètre de profondeur, 0^{m}75 de largeur 500 ; 281 25 m. c. à 0,50	140 fr.	62
Achat de plants racinés de marcottage : 500 à 50 francs le mille	25	00
Dés, y compris pose et maçonnerie, 500 m. à 2 fr.	1.000	00
Chef ouvrier : 10 journées à 4 francs	40	00
Ouvrier : 20 journées à 3 francs	60	00
Manœuvre : 10 journées à 2 francs	20	00
Plantation des plants : 500 à 4 francs le 100 . . .	20	00
Remblais des trous et mélange de fumier : 500 à 12 fr. 50	62	50
Engrais en vieux fumier : 1,500 kilos à 1 franc les 100 kilos	15	00
Rabattage des plants : 2 heures à 0,45	0	90
Achat de poteaux sulfatés et goudronnés : 500 à 0,80 pièce	400	00
Traverses supérieures : 5,000 mètres à 0,40. . .	2.000	00
Petites traverses supérieures : 10,000 à 0,10. . .	1.000	00
Pointes et accessoires.	25	00
Frais généraux, 12 0/0.	577	08
Total.	5.386	10

PLANTATION DANS LES SABLES

Terrains réfractaires au Phylloxéra

SOMMAIRE :

Plantation dans les sables. — Choix des cépages pour la plantation dans les sables. — Préparation du sol pour cette plantation. — Plantation. — Entretien de la vigne.

PLANTATION DANS LES SABLES

§ 1. — Etude comparative des terrains réfractaires au phylloxera.

Nous avons la ferme espérance que plusieurs variétés des vignes d'Afrique, en raison de leur puissance de résistance déjà constatée, pourront prolonger leur existence ou échapper à ces lamentables ruines dont le phylloxera a couvert tant de vignobles du monde.

Ce n'est cependant pas une raison pour négliger, dans ce travail spécialement écrit pour les viticulteurs de ce pays, l'étude approfondie des divers traitements à appliquer aux vignes phylloxérées.

Cette considération, qui nous a conduit à étudier à fond dans les chapitres spéciaux le traitement par les gaz sulfureux et par la submersion, nous amène aussi à parler des remèdes au·mal, qui ont un caractère *absolument préventif*, ceux, par exemple, qui se rapportent au choix des terrains pour la plantation même de la vigne.

Tous les jours de nouveaux vignobles se créent en Algérie et en Tunisie. Il est donc urgent que les planteurs étudient et profitent des natures de terrains qui ont été reconnus dès à présent, dans les pays infestés, comme réfractaires au phylloxera. Cette immunité est trop précieuse pour échapper à son attention et pour qu'il en méconnaisse les conditions, l'importance et les limites.

Constatons d'abord que la découverte de ce privilège est due, comme toujours, un peu au hasard et beaucoup à l'attention et aux expériences des observateurs, car, en effet, tout véritable viticulteur est doublé d'un observateur attentif et d'un chercheur persévérant.

En visitant une propriété envahie par le phylloxera, dit M. Duclaux[1] :

« On remarque très souvent une partie restée verte au milieu du désastre général ; prise dans la partie malade et pressée entre les doigts, une motte humide se laisse travailler, s'agglomère et prend une forme qu'elle conserve, tandis que dans la partie restée sèche elle

---

(1) DUCLAUX, *Etudes*. — Voir aussi BARRAL.

s'effrite plus facilement. Il y avait là une indication précieuse, car c'était la preuve que les terrains *sableux* étaient réfractaires au phylloxera, et que, quand ces terrains étaient attaqués, c'est qu'ils avaient reçu des détritus ou des fragments *argileux* provenant de terrains placés plus haut. »

Il n'était donc pas besoin d'aller jusqu'au bord de la mer pour apprécier cette faculté malheureuse de l'argile puissamment favorable au développement du terrible insecte. De là une double conclusion. — M. Faucon disait : « L'argile est le sol de prédilection du phylloxera », et M. Duclaux répondit :

« Dans la plupart des cas, on peut rendre les terres réfractaires à l'insecte en y ajoutant autant de *sable* qu'il y en a déjà [1]. »

M. Barral, confirmant les dires de M. Duclaux, affirmait à son tour qu'il avait vu, sur un même cep, « des racines plongeant dans l'argile et dévorées, tandis que d'autres, poussées dans le *sable*, demeuraient parfaitement indemnes [2]. »

Ajoutons que les expériences de Mardon ont démontré que « non-seulement la vigne ne prend pas le phylloxera dans les terrains de sable, mais qu'elle l'y perd lorsqu'on l'y transporte ».

Nous en avons assez dit pour faire apprécier à nos lecteurs l'importance des plantations dans le sable.

Passons maintenant aux conseils techniques, après avoir toutefois rendu hommage à un modeste cultivateur, M. Bayle, qui a contribué plus que personne à faire planter des surfaces considérables dans les dunes des environs d'Aigues-Mortes (Gard), dans les landes de la Gascogne, dans les alluvions sableuses d'une partie des vallées du Rhône et aussi en Algérie.

Signalons aussi M. Vannuccini [3] qui, en 1883, après avoir étudié les diverses hypothèses formulées sur la question de la résistance des vignes françaises plantées dans les sables et après avoir discuté ces diverses hypothèses au point de vue de la science, concluait ainsi qu'il suit :

« Si l'on suppose que l'eau, provenant d'une pluie ou introduite dans le sol par imbibition ou par infiltration, pénètre dans le sable, voilà que l'insecte (ainsi que ses œufs) se trouveront entourés d'une couche d'eau persistante qui gênera considérablement leur respiration. Si cet état se prolonge d'une façon quelconque, soit que l'eau contenue ait pénétré dans le sol, soit que son évaporation soit empêchée, on comprend que l'insecte et ses œufs souffriront fortement et *pourront périr*. »

---

(1) Duclaux, *Enquête*.

(2) Académie des Sciences, 12 février 1883.

(3(Vannucini, *Etudes des terres où la vigne indigène européenne résiste au phylloxera. (Messager Agricole*, 10 septembre 1881).

Ajoutons que l'expérience a démontré que *l'insecte et les œufs périssent certainement dans un temps donné*, pourvu que la submersion soit suffisamment prolongée.

« Ces vues théoriques sur le rôle de l'eau ont été confirmées par plusieurs expérimentations. Nous avons assisté à l'une de ces expériences et nous allons en rendre compte en détail.— On avait pris du sable de la Méditerranée ; on en remplit trois allonges en verre placées verticalement et dont l'orifice inférieur avait été bouché par un tampon d'amiante ; on a ensuite enseveli dans le sable de chaque allonge des fragments de racines phylloxérées prises dans un sol sablonneux. Ces racines contenaient à peu près la même quantité d'insectes ; c'étaient des mères pondeuses entourées de leurs œufs. Une première allonge a été gardée pendant huit jours consécutifs en laissant le sable dans son premier état, c'est-à-dire sec. La seconde a été arrosée une fois jusqu'à ce que l'eau s'écoulât, par la partie inférieure, à travers le tampon d'amiante et ensuite a été gardée huit jours en cet état. La troisième allonge enfin, a été arrosée abondamment tous les jours, l'eau pouvant toujours s'égoutter librement par le tampon d'amiante : ce traitement a également duré huit jours.

Au bout de ce temps, on a retiré trois lots de racines des allonges et elles ont été examinées.

Voici les résultats appréciables :

1° Les racines gardées pendant huit jours dans le sable sec entassé, offraient de nombreux phylloxeras très bien portants [1].

Les œufs avaient éclos et l'on voyait des jeunes phylloxeras fixés à leur tour sur les racines à côté des mères pondeuses.

2° L'examen des racines des deux autres lots n'a montré aucune différence sensible par rapport au premier lot.

Ces racines présentaient des insectes qui avaient pris la couleur brune du bois, semblable à celle des hibernants. Toute activité vitale semblait éteinte en eux. Ils étaient, en effet, ou morts ou engourdis. Les œufs n'étaient pas éclos, et, au lieu de conserver la couleur caractéristique jaune-soufre, brillant, que possèdent les œufs du phylloxera bien portant, ils étaient devenus bruns et ternes.

Il me semble qu'ici l'action de l'eau ne peut pas être mise en doute. Agit-elle en empêchant la libre respiration des insectes ? ou bien les effets sont-ils dus à un abaissement de température ? La première hypothèse est seule admissible ; car le sable, arrosé une seule fois et conservé dans l'atmosphère assez chaude du laboratoire, couvert pour éviter toute évaporation, a du se mettre bien vite en équilibre de température avec l'air ambiant.

M. Vannucini fait remarquer que les terrains sableux qui possèdent

---

[1] M. Vannucini, *Etudes des terres où la vigne indigène européenne résiste au phylloxera.* (*Messager Agricole*, 10 septembre 1881).

une certaine puissance d'hydratation, sont ceux où la résistance est la mieux réalisée, car la couche est plus vite traversée et saturée.

La nature plus ou moins sableuse des terrains modifie, en plus ou en moins, la résistance des racines :

1° Par suite, les sables maigres sont encore moins favorables que les *sables* siliceux à la création de vignobles ;

2° Les terrains à sous-sols sableux ne doivent pas, par cela seul, être écartés, car la couche supérieure du sol — s'il a de la qualité — suffit quelquefois pour assurer la vitalité de la plantation ;

3° Il peut arriver que les racines supérieures soient attaquées, tandis que celles du sous-sol demeurent parfaitement indemnes ; cela tient à ce que ces dernières racines plongent dans un milieu sableux réfractaire au phylloxera.

Encore quelques observations pratiques pour nos viticulteurs africains :

Les terrains meubles, dont le sous-sol est garni d'eau à 1^{m}50 ou 2 mètres de profondeur, peuvent offrir la même immunité que les terrains sablonneux ; c'est fort important à constater. Il faut bien dire, en effet, que les vignes plantées dans les sables, *au bord de la mer*, n'offrent pas autant de vigueur que celles qui sont éloignées de quelques centaines de mètres. En outre de ces inconvénients, n'oublions pas ce que nous avons déjà dit au sujet des vents marins qui grillent les feuilles de vignes et, par conséquent, enlèvent au raisin dans la saison chaude une protection nécessaire, surtout en pays d'Afrique.

---

§ 2. — Choix des cépages pour les plantations dans les sables.

Indépendamment des généralités sur le choix des cépages, il convient de dire un mot ici de ceux qu'il faut préférer pour les terrains sableux.

L'Aramon ; le petit Bouschet ; le Cinsaut ; l'Œillade ; les Chasselas ; les Piquepouls ; la Carignane, semblent bien réussir dans les terrains sableux d'Algérie et de Tunisie, mais, comme nous l'avons dit ailleurs, il est reconnu que la Carignane souffre un peu des affections cryptogamiques dans ces terrains, surtout lorsque le sous-sol et les vents régnants y sont chargés d'humidité, comme cela arrive assez souvent.

---

§ 3. — Préparation du sol pour plantation dans les sables.

Comme tous les terrains en général, ceux surtout qui sont d'une nature substantielle, les terrains sableux et sablonneux ont besoin d'être retournés pour être soumis à l'action fertilisante de l'atmosphère.

Ne craignons pas de le répéter. — Un sol bien retourné et mélangé par un défoncement suivi d'un bon hersage dont la profondeur peut varier de 50 à 60 centimètres, produira toujours 25 0/0 de plus que celui qui n'aura reçu aucune préparation.

La préparation la plus avantageuse, au point de vue de la réussite de la plantation et de la future production dans les terrains sablonneux (comme dans les autres), c'est le défoncement le plus profond possible, car plus la masse retournée est considérable, plus grande est la somme des éléments nourriciers.

Enfin, nous recommandons particulièrement, pour cette opération, la *Charrue défonceuse Vernette* dont nous avons déjà parlé, qui permet de défoncer le sol aussi économiquement que possible et d'une façon irréprochable (fig. 187).

Fig. 187. — Charrue défonceuse de M. Vernette.

On peut fouiller et retourner le sol à l'aide de cette charrue jusqu'à 60 centimètres de profondeur, au moyen d'un attelage de 24 bœufs ou de 14 mulets.

Le prix de revient du défoncement d'un hectare dépend de la résistance du sol et de la profondeur à atteindre.

Voici le prix de revient d'un hectare en terre sablonneuse défoncée à 0^m50 de profondeur, y compris le hersage.

Prix des unités basé sur la moyenne établie en Algérie :

Journée de travail d'un bœuf		0 90
Id.	d'un mulet	1 50
Id.	d'un laboureur	3 50
Id.	d'un toucheur	2 00
Frais généraux		12 %
Intérêt du capital		8 %

Chaque fois que l'on veut établir un prix de revient on doit toujours consulter le prix des unités basé sur les usages et coutumes du pays.

Prix de revient d'un hectare, terre sablonneuse, défoncée à 0^{m}50 $^{c/m}$

y compris le hersage.

Trois journées d'un équipage de 24 bœufs pour effectuer le défoncement à 0,90.	64 f. 80
Une journée de hersage exécutée par 4 mulets à 1,50	6 00
Quatre journées de laboureur à 3,50	14 00
Six journées de toucheur à 2 francs.	12 00
Frais généraux, etc., à 8 0/0 de la dépense	11 60
TOTAL.	108 40

Pour opérer la plantation en terrains sableux, on trace, suivant les circonstances, les espacements, et on pratique aux intersections de petits trous de 35 centimètres de profondeur dans lesquels on fixe des plants racinés. Si l'on n'a que des boutures, on peut les employer ; il suffit alors de les enfoncer au pouce sans pratiquer de trous, car on les époînte avant de les mettre en place. Nous n'avons pas besoin d'insister sur le mode d'espacement ; il est parfaitement reconnu que la figure en quinconce est toujours préférable, parce que c'est elle qui permet le mieux aux rameaux de recouvrir le sol et d'empêcher, par cela même, les vents d'enlever les sables plus ou moins mouvants de la surface.

Entretien de la Vigne.

Les sables sont naturellement pauvres en matières fertilisantes, car les principes assimilables qu'ils contiennent sont à l'état d'effritement réduit. — Aussi les voit-on bientôt s'épuiser.

Les fumiers provenant des animaux de fermes, distribués à haute dose sur les terrains sableux, ne semblent pas, d'après l'expérience, modifier sensiblement leur nature.

Cependant, nous croyons que si l'on abusait de la fumure, on augmenterait à l'excès la compacité des terrains, ce qui finirait par mettre leur immunité en péril.

Nous croyons donc que les engrais nécessaires à la fertilité des sables doivent être peu plastiques et d'une nature essentiellement assimilable et soluble pour faciliter leur décomposition.

Nous recommandons, en conséquence, pour la préparation de ces fumiers, les prescriptions qui suivent, et dont l'expérience a confirmé les bons effets.

Les pailles des litières devront tous les matins être arrosées avec une légère dissolution de sulfate de fer. Ces fumures conserveront une somme de principes ammoniacaux bien plus considérable que les fumiers non sulfatés.

Après un an de séjour en tas, ces fumiers sont assez réduits pour l'emploi. Reste à les combiner avec d'autres produits pour ajouter à leur valeur. Dans ce but, on en fait une couche de 10 centimètres d'épaisseur sur une des plates-formes de notre système de fosse à fumier ; puis on répand, par dessus, des tourteaux et de la potasse pulvérisée dans les proportions que nous donnons plus loin.

On suppose une série de couches semblables de façon à en faire un tas qui puisse être facilement transporté sur le vignoble. — Voici la formule :

DÉSIGNATION de LA MATIÈRE	QUANTITÉ		POIDS EN VOLUME	PRIX DE L'UNITÉ		SOMMES	
	Cubes	Kilos	Kilos	Fr.	C.	Fr.	C.
Fumier d'un an.	1		650	6	50	6	50
Tourteaux......		40	40	20	»	8	00
Potasse, nitrate		5	5	49	»	2	45
Sulfate de fer...		5	5	10	»	0	50
Manipulation...			700 k.			1	50
Prix de revient par mètre cube de 700 kil..						18	95

ou autrement dit : 2 fr. 70 les 100 kilos.

La quantité nécessaire à chaque souche dépend du cépage. Nous prendrons ici comme base le Petit-Bouschet qui réclame un engrais de 1 kil. 500 grammes tous les deux ans.

Nous admettrons que l'hectare dont il s'agit comprend 3,000 souches :

Soit 3,000 × 1 k. 500 = 4,500 kil. à 2 f. 70 les 100 kil. donne 121 50
Frais de transport et épandage : 4,500 k. à 0 fr. 45 les 100 k. 20 25
Frais généraux à 12 0/0. . . . . 17 01

Dépenses générales pour fumer un hectare. . . . 158 71

Quant aux labours à exécuter dans les vignes plantées en terres sablonneuses, il faut en être sobre, car les sables façonnés en billons sont enlevés facilement par les vents. Dans le midi de la France, à Aigues-Mortes, on répand à terre des joncs coupés provenant des marais pour affermir le sol et empêcher la couche supérieure d'être dispersée.

Les binages sont très faciles à exécuter en raison du peu d'herbe qu'on rencontre.

DOUZIÈME CHAPITRE

REPIQUAGE DES PLANTS MANQUANTS

SOMMAIRE:

*Remplacement des plants manquants. — Prix de revient
des plants racinés mis en place.*

REPIQUAGE DES PLANTS MANQUANTS

§ 1. — Remplacement des plants manquants.

Il peut arriver en Afrique, comme partout ailleurs, que les premières années d'une plantation de vigne donnent des résultats incomplets. Un certain nombre de plants peuvent ne pas réussir, soit que la plantation n'ait pas été bien faite et que l'adhérence au sol ait laissé à désirer, soit que la sécheresse du terrain n'ait pas permis au sarment de se développer.

Dans l'un comme dans l'autre cas, il faut, dès l'année suivante, remplacer les manquants, c'est-à-dire les sarments qui ont péri, n'ayant pu prendre racine.

Pour remplacer ces boutures manquantes, il est préférable d'employer des *boutures racinées* d'un an, car leur reprise est aussi bien assurée que la bouture simple par rameau si le sol est suffisamment humide et meuble, avec cette différence que la bouture racinée gagne du temps sur celle simple.

Il suffit, dans la pratique, d'enterrer la bouture nouvelle dans un trou foré dans le sol avec une mèche en forme de tarière ayant 8 à 9 centimètres de diamètre (cet instrument fonctionne parfaitement du moment que la terre défoncée a été tassée depuis un certain temps). La profondeur du trou doit être de 0m20 à 0m25 environ.

Le plant raciné doit être rogné de quelques centimètres, à la naissance de ses racines, avec un sécateur.

Il faut avoir soin, toutefois, de lui laisser de 2 à 3 centimètres de longueur de racines au plus. — On introduit ensuite la bouture racinée dans le trou, et on la recouvre de terre. Si la terre était trop sèche, on verserait au fond du trou deux ou trois litres d'eau avant la mise en place de la bouture.

Comme nous l'avons déjà dit aux plantations diverses par plants racinés, il est nécessaire de mélanger un peu de compost avec la terre du dessus du sol pour la mettre au fond du trou ; cette précaution favorise la reprise immédiate et son développement.

Les plants racinés que l'on prépare en prévision du repiquage, doivent être faits, soit par bouture en jauge, soit par marcottage dit chinois, ou encore par bouture à un œil ; de ces diverses façons, la coupe des racines est plus précise.

On peut même repiquer en place des plants de deux ans venant de boutures par rameaux cultivées dans un sol maigre et léger ; dans ce cas, ces plants ne sont pas trop chevelus.

Les plants de deux ans, provenant de boutures ordinaires par sarment, sont assez difficiles à extraire à cause de leur longueur et des deux et trois étages de racines sur lesquels ils s'appuient déjà.

Nous recommandons par conséquent l'emploi, dans ce cas, du plant raciné de deux ans provenant d'œil semé (fig. 189).

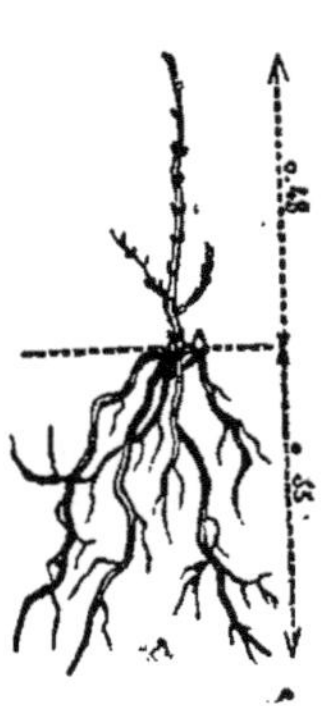

Fɪɢ. 188

Jeune plant raciné d'un an obtenu
d'une bouture à un œil.

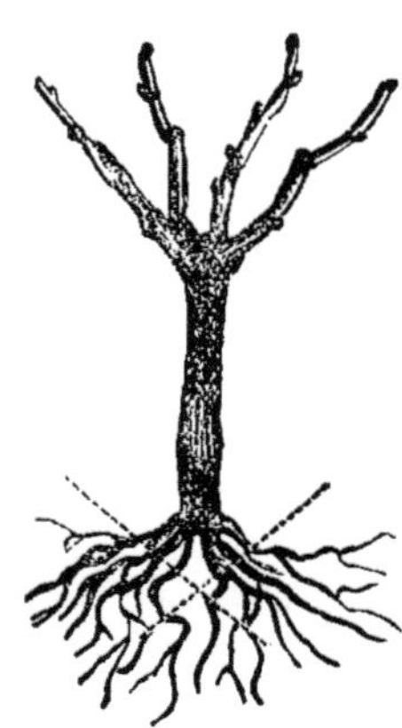

Fɪɢ. 189

Plant raciné de deux ans provenant
de semis.

Lorsque l'on repique des sujets de deux ans de semis, il faut faire des trous larges et d'une profondeur de 0ᵐ25 en moyenne ; mais avant de procéder à la plantation, il faut préparer le trou en novembre et déposer dedans un peu de compost, comme il a été dit plus haut, afin de faire au nouveau sujet un lit fertile.

Prix de revient de 1,000 plants racinés d'un an, mis en place :

Planteurs (ouvriers) : 20 journées d'ouvriers à 4 fr..	80 fr. 00
Achat de 1,000 plants racinés provenant de semis à un œil.	26 52
Engrais compost : 500 kilos à 1 fr. les 100 kilos. .	5 00
Frais généraux, 12 0/0.	13 38
Tᴏᴛᴀʟ.	124 90

Le prix de revient des plants racinés de deux ans, mis en place dans le plantier, sera augmenté des façons supplémentaires.

La plantation faite à l'aide de plants racinés de cette nature demande des trous un peu plus grands et une mise d'engrais-compost plus importante, etc.

Prix de revient de 1,000 plants racinés de deux ans, mis en place

Ouvriers planteurs : 26 journées ouvriers à 4 francs	104 fr.	00
Achat de 1,000 plants racinés de deux ans provenant de boutures semées.	46	82
Engrais compost : 750 kilos à 1 franc les 100 kilos .	7	50
Frais généraux, 12 0/0.	19	00
Total.	177	32

Prix de revient de 1,000 plants racinés de trois ans, mis en place

Ouvriers planteurs : 32 journées ouvriers à 4 francs	128 fr.	00
Achat de 1,000 plants racinés de trois ans provenant de boutures semées	55	00
Engrais compost : 1,000 kilos à 1 franc les 100 kilos	10	00
Frais généraux, 12 0/0.	23	16
Total.	216	16

En résumé, malgré le prix plus élevé, il est plus avantageux de remplacer les plants manquants par des plants racinés qui ont une avance sur la bouture ordinaire.

La reprise est plus certaine et la fructification plus rapide, car le repiquage d'un plantier de 2 ans exécuté avec les boutures simples par rameaux présente toujours des difficultés et des lenteurs de reprises, d'où il ressort une perte assez sensible dans les revenus du vignoble.

Observation :

Il faut que le viticulteur s'assure en personne que tous les trous préparés pour les plants racinés sont d'autant plus grands que le sujet est âgé et qu'il possède plus de racines et de radicelles au pied.

Les trous pour plants racinés de deux ans auront 0^{m}20 de largeur sur 0^{m}25 de profondeur, et ceux pour sujets de trois ans 0^{m}25 de largeur sur 0^{m}35 de profondeur.

TREIZIÈME CHAPITRE

PROVIGNAGE DE LA VIGNE

SOMMAIRE :

Provignage de la vigne. — Divers types de provignages. — Provignage par marcottage simple. — Époque du provignage. — Prix de revient du provignage.

PROVIGNAGE DE LA VIGNE

§ 1. — **Provignage de la Vigne**.

Le provignage a pour but de remplacer les plants manquants par des sarments empruntés aux vignes voisines, au lieu de recourir à des plants nouveaux. Il faut évidemment, pour que l'opération puisse se pratiquer, que les plants qui ont réussi aient des sarments d'une longueur et d'une souplesse suffisante.

Lorsque ce cas se présente, le *provignage* est très simple, il consiste à faire naître des racines sur un sarment emprunté à la souche voisine. Ce procédé offre un avantage sur celui du bouturage même raciné, quand les sarments le permettent car lorsqu'il est bien fait, il permet d'obtenir des fruits dès la première année.

Les conditions générales de succès pour le provignage sont les mêmes que pour le bouturage : une terre bien ameublie, un sol un peu frais et une température suffisamment chaude.

§ 2. — **Divers modes de provignage**.

Les procédés usités pour le provignage sont assez nombreux. Il est nécessaire de dire ici quelques mots des principaux.

En Espagne et en Portugal, on emploie un procédé que l'on désigne sous le nom de provins *par couchage*, c'est-à-dire que l'on couche en terre les souches en laissant émerger deux sarments.

Ce procédé s'emploie d'une autre manière en Provence et à l'Hermitage ; on couche la souche dans un grand trou que l'on a préalablement ouvert tout près d'elle et on lui laisse émerger deux boutures ou sarments, l'une remplace l'ancienne souche et l'autre remplace le point manquant.

C'est pour mémoire que nous indiquons ce vieux procédé, car il est aujourd'hui abandonné à peu près partout en faveur de la méthode du provignage par marcotte simple.

§ 3. — **Provignage par marcotte simple.**

Le provin par marcotte simple est celui qui est aujourd'hui préféré pour remplacer un ou plusieurs pieds manquants autour d'une souche quelconque. Pour le bien exécuter il faut tenir compte des prescriptions suivantes :

1° S'assurer tout d'abord si le sarment est fructifère ;

2° S'assurer s'il est assez long pour que son extrémité puisse émerger de quelques centimètres à l'emplacement voulu ;

3° Veiller à ce que les sarments choisis soient assez forts au point d'intersection avec le vieux sarment pour résister à la courbure forcée qu'ils devront subir ;

4° Voir si le sarment est suffisamment souple et bien aoûté ; à ce sujet, il faut l'assouplir à l'endroit de la courbure, soit en essayant de le tordre, soit en le courbant dans le sens contraire.

Fig. 190. — Provin par marcottage simple.

Ces précautions prises, il suffira, pour faire un provin, d'ouvrir un fossé dans la direction qui va de la souche-mère à l'emplacement désigné. Ne pas manquer d'enlever toutes les vieilles racines et, dans le cas où l'on trouverait des vers blancs ou autres parasites, soit animaux, soit végétaux, les détruire immédiatement.

La tranchée ou fossé doit avoir environ 0^{m}25 de profondeur sur 0^{m}25 de largeur. Il importe de prendre la précaution de piocher le sous-sol dans la partie où doit émerger la bouture, de façon à ce que les racines qui correspondront à ce point d'émergence trouvent un sol bien préparé pour y pivoter profondément à une certaine profondeur.

On prend ensuite le sarment ou le provin (fig. 190) que l'on tourne autour du cep, de façon à ne pas le briser ; puis, on le couche dans le fossé en le tendant jusqu'à ce qu'on arrive à la hauteur du point choisi.

Il faut y aller très doucement pour couder le sarment sans le rompre et pour redresser son extrémité dans le sens vertical. Une fois placé, on le maintient en l'attachant solidement à un piquet tuteur.

Il faut d'abord détruire les bourgeons à partir du cep jusqu'en terre, à une certaine profondeur du fossé, de façon à prévenir l'émission de rameaux parasites, qui détourneraient à leur profit une partie des sucs nourriciers nécessaires à l'alimentation du provin.

Si le sol est trop sec, il est nécessaire d'y créer une humidité factice pour donner de la vigueur aux racines et à la bouture. Dans ce but, on arrose le fond de la partie du fossé où émerge l'extrémité du sarment avec 10 litres d'eau, avant la mise de l'engrais compost mélangé de terre.

Lorsque le travail est terminé, on comble immédiatement le fossé, puis on rabat avec un petit sécateur le sarment sortant à une longueur de 0^{m}20 à 0^{m}25 centimètres.

Chaque fois que l'on fait un provin, il ne faut pas oublier de déposer au fond un mélange de terre et d'engrais.

Aussitôt que le trou est complètement remblayé, on le tasse avec le pied, et on le couvre ensuite avec de la menue paille ou débris de battage, afin de conserver au sol son humidité.

---

§ 4. — Epoque du provignage.

Le provignage s'exécute généralement pendant les derniers jours de décembre, alors que la sève est bien descendue et que les sarments sont aoûtés.

A la fin de la deuxième année, on procède au sevrage du provin en le coupant contre la souche-mère. Cette opération se fait par un coup de sécateur au moment où la sève est complètement descendue.

Lorsque le sarment est trop court pour le provigner à la distance voulue, les viticulteurs du midi de la France font un provin *assez rapproché de la souche;* l'année suivante, ils le détachent pour *le mettre en place.*

Cette méthode peut se simplifier par l'application du marcottage chinois, qui donne des boutures mieux racinées et à meilleur marché. Ajoutons que le prix du marcottage chinois est également plus avantageux.

Nous avons donné, plus haut, le prix de revient du marcottage chinois ; le tableau suivant s'applique au marcottage simple qui, comme on va le voir par les chiffres, est plus coûteux, mais donne généralement du fruit la première année.

Prix de revient de 100 provins par marcottage simple en terre de troisième espèce

Provigneurs : 5 journées 1/2 à 4 francs	22 fr.	00
Achat de piquets et ficelle : 100 à 0,04	4	00
Engrais compost : 150 kilos à 1 franc les 100 kilos. .	1	50
Frais généraux, 12 0/0.	3	30
Total.	30	80

Soit 0 fr. 30,8 par provin.

GREFFAGE DE LA VIGNE

SOMMAIRE:

Greffage de la vigne, ses avantages, généralités. — Mode de greffage. — Choix des sarments pour greffons. — Époque de la taille des sarments pour greffons. — Conservation des sarments pour greffons. — Époque du greffage. — Divers systèmes de greffe usités pour la greffe. — Greffe en fente anglaise. — Greffe aérienne au bouchon. — Greffe à cheval. — Greffe Rouchon-Vital. — Greffe en fente latérale (ou fente ordinaire). — Plantation des greffes en pépinière. — Plantation des greffes à demeure. — Soins à donner aux greffes. — Prix de revient du greffage.

GREFFAGE

---

§ 1. — Des avantages du greffage — Généralités.

Le greffage des arbres à fruits se pratique depuis un temps immémorial ; la mythologie grecque, en effet, attribue à Saturne l'invention de la greffe en même temps que l'emploi des engrais.

Fait certain, les Romains greffaient leurs arbres fruitiers.—Virgile, dans la 1ʳᵉ églogue de ses *Bucoliques*, chante la greffe des poiriers [1]. Caton et Pline parlent, en particulier, du greffage de la vigne. Caton l'Ancien va jusqu'à décrire le procédé dans son traité d'*Agriculture* : « Si deux ceps sont contigus, dit-il, on prend deux jeunes *branches* de chacun, deux tendres rameaux, on les entaille *obliquement* et on les maintient collés l'un contre l'autre jusqu'à ce qu'ils adhèrent [2]. »

Un des viticulteurs des plus experts de notre époque, M. Pulliat ou tout autre, ne définirait pas mieux la greffe.

Quoi d'étonnant d'ailleurs, que le greffage remonte à la plus haute antiquité ? Ses avantages sont manifestes, et les résultats heureux n'ont pu échapper à aucun de ceux qui ont voulu faire de la culture raisonnée dans les temps anciens, pas plus qu'ils n'échappent aux plus modestes de nos viticulteurs.

La greffe maintient et renouvelle les qualités des cépages les plus renommés, qui, sans elle, comme toute chose, finiraient à la longue par dégénérer. Appliquée aux vieilles souches, la greffe les rajeunit. Judicieusement pratiquée sur des cépages improductifs ou de médiocre rendement (comme il s'en rencontre encore un trop grand nombre en Afrique), la greffe les transforme ; elle leur infuse pour ainsi dire un sang nouveau, en leur communiquant les mérites du cépage supérieur approprié à l'espèce, au climat et au sol qui a fourni les greffons. De même que les procédés méthodiques de croisement et de sélection améliorent les races animales primitives en les dotant des qualités

---

[1] « Et maintenant, heureux Tityre, greffe tes poiriers à loisir. »

[2] *De re rustica.*

qui leur manquaient, de même le greffage de la vigne permet au viticulteur bien renseigné de développer la production de son vignoble,
en la renforçant au point de vue de la quantité et de la qualité.

Tel greffon sain, bien choisi, hâtera les fructifications tardives, tel
autre modifiera utilement le fruit, les feuilles, les époques de débour-
sement, les dates de maturité, la faculté de résistance aux intempéries
et aux parasites, et aussi le goût du vin, sa solidité, sa couleur, son
arôme, sa force alcoolique et sa durée.

Sous tous ces rapports, le greffage joue un rôle d'une importance
capitale en viticulture, et le vieux Saturne avait raison de le placer au
même rang que l'engrais pour l'efficacité des résultats.

---

§ 2. — **Mode de greffage.**

Depuis que les vignes françaises se reconstituent à l'aide des plants
américains, on a perfectionné le mode de greffage. On l'opère ordinairement sur les sarments aoûtés d'un an, par différentes méthodes
qui ont amené, presque partout, la réussite.

Nous n'entrerons pas dans le détail de toutes ces méthodes qui nous
mènerait trop loin. — Bornons-nous à conseiller à nos viticulteurs le
greffage sur boutures simples. C'est encore celui qui donne le plus de
succès ; car les greffons sur boutures racinées qui semblent fournir
une plus grande quantité de reprises se dessèchent facilement pendant
nos chaleurs estivales et exposent à des mécomptes sérieux.

---

§ 3. — **Choix des sarments pour greffons.**

1° Le choix du greffon est d'une grande importance, soit au point
de vue de sa réussite comme reprise, soit au point de vue de l'augmentation, de l'amélioration ou de production qu'il doit procurer.

Il est donc nécessaire de choisir les greffes avec soin. — Prenez de
préférence les sarments les plus vigoureux et assurez-vous qu'ils proviennent bien du cépage que vous voulez multiplier ; que le sarment
soit d'une grosseur moyenne et que le bois ait le moins de moëlle
possible. — Les anciennes souches, surtout, fourniront les meilleurs types, pourvu qu'elles ne soient pas arrivées à la période de
décrépitude. Les tissus des sarments de jeunes sont trop mous et leur
sève est trop visqueuse pour qu'ils puissent donner de bons greffons.

2° Les sarments, qui donnent des fleurs coulardes ou des grappes
millerandées, ainsi que ceux qui ont été anthracnosés, etc., sont à
rejeter.

3° Les greffons, pris parmi les premiers mérithalles, sont toujours d'une reprise plus certaine que ceux qui sont pris vers le centre du sarment ; de même, ils sont plus fructifères à partir du premier bourgeon jusqu'au quatrième.

4° Le Petit-Bouschet, l'Aramon, la Carignane, se greffent avec succès sur le Grenache.

5° Les conditions nécessaires au développement de la greffe sont, d'une part, une humidité suffisante dans le sol et, d'autre part, une température assez élevée pour provoquer la formation rapide de nouvelles cellules dans les tissus générateurs.

6° En Afrique, le greffage doit être pratiqué en terre et à une certaine profondeur.

7° En principe, la vigne peut supporter, dans l'Afrique du Nord, la greffe à tout âge. On commence généralement par l'appliquer aux vieilles souches qui réclament un rajeunissement, mais il est bon de répéter que plus le sujet est jeune, plus le cambium est visqueux, plus la reprise est facile.

Observation :

Quand il s'agit de vieilles souches à rajeunir, l'amputatation doit être énergique et profonde pour mettre à nu le bois vigoureux.

---

§ 4. — Epoque de la coupe des sarments pour greffons.

D'après les nombreuses observations que nous avons été à même de faire, nous avons reconnu que, pour assurer la reprise d'une greffe, *il faut que la sève du sujet à greffer soit en avance de quelques jours sur celle du greffon.*

Le moyen, qui réussit le mieux dans la pratique, consiste à choisir et à couper les sarments à la fin de Janvier, c'est-à-dire quelque temps avant le départ de la sève.

Sur le littoral, la sève, se réveillant parfois dans le courant de Janvier, on avance alors de quelques jours l'opération ; à une altitude un peu plus élevée, la sève se met en mouvement en Février. Sur les Hauts-Plateaux la vigne n'entrant en sève que du 15 Mars au 10 Avril, la fin de Février est le moment tout indiqué pour procéder à la coupe des sarments devant servir de greffons.

---

§ 5. — Conservation des sarments pour greffons.

Les sarments, une fois coupés, le premier soin du viticulteur doit être de les conserver frais jusqu'au jour de leur emploi. Le moyen le plus simple est de les piquer en terre meuble humide, jusqu'à 0ᵐ20 centimètres de profondeur, puis de les couvrir avec des herbes fraîches ou du foin humide. On peut encore les empêcher de sécher en les mettant debout dans un fossé rempli d'eau. Il ne faut pas qu'ils y stationnent bien longtemps (7 ou 8 jours au plus).

Lorsque le moment est venu de s'en servir, on les retire de terre et on les dépose debout dans 5 centimètres d'eau versée dans un baquet.

Si, par hasard, les sarments n'ont pas été suffisamment abrités des vents ou de l'air sec, ils ne peuvent plus remplir l'office de bons greffons.

Voici d'ailleurs comment on s'assure de leur état : On prend quelques sarments à essayer dans les bottes douteuses et on les place debout dans 0^m10 centimètres d'eau versée dans un seau de bois, que l'on porte dans un appartement où la température est plus élevée qu'au dehors. On laisse les greffons dans cette eau pendant quelques jours et, si on remarque alors que les bourgeons grossissent et s'ouvrent ou que la sève suinte du bois coupé, on peut être certain que le greffon est bien conservé. — Si au contraire, les bourgeons restent inertes, c'est que la sève est desséchée dans le bois. Dès lors, les sarments en question sont impropres pour le greffage.

On peut reconnaître à première vue si un sarment possède encore de la sève, en soulevant le liber avec une lame de couteau. Si le cambium placé au-dessous du liber est resté visqueux, le sarment est bon ; mais ce procédé est moins parfait que l'essai à la *pousse*.

---

§ 6. — Epoque du greffage.

L'époque la plus favorable pour opérer le greffage avec succès est celle où les grandes pluies et les gelées ont cessé.

Le greffage effectué en hiver semble permettre une reprise plus prompte que celle du printemps. Malheureusement l'expérience a démontré que cet avantage est souvent illusoire. D'abord la grande humidité, assez fréquente en hiver, peut faire périr les greffes ; ensuite les gelées sont à craindre. Il est donc préférable de ne commencer à greffer qu'au printemps d'Afrique, c'est-à-dire sur le littoral vers les premiers jours de Février, et dans les premiers jours d'Avril sur les hautes altitudes. C'est à ce moment, en effet, que la sève entre en vigueur.

La période pendant laquelle peut s'exécuter le greffage peut durer de 30 à 35 jours ; toutefois, il est bon d'arrêter le travail aussitôt que le bourgeonnement se produit.

Le greffage doit se pratiquer par un temps couvert ; il faut, cependant, éviter la pluie et les grands vents, soit du sud, soit du nord. — A cette époque, heureusement, on n'a guère, en Algérie comme en Tunisie, à redouter ces intempéries.

§ 7. — **Divers systèmes de greffe usités pour la vigne.**

On peut greffer la vigne par divers procédés, parmi lesquels nous retiendrons seulement :

1° Greffe en fente anglaise ;
2° Greffe aérienne au bouchon ;
3° Greffe à cheval renversé ;
4° Greffe Rouchon-Vidal ;
5° Greffe en fente latérale (greffe ordinaire) ;
6° Greffe en écusson herbacé.

GREFFE EN FENTE ANGLAISE

La greffe en fente anglaise sur table n'est employée que depuis quelques années seulement, et ce sont surtout les bons résultats, produits par son application sur plants américains, qui ont contribué à la répandre.

Laissons parler M. Pulliat : ·

« En terrain phylloxéré, dit l'éminent professeur, il ne reste plus aujourd'hui que deux manières de faire : ou de traiter ces jeunes vignes par le sulfure de carbone, ou greffer les vignes européennes et indigènes sur vignes américaines résistantes, partout où les viticulteurs voudront conserver la qualité des vins.

« Par le premier moyen, on peut espérer, lorsqu'on se trouve en terrain bien perméable, non argileux et suffisamment profond, conserver plus ou moins longtemps les jeunes vignes que l'on va planter. Mais il est bien à craindre qu'elles n'aient ni la vigueur, ni la durée de celle existant avant le phylloxera et l'on s'impose un surcroît de frais de sulfurage et de fumure, que les plus modestes appréciations ne mettent pas au-dessous de 250 fr. par hectare.

« Avec le second, on n'a plus à redouter les ravages de l'insecte ; on rentre dans les meilleures conditions ordinaires de culture, sans autre frais supplémentaire que la plantation des vignes greffées, — dépense qui ne sera pas considérable lorsque le vigneron ou le propriétaire feront eux-mêmes le travail. »

La greffe anglaise, qui est employée exclusivement dans les écoles de greffage en France, est décrite de la façon suivante par le même auteur :

« Le sujet sur lequel on veut opérer, soit bouture, soit plant raciné, ne doit pas avoir moins de 6 millimètres de diamètre ; au-delà de 12 à 13, il est très difficile de pouvoir trouver des greffons de cette grosseur.

Sa longueur doit être de 20 à 25 centimètres et porter au moins deux œils ou deux nœuds. En le coupant plus court, on risquerait de le voir souffrir de la sécheresse au moment de la reprise ; plus long, il serait embarrassant pour la plantation.

Choisi dans ces conditions, le porte-greffe sera taillé en biseau à son extrémité supérieure avec une pente de 28 à 32 % ou, si l'on aime mieux, à un angle de 16 à 18°, en essayant de se tenir dans la stricte moyenne (fig. 191)

Au premier essai, il est assez difficile d'arriver juste à cette pente, mais, avec un peu de pratique et du coup d'œil, on exécute bien vite la coupe à l'inclinaison voulue que nous venons d'indiquer.

Cette inclinaison n'est pas le fait d'un caprice, comme on pourrait le croire, mais bien une conséquence de l'expérience acquise par tous les greffeurs qui ont pratiqué en grand la greffe anglaise, et en voici la raison :

Pour que cette greffe soit exécutée d'une manière irréprochable, il faut, une fois *assemblée*, que les joints d'assemblage ne laissent absolument aucun vide ; l'ajustage du greffon et du sujet méritent aussi toute notre attention. — Au lieu de les faire très longues ou même au tiers seulement de la longueur du biseau, comme on les faisait au début, on est arrivé aujourd'hui à reconnaître que ces languettes ne doivent pas dépasser 4 ou 5 millimètres, suivant le diamètre du greffon sur lequel on opère. — Etant donné le chiffre 5 comme moyenne et le milieu du sujet, on applique le tranchant de son greffoir à 2 millimètres au-dessus de cette ligne tranversale du milieu du biseau, et l'on fait pénétrer la lame de l'outil, suivant le sens du bois jusqu'à 2 millimètres au-dessous.

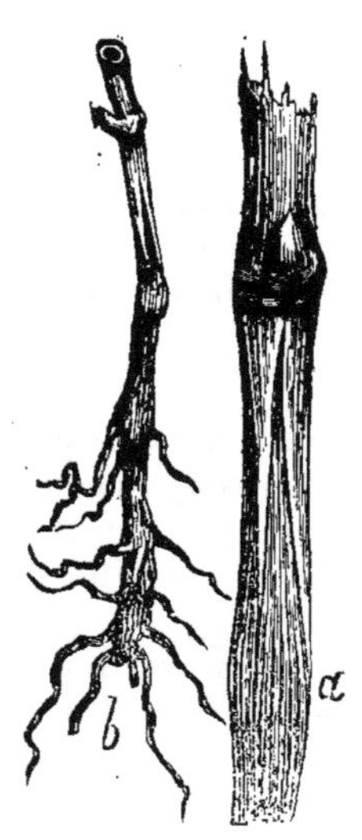

Fig. 191

(a) Greffe en fente anglaise, à biseau court.

(b) Greffe en fente anglaise sur plant raciné.

On répète l'opération absolument dans les mêmes conditions sur le greffon, en ayant soin de relever un peu avec le couteau l'extrémité de chaque languette lorsqu'on retire de la fente la lame du greffoir (fig. 192), pour qu'elles s'assemblent plus facilement l'une dans l'autre.

« Quand on veut greffer, soit sur table, soit en chambre, dit encore M. Pulliat, le greffeur de vigne tient son couteau à greffer de la main droite, toujours le biseau en dessus et la partie plane en-dessous ; de l'autre main il saisit le porte greffe ou le greffon, les tient l'un après l'autre solidement et horizontalement fixés contre son flanc gauche, à droite, avec une inclinaison de quinze à dix-huit degrés.

La coupe doit se faire vivement et du premier coup autant que possible. Le greffeur acquerra vite, par la pratique, l'habitude nécessaire pour exécuter cette petite opération nettement et prestement. »

Fig. 192. — Greffoir Renaud.

Aussitôt cette opération terminée, on ajuste le greffon sur le sujet ; puis, pour réunir, on les enveloppe à l'aide de la ligature.

LA LIGATURE

Nous avons dit que la ligature est nécessaire dans certains cas, ajoutons qu'elle est très utile toutes les fois que la greffe a été faite sur *des pieds de vigne d'un petit diamètre*, car il n'y a que les greffes des souches très fortes qui offrent assez de rigidité pour résister à l'action des vents.

Dans la majeure partie des cas, il est prudent de consolider les greffes, en liant les deux parties.

On a successivement essayé, pour cet usage, la ficelle, le raphia, le caoutchouc, l'acier et le liège.

Nous conseillons de préférence l'emploi de la feuille du palmier-nain refendue et blanchie au préalable. — Ce lien qu'on rencontre partout ici, en Afrique, forme la meilleure ligature qui puisse être employée pour la greffe : il est plat, il s'arrête facilement à l'endroit voulu par un simple nœud ; il enveloppe complètement la soudure et il ne pourrit qu'au moment même où, par suite de la solidification de la greffe, il est devenu inutile.

La ficelle de chanvre a l'inconvénient de pourrir trop lentement, et le diamètre de la greffe grossissant, celle-ci se trouve quelquefois étranglée.

Le *raphia* est une fibre de palmier du Japon qui forme une ligature à peu près semblable à celle du palmier-nain d'Afrique ; mais il est plus rare et coûte davantage.

Dans le cas où il est nécessaire de développer la greffe et la blessure de la souche avec un bourrelet d'argile, on fera bien d'y ajouter un peu de sel. — Cette espèce de cataplasme sera ainsi toujours humide.

Toutes ces petites précautions, qui semblent minutieuses, assurent définitivement la réussite de la greffe.

Observation :

En vue de toute éventualité, nous ne saurions trop conseiller à nos viticulteurs de se familiariser avec la greffe en fente anglaise, qui n'est pas difficile, mais qui exige une certaine habitude.

GREFFE AU BOUCHON

Le greffage au bouchon consiste simplement à envelopper, soit la greffe en fente anglaise, soit la greffe à cheval ou toute autre en biseau avec un liège.

Lorsque l'on veut greffer de jeunes sujets à une certaine hauteur du sol, ou encore greffer sur les porteurs aériens d'anciens ceps, la greffe à bouchon est certainement très avantageuse.

On prépare d'abord les enveloppes en liège (bouchon) suivant les indications données par notre grand maître, M. Pulliat, en évidant l'intérieur aux divers diamètres voulus, à l'aide d'une mèche fixée sur un petit tour à pédale ; de la sorte il ne suffit plus que de fendre en deux le bouchon sur toute sa longueur.

Fig. 193. — Pince Allies, greffe-bouchon.

Lorsque les deux parties de la greffe sont réunies, on fixe sur l'assemblage les deux demi-bouchons préparés comme il vient d'être dit, puis on les pince avec les pince Allies construite par M. Renaud, rue de Constantine, à Lyon, (représentée fig. 193) :

« Les mors A et B, qui serrent le bouchon V, portent trois fentes longitudinales ouvrant passage au fil de fer pour le liage. Deux petites pointes en saillie dans l'intérieur de chaque mors y tiennent respectivement chaque demi-bouchon fixé. Un ressort D, analogue à ceux des sécateurs, maintient ouvertes les branches, c'est-à-dire les pinces au bout desquelles vient, aussi comme dans certains sécateurs, s'emmancher d'une part, G, une crémaillère à trous gradués, et, sur l'autre branche, un tenon qui, en s'enfonçant dans ces trous, maintient les mors serrés — au diamètre d'embrassement voulu — pour les tenir fermés pendant qu'on lie les fils de fer. »

Dès la fin de la saison, lorsque les sarments sont aoûtés, on peut enlever les bouchons sans crainte ; les soudures sont complètes.

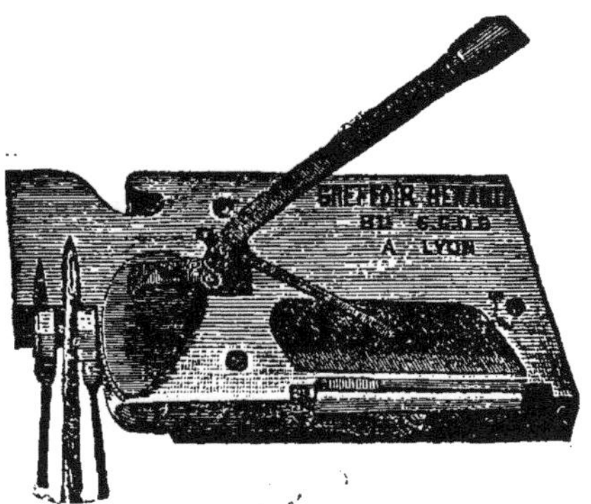

Fig. 194. — Greffoir Renaud.

On recommande de luter les bouchons par un simple bourrelet de plâtre gâché.

Les machines pour greffe anglaise sont nombreuses, mais les plus usitées sont les suivantes : Machine Petit, pour greffe anglaise, à l'atelier ; machine Guillebot, pour greffe à l'atelier et sur place (le même constructeur en a imaginé une autre spéciale pour la greffe pleine et latérale), et notamment la machine désignée sous le nom de *Greffoir Renaud*, de Lyon (fig. 194).

GREFFE A CHEVAL

La greffe à cheval renversée est dans la position de la greffe en fente pleine, c'est-à-dire que le greffon est fendu par le milieu qui chevauche le porte-greffe, au lieu d'être chevauché par lui. — Cette greffe a le défaut de provoquer l'émission de racines sur les greffons français.

La greffe évidée, désignée aussi sous le nom de greffe à cheval, se fait mécaniquement à l'aide du greffoir de Renaud (fig. 195), que nous donnons ci-dessous.

GREFFE ROUCHON-VITAL

La greffe Rouchon-Vital tient, par ses formes et son caractère, à la greffe-bouture de Cadillac, de la greffe à œil d'appel, de la greffe à talon, de la greffe à œil de Cazaléo-Palladien de réserve, de l'intergreffage de deux plants vifs de Columelle, et particulièrement de la greffe à approche herbacée de Ch. Baltet, dont elle ne diffère que par l'emploi de boutures à racines.

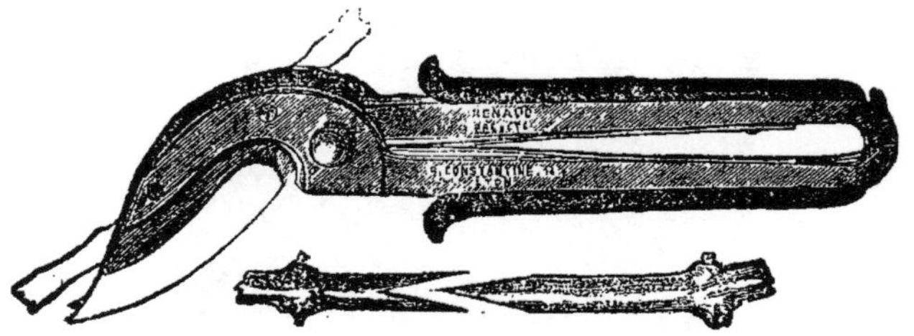

Fig. 195. — Greffoir Renaud pour greffe évidée.

Les réinventeurs n'ont fait en somme qu'une simple application du système préconisé par Ch. Baltet [1].

Dans le Gard, M. Destremx dit que ce procédé réussit mieux quand les boutures, ayant passé l'hiver en jauge, ont déjà lors du greffage des manchons radicellaires apparents ».

Voici la description de ce mode de greffage, suivant Rouchon et Vital : Longues de 45 à 50 centimètres, les deux boutures ainsi assemblées seront, au moment de la plantation, *éborgnées* de tous les yeux inférieurs.

Il ne restera donc, en tout, qu'un œil, celui d'appel, à l'américain, et deux, celui de prolongement et celui de réserve, au greffon ; après quoi les deux prunelles seront enfouies jusqu'à 4 ou 5 centimètres *au-dessus de la ligature* en raphia *non sulfaté*.

Pendant la végétation, pincer 2 ou 3 fois le bourgeon américain de façon à refouler la sève vers son commensal. La 2me année, couper l'américain au-dessus de la soudure et le français au-dessous, car le porte-greffe grossit énormément et le bois français, après les deux premières années, reste en son état normal. »

---

(1) Ch. Baltet, *L'Art de greffer*, p. 173.

GREFFE DE LA VIGNE EN ÉCUSSON HERBACÉ

Depuis deux ans, on parle beaucoup d'une découverte faite par M. Salgues, du Lot, concernant un système de greffe en écusson herbacé, qui permet de greffer toute l'année.

M. Jouzier, diplômé de l'Institut Agronomique, dans un rapport publié, en 1889, dans les *Annales de l'Institut Agronomique*, rendant compte de sa mission aux vignobles de Hongrie qu'il vient de parcourir, consacre un chapitre spécial au greffage de la vigne en écusson et en fente herbacée.

Il résulte de ce rapport que cette découverte est pratiquée depuis longtemps en Hongrie, et nous savons, d'autre part, qu'en France elle a été essayée souvent avec plus ou moins de succès.

« Jusqu'ici, en France, écrit M. Jouzier, on a employé à peu près exclusivement les modes de greffage applicables au bois déjà mûr. Tels sont, par exemple, le greffage en fente ordinaire, en fente évidée, en fente anglaise, etc. Ces modes de greffage, lorsque les greffes sont traitées avec soin, peuvent donner d'excellents résultats ; mais ils ont l'inconvénient de ne pas pouvoir être faits pendant toute l'année avec le même succès et, par suite, il peut être avantageux de les employer concurremment avec d'autres procédés. C'est ainsi que les greffes faites en été, avec du bois de l'année précédente, ne donnent pas de très bons résultats. Il en résulte que, pendant les mois de juin, juillet et août, on doit s'abstenir de greffer. Or, il est deux procédés de greffage employés en Hongrie, qui, avec les procédés déjà en usage en France, permettent d'exécuter, pendant toute l'année, avec un égal succès, le greffage de la vigne.

« Ces deux modes de greffage sont simples et d'exécution facile ; ils permettent de réussir de 80 à 90 $^0/_0$ des greffes exécutées, ils sont absolument pratiques. L'un d'eux, imaginé par M. le professeur Horvath, de l'Ecole de viticulture de Tarczal (Hongrie), est une simple adaptation à la vigne de la greffe en écusson d'un usage si général pour le greffage des arbres fruitiers, des rosiers, etc. Cette greffe est connue en Hongrie sous le nom de *szemzès (œilletonnage)* ; en raison de sa ressemblance avec les autres modes de greffage en écusson, je crois devoir, dans la suite de cette étude, la désigner par ce nom général, de *greffe en écusson*.

« Le deuxième procédé de greffage auquel j'ai fait allusion, est une simple greffe en fente herbacée. Il est en usage de temps immémorial dans la circonscription de Bavanya (Hongrie), où il est connu sous le nom de *zold ojtas* (greffe en vert). On l'emploit, dans cette circonscription, pour greffer les ceps stériles qui se trouvent dans les plantations mal sélectionnées. Voici comment on exécute ces deux modes de greffage :

« *Greffe en fente herbacée.* — Cette greffe se pratique sur des sarments très jeunes. On peut l'exécuter dès que l'extrémité du jeune sarment, entre la deuxième et la troisième feuilles épanouies, comptées de l'extrémité du rameau à son origine, est encore très tendre, mais déjà flexible. Cela ne se présente guère avant le commencement de juin, alors que les rameaux ont de 0^m40 à 0^m60 de longueur ; jusqu'à cette époque, l'extrémité des jeunes rameaux est excessivement tendre et se briserait trop facilement.

« Le jeune rameau étant reconnu en état d'être greffé, on en supprime l'extrémité entre les deuxième et troisième feuilles développées (toujours comptées du haut en bas). On a le soin de laisser au-dessus de la dernière feuille conservée une longueur de mérithalle de 0^m04 à 0^m05. On coupe cette feuille en conservant une partie du pétiole, puis on fend longitudinalement, suivant son axe, jusqu'au premier nœud conservé, la partie supérieure du rameau déjà taillé. La fente doit atteindre le nœud, mais non le dépasser.

« Comme greffon, l'on choisit, sur un cep de la variété adoptée, l'extrémité d'un jeune rameau semblable à celui que l'on a pris comme sujet. On coupe l'extrémité choisie d'une longueur telle qu'elle ait, en outre de l'extrémité non épanouie du bourgeon, deux feuilles ouvertes. On coupe celles-ci en conservant les pétioles, on coupe également les vrilles, on rogne le greffon au-dessus de la deuxième feuille ouverte, et on taille en coin son extrémité inférieure ; l'angle du coin doit être très peu aigu, c'est-à-dire que ses faces seront courtes. Le coin doit être taillé sur le nœud inférieur lui-même, en ayant soin, toutefois, d'en conserver l'œil et le pétiole qui le protège.

« Le greffon ainsi taillé est ajusté sur le sujet ; on enfonce, dans la partie fendue de celui-ci, la partie taillée en coin de celui-là, de façon que l'œil inférieur du greffon vienne remplacer l'œil supérieur du sujet et l'on attache avec de la laine ou du raphia.

« Il est très pratique de lier de la façon suivante : on fait au niveau de la partie supérieure fendue du sujet, deux ou trois tours de ligature sans serrer beaucoup, puis maintenant les brins de raphia ou de laine avec le doigt, on rajuste le greffon de manière que son écorce et celle du sujet coïncident ; on raffermit la ligature commencée et on la continue de façon à couvrir la plaie complètement, sauf l'œil du greffon. Si l'on a lié à la laine, il suffit, pour arrêter la ligature, de tordre ensemble les deux brins liants.

« Il est superflu d'ajouter que, pour fendre le sujet et tailler le greffon, il est indispensable de ne faire usage que d'un greffoir à tranchant très fin.

« La soudure du greffon au sujet a lieu en peu de jours ; et généralement de 10 à 14 jours après l'exécution de la greffe, l'œil supérieur du greffon commence à se développer. Il faut alors, avec beaucoup de précautions, desserrer la ligature afin d'éviter l'étranglement du rameau.

« Lorsque le bourgeon du greffon a atteint de 0^m10 à 0^m15 de longueur, on peut découvrir la plaie; mais, alors, il est prudent de maintenir la ligature au niveau de l'extrémité du sujet afin d'éviter que la greffe, encore jeune, ne soit décollée par le vent. On fera deux ou trois tours de ligature peu serrée avec un brin de laine dont les extrémités seront arrêtées par simple torsion.

« Par ce procédé, on obtient, on le voit, en une seule année, des sarments de variétés américaines prolongées par du bois de cépages français. Cette greffe pourrait être exécutée en été depuis la fin de mai ou le commencement de juin jusqu'à ce que, pour cause de sécheresse, par exemple, l'extrémité des sarments ne se présente plus dans l'état convenable; mais dans la pratique, on ne doit pas la faire après le 10 ou le 15 juillet au plus tard, car le prolongement du rameau, produit par le développement du greffon poussant trop tard, ne pourrait pas mûrir et le sarment serait perdu. Le meilleur moment, pour exécuter cette greffe, dure donc, en réalité, jusqu'aux premiers jours de juillet seulement.

« On comprend facilement quel parti l'on peut tirer des sarments greffés et soudés. On peut les planter à l'état de simples boutures, ou bien on peut les faire enraciner avant de les séparer du pied-mère.

« Dans le premier cas, on récolte lors de la taille, comme autrefois les boutures, les sarments greffés ; on ne conserve de la partie française du sarment que les deux boutons de la base, on rogne la partie américaine à la longueur ordinaire d'une bonne bouture et on plante comme tel le sarment greffé ainsi taillé.— Il est inutile d'ajouter que la partie américaine est celle que l'on met en terre et qu'on ne laisse se développer que les deux boutons français conservés. Les rameaux qu'ils produisent sont traités absolument comme des greffes-boutures.

« J'ai vu, à l'Ecole de viticulture de Tarczal, une plantation de semblables boutures, bien réussie ; les pousses de la première année, au mois de septembre, par une année très sèche, mesuraient de 0^m30 à 0^m50 de longueur. Cette plantation avait été faite en place directement; on pourrait aussi, comme on trouve quelquefois plus avantageux de le faire pour les greffes-boutures, essayer de la plantation en pépinière et ne mettre en place que la deuxième année.

« A l'Ecole de viticulture de Tarczal, on avait également laissé sur le pied-mère quelques-uns des sarments greffés que l'on avait marcottés, en taillant d'ailleurs, le rameau de la greffe comme dans le cas du bouturage, c'est-à-dire au-dessus du deuxième bouton. Les marcottes ainsi obtenues étaient, dès la première année et malgré une sécheresse extraordinaire, d'une très grande vigueur ; elles portaient en septembre des sarments rognés à 2 mètres de hauteur et avaient déjà, pour la plupart, des fruits. Ces marcottes, séparées du pied-mère la deuxième année, ne peuvent constituer que des jeunes ceps très vigoureux.

« Peut-être serait-il possible d'obtenir en une seule année le sarment enraciné et greffé avant sa séparation de la souche. Il suffirait, pour cela, d'employer le procédé autrefois en usage dans certains vignobles de France, dans la Charente notamment, pour obtenir des sarments de l'année avec racines. Voici comment on opérait ; lors du binage de la vigne, au commencement de juillet, on couchait sur le sol les jeunes sarments à faire enraciner, et on les recouvrait d'une petite butte de terre sur une étendue de 0^{m}15 à 0^{m}35, soit trois à quatre nœuds environ. Des racines ne tardaient pas à se développer sur la partie couverte qui, bien que privée de soleil, n'en mûrissait pas moins d'une manière parfaite. C'est de cette façon qu'on obtenait dans la Charente les plants enracinés sous le nom de *chevelures* ; ces plants étaient considérés quant à la production comme d'une année plus précoce que les boutures simples et l'on obtenait ainsi des ceps non moins vigoureux que les autres procédés de multiplication de la vigne, le bouturage par exemple.

« On pourrait donc, combinant le greffage et le marcottage en vert, coucher, après les avoir greffés, les sarments herbacés sur le sol et les recouvrir partiellement de terre près de la greffe. On aurait ainsi à l'automne, en un sarment de l'année, un jeune cep complet pouvant résister au phylloxera. »

Et M. Jouzier ajoute en note : « Depuis que j'ai écrit ces lignes, j'ai vu à Miskolez, chez M. le Dr Szabo, des plants obtenus de cette façon qui m'ont paru très vigoureux. Sur plusieurs se trouvaient de fort belles grappes. »

GREFFE EN FENTE LATÉRALE

(OU FENTE ORDINAIRE)

Le greffage en fente, qui est le procédé le plus ancien, est celui qui donne encore les meilleurs résultats-

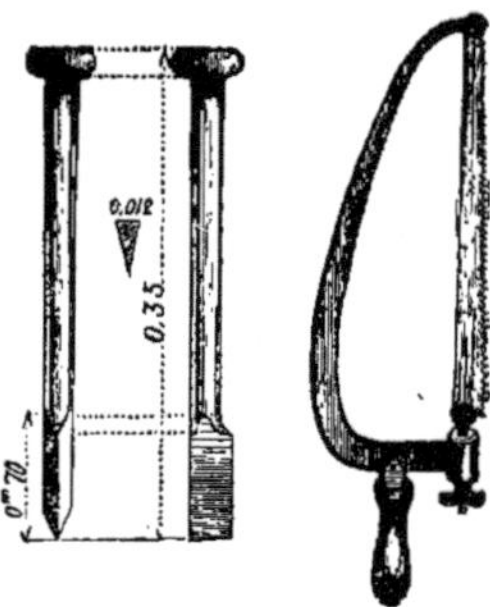

Fig. 196
Ciseau à fendre.

Fig. 197
Scie à main.

Pour greffer en *fente sur souche en place*, il faut d'abord dégager le pied de vigne de la terre qui l'entoure plus ou moins bas, selon son âge, en ayant soin de respecter les grosses racines qui peuvent être rencontrées.

Les vieilles vignes réclament, en général, un greffage plus bas que les jeunes, parce que leur bois n'est pas aussi vigoureux.

Quand le défoncement est arrivé à la profondeur correspondante au bois sain on scie le tronc avec une scie à main.

Si la souche est forte ou si le pied est de petit diamètre, on se sert simplement du sécateur. Après avoir scié la souche au point voulu, on rafraîchit avec une serpette bien tranchante la partie enterrée de la plaie, afin que le liber le recouvre bien et que la soudure soit plus plus intime.

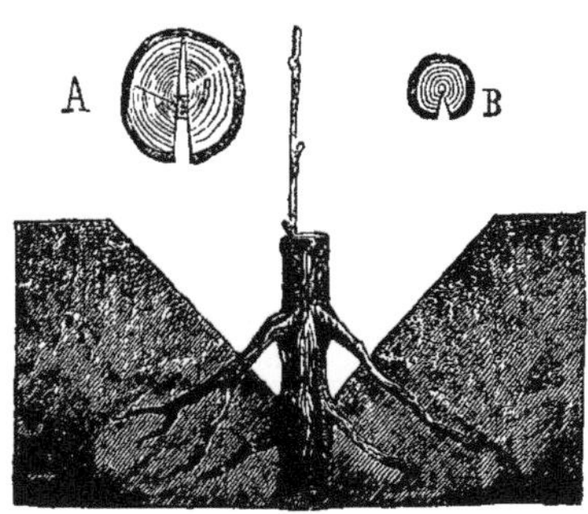

Fig. 198. — Greffe en fente ordinaire.

(A) Section d'une souche fendue au ciseau.
(B) Section d'une souche fendue à la serpette.

Fig. 200

Greffe en fente ordinaire à 2 greffons.

Fig. 199

Greffon prêt à être mis en place.

On pratique ensuite la fente A (fig. 198), destinée à recevoir le ou les greffons, et, dans ce but, on divise le pied à l'aide d'un ciseau spécial (fig. 196) que l'on place sur le côté, un peu en arrière du bord du sujet. Une fois la fente faite, on écarte les bords sans écorchures pour y placer le greffon auquel on a préalablement enlevé, avec un couteau bien tranchant, deux lamelles de bois en biseau (fig. 199).— Ce greffon est coupé au deuxième ou au troisième bourgeon, au-dessus de l'entre-nœud ou mérithalle, lequel est taillé en lance angulaire pour mieux pénétrer dans la fente. Il importe aussi de faire coïncider exactement les couches génératrices pour que la soudure se consolide sans que le mouvement de la sève en soit troublé.

Lorsque la greffe est placée à demeure, on retire le ciseau qui servait à maintenir l'ouverture de la fente.

Si la souche est forte, on peut y pratiquer deux greffons (fig. 200), de manière à y augmenter les chances de reprise. — Si tous les deux reprennent, on en supprime un quelques mois après.

Pour éviter que la greffe prenne racine et pour empêcher l'air de pénétrer à la pointe inférieure du greffon, on l'enveloppe d'un mastic en forme de bourrelet, qui se compose simplement d'argile mélangé d'un peu de sel, comme nous l'avons déjà dit.

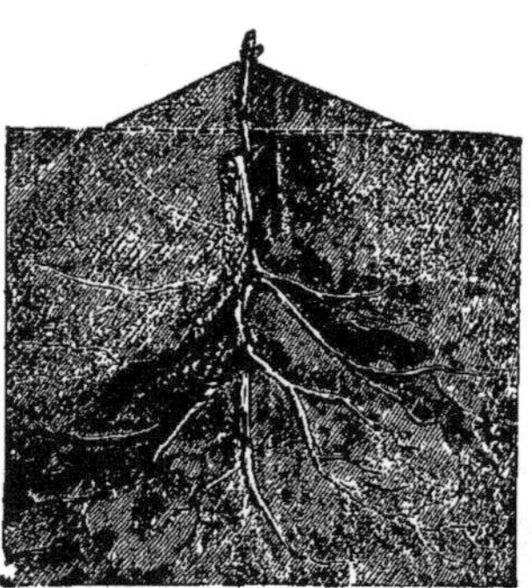

Fig. 201.
Greffe en fente ordinaire rechaussée.

Quand l'opération est terminée, on recouvre la souche et la greffe (fig. 201) d'une couche de terre, qui devra être aussi friable que possible, sur une épaisseur d'environ 12 centimètres, par dessus laquelle il faut répandre de la paille hâchée menue ou des débris de fond de meule.

En matière de greffage, la non-réussite d'un sujet peut entraîner une perte assez importante pour que le viticulteur économe et pratique ait le devoir de tout mettre en œuvre et d'apporter à cette opération tous ses soins les plus assidus, de façon à éviter un retard préjudiciable à tous ses intérêts.

---

§ 8. — Plantation des greffes en pépinière.

Les greffes faites sur table ou en chambre, soit pour remplacer les manquants, soit pour former des plantiers l'année suivante, doivent subir, au préalable, un séjour d'un an dans une pépinière. À cet effet, on procède à l'établissement de tranchées de 0^m20 de large sur 0^m30 de profondeur, comme l'indique la fig. 202.

On appuie les boutures contre une des parois intérieures de cette tranchée, puis on répand au pied un peu de terre préalablement mélangée de terreau.

On verse ensuite 500 litres d'eau par 1,000 boutures en tranchées. — Lorsque cette eau a été absorbée par le sous-sol, on remplit la tranchée avec la terre sortie qui est alors bien aérée ; on butte ensuite la ligne des boutures, sans oublier de répandre à la surface de la paille menue pour éviter la dissécation des greffes. Cette dernière recommandation est de la plus haute importance pour nos colons algériens.

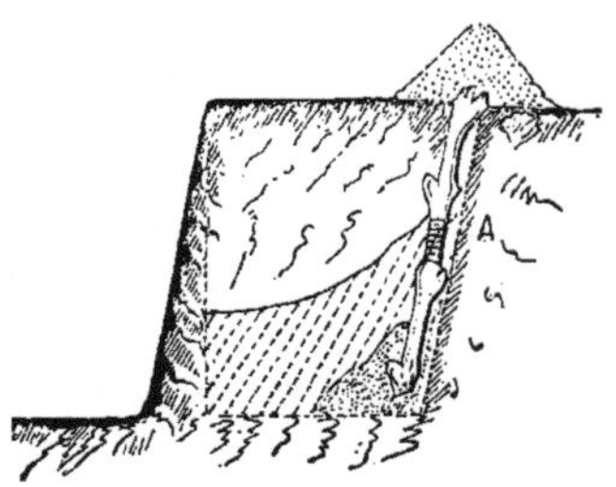

Fig. 202. — Système Vermorel pour la plantation des greffes-boutures.

§ 9. — **Plantation des greffes à demeure.**

La plantation en place ou à demeure dans le plantier se fait comme
en pépinière

Nous conseillons des trous de 0^m30 de profondeur sur 0^m20 de large,
comme pour les fossés, au fond desquels on dépose un peu de terre
mélangée de terreau ou fumier ancien, ou bien encore des fonds de
meule de paille. Après avoir mis en place, debout, la bouture racinée
ou non suivant le cas, on remplit le trou avec la terre restante ; la
greffe est ensuite buttée avec les précautions voulues pour éviter
qu'elle ne se dessèche.

Le buttage se pratique de la façon suivante : l'ouvrier prend une
petite houe triangulaire avec laquelle il divise la terre voisine du pied
et la ramène en forme de cône évasé autour du greffon, de façon à ne
laisser sortir que le dernier œil (voir fig. 201).

Inutile de dire que le buttage doit être fait avec précaution pour
éviter toute commotion à la greffe.

---

§ 10. — **Soins à donner aux greffes.**

Le greffon une fois en place exige encore des soins nombreux et
délicats qui se résument ainsi qu'il suit :

1° Veiller à ce que la greffe ne soit ni touchée, ni ébranlée, pendant
toute la période de la soudure qui se prolonge quelques mois ;

2° Maintenir autour du sarment greffé une certaine fraîcheur pour
favoriser sa reprise et son développement ; renouveler le buttage tout
autour de la greffe, comme l'indique la figure 201, aussi souvent qu'il
est utile.

Lorsque la greffe prend un grand développement la première année,
on est obligé quelquefois de *maintenir le greffon* dans sa position normale à l'aide d'un piquet et d'une ficelle d'attache, car les vents violents
de mai pourraient dessouder la greffe.

La première année, chaque pied d'une greffe a une tendance marquée à émettre des racines et des bourgeons sur le premier œil. Il faut
s'opposer à ces productions parasites, car si on les laissait se développer, le greffon prendrait plus d'accroissement que la souche qui le
supporte ; il se séparerait de son premier point d'attache, et, de leur
côté, les racines du greffon se nourriraient au détriment de la souche
principale *porte-greffe*. Aussi les racines adventives des greffons doi-
vent-elles être enlevées aussitôt qu'elles apparaissent. *Une visite spéciale doit être faite dans ce but tous les mois au moins.* Il faut s'occuper
aussi, dans cette visite mensuelle, des drageons ou rejetons souterrains
qui épuisent fortement le ou les rameaux du dernier œil ; il ne faut
pas attendre qu'ils se montrent pour les supprimer.

Lorsqu'une greffe a manqué, on procède l'année suivante à une coupe plus bas et on greffe de nouveau.

Si jamais on était appelé à greffer sur plants américains, il serait facile de faire des semis de bouture à un œil et de les greffer ensuite à un an, soit sur place en pépinière, soit tout autrement avec des greffons d'élite.

A partir du mois de mai, il faut entretenir le sol et le rendre le plus meuble possible par des labours et des binages au scarificateur ; il faut aussi ne pas négliger les soufrages. Enfin, il faut traiter la vigne une fois greffée aussi bien au moins que si elle était en pleine production.

La deuxième année, on regreffe les pieds manquants, et tous les travaux d'entretien sont semblables à ceux de la première année.

Lorsque l'on opère la taille d'un vieux cep greffé, il est nécessaire de donner à ses branches la forme voulue pour bien régulariser le cep.

Cette taille se pratique de préférence sur les sarments les plus proches du sol pour que la greffe ne se détache pas par son poids. L'assemblage sur les jeunes racines américaines offrant plus de résistance, on n'a pas besoin de tailler aussi bas.

Lorsque les greffes atteignent deux ans et qu'elles ont réussi (ce qui est facile à constater puisque leur rendement fructifère atteint alors les deux tiers d'une récolte moyenne), on peut se servir des sarments les plus longs et les plus vigoureux pour provigner les emplacements environnants. En cas d'insuccès, s'abstenir.

Les travaux de la troisième année sont les mêmes que ceux des années précédentes. Les rendements doivent alors être aussi importants que ceux d'une vigne en plein rapport.

Prix de revient du greffage de 1,000 souches en plein rapport :

DÉSIGNATION	NOMBRE	PRIX	SOMMES
Déchaussement	1.000 souches	12.50	12.50
Amputation.	1.000 —	16.00	16.00
Rafraîchissement des amputations. . .	1.000 —	6.00	6.00
Façon et pose des greffes.	2.000 —	20.00	40.00
Masticage des greffes	1.000 —	4.50	4.50
Rechaussement et buttage	1.000 —	6.75	6.75
Frais généraux	12 °/₀	10.29
		Total	96.04

Prix de revient du greffage de 1,000 souches en fente anglaise :

DÉSIGNATION	NOMBRE	PRIX	SOMMES
Ouvrier greffeur.	6 jours	4.00	24.00
Ouverture de tranchées	1 jour et demi	3.00	4.50
Remblayage, buttage, etc.	1 jour et demi	3.00	4.50
Arrosage, entretien	3 jours	3.00	9.00
Frais généraux		12 %	5.04
Total			47.04

Prix de revient des travaux d'entretien de 1,000 souches greffées :

	DÉSIGNATION	NOMBRE	PRIX	SOMMES
PREMIÈRE ANNÉE	Deux labours légers.	1.000 souches	6.00	6.00
	Deux binages à la pioche	1.000 —	7.00	14.00
	Deux scarifiages	1.000 —	7.50	15.00
	Trois nettoyages des pieds	1.000 —	7.00	21.00
	Deux soufrages.	1.000 —	3.00	6.00
	Taille et liage des sarments	1.000 —	3.00	3.00
	Transport et épandage des composts		20.00	20.00
	Valeur locative et intérêt du capital de 34 ares. . .		17.00	17.00
	Frais généraux.		12 %	10.20
	Total.			112.20
DEUXIÈME ANNÉE	Un labour léger.	1.000 souches	6.00	6.00
	Trois binages à la pioche	1.000 —	7.00	21.00
	Trois labours au fourca ou grattoir	1.000 —	5.50	16.50
	Trois nettoyages des pieds	1.000 —	5.00	15.00
	Trois soufrages moyens.	1.000 —	4.00	12.00
	Taille et liage des sarments	1.000 —	7.50	7.50
	Transport, épandage des composts.	1.000 —	10.00	10.00
	Composts	1.000 —	10.00	10.00
	Regreffage 10 %	100 —	59.36	5.93
	Valeur locative et intérêts-dépens .	1.000 —	55.00	55.00
	Frais généraux.		12 %	15.89
	Total			174.82

Comme nous l'avons dit plus haut, les rendements de la deuxième année s'élèvent environ aux 2/3 de ceux d'une récolte moyenne que l'on peut évaluer à 65 hectolitres à l'hectare, planté en Carignane, dans un terrain de troisième espèce, soit environ 25 hectolitres pour 1,000 souches.

Les scarifiages à faire pour le greffage des vignes se résument donc en une simple *avance* de deux ans, qui assure pour l'avenir des bénéfices rémunérateurs.

Il résulte des chiffres précédents que le greffage se trouve remboursé dès la deuxième année.

QUINZIÈME CHAPITRE

LES SARMENTS

SOMMAIRE :

Des sarments, en général. — Enlèvement des sarments. — Valeur des sarments. — Production. — Prix de revient des sarments coupés à la main. — Prix de revient des sarments broyés à la machine.

LES SARMENTS

§ 1. — **Des sarments en général.**

Le *sarment* est le rameau qui a terminé son aoûtement ; il forme *l'appareil* ou *port du cep*.

Le sarment est plus ou moins long, gros et fort, suivant son origine comme cépage.

Dans les terrains frais et fertiles, particulièrement en Afrique, il atteint quelquefois des proportions colossales.— On a vu des sarments d'Aramon qui avaient jusqu'à 15 mètres de longueur.

Dans les terrains maigres, le même plant ne dépasse guère une longueur de 2 mètres 50 cent.

§ 2. — **Enlèvement des sarments.**

L'enlèvement des sarments et leur liage s'effectuent aussitôt que les tailleurs ont terminé leur opération.

En Algérie et en Tunisie, ce sont les indigènes qui sont chargés de les ramasser et de les lier en petites bottes de 4 à 5 sarments, puis de les réunir par 10 et d'en faire des fagots. — On peut compter que ces indigènes font environ 50 fagots composés de 500 petites bottes par jour, et leur travail n'est pas payé à la journée ; le prix qui leur est habituellement accordé est de 4 fr. pour 100 fagots mis en place, sur les bords du chemin d'exploitation.

Chaque petite botte de 4 sarments pèse environ 1 kilog., soit 10 kil. par fagot.

§ 3. — **Valeur des sarments.**

Dans une exploitation agricole ou viticole bien comprise, *rien ne doit se perdre* ; c'est là un des principes fondamentaux sur lequel on ne saurait trop insister. — Les sarments, par exemple, peuvent et doivent être utilisés. Quand ils sont de bonne longueur, on les emploit comme combustibles dans les briqueteries et les fours de boulangers. Lorsqu'ils sont coupés courts, ils servent d'engrais pour les vignes ; leur décomposition est assez rapide pour produire des effets sensibles à la deuxième année, s'ils ont été enterrés suffisamment, en général de 15 à 20 centimètres, à l'aide d'un labour profond entre les rangs de vigne.

D'après Boussingault, les sarments contiennent divers principes fertilisants précieux pour la vigne ; en voici les proportions pour 100 parties de cendre.

SUBSTANCES CONTENUES DANS LES CENDRES DES SARMENTS :

Potasse	Soude	Chaux	Magnésie	Oxyde de fer, alumine	Acide phosphorique	Acide sulfurique	Chlore	Acide carbonique	Sable	Perte	TOTAL
K O	N A	C O	M N	Fe O	Ph O⁴	S O/3	C L	C A O	S/1		
18 parties	0.20 parties	27.30 parties	6.10 parties	4.80 parties	10.40 parties	1.60 parties	0.10 parties	20.30 parties	10.90 parties	1.30 parties	100

§ 4. — Production.

Le volume ou poids de sarments produit par 1,000 ceps de vigne dépend de la richesse du sol et de la nature du cépage, ainsi que des variations atmosphériques de l'année.

On peut cependant estimer que la production de sarments est de 1,200 à 2,000 kilogs par 1,000 ceps ; comme 1 hectare de moyenne production se compose de 2,750 pieds environ et que la moyenne du poids des ceps est d'environ 1,600 kil. par mille ; nous trouvons :

$$2,756 \times 1,600 = 4,400 \text{ kilogs par hectare.}$$

Cette quantité considérable de sarments peut être utilisée de diverses manières.

Etant donné que les sarments produisent 2 k. 440 grammes de cendres par 100 kilogs, soit :

$$4,400 \text{ k. de sarments} \times 2 \text{ k. } 440 = 107 \text{ k. } 36 \text{ cendres ;}$$

sachant aussi que cette cendre représente une valeur chimique commerciale de 12 francs les 0/0 kil., on trouve pour le total d'un hectare 12 fr. 89 centimes.

Ce produit traité par la combustion n'étant pas suffisamment rénumérateur, les sarments peuvent être de préférence vendus directement comme combustible ou transformés en fumier ou engrais.

En les vendant comme combustible, il faut tenir compte avant tout du prix de transport, similaire à celui des fagots qui varie suivant la distance à parcourir jusqu'à destination. Pour une distance de 7 kilomètres, il est de 10 à 12 francs les 100 fagots.

D'après nos expériences pratiques, basées sur la vente de nos sarments pendant plusieurs années à Boufarik et à Birtouta, voici le compte de frais et le produit d'un hectare de 2,750 ceps :

VENTE, FRAIS DE RAMASSAGE & LIAGE DES SARMENTS

Rapport de la vente de 440 fagots, à 11 fr. le cent . . . . .   48 f. 40

DÉBOURS :

Façon et enlèvement de 440 fagots à 4 fr. le cent.	17 f. 60	
Chargement et transport, à 0,25 c. le cent	11 00	
Frais généraux, 12 %	3 43	
TOTAL	32 03	32 03
Bénéfice réalisé		16 37

Les sarments de vignes, en petites bottes, peuvent être utilisés comme assises des meules de paille et de fourrage. Dans les drainages, on s'en sert également avec économie. On en fait aussi des clôtures pour jardins maraîchers, des abris contre les vents de mer si funestes aux vignes, etc., etc. Enfin, ils sont utilisés très avantageusement, comme engrais, pour la vigne *même* qui les a produits.

Dans ce cas, les sarments, coupés en menus fragments de 10 à 12 centimètres, sont convertis en engrais sans subir la manutention du bottelage. Aussi la vente comme combustible, dont nous avons parlé plus haut, est loin de valoir, à nos yeux, *l'emploi sur place* que nous conseillons *aux viticulteurs*.

Depuis quelques années, on prépare les sarments en les broyant et les hâchant en même temps, pour servir de mélange aux engrais.

M. le Comte de Troguindy, de Lannion (Côtes-du-Nord), a perfectionné le broyeur d'ajoncs, en l'appropriant à couper très menu les sarments de vigne.

Cette machine peut être mise en mouvement à bras d'homme ou par un moteur quelconque.

Les sarments, divisés et réduits par cette machine, se trouvent dans les meilleures conditions pour se décomposer et s'assimiler rapidement dans le sol.

Le tableau suivant, dans lequel sont comparés les prix de revient des sarments coupés à la main et ceux broyés à la machine, justifiera nos préférences au sujet de ce dernier mode d'emploi.

PRIX DE REVIENT DES SARMENTS COUPÉS A LA MAIN

Valeur des sarments estimés au point de vue chimique comme engrais à 0,90 les 100 kil.

Sarments coupés à 0 m 10. . . . . . 4,400 kilog. $\times$ 0,90 $=$ 39 f. 60

A DÉDUIRE

Coupage des sarments sur ceps et mis en place entre les deux
rangs 2,750 pieds à 14 le mille. . . . . 38 f. 50

Reste bénéfice net 1 10

PRIX DE REVIENT DES SARMENTS BROYÉS A LA MACHINE

Valeur des sarments estimés au point de vue chimique comme engrais à 0,90 les 100 kil.

Sarments coupés et broyés. . . . . 4,400 kilog. $\times$ 0,90 $=$ 39 f. 60

A DÉDUIRE

Transport des sarments à la machine, broyage et reporter puis
répandre . . . . 4,400 kilog. $\times$ 7 f. les 100 kil. 30 f. 80

Reste bénéfice net . . . . . 8 f. 80

Le broyage par moteur donnerait encore des bénéfices plus importants, surtout actionné par la vapeur, à moins d'avoir des animaux disponibles à l'époque de l'étendage.

Nous ne saurions trop recommander aux viticulteurs d'entrer dans cette voie, c'est un des moyens économiques d'augmenter les engrais de la ferme.

On peut organiser, sous un hangar, un de ces broyeurs et le faire fonctionner en hiver pendant les pluies. Les produits peuvent être associés aux litières dans les écuries et former ainsi un adjuvant aux pailles, etc.

Il est évident, d'ailleurs, qu'il y a des cas où le viticulteur trouvera avantage à transporter ses sarments en les vendant, sauf à recourir à d'autres éléments comme engrais.

Observation :

Chaque fois qu'une vigne a été atteinte d'oïdium, d'anthracnose ou de péronospora, il ne faut pas songer à utiliser les sarments autrement qu'en les brûlant sur place.

Les cendres laissées par les tas de sarments sont alors réparties aux pieds des vignes, etc.

SEIZIÈME CHAPITRE

TAILLE DE LA VIGNE

SOMMAIRE

Taille de la vigne. — Époque de la taille en Algérie et en Tunisie. — A quelle hauteur doit-on tailler la vigne. — Coursons ou porteurs. — Tableau indiquant le nombre de porteurs nécessaires à la bonne fructification.— Taille des jeunes vignes. — Méthodes de taille pour les vignes. — Taille Cazenave. — Taille Guyot. — Taille du Médoc. — Taille en chaintre.— Taille en tonnelle ou treille. — Taille Deiseimeris. — Prix de revient de la taille.

DE LA TAILLE

§ 1. — Taille de la vigne.

« La fortune du maître est dans la serpette de son vigneron. »

C'est là un axiome très répandu dans le Bordelais, encore plus vrai en Algérie et en Tunisie qu'en France.

Nulle part, en effet, la puissance et la luxuriance de la végétation n'ont besoin d'être contenues — en Algérie surtout — avec plus de sagesse et dirigées avec plus de méthode; nulle part, la taille n'est plus utile pour répartir également la sève entre les diverses parties du végétal, pour faire fructifier les ceps qui seraient disposés à se dépenser en rameaux inutiles, pour les maintenir en bon état de production et pour prolonger leur durée quand il y a lieu. Enfin, c'est en Afrique, plus que partout ailleurs, qu'une taille rationnelle de la vigne, venant en aide à un choix éclairé des cépages, contribuera à créer des vignobles d'une fructification modèle, en augmentant la valeur et la qualité des fruits et en avançant l'heure de la maturité.

Mais tous ces bienfaits de la taille dépendent essentiellement de la manière dont elle est faite. — Pratiquée d'après les vrais principes, elle vivifie la vigne, elle améliore et multiplie sa production. Si, au contraire, elle est mal faite, elle amène rapidement la dégénérescence et la ruine du vignoble.

Dans le nord de l'Afrique, la taille de la vigne doit varier à chaque pas suivant les situations, le sol, la nature des cépages. D'où la nécessité de poser des règles qui, une fois comprises, suffisent à guider le viticulteur dans toutes les circonstances.

Règles :

1° Dans presque toutes les situations en Algérie, dans presque tous les terrains et pour presque tous les cépages, soit européens, soit indigènes, c'est la taille à long bois qui est préférable, car elle donne beaucoup plus de fruits que la taille à court bois;

2° Puisque, malheureusement, en Algérie, c'est la taille à court bois qui a jusqu'à présent prévalu, il faut, pour diminuer autant que possible les inconvénients de la taille courte, utiliser la sève par de nombreux porteurs dont la quantité d'yeux soit en rapport avec la richesse du sol et le caractère du cépage.

Pour procéder par ordre, nous jugeons utile de consacrer à chacune de nos observations un paragraphe spécial.

---

§ 2. — **Epoque de la taille en Algérie et en Tunisie.**

Le vigneron doit d'abord suivre avec soin la marche de la sève, pour se rendre compte du moment précis où elle a terminé son évolution descendante ; il doit connaître, en outre, les symptômes qui révèlent le mouvement ascensionnel, afin de pouvoir pratiquer la taille en connaissance de cause et en temps opportun ; c'est-à-dire, *attendre que la sève soit complètement descendue* et *avant qu'elle ne commence son mouvement ascensionnel.* En un mot, ni trop tôt, ni trop tard.

Nous avons constaté, en effet, qu'une taille trop hâtive, exécutée *avant l'aoûtement des sarments ne soit complet et que la sève ne soit descendue définitivement,* entravait le jeu naturel de l'exostose et finissait par épuiser la vigne.

D'un autre côté, la taille exécutée tardivement, c'est-à-dire faite *au moment de la sève montante,* peut provoquer l'énervement et par suite le rachitisme de la vigne. — Ce n'est pas seulement alors le rendement, c'est l'existence même du cep qui est compromise.

On a remarqué aussi que la taille faite pendant les gelées se comportait très mal, au point de vue de la cicatrisation, et que le dernier bourgeon du courson ne produisait qu'un sarment non fructifère.

Dans la plaine de la Mitidja, dans le Sahel algérien, et dans les vallées, dont les altitudes ne dépassent pas 500 mètres, les viticulteurs commencent la taille vers la dernière quinzaine de novembre, alors que la sève est bien descendue, sauf les exceptions occasionnées par un retard dans l'aoûtement, comme cela s'est produit en 1889 et 1890.

Pendant ces deux années, on a constaté que la sève a terminé sa descente définitive dans les derniers jours de novembre seulement ; ce n'est donc que vers les premiers jours de décembre que l'on a pu commencer la taille de la vigne.

L'époque de la taille est encore plus reculée dans les hautes altitudes où les raisins mûrissent tardivement et où la sève ne descend que fin décembre. On ne peut commencer la taille que dans les premiers jours de janvier, ou encore même en février ; cependant elle doit être complètement terminée en mars dans les altitudes de 0^m à 100 mètres.

La taille, ainsi que nous l'avons dit, doit être rapidement menée et

achevée le plus tôt possible, afin que l'on puisse commencer les diverses
façons : labourage, déchaussement, épandage des engrais ou composts,
etc.

Les viticulteurs soigneux et prévoyants ont coutume, ainsi que nous
l'avons recommandé, de faire les labours avant la taille, en ayant la précaution de nouer les sarments au sommet. C'est une excellente pratique. — Mais d'autres, afin de labourer plus tôt, s'empressent de
rabattre leurs vignes à 0^{m}30 de hauteur ; il y a là une précipitation qui
peut nuire quelquefois aux rendements et que nous déconseillons
entièrement.

En ce qui concerne la taille tardive, les avis sont partagés, mais il
faut dire que l'expérience a prouvé l'inopportunité de cette dernière
opération. M. Nassot, viticulteur expérimenté, nous dit :

« Quelques viticulteurs pensent qu'en taillant tardivement, la vigne
est fatiguée par les *pleurs* qui s'écoulent des sections nouvellement
faites. L'analyse chimique de ces pleurs a démontré d'une manière
indiscutable que les pertes sont insignifiantes et que l'on n'affaiblit pas
les ceps.

Les pleurs, dûs au phénomène d'absorption, contiennent des matériaux non élaborés. Leur quantité est variable suivant les climats ; en
24 heures, pour un même cep, elles ont varié de 10 à 95 centimètres
cubes ; pour un autre, de 100 à 150 centimètres cubes. La période des
pleurs dure de 10 à 15 jours. Pendant ce laps de temps, l'écoulement
n'est pas continu, les quantités produites de liquides ont varié de 0,76
à 20 litres.

Les expériences ont démontré qu'un litre de pleurs renferme 2 gr.
1,204 de substances diverses, qui se décomposent comme il suit :

1 gr. 3,796 de matières organiques, surtout azotées (azote 0 gr. 015 pour mille) ;

0 gr. 7,408 de matières minérales.

Ces matières minérales renferment, pour cent de cendres privées
d'acide carbonique :

Potasse.	16.20	p. 100
Acide phosphorique	3.35	—
Chaux	63.73	—
Autres matières	15.72	—
	100.00	

Les quantités insignifiantes de matières utiles, enlevées par les pleurs
à la vigne, ne sont du reste pas perdues ; elles retombent sur le sol,
où elles se trouvent de nouveau à la disposition des racines.

On peut donc, sans inconvénient, choisir une époque tardive pour
pratiquer la taille, si cela paraît plus convenable. »

§ 3. — **A quelle hauteur doit-on tailler la vigne ?**

Depuis que la culture de la vigne a pris, en Algérie et en Tunisie, le développement merveilleux que l'on sait, de nombreuses observations ont démontré que la taille élevée est celle qui convient le mieux aux vignobles situés dans le nord de nos colonies d'Afrique, tant à cause des gelées printanières, qu'en raison des hautes températures provoquées par le siroco.

Lorsque la vigne est cultivée en souche basse, c'est-à-dire en plein, la hauteur de la partie taillée peut varier suivant les lieux.

Dans les plaines basses et sur les points élevés de 500 à 700 mètres d'altitude — où les gelées printanières peuvent se produire — on doit maintenir les coursons ou porteurs à une certaine hauteur au-dessus du sol, à 0^m70 ou 0^m80, par exemple.

Sur les coteaux ou sur les versants qui sont rarement visités par la gelée, la taille peut se faire plus près du sol, soit de 0^m35 à 0^m40 de hauteur. Mais pour atteindre, dès la troisième année environ, 0^m60 à 0^m65, il faut que, lors de la plantation, la cime de la vigne portant le dernier bourgeon aérien ait été maintenu à 0^m35 de hauteur du sol.

Sur les très hautes altitudes, il faut pratiquer la culture en hautain, de façon à tenir la taille très élevée.

En résumé, tailler de manière à maintenir le raisin un peu haut, tel est le système que nous recommandons en Afrique.

La récolte en sera moins hâtive, mais elle sera bien supérieure en finesse; son degré sera peut être un peu plus faible, mais, en revanche, elle sera plus abondante.

---

§ 4. — **Coursons ou porteurs.**

Donnons ici quelques détails sur la taille des coursons ou porteurs, qui est désigné ordinairement sous le nom de taille *moyenne* sur souche basse.

Le choix fait avec discernement du sarment qui doit se transformer en branche fructifère, est le point de départ d'une bonne taille normale.

Or, le sarment à préférer dans ce but, est celui qui représente une moyenne bien régulière et équilibrée. — *Discerner ce sarment au milieu des autres, voilà tout le secret de la taille.*

Les sarments trop gros et ceux trop petits sont à éliminer aussi bien les uns que les autres, car les premiers élaborent trop de sève ou émettent des bourgeons gourmands non fructifères, et les seconds manquent de vigueur et ne donnent que des rameaux porteurs, dont les rares fruits coulent généralement. — Comme on le voit, avec un peu d'attention, le choix est facile.

Une précaution utile consiste à couper, au moment de la taille, les sarments à expansion latérale ; leur développement gênerait plus tard les animaux au passage.

On doit toujours tailler de façon à ce que le cep représente un gobelet conique évasé (fig. 203); c'est la forme la plus avantageuse au point de vue de la fructification et de l'entretien.

Fig. 203

Cep de vigne taillé en gobelet, d'après la taille Deiseimeris.

Mais, tout en conservant cette forme en gobelet, il importe de tenir le plus grand compte de la nature particulière du cépage, dans la direction que l'on donnera aux coursons ou porteurs.

EXEMPLE : Le Morastel et le Mourvèdre (Spar) sont des cépages érigés qui tendent à se rapprocher toujours de la verticale ; il faudra, par conséquent, diriger leurs coursons le plus obliquement possible, de façon à ce que la forme du cep reste évasée par le haut.

Pour l'Aramon, il faudra, au contraire, suivre la règle inverse ; c'est-à-dire tenir les porteurs dans la verticale, parce que ce cépage tend toujours à se diriger horizontalement et que l'éparpillement de ses rameaux serait inévitable, si la taille ne corrigeait pas les tendances.

La taille en gobelet nécessite une coupe inclinée de chaque porteur, ce qui prévient la pénétration des eaux pluviales dans la moëlle du cep ; elle avance et facilite sa cicatrisation retardée par les influences atmosphériques — Les avantages pratiques justifient à tous les points de vue la préférence dont elle est l'objet de la part des viticulteurs éclairés.

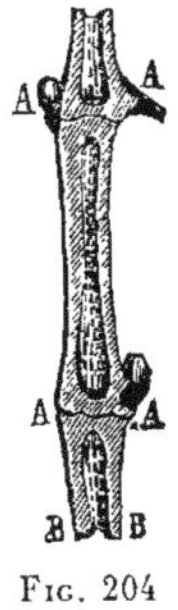

Aussitôt que l'ouvrier, tailleur de vigne, a choisi les sarments non fructifères à éliminer, il les abat d'un coup de sécateur ; puis il taille à point ceux qui doivent rester en place, en ayant soin de bien rogner le vieux bois (ancien système encore pratiqué), mal recouvert par le liber. Il doit aussi raser les *onglons* provenant d'une mauvaise taille précédente.

Fig. 204

Coupe normale d'un sarment.

S'il se trouve quelques drageons gourmands sortant de la souche vers le sol ou en sous-sol, il faut également les couper avec le ciseau, à grande poignée (fort sécateur).

Le sécateur est d'ailleurs précieux pour ces opérations délicates, et nous estimons, avec toute connaissance de cause, qu'il doit être préféré à la *serpe*, d'un façon générale et surtout dans tous les cas que nous venons de signaler.

OBSERVATIONS & CONSEILS PRATIQUES

Nous croyons utile, avant de clore ce chapitre, de donner encore quelques conseils pratiques, reconnus et corroborés par l'expérience acquise, dont le viticulteur avisé fera, nous en sommes persuadé, le plus grand profit :

1° Dans l'Afrique Française du Nord, nous avons constamment observé que la taille à deux yeux est généralement supérieure en production à celle dite courte à un œil ;

2° La taille qui laisse deux yeux, sans compter l'œil borgne (ou sous-œil) sur le porteur, produit ici de bons résultats ; aussi ce genre de taille est-il de plus en plus en faveur auprès des viticulteurs entendus, et notre propre expérience confirme à cet égard leur opinion.

Plus tard, lorsque la vigne vieillira, il sera toujours temps de descendre sa taille à un œil, tout en lui conservant une certaine quantité de porteurs ;

3° Lorsque l'on coupe un sarment quelconque, on doit opérer sa séparation par un coup de sécateur appliqué suivant A A (fig. 204), au milieu du nœud supérieur à celui que l'on doit conserver. Cette opération a pour but de régler la hauteur du courson ou porteur, de faciliter la cicatrice et d'empêcher les influences atmosphériques de modifier le travail séveux du deuxième bourgeon plus bas B B.

C'est une grave erreur de couper le porteur entre deux nœuds suivant B B ; il s'en suit presque toujours une évaporation accélérée qui prolonge la cicatrisation et cause souvent l'avortement des fleurs du porteur du bourgeon inférieur.

Pour obtenir une cicatrisation bien nette, le coup de sécateur doit être donné aussi près que possible du porteur à laisser (fig. 205) ; le trait A B indique la séparation du porteur à la hauteur voulue.

La fig. 206 représente le bras débarrassé du bois superflu. Comme on le voit, le trait supérieur A B passe directement au milieu du nœud.

La question de savoir combien on doit laisser de porteurs en *taille moyenne* offre une grande importance dans notre pays. Nous avons, en effet, constaté souvent, dans certains vignobles Algériens et Tunisiens, des effets d'apoplexie, de coulure et de retour de sève que l'on ne savait à quoi attribuer.

Nous croyons connaître une des causes de ces accidents : *C'est la funeste habitude de tailler à court bois.*

Tous nos viticulteurs ne sont pas encore au courant des effets de la taille. Ils ignorent que la méthode à court bois épuise inutilement les vignes et ils s'obstinent à conserver seulement 3 porteurs sur lesquels ils ne laissent qu'un œil ; aussi voit-on chez ces partisans aveugles de la routine, les rendements se maintenir dans un état d'infériorité constante, tandis qu'à côté d'eux la taille développée produit (à qualité égale si ce n'est supérieure), des rendements plus élevés.

Nous pouvons, sans fausse modestie, nous rendre cette justice que, constamment, par la plume dans nos publications viticoles et par la parole dans nos conférences, nous avons combattu ces fâcheux errements ; nous avons victorieusement démontré qu'une taille développée est appropriée, sous tous les rapports, à nos cépages et à notre climat.

La taille courte, au contraire, produit toujours, sur cette terre d'Afrique, des effets pléthoriques funestes à la vigne.

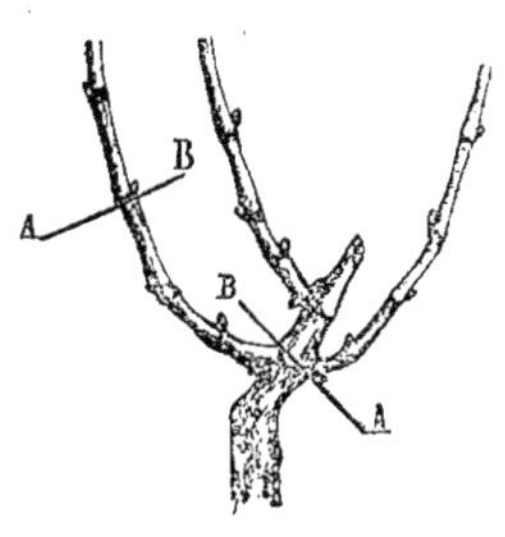

Fig. 205

Taille à porteur sur un bras de cep.

Fig. 206

Porteur après la taille.

La taille développée (ou moyenne), à nombreux porteurs, que nous préconisons depuis 25 ans, présente donc tous les avantages. — Elle n'épuise aucunement la vigne ; au point de vue de la fructification, elle prévient la coulure des fruits en modérant l'afflux de la sève, en la répartissant avec plus de précision dans le réseau médullaire de la plante. Enfin la taille développée est favorable encore à la longévité de la vigne. — C'est la seule qui permette à la souche basse de se maintenir sans défaillance ; aussi le bois de la vigne, à taille développée, est-il plus lisse et plus brillant. Ajoutons que les cas d'apoplexie et de retour de sève sont très rares.

En résumé, nous ne saurions trop le répéter : *C'est à l'aide d'une taille moyenne ou développée à nombreux porteurs et à deux yeux francs, que la viticulture algérienne retirera de ses cultures en souche basse tout le parti possible.*

Nous avons, pour garantie de nos convictions à cet égard, l'exemple suivi par un grand nombre de viticulteurs africains qui ont pratiqué la taille développée et qui la continuent à l'exclusion de toute autre.

La taille courte doit être usitée tout au plus dans les terrains maigres en raison de la faiblesse des éléments nutritifs qu'ils fournissent à la vigne.

Cette taille est encore nécessaire et suffisante pour les cépages anciens et rabougris, et spécialement aussi pour certaines variétés à nœuds très rapprochés, etc.

Dans l'opération de la taille, le cep, quel qu'il soit, doit être réglé de façon à ce qu'il porte un nombre de porteurs en rapport avec sa puissance et la fertilité du sol qui l'alimente. Il est donc nécessaire de répartir la sève dans l'ensemble des porteurs qui forment gobelet ou autre dessin.

Nous donnons ci-joint un tableau indiquant le nombre de coursons ou porteurs que doit porter le cep, suivant son âge, sa vigueur et la nature du sol sur lequel il est planté.

Tableau indiquant le nombre de porteurs nécessaires à la bonne fructification

AGE DU CEP	Terre sèche NOMBRE de PORTEURS à 1 œil	Terre demi-sèche NOMBRE de PORTEURS à 1 œil	Terre demi fertile NOMBRE de PORTEURS à 2 yeux	Terre fertile NOMBRE de PORTEURS à 2 yeux	Terre très fertile NOMBRE de PORTEURS à 2 yeux
1 an	1 à 2	1 à 2	1 à 2	1 à 2	2 à 2
2 ans	2 à 2	2 à 2	2 à 3	2 à 3	3 à 4
3 ans	2 à 3	2 à 3	3 à 3	3 à 4	4 à 4
4 ans	3 à 3	3 à 4	3 à 4	4 à 5	5 à 5
5 ans	3 à 4	4 à 4	4 à 4	5 à 5	6 à 6
6 ans	4 à 4	4 à 5	5 à 5	6 à 6	7 à 7
7 ans	4 à 5	5 à 5	6 à 6	7 à 7	8 à 8
8 ans	5 à 5	6 à 6	6 à 7	8 à 8	9 à 9
9 ans	5 à 6	6 à 7	7 à 8	8 à 9	10 à 10

OBSERVATIONS :

Il ne suffit pas, dans toute exploitation viticole, de faire produire à la vigne la quintessence de son rendement au point de vue de la quantité au détriment de la qualité qui devient d'une infériorité bien compromettante pour le rapport pécuniaire ; il faut, au contraire, savoir allier ces deux *desiderata* de tout viticulteur pratique. — Cela est facile : *tout dépend de la taille*. La vigne, en effet, peut être taillée de façon à produire de grands rendements, de l'alcool et surtout de la qualité.

Il est donc nécessaire de tailler la vigne de manière à lui permettre, non-seulement des rendements continus, mais encore une production abondante, bien alcoolique et d'une quantité marchande.

La question de savoir si la taille peut influer sur la qualité du vin a, pendant un certain temps, préoccupé le monde viticole ; aujourd'hui, tout le monde est d'accord sur ce point.

M. E. Bringuier, savant viticulteur, a donné, dans la *Feuille viticole de la Gironde*, le résumé de plusieurs observations que nous estimons utile de mettre sous les yeux de nos lecteurs :

« Il a remarqué que, quel que soit le genre de taille, il est de la plus haute importance de laisser la longueur du bois à fruit proportionnellement à la vigueur du cep. L'équilibre de la sève joue un grand rôle dans la qualité du vin. En effet, lorsqu'on a appliqué sur un cep une taille à trop long bois, les raisins ne se sucrent pas et ils *échaudent* même dans la plupart des cas ; de même lorsqu'on applique dans un cep très vigoureux une taille trop courte par rapport à sa vigueur, il en résulte que les raisins ne se sucrent pas non plus et qu'ils font du vin vert. Ce sont là des connaissances que « le vigneron de côtes et de palus » acquiert en faisant les expériences suivantes :

« Au moment des vendanges, il cueille des raisins de même cépage dans une même pièce, sur des ceps différents :

« 1° Sur ceux dont la longueur de la taille a été exagérée ;

« 2° Sur ceux dont la taille a été très courte et qui présentent une très forte végétation ;

« 3° Sur ceux dont la taille a été bien proportionnée à la vigueur du cep.

« Il presse dans un linge les raisins de ces trois catégories de ceps pour en extraire le moût, il le pèse ; il a toujours constaté que le moût le plus inférieur en poids et en couleur était celui provenant du cep trop chargé en taille ; que celui provenant du cep pas assez chargé lui était supérieur, mais que ce dernier était bien inférieur à celui provenant du cep chargé à point. Tout le monde peut se rendre compte de cela, et, à défaut de pèse-moût, on peut aussi se rendre compte de cette vérité en goûtant successivement les raisins des trois ceps sus-mentionnés ; le palais ne se trompe pas.

« Un bon vigneron déguste aussi bien les raisins qu'un négociant les vins, et sait, au goûter, quels sont les raisins qui donneront le meilleur vin.

« Là n'est pas la difficulté. Mais ce qui est surtout très difficile, c'est de trouver l'équilibre de la sève de la vigne. La taille de la vigne est toute une science ; bien que nos vieux routiniers et nos vignerons de cabinet disent qu'il n'y a rien de plus simple, et ils en donnent pour preuve que ce n'est pas un génie qui l'a inventée (ils disent que c'est un âne).

« Le « Vigneron des côtes et de palus » dit au contraire que le praticien le plus expérimenté commet souvent des erreurs, très préjudiciables à la santé de la vigne comme à la qualité du fruit et à son rendement ; un coup de sécateur est si vite donné.

« Y a-t-il beaucoup de vignerons qui attachent de l'importance au bois à fruit ? Y en a-t-il aussi beaucoup qui font attention de ne couper ras les courants séveux quand il font un retour ? (raccourcissement d'un bras de la vigne) ; de même peu de vignerons examinent la vigueur du cep avant de le tailler. Autant de précautions cependant qui ont un grande importance ; mais comme la vigne porte toujours du fruit, peu ou beaucoup, quel que soit le genre de taille qu'on lui applique avec plus ou moins de discernement, beaucoup de vignerons ne se figurent pas qu'il importe d'en faire porter davantage ou faire meilleur, avec une taille plus judicieuse que celles qu'ils pratiquent. »

Le raisonnement de M. Bringnier concorde en tous points avec l'opinion que nous avons déjà émise dans le cours de ce chapitre.

---

§ 5. — Taille des jeunes vignes pour les amener en plein rapport.

PREMIÈRE ANNÉE

La bouture d'un an, dans les bons terrains, donne jusqu'à trois rameaux. Aussi, lorsque le moment de la taille est arrivé, on choisit sur le pied les deux petits sarments les mieux disposés, puis on les taille en leur laissant un seul œil à chaque. — C'est ainsi que l'on commence à former le cep de vigne.

DEUXIÈME ANNÉE

Pour opérer la taille, la deuxième, on choisit les deux ou trois plus beaux sarments que l'on divise le plus également possible en formant le gobelet ; on laisse encore un œil à chaque porteur, comme pour la première année. Les autres sarments sont taillés au ras du cep.

TROISIÈME ANNÉE

A la fin de la deuxième année, au moment de la taille, la forme du cep est déjà dessinée ; il ne reste plus qu'à lui adjoindre d'autres porteurs, au fur et à mesure de leur venue, en leur laissant encore un seul œil franc, comme à la première et à la deuxième année.

On réservera des porteurs suivant la nature du sol et les indications contenues dans le tableau donné au paragraphe précédent.

QUATRIÈME ANNÉE

Le cep de la quatrième feuille, qui n'est, en réalité, que de trois ans, réclame encore un ou deux porteurs en plus pour former le *gobelet* ; dès la quatrième année, on peut laisser deux yeux.

Généralement, un cep de quatre ans, qui a subi une taille rationnelle et normale, doit posséder de 4 à 5 porteurs au moins dans un sol fertile.

CINQUIÈME ANNÉE

Le cep qui a terminé sa végétation de quatre ans, est déjà vigoureux ; comme son prédécesseur, il réclame un porteur de plus et toujours deux yeux.

SIXIÈME, SEPTIÈME et HUITIÈME ANNÉE

Ceux de *sixième*, de *septième* et de *huitième* année supportent encore, au besoin, l'adjonction de nouveaux porteurs.

Nous ne saurions trop le répéter : *La règle à suivre, pour le nombre des porteurs à laisser, est toute indiquée par la puissance des bourgeons gourmands* ; car, il est toujours facile et nécessaire d'équilibrer la sève fructifère en proportionnant, dans la juste mesure, le nombre de porteurs à la vigueur du cep.

Si, par exemple, le cep émet peu de bourgeons gourmands, c'est un indice qu'il se contente des coursons qu'il possède ; au contraire, s'il émet beaucoup de bourgeons, c'est qu'il réclame un plus grand nombre de porteurs.

En Algérie et en Tunisie, il faut aussi se baser sur l'état des variations atmosphériques de l'année pour régler la taille. Dans les périodes sèches, un œil suffit à chaque porteur pour utiliser la sève ; dans les années humides, la végétation est luxuriante, il est alors nécessaire de lui laisser un œil de plus à chaque porteur.

Toutes ces précautions assurent à la vigne un rendement supérieur, tant au point de vue de la quantité et de la qualité.

---

§ 6. — Des diverses méthodes de taille.

Indépendamment de la taille ordinaire en gobelet sur souche basse, on a imaginé, depuis un temps immémorial, divers systèmes qui ont subsisté jusqu'à nos jours.

Les anciens, soit sur le continent européen, soit en Afrique, pratiquaient déjà la taille à long bois ; mais on a aujourd'hui considérablement perfectionné les divers modes anciens en établissant des principes scientifiques et en améliorant les instruments employés à cet usage.

Disons cependant, et avant d'entrer dans les détails des diverses méthodes employées par nos viticulteurs algériens, que la taille de la vigne, en cordon sur fil de fer, diffère sensiblement de celle à court bois et en plein.

Voici les quelques types de taille que nous conseillons, et que nous avons retenus en vue de leur propagation :

1° *La taille Cazenave;*
2° *La taille Guyot;*
3° *La taille en chaintre;*
4° *La taille en tonnelle;*
5° *La taille Deiseimeris* (perfectionnement de la taille en gobelet sur souche basse).

TAILLE CAZENAVE

(EN CORDON SUR FIL DE FER)

Le système de taille, imaginé par M. Cazenave, consiste à former les vignes pour être conduites en cordon sur fil de fer (fig. 207) ; chaque cep est incliné à une certaine hauteur et forme un cordon, car les boutons ont donné naissance à une série de *verges porteurs* [1].

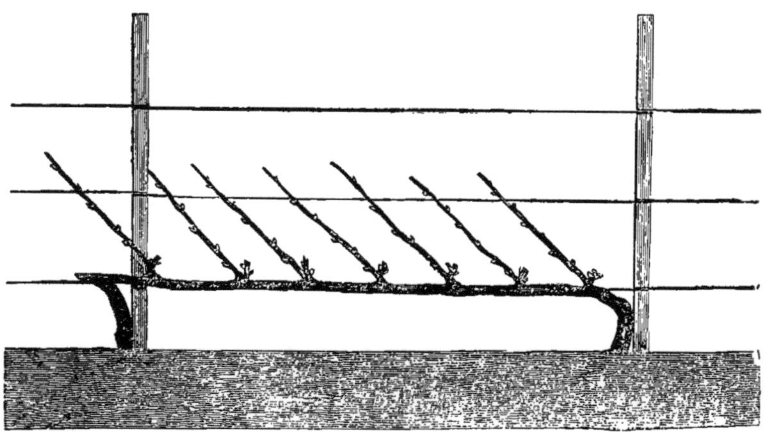

Fɪɢ. 207. — Vigne en cordon horizontal sur fil de fer (Système Cazenave).

Le cep est d'ailleurs planté à la distance voulue. — Dès la première année, on peut déjà lui donner sa direction normale ; c'est cependant à la deuxième année seulement que le cordon prend sa place. On l'at-

---

(1) En ce qui concerne l'établissement des fils de fer, s'en rapporter au modèle donné au chapitre spécial : *Plantation sur cordon en fil de fer,* t. II, p. 127 et suivantes.

tache avec du raphia ou du palmier-nain, de façon à le maintenir horizontal. A la troisième année, chaque bourgeon du cordon produit un ou plusieurs rameaux.

Une des précautions à prendre pour éviter l'émission d'un trop grand nombre de rameaux, consiste à enlever une partie des bourgeons, surtout ceux du dessous du cordon ; il ne restera de la sorte que des rameaux supérieurs que leur taille, exécutée suivant cette méthode, permettra d'attacher sur les fils de fer.

A la troisième année, les rameaux sont taillés d'après le dessin que nous donnons ci-contre (fig. 208); on supprime d'abord le sarment A suivant la coupe sur le vieux bois ; le sarment B est maintenu comme porteur. Il restera, de la sorte, à la base du sarment, un bourgeon qui émettra — à son tour — un sarment pour servir de porteur l'année suivante.

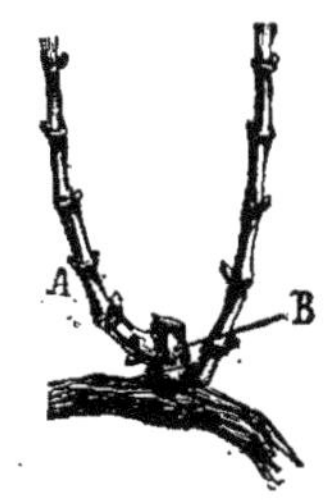

Fig. 208

Taille à porteurs
sur cordons.

Un cep, taillé d'après cette méthode, possède environ 7 à 8 *verges* ou *porteurs* fructifères, ayant chacun 6 à 7 bourgeons ; on conçoit donc que ces 40 à 50 bourgeons environ produisent des quantités considérables de fruits.

A mesure que les sarments s'allongent, on les attache au troisième fil de fer.

Cette taille demande des soins d'exécution et une manipulation intelligente pour l'entretien des rameaux ; mais ce surcroît de peine est largement compensé par la supériorité des rendements.

TAILLE GUYOT

On commencera par mettre en place les plants racinés ; ensuite, comme pour le système Cazenave, on dresse des fils de fer sur poteaux pour supporter les rameaux de la vigne.

Laissons la parole à M. le Dr Guyot lui-même :

« Mon système permet: 1° l'emploi de tous les moyens et de tous les instruments mis en mouvement par la main de l'homme ou par les animaux de trait ; les bêchages, binages et sarclages à la main y sont pratiqués sans hésitation et sans crainte d'attaquer les tiges et les racines ; les façons par les animaux de trait ne sont possibles que dans un alignement rigoureux, et les labourages et binages par les bœufs, comme dans le Médoc, par les chevaux ou même par les ânes, sont de première importance et d'une grande économie, en ce qui suppléent la main de l'homme, qui n'a plus qu'à achever, entre les ceps, la culture et le nettoyage qui ont été exécutés rapidement par les animaux de trait sur la plus grande superficie de la vigne ;

« 2° Elle permet une surveillance prompte et infaillible sur la propreté, l'état d'entretien et les besoins de tout le vignoble ;

« 3° Les moyens de soutènement, de protection et de palissage sont plus faciles, plus solides et plus économiques qu'avec une autre disposition ;

« 4° L'alignement des ceps facilite la distribution et la répartition exacte des engrais et amendements au pied de chaque cep, la sortie hors du vignoble des sarments, des pampres rognés et des produits de la vendange ; en un mot, toutes les opérations de culture de la vigne ;

« 5° Les rayons solaires échauffent la terre dans l'intervalle des lignes, sans que pour cela ils échauffent mieux et moins directement les ceps et les pampres bien rognés et bien palissés, la terre rendant ensuite aux ceps, pendant que le soleil cesse de luire, la chaleur qu'elle a reçue pendant l'insolation ;

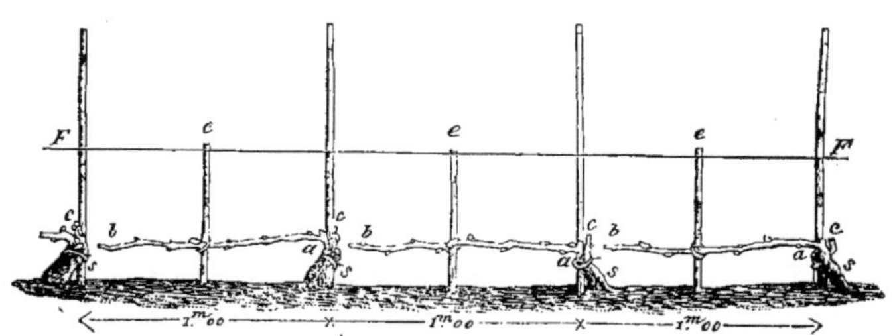

Fig. 209. — Vigne taillée d'après le système Guyot.

« 6° Enfin la circulation et le renouvellement de l'air, indispensables à une bonne végétation, ne peuvent avoir lieu dans les cépages groupés sans ordre comme dans des ceps alignés. »

L'écartement des ceps sera ordonné, suivant les cas, conformément à notre tableau des espacements.

Chaque cep est taillé de telle façon que le rameau principal forme un cordon, que l'on attache aux piquets. En le taillant, on laisse sur le côté un œil qui produit une tige devant servir de cordon porteur pour l'année suivante.

Comme on le voit, une fois qu'une branche cordon a servi une année, on la coupe en laissant un œil pour la fin de l'année suivante.

La figure 209 représente une vigne taillée d'après le système Guyot, prête à donner des fruits.

On reproche à ce système de nécessiter de trop grands soins pour l'entretien de la vigne, et c'est pour ces motifs que beaucoup de viticulteurs lui préfèrent la taille Cazenave.

TAILLE DU MÉDOC

La taille, dite du Médoc, se résume dans le port de deux branches porteuses au lieu d'une seule, comme le recommandent le Dr Guyot et M. Cazenave. Ce dernier cependant donne la marche à suivre pour conduire la taille bordelaise :

« Vers 3 ou 4 ans d'âge, suivant sa vigueur, le plant est taillé sur un sarment unique, dont l'avant-dernier doit correspondre à la hauteur moyenne de l'anquage. On en laisse, par précaution, un troisième et on supprime tout le surplus à l'épamprage. Pendant l'année, on attache les 3 pousses au carasson (petit échalas de 66 centimètres de long, dont 33 hors du sol) et à la latte transversale, ou au fil de fer qui réunit les échalas. A la taille suivante, on remarque, soit sur la première et la seconde rectification, soit sur la seconde et la troisième, la vigueur attributive ; on leur laisse à chacun 3 ou 4 boutons, en éborgnant, au sommet les yeux superflus, et on les accole en V.

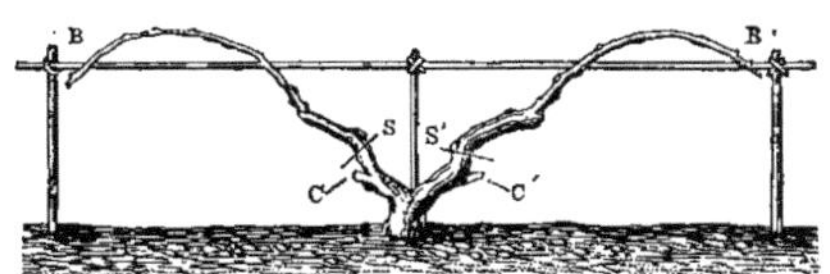

Fig. 210. — Cep taillé, système Bordelais (taille du Médoc).

« L'année suivante, des 6 à 8 sarments qui se développent, on en choisit deux de direction symétrique, et, *autant que possible d'égale force, pour équilibrer la végétation,* qu'on taille en astes à 5 ou 6 boutons, et qu'on palisse comme précédemment. »

Dans les vignobles bien dirigés, on taille régulièrement deux bras à astes longues (fig. 210), en parabole retombante, et un cot à deux yeux.

TAILLE EN CHAINTRE

Dans cette taille, on ne doit laisser au cep de vigne en chaintre, à la première et à la deuxième année, qu'une ou deux verges, et ce n'est qu'à la troisième année que l'on commence à lui accorder quelques verges porteuses.

Le cep de cinq ans, que nous représentons plus bas (fig. 211), doit être taillé dans le sens indiqué par les lettres A, B, C, D, E, F, G.

Le même cep, représenté par la fig. 212, est dégagé de ses bois inutiles ; il ne s'agit plus alors que de le coucher dans le rang jusqu'à ce que les façons de labours soient terminées, c'est alors que l'on reprend le cep, ainsi que les branches, pour les remettre dans l'interligne.

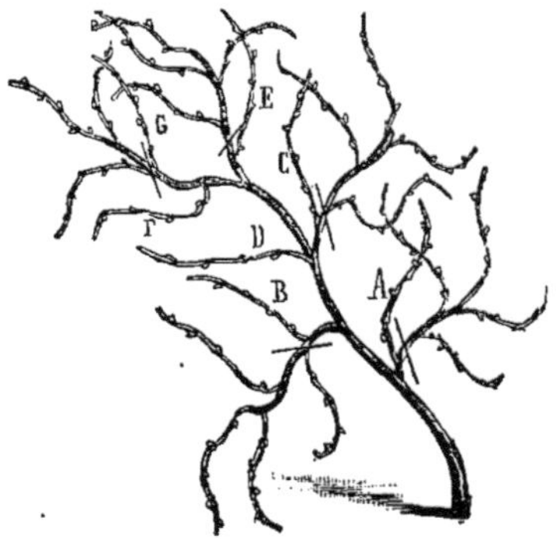

Fig. 211

Cep de 4 ans non taillé.

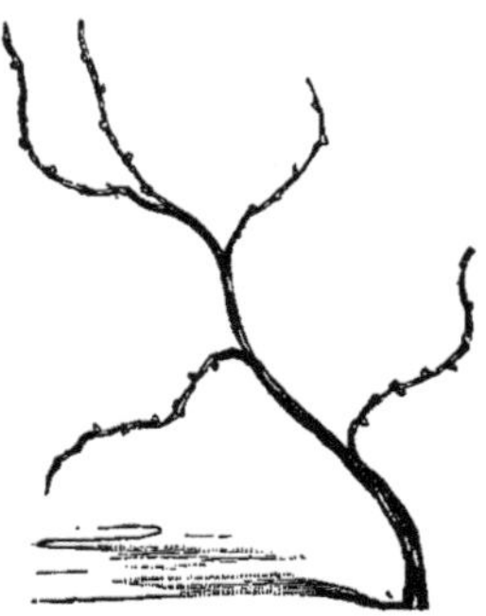

Fig. 212

Cep de 4 ans, taillé en chaintre.

On emploit encore une autre méthode pour former le pied ; elle consiste dans l'émission de deux branches qui s'étalent de chaque côté du cep ; c'est-à-dire que chaque pied forme deux branches, comme dans la taille du Médoc, avec cette différence que la séparation des deux branches a lieu près du sol au lieu de partir à 20 ou 25 centimètres.

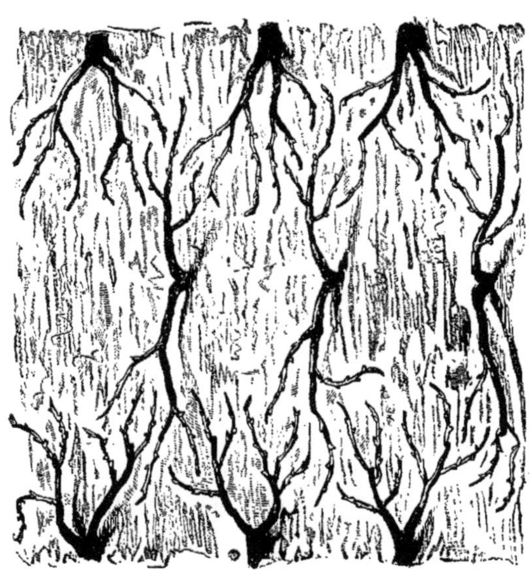

Fig. 243. — Vigne de 5 ans, à deux branches, plantée en chaintre.

La fig. 213 représente une vigne de 7 ans cultivée et taillée en chaintre à 2 branches. D'après l'expérience, c'est encore sur cette forme que l'on obtient les meilleurs rendements.

Les verges laissées après la taille, quand la vigne est en plein rapport, doivent posséder de 4 à 7 yeux, suivant la force du cep et sa nature première.

Si le cépage appartient à une espèce à entre-nœuds éloignés l'un de l'autre, il faudra laisser les verges assez longues pour contenir au moins 5 ou 6 nœuds, et 6 à 7 nœuds lorsque les entre-nœuds sont peu espacés. Si, par exemple, un bras porte 3 verges porteuses, on laissera moins de bourgeons à la première verge, encore moins à la seconde et très peu à la troisième.

TAILLE EN TONNELLE

OU EN TREILLE

La taille en tonnelle est, à peu de chose près, la même que celle en chaintre, avec cette différence toutefois que les branches sont fixées aux lattes horizontales au lieu de rester mobiles et deviennent, par le fait, faciles à déplacer, comme dans le système en chaintre. Cependant un branchage de tonnelle ou treille doit être assez clair pour qu'il n'y ait pas encombrement de rameaux.

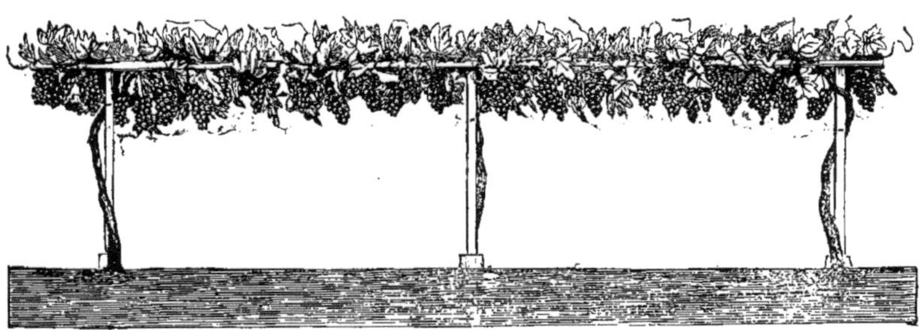

Fig. 214. — Vigne taillée en tonnelle, en plein rapport.

Dans la plantation en tonnelle, ainsi que nous l'avons dit plus haut, le cep s'allonge et couvre une certaine surface dès la troisième année, surtout si le cépage a été choisi dans la catégorie des plants à longues mérithalles.

Le nombre des *porteurs* ou *verges* à laisser par souche varie de 8 à 12 possédant chacun de 4 à 6 yeux, soit une moyenne de 50 bourgeons.

Lorsque le cep a atteint six ans, on peut compter sur un rapport de 125 à 180 hectolitres à l'hectare en raisin approprié au chaintre, et 250 à 300 hectolitres à dix ans.

Comme dans la taille en chaintre, il ne faut pas laisser gagner le vieux bois. A chaque période de deux années, on conserve une longue verge près de la courbure pour en faire une branche à porteurs à laquelle on fait d'avance sa place en coupant une branche de vieux bois.

TAILLE DEISEIMERIS

La taille découverte par M. Deiseimeris, de Loupiac, est pratiquée par son auteur depuis quelques années seulement. Les résultats ont été si avantageux qu'il n'a pas craint de propager son procédé.

Voici comment M. Vasselière, le distingué professeur départemental d'Agriculture, apprécie ce mode de taille, dans un rapport adressé au Ministre de l'Agriculture :

« Avant d'aborder l'objet même de ce rapport et pour faciliter l'intelligence des phénomènes que j'aurai à signaler, je vais résumer très brièvement ce qui concerne la fonction de nutrition chez les végétaux supérieurs, indiquer les accidents qu'éprouve la vigne comme conséquence de la taille à laquelle elle est soumise et les moyens employés par M. Deiseimeris pour les éviter. L'anologie des organes, qui concourent au développement de la plante, avec ceux chargés du même office chez l'animal et dont, conséquemment, nous apprécions mieux l'importance, permettra de saisir plus aisément la gravité des perturbations qu'apportent dans l'organisme de la vigne les procédés de taille que l'on suit communément, et la supériorité indéniable de la nouvelle méthode opératoire sur l'ancienne.

« Le développement de la plante s'effectue à l'aide de trois séries d'organes principaux : 1° les racines, véritables vaisseaux chylifères du végétal ; 2° les vaisseaux conducteurs de la sève, homologues de nos artères et de nos veines ; 3° les feuilles presque indentiques à nos poumons. Si le cœur manque dans le règne végétal, comme organe propulseur des liquides nourriciers, l'évaporation foliacée, en rompant l'équilibre de pression entre les cellules les plus superficielles et les autres, détermine le même mouvement de circulation.

« Qu'on vienne à interrompre, par section des vaisseaux sanguins, la circulation chez l'animal, toutes les fonctions, la vie même du sujet, seront plus ou moins compromises ; qu'on fasse autant des vaisseaux séveux de la plante et des phénomènes morbides analogues se produiront, avec cette atténuation, toutefois, que les organes de transformation des liquides nourriciers et du mouvement de la sève, les feuilles n'étant pas uniques et solidaires ou à peu près, comme les poumons et le cœur chez l'animal, mais relativement indépendants, les troubles fonctionnels seront plus localisés, plus lents à se manifester. Dans un cas comme dans l'autre, la nutrition cessant en tout ou en partie, déterminera un affaiblissement proportionnel, sinon la mort du patient.

« Quels sont les procédés de taille de la vigne couramment usités ?

« Quelles que soient la forme, la disposition qu'on donne aux différentes parties herbacées ou ligneuses de l'arbuste, ils se réduisent : 1° à l'ablation des bois ayant porté fruit l'année précédente, sauf réserve d'un nombre variable d'yeux, sur un sarment de l'année, pour fructification de l'année suivante ; — 2° selon que la vigne pousse plus ou moins, que son tronc et ses bras s'allongent plus ou moins, au rabattement des parties plus vieilles, afin de maintenir le végétal dans une limite d'expansion aérienne, conforme à l'usage local souvent indiscutable.

« Tant que les plaies ainsi faites n'intéressent que des bois d'un an, les troubles circulatoires qu'elles déterminent sont peu importants, notamment, lorsque sur la partie du sarment située au-dessous de la section, se trouvent des yeux dont le développement ultérieur donnera à la sève une circulation ininterrompue, une canalisation complète. Le seul inconvénient de la taille, généralement pratiquée dans ce cas entre deux yeux, au milieu d'un mérithalle, est de donner accès par tous les vaisseaux sectionnés aux agents atmosphériques jusqu'à la cloison transversale correspondant à l'œil conservé le plus rapproché du point de taille, et de déterminer neuf fois sur dix l'atrophie de cet œil.

« Opérée sur des bois plus âgés, de deux, trois, quatre ans, parfois davantage, la taille usuelle détermine des désordres autrement sérieux, d'autant plus que la grande habileté, pour un vigneron, consiste à couper les bois qu'il veut enlever le plus près possible de la charpente, à pénétrer même, si faire se peut, dans cette charpente. Pour emprunter une comparaison au règne animal, je dirai qu'il fait l'amputation d'un bras en enlevant une partie de l'épaule.

« Dans ces conditions, deux ordres différents de phénomènes se produisent : premièrement, tous les vaisseaux qui alimentaient la partie enlevée se trouvant tranchés en un point, au-dessous duquel ne se rencontrent plus ni yeux, ni cloisons tranversales, laissent libre passage à l'air, à l'eau, aux insectes, lesquels déterminent les désorganisations cellulaires jusque dans les parties profondes de la charpente. Si deux plaies semblables se font vis-à-vis sur un bras, ou à la même hauteur sur la souche, la nécrose peut s'étendre à la majeure partie du bras et de la couche et la coulure, la non-fructification, sont les moindres accidents qui s'en suivent.

« Cette solution de continuité que présente, en face des plaies, les canaux séveux de la charpente, entrave la nutrition dans toute la partie du végétal à laquelle ils appartiennent, aussi bien au-dessus qu'au dessous de l'amputation ; une portion seulement de la sève ascendante est portée aux extrémités aériennes de la plante, de même qu'une portion seulement de la sève élaborée concourt à la nutrition jusqu'à ce qu'un bourrelet cicatriciel soit venu fermer les lèvres de la plaie, qu'une nouvelle canalisation, contournant celle-ci, ait rétabli la communication entre les deux tronçons du groupe de vaisseaux coupés.

« Ces observations faites par M. Deiseimeris et que l'état des bois refendus dans le sens de la longueur avait péniblement confirmées, le déterminèrent à appliquer chez lui, dès 1887, à des vignes françaises arrivées au dernier degré de dépérissement, la méthode de taille qui porte aujourd'hui son nom. Suivant qu'elle est pratiquée sur des sarments de l'année ou des bois plus âgés, on opère différemment.

« Dans le premier cas, la section est pratiquée sur la cloison de l'œil placé immédiatement au-dessus du dernier de ceux que l'on veut garder ; dans le second, elle est effectuée à dix ou douze centimètres au-dessus de l'empâtement formé, sur la charpente, par l'insertion du bois à supprimer. Le chicot ainsi constitué reste en place jusqu'à ce qu'un faisceau continu de vaisseaux ait complètement obturé la base interne de l'empâtement, ce qui arrive d'ordinaire au bout de la seconde année de taille ; à ce moment on rabat le chicot au ras de la charpente.

« Les critiques faites de ce mode de taille ne reposent sur aucun fondement sérieux ; elles sont plus spécieuses que vraies et pourraient se résumer dans l'opposition *à priori*, que rencontre toute innovation lorsqu'elle oblige des praticiens à quitter d'anciennes habitudes pour en prendre de nouvelles. — L'objection, en effet, qui fait dire aussi que la vigne ainsi taillée a mauvaise apparence à l'œil, ne mérite pas d'être discutée ; celle qui consiste à lui reprocher une plus grande dépense de temps pour l'épamprage, à raison du plus grand nombre de sarments adventifs qui se développent sur la charpente, cesse d'être vraie dès que les vieilles cicatrices sont recouvertes par les tissus de formation nouvelle qui commencent à se produire dès la première année d'application de la taille modifiée. Le seul inconvénient qu'elle présente, si tant est que cela en soit un, est dans la nécessité de remplacer les sécateurs en usage par d'autres à lames plus fortes, afin de pouvoir couper les gros chicots de deux ou trois ans qui prennent avec le temps une consistance presque cornée. Ainsi que nous le disions un peu plus haut, ce ne sont pas là des arguments dont il y ait lieu de tenir compte.

« Quant aux avantages qu'elle présente, l'indication des résultats qu'elle a donnés sur toutes les exploitations où nous en avons vu l'application ne laissent aucun doute sur les conséquences extrêmement avantageuses de sa généralisation.

« Le domaine sur lequel sa mise en pratique est la plus ancienne est celui de son inventeur, M. Deiscimeris, à Loupiac. Des cépages de tous âges et de toutes variétés, les uns francs de pied, les autres greffés sur américains, sont taillés depuis trois ans, suivant la nouvelle méthode. Dans quelque terrain qu'on les rencontre, calcaire, argilo ou silico-calcaire, en plaine ou en coteau, ils présentent les mêmes caractères : végétation aérienne remarquable, grosseur inusitée des bois, abondance de raisins à grains sains et plus développés qu'à l'ordinaire. L'heureuse influence de la taille est surtout manifeste dans une pièce de vieilles vignes françaises que le défaut de temps avait empêché d'arracher en 1887 et qui, sans fumure depuis plusieurs années, malgré la présence du phylloxera contre lequel elle n'est point défendue, a repris sa vigueur et sa fructification passées.

« Son relèvement s'est effectué progressivement, ainsi qu'en portent témoignage les diamètres de bois de taille, représentés par leurs chicots, diamètres qui sont passés en trois ans de 6 à 20 millimètres, avec des longueurs proportionnelles. Les écorces elles-mêmes se sont ressenties du retour à la santé des souches qu'elles recouvraient : adhérentes naguère à la charpente dont les nombreuses cicatrices leur servaient de points d'attache, elles s'en détachent maintenant en longues lanières, sous lesquelles se montre un bois sain, luisant, plein de vie et de santé : c'est la résurrection après la mort.

« Chez M. Minvielle, à Gradignan, en outre de constatations analogues il s'en présente une autre très digne de remarque : deux rangs de Malbec, toujours couverts à la floraison de superbes formances, mais sur lesquels le vigneron ne récoltait plus un raisin depuis huit ans, ont donné en 1889, première année d'application de la nouvelle taille, et donneront cette année-ci (1890) de belles vendanges.

« A la colonie agricole de Cadillac, chez M. le professeur Dupuy (à Cenon), chez MM. Bouffard (à Saint-Emilion), Macquin (à Mortagne), la mise en pratique de la taille Deiseimeris, bien que d'introduction toute récente, donne des résultats très appréciables qui se traduiront par un accroissement en longueur et en diamètre des bois, en nombre et en grosseur des raisins, par rapport aux vignes voisines dont la taille n'a pas été modifiée.

« Sur les petits domaines, tels que ceux de M. Désarnaud (à Gassies), Moisson (à Loupiac), Mathe (à Verteuil-de-Médoc), sur notre vigne d'expériences du Taillan, partout, en un mot, où nous avons été à même d'étudier l'influence de la nouvelle méthode, les résultats ont dépassé l'attente des expérimentateurs, bien que l'inexpérience des vignerons, quand ce n'était pas leur mauvais vouloir, ait plus d'une fois laissé le sécateur s'égarer en des points qu'il eût fallu ménager.

« Aussi n'hésitons-nous pas à conclure de l'examen des milliers de souches taillées à la Deieeimeris, que nous avons visitées, que :

1° Cette taille appliquée au grand nombre de vignes françaises résistant encore au phylloxéra, défendues, fumées et travaillées comme il convient, les ramènerait à leur ancienne production ;

2° Qu'en conservant à l'arbuste tous les matériaux qu'il puise dans l'air et dans le sol, le mettent à l'abri des nécroses profondes occasionnées par l'accès dans les plaies de taille des agents atmosphériques et des insectes, elle favorise son développement, assure sa longévité diminue les accidents de culture, augmente sa fructification ;

3° Qu'à ces divers titres, il serait vivement à désirer de la voir enseignée et encouragée dans toutes les contrées viticoles de France, où elle contribuerait dans la plus large mesure à ramener l'aisance et la fortune disparue depuis vingt-ans. »

FIG. 203

Cep de vigne taillé d'après la méthode de M. Deiseimeris.

La taille Deiseimeris est donc on ne peut plus simple, puisqu'elle se résume à laisser en place le premier mérithalle entier, sectionné à la cloison du deuxième nœud, bois qui ne sera amputé que l'année suivante.

La fig. 214, ci-contre, représente une souche taillée, telle qu'elle doit être, avec ses *cornes Deiseimeris.*

Parfois, il peut arriver que beaucoup de bourgeons se montrent à l'œil inférieur du mérithalle, ainsi qu'à l'œil borgne (ou sous-œil) ; il suffit, dans ce cas, de les enlever judicieusement pendant qu'ils sont encore petits (voir *Ebourgeonnage*).

---

§ 7. — **Prix de revient de la taille.**

Le prix de la taille des vignes dépend de la puissance des ceps. On voit assez souvent, en Afrique, des vignes de trois ans présenter une puissance de production deux fois plus grande que celle de certaines vignes ayant six ans. Par suite de cette luxuriance même de la végétation, la taille devient une opération plus laborieuse et, par conséquent, plus chère.

Dans la pratique, il est plus avantageux de faire tailler une vigne à la journée que de donner ces sortes de travaux à des tâcherons.

En effet, le tâcheron — n'ayant que le souci de finir le plus tôt possible — coupe vite et retranche aussi bien les rameaux fructifères que ceux qui ne peuvent l'être. Cette précipitation est souvent d'autant plus désastreuse pour les rendements futurs, que l'avenir du vignoble ne l'intéresse guère, car il n'a qu'un objectif : *se débarrasser au plus vite de sa tâche, c'est-à-dire de son travail.*

Aussi, ne saurions nous trop recommander une vigilance absolue et une présence de chaque instant, de façon à pouvoir autant que possible, faire tailler les vignes sous leurs yeux. — L'ennui de la surveillance et le temps consacré seront largement compensés par les résultats.

Pour terminer, nous donnons ci-dessous un tableau du prix de revient de la taille générale, basé sur des expériences personnelles faites pendant plusieurs années, dans diverses expositions et différents terrains, soit en période sèche, soit en période humide ; le calcul est, disons-le, établi pour 1,000 ceps de vigne.

Prix de revient de diverses tailles, établi pour 1,000 pieds

SANS RAMASSAGE NI LIAGE

TERRAINS	NATURE de la TAILLE	AGE DE LA VIGNE								
		1 an	2 ans	3 ans	4 ans	5 ans	6 ans	7 ans	8 ans	9 ans
En terre sèche	Souche basse .	2 f. 50	4 f. 00	5 f. 00	6 f. 00	6 f. 50	7 f. 00	7 f. 00	8 f. 00	9 f. 00
	Sur fil de fer .	2 50	4 50	6 75	8 25	9 25	9 75	10 50	11 00	12 00
	En chaintre . .	3 00	6 00	9 00	15 00	25 00	35 00	45 00	55 00	60 00
	En tonnelle . .	4 00	7 00	10 00	22 00	36 00	50 00	65 00	70 00	75 00
En terre demi-fertile	Souche basse .	2 75	4 50	5 75	7 25	8 25	8 75	9 25	10 00	11 00
	Sur fil de fer .	2 76	5 50	8 25	10 50	12 00	12 75	13 50	14 50	15 50
	En chaintre. .	3 25	7 00	10 00	18 00	27 00	40 00	50 00	60 00	65 00
	En tonnelle . .	4 25	7 50	11 90	25 00	40 00	55 00	70 00	75 00	80 00
En terre fertile	Souche basse .	3 00	5 00	7 25	8 25	9 00	9 50	10 00	10 75	12 00
	Sur fil de fer .	3 00	6 50	9 00	11 00	12 75	13 25	14 00	14 50	15 00
	En chaintre . .	3 50	7 50	11 00	20 00	30 00	45 00	55 00	60 00	65 00
	En tonnelle . .	4 50	8 50	13 00	26 00	42 00	58 00	75 00	80 00	85 00

ENGRAIS & AMENDEMENTS

SOMMAIRE :

Engrais et amendements. — Matières végétales. — Composition chimique de diverses matières végétales. — Composition chimique de tourteaux. — Matières végétales condensées. — Composition des cendres végétales. — Composition des cendres pyriteuses. — Cendres de fumier. — Cendres de tourbes. — Cendres de varechs. — Cendres de houille. — Engrais.— Composition de divers fumiers. — Quantités de fumiers produites par les divers animaux. — Quantité de fumier produite par la petite ferme viticole.— Fabrication de fumier à l'écurie ou à l'étable. — Matières animales. — Matières animales solides. — Composition des matières animales solides. — Guano. — Composition de divers guanos. — Matières minéro-animales. — Matières inorganiques. — Composition de divers phosphates de chaux. — Superphosphate de chaux. — Fabrication du superphosphate de chaux. — Diverses matières inorganiques. — Nomenclature de divers produits chimiques comme engrais. — Tableau indiquant la valeur commerciale de diverses matières fertilisantes. — Composts. — Fabrication des composts. — Matières complémentaires des fumiers. — Mode de fabrication des composts. — Devis avant-métré d'une fosse à fumier. — Matières formant le compost. — Matières supplémentaires pour compost. — Application des composts au sol. — Quantité de compost pour la vigne. — Poids de composts pour chaque pied. — Epandage des engrais en compost. — Opération de l'épandage en couverture. — Enfouissement des composts. — Engrais verts. — Principales plantes pouvant servir d'engrais. — Modes de cultures des plantes vertes.

ENGRAIS & AMENDEMENTS

§ 1. — Engrais et Amendements. — Leur importance.

On désigne, sous le titre d'*engrais*, toute susbtance pouvant servir d'aliment nutritif aux plantes, qui est incorporée au sol dans une mesure à déterminer selon sa nature et ses qualités intrinsèques de reproduction végétale.

On appelle *amendement* une substance qui est jointe au sol pour en échanger la constitution physique, soit pour le rendre moins compact ou plus consistant, soit encore pour changer sa. composition chimique et la rendre plus efficace, suivant les besoins.

Nous avons déjà montré l'importance, qui, de tout temps, a été accordée aux *engrais et amendements* ; et, si notre mémoire est fidèle, nous nous rappelons que les anciens attribuaient aux dieux l'invention des engrais, au même titre que la découverte du greffage, ingénieuse manière de vanter les bienfaits des méthodes progressives.

Nous sommes, sous le rapport de l'utilité reconnue et de l'efficacité des engrais, plus que jamais de l'avis de nos ancêtres, tels que Magnon, Dionysius, Cassius d'Utique, Caton, Varron, Columelle, Virgile, Pline et Palladius. — Si la greffe transforme et si les *façons* entretiennent la vigne, l'engrais la nourrit.

Le généreux arbuste réclame, en effet, à la fois les éléments généraux pour son existence, éléments que la science appelle azote, phosphate, potasse, chaux, etc.

Un viticulteur entendu doit être tout d'abord bien fixé sur la composition de ses terrains ; il lui deviendra ensuite facile de distribuer les fumures ou les amendements dans la proportion nécessaire, suivant les cas.

Supposons, par exemple, que le viticulteur vise à la production d'une grande quantité de vin. — Il devra, dans cette atternative, faire prédominer la potasse associée au phosphate de chaux. Si c'est la végétation qu'il désire obtenir de la vigne, il faudra la stimuler par par des engrais azotés.

Tout se réduit ainsi à une question d'équilibre dans les forces naturelles que le viticulteur met en jeu.

§ 2. — Matières Végétales.

La vigne et les champs vont nous fournir les matières végétales dont nous allons nous occuper tout d'abord, au point de vue de l'engrais. Tout le monde est aujourd'hui d'accord pour reconnaître que les matières organiques végétales jouent un rôle très considérable, non-seulement en agriculture, mais encore en viticulture, dans l'ensemble des éléments primordiaux indispensables à la bonne fructification de la vigne. Le viticulteur attentif doit donc faire une large part aux matières végétales dans les fumiers et les composts.

Pour arriver à calculer cette part, il faut d'abord connaître les proportions dans lesquelles la potasse, l'acide phosphorique concourent — avec l'azote et les autres agents chimiques, — à restituer au sol les principes primordiaux qui peuvent lui manquer et qui, par leur absence, influent sur la nutrition de la plante.

Aussi, croyons-nous utile de placer sous les yeux de nos lecteurs divers tableaux qui indiquent ces proportions.

Voici d'abord, d'après Vergnette-Lamotte, les quantités de cendres produites en moyenne par les divers organes de la vigne.— La matière prise comme type est en vert.

Quantité moyenne de cendres produites par les divers organes de la vigne

NATURE DE L'ORGANE	CENDRES sur 100 parties	SELS solubles	SELS insolubles
Chevelu de la vigne	6.0	0.6	5.4
Racine de 4 ans	2.8	0.4	2.4
Tige de sarments	3.0	0.4	2.6
Bois des vieilles souches	2.6	0.3	2.3
Bois de l'année	2.8	0.37	2.4
Moëlle	7.5	0.6	6.9
Feuilles	11.7	0.7	11.0
Grappes	6.0	0.4	5.6
Raisin vert opaque	5.0	0·6	4.4
Raisin vert transparent	2.7	0.5	2.2
Raisin vert mûr	2.6	0.4	2.2
Pellicule	4.8	0.3	4.5
Pépins	2.7	0.2	2.5

Nous donnons aussi, d'après M. Boussaingault, l'indication des éléments contenus dans ces cendres, avec les quantités respectives.

Substances contenues dans les cendres de la vigne

SUBSTANCES CONTENUES DANS LES CENDRES	CENDRES de sarments	CENDRES de marcs	CENDRES d'un litre de vin
Potasse.	18.0	36.9	0.842
Soude	0.2	0.4	0.842
Chaux	27.3	10.7	0.092
Magnésie.	6.1	2.2	0.172
Oxide de fer alumine.	3.8	3.4	0.172
Acide phosphorique	10.4	10.4	0.412
Acide sulfurique.	1.6	5.4	0.896
Chlore	0.1	0.4	trace
Acide carbonique	20.3	12.4	0.250
Sable et silice (1)	10.9	15.3	0.096
Perte.	1.3	2.2	0.096
TOTAUX	10.0	10.0	1.6870

Terminons par un relevé que nous avons établi nous-même, après une analyse minutieuse, des quantités de potasse, d'acide phosphorique et d'azote produites par 100 souches d'Aramon, en terre fertile, à Birtouta :

DÉSIGNATION (2)	POTASSE	ACIDE phosphorique	AZOTE
VINS : 800 litres.	0 k 760	0 k 300	0 k 150
SARMENTS : 240 kil.	1 000	0 410	0 940
FEUILLES : 35 kil.	0 200	0 130	0 160
MARCS : 125 kil.	0 609	0 620	1 200

(1) La silice en faible quantité.
(2) On voit que l'acide phosphorique entre dans la composition des cendres pour 10 °/o environ ; c'est une proportion relativement considérable.

Les tableaux, qui précèdent, feront comprendre utilement de quelle façon les sarments, les feuilles, les marcs, etc. — en un mot, tous les *détritus* de la vigne — peuvent concourir à faire fructifier le propre terrain qui les a précédemment fait vivre.

---

§ 3. — Diverses matières végétales.

Il nous semble utile cependant, avant d'entrer dans le fond de la question, de donner une série de tableaux indiquant la richesse en azote, acide phosphorique et potasse, des diverses matières végétales que l'on peut se procurer en Algérie et en Tunisie.

DIVERSES MATIÈRES VÉGÉTALES

DÉSIGNATION	EAU 0/0	AZOTE	ACIDE phosphorique	POTASSE
Pailles diverses	19.3	0.30	0.177	0.10
Herbes sèches, ...	16	0.27	0.160	0.10
Roseaux de marais.	30.0	0.45	0.200	0.12
Débris de palmier-nain.	32.0	0.50	0.250	0.20
Algues marines		0.54	0.290	0.50
Touraillons d'orge.	6.0	4.51	0.200	0.35
Sciure de bois.	25.0	0.35	0.050	0.10
Feuilles d'arbres.	50.0	1.00	0.080	0.35
Tannée.	44.0	0.70	0.075	0.15
Marcs de raisin	68.6	0.66	0.130	4.88
Marcs d'olives.		7.38	0.160	0.55

Voici encore la nomenclature de diverses matières végétales vertes que l'on peut aussi employer dans la composition des fumiers :

Herbes adventives ;	Drêches ;	Débris de bruyères ;
Feuilles d'arbres ;	Sarments de vigne ;	Lupin blanc ;
Joncs de marais ;	Gazons ;	Débris de féculeries, etc.

Vient ensuite la composition des tourteaux de diverses matières végétales oléagineuses appelées à servir également comme engrais pour la vigne. — Nous devons ces analyses à notre ancien professeur de chimie, M. Girardin, à Rouen.

Tableau indiquant la composition, pour 1,000 parties, de quelques tourteaux

DÉSIGNATION des TOURTEAUX	EAU	HUILE	MATIÈRES organiques	AZOTE	SELS minéraux	SELS solubles	PHOSPHATE de chaux
Tourteaux d'Arachide	120.00	120.00	110.00	60.7	50.0	2.7	12.0
— de Colza	132.00	141.00	662.00	55.5	65.0	1.3	65.0
— de Coton	112.50	63.50	765.00	40.8	59.0	4.0	45.5
— de Lin	110.00	120.00	700.00	60.0	70.0	7.0	49.0
— du Niger	145.00	75.00	732.50	45.0	47.5	3.2	36.7
— de Palmiste. . . .	60.00	170.00	715.00	23.8	55.0	3.3	24.3
— de Sésame	110.00	130.00	625.00	57.7	95.0	5.7	32.0

OBSERVATIONS

Parmi les détritus que le viticulteur peut utiliser pour amender ses vignes, signalons les suies comme une des substances que l'on a tort de négliger.

La puissance fertilisante des suies est assez connue pour que le producteur leur réserve une part dans la composition de ses composts. Voici, pour cette matière, le résultat des analyses les plus récentes.

Matières végétales condensées

DÉSIGNATION DES MATIÈRES	EAU	AZOTE 0/0 dans la matière à l'état normal	ACIDE PHOSPHORIQUE 0/0 dans la matière à l'état normal
Suie de bois	5.6	001.40	0.01.2
Suie de houille	15.6	001.10	0.01.0
Débris des résidus de distilleries.	80.7	001.00	0.03.0

Les suies, avant d'être incorporées dans les composts, doivent être broyées ou délayées dans l'eau.

Les cendres végétales doivent aussi figurer dans cette énumération ; nous donnons leur composition.

COMPOSITION DES CENDRES VÉGÉTALES

CENDRES DE BOIS

Sels solubles dans l'eau	60	00
Sels solubles dans l'acide chlorydrique	34	00
Résidus	5	00
Perte	1	00
Total	100	00

Les cendres des fours à chaux, à plâtre, à briques, sont également d'excellentes matières à incorporer dans les composts ; elles renferment, en effet, des sels alcalins en grande partie solubles.

Les cendres de houille contiennent beaucoup de sels alcalins.

CENDRES PYRITEUSES

Dans une partie du nord de la France (à Forges-les-Eaux et aux environs de Saint-Quentin), on extrait du sol des cendres pyriteuses qui sont répandues, comme stimulant, dans les terrains froids ou, comme agent de décomposition, dans les sols calcaires. Ces cendres ne sont, en effet, que des débris de végétaux combinés avec du soufre et du fer.

COMPOSITION DES CENDRES PYRITEUSES

Pyrite	3	00
Matières organiques	21	00
Argile et sable	70	00
Sulfate de chaux	3	00
Carbonate de chaux	1	00
Sulfate de fer	1	00
Acide sulfurique	1	00
Total	100	00

Les cendres pyriteuses épuisent rapidement le sol, si on ne l'entretient pas de matières organiques et phosphatées.

CENDRES DE FUMIERS

C'est à titre de simple renseignement que nous donnons, dans cette nomenclature, la composition des cendres de fumier, car le viticulteur n'a aucun intérêt à brûler ces derniers qui, en nature normale, donnent des résultats plus avantageux.

COMPOSITION CHIMIQUE

Matières organiques	9	00
Sels solubles dans l'eau.	2	15
Silice	58	50
Silicate de potasse soluble à l'eau	1	30
Carbonate de chaux.	17	55
Alumine, oxyde de fer et phosphate de chaux	11	10
Magnésie et perte	0	40
Total	100	00

Disons, en passant, que divers auteurs attribuent au fumier de ferme une force fertilisante de 1,000 contre 50 accordée aux cendres, évaluation d'ailleurs purement arbitraire; c'est une transaction pure et simple en faveur des *composts*. — Nous revenons d'ailleurs, plus loin, en un paragraphe spécial, sur cette question ou, pour mieux dire, sur cette nuance purement académique.

CENDRES DE TOURBES

Cendres noires de la Somme qui, analysées par M. Commines, de Marcilly, ont donné les résultats suivants :

COMPOSITION CHIMIQUE	TOURBES			
	de Camon	de Bourdon	de Rivery	de Querrieux
Silice	2 80	1 98	1 00	0 96
Chaux.	48 70	56 56	51 28	56 96
Acide sulfurique	24 00	23 44	26 39	27 87
Magnésie.	5 90	4 52	2 32	trace
Sels alcalins	1 30	1 00	1 10	0 34
Oxyde de fer et d'alumine	17 30	15 50	17 41	13 87
Totaux. . . .	100 00	100 00	100 00	100 00

Dans les propriétés environnant l'embouchure du Mazafran, on rencontre des terrains suffisamment tourbeux pour qu'il soit possible de convertir cette tourbe à l'état de cendres-engrais ; màis, encore une fois et sans fausse honte de nous répéter, il importe de dire ici que ces terres peuvent jouer, en leur état normal, un rôle bien plus conséquent, si on les envisage au point de vue de leur composition organique.

CENDRES DE VARECHS

Le goëmon, plus usuellement appelé varech, est une plante sous-marine qui, détachée de sa racine, est poussée par les vagues sur le rivage où on la trouve en abondance, principalement auprès des rochers. Cette épave herbacée, qui s'est délitée à l'air, renferme, dans ses cendres, tous les principes d'un engrais suffisamment riche pour que nous le recommandions à l'attention de nos lecteurs.

Voici d'ailleurs leur composition, d'après MM. Leloup et Guépin :

Sels solubles dans l'eau	46 55
Sels solubles dans l'acide chlorydrique . .	31 70
Résidu	21 75

Il nous paraît utile de donner aussi le tableau de la composition chimique, pour 100 parties, de ces cendres, — étude que nous devons à l'obligeance de M. Godechens :

ÉLÉMENTS	FUCUS DIGIUATUS	FUCUS VESICULOSUS	FUCUS NUDOSUS	FUCUS SERRATUS
Soude	7 65	9 54	14 53	18 67
Potasse	20 66	13 01	9 13	3 94
Sel marin	26 18	21 45	18 28	16 56
Chaux	10 94	8 36	11 60	14 41
Acide sulfurique	12 23	24 06	24 20	18 59

CENDRES DE FALUNS, COQUILLES

Les faluns (bancs de coquilles fossiles), qu'on trouve en abondance sur plusieurs points du littoral, se délitent à l'air, comme les marnes qu'ils peuvent remplacer dans tous leurs usages. — On en emploie considérablement en Touraine dans les proportions de 10 à 60 mètres cubes à l'hectare. La durée d'action est évaluée à 5 ou 6 ans dans le premier cas et de 25 à 30 dans le second.

Calcinées ou broyées, soit par des meules, soit par le passage des charrues, les coquilles modernes produisent à peu près les mêmes effets.

CENDRES DE HOUILLE

Ce serait un travail statistique assez intéressant à établir que celui de la consommation de la houille dans le monde entier. On aurait cependant peine à croire que, dans notre siècle de progrès, personne n'ait encore songé à utiliser les quantités énormes de cendres produites par l'effroyable consommation de ce combustible.

Le rôle qu'elles peuvent jouer, parmi les engrais agricoles, est assez important pour que nous croyions devoir attirer sur elles l'attention du viticulteur.

A l'appui de cette affirmation, nous donnons la composition d'une cendre produite par du charbon de terre de Newcastle :

Argile	57	00
Alumine	5	50
Sels alcalins	2	00
Chaux	6	50
Magnésie	9	40
Oxyde de magnésie	2	90
Oxyde et sulfate de fer	16	70
Total. . . .	100	00

ENGRAIS

§ 4. — Principes généraux. — Conseils pratiques.

Quand on connait ce qu'un sol exige d'éléments nutritifs et sa production en bois et en fruit, il sera toujours facile de savoir ce qu'il est nécessaire de lui restituer et de lui incorporer comme compensation de ce qu'il lui aura été enlevé par la récolte.

Les terres fertiles, qui présentent généralement une végétation luxuriante, ne réclament pas toujours l'emploi d'engrais azotés, il faut plutôt les traiter par des amendements composés d'éléments inorganiques.

Nous avons, dans le premier paragraphe de ce chapitre, expliqué la différence qui existe entre les engrais et les amendements.

Rappelons toutefois que :

1° Les ENGRAIS sont formés, ainsi que nous l'avions déjà dit, de toutes les matières *organiques animales et végétales* ;

2° Les AMENDEMENTS se composent exclusivement de toutes les matières inorganiques, telles que la chaux, la silice, l'argile et leurs composés ou associés : la magnésie, la soude, la potasse, le phosphore, les oxides métalliques, les acides combinés aux métaux et aux autres corps, etc. ;

3° Les engrais lorsqu'ils, sont combinés avec les amendements, se désignent sous le nom de *composts*.

Suivant la nature des terrains, la vigne réclame tantôt des engrais, tantôt des *amendements* simples, ou plus souvent encore des composts bien combinés.

Remarquons ici, qu'il semble que la nature ait de tout temps destiné l'Afrique française à la production de la vigne, sur une grande échelle.

En effet, le littoral de l'Afrique du Nord possède abondamment toutes les matières organiques et inorganiques désirables pour la reconstitution des éléments enlevés par les récoltes des vignes, et le producteur algérien et tunisien les a tous sous la main, sans même en excepter les phosphates de chaux qu'on exploite depuis quelque temps sur plusieurs points de l'Algérie et de la Tunisie, particulièrement à Souk-Ahras.

Le colon, qui est soucieux de produire beaucoup et bon et qui ne possède pas une terre exceptionnellement fertile — à laquelle des amendements peuvent suffire — doit maintenir sur son exploitation la plus grande quantité d'animaux possible.

Il est évident en effet que c'est le moyen le plus simple et le plus sûr de se procurer des engrais à bas prix et d'une qualité exceptionnelle.

Prenons pour exemple la ferme viticole de 30 hectares qui nous a déjà servi de type dans nos démonstrations, et sur laquelle nous avons constamment appliqué le double principe de la *culture intensive* et de la *culture rationnelle*.

Ce mode de culture exige, pour l'exploitation d'une ferme, beaucoup plus d'animaux que l'on n'en possède ordinairement dans les fermes d'Algérie et de Tunisie. Voici le détail de la série d'animaux dont il faut pouvoir disposer :

1° 4 bons et forts mulets. — Il est incontestable que, dans l'Afrique française du Nord, ces animaux ont une grande supériorité sur les chevaux d'Europe, parce qu'ils sont plus sobres et résistent beaucoup mieux au climat; en outre, pour une somme égale de travail, le prix de revient avec des mulets est notablement inférieur à celui qu'entraînerait l'emploi des chevaux ou de juments ;

2° Une ou plusieurs vaches, ainsi que quelques bœufs et des brebis mères à l'arrière-saison.

Lorsque les travaux de grandes cultures seront terminés, on doit mettre à l'engrais les bœufs qui peuvent être vendus.

Les 6 ou 7 bœufs qui restent travailleront pendant 40 à 50 jours à partir des premiers jours d'octobre jusqu'aux premiers jours de décembre. — Ce n'est donc qu'en décembre seulement qu'ils seront mis à l'engrais à l'étable, c'est-à-dire après le transport des vendanges, des composts, des nouveaux travaux de labours, etc.

Les produits en céréales, les plantes sarclées et les fourrages récoltés sur l'exploitation limitée, que nous avons indiquée comme type, seraient insuffisants pour permettre de garder ces bœufs pendant toute l'année. Aussi faut-il en engraisser rapidement une partie et les vendre, afin de réserver les ressources en alimentation de la ferme pour les brebis pleines.

La production des agneaux dépend de la nourriture donnée aux mères. La vente du gros bétail inutile est donc indiquée à tous égard.

Voici deux axiômes qu'il ne faut pas perdre de vue :

1° *La production du fumier est en raison du nombre d'animaux existant sur une superficie donnée ;*

2° *La qualité du fumier est d'autant meilleure que les animaux de la race ovine sont en plus grande proportion dans le bétail de la ferme.*

Citons ici une étude intéressante de M. Boussaingault sur la composition des divers fumiers frais.

COMPOSITION DE DIVERS FUMIERS

DÉSIGNATION	CHEVAL	VACHE	MOUTON	PORC
Matières organiques	29.247	16.425	34.475	23.332
Acide phosphorique.	0.232	0.129	0.203	0.207
Acide sulfurique	0.078	0.068	0.096	0.234
Chlore.	0.074	0.048	0.090	0.089
Potasse	0.674	0.327	0.788	1.697
Soude	0.047	0.024	0.060	1.697
Chaux	0.330	0.269	0.663	0.179
Magnésie.	0.257	0.134	0.281	0.234
Silice	1.367	0.690	0.661	1.123
Oxyde de fer.	0.040	0.017	0.035	0.027
Eau	67.454	81.869	61.648	72.872
Totaux. . . .	100.000	100.000	100.000	100.000

Conseils pratiques. — Aussitôt que le colon à terminé ses vendanges, il doit se rendre sur les marchés pour y choisir des brebis pleines de bonne qualité, encore jeunes, en état de pouvoir faire aussi promptement que possible des agneaux.

Sur le type de ferme viticole de 30 hectares, déjà indiqué, on peut mettre et entretenir environ 80 brebis, en leur donnant pour pacage une partie de la journée dans la vigne et l'autre dans les champs ; la nuit de la paille sèche dans les rateliers leur suffit. En procédant ainsi, on peut se procurer une certaine quantité de bon fumier très riche en azote.

La plus-valúe obtenue par la vente des agneaux vient encore en déduction du prix de revient. En effet, les 80 brebis doivent produire environ 75 agneaux vendables et même quelquefois plus en 90 jours maximum. — Comme à cette époque, les agneaux sont rares, on les vendu à la boucherie au fur à mesure de leur état d'engraissement avec une prime de 1 fr. 50 à 2 fr. 50 par tête. La spéculation est donc avantageuse de toutes manières.

D'un autre côté, 1,000 kilogs de fumier frais provenant de chevaux, vaches, moutons, porcs, etc., contiennent les proportions suivantes d'ammoniaque et d'acide phosphorique :

	CHEVAL	VACHE	MOUTON	PORC
Ammoniaque.	8 k. 14	4 k. 14	10 k. 00	9 k. 54
Acide phosphorique	2 32	1 29	2 03	2 07

Des analyses semblables ont été faites pour les fumiers des animaux domestiques dans l'ordre suivant :

1º Pigeons, poules, canards, oies, etc. ;

2º Moutons, chèvres, lapins ;

3º Chevaux, ânes, mulets ;

4º Porcs ;

5º Vaches, bœufs.

6º Le fumier type dont M. Boussaingault nous a donné l'analyse était frais. Mais au point de vue pratique et pour la facilité de l'épandage dans les vignes, il convient de ne l'employer que quand il est suffisamment reposé après sa fermentation normale.

Le viticulteur a besoin de connaître le poids des divers fumiers.

Voici les chiffres donnés par M. Heuzé : il s'agit de fumiers qui ont séjourné 9 mois sur la plate-forme (élément de Paris):

FUMIER FERMENTÉ	PAILLEUX	FAITS	DÉCOMPOSÉ
Chevaux, mulets, ânes	350 à 400 kil.	450 à 500 kil.	600 à 650 kil.
Bêtes à cornes (bovines).	500 à 600 kil.	640 à 750 kil.	800 à 850 kil.
Bêtes à laines	400 à 450 kil.	550 à 600 kil.	650 à 700 kil.

En Algérie et en Tunisie, le *fumier normal ou fumier type* bien fait pèse de 575 à 650 kilogr. le mètre cube, et environ 675 kilogs quand il est décomposé, après avoir été arrosé tous les huit jours.

§ 5. — **Quantités de fumiers produits par les divers animaux.**

En Algérie, comme en Tunisie, les déjections des animaux sont moins denses qu'en France et elles se décomposent moins facilement.

La quantité de fumier que peut produire une bête quelconque est basée :

1° *Sur le poids normal de l'animal ;*

2° *Sur la quantité et la qualité des aliments* qu'il digère. — C'est ainsi que les aliments frais augmenteront la quantité de purin ;

3° *Sur la nature, ainsi que sur la quantité de litière* qui reçoit ses déjections solides et liquides. — La paille est, à cet égard la *meilleure litière ;*

4° Du *cube d'air* plus ou moins considérable qui entretient la respiration de l'animal et la *température plus ou moins élevée* de l'écurie ou de l'étable qui *provoquent une quantité* plus ou moins grande d'urine.

La litière est facile à se procurer en Afrique où, en dehors des pailles de toutes sortes, on peut se procurer *des débris d'herbes sèches* un peu partout, et, pour une bonne hygiène animale, rien ne doit être négligé pour s'approvisionner d'un ample complément de litière.

Production normale de fumiers, sur les données de notre ferme-type.

DÉSIGNATION des ANIMAUX	NOMBRE d'animaux	PRIX des animaux	POIDS du fumier fait par tête et par jour	NOMBRE de jours de production	TOTAL de fumier produit	POIDS DU FUMIER par année
Bœufs	6	475	20	1.334	26.680	
Vaches	2	400	18	730	13.140	
Veaux	2	60	5	200	2.000	
Mulets	4	500	15	1.460	21.900	82.430 kil.
Brebis	80	35	2	6 800	13.600	
Porcs	2	85	4	730	2.920	
Volailles . . .	100		0.60	3.650	2.190	

Les débris de paille, mis en litière, herbes, etc., pouvant être compris dans ces proportions, il est, on le voit, très facile d'arriver à une production de 82,430 kilogs.

Ces fumiers, préparés à l'écurie ou à l'étable, suivant notre formule, pèseront environ 675 kilogs ; leur valeur agricole peut être évaluée approximativement à 7 francs le mètre cube.

§ 5. — **Fabrication des fumiers à l'écurie ou à l'étable.**

Nous donnons succintement les quelques conseils pratiques qui suivent, tant sous le rapport de la fabrication du fumier que pour lui conserver l'ammoniaque indispensable à toutes ses qualités régénératrices du sol :

1° La fabrication du fumier exige une surveillance constante. Sa qualité dépend le plus souvent de la direction donnée au personnel chargé du soin des écuries et des étables ;

2° Pour que le fumier puisse être utilisé, il faut que le travail de fermentation soit assez avancé, afin que *la paille qui a servi d'absorbant* ait perdu son apparence ligneuse et se présente sous l'aspect *sui généris* des matières décomposées ;

3° Tous les jours, on doit mettre sous les bêtes une litière dont la quantité doit être proportionnée aux poids des animaux. Il faut en effet que le corps de la bête puisse se reposer entièrement sur cette litière sans toucher le sol ;

4° Le nettoyage journalier de chaque bête est de règle absolue dans une écurie ou étable bien tenue.

Le fumier, qui se fait sous les animaux, tend chaque jour à perdre une partie de son azote par le dégagement contenu des gaz ammoniacaux. Si donc, on le laisse séjourner ainsi trop longtemps dans les écuries ou étables, il en résulterait une déperdition notable des éléments fertilisateurs. Toutefois, il existe un moyen de retarder et même d'arrêter les gaz des fumiers : lui associer un agent absorbant, c'est-à-dire soupoudrer le fumier avec du plâtre cuit en poudre, et l'arroser avec une dissolution de sulfate de fer et d'eau.

Pour fixer l'amoniaque, il faut ensuite répandre, sur le fumier encore sous les bêtes, la composition suivante, sur une moyenne établie par tête de bétail et par jour :

> Plâtre. . . . . 500 gram.
> Sulfate de fer . . . . 25 gram.

Chaque mouton recevra seulement la 10me partie de cette composition.

En effectuant le calcul, on trouvera qu'il faut pour 25 têtes de bétail 12,500 gram. de plâtre et 625 de sulfate de fer par jour pour l'ensemble du bétail, soit pour l'année :

> Plâtre. . . . . 4.562 k. 500 gr.
> Sulfate de fer . . . . 228 k. 126 gr.

Ce système a, en outre, l'avantage de faire disparaître les odeurs du fumier, ce qui permet de le conserver plus longtemps, et surtout en tas sur les *plates-formes*, sans qu'il perde rien de ses qualités.

OBSERVATION. — Le plâtre doit être finement pulvérisé et sec ; le sulfate de fer sera dissout dans 5 fois son volume d'eau. Si on désire obtenir une dissolution complète du sulfate de fer, se servir d'eau chaude de préférence, et l'agiter vivement, avec un bâton, dans un baquet de bois.

§ 6. — Matières animales.

La viticulture trouve depuis longtemps d'autres sources d'azote dans les débris animaux. Le sang et la chair sont généralement exclus comme stimulants trop actifs de la végétation herbacée et réservés pour des cultures plus exigeantes à cet égard, telles que celle de froment. Nous ne parlons pas des os, sur lequel nous aurons l'occasion de revenir, comme agents de phosphatation ; restent les crins, poils, cornes, sabots et aussi les débris de laine et d'étoffes, de cuir et de peaux, etc., toutes substances dont l'avantage réside surtout dans la lenteur de leur nitrification, mais qui ne sont point exemptes d'autres inconvénients et, tout le premier, celui d'immobiliser, au détriment de la bourse du vigneron, un élément de fécondité qu'à l'aide des engrais chimiques, il pourrait à la fois mieux doser et utiliser sans délai.

Avant d'entrer dans le détail technique et le dosage de chaque unité, nous estimons utile de donner, de suite et avant toute comparaison, l'analyse des matières animales liquides qui entrent dans la composition des engrais ou des composts, et qui peuvent modifier leur solidité au point de vue de l'épandage :

Composition chimique de matières animales liquides

DÉSIGNATION des MATIÈRES	EAU 0/0	AZOTE 0/0 dans la matière à l'état normal	ACIDE PHOSPHORIQUE 0/0 dans la matière à l'état normal
Urine de vache.	90.1	0.50	0.003
— cheval	85.0	2.00	0.006
— porc	97.0	0.23	0.044
— mouton	86.5	1.31	0.006
— l'homme	93.3	1.45	0.260
— des pissoirs publics	96.9	0.72	0.150
Purin d'étable	97.4	0.24	0.002
Sang liquide des abattoirs	81.0	2.95	0.310
Bouillon des os cuits concassés	96.0	0.60	0.200
Eau de suint.	90.0	0.40	0.035

Les *matières animales liquides* sont très utilement employées dans les terrains pauvres en acide phosphorique, tels que les argiles combinées à la silice et dans les terrains schisteux.

L'épandage des liquides peut se pratiquer facilement avec des tonneaux d'arrosage contenant 500 litres au plus. Ce genre de tonneau métallique est monté sur un cadre, armé de brancards entre lesquels se place le cheval de trait, de façon à rouler commodément entre les rangs de vignes.

Fig. 204. — Tonneau d'arrosage, de M. Mallet.

Le *traitement des chairs* s'effectue de diverses manières ; nous ne citerons que les deux principales.

Le cuir enlevé, l'animal abattu (cheval ou bœuf) est dépécé en gros par morceaux de 5 à 6 kilog. qui devront être fortement saupoudrés de plâtre mélangé d'un peu de sulfate de fer pulvérisé. Ces quartiers sont enfouis dans du fumier froid.— La chair se décompose ainsi très lentement, sous l'influence des matières organiques et chimiques contenues dans le fumier bien préparé ; de temps à autre — une fois par mois, par exemple — on enlève le vieux fumier qui est remplacé par du plus frais apportant un élément corrosif plus neuf ; il est même utile (quand on le peut) d'y ajouter un peu de tannée qui active la décomposition et fixe l'azote en même temps que les principes chimiques qui en découlent. Les *chairs* ainsi traitées s'unissent intimement au fumier sans dégager cette odeur putride qui fait deviner, de loin, la présence d'une fosse à purin.

Il suffit aussi de faire cuire les *chairs*, avec l'eau nécessaire, dans une chaudière *ad hoc* et, aussitôt l'ébullition, lorsqu'elles ont disparu comme forme, on ajoute à ce « bouillon » 600 grammes de sulfate de fer par hectolitre de bouillon ; on verse ensuite cette mixture sur une couche de fumier préalablement saupoudré de plâtre.

Pour la fabrication des *composts*, il faut retirer les os et les cornes, matières très fortes en azote et en phosphate, dont nous disons plus loin l'emploi.

Nous croyons utile de donner la proportion des matières désinfectantes et absorbantes qui peuvent être mélangées avec tous les débris animaux :

Chair	50 kil. 000
Plâtre réduit en poudre fine . . .	10 000
Sulfate de fer	1 500
Tannée ou sciure.	29 500
	100 k. 000

Parmi les matières animales, il en est quelques-unes qui se trouvent à la portée de tout le monde et qui peuvent servir dans la composition des engrais, substances connues sous le nom générique de *minéro-animales*.

---

§ 7. — Matières minéro-animales.

Les *chairs* d'animaux ne sont pas les seules à conserver et à utiliser comme engrais ; les os, cornes, etc., tous déchets sont également bons à retenir et constituent un engrais précieux. — Les os sont très riches en acide phosphorique, par suite d'une grande assimilabilité.

COMPOSITION CHIMIQUE DE MATIÈRES MINÉRO-ANIMALES

DÉSIGNATION des MATIÈRES	AZOTE % dans la matière à l'état normal	ACIDE PHOSPHORIQUE % dans la matière à l'état normal	ASSIMILABILITÉ RELATIVE
Os non dégraissés	006.22	0.23.27	0.645
Os dégraissés et dégélatinés. . . .	001.84	0.28.07	0.558
Os en poudre	003.69	0.22.86	0.700
Os en cendres		0.34.95	0.800
Noir animal de raffinerie	001.60	0.26.00	0.750

Les cornes, etc., broyés contenant un quotient d'azote et d'amoniaque, peuvent être utilement incorporés aux dominantes des engrais spéciaux.

Avant de terminer la question des matières organiques, nous ne voulons pas passer sous silence un produit qui se trouve en abondance dans plusieurs grottes de l'Algérie et de la Tunisie ; ce sont des déjections de chauves-souris, des pigeons et d'autres volatiles, qui habitent ces grottes, déjections qui constituent les bases d'un guano spécial.

L'analyse chimique donne pour l'ensemble de ces produits :

Acide phosphorique. 1 10

Azote. 6 50

ce qui, en résumé, représente une valeur agricole de 5 fr. 50 les 100 kilogs, rendus à la ferme.

---

§ 8. — **Matières inorganiques.**

Bien des fois déjà, au cours de ce travail, nous avons été amené à constater que l'Afrique Française réunit des éléments précieux pour la viticulture.

C'est ainsi que les substances minérales les plus recherchées pour l'amendement des vignes abondent sur notre sol.

L'Algérie et la Tunisie possèdent, aujourd'hui, quatre gisements considérables de phosphate de chaux, dont l'un, le plus important, est exploité à Souk-Ahras.

On rencontre dans les anciens dépôts lacustes, comme il en existe à Oued-el-Alleg, des matières calcaires qui sont encore assez riches pour que leur incorporation dans les composts ajoute à leur puissance.

Les phosphates sont utilisés en agriculture et en viticulture sous deux formes, savoir :

Les phosphates simples qui n'ont pas été soumis à l'action des acides, et les superphosphates qui ont subi cette action.

Nous conseillons de préférence l'usage des superphosphates, d'abord parce qu'un agriculteur entendu peut toujours transformer lui-même les phosphates du commerce en superphosphates, et ensuite parce que les superphosphates, alors même qu'on devrait se les procurer dans le commerce à un prix relativement élevé, compenseraient largement ces sacrifices.

L'assimilabilité des superphosphates est, en effet, très supérieure à celle des phosphates simples et la valeur réelle d'un engrais se mesure à son degré d'assimilabilité.

Nous donnons ci-dessous une nomenclature de diverses matières inorganiques à base d'acide phosphorique, tant en exploitation qu'à exploiter.

On connaît pour le moment, en Algérie, quatre grands gisements de phosphate de chaux ; cependant, la composition géologique du sol nous autorise à croire qu'il en existe encore d'autres.

MATIÈRES CONTENANT DE L'ACIDE PHOSPHORIQUE

DÉSIGNATION DES SUBSTANCES	ACIDE PHOSPHORIQUE 0/0 dans la matière à l'état normal	DEGRÉ d'assimilabilité RELATIVE
PHOSPHATE DE CHAUX DE TUNISIE (Echantillon)		
Massif du Sud de la Régence	0.47.50	0.175
Massif contre l'Algérie	0.39.00	0.165
Phosphate de chaux de l'Algérie		
Frontière du Maroc	0.33.00	0.145
Rio-Salado	0.49.00	0.219
Inkermann (Oued-Riou)	0.70.00	0.220
Souk-Ahras	0.55.00	0.175
Débris lacustes de la Mitidja	0.03.50	0.260
Dépôt de coquillages	0.25.00	0.035
Phosphates de chaux de France		
Département du Lot	9.32.00	0.200
— des Ardennes	0.35.00	0.210
— du Pas-de-Calais	0.28.00	0.207
— de la Somme	0.02.10	0.220
Phosphate de chaux d'Espagne		
Province de Cacérès	0.36.00	0.165
— de Navassa	0.38.00	0.157

Nous donnons, à titre comparatif, la composition d'un échantillon de phosphate, pris dans la plaine du Chéliff (Inkermann) :

Phosphate de chaux	76	50
Carbonate de chaux	4	00
Carbonate de magnésie	1	75
Protoxide et péroxide de fer	5	10
Argile, sable, etc	11	00
Perte	1	65
	100	00

SUPERPHOSPHATES DE CHAUX

Nul végétal ne peut vivre, et |surtout produire, sans acide phosphorique, et les analyses de Cresso nous ont montré que, dans les cendres du raisin, ce composé s'élève de 20 à 30 0/0 en moyenne, tandis qu'il atteint à peine le 1/3 de cette proportion dans celles des diverses parties ligneuses. Le chapitre du phosphore n'est donc pas moins intéressant pour le viticulteur que celui de l'azote, car, si ce dernier est l'aliment du bois et convient surtout aux périodes infantiles et à celle de la pousse de la vigne, le second est l'aliment de son fruit et de son âge mûr. « Pas de phosphore, pas de pensée, » disait Moleschott ; « pas de phosphore, pas de fruit, » peut-on dire tout aussi justement.

D'après les recherches de Paul Thénard, de Comboni, etc., le phosphore pénètre dans les plantes sous deux formes principales :

1° Sous forme de composés phospho-organiques tels que par exemple, dans le règne animal, la phospho-glycérine, la lécithine, etc. ;

2° Sous forme de phosphates de chaux, de potasse, de soude, de magnésie, de fer, d'alumine, etc., à l'*état de solution*. La valeur agricole des phosphates du commerce sera donc en raison directe de leur solubilité.

« Presque toutes les terres contiennent de l'acide phosphorique, mais, toute terre qui n'en renferme pas au moins 30 grammes par 100 kilogr. ou 300 kil. par hectare, sur un mètre de profondeur, peut être considérée comme stérile. Les bonnes terres en contiennent de 80 à 120 grammes par 100 kilogr., et on en trouve même, comme dans les sols volcaniques, qui vont jusqu'à 5 et 600 grammes.

Dans les végétaux, le phosphore se trouve principalement à l'état de combinaisons azotées. Tous les chimistes qui ont dosé à la fois l'azote et les phosphates dans les graines, ont été frappés de voir ces deux matières augmenter à peu près parallèlement. Les graines, qui sont la partie de l'organisme végétal la plus riche en matières azotées, ont des cendres presque complètement composées de phosphates. Ainsi, dans son *Economie rurale*, Boussingault s'explique ainsi : « On aperçoit une certaine relation entre la proportion d'azote et celle d'acide phosphorique contenus dans les substances alimentaires, généralement les plus azotées sont aussi les plus riches en acide ; ce qui semble indiquer que, dans les produits de l'organisation végétale, les phosphates appartiennent particulièrement aux principes azotés, et qu'ils les suivent jusque dans l'organisme des animaux. »

B. Mayer arrive aux mêmes conclusions dans un mémoire important publié en extrait dans les *Ann. de chim. et de phys.*, 3ᵉ série, 1857, t. LVI, p. 183.

Corenwinder, enfin, exprime la même opinion dans son mémoire *sur les migrations du phosphore dans les végétaux* : « Depuis longtemps, dit-il, on a constaté que les bourgeons naissants et les jeunes végétaux sont riches en matières azotées. Celles-ci sont toujours accompagnées d'une proportion relativement considérable de phosphore, et il n'est pas douteux que ces deux éléments sont unis dans le tissu végétal suivant un mode de combinaison encore mystérieux. »

La démonstration de cette combinaison sera faite si on reconnaît que l'acide phosphorique, au contact des matières albuminoïdes, ne présente plus ses réactions habituelles. Si nous faisons voir, par exemple, que l'acide phosphorique reste en dissolution, en présence de la chaux, *dans une liqueur neutre*, nous comprendrons que la matière organique doit intervenir ; si, en lavant des farines, nous entraînons de la chaux, en même temps que de l'acide phosphorique, et que ces deux éléments restent en présence dans une liqueur limpide sans se précipiter, nous croirons à cette intervention de la matière organique, qui sera encore évidente quand nous montrerons que l'acide phosphorique, combiné avec des bases qui forment avec lui des sels solubles, résiste cependant à l'action des lavages multipliés.

Le superphosphate de chaux est donc le résultat d'un composé du phosphate de chaux naturel et d'acide sulfurique.

Fabrication du superphosphate de chaux

La fabrication ordinaire du phosphate de chaux consiste à faire humecter le phosphate de chaux normal, préalablement trituré et pulvérisé par 25 à 35 % d'eau ; on y verse ensuite de l'acide sulfurique dans les proportions suivantes, prenant comme exemple le phosphate du Chélif, dont nous avons donné l'analyse.

Phosphate. . . . . 100 kil.
Acide sulfurique. . . . . . . 80 kil.

On laisse digérer le produit en le remuant, on le retire ensuite des bassins, et on le fait sécher ; puis on le pulvérise, etc.

Généralement on fabrique ce produit 15 à 25 jours au plus tard avant de l'employer.

En dehors des phosphates fossiles, on peut utiliser beaucoup de matières qui se perdent sans aucun profit et qui pourraient réellement augmenter la richesse des amendements.

Voici la nomenclature ds matières qui méritent d'être mentionnées :

Carbonate de chaux en poudre ;	Vase ou limon d'eau de mer ;
Chaux éteinte en poudre ;	Faluns ;
Marne en poudre ;	Sable fin, coquilles ;
Plâtre non cuit en poudre ;	Madrepores ;
Plâtre cuit en poudre ;	Boue des villes ;
Charrée de lessives ;	Boue des routes en poussière ;
Plâtras ou débris de construction ;	Poussière de basalte ;
Vase ou limon d'eau douce ;	Boues ou curures de fossés.

Le plâtre pulvérisé, dont l'action sur les vignes semble jusqu'à ces temps dernier avoir été ignoré des viticulteurs, nous a toujours donné des résultats très appréciables depuis 18 ans que nous l'employons, soit dans les composts, soit même à l'état de poudre. Sous cette dernière forme, nous avons constaté un rendement supérieur à 20 % dans la récolte.

Notons ici, en passant, que les débris de trituration et les cendres provenant des fours à plâtre doivent être pulvérisés aussi finement que possible avant l'emploi. *Plus un produit quelconque est finement réduit, plus il est assimilable.*

En dehors des matières que le sol donne directement et naturellement, on emploit aussi des produits chimiques qui entrent dans la combinaison des engrais et des amendements.

Ces produits ont une action presque immédiate sur les végétaux avec lesquels ils sont en relation dans le sous-sol.

Voici les plus employés en agriculture et en viticulture.

Sulfate d'ammoniaque ;	Nitrate de potasse ;
Sulfate de fer ;	Nitrate de soude ;
Sulfate de potasse ;	Chlorure de potassium ;
Sulfate de soude ;	Carbonate de potasse ;
Acide nitrique ;	Chlorure de sodium ;
Acide sulfurique ;	Acide chlorydrique ;

Pour que ces produits s'incorporent intimement avec les autres substances des composts, ils ont besoin d'être préalablement dissouts, et c'est sous cette forme liquide qu'ils doivent être répandus sur les autres produits déjà étalés sur la plate-forme aux engrais.

Afin de familiariser le chef d'une exploitation agricole et viticole sur la valeur des matières fertilisantes qu'il peut employer en Algérie et en Tunisie, nous donnons ci-dessous un aperçu de ces prix, qui peuvent varier suivant les circonstances commerciales, livrables à quai, côtes d'Algérie ou de Tunisie.

Valeur commerciale de diverses matières fertilisantes :

MATIÈRES ANIMALES, VÉGÉTALES, MINÉRALES ET CHIMIQUES	les 100 kilog.
Azote.	165.00 à 185.00
Ammoniaque liquide à 22°	36.00 39.00
Sulfate d'ammoniaque à 21 % d'azote.	30.00 32.00
Sulfate de fer	7.00 8.00
Sulfate de potasse à 90°, 50 % soluble dans l'eau.	28.00 29.00
Sulfate de soude	14.00 15.00
Nitrate de potasse 95°.	38.00 49.00
Nitrate de soude	26.00 27.50
Chlorure de potassium à 90°, de Strassfurth	25.00 26.00
Chlorure de soïdium.	2.50 3.50

Valeur commerciale de diverses matières fertilisantes (Suite)

MATIÈRES ANIMALES, VÉGÉTALES, MINÉRALES ET CHIMIQUES	les 100 kilogs
Carbonate de potasse à 80°	55.00 à 56.00
Phosphate de chaux algérien, à 55°.	7.00 7.50
Superphosphate minéral 28/33, de 13 à 15ˢ	9.00 10.00
— — 33/37, de 15 à 17ˢ	11.00 12.00
Superphosphate d'os 39/43, de 18 à 20ˢ	15.00 16.00
Superphosphate de noir 35/40, de 16 à 18ˢ	12.00 13.00
Râpures de cornes.	21.00 25.00
Débris de cornes	18.00 20.00
Râclures de peau	5.50 6.00
Rognures de peau.	6.00 7.00
Chiffons de laine	6.00 7.00
Tontine et bourre de cordage	10.00 11.00
Creton	14.00 15.00
Tourteaux de lin	15.00 16.00
— colza	13.00 14.00
— coton	7.00 8.00
— œillette	14.00 15.00
— arachide.	9.00 10.00
— sésame	11.00 12.00
Suie de bois	3.00 4.00
Cendres de plâtrerie (et débris pulvérisés)	1.00 2.00
— de houille, ...	2.00 3.00
— de briqueterie (et débris)	4.00 5.00
Plâtre finement pulvérisé, crû	2.00 2.25
— — — cuit	2.00 2.25
Chaux hydraulique de Bougie (agricole).	2.20 2.25
Chaux grasse vive en morceaux	1.40 1.35
Charrée de lessive sèche.	1.00 1.25
Carbonate de chaux pulvérisé (tendre)	0.70 0.90
Marne blanche sèche et pulvérisée	0.60 0.70
Plâtres divers provenant de constructions	0.50 0.55
Poussières de basalte (poussières de routes basaltées)	0.60 0.65
Sables, coquilles	0.80 0.85
Vase et limon d'eau douce desséchés	0.40 0.45
Vase et limon d'eau de mer desséchés	0.45 0.50
Merl ou madrepore desséché.	1.25 1.50
Dépôts lacustes calcaires phosphatés	1.50 1.75
Boues des villes calcaires desséchées	0.65 0.70
Boues ou poussières de routes chargées ds calcaires, desséchées	0.50 0.55
Boues ou curures de fossés.	0.50 0.55
Goëmon, fucus marins, etc., secs.	0.70 0.75

Valeur commerciale de diverses matières fertilisantes (Suite)

MATIÈRES ANIMALES, VÉGÉTALES, MINÉRALES ET CHIMIQUES	les 100 kilogs	
Roseaux secs.	1.00 à	1.25
Paille sèche.	2.00	2.50
Tannée sèche.	1.00	1.25
Matière fécale liquide	1.20	1.25
Fumier fait.	0.40	0.50
Guano (algérien) des grottes.	4.25	5.25
Guano du Pérou	30.00	32.00
Guano dit Colombine	7.00	8.00
Sang desséché.	20.00	21.00
Poudre de poisson.	15.00	16.00
Engrais Schlœsing pour la vigne, végétal.	25.25	26.00
— — minéral	22.50	25.00

§ 9. — Engrais de M. Georges Ville.

Depuis quelque temps, M. Georges Ville, chimiste distingué, propage plusieurs formules d'engrais, soit pour la vigne, soit pour les céréales.

Il recommande tout particulièrement une composition de produits chimiques dont le mérite serait d'augmenter dans de grandes proportions le rendement des vignobles.

M. Georges Ville aurait obtenu 180 hectolitres à l'hectare, tout en assurant ceux-ci contre le phylloxera, par l'association avec la taille longue, et nous dirons encore plus certainement en employant la taille Deiseimeris.

Voici cette formule :

Superphosphate de chaux à 15 0/0. . . . . . 400 kil.
Carbonate de potasse raffinerie à 9 0/0 . . . 200 —
Sulfate de chaux (plâtre finement pulvérisé). . 400 —

1.000 kil.

L'engrais dont il s'agit est, suivant M. G. Ville, un *engrais incomplet*, n° 6, de son répertoire :

« On peut, ajoute-il, se le procurer tout préparé ou faire soi-même le mélange avec les matières premières.

« La manière d'employer l'engrais et des plus simples. On creuse à la bêche, autour de chaque cep, une petite cuvette, dans laquelle on répand bien également la quantité d'engrais qu'on a déterminée en divisant 1,000 kilogrammes par le nombre de ceps à l'hectare. Pour mesurer, on peut se servir d'un simple verre à boire, qu'on entoure d'une ficelle nouée à la hauteur de la dose d'engrais requise. Puis on recouvre l'engrais avec la terre du déblai pour combler la cuvette.

« Lorsqu'il s'agit de très grands vignobles, on peut procéder plus simplement : on répand l'engrais sur le sol en avant et en arrière des ceps, et on le recouvre à la charrue.

« On doit fumer la vigne, autant que faire se peut, à l'automne, en novembre et décembre et, à défaut de ces deux mois, en janvier ou février.

« Le carbonate de potasse est encore d'un prix trop élevé et sa fabrication trop restreinte pour répondre aux besoins agricoles. En attendant que cette fabrication ait pris l'essor qui lui est certainement réservé, on peut se servir de l'engrais *complet* n° 3 que j'avais recommandé jusqu'ici, qui a lui-même une très grande valeur, et restreindre l'emploi du nouvel engrais à la quantité qu'on aura pu se procurer.

« L'époque et le mode d'emploi sont les mêmes que pour l'engrais incomplet n° 6 K au carbonate de potasse.

« Je dois ajouter encore, en manière de réponse à certaines questions spéciales, les explications complémentaires que voici :

1° La formule peut être employée dans tous les sols ;

2° Je n'ai expérimenté que sur une vigne française, mais je suis persuadé que l'engrais aura les mêmes effets sur la vigne américaine ;

3° Il faut employer les sels associés suivant la formule rigoureuse que j'ai donnnée ;

4° Je n'ai pas fait d'expérience avec les scories de déphosphoration.

« Il faut, enfin, qu'il soit bien entendu que cette campagne expérimentale n'a qu'un but, UN SEUL : prouver que le carbonate de potasse l'emporte sur tous les autres sels de potasse et que la nouvelle formule (engrais incomplet n° 6 K) l'emporte sur toutes les anciennes formules, en dehors de toutes théories et de toute idée préconçue.

« Maintenant la nouvelle formule est-elle mon dernier mot ? Pas le moins du monde ! Mais à chaque jour suffit sa peine. »

La formule n° 3 a été établie pour répondre aux contradicteurs qui prétendaient que cet engrais n'apportait rien en azote au sol.

Cependant, M. G. Ville prétend que c'est avec la formule n° 6 qu'il a obtenu le plus de rendements.

Nous ne sommes pas loin d'être de son avis.

---

§ 10. — **Matières animales solides.**

Les matières animales solides se composent non-seulement des dépouilles des animaux, mais encore de toutes leurs déjections ; nous en donnons la nomenclature dans le tableau suivant, avec leur composition chimique.

COMPOSITION CHIMIQUE DES MATIÈRES ANIMALES SOLIDES

DÉSIGNATION DES MATIÈRES	EAU 0/0	AZOTE 0/0 dans la matière à l'état normal	ACIDE PHOSPHORIQUE 0/0 dans la matière à l'état normal
Excrément de vache	85.9	0 32	0.104
— cheval	75.3	0.55	0.301
— porc.	84.0	0.70	0.619
— mouton	57.6	0.72	0.644
— volailles	13.0	7.40	2.040
— l'homme	73.3	0.40	0.220
Chair fraîche	75.0	3.00	0.055
— séchée à l'air.	8.5	13.04	0.220
Sang coagulé pressé	75.5	4.51	0.450
Chiffons de laine pure	11.3	17.98	0.500
Râpures de cornes.	12.1	3.28	0.960
Poissons non désséchés	9.00	5.00	0.170

On remarquera, dans ce tableau, divers détritus organiques, tels que la chair et le sang des animaux, etc., que l'on néglige quelquefois d'utiliser et qui, cependant, ont une valeur réelle comme engrais. — A la campagne, répétons-le, rien ne doit se perdre.

DÉBRIS DE POISSON

Les débris de poisson en général, aussi bien que les résidus provenant des usines de salaisons ou de conserves, constituent un riche et excellent engrais. — Ces débris, mélangés avec du plâtre et du sulfate de fer, peuvent être utilement incorporés dans les composts.

M. Moussette a obtenu, de diverses analyses faites de débris de poissons desséchés et réduits en poudre, les résultats suivants :

	CHAIRS	OS	RÉSIDUS DE MORUE
Matière organique azotée	77.50	34.20	67.50
Sels solubles.	2.25	1.85	1.05
Phosphate de chaux.	17.30	53.70	28.75
Silice	0.70	1.20	0.40
Carb^{te} de chaux, magnésie, ph^{te} de magnésie	2.25	9.05	2.30
	100.00	100.00	100.00

GUANOS

Le nom de *guano* a été donné — lors de leur découverte — à des couches de 15 ou 20 mètres d'épaisseur, formées par des déjections d'oiseaux, en des lieux préhistoriquement sauvages, sur les îlots de la mer du Sud et sur les côtes sud-ouest de l'Afrique.

Cette matière, très puissante comme engrais, contient en proportions considérables des urates, des oxalates, des phosphates et des carbonates d'ammoniaque.

Leurs qualités fertilisantes sont si unanimement reconnues qu'il nous paraît oiseux de nous étendre sur cette question ; voici cependant, à titre documentaire, l'analyse des *guanos* les plus connus du commerce.

COMPOSITION DE DIVERS GUANOS (d'après M. Fremy)

ANALYSE	GUANO D'AFRIQUE			GUANO D'AMÉRIQUE		
Matières organiques combustibles (acide oxalique, ulmique	39.5	37.0	42.59	11.3	36.5	35.0
Ammoniaque à l'état d'urate, de carbonate, etc.	9.5	9.5		31.7	8.6	7.5
Sels alcalins fixes, sulfates, phosphates chlorures, etc..	7.3	6.5	7 08	8.1	6.5	8.2
Phosphates de chaux et de magnésie. .	17.5	18.0	22.39	22.5	20.5	22.5
Oxalate de chaux	»	»	»	2.6	»	»
Sable et matières terreuses.	1.3	0.5	0.81	1.6	1.5	2.6
Eau	25.0	28.5	27.13	22.2	26.0	25.0
Totaux. . . .	100.1	100.0	100.00	100.0	100.0	100.0

COMPOSITION DU GUANO DU CHÉLIFF

Ce guano est formé par les déjections de chauves-souris qui habitent ces grottes en quantité relativement considérable. — Voici la composition de cette *espèce de guano :*

Azote . . . . 1.50 à 1.85
Acide phosphorique. . . 12.00 14.00

COMPOSITION DE LA COLOMBINE (d'après M. Girardin) :

Matières organiques. 18.11
Matières salines. 2.28
Gravier et sable siliceux 0.61
Eau 79.00

100.00

Suivant MM. Boussaingault et Fegen, la *Colombine* contient, à l'état normal, 9.6 d'eau et 8.30 % d'azote.

COMPOSITION DE LA FIENTE DE VOLAILLES (d'après **M. Girardin**):

La fiente de volaille, appelée généralement *poulinée*, renferme également beaucoup de principes fertilisants et peut être incorporée dans les composts au double titre d'engrais et d'agent stimulant.

M. Girardin en donne l'analyse suivante :

Eau	72.90
Matières organiques agissant comme engrais . .	16.20
Matières organiques agissant comme stimulant .	5.24
Gravier et sable siliceux.	5.66
	100.00

COMPOSTS

§ 10. — Généralité ; leur composition et leur rôle en viticulture.

On désigne sous le nom de *composts* des mélanges de fumiers, parfois d'engrais chimiques et de toutes sortes de substances et détritus, tels que : pelures de gazon; curures de fossés; vases d'étang, de mare, de rivière[1] ou de port ; tangues, varechs ou autres herbes marines ; boues des villes et poussières des routes et chemins, de décombres de démolition ; débris de vers à soie ; balles de froment, de seigle, d'avoine, de maïs ; fannes de pommes de terre, de betteraves, de topinambours ; feuilles tombées de toutes sortes, — le tout mis en tas et à demi décomposé.

Mêlée (par quantités minimes) à cette espèce d'*arlequin* végéto-minéro-animal, la chaux, en aidant du même coup la production de l'acide carbonique et la nitrification, seconderait grandement cette décomposition et, par suite, les effets bienfaisants du compost.

« Aussi ne saurait-on trop répéter que la chaux, mêlée en faible quantité à des terres végétales, à des curures de fossés, à du fumier par couches alternatives mélangées par plusieurs remaniements, est le *souverain engrais pour toutes espèces de vignobles* [2]. »

---

(1) La composition des vases est nécessairement en rapport avec la nature géologique des terrains traversés par les eaux qui les charrient. Il est à peine utile de faire observer que les meilleures sont celles qui proviennent du curage des mares fréquentées par un nombreux bétail ou de celles qui reçoivent souvent du jus de fumier. Certaines vases contiennent beaucoup de carbonate de chaux très divisé et peuvent jouer le rôle de marnes. En moyenne, on admet que les vases de bonne qualité, desséchées à l'air, contiennent de 0,4 à 0,5 % de leur poids d'azote, c'est-à-dire presque autant que le fumier frais.

(2) R. Dejernon, *loc., cit.* p. 289.

Quant au choix des matières qu'il convient d'incorporer aux fumiers pour développer la vigueur du cep et sa production fructifère, le viticulteur n'aura que l'embarras du choix dans les tableaux qui précédent. Cependant, la connaissance des engrais ne suffit pas ; il importe de connaître, avant toute chose, la composition géologique du sol qu'il veut amender ou engraisser.

Une analyse du sol est donc indispensable pour pouvoir employer, *rationnellement* et *économiqunemet*, les amendements ou même encore les engrais. — Si l'analyse, en effet, démontre qu'un des éléments fertilisateurs abonde naturellement dans le sol, à quoi bon ajouter cet élément dans les engrais ? — Il vaut mieux, en ce cas, employer son temps et son argent à procurer au sol les éléments fertilisateurs qui lui font défaut en totalité ou en partie.

Exemple : L'analyse ayant démontré qu'un sol est suffisamment riche enazote, mais qu'il manque de potasse, l'engrais ayant la potasse pour base est tout indiqué, c'est-à-dire un des produits commerciaux suivants :

Sulfate de potasse — Sulfate de soude — Chlorure de potassium

Carbonate de potasse — Cendres, etc.

Si, au contraire, c'est l'azote ou l'acide phosphorique qui manquent, il suffira d'incorporer ces agents chimiques dans l'engrais, en ayant soin toutefois de ne pas dépasser les limites en azote, car cet agent susciterait une végétation folle qui amènerait la coulure.

Ce sont là des principes évidents, mais trop souvent perdus au point de vue de la pratique.

Observation importante. — Les fumiers seuls fournissent encore des résultats rapides ; mais, après deux ou trois ans (au maximum), ils disparaissent dans les terrains calcaires qui ont la propriété de décomposer rapidement les matières organiques et azotées. Dans les terrains peu calcaires, ils durent jusqu'à quatre ans. — C'est alors qu'il faut faire intervenir les amendements complémentaires.

§ 11. — Fabrication des composts.

On comprend facilement que l'association de matières fertilisantes, dont nous avons donné la nomenclature dans le paragraphe précédent, ne doit pas être faite au hasard. Le succès dépend des proportions employées pour chacune ; tout réside dans une question d'équilibre.

Avant de nous occuper de la fabrication, il est bon de distinguer, parmi les diverses matières utilisables, celles que le colon algérien et tunisien trouvera le plus facilement à sa portée.

En supposant notre ferme viticole-type assez éloignée d'une ville, possédant à proximité la chaux, le plâtre, etc., le tableau suivant permettra d'embrasser d'un coup d'œil les éléments et le prix de revient des composts.

MATIÈRES NÉCESSAIRES AU COMPLÉMENT DES FUMIERS

Curures de fossés ou poussière de route. . . . . . . 10.000 kil.
Carbonate de chaux, marne, calcaire tuffacé, etc . . 1.000 —
Plâtre en poudre. . . . . 13.000 —
Sulfate de fer. . . . . 3.500 —
Sulfate de potasse . . . . 600 —
Cendres diverses. . . . . 2.000 —
Phosphate de chaux en poudre . . . . 8.000 —
Acide sulfurique . . . . 40 —

Total des matières complémentaires . . . 38.140 kil.

Les fumiers et matières sortant des écuries ou étables seront déposées, pour y subir leur fermentation, dans une fosse spéciale qui devra être construite dans le sol, à peu de frais.

A cet effet on creuse un bac de 0m50 de profondeur, ayant 13 à 14 mètres de longueur sur 6 mètres de large, en ayant soin d'arroser le plafond et les parois internes avec du lait de chaux encore tiède. Lorsque ce liquide est parfaitement absorbé, on dame le sol pendant quelques heures sans interruption ; 10 à 15 jours après, cette fosse sera suffisamment étanche pour recevoir les fumiers.

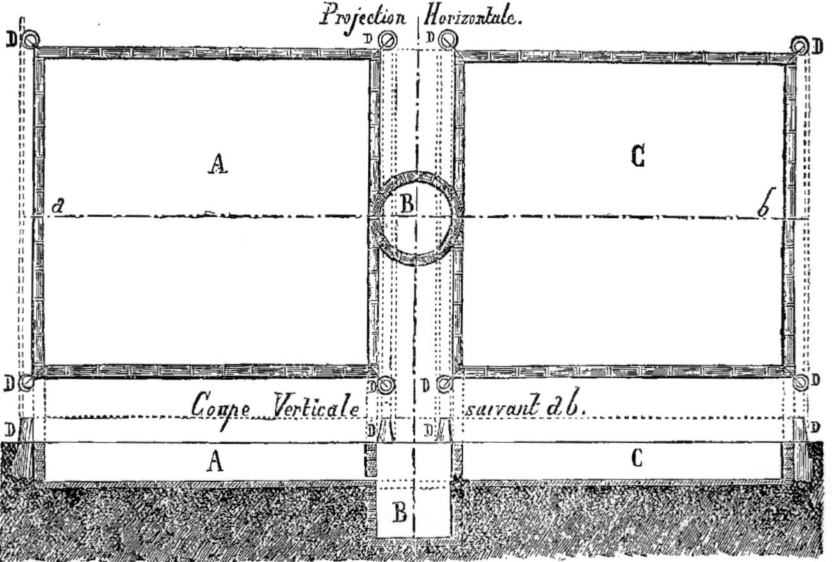

Fig. 205. — Plan d'une fosse à fumier.

Dans beaucoup de cas, cette construction toute primitive peut suffire pour nos colons. Il est cependant préférable, quand on le peut, de construire, dès le début, une fosse à fumier bétonnée et maçonnée en briques ; d'un autre côté, la manœuvre des fumiers est plus facile sur une plate-forme que dans une fosse dont le plafond est en terre.

Nous donnons ci-dessous un plan que nous avons dressé spécialement pour cet usage (voir fig. 205), que nous accompagnons de son devis estimatif.

Ce dessin comporte :

1° Une coupe horizontale ;

2° Une coupe verticale en élévation longitudinale.

Cette fosse possède, suivant notre plan, deux compartiments, c'est-à-dire deux fosses A C, séparées par une *plate-forme* dont le centre est muni d'un puit B, destiné à recevoir les eaux s'échappant du fumier, dans lequel on établit une pompe à purin pour arroser les fumiers déposés dans l'une ou dans les deux fosses A et C déjà indiquées.

A chaque angle de ces deux fosses, est disposée une borne D, afin d'éviter les dégradations occasionnées par les charrettes.

Nous donnons de suite le devis estimatif d'un couple destiné à la fabrication des engrais et composts :

Devis avant-métré d'une double fosse à fumier (Voir fig. 205)

DÉSIGNATION des MATIÈRES	Hauteur	Largeur	Épaisseur	CUBES partiels	CUBES totaux	PRIX de l'unité	SOMMES
Fouille d'une fosse	13.75	12.50	0.70	16 84			
— semblable				16.84	44.28	0.50	22 14
— du puits (diamètre)	1.70	3.00		10.60			
Transport des déblais, charge, décharge, etc.					44.28	0.25	11 07
Fondations en béton hydraul.	13.75	12.50	0.12	2.02			
Partie semblable				2.02	4.88	15.00	73.20
Partie fond du puits (diam.)		3.00	0.12	0.84			
Maçonnerie :							
Briques au mortier hydraul.	51.00	0.65	0.23	7.62			
Partie semblable				7.62	15.55	50.00	777 50
Partie du puits (dévelop.)	1.62	3.14	0.06	0.31			
Jointement des parements en briques, au mortier hydraulique, surface calculée					92.00	1.25	115 00
Bornes en pierres					8.00	5.00	40 00
Somme à valoir pour faux-frais imprévus						12 %	51 95
MONTANT DU DEVIS							1.090 86

Dans une bonne organisation culturale, il ne faut pas se borner à établir un seul couple de fosses à fumiers ou composts, comme celui dont nous venons de donner un simple aperçu; deux couples sont nécessaires, un pour fabriquer les composts à céréales ou autres produits, et l'autre pour combiner le compost spécial à la vigne.

Qui veut la fin veut les moyens. — Par conséquent, en matières d'engrais comme pour tout le reste, il ne faut pas se borner aux à-peu-près; on doit s'organiser immédiatement, aussi complètement qu'on le peut, car la base de la réussite d'une exploitation réside, en majeure partie, dans l'apport des engrais incorporés au sol.

CONSEILS PRATIQUES

1° Les fumiers, à leur sortie des étables ou écuries, seront déposés sur une des plates-formes par lit de 10 centimètres d'épaisseur;

2° On saupoudre chaque couche avec les matières qui ont pu être recueillies ou achetées dans le commerce, telles que le phosphate naturel ou encore du superphosphate de chaux; cette poudre de sulfate de fer dissout dans l'eau, est mêlée intimement avec du plâtre en poudre, des boues, du carbonate de chaux, des cendres, etc. On poursuit le travail en étendant un second lit préparé et complété comme le premier, puis un troisième, et ainsi de suite.

Lorsque le tas de compost est arrivé à la hauteur voulue (environ 2 mètres, c'est-à-dire environ 168 mètres cubes), on le laisse reposer ainsi un mois au moins; au bout de ce temps, on le reprend à la fourche-crochet en le divisant et en l'aérant le plus possible et en le mettant, dans la fosse voisine, en tas de même forme.

L'emploi de la fourche est nécessaire pour que le mélange soit plus intime.

Après avoir passé un certain temps (qui peut varier de trois ou quatre mois) dans la deuxième fosse, le compost a atteint sa véritable maturité:

Il faut avoir soin d'arroser, tous les huit jours, les fumiers étendus, dans la première comme dans la seconde fosse, avec l'eau du purin qui est en réserve dans le puits et à laquelle on incorpore, au moment de l'arrosage, un litre d'acide sulfurique.

L'excédent du liquide, qui a servi à l'arrosage des composts, descend dans le puits au fur et à mesure qui s'écoule du tas.

Cet arrosage s'exécute avec une pompe aspirante et refoulante qui est spécialement construite à cet usage, mais qui peut cependant rendre tous les services que réclame une exploitation bien dirigée.

Nous diviserons les composts en deux catégories; l'une spéciale pour les cultures annexes indispensables à l'exploitation, et l'autre pour la vigne en particulier.

D'abord, les composts, destinés aux cultures proprement dites, doivent être plus riches en matières azotées que ceux réclamés pour la vigne.

Si nous commençons par les cultures annexes, voici une combinaison qui réalise l'économie et la valeur d'un excellent compost pour les céréales, les plantes sarclées, les plantes industrielles et les fourrages. — Il nous servira également de base pour la composition d'un compost spécial à la vigne, dans lequel on peut, à la rigueur, incorporer les vieux sarments, à condition qu'ils soient suffisamment broyés.

Compost principal destiné aux cultures annexes

Fumier des écuries	83.430 kil.
Sulfate de fer	1.570 —
Plâtre	7.000 —
Carbonate de chaux ou marne	1.000 —
Phosphate de chaux	3.000 —
Cendres de toutes provenances	1.000 —
Curures de fossés ou poussière	10.000 —
Acide sulfurique	20 —
Poids total	107.020 kil.

Ce composé pèse environ 800 kilogs le mètre cube et si nous admettons, comme base d'opération, l'emploi de 70,000 kilogs de ce compost pour former celui que nous destinons à la vigne (c'est-à-dire environ 87 mètres cubes) le volume formé par le tas proportionnel du tableau qui précède s'élevant à 168 mètres cubes, il reste encore 47 mètres cubes pour les cultures annexes, quantité qui peut paraître un peu faible, mais qui donne encore pour la qualité des produits des résultats avantageux.

Matières supplémentaires constituant le compost pour la vigne

Compost pour céréales, etc.	70.000 kil.
Plâtre	6.000 —
Sulfate de fer	1.930 —
Phosphate de chaux	5.000 —
Cendres diverses	1.000 —
Sulfate de potasse	600 —
Acide sulfurique	20 —
Total	84.500 kil.

Ce compost pèse 850 kilogs par mètre cube ; son prix de revient est d'environ 17 francs les 1,000 kilogs, sur les plates-formes, dans l'exploitation.

PRÉPARATION

Pour le préparer, il faut mélanger le phosphate de chaux avec du plâtre, en faire une couche sur une de celle du premier compost, jeter dessus les cendres et la potasse, puis l'arroser avec du sulfate de fer dissout.

L'acide sulfurique, que nous signalons dans notre compost, servira à aciduler l'eau de purin, comme dans la première opération.

---

§ 12. — Application des composts au sol.

Plus nous observons et plus nous étudions la viticulture algérienne, plus nous sommes convaincu qu'il faut appliquer à la terre, en Algérie et en Tunisie, des composts tous les deux ans, dans les terres moyennes et maigres.

Le compost, tel qu'il est préparé suivant notre précédent tableau, contient beaucoup de phosphate de chaux, rendu assimilable par la présence de l'acide sulfurique, soit combiné avec la chaux, soit avec le fer. — La vigne recevra ainsi, tous les deux ans, une fumure complète avec amendement proportionné à son degré intrinsèque de bonne production.

En procédant de cette manière, le double objectif qui préoccupe, à juste titre, tout viticulteur — tant au point de vue de la quantité que celui de la qualité — se trouve sûrement atteint.

Aussi la composition d'un compost modèle approprié à la généralité des terrains, n'a-t-elle jamais cessé d'attirer l'attention des praticiens éclairés.

Il existe encore un point principal, qui réside dans la quantité à déterminer ; cette question à été dernièrement résolue par M. Müntz, chimiste distingué, professeur-directeur du Laboratoire de Chimie à l'Institut National Agronomique de Paris.

Il a opéré sur un grand vignoble d'une étendue de 70 hectares, planté exclusivement en cépages français ; ce vignoble, parfaitement soigné, appartient à M. le baron de Gargan (Clos des Vergnes, canton de Sainte-Foy-la-Grande) ; il est défendu, depuis dix ans, contre le phylloxera, par l'emploi du sulfocarbonate de potasse.

M. Müntz a constaté que la végétation luxuriante et vigoureuse, malgré la nature moyenne du terrain qui appartient au dépôt tertiaire, très pauvre en azote (0,073 à 0,091 $^0/_0$), pauvre en acide phosphorique (0,05 à 0,07 $^0/_0$), riche en potasse (0,28 à 0,37 $^0/_0$) ; il est argileux et renferme seulement 1,40 à 2,73 $^0/_0$ de calcaire.

La taille que l'on pratique sur ce vignoble est la taille courte ; mais depuis, on a tenté une taille un peu plus longue, afin d'obtenir de meilleurs rendements. — Les résultats obtenus, en 1891, ont justifié l'avantage de cette dernière taille.

Pour arriver à établir d'une façon rigoureuse les exigences de la vigne, M. Müntz a prélevé, à l'époque des vendanges, les échantillons de divers produits viticoles.

D'après le résumé des analyses, voici les quantités de matières fertilisantes absorbées par hectare :

DÉSIGNATION	AZOTE.	ACIDE phosphorique	POTASSE	CHAUX	MAGNÉSIE
Vin, 44 hect. 390.	0 ᴋ 457	0 ᴋ 639	6 ᴋ 099	0 ᴋ 679	0 ᴋ 042
Marc de pressoir 243 secs.	4 374	1 677	2 649	1 944	0 292
Marc de chapeau 24. . . .	0 432	0 151	0 305	0 218	0 038
Râfles enlevées					
1,267 sèches	0 244	0 068	0 351	0 122	0 029
Feuilles 1,666	32 268	7 206	13 000	80 670	17 074
Sarments 1,755.	10 524	3 686	14 918	20 006	4 562
Totaux. . .	48 299	13 437	37 322	103 639	22 037

Étant donné que l'emploi des engrais chimiques a pour origine, pour but et pour guide, ce que Liebig a si bien appelé « *La Loi de restitution* », l'engrais chimique par excellence serait celui qui consisterait à rendre *en nature* à la terre les principes primordiaux qui lui ont été enlevés par la récolte, — en d'autres termes, à la fumer avec ses feuilles, ses sarments, le marc de ses raisins et (pour ne rien omettre) la lie de son vin.

D'après ces données, il est facile de restituer au sol les principes fertilisants qui lui ont été enlevés par la récolte.

On peut donc conclure de ces expériences que la vigne est une des cultures qui épuisent le moins le sol, ce qui explique qu'elle peut se maintenir longtemps — des séries d'années — dans les terres les plus pauvres.

Si on considère que les feuilles, les sarments, les râfles et les débris des marcs retournent vivement au sol, l'appoint d'engrais nécessaire pour compléter la restitution se résume à peu de chose. En procédant comme nous l'indiquons par nos composts, on obtiendra des vignes vigoureuses et douées de bons produits.

---

§ 13. — **Quantités de composts pour les vignes.**

Une vigne, bien entretenue par les façons successives de labours, scarifiage, etc., nécessite l'emploi par cep d'environ 2 kil. 500 gr. de compost en moyennant tous les deux ans.

Conformément au système que nous avons adopté, afin de vulgariser en Algérie et en Tunisie, les méthodes les plus appropriées au pays, nous avons résumé dans le tableau suivant les résultats de nos observations sur les quantités de compost que réclame, *tous les deux ans*, chaque nature de cépage.

Quantités en poids de compost nécessaire à chaque pied de vigne

DÉSIGNATION des CÉPAGES GOURMANDS	COMPOST NÉCESSAIRE		DÉSIGNATION des CÉPAGES PEU GOURMANDS	COMPOST NÉCESSAIRE	
	k.	k.		k.	k.
Aramon	3.000	à 5.500	Mourvèdre	2.400	à 2.500
Carignane	2.800	3.000	Piquepoul	2.300	2.400
Farana.	»	»	Malbeck	»	»
Œillade	2.800	2.900	Gamay noir	»	»
Aïne-Amockran. . . .	»	»	Pinot	2.200	2.300
El-Rherbi	»	»	Macabéo.	»	»
Cinsaut	2.700	2.800	Grillah	»	»
Muscat	»	»	Hasseroum.	2.150	2.200
Pedro-Ximénès. . . .	»	»	Grenache	»	»
Bezzoul-Hadra	»	»	Morastel.	»	»
Bezzoul-Kelba	»	»	Ugni blanc.	»	»
Aïne-el-Kelb	2.400	2.600	Clairette.	»	»
Petit-Bouschet	»	»	Furment	2.100	2.200
Beni-Abès.	»	»	Chasselas	»	»

Nos lecteurs savent déjà combien le fumier est nécessaire pour compléter les éléments de la nutrition d'un sol et imprimer un élan décisif à la végétation.

Mais le fumier seul ne suffit pas ; bien plus, le fumier naturel, employé seul contre les souches, peut devenir nuisible à un vignoble en provoquant la coulure, surtout quand il est trop nouveau ou encore employé dans des terrains trop humides. — Le fumier offre aussi le grave inconvénient de favoriser à l'excès la production des herbes adventives. En outre, d'après nos observations, le fumier d'écurie ou d'étables (trop récent) communique au vin récolté dès la même année, un goût *suis generis* infiniment désagréable, car il rappelle vaguement l'odeur même de l'engrais employé.

Certains agronomes ayant contesté ce fait, nous en avons fait l'objet d'expériences qui nous permettent de nous prononcer en connaissance de cause. Voici ce que nous pouvons affirmer d'une façon absolue :

« *L'emploi de fumier nouveau a pour résultat d'altérer le goût du vin, plus ou moins suivant les terrains.* »

Si le terrain est argilo-siliceux, l'odeur est caractéristique ; dans les terrains argiles-calcaires-siliceux ; elle est reconnaissable, enfin, dans les terrains simplement calcaires, elle est encore un peu appréciable. — En résumé, elle exerce toujours sur la qualité de vin une dépréciation qu'il importe de neutraliser chimiquement, par une modification raisonnée de l'engrais.

Nous n'en connaissons pas de mieux appropriée que le compost dont nous avons donné ci-dessus le formule, en indiquant les cépages auxquels il s'applique et les quantités à employer.

RÈGLE GÉNÉRALE.— *Plus les terrains se rapprochent du type calcaire-siliceux, plus ils consomment d'engrais, et, au contraire, plus ils contiennent d'acide et moins de calcaire, moins cette consommation devient forte.*

---

§ 13. — Epandage des engrais-composts.

En principe, nous préférons l'épandage de l'engrais, sous forme de compost sur toute la surface du vignoble, à son dépôt en cuvettes ou en rigoles, sous forme de sellettes, autour de chaque souche. Ce dernier système a, en effet, pour résultat immédiat de laisser l'extrémité des racines latérales de la vigne en dehors de la zône qui peut absorber l'engrais.

Si, toutefois, les circonstances locales ou les moyens d'action dont le viticulteur dispose ne lui permettaient pas l'épandage en plein, et qu'il doive recourir aux cuvettes ou aux sellettes, voici de quelle façon il faudra procéder. — Ce moyen ne devra, cependant, être employé qu'en cas de force majeure, et sous toute réserve, car il n'est guère pratique. Ajoutons cependant que cette espèce de cuvette, comme nous la comprenons (fig. 206),

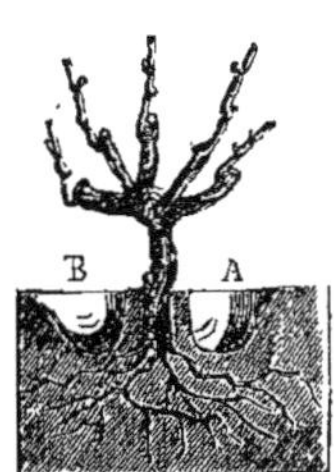

Fig. 206

Cuvette à déposer les composts.

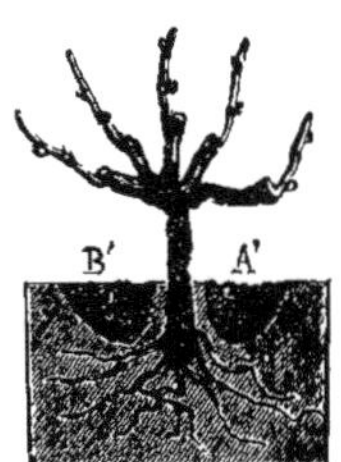

Fig. 207

Cuvette remplie de compost.

Fig. 208. — Civière pour transporter les engrais.

permet de mettre autour du pied de vigne le compost, sans cependant avoir un contact direct avec la souche.

18

La profondeur de l'enfouissage a également pour but d'empêcher la production de mauvaises herbes à la surface.

Dans les vignobles où on provigne, M. Joulie recommande d'introduire 100 à 150 grammes d'engrais approprié dans chaque augette à provin. — L'engrais sera mélangé à une couche de terre de 10 cent. d'épaisseur environ au fond et recevra de 5 à 6 cent. de terre non engraissée, sur laquelle on étendra le sarment. On recouvrira ensuite de 20 à 25 cent. de terre non engraissée.

Ces principales notions admises, il nous reste à décrire les deux modes d'épandage, dont nous avons parlé plus haut.

OPÉRATION DE L'ÉPANDAGE EN CUVETTE

Transporter les composts sur une charette qui les dépose de distance en distance sur les bords du chemin d'exploitation ; à l'aide de brancards ou de civières, on les distribue dans les interlignes, auprès de chaque souche.

L'ouvrier qui est chargé de mettre les composts dans la cuvette circulaire, aura préalablement été avisé de la quantité qu'il faut déposer dans chaque cuvette, ainsi que l'explique la fig. 207.

Ou bien encore on distribue les composts dans les interlignes à l'aide d'un petit tombereau (fig. 208) à main ou à l'aide d'un petit bourriquot : l'écartement des roues de ce petit tombereau est de 1 m 10 maximum, de façon à ce qu'elles puissent passer entre les rangs, n'étant pas élevé, il peut être rapidement chargé, soit à la fourche serrée, soit avec des couffins. Il en est de même pour son déchargement. — Ce tombereau contient de 150 à 200 kilogs de compost, quantité suffisante pour garnir 55 à 60 ceps environ.

Il est bon d'enlever avant l'épandage les *racines aériennes* qui auraient poussé autour du collet des souches

Une équipe de cinq ouvriers suffit pour le travail de l'épandage de 10 hectares ; un de ces ouvriers reste contre le tas à épandre, pour charger les civières, vider ou charger le tombereau, pendant que les quatre autres, munis de civières pleines ou avec le tombereau plein, distribuent les composts à chaque pied suivant les indications de notre tableau.

M. Dupart, propriétaire à Rouïba, distribue les engrais-composts dans les rangs-interlignes à l'aide d'une voie Deceauville qui se déplace rapidement de cinq en cinq rangs. Nous avons, après essai, estimé avec lui que la main-d'œuvre, pour distribuer ces engrais-composts en couverture, s'élève à 40 fr. par hectare.

OPÉRATION DE L'ÉPANDAGE EN COUVERTURE

Comme pour l'épandage en cuvettes, il faut faire transporter par charrette ou tombereau le compost sur les bords du chemin d'exploitation ; de là, il est transporté, à l'aide d'un petit tombereau (fig. 209), dans les interlignes en le distribuant en couverture, à l'aide d'une fourche légère en acier, au fur à mesure que le tombereau avance. On règle la quantité nécessaire suivant la nature des cépages, indiquée à notre tableau.

L'épandage des composts doit se pratiquer aussitôt que le premier labour est fait. C'est le moyea qui permet le mieux aux principes fertilisateurs liquides, gaz, etc., d'arriver jusqu'aux plus intimes extrémités des racines.

Fig. 209. — Tombereau à main pour distribuer les composts.

L'épandage est encore souvent pratiqué avant les labours ; il est alors nécessaire, dans ce cas, que le labour suive immédiatement.

Il vaut mieux faire cette opération en automne pour que les pluies d'hiver profitent à la dissolution des matières.

De toutes les façons il ne faut point perdre de vue qu'un labour est toujours indispensable pour incorporer l'engrais au sol.

§ 12. — Epoque de l'épandage des composts.

Les fumures, sous formes de fumiers naturels de ferme ou de composts, ne produisent réellement leur effet utile que si leur décomposition a eu lieu par le contact du sol.

Un compost bien préparé peut durer plusieurs années avant sa complète décomposition, surtout si le sol est sec ; si le sol est, au contraire, suffisamment humide, cette décomposition en éléments nutritifs s'effectue rapidement, de là l'avantage d'épandre les engrais avant les pluies, c'est-à-dire à la fin de l'automne, car ce serait pure perte d'épandre un fumier en été, puisqu'il se pulvérise sous l'action des vents chauds sans profit aucun.

Une fumure de compost dure, au moins, trois ans dans l'état normal du sol ; mais il est de bonne règle d'épandre ces composts tous les deux ans au moins, afin d'entretenir au vignoble une vigueur rénumératrice.

Prix de revient de l'épandage de compost en cuvettes d'une vigne plantée à 2 mètres
(pour 1,000 souches)

Chargement, transport, déchargement, épandage. . .	2,800 k. à 0,55 les 0/0 k $=$	15.00
Frais généraux.	12 0/0 $=$	1.80
		16.80

Prix de revient de l'épandage de compost en couverture d'une vigne plantée à 2 mètres
(pour 1,000 souches)

Chargement, transport, déchargement en couverture .	2.800 k. à 0,40 les 0/0 k $=$	11.20
Frais généraux	12 0/0 $=$	1.80
		12.50

On peut estimer que les dépenses de l'épandage en couverture sont d'environ 34 francs par hectare.

Ces dépenses augmentent en raison des difficultés qui pourraient exister pour pénétrer dans les vignes ou pour les parcourir en côteau.

§ 14. — Enfouissement des composts.

Quoiqu'en disent plusieurs auteurs, on peut laisser séjourner quelques jours les composts, déposés en couverture, sur le point où ils doivent être utilisés.

Une bonne pluie survenant en ce moment ne nuit pas, au contraire ; car elle fait pénétrer dans le sol une grande partie des principes immédiatement assimilables.

La terre, naturellement ressuyée, les composts sont enfouis. Le moment précis de l'opération est subordonné aux vicissitudes de la saison ; c'est généralement vers le milieu de décembre que l'on procède à ce travail.

L'enfouissement des composts en cuvettes comporte deux opérations.

La première consiste à tracer un sillon rechausseur contre la ligne des engrais ; ce sillon renverse la terre en recouvrant les engrais. On ouvre un autre sillon de l'autre côté de la même ligne, et ainsi de suite jusqu'à ce que les composts de toutes les lignes soient recouverts. Ce travail s'exécute avec une charrue dont le versoir retourne la bande sur elle-même, pour recouvrir le compost.

Il ne sagit plus alors que de terminer le rechaussement des ceps à la pioche. — C'est le but de la deuxième opération qui consiste, purement et simplement, à combler définitivement la cuvette à l'aide d'une houe à main qu'un ouvrier *ad hoc* manœuvre en ayant soin de bien régaler la surface du sol au fur et à mesure qu'il comble la cuvette.

Nous donnons ci-dessous le tableau du prix de revient de l'enfouissement des composts en cuvette. (Vigne plantée à 2^m sur 2^m).

Prix de revient de l'enfouissement des composts préalablement déposés dans les cuvettes

(pour 1,000 souches)

Mulets : 2 journées à 2 fr	4
Laboureur : 1 journée à 3 fr. 50	3.50
Conducteur : 1 journée à 2 fr	2
Ouvrier rechausseur : 1,000 souches à 3 fr. 50	3.50
Frais généraux, 12 $^0/_0$	1.56
TOTAL	14.56

L'enfouissement des composts exige un labour exécuté avec une charrue dont le versoir est construit en forme d'hélice, afin que toutes les matières du compost se trouvent en majeure partie recouvertes.

FIG. 210. — Autre modèle de tombereau à cheval pour le transport des compost.

La charrue doit donc être traînée, aussi près que possible de l'arête des cuvettes, par deux mulets moyens; cette charrue est dirigée par un bon laboureur adroit, et les animaux de trait par un conducteur qui se maintient à la droite des animaux.

Cette manœuvre demande des soins et une attention constante, afin que l'enfouissement soit régulier et qu'il ne reste plus, sur le sol, de la terre extraite des cuvettes.

Pour ces opérations successives, l'emploi de la charrue Dombasle est tout indiqué, car son versoir se rapproche d'une manière générale de celui que nous venons de décrire et nécessaire dans le cas qui nous occupe.

Repétons aussi qu'il faut profiter du labour destiné à enfouir les composts pour enterrer avec eux les sarments devant servir d'appoint pour l'engrais et qui ont dû être, dans ce but, coupés par petits bouts ou broyés (voir chapitre *Sarments*, p. 203 et suivantes).

Prix de revient de l'enfouissement des composts en couverture par hectare

(vigne plantée à 2 mètres)

Mulets : 5 journées à 2 fr	10.00
Laboureur : 2 journées 1/2 à 3 fr. 50	8.75
Guide-conducteur : 2 journées 1/2 à 2 fr	5.00
Piocheur-enfouisseur : 4 journées à 2 fr. 50	10.00
Frais généraux, 12 %	4.05
Total	37.80

Le piocheur, signalé dans le compte de revient, a pour mission d'enfouir les engrais qui n'ont pas été atteints, soit dans les rangs, soit autre part, par la charrue.

ENGRAIS VERTS

§ 1. — Généralité. — De leur utilité et de leur emploi.

Les engrais verts, dit M. Joignaux [1] « consistent en récoltes que l'on enfouit dans le sol avant leur complet développement. Ce mode de fumure — le plus naturel de tous — date des temps les plus reculés, Pline [2] et Columelle le préconisaient et il ne disparaîtra vraisemblablement jamais des pratiques agricoles ».

Les engrais verts sont applicables à tous les terrains, mais ils conviennent beaucoup mieux aux terrains secs et légers, qu'aux terrains compacts et frais, mieux aux pays chauds qu'aux pays froids ; ils sont précieux surtout dans les localités d'un accès difficile ou impassible aux voitures. Prenons pour exemple un coteau plus ou moins rapide à cultiver et qui ne comporte, comme chemins de desservitude, que des sentiers des allées très rudes ; il faut, dans ce cas, renoncer à l'emploi des fumiers de ferme et s'estimer heureux de pouvoir recourir aux engrais verts.

Les végétaux dont on se sert en fumures vertes, sont les regains de trèfle, de sarrasins, les navets, les vesces, le s lupins blancs et jaunes, les féveroles, la navette, le colza, le *madia saliva* ou avoine d'hiver et la spergule ; on pourrait en employer beaucoup d'autres encore avec le même succès.

Les herbes mélangées sont préférables à celles que l'on enfouit isolément, parce que la richesse d'un engrais quelconque est toujours en raison de la diversité des subtances qui le composent.

Les Allemands qui d'ordinaire enfouissent des mélanges de spergule et de navets, des mélanges de spergule et de colza ou de sarrasin et de colza, font donc, en ceci, acte d'intelligence, et l'exemple qu'ils nous donnent, mérite d'être suivi.

Plus les plantes destinées à être enfouies croissent vite et se chargent de feuilles, plus elles valent. Quand on veut les enfouir sur place,

---

(1) Le *Livre de la Ferme et de la Maison de Campagne*, p. 30.
(2) Pline, *loc. cit.*, p. 616 et 673.

c'est-à-dire au lieu même où elles ont végété, il est d'usage de les cou
cher d'abord en faisant passer le rouleau sur la récolte ; cependant, on
les fauche quelquefois afin de rendre le travail de la charrue plus
facile.

Pour enfouir les engrais verts, il faut saisir le moment où les plantes
sont en pleine floraison. Plus tôt elles sont tendres, aqueuses et très
pauvres en matières fertilisantes ; plus tard, elles sont coriaces, d'une
décomposition difficile et moins riches en sels alcalins qu'au moment
de la floraison. C'est un fait acquis à la science et à la pratique ; le
docteur Sacc l'a constaté un des premiers dans son *Traité de Chimie* ;
les fabricants de potasse ont fait la même remarque depuis longtemps
de leur côté, ils se basent sur cette constatation pour la préparation du
salin.

Les cultivateurs ne sont pas absolument tenus de semer les plantes
à enfouir sur le champ qui doit recevoir la fumure verte. Rien n'empêche, au besoin, de les prendre dans le voisinage, de les récolter en
temps convenable et de les transporter à destination, lorsque le transport ne présente pas des difficultés sérieuses et n'exige pas de grands
frais. C'est ainsi que l'on procède avec des feuilles de carottes, de
navets, de betteraves, de panais, avec les roseaux, avec les mauvaises
herbes de rivière.

En Italie même, d'où nous la tenons, cette pratique n'est point tombée et risque moins que jamais de tomber en désuétude, car les
nombreux savants qui s'y occupent avec tant de succès de la vigne,
s'accordent à en recommander la continuation. « Des expériences maintes fois répétées, » dit Frojo [1], « nous ont démontré que, partout où
s'est fait cet enfouissement (des lupins), on a obtenu fruit plus abondant,
vigne plus vigoureuse (*rigogliosa*), sarments mieux nourris. Aussi,
insistons-nous pour recommander cette pratique, particulièrement
dans les pays chauds où on a plus besoin de conserver la terre fraîche
au printemps et au commencement de l'été ; ce qui s'obtient justement,
par l'enfouissement des plantes, qui, en se décomposant petit à petit,
imprègnent la terre d'humidité ». — Avis à nos vignerons d'Algérie.

Outre les plantes ci-dessus, nous recommandons en outre, comme
source végétale d'azote, les tourteaux d'huile de ricin, de sésame, de
lin, d'amandes, d'*olives* et de navette. — Paul Thénard a également
tiré bon parti de cette substance, en Bourgogne, contre les larves de
l'*eumolpe* ou écrivain.

La seule condition est que le tourteau ait été préparé au-dessous de
80°, température à laquelle la myrosine perd, en se coagulant, la
faculté de décomposer le myronate de potasse, avec dégagement de
sulfo-cyanure d'allyle (essence de moutarde).

Le tourteau réduit en poudre est répandu, du 15 février au 15 mars,
à la dose de 1,200 kil. par hectare.

---

(1) Ladrey, *loc. cit.*, p. 276.— Portes et Ruyssen, *Traité de la Vigne*, p. 594.

Les autres tourteaux s'emploient à la dose de 2,000 kil. par hectare et par an ; leur pauvreté en potasse doit être amendée à l'aide de 4 à 500 kil. de sels de potasse (sulfate, sulfure, chlorate). — Nos lecteurs pourront d'ailleurs se rendre compte de la valeur et de la composition des différents tourteaux en consultant le tableau spécial (p. 241) que nous avons consacré à ce sujet.

Donnons, pour clore cette introduction, la nomenclature des principales herbacées, destinées à être converties en engrais verts, actuellement employées.

Analyse des principales plantes pouvant servir d'engrais verts

DÉSIGNATION des PLANTES A L'ÉTAT NORMAL	EAU	AZOTE	NATURE des TERRES A CULTIVER
Lupin blanc	75 %	0.47 %	léger, siliceux
Lupin jaune	76 —	0.46 —	— —
Trèfle incarnat	86 —	0.52 —	léger, silico-schist.
Vesce	80 —	0.56 —	moyenne, ar. s.-c.
Fèverole	75 —	0.51 —	— —
Sarrazin	71 —	0.17 —	moyenne s.-c.
Orge	85 —	0.25 —	tous les terrains
Avoine	83 —	0.28 —	— —
Spergule	66 —	0.39 —	léger, silico-calc.
Navet	92 —	0.10 —	léger, s. c. a.
Colza d'hiver	80 —	0.75 —	moyenne a.-c.-s.
Moutarde blanche	76 —	0.37 —	moyenne arg. calc.
Cactus (Figue de Barbarie)	70 —	1.00 —	— —
Goëmon ou varechs	60 —	0.70 —	— —

§ 2. — Modes de cultures des plantes vertes.

Pour la clarté des explications que nous croyons utile de donner et pour permettre au viticulteur d'appliquer lui-même à ses terres, selon leur composition géologique et leurs propriétés respectives, le mode d'engrais le plus approprié à leur constition, nous avons estimé indispensable de consacrer une description spéciale à chaque légumineuse, herbacée ou fourragère, en décrivant leurs caractères spécifiques, la production actuelle, le degré de matières chimiques qu'elles rendent au sol, ainsi que les terrains les mieux appropriés à leur genre de culture respective.

En matière de viticulture, une observation constante, de chaque instant, est indispensable ; ce n'est que grâce à cette opiniâtreté de l'idée, si je puis m'exprimer ainsi, que nous sommes arrivés à faire produire, en notre terre d'Afrique, des rendements où la quantité et la qualité ne laissaient rien à désirer.

L'expérience, c'est-à-dire la science appliquée à la culture, nous a donné de trop grandes leçons, suivies d'exemples si probants, que je crois un devoir d'insister, — tout en priant le lecteur d'excuser ma prolixité, justifiée cependant....

Cette digression pardonnée, revenons à notre sujet.

LUPIN BLANC

Le lupin blanc, très considéré de Columelle comme engrais parfait pour la vigne, est une plante annuelle qui atteint 1 mètre de hauteur.

Le sol qui convient à sa culture doit être meuble, non argileux, ni calcaire, car elle se plaît dans les terres légères à base de silice.

On la sème en janvier en Algérie et en Tunisie, pour l'enfouir en avril.

Il faut 125 à 130 kilogs de graine par hectare, mais comme un hectare de vigne ne comporte guère que 60 ares de terre disponible, c'est donc environ 78 kilogs de graine qui sont nécessaires à cet ensemencement.

Une fois la semence bien répartie sur le sol, on l'enterre faiblement par deux hersages légers.

Lorsque la fleur est en plein, c'est le moment d'enterrer les tiges et feuilles, à l'aide d'une charrue ; mais pour faciliter ce travail, il est nécessaire de couper préalablement les tiges à la base avec une petite faulx.

L'engrais en vert ne se pratique que tous les 3 ou 4 ans ; son rôle consiste surtout à entretenir la terre fraîche et il sert, en même temps, de coadjuteur aux composts ou aux amendements.

Si les semailles ont été bien soignées, les rendements peuvent aller jusqu'à 25,000 kilogrammes de produits en vert.

LUPIN JAUNE

La nature spécifique du lupin jaune diffère peu du blanc, il reste cependant plus petit et fournit moins de produits ; mais en revanche, il est moins difficile pour le choix du terrain.

Les quantités de graines employées pour ensemencer un hectare de vigne sont les mêmes que celles de son congénère.

Enfin, cette plante fournit au sol une certaine quantité d'azote dont le prix de revient est inférieur à celui de l'azote commerciale, et on

peut estimer que la part de l'azote fournie s'élève à près de 60 kilogs,
sur la surface de 60 ares.

La production du lupin en vert peut s'élever en moyenne, en Algérie
et en Tunisie, à 20,000 kil. ou pour 60 ares à 12,000 kil. Sachant que la
teneur en azote de ce produit en vert est de 0,47 0/0, nous trouvons
56 k. 400 grammes ; d'autre part, la dépense pour obtenir ce résultat se
décompose de la façon suivante :

$$
\left.
\begin{array}{lr}
\text{Labours et hersages, etc} & 20 \\
\text{Semence} & 14 \\
\text{Fauchage et enfouissement} & 22 \\
\text{Faux frais généraux, 12 0/0} & 6.96
\end{array}
\right\}
\quad \frac{64.96}{5,64} = 1\,\text{f}.15
$$

Soit l'azote à 1 fr. 15 le kilog.

TRÈFLE INCARNAT

Le trèfle rouge incarnat fournit une bonne coupe, plus hâtive que
celle obtenue avec le trèfle blanc ; mais il est assez difficile pour le
terrain, quoi qu'en général il réussisse très bien dans les terres où le
blé et l'avoine prospèrent.

Les sols argilo-siliceux, à sous-sol imperméable, ne lui sont pas
favorables ; en revanche, les terres argilo-siliceuses, granitiques,
schisteuses, silico-argileuses, les terres calcaires mélangées de grès
vert et les terrains secondaires et tertiaires, sont celles sur lesquelles
il se développe parfaitement.

Les semailles du trèfle incarnat se font, dans le nord de l'Afrique,
fin octobre. — Pour cela, il est nécessaire de faire un simple labour et
le rouler ensuite ; puis on sème 15 à 16 kilogs de graines sur les 60
ares disponibles formant interligne, en ayant soin d'attacher les vignes
pour que la charrue puisse passer librement entre les rangs.

L'enterrement de la semence s'effectue à l'aide d'un hersage léger.

Le trèfle incarnat se sème seul ou associé avec d'autres plantes
fourragères, telles que : vesces, avoine, quelquefois des navets.

Il peut produire de 18,000 à 20,000 kilog. à l'hectare, soit 12,000 kil.
sur 60 ares. Sa teneur en azote est de 0,52, soit 62 k. 400 comme produit total.

La dépense se décompose de la façon suivante :

$$
\left.
\begin{array}{lr}
\text{Labour, roulage, semaille et hersage.} & 20 \\
\text{Semences} & 37.50 \\
\text{Labour d'enfouissage.} & 15 \\
\text{Frais généraux.} & 8.70
\end{array}
\right\}
\quad \frac{81.20}{62.400} = 1\,\text{f}.30
$$

Pour cette plante, l'azote revient à 1 fr. 30 le kilog.

VESCE

La vesce. est une plante fourragère, connue déjà au temps des Grecs et des Romains qui la cultivaient pour l'alimentation du bétail. Cette légumineuse a des tiges très rameuses d'une hauteur de 40 à 50 centimètres. La variété la plus convenable pour servir d'engrais vert, est la vesce à gros fruits *(vicia macrocarpa)*.

La vesce réclame un terrain bien ressuyé en hiver ; elle prospère rapidement dans les terres argilo-calco-siliceuses.

La vesce d'hiver se sème fin octobre, sur un simple labour ; la graine est enterrée faiblement à l'aide de la herse.

La quantité de semence nécessaire pour couvrir un hectare est, en Algérie et en Tunisie, de 140 à 200 litres, soit une moyenne de 102 litres pour les 60 ares disponibles dans les interlignes.

La vesce a une tendance, dans sa dernière période de croissance, à s'affaiser sur le sol et pourrir. On obvie à cet inconvénient en lui associant de l'avoine blanche dans la proportion de 12 à 15 litres.

Vers les premier jours d'avril, la vesce a atteint la puissance voulue pour engraisser le sol ; il s'agit donc de la faucher et de l'enfouir.

Le rendement de la vesce en vert, au moment où on l'enfouit, est de 10,000 à 14,000 kilogs, c'est-à-dire environ 7,200 kil. pour 60 ares.

La teneur en azote est de 0,56, soit 40 k. 320 gr. produit total d'azote.

La dépense se décompose de la façon suivante :

Labour, semaille, hersage.	20.00	
Semence.	18.00	64.96
Fauchage et enfouissement	20.00	———— = 1 f.61
Frais généraux 12 % . :	6.96	40.320

L'azote total revient donc à 1 fr. 61 le kilog.

FÈVEROLE

La fèverole en vert est un excellent fourrage qui, enfoui, procure à la terre une certaine fraîcheur et lui communique des éléments fertilisants en suffisante quantité pour l'entretenir en bon état.

Elle se comporte bien dans les terrains argilo-calcaires-siliceux, un peu frais et profonds, mais réussit mal sur les sols trop légers et dans les terrains secs.

On sème environ 200 litres de fèverole d'hiver par hectare, soit 120 litres pour 60 ares (terrain des interlignes).

On lui associe souvent aussi, pour la soutenir, de l'avoine blanche, dans la proportion de 10 % .

Les semailles s'exécutent fin octobre, et la fauchaison vers la première quinzaine d'avril, pour enfouir de suite.

Le rendement de la fèverole en vert, quand il est temps de l'enfouir, s'élève de 20,000 à 30,000 kilogs, soit en moyenne pour 60 ares 15,000 kil.

La teneur en azote est de 0,51, soit 76 k. 500 gr. — La dépense se décompose de la façon suivante :

$$
\left.
\begin{array}{lr}
\text{Labours, semaille, hersage} & 22 \\
\text{Semence} & 20 \\
\text{Fauchage et enfouissement} & 21 \\
\text{Frais généraux, 12 } \% & 7.56 \\
\end{array}
\right\} \quad \dfrac{70.56}{76.500} = 0\,\text{f}92
$$

La fèverole en vert produit de l'azote à 0,92 c. le kilog.

SARRASIN COMMUN

Le sarrasin est cultivé en Europe depuis fort longtemps ; c'est une plante à tige droite, pas gourmande de terres spéciales, qui s'accomode des terrains argilo-siliceux, silico-calcaires, silico-argileux et même schisteux, redoutant toutefois les terres sablonneuses.

On sème le sarrasin à la volée sur la terre préalablement labourée, en lui associant souvent des pois, etc., à l'époque la plus convenable qui est, en Algérie, la dernière quinzaine d'octobre.

La quantité de graines nécessaire pour couvrir un hectare est de 80 à 100 litres, soit pour 60 ares 54 litres.

On enterre cette semaille, comme pour les céréales, à l'aide d'un bon hersage.

Le rendement d'un hectare de sarrasin en vert est de 10,000 à 15,000 kilogs au moment de l'enfouissement, soit 7,500 kilogs pour 60 ares. Ce fourrage, en l'état où il se trouve au moment de l'enfouissement, dose 0,17 d'azote, soit 700 k. $\times$ 0,17 k. $=$ 12 k. 75.

La dépense se décompose de la façon suivante :

$$
\left.
\begin{array}{lr}
\text{Labour, semaille, hersage} & 20.00 \\
\text{Semence} & 08.00 \\
\text{Labour enfouisseur sans faucher} & 15.00 \\
\text{Frais généraux, 12 } \% & 5.16 \\
\end{array}
\right\} \quad \dfrac{48.16}{12.75} = 3\,\text{f}.75
$$

Dans cette culture, l'azote revient très cher ; mais, en revanche, ce fourrage possède une grande quantité d'acide phosphorique.

ORGE ESCOURGEON

On cultive l'orge non-seulement pour son grain, mais encore comme fourrage en vert qui est très précoce dans les terrains maigres et pauvres.

On sème de 200 à 250 litres d'orge en couverture par hectare, soit 135 litres pour 60 ares.

Les terrains qui conviennent à cette culture ne doivent être ni argileux, ni sablonneux.

La semaille s'opère, comme pour toutes les céréales, sur un bon labour et l'enfouissement par un hersage énergique. L'époque la plus propice est dans les premiers jours d'octobre, et on peut s'en servir dans les premiers jours de février, sans même fauche.r

Le rendement d'un hectare d'orge, en vert, est évalué de 14,000 à 20,000 kilogs, soit 10,200 kilogs pour 60 ares, et son dosage en azote peut se chiffrer à 0,25 gr., soit 10,200 × 0,25 gr. = 25,500.

La dépense se décompose de la façon suivante :

$$\left.\begin{array}{l} \text{Labour, semaille, hersage.} \dots\dots 20.00 \\ \text{Semence.} \dots\dots\dots\dots 11.00 \\ \text{Labour enfouisseur sans fauchage.} \ 15.00 \\ \text{Frais généraux, 12 \%} \dots\dots 5.52 \end{array}\right\} \ \frac{51.52}{25.500} = 2\,\text{f.}\,02$$

Le prix de revient de l'azote est ici de 2 f. 02 le kilog.; mais cette plante laisse beaucoup d'acide phosphorique assimilable dans le sol.

AVOINE D'HIVER

L'avoine d'hiver forme un bon fourrage en vert se décomposant très facilement.

Comme pour l'orge en vert, on sème son grain sur un bon labour, recouvert ensuite à l'aide d'un hersage énergique.

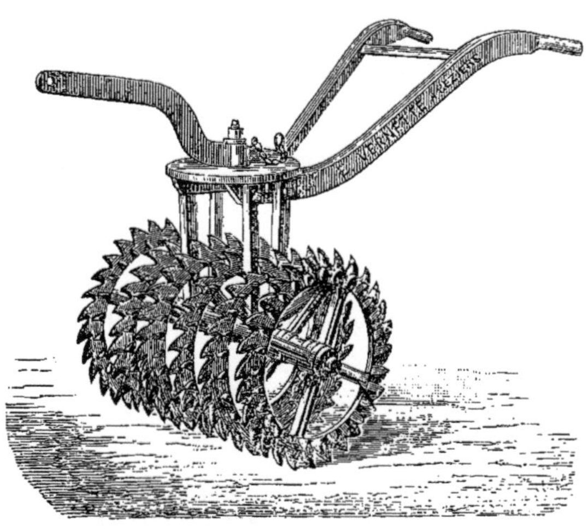

Fig. 211. — Rouleau Kroskill, pour vignes.

On sème de 200 à 250 litres d'avoine en couverture par hectare vers les premiers jours de septembre, c'est-à-dire 81 litres pour 60 ares.

Les terrains les mieux appropriés à cette céréale sont à peu près tous ceux qui contiennent de la chaux et de la silice ; les terres argilo-calcaires siliceuses sont parfaites.— En résumé l'avoine pousse à peu près sur tous les sols.

On procède à l'enfouissement sans fauchage ; il suffit de rouler simplement avec un rouleau kroskil.

Le rendement de l'avoine en vert varie suivant la nature du sol et l'état hydrométrique de la saison.

On estime qu'un hectare fournit de 15,000 à 20,000 kil. de fourrage vert, c'est-à-dire 10,500 kil. pour 60 ares.

La composition chimique de ce fourrage donne 0,28 d'azote $^0/_0$, soit pour $10,500 \times 0,28 = 29$ fr. 400 gr. d'azote.

La dépense se décompose de la façon suivante :

$$\left. \begin{array}{lr} \text{Labour, semaille, hersage.} & 20.00 \\ \text{Semence.} & 11.00 \\ \text{Roulage, labour et enfouissement} & 15.00 \\ \text{Frais généraux, 12 }^0/_0 & 5.52 \end{array} \right\} \quad \frac{51.52}{29.400} = 1\,\text{f. }75$$

Le prix de revient de l'azote est ici de 1 fr. 75 le kilog.

SPERGULE

La spergule est un fourrage assez riche en azote et en acide phosphorique ; mais elle réclame un terrain frais, léger et sablonneux ou encore silico-argileux.

Les graines, à raison de 80 litres par hectare (soit 48 litres pour 60 ares), sont ensemencées sur un labour ordinaire suivi d'un léger hersage.

Le rendement par hectare étant évalué de 10,000 à 12,000 kil., soit (pour 60 ares) environ 6,600 kil., sa valeur en azote est de 0,39, soit $6,600 \times 0,39 = 25$ kil. 74.

Voici d'ailleurs le détail de la dépense :

$$\left. \begin{array}{lr} \text{Labours, semailles, hersage} & 20\,\text{f.}00 \\ \text{Semences.} & 15\;00 \\ \text{Labour et enfouissement} & 15\;00 \\ \text{Frais généraux, 12 }^0/_0 & 6\;00 \end{array} \right\} \quad \frac{57\;00}{25\;74} = 2\,\text{f. }12$$

Le prix de revient de l'azote, dans ce cas, est de 2 fr. 12 le kilog.

NAVETS

Les navets ou raves, surtout la variété connue sous la désignation de *Turnep Robioule* ou *grosse rave*, sont généralement cultivés pour fournir à la terre un engrais vert de bonne contenance.

Les terrains qui conviennent le mieux à ce crucifère, sont ceux à base de silice, tels que les sols argilo-siliceuses, schisteuses, granitiques ou silico-calcaires.

Les graines de raves se sèment sur un labour hersé et recouvert légèrement par un hersage ; dans le cas qui nous occupe, on sème en plein.

Il faut par hectare 5 kil. de graine, soit 3 kil. pour 60 ares, qui doivent être semées dans la première quinzaine d'octobre.

On procède à l'enfouissement vers la fin mars. Les rendements en vert, avant que les raves soient à point de maturité, sont évalués de 20,000 à 30,000 kil., soit 15,000 kil. pour 60 ares.

La teneur chimique en azote de ce fourrage est de 0,13 %, soit 19 k. 500, 65 kil. de potasse et 25 kil. d'acide phosphorique.

La dépense se décompose de la façon suivante :

$$
\left.\begin{array}{l}
\text{Labour, semaille, hersage.} \quad . \quad . \quad . \quad 23 \text{ f. } 00 \\
\text{Semence.} \quad . \quad . \quad . \quad . \quad . \quad . \quad . \quad 5 \quad 00 \\
\text{Labour enfouisseur} \quad . \quad . \quad . \quad . \quad 15 \quad 00 \\
\text{Frais généraux.} \quad . \quad . \quad . \quad . \quad . \quad 5 \quad 00
\end{array}\right\} \quad \frac{48 \quad 16}{19 \quad 50} = 2 \text{ f. } 46
$$

Si l'azote revient aussi cher dans ce fourrage, c'est que d'autre part il fournit de l'acide phosphorique et de la potasse pour une somme qui vient en déduction de 1 franc par kilog de celle de 2 fr. 46.

COLZA D'HIVER

Depuis fort longtemps, on cultive le colza d'hiver comme plante fourragère ; cette crucifère a des tiges ramifiées très chargées de feuilles, avec fleurs jaunes. — On sème au commencement d'octobre et on enfouit la récolte en février, lorsqu'elle a atteint environ $0^m 70$ de hauteur, au moment où la fleur va faire son apparition.

Les semailles se font à la volée sur un labour hersé, puis on l'enterre par un hersage d'épine.

En général, cette plante réussit très bien sur les terres à céréales un peu argileuses, et médiocrement sur les terres légères peu fertiles.

Il faut 10 à 12 litres de graine pour couvrir un hectare, c'est-à-dire 6 litres 600 de semence pour 60 ares.

Le rendement en vert au moment de l'enfouissement est évalué de 10,000 à 14,000 kilogs, soit une moyenne de 7,200 kilogs pour 60 ares.

Sachant que, dans la composition chimique du colza en vert, on trouve 0,75 % d'azote, soit $7,200 \times 0,75 = 48$ kil. 600 gr.

$$
\left.\begin{array}{l}
\text{Labour, semaille, hersage} \quad . \quad . \quad . \quad 20 \text{ f. } 00 \\
\text{Semence.} \quad . \quad . \quad . \quad . \quad . \quad . \quad . \quad 5 \quad 00 \\
\text{Coupe et enfouissage.} \quad . \quad . \quad . \quad . \quad 22 \quad 00 \\
\text{Frais généraux, 12 %} \quad . \quad . \quad . \quad . \quad 5 \quad 28
\end{array}\right\} \quad \frac{49 \quad 28}{47 \quad 600} = 1 \text{ f. } 01
$$

Nous rencontrons, cette fois, un fourrage vert qui donne de l'azote encore meilleur marché que le lupin, c'est-à-dire que son prix de revient n'arrive qu'à 1 fr. 01 cent. le kilog.

Le colza d'hiver est une plante à retenir pour régénérer et ameublir les terrains argilo-calcaires caillouteux.

MOUTARDE BLANCHE

La moutarde blanche est une crucifère de récente culture, comme plante fourragère ; ses tiges sont droites, rameuses et leur hauteur s'élève jusqu'à 70 centimètres.

La moutarde blanche pousse rapidement ; elle fleurit 40 à 50 jours après sa germination.

Cette plante réussit très bien sur les terres argilo-calcaires et sur les sols argilo-siliceux. Elle se sème fin octobre sur un labour hersé, puis enterrée par un hersage léger.

Il faut employer 12 à 15 kilogs de graine pour couvrir un hectare, c'est-à-dire 8 kil 100 gr. pour 60 ares.

Lorsque la moutarde blanche montre le commencement des silliques des premières fleurs, on la fauche, puis on enfouit cette récolte à l'aide d'un labour. Il reste entendu que la moutarde blanche sera roulée avant son enfouissement.

Le rendement de cette plante est naturellement subordonné à la nature du sol et à l'état climatérique de la saison ; on estime cependant que sa production s'élève, en moyenne, de 12,000 à 20,000 kilogs en vert, c'est-à-dire à 9,600 kilogs pour 60 ares.

La teneur chimique en azote de ce fourrage en vert est de 0,37, soit $9,600 \times 0,37 = 35$ kil. 520 gr.

La dépense nécessaire pour arriver à cet effet est de :

$$\left. \begin{array}{lr} \text{Labour, semaille, hersage.} & \text{23 f. 00} \\ \text{Semence.} & \text{2 50} \\ \text{Fauchage, labour enfouisseur.} & \text{23 00} \\ \text{Frais généraux, 12 \%} & \text{5 82} \end{array} \right\} \quad \frac{54 \quad 32}{35 \quad 520} = 1 \text{ f. } 52$$

Le prix de revient de l'azote dans ce fourrage est de 1 fr. 52 le kilog, mais il reste d'autres produits assimilables très appréciés aussi au point de vue de l'engrais.

GOÉMON OU VARECHS

Les goémons sont des plantes marines connues sous la désignation de *fucus*, qui se détachent des rochers ou des bas-fonds, près du littoral de la mer.

Cette grande ressource d'engrais n'est véritablement pas utilisée, c'est à peine si quelques agriculteurs les recueillent pour les mélanger avec leur fumier.— Ces divers fucus renferment cependant des proportions de principes fertilisants qui en font un engrais précieux.

Voici, d'après quelques analyses, la composition de ces végétaux à l'état humide et à l'état sec.

A L'ÉTAT HUMIDE

COMPOSITION CHIMIQUE	Goëmons d'épaves		Goëmon de coupe	
Eau	61.11 à 76.06		66.92 à 69.75	
Azote.	0.57	0.68	0.36	0.53
Acide phosphorique.	0.20	0.07	0.13	0.15
Potasse	0.34	2 »	0.34	0.43
Chaux.	0.68	1.10	0.86	1.10

A L'ÉTAT DESSÉCHÉ

GOÈMONS	AZOTE	ACIDE PHOSPHORIQUE	POTASSE	CHAUX
En branche	1.75	0.44	2.15	1.93
Pulvérisé.	1.05	0.30	3.34	2.24
Epaves	1.33	0.36	»	3.01
De coupe.	1.10	0.21	»	1.29
Séchés et broyés	1.68	0.47	4.27	»

Le goëmon peut être enterré, soit immédiatement, soit après avoir été desséché. — Tout le monde peut se procurer gratis ces sortes de débris marins sur les bords de la mer, surtout à la suite d'une forte marée.

DIX-HUITIÈME CHAPITRE

MODIFICATION DE LA NATURE DU SOL

SOMMAIRE :

Des terrains géologiques en Algérie et en Tunisie. — Modification du sol. — Des principaux terrains utilisables. — Leur nature. — Tableau de prix comparés variables d'après la nature géologique du sol.

DES TERRAINS

§ 1. — Modification de la nature du sol.

La géologie du nord de l'Afrique Française est formée, dans la généralité de ses assises primitives, de terres de compositions différentes ; malgré ces diverses natures, des vignobles ont été créés au hasard, un peu partout, sans souci de l'avenir.

Bien des sols n'ont pas répondu à l'attente des viticulteurs, à prendre comme preuve ou comme exemple les terrains du M'léta, à Port-Gueydon.

Transformer un sol qui ne répond aucunement aux espérances du viticulteur, telle est la tâche et le point capital auquel tout propriétaire doit principalement s'attacher en Afrique.

Une étude succinte des terrains est donc nécessaire en le cas qui nous occupe. — Nous essayons de la faire aussi courte que possible, en n'abordant que les lignes principales et techniques de la question.

SOLS SABLEUX

Un sol sableux maigre et dépourvu de principes argileux, tel qu'on en rencontre souvent sur les bords du littoral et sur les hauts-plateaux, déssèche bien vite sous l'ardeur du soleil, si les pluies n'ont pas été suffisamment abondantes pendant la saison d'hiver — et, par suite, devient impropre à une végétation relativement normale.

Sans perdre un instant de vue la question économique de ce travail, nous disons que, pour modifier un sol de cette nature, il ne faut pas hésiter un instant à faire les sacrifices voulus.

Pour rendre ce sol plus dense et moins poreux, il est nécessaire d'y incorporer en couverture une légère couche d'argile noire, telle que celle que l'on rencontre sur les bords des oueds, des lacs et dans le fond des talwegs.

La quantité d'argile noire doit être mise en raison de l'aridité du sol à transformer. — A proportion gardée, 100 mètres cubes de cette terre seront mis à sécher sur une aire pavée, terre qui sera ensuite écrasée avec un rouleau en pierre et, réduite à l'état pulvérisé, transportée sur le champ à modifier ; il suffira la semer en couverture.

Les labours et façons successives, nécessaires à la vigne, détermineront la combinaison de ces deux natures de terre. — Les pluies viendront ensuite unifier toutes ces façons par une alliance, dès la première année.

Prix de revient d'une opération modificatrice d'un hectare de terre sableuse

Fouille et jet de pelle (terre de 4me nature) 100 m. à 0 f. 40 c.	40 f. 00
Ecrasement de la terre argileuse, 100 mètres à 0 f. 90 c. . . .	90 00
Transport à 5 kilomètres 100 mètres à 1 f. 50 c	150 00
Semaille de la dite terre, 100 mètres à 0 f. 90 c . . . , . .	90 00
Frais généraux, 12 o/o . . . . , ... , . : .	44 40
Total.	414 40

Ce prix peut être notablement diminué, si la terre argileuse se trouve à une distance de quelques centaines de mètres de distance.

SOL CALCAIRE

Les sols très calcaires ont besoin d'être ramenés à un certain degré de plasticité, une densité plus grande, et à une composition plus normale.

Les terrains calco-siliceux sont généralement maigres et, par suite, peu productifs ; leur fertilité est réduite à l'humus qu'ils contiennent.

Lorsque l'humus est en contact avec ce genre de terrain, il se décompose rapidement pour s'assimiler aux plantes ; mais sa durée étant très courte, il faut pour cela lui associer une substance modératrice et complémentaire à la fois.

Ici, comme dans les terrains sableux, il est nécessaire aussi de répandre, à la surface du sol, de la terre argileuse noire ou, à défaut, toute autre terre argileuse. Les proportions d'épandage restent les mêmes.

TERRE ARGILEUSE

Les terrains argileux sont assez fréquents en Algérie, tantôt en Sahel, tantôt en plaine.

Comme ce sol est trop plastique, malgré la silice qu'il contient toujours, il faut avoir recours aux agents calcaires.

Les calcaires que l'on rencontre un peu partout, en Algérie et en

Tunisie, sont, sous plusieurs formes, tantôt à l'état de carbonate siliceux assez dur, quelquefois en carbonate tendre, et aussi en nature de sulfate. Ces dernières sont plus rares ; dans tous les cas, ils ne doivent jouer qu'un rôle secondaire à ce sujet.

Les tufs tendres et faciles à écraser sont ceux sur lesquels, étant donné leur composition, on s'adressera de préférence.

On écrase les tufs tendres, soit avec un pilon animé par un moteur, ou manœuvré par mains d'homme. Ces petits débris sont pulvérisés par un rouleau en pierre sur une aire en dalles de pierre ou ciment.

Comme pour les autres opérations, on sème ce produit en couverture sur l'argile dans la proportion suivante pour 100 mètres cubes :

Prix de revient d'une opération modificatrice d'un hectare de terre argileuse

Fouille à la pique, 100 mètres cubes à 1 f. 25 c.	125	00
Écrasement des tufs, 100 mètres cubes à 0,90 c.	90	00
Transport à 5 kilomètres, 100 mètres cubes à 1 f. 50 . . .	150	00
Plâtre crû, 20 quintaux à 2 f.	40	00
Semaille, 102 mètres cubes à 0 f. 90	91	80
Frais généraux, 12 o/o	62	62
Dépense totale par hectare.	558	42

TERRE SILICO-ARGILEUSE

Les déjections des forêts, en montagne, forment quelquefois des couches de terres noires rebelles à la production ; ces terrains sont silico-argileux, et leur aridité vient surtout de l'apport de débris végétaux acides, tels que le tannin et autres, etc.

Dans ce cas, la formule est toute trouvée : il faut lui associer des agents neutralisant d'une part les acides et décomposant, en même temps, l'humus ainsi que les autres corps contenus dans cette terre.

L'apport de calcaires, de phosphates et de plâtre, constitue le seul moyen de remédier à cet inconvénient.

Prix de revient d'une opération modificatrice d'un hectare de terre noire silico-argileuse

1re année, phosphate de chaux, (à 50 P. H.) 2,000 k. à 8 fr. .	160 f. 00
Plâtre, 5,000 kilogs à 2 fr.	100	00
2me année, carbonate de chaux pulvérisé, 20,008 kil. à 3 fr. .	60	00
Epandage, 27,000 kilogs à 1 fr.	27	00
Frais généraux. . . . . , ...	41	64
Total . .	388	64

Toutes ces modifications du sol ne sont réellement pratiques que dans le cas où la terre est plantée en vignoble ou encore en jardin verger ou potager.

La terre est encore assez bon marché dans notre colonie pour éviter des dépenses qui sont onéreuses et qui peuvent être très facilement évitées.

Le choix des terrains est donc d'une importance sérieuse, dès qu'il est question de créer un vignoble. — En cette matière, deux points principaux sont à considérer : l'état physique de la terre et sa composition chimique.

La compacité ou la friabilité du terrain, l'épaisseur ou la minceur de la couche arable, la perméabilité ou l'imperméabilité du sous-sol, la couleur — et, comme conséquence, la capacité calorifique et hygroscopique — du sol, son inclinaison, tels sont les éléments physico-topiques de la question.

Tous les terrains ne réunissent pas ces qualités complexes et, à vrai dire, il faut à la vigne, qui est essentiellement *humidiphobe*, un sol sec et d'égouttement facile. Là où ne se rencontrent pas ces situations favorisées, il faut faire appel à l'industrie proprement dite qui transforme ; — l'agriculture, elle, crée (en puisant aux sources toujours ouvertes de la nature), à la faveur des quatre corps, ce qu'il faut fournir à la terre.

« La terre les a-t-elle reçus. — Ils commandent à l'air et à la pluie ; ils forcent l'acide carbonique de l'air, l'eau qui imbibe le sol, à se fixer dans les végétaux. En l'absence de ces quatre corps, il n'y a pas de végétation : les connaître, c'est posséder les conditions véritables de la vie végétale que, grâce à eux, on transporte comme, sur un wagon chargé de houille, on porte la force motrice. »

Nous n'avons rien à ajouter à ce magnifique exposé de la vie végétale, fait par M. Georges Ville dans la *Revue des Cours scientifiques*. Nous voyons seulement que la question des terrains — ou de la modification de la nature du sol — se relie, de la manière la plus étroite, à celle des engrais, que nous venons de traiter dans notre précédent chapitre.

DIX-NEUVIÈME CHAPITRE

LES LABOURS

SOMMAIRE

Des labours en général. — Profondeur des labours. — Époque du premier labour. — Opération du premier labour. — Prix de revient du premier labour complet.

LES LABOURS

§ 1. — Les labours en général. — De leur utilité.

Le labourage d'une terre arable a pour but et pour principal objectif l'ameublissement du sous-sol et son mélange très intime avec la couche supérieure, de façon à augmenter la facilité du sol.

La terre, divisée et remuée par le soc de la charrue, perd cette compacité qui s'opposait au contact nécessaire de l'air d'une part et, de l'autre, avec les entrailles mêmes du sol. Chacune de ses molécules se trouve présentée tour à tour à l'action de l'air ambiant, du soleil et de la pluie; en même temps et par suite de cette division, de cette friabilité due au labour, les parcelles déjà fécondées par l'action atmosphérique, se trouvent en rapport direct avec les éléments minéraux souterrains nécessaires à la végétation, avec les gaz provenant des décompositions organiques du sous-sol, des engrais, etc.

La terre ainsi pénétrée, en dessus et en dessous, des principes fertilisateurs, s'en imprègne et acquiert rapidement la faculté de se les assimiler; pour tout dire en un mot, elle se météorise, c'est-à-dire qu'elle accroit dans des proportions considérables ses facultés productrives. — On peut maintenant se rendre compte de l'importance des labours en matière de viticulture.

Labourez, prenez de la peine ! disait le fabuliste. — N'est-ce pas le cas de renvoyer ce conseil à nos viticulteurs d'Afrique, et nous pouvons même ajouter avec lui : *C'est le fond qui manque le moins....*

§ 2. — Epoque du premier labour.

Le premier labour doit être fait le plus tôt possible, immédiatement après les vendanges, si cela se peut; la terre, ainsi travaillée de bonne heure, sera exposée plus longtemps à l'action atmosphérique. Si, au contraire, le premier labour est fait tardivement, tous les travaux qui suivent se trouvent retardés et on est obligé de les faire précipitamment, ce qui nuit à la bonne exécution et, par suite, aux rendements.

D'un autre côté, il ne faut labourer une terre que si elle est bien ressuyée, car les mottes resteraient en bloc et ne se diviseraient que difficilement ; mais si le sol est d'une nature moins forte, il suffit de 24 heures de ressuyage pour pouvoir commencer le labour.

C'est surtout la première année d'une plantation qu'on peut et qu'on doit commencer les labours, le plus tôt possible, comme nous l'avons dit, dès que les boutures ont été rabattues.

Quelques colons-viticulteurs lient, après les vendanges, les extrémités des sarments de chaque cep de vigne ; la charrue passe ainsi plus facilement dans les intervalles.—D'autres rabattent les sarments après la vendange. Ce dernier procédé est certainement commode pour opérer le premier labour, mais il est épuisant, surtout quand il est pratiqué avant la fin novembre sur les altitudes élevées et vers le 15 novembre dans les plaines à faibles altitudes, car une grande partie de la sève est encore en circulation dans le bois.

Le rabattage exécuté fin novembre, à une altitude de 200 à 300 m., ne semble provoquer aucun désordre dans le cep, lorsque la sève descendue est en repos.

Enfin, soit que l'on rabatte en temps voulu ou qu'on lie les sarments, nous préférons, pour notre part, que ce travail soit fait rapidement pour ne pas retarder le premier labour.

------

§ 3. — **Profondeur des labours. — Instruments.**

La profondeur des labours doit être réglée d'après les deux bases suivantes :

1° *La dureté naturelle du sol* ;

2° *Son degré de dureté « accidentelle » au moment du travail.*

Dans un terrain sec et maigre dont l'humidité disparaît promptement, soit par absorption, soit par évaporation due aux chaleurs, il est nécessaire de pratiquer un premier labour assez profond, de 13 à 16 centimètres.

« Une plus grande profondeur, dit M. Cornu, ne saurait être que nuisible, car il y a presque à fleur de terre quantité de racines jeunes, vigoureuses, susceptibles de recevoir plus directement que les autres les bienfaisantes influences de l'atmosphère, et que nous ne saurions trop ménager. »

Au contraire, si le terrain est naturellement et presque constamment humide, comme cela se rencontre quelquefois dans les alluvions légèrement argileuses, un labour de 13 à 16 centimètres de profondeur suffira.

Le premier labour, dans une vigne, est toujours plus pénible à exécuter que les suivants, parce que la surface du sol a été tassée par les pieds des hommes et des animaux depuis les labours précédents ; aussi faut-il souvent atteler deux bêtes à la charrue. — Ce premier labour doit retourner le sol en petites bandes étroites, de façon à ce que l'air puisse pénétrer partout dans l'intervalle des molécules pour développer leurs facultés assimilatrices.

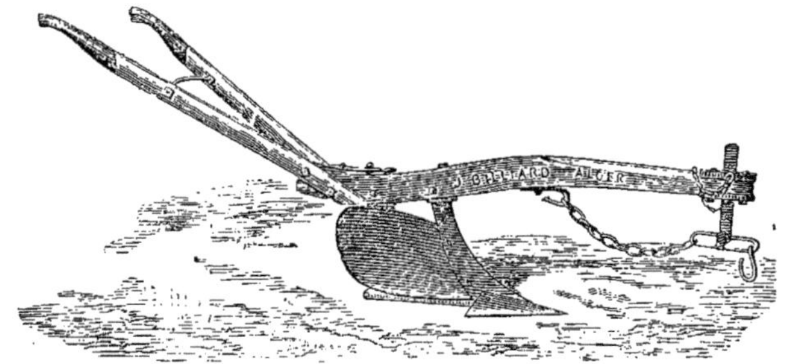

Fig. 213. — Charrue vigneronne-araire Dombasle.

La forme des instruments contribue à faciliter ce travail pour lequel on ne se sert, en Algérie et en Tunisie, que de charrues sans avant-train construites spécialement pour cet usage (fig. 213).

Depuis quelque temps, on se sert aussi d'une nouvelle charrue qui réalise des économies dans la force de traction — appelée *Charrue Oliver* dont nous réservons la description.

§ 4. — Opération du premier labour.

Voici les diverses phases de l'exécution d'un premier labour :

1° Que la vigne soit plantée en plaine sur plateau ou sur coteau, le labour peut toujours s'exécuter, à condition que la déclivité ne dépasse pas certaines limites. Lorsque cette déclivité rend difficile le labour ordinaire, on opère le tracé en travers ;

2° Une bonne charrue est indispensable pour le premier labour, car, à la suite des vendanges, la terre piétinée devient généralement dure.

Nous conseillons pour ce travail la charrue Dombasle ou encore celle de M. Saligné, de Boufarik.

Dans les terres légères un fort mulet peut suffire pour la traîner, mais il faut généralement deux bonnes bêtes en terre ordinaire, surtout si le sol est couvert d'herbes adventives, comme il arrive à cette époque ;

3° Il faut commencer par labourer un sillon au centre des deux lignes des ceps et au retour un autre à côté du premier, ce qui forme l'endos central. En continuant de cette façon jusqu'à 20 centimètres de distance des souches de chaque côté, le premier labour se trouve exécuté.

4° La vigne ainsi labourée, il reste encore contre les souches une bande de terre d'environ 15 centimètres à enlever de chaque côté.

Pour enlever ces deux bandes de terres on a recours à un autre instrument de labour que l'on désigne sous le nom de *charrue déchausseuse*.

Fig. 214. — Charrue déchausseuse coudée.

Cette charrue coudée (fig. 214) est traînée par une seule bête, au moyen d'un palonnier.

Le mulet ou le cheval, qui est chargé de traîner cet instrument, doit être harnaché avec un harnais tout spécial que l'on appelle en termes techniques *harnais viticole*.

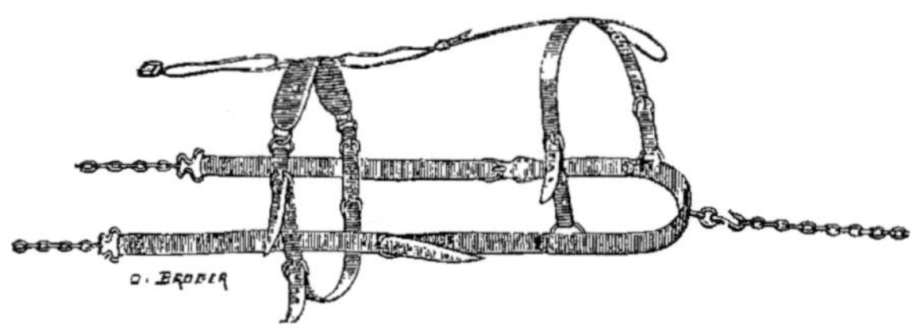

Fig. 215. — Harnais viticole.

Le déchaussement des deux bandes restantes peut également s'exécuter avec une charrue d'un autre système.

La nouvelle charrue Oliver fonctionne avec une grande précision et nécessite une faible force de traction, son prix n'est pas élevé et ses organes se remplacent facilement avec des pièces de rechange.

On peut encore déchausser à l'aide de la déchausseuse Vernette qui est également traînée par une seule bête, maintenue par un brancard du même constructeur, ou par un timon à palonnier derrière.

Ces instruments ont fait leurs preuves depuis longtemps en Algérie, nous pouvons donc les recommander aux viticulteurs.

M. Vernette a, en outre, construit un timon avec palonnier passant sous la bête de trait, qui simplifie notablement cet attelage (fig. 215).

La charrue déchausseuse Vernette que nous reproduisons ci-dessous est également construite en fer.

Lorsque les rangs de vigne ont été déchaussés en partie par la déchausseuse, les dépenses ultérieures pour effectuer le déchaussement définitif à la pioche, deviennent minimes.

5° Généralement les colons se contentent d'un seul labour déchausseur sur deux lignes à droite et à gauche.

Cependant si l'écartement de la vigne le permet, il n'en coûte pas beaucoup de *procéder à une autre façon en travers* qui permet l'enlèvement de la plus grande partie de la terre restée entre les souches.

Cette opération, qui semble à première vue insignifiante, rend au contraire de grands services, car elle active de diviser méthodiquement la terre, ce qui fait que les travaux ultérieurs deviennent beaucoup plus faciles et les rendements supérieurs.

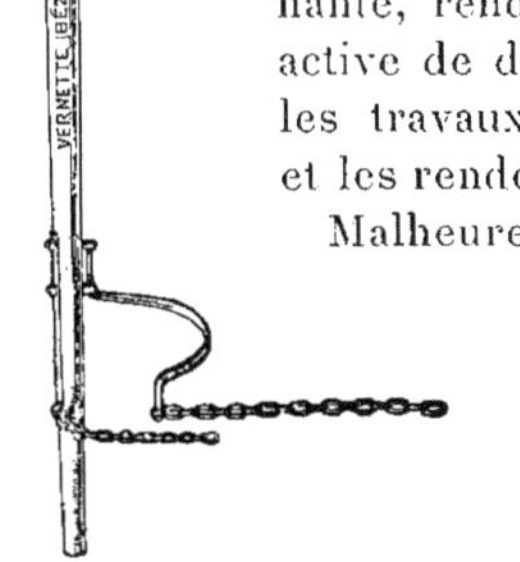

FIG. 216

Timon avec palonnier passant
sous le ventre de la bête.

Malheureusement, beaucoup de vignobles africains sont constitués en lignes trop rapprochées comportant des espacements de 1 mètre à 1 m. 50 maximum en tous sens ; dans des cas semblables, on ne peut guère labourer que dans le sens le plus large et encore pendant que la vigne n'a pas atteint son grand développement.

Dans ces conditions anormales, le déchaussement reviendrait trop cher ; c'est un argument de plus à l'appui de ce que nous avons dit au chapitre de la plantation sur les avantages d'une bonne disposition du vignoble dès sa création.

Nous renvoyons donc nos lecteurs au chapitre spécial : *Plantation de la vigne*, pages 203 et suivantes.

FIG. 217. — Charrue déchausseuse de Vernette s'attelant avec brancard.

Nous avons établi ici le prix de revient du premier labour, y compris l'enlèvement d'une partie des cavaillons (bandes restantes dans les lignes des souches, terre de 3me espèce).

Prix de revient du premier labour complet

(par hectare)

Labour plein à 2 mulets, 6 journées à 1 fr. 50	9	00
Laboureur, 3 journées à 3 fr. 50	10	50
Labour déchausseur, 1 journée à 2 fr.	2	00
Laboureur, demi-journée à 3 fr. 50	1	75
Frais généraux, 12 %	2	34
Total . . .	21	84

Le premier labour étant terminé, nous allons expliquer, dans le chapitre suivant, les diverses opérations du déchaussement, exécutés à la pioche ou la houe à main.

VINGTIÈME CHAPITRE

DÉCHAUSSEMENT

SOMMAIRE

Époque du déchaussement. — Opérations pratiques. — Des divers systèmes usités. — Prix de revient. — Tableau synoptique.

DÉCHAUSSEMENT

§ 1. — **De son utilité et de ses résultats.**

Le déchaussement des ceps est une opération qui a pour but de faire pénétrer jusqu'à une certaine profondeur et de rendre par conséquent plus complets, les soins donnés aux vignes. — Il offre de nombreux avantages :

1° Il détermine la mort d'une grande partie des insectes abrités sur la souche et aux environs et il fait, en même temps, disparaître les mauvaises herbes qui ont pu pousser pendant l'arrrière-saison et qui ont échappé aux façons précédentes ;

2° Il vivifie les racines par l'aération qu'il produit autour d'elles ;

3° Il débarrasse la vigne greffée des drageons gourmands, ainsi que des racines aériennes poussées vers le collet, qui se montrent si fréquemment pendant les deux premières années ;

4° Le déchaussement permet également de réserver des *cuvettes* au pied de chaque souche pour y recevoir les engrais ;

5° Il facilite aussi le traitement des souches, au point de vue des maladies, et il soumet à l'air la terre épuisée.

Il n'est pas surprenant qu'une opération qui rend tant de services produise des effets très sensibles sur la fructification et le rendement.

§ 2. — **Epoque du déchaussement.**

Aussitôt que la vigne a reçu son premier labour complet, des ouvriers munis de houes à main exécutent le déchaussement. Répétons encore ici ce que nous avons dit pour les autres façons : *Le déchaussement doit être fait le plus tôt et le plus vite possible*, afin de permettre le prompt transport des engrais et l'exposition la plus grande du sous-sol à l'action fertilisante de l'atmosphère. Ajoutons que le déchaussement, fait de bonne heure, fournit le moyen d'utiliser les débris de la taille des sarments, soit broyés, soit hâchés, en les enfouissant pour en faire des engrais.

---

§ 3. — Opération du déchaussement.

Il existe trois façons différentes de procéder au déchaussement des ceps en procédant par cuvettes simples, cuvettes à bourrelets et sellettes. Nous croyons devoir donner une description complète de chacune.

CUVETTES SIMPLES

Le déchaussement en cuvettes simples consiste à dégager la souche de la terre qui l'entoure. Il se pratique à l'aide d'une houe à main ; l'ouvrier enlève la terre et la dépose sur la partie extérieure du grand cercle de la cuvette.

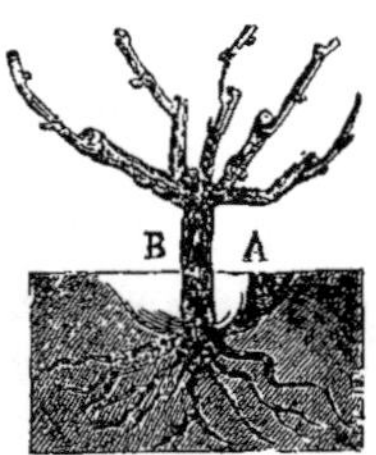

Fig. 217

Cuvette simple.

La profondeur des cuvettes, ainsi creusées autour des souches (fig. 217) suivant A B, peut varier de 18 à 23 centimètres ; le diamètre de l'orifice de ces cuvettes est de 33 à 40 centimètres. — Les cuvettes dont il s'agit sont évidées complètement jusqu'à la souche.

Lorsque l'on veut procéder à des traitements d'hiver, la cuvette simple s'y prête très bien, car les eaux pluviales s'imbibent rapidement dans la cavité ainsi préparée.

Ces sortes de cuvettes doivent être faites par des ouvriers soigneux et adroits, car les blessures occasionnées par les outils à la vigne sont toujours funestes et influent sur ses rendements.

La houe à main que l'on emploie doit être légèrement arrondie à son extrémité.

CUVETTES A BOURRELETS

Les cuvettes à bourrelets sont destinées à recevoir les engrais ou composts ; elles réclament une autre disposition comme forme intérieure.

Elles doivent d'abord être plus grandes en diamètre, sans cependant avoir beaucoup plus de profondeur, à moins que ce soit pour y recevoir des fumiers sans composts.

On doit, en les creusant, leur donner une profondeur de 23 à 26 centimètres et un diamètre extérieur de 0,45 à 50 centimètres ; il faut en outre, leur réserver un bourrelet de terre de 5 à 7 centimètres d'épaisseur contre la souche qui l'isole complètement pour la protéger contre le contact direct des engrais (fig. 218), suivant A B. Le bourrelet peut s'établir au moment de mettre l'engrais, cela permettrait de pouvoir traiter la souche avant sa formation.

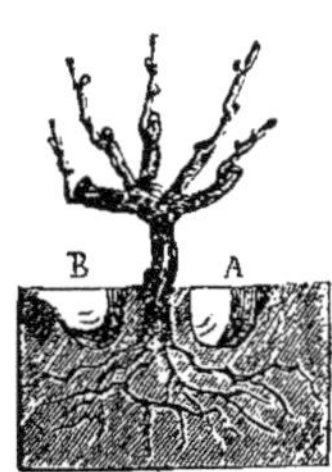

Fig. 218

Cuvette à bourrelet les composts.

Cette cuvette à bourrelet représente une sorte de fossé circulaire qui permet d'étaler les composts. La figure 219 montre la cuvette remplie de composts, toute prête à être rechaussée.

Nous avons constaté autrefois, dans nos essais de fertilisation de la vigne, que le *contact immédiat du fumier d'écurie* avec les radicelles supérieures, exerce, principalement en Afrique, sur les produits, raisin ou vin, une fâcheuse influence. C'est surtout la qualité du vin qui est altérée étrangement. — Aussi, prescrivons-nous d'isoler la souche du contact des engrais d'écurie en pratiquant les cuvettes circulaires, munies du bourrelet protecteur.

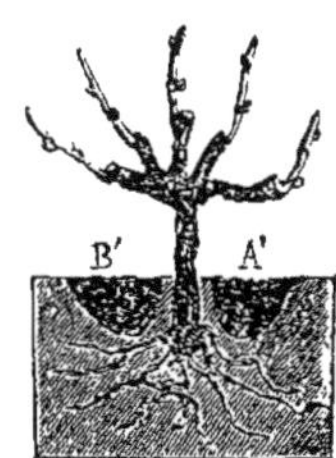

Fig. 219

Cuvette remplie de compost ou fumier.

Le grave inconvénient que nous venons de signaler ne se produit pas par l'emploi des composts. — Cela se comprend facilement puisque le fumier qui entre dans sa composition ne volatilise plus ses gaz désagréables, en raison de leur fixité et du nouveau caractère chimique qu'ils ont acquis.

En prenant ces dispositions, on assurera aux agents fertilisateurs tout leur effet utile, sans exposer la vigne à des inconvénients graves au point de vue de la bonté de la production.

SELLETTES

Beaucoup de viticulteurs établissent le déchaussement des souches en sellettes (fig. 220), c'est-à-dire que, lorsque le premier labour est complété par l'enlèvement des deux dernières bandes de terres restées de chaque côté de la souche, l'ouvrier déchausseur retire les *cavaillons* et rejette à droite et à gauche la terre qu'il soulève.

Fig. 220. — Déchaussement en sellettes.

La profondeur de ce fossé peut varier de 15 à 20 centimètres en sellettes simples, mais si on veut y déposer des engrais, il faut pratiquer une rigole ayant de 20 à 25 c/m de profondeur sur 0m75 de largeur.

Ce travail s'exécute assez rapidement, mais nous lui préférons de beaucoup — pour les engrais — les cuvettes circulaires à bourrelet.

Dans le cas de fumure à l'engrais d'écurie, on peut laisser une petite *bande cavaillon* contre la souche, en enlevant celle d'entre-deux.

§ 4. — **Prix de revient de divers systèmes de déchaussement**
Pour 1,000 souches en terre de 3e espèce.

Nous avons établi les prix de revient de diverses façons de déchaussement de la vigne, que nous avons pratiquées nous-même en Algérie, à Birtouta, dont le détail suit :

DÉSIGNATION	NOMBRE de JOURS	PRIX de L'UNITÉ	SOMMES PARTIELLES	SOMMES TOTALES
Sellettes simples de 0m18 de profondeur sur 0m75 de largeur				
Ouvrier déchausseur	1 60	2 50	4 00	
Frais généraux.		12 %	0 48	4 48
Sellettes destinées à recevoir les engrais avec une bande contre la souche ou bourrelet *de 0m22 de profondeur sur 0m40 de largeur*				
Ouvrier déchausseur	1 80	2 50	4 50	
Frais généraux.		12 %	0 54	5 04
Sellettes à recevoir les composts sans bande de 0m20 de profondeur sur 0m75 de largeur				
Ouvrier déchausseur	1 90	2 50	4 75	
Frais généraux.		12 %	0 57	5 32
Cuvettes simples et piochage des cavaillons				
Ouvrier déchausseur	2	2 50	5 00	
Frais généraux.		12 %	0 60	5 60
Cuvettes destinées à recevoir les engrais				
Ouvrier déchausseur	2 50	2 50	6 25	
Frais généraux.		12 %	0 75	7
Cuvettes simples sans cavaillons, piochées en plein				
Ouvrier	2 50	2 50	6 25	
Frais généraux.		12 %	0 75	7
Cuvettes destinées à recevoir les engrais, piochées en plein				
Ouvrier	3	2 50	7 50	
Frais généraux.		12 %	0 90	8 40

Le prix de revient des cuvettes variant selon la dureté du sol, on peut donc considérer que la terre classée en 3e espèce comme le type ordinaire des terres de plaines et Sahel de l'Afrique du nord.

PIOCHAGE A LA MAIN

SOMMAIRE

Du piochage en Algérie et en Tunisie. — Son utilité pratique. — Composition des équipes ; leur force respective en quotient européen et indigène. — Conseils divers. — Tableaux de prix de revient et de comparaison de forces humaines indigènes employées.

PIOCHAGE A LA MAIN

§ 1. — Du piochage en Algérie et en Tunisie.— Composition des équipes.

Lorsque les dispositions et la pente des terrains ne permettent pas d'y faire cheminer des attelages, on est bien forcé de recourir à la main-d'œuvre de l'homme pour l'exécution des diverses façons nécessaires à chaque période de la vie végétale de la vigne.

En Afrique, ces travaux sont généralement confiés, dans le département d'Oran aux espagnols et aux marocains, dans le département de Constantine aux italiens et aux kabyles, dans le département d'Alger aux kabyles, aux indigènes arabes et aux européens.

En Tunisie, les indigènes, les maltais et les italiens forment des contingents d'ouvriers déjà au courant du travail.

Après l'ouvrier, il faut se préoccuper de l'outil. — Nous conseillons surtout la pioche à crochet ou la houe en acier bien tranchante, dont le poids doit être calculé de manière à laisser pénétrer profondément l'instrument dans le sol, sans que toutefois son maniement fatigue l'homme qui s'en sert.

Certaines exploitations intelligemment dirigées mettent à la disposition des ouvriers des pioches de poids différent, parmi lesquelles chacun choisit celle qui convient à ses forces personnelles et proportionnée à la vigueur de son bras. En fait, c'est un principe excellent que nous ne pouvons qu'approuver, car les bandes de kabyles se trouvent souvent mélangées de forces disparates (on y rencontre des vieillards et des jeunes gens de 14 et 15 ans); des équipes composées exclusivement de marocains sont à peu de chose près assez uniformes. Les meilleures restent encore celles composées d'espagnols, d'excellents piocheurs lorsqu'ils sont peu nombreux, ou aussi de calabrais qui travaillent plus ardemment en Algérie que chez eux.

La composition d'une équipe est donc chose assez importante pour que nous insistions sur ce point et que nous recommandions fortement, pour l'opération encore suffisamment délicate du piochage à la main, l'emploi d'ouvriers habiles et consciencieux. Aussi, avons-nous cru bien faire en dressant, à la fin de ce chapitre, un tableau donnant un aperçu succinct du travail qui peut être fait, sur une surface donnée et d'après les prix du jour, par des équipes de diverses nationalités qui constituent la main-d'œuvre en Algérie.

§ 2. — Profondeur du piochage.

La profondeur d'un piochage à la main, sans être exagérée, ne doit pas avoir moins de 15 à 18 centimètres pour une terre un peu dure et 14 à 15 centimètres pour celle qui est plus légère et poreuse.

C'est là une règle à peu près générale.

La valeur d'un piochage joue un certain rôle dans le rendement futur de la vigne, et l'expérience a démontré qu'il valait mieux qu'un labour; malheureusement la main-d'œuvre fait souvent défaut dans certaines contrées, et le viticulteur se voit dans ce cas forcé de remplacer cette façon par un labour, surtout si le vignoble est situé en plaine.

D'ailleurs — au risque de nous répéter — nous avons constaté qu'un piochage énergique divise très bien le sol et produit, par cela même, un rendement supérieur à un labour ordinaire et, à plus forte raison, à une bonne façon.

§ 3. — Epoque du piochage.

Comme pour le labour, plus tôt le piochage sera fait plus le sol se bonifiera et plus ses principes fertilisants augmenteront de puissance productive.

Il est donc préférable de faire exécuter ce travail aussitôt les vendanges faites, la terre étant à cette époque encore un peu humide. Si elle l'était trop cependant, il faudrait attendre qu'elle soit légèrement ressuyée. Dans les sols argileux, choisir le moment où la terre est à peine mouillée, mais on peut, dans les terrains siliceux, faire cette opération en tout temps.

Une précaution utile à prendre est celle qui consiste à lier les sarments par les extrémités, de façon à ce que les ouvriers puissent travailler tout à leur aise; le travail y gagnera en rapidité et la dépense de cette manutention préparatoire est, de son côté, assez peu coûteuse pour s'arrêter à cette considération.

L'importance de l'époque du piochage se fait, au même titre que les autres façons, labours, déchaussement, etc., et pour les mêmes motifs, sentir sur la qualité et la quantité des rendements.

§ 4. — **Prix de revient de divers piochages à la main**

(Piochage au crochet calculé sans cuvette, et pour 1 hectare)

DÉSIGNATION	NOMBRE de JOURS	PRIX de L'UNITÉ	SOMMES PARTIELLES	SOMMES TOTALES
EN COTEAU (terre de 3e espèce)				
Ouvrier piocheur.....................	20	2 50	50	
Frais généraux.....................		12 %	6	56
EN COTEAU (terre de 4e espèce un peu plus dure)				
Ouvrier piocheur.....................	23		57 50	
Frais généraux.....................		2 50	6 90	64 40
EN PLAINE (terre de 3e espèce moyenne)				
Ouvrier piocheur.....................	17 50	2 50	43 75	
Frais généraux.....................		12 %	5 25	49
EN PLAINE (terre de 3e espèce légère)				
Ouvrier piocheur.....................	16	2 50	40	
Frais généraux.....................		12 %	4 80	44 80
EN PLAINE (terre sablonneuse)				
Ouvrier piocheur.....................	10	5 50	25	
Frais généraux.....................		12 %	3	28

Ces prix de revient sont souvent subordonnés au salaire des ouvriers et à leur habileté. On diminuera 10 % sur ce prix lorsque les piochages seront exécutés après ameublement d'un premier travail ou de toute autre façon.

Nous donnons ci-dessous un tableau que nous avons dressé d'après des expériences consécutives, pendant 4 années, en coteau, pour connaître la comparaison des forces humaines travaillant en Algérie, pour les travaux de piochage sur la surface totale d'une vigne en coteau (mottes brisées).

DÉSIGNATION des NATIONALITÉS	NOMBRE de JOURNÉES	PRIX de la JOURNÉE	TOTAL des SALAIRES	SURFACE piochée à 0,20 cent.	PRIX DE REVIENT de L'HECTARE
Allemand..................	33 33	3	100	1 hectare	100
Français..................	30 00	3	90	»	90
Italien..................	25 45	2 75	70	»	70
Espagnol	21 81	2 75	60	»	60
Arabe	22 22	2 25	50	»	50
Marocain	16 66	3	50	»	50
Kabyle	20 00	2 25	45	»	45

Dans la situation actuelle agricole de la main-d'œuvre en Algérie et en Tunisie, les Kabyles tiennent la tête pour exécuter les travaux de piochage à un prix de revient plus bas que tous les autres.

Cette main-d'œuvre serait encore encouragée si on formait deux chantiers séparés de piochage, l'un composé de kabyles et l'autre d'arabes. L'amour-propre sera ainsi plus vivement stimulé de part et d'autre, au plus grand bénéfice du viticulteur.

Répétons aussi qu'une surveillance de tous les instants est indispensable, car l'ouvrier indigène — très laborieux en principe — possède cependant une espèce de nonchalence invétérée et d'indifférence caractéristique qui lui font oublier des détails peut-être futiles en apparence, mais qui ont bien leur importance au point de vue de la santé de la vigne et de sa bonne fructification.

LABOURS BINEURS

SOMMAIRE

De leur utilité en viticulture pratique. — Instruments à employer. — Premier labour bineur (Scarifiage, Brisement des mottes). — Deuxième labour (Labourage au fourcat). — Troisième labour (Binage à la houe extirpatrice, Binage à la bineuse à trois piques). -- Quatrième labour (Binage et Sarclage à la bineuse à main, Hersage).

LABOURS BINEURS

§ 1. — De l'utilité des labours bineurs en viticulture.

Les labours bineurs remplacent avantageusement aujourd'hui les anciens binages autrefois pratiqués avec la houe à main.

On peut, en effet, grâce à ce système, exécuter — pour le même chiffre de dépense — plusieurs façons consécutives qui entretiennent la fraîcheur de la terre, provoquent une évaporation constante infiniment salutaire, et tiennent pour ainsi dire en haleine l'activité productive du sol. Il est aujourd'hui parfaitement reconnu qu'une vigne, qui ne reçoit chaque année que les labours strictement nécessaires, produit beaucoup moins qu'une vigne presque incessamment remuée ; l'effet du travail se manifeste immédiatement.

Chaque fois qu'une vigne reçoit une façon quelconque : scarifiage, hersage ou binage à la main, on remarque quelques jours après un développement notable dans la végétation.

Nous pouvons croire que cet élan n'est pas seulement dû à l'accroissement d'évaporation du sol nouvellement fouillé, mais encore *au mouvement de la sève stimulé par la trépidation des animaux et des instruments au moment de leur passage devant les ceps en végétation.*

Quoi qu'il en soit, il est un fait indéniable : *plus une vigne reçoit de façons, plus ses rendements augmentent.* Il semble que ce soit pour les viticulteurs en général que le fabuliste ait formulé ce conseil célèbre : « Creusez, béchez, fouillez ; ne laissez nulle place où la main ne passe et repasse. » La main, en cette circonstance et en cette application, n'est-ce pas encore la houe et la charrue ?

§ 2. — Instruments à employer

Les labours bineurs s'exécutent à l'aide d'instruments spéciaux choisis, suivant la nature ou les dispositions des terrains, dans l'une ou l'autre des catégories suivantes :

1° Le scarificateur français ;

2° La charrue Fourcat ;

3° La petite charrue vigneronne française ;
4° La houe américaine ;
5° La houe extirpatrice ou sarcleuse ;
6° La herse à brancard ;
7° La herse gratteuse ;
8° Le rouleau brise-mottes ;
9° Le râteau-sarcleur.

---

§ 3. — **Premier labour bineur.**

Les opérations nécessaires à un premier labour bineur se subdivisent en deux opérations qui sont le scarifiage et l'écrasement des mottes. Nous consacrerons un chapitre spécial à chacune de ces façons, en y joignant les tableaux des différents prix de revient inhérents à chaque travail.

SCARIFIAGE

Après le premier labour aérateur et déchausseur, on exécute généralement un second labour de même nature. — Ce labour, pour produire un bon effet fertilisateur, doit être exécuté en travers, c'est-à-dire dans le sens opposé du premier. — Dans tous les cas, il n'est fait que si la plantation de la vigne le permet, car pour son exécution, il faut que les rangs soient bien réguliers et que la largeur ou écartement des souches soit suffisante.

Si la terre a été bien divisée par le labour aérateur, on peut exécuter le premier labour bineur de préférence avec le *Scarificateur* (fig. 222). Cet instrument est plus ou moins robuste suivant la nature du sol ; il comporte donc, en prévision des diverses forces à employer, des modèles de résistance différente.

Le scarificateur que nous venons de signaler est tout en fer et acier ; par son équilibre, obtenu à l'aide des leviers, les socs s'enfoncent dans le sol suivant le besoin du travail ; ces socs sont affûtés des deux bouts, c'est-à-dire que s'il arrivait à un d'eux d'être épointé, il suffirait de le retourner purement et simplement.

Le scarificateur, dont l'action consiste à remuer le sol pour l'aérer et le débarrasser des mauvaises herbes, est traîné par deux forts mulets si la terre est de moyenne dureté. Dans sa course d'aller et retour, il atteint la largeur de l'interligne, de sorte que son travail est en réalité économique.

Cette opération ne doit être faite que lorsque la terre est ressuyée, afin que le travail soit bien fait et profitable, et le scarifiage s'exécute généralement lorsque la taille est terminée et que les sarments ont été enlevés ou enfouis. Cette façon peut être donnée en janvier, s'il est possible, surtout dans les régions où le développement de la végétation se fait de bonne heure et, un mois plus tard, dans les pays plus tardifs.

Lorsque la terre a été bien labourée et qu'elle se divise convenablement, la profondeur de pénétration du scarificateur dans le sol peut varier de 12 à 16 centimètres, c'est-à-dire suffisamment pour retourner la terre labourée précédemment.

L'instrument est dirigé par un seul conducteur, et son degré de pénétration au point voulu est réglé au moyen de leviers faciles à faire manœuvrer.

Fig. 221. — Scarificateur viticole.

Pour que le scarifiage soit complet, il est nécessaire de passer deux fois le scarificateur dans l'interligne.

Nous donnons ci-dessous un aperçu du prix de revient de cette opération, faite en terre de 3e espèce, de moyenne dureté, à l'aide du scarificateur à 7 dents (ou socles bineurs).

Prix de revient d'un scarifiage simple sur un hectare de vigne plantée à 2 mètres en tous sens

1er Scarifiage..	2 Mulets : 1/70e de journée à 2 fr. 70	5.10
	1 Laboureur : 1/70e de journée à 3 fr. 50.	5.95
	Frais généraux : 12 %	1.32
		12.37
2me Scarifiage.	2 Mulets : 1/50e de journée à 3 fr.	4 50
	1 Laboureur : 1/50e de journée à 3 fr. 50	5.95
	Frais généraux : 12 %	1.17
		10.92

Ce prix peut augmenter de 10 à 20 % dans les terres plus fortes et offrant plus de difficultés pour l'exécution de ce travail, telles que celles de 4ᵐᵉ et 5ᵐᵉ espèce.

BRISEMENT DES MOTTES

Dans les terrains plastiques et forts, c'est-à-dire argilo-calcaires, malgré le premier labour bineur exécuté à l'aide d'un scarificateur, il reste considérablement de mottes qui n'ont pas été brisées. Elles sont, par suite, une gêne pour les autres travaux, en même temps que leur gros volume les empêche de céder aux racines leurs éléments nutritifs.

Aussi a-t-on créé des instruments qui, par leur forme et leur poids, brisent et concassent finement les mottes de terre. Nous citerons à ce sujet le brise-mottes de Vernette (fig. 221) qui est d'une grande légèreté et qui se manœuvre facilement dans une vigne.

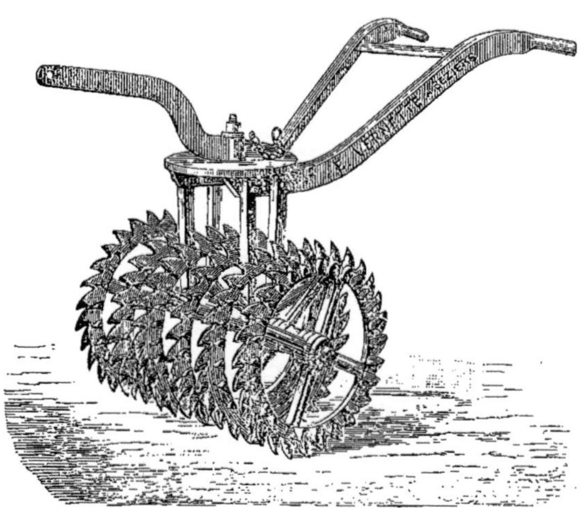

Fig. 222. — Rouleau Kroskill, ou brise-mottes Vernette.

Ce rouleau brise-mottes peut être traîné par un fort mulet ou deux moyens, attelés dans un brancard; le conducteur reste derrière pour conduire en tenant les manchons si le besoin s'en fait sentir.

On ne doit rouler les terres scarifiées que quand elles sont bien ressuyées, car on s'exposerait à rendre le sous-sol trop compact, à le mastiquer comme on dit usuellement, et à le rendre ainsi imperméable; tout le monde sait, en effet, qu'une terre qui a été écrasée étant encore mouillée, se reconstitue, quand elle sèche, en mottes très dures qui ne laissent pénétrer ni l'air, ni la lumière et par conséquent l'humidité et l'azote indispensables à la nutrition des racines.

Prix de revient du concassage des mottes par hectare en terre de 3ᵉ espèce, moyenne dureté

1 fort mulet : 1 journée 1|2 à 2 francs.	3
1 conducteur : 1 journée à 3 fr. 50.	5 25
Frais généraux, 12 %.	0 99
Total.	9 24

Concassage en terre forte de 4ᵉ espèce

2 *mulets moyens :* 1 journée 3/4 à 1 fr. 50.	5 25
1 *conducteur :* 1 journée 3/4 à 3 fr. 50	6 12
Frais généraux, 12 %.	1 36
Total.	12 73

§ 5. — Deuxième labour bineur.

LABOURAGE AU FOURCAT

Le labourage au fourcat constitue une excellente façon de travail, parce que le sous-sol se trouve à nouveau exposé aux influences atmosphériques.

Fig. 223. — Charrue vigneronne de M. Vernette.

Après le premier labour bineur, exécuté par le scarificateur, il faut procéder à un deuxième labour bineur à l'aide d'une petite charrue vigneronne à double mancheron, ou de préférence avec la charrue fourcat en fer de M. Vernette; quoique soit travail soit moins étendu que celui du scarificateur décrit ci-dessus, la charrue Vernette est cependant à recommander en cette circonstance.

Cet instrument est bien construit, bien équilibré dans sa légèreté; on laboure facilement avec lui un hectare de vigne en 3 jours, à l'aide d'un fort mulet et à la condition toutefois que la terre ait été récemment remuée et ameublie.

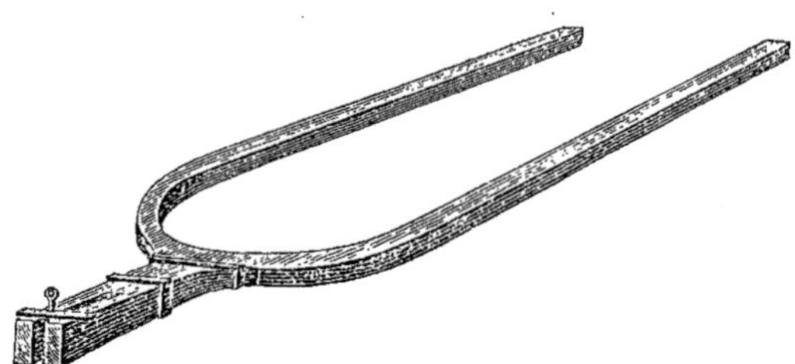

Fig. 224. — Brancard ordinaire, en bois.

On peut même se servir de la même charrue Vernette pour faire le premier labour dans les terres légères et meubles, sauf dans le cas où on devrait distribuer des composts sur le sol.

Indépendemment du brancard pour fourcat que M. Vernette a construit, on se sert aussi d'un autre système dont le dessin est indiqué par la fig. 225.

Fig. 225. — Timon à palonnier, de M. Vernette.

Cette charrue demande pour sa traction un avant-train mobile qui se compose d'un brancard simple ou double, suivant le nombre de bêtes nécessaire à son attelage. Pour la clarté de ces explications, nous croyons utile de donner les dessins de ces deux genres de timons (fig. 225 et 216).

A titre complémentaire, voici le relevé du prix de revient du labourage exécuté par la petite charrue vigneronne fourcat de M. Vernette, en terre moyenne de 3me espèce :

1 mulet fort : 3 journées à 2 francs. 6

1 laboureur : 3 journées à 3 fr. 50 . . . . 10 50

Frais généraux, 12 °/°. 1 98

Total. 18 48

§ 6. — Troisième labour bineur.

Le troisième labour bineur peut être exécuté, soit avec le scarificateur qui a déjà servi à faire le premier labour bineur, soit avec une houe extirpatrice, soit encore avec la houe américaine, et même avec la houe disposée en socs cultivateurs-extirpateurs.

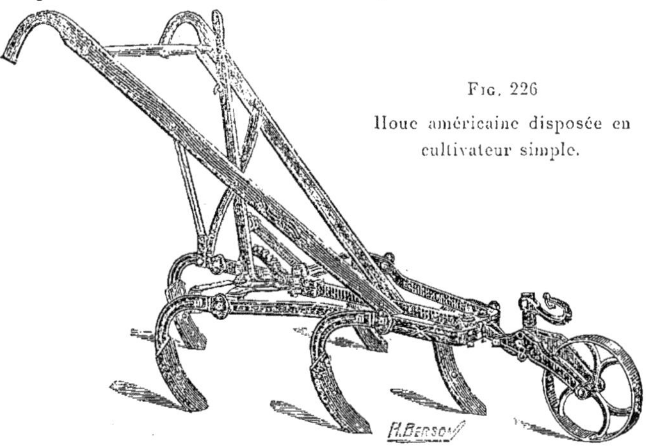

Fig. 226

Houe américaine disposée en cultivateur simple.

Depuis quelque temps, on se sert couramment de la houe américaine lorsque la terre a été bien ameublie. Cet instrument est traîné par un fort mulet ou encore par deux mulets moyens, suivant la résistance du sol. La houe américaine, presque entièrement en acier, d'une extrême légèreté et d'une grande solidité, se prête à plusieurs combi-

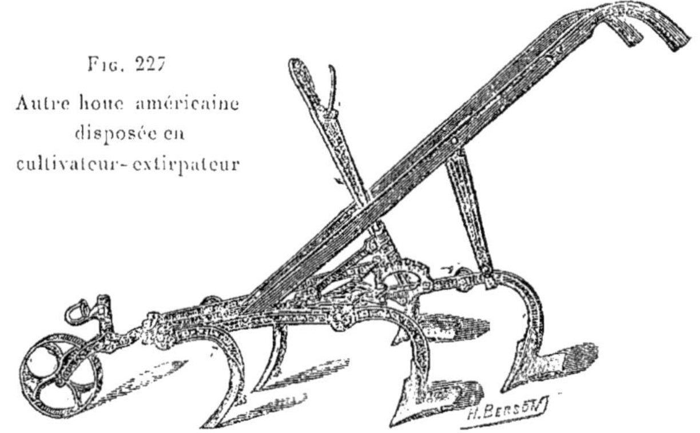

Fig. 227

Autre houe américaine disposée en cultivateur-extirpateur

naisons, en disposant suivant les circonstances et de différentes manières, les socs, couteaux, versoirs, etc. Son prix peu élevé l'a fait adopter pour les dernières façons de la vigne (fig. 226 et 227).

La houe américaine, ainsi disposée en cultivateur-extirpateur, peut se transformer en houe laboureuse (fig. 228); il suffit pour cela de mettre des socs laboureurs en remplacement des socs extirpateurs.

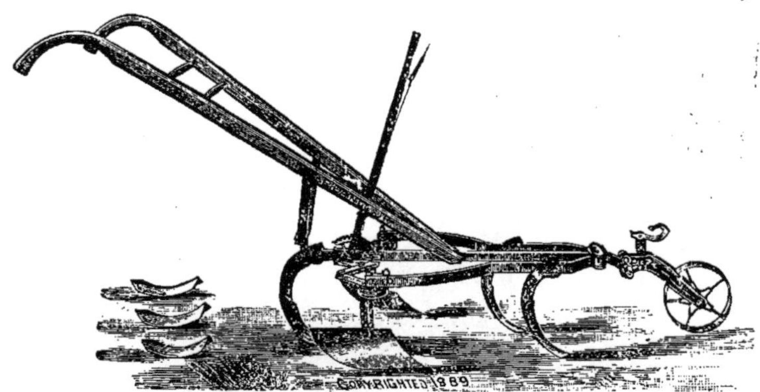

FIG. 228. — Houe américaine à socs transformés.

Prix de revient de la façon d'une culture à la houe américaine sur un hectare de vigne en terre de 3ᵐᵉ espèce.

2 mulets moyens : 2 journées à 1 fr. 50 × 2.	6 00
1 laboureur : 2 journées à 3 fr. 50	7 00
Frais généraux, 12 °/°.	1 56
TOTAL.	14 56

BINAGE A LA HOUE EXTIRPATRICE

Pour activer la destruction des herbes adventives lorsque la végétation marche rapidement, en avril ou en mai, on peut se servir aussi d'une houe extirpatrice, dont nous donnons ci-dessous le dessin (fig. 229).

Cet instrument fouille en sous-sol avec ses râclettes tranchantes ; il coupe toutes les plantes qu'il rencontre et, en même temps, il les déplace, les empêchant ainsi de repousser ; en avant de son jeu de râclettes sont disposées quatre dents faisant fonction de herse.

Comme cette houe extirpatrice tranche les herbes au collet, il suffit généralement de la faire passer deux ou trois fois dans les terrains herbeux, avant les grandes chaleurs, pour être débarrassé des herbes pendant plusieurs mois au moins. Elle contribue, en outre, pour sa part, à l'ameublissement du sol.

Pour faire fonctionner cet instrument, il faut choisir un moment où le terrain ne soit ni trop sec, ni trop humide, car il ne ferait rien de bien dans le gâchis et, en terre sèche, il se briserait ou n'entrerait pas.

Cette houe est *à expansion*, c'est-à-dire qu'elle peut s'élargir ou se rétrécir à volonté, à l'aide de son parallélogramme à écrou. Il se trouve en équilibre sur ses socs et ses couteaux recourbés. L'instrument s'attelle aux traits et il est traîné par deux mulets moyens dans les terres de troisième espèce, de moyenne dureté.

L'emploi de la houe extirpatrice nécessite un jeu de râclettes supplémentaires que l'on repasse à la meule pendant que l'instrument est en travail, de façon à ne pas interrompre le labour.

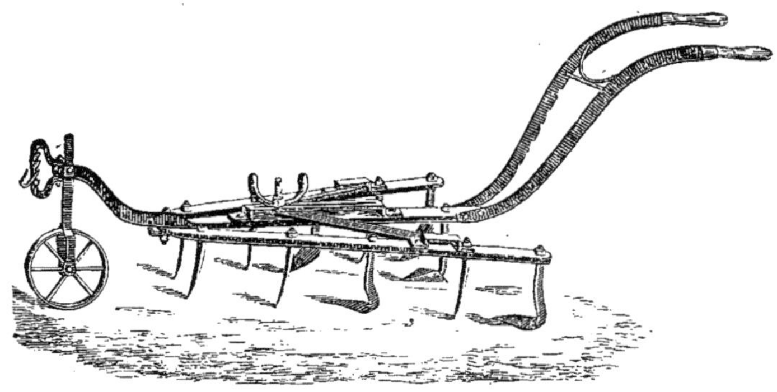

Fig. 229. — Houe extirpatrice à expansion.

Dans les terrains pierreux, cet instrument ne serait pas pratique, car les râclettes se tordraient. L'hypothèse de son utilité n'est guère à envisager car les terrains pierreux possèdent peu d'herbes folles ; elle ne doit être envisagée que pour la généralité dés terres argileuses.

Prix de revient du binage à la houe extirpatrice.

2 mulets moyens : 2 journées 1/4 à 1 fr. 50 × 2	6 75
1 laboureur : 2 journées 1/4 à 3 fr. 50	5 25
Frais généraux, 12 %	1 75
Total.	16 35

BINAGE A LA BINEUSE A TROIS PIQUES

Dans les petites exploitations viticoles, surtout si le colon n'a pas de bêtes en grande quantité sous la main, on emploit avantageusement la bineuse à trois piques munies de socs-râclettes, système Vernette. —

Cet instrument s'attelle aux brancards avec une seule bête suffisamment forte (fig. 230); les râclettes peuvent, comme dans le système précédent et grâce à un jeu combiné de à glissières, s'éloigner ou se rapprocher à volonté.

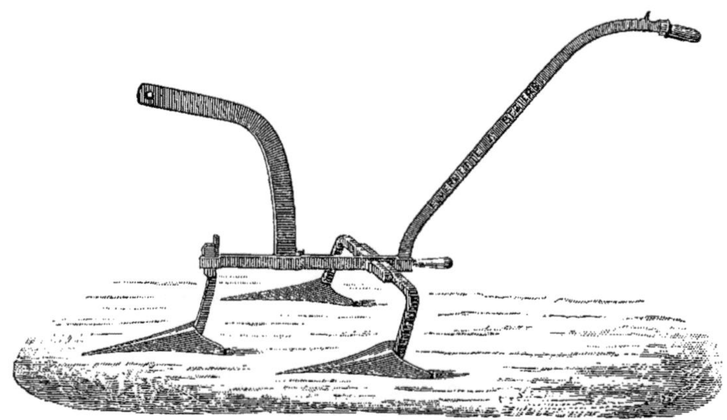

Fig. 230. — Bineuse à trois piques, de M. Vernette.

Cette bineuse légère, quoique son travail soit moins considérable que la précédente, n'en est pas moins utile, puisqu'elle produit économiquement un binage suffisant dans beaucoup de cas.

Prix de revient du binage à la bineuse à trois piques sur un hectare de vigne en terre de 3ᵐᵉ espèce moyenne.

1 fort mulet : 2/70ᵉ de journée à 2 francs	5 40
Laboureur : 2/70ᵉ de journée à 3 fr. 50	9 45
Frais généraux, 12 0/0	1 78
Total.	10 78

La bineuse à trois piques peut servir à deux fins, soit pour grattage, soit pour binage proprement dit. Dans le cas où on veut se borner au grattage, il suffit de changer le jeu de piques et de le remplacer par l'autre jeu approprié à cet usage.

§ 9. — Quatrième labour bineur ou sarcleur.

Comme pour les façons semblables, il faut débarrasser d'abord la vigne des branches ou rameaux qui auraient envahi les interlignes et qui, par suite, intercepteraient le passage des instruments.

Quelques hommes armés de serpettes suffisent à ce travail préparatoire ; immédiatement après, on procède au dernier binage, soit avec
le scarificateur petit modèle (fig. 231) soit avec une des autres bineuses
que nous avons déjà décrites.

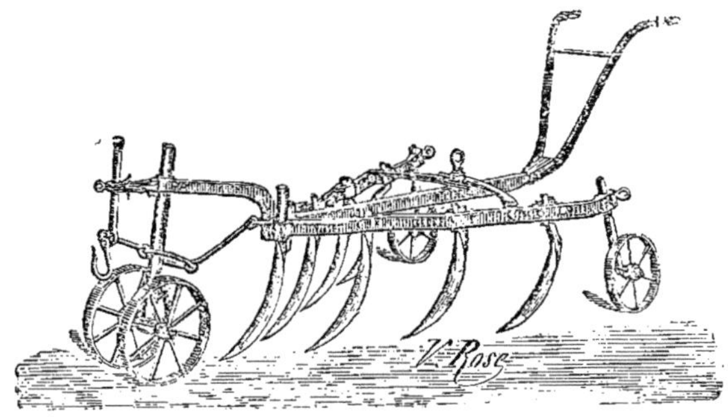

Fig. 231. — Scarificateur, système Plissonnier.

Comme il faut faire promptement, on attelle plusieurs bineuses et
en quelques jours la dernière façon est terminée.

Dans les terres légères ou déjà finement scarifiées, même binées et
hersées, on peut encore employer un dernier instrument que l'on désigne sous le nom de *paroir à cheval* ou racleuse. Comme l'indique
notre dessin (fig. 232) cet instrument se compose d'un bât en fer muni

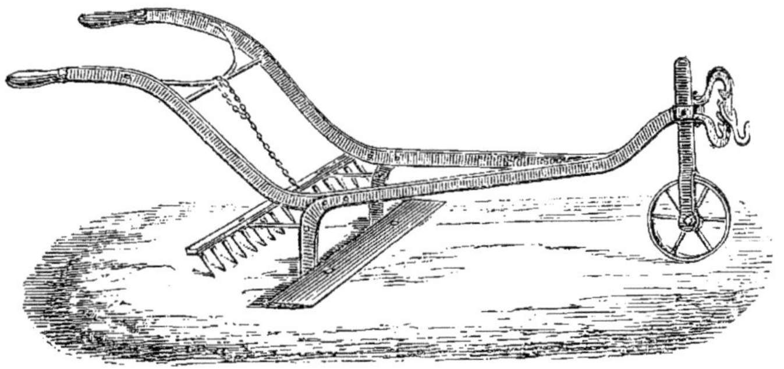

Fig. 232. — Racleuse à herse.

d'une roue et d'un régulateur, puis d'une raclette en acier, ayant à son
arrière une herse pour ramasser les herbes coupées.

En repassant de temps en temps la lame à la meule on assure à
l'instrument un travail parfait.

BINAGE, SARCLAGE A LA BINEUSE A MAIN

Lorsque la troisième façon de labourage est faite, c'est-à-dire vers le moment du deuxième soufrage, on examine si les jeunes rameaux réclament une revue d'ébourgeonnage.

Entre avril et mai, les herbes commencent à grandir et à se faire voir dans les rangs des souches, où les intruments n'ont pu pénétrer; il est dans ce cas, nécessaire d'arrêter leur envahissement le plus tôt possible, car les herbes adventives sont de véritables fléaux pour les vignobles, à cause de leur tenacité et de leur persistance, surtout en terre humide.

Il ne faut donc pas se lasser de faire la guerre à cet ennemi sans cesse renaissant.

A cet effet, un ouvrier armé d'une *bineuse à main,* qu'il choisit de la forme la plus commode, passe dans chaque rang et coupe sous le collet les plantes adventives qui feraient beaucoup de mal, si on ne les détruisaient pas à temps. Ces travaux peuvent se faire en même temps que ceux à la traction.

Comme on le sait, toutes les bineuses à main sont de formes assez variées pour qu'on puisse, avec elles, exécuter tous les travaux de recherches sous les ceps.

Ces instruments à main sont surtout utiles lorsque le développement des rameaux ne permet plus de passer avec la houe à cheval ; les houes triangulaires sont préférables dans les graviers où elles peuvent pénétrer.

Binage et sarclage de 2,500 souches plantées à 2 mètres en plein rapport.

Ouvrier : 3 journées à 2 fr. 50 . . . . 7 50
Frais généraux, 12 0/0 . . . . 0 90

Total 8 48

Généralement, on exécute le desherbage en deux opérations à 15 20 jours d'intervalle, et souvent, aussitôt que le premier sarclage est terminé, on doit le faire suivre d'un second.

HERSAGE

L'effet du hersage ne se fait sentir dans une vigne qu'à la suite d'un labour ou d'un scarifiage.

Cette opération renouvelle la couche supérieure du sol en l'exposant au soleil et en neutralisant le développement des herbes adventives. Souvent, on fait une dernière façon avec la herse quand les autres instruments ne peuvent plus y pénétrer.

La herse qui convient le mieux pour cet usage est sans contredit la herse vigneronne avec mancheron ; elle est assez légère pour être traînée par un fort mulet sans occasionner de dégâts, parce qu'elle est facile à soulever à l'aide des mancherons. (fig. 233).

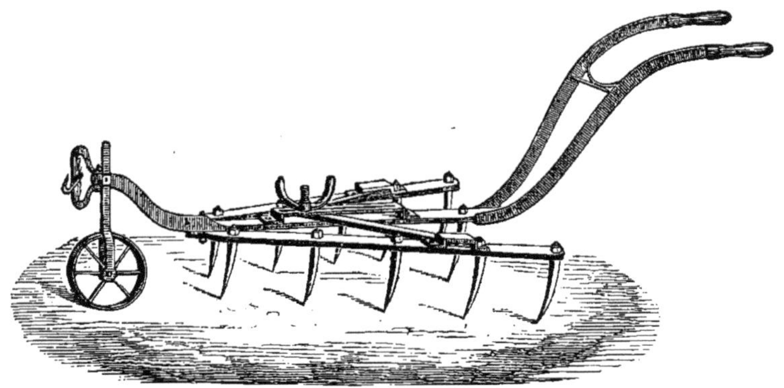

Fig. 233. — Charrue vigneronne.

Prix de revient du hersage d'un hectare de vigne.

1 fort mulet : 1/25e de journée à 2 francs	2 50
Laboureur : 1/25e de journée à 3 fr. 50	4 37
Frais généraux, 12 %	0 82
Total	7 69

CULTURE DE JEUNES PLANTIERS

CULTIVÉS

EN PLAINE, EN COTEAU, SUR TERRASSE RAPIDE

SOMMAIRE

Culture des jeunes plants. — Soins à leur donner les première, deuxième et troisième année. — Époque et ordre des travaux. — Outils à employer. — Les engrais. — Les soufrages. — Tableaux des prix de revient des travaux de chaque année.

EN PLAINE

Nous avons déjà donné toutes les indications pratiques pour les diverses façons dont les vignes en plein rapport doivent être constamment l'objet.

L'éducation des jeunes plantiers a, sur leur avenir, une influence si considérable que nous avons cru utile de résumer ci-dessous les soins très délicats et très multiples dont ils ont besoin pendant les trois premières années de leur existence.

PREMIÈRE ANNÉE

La première année — aussitôt la plantation faite — on procède à l'opération du *scarifiage croisé* qui consiste à scarifier dans un sens d'abord et ensuite en travers.

Le scarificateur que l'on emploie à cet usage est celui que nous avons déjà décrit (fig. 221). Il est traîné par deux forts mulets.

Cette opération doit être pratiquée à une certaine profondeur, 12 à 15 centimètres par exemple; aussitôt qu'on a fait subir au plantier cette double façon, on la recommence une seconde fois, puis encore une troisième fois avec le même instrument.

En général, nous estimons que trois doubles façons semblables sont suffisantes pour déterminer une végétation vigoureuse et luxuriante.

Les six opérations se font à des époques et à des intervalles qu'il est difficile de préciser à l'avance. Tout dépend des variations de la saison et de l'état d'humidité du sol, qui doit être suffisante pour que les instruments puissent entrer facilement en terre.

A la suite de ces travaux, si les herbes adventives tendaient encore à se reproduire, on aurait recours à la houe extirpatrice.

Il est indispensable de faire passer un ouvrier à chaque pied pour biner et sarcler la partie la plus voisine du cep, que les instruments ne peuvent atteindre.

La première année, beaucoup de ceps s'inclinent sous la puissance du vent ou par le fait des instruments ou des animaux. Il est urgent de les redresser et les maintenir ainsi au moyen de petits piquets. On plante un piquet sur le côté du cep, et avec une ficelle on y fixe le jeune pied de vigne.

En procédant de toutes les façons que nous venons d'indiquer, on réussira à obtenir un plantier vigoureux et propre.

Nous donnons ci-dessous le relevé des dépenses occasionnées par les travaux de culture proprement dits.

Ces dépenses comprennent les débours, tant en œuvres que l'intérêt du capital engagé dans le vignoble, etc.

Prix de revient des travaux de culture et d'entretien d'un hectare d'un jeune plantier d'un an

(planté à 2 mètres sur 2 mètres)

DÉSIGNATION	NOMBRE D'UNITÉS	PRIX de L'UNITÉ	SOMMES
1er Scarifiage au scarificateur.	1	12 37	12 37
2e Scarifiage au scarificateur	1	10 92	10 92
Concassage des mottes.	1	9 24	9 24
3e labour bineur à la houe américaine	2	14 56	29 12
1er labour à la houe extirpatrice	1	16 37	16 37
Binage à la houe à main	2	8 40	16 80
Soufrage	2	1 75	3 50
Hersage	1	7 69	7 69
Frais généraux	106 fr. 01	12 o/o	12 72
Valeur locative d'un hectare planté sur défoncement.	1.500	5 o/o	75
Intérêt du capital travail	118 73	8 o/o	9 50
Total.			203 23

DEUXIÈME ANNÉE

Passons à la deuxième année :

La première taille est terminée ; on met en place et on redresse les plants dérangés en les maintenant par des piquets tuteurs.

Les sarments ont été coupés et enlevés, c'est alors le moment de recourir aux labours, soit simples soit bineurs, etc.

On trace, après avoir terminé la première taille, un sillon déchausseur de chaque côté de la souche, comme nous l'avons déjà dit pour la vigne en plein rapport. Ce travail se fait à l'aide de la charrue déchausseuse, soit la vigneronne, soit la Vernette. Ce labour réalise une économie assez notable sur le mode de déchaussement direct à la main.

Après ce labour déchausseur, un ouvrier opère, le déchaussement définitif (voir *Déchaussement*) ; on nettoie ensuite les souches des racines aériennes inutiles, puis on met dans les cuvettes ou sellettes les composts voulus. On laisse les engrais exposés ainsi à l'action de l'atmosphère pendant le plus long temps possible, c'est-à-dire jusqu'au moment où les bourgeons vont sortir ; on procède alors au rechausse-ment partiel avec la charrue rechausseuse.

Après avoir exécuté le rechaussement définitif des souches, on fait le premier labour à la charrue vigneronne, soit de Dombasle, soit de tout autre constructeur (fig. 234).

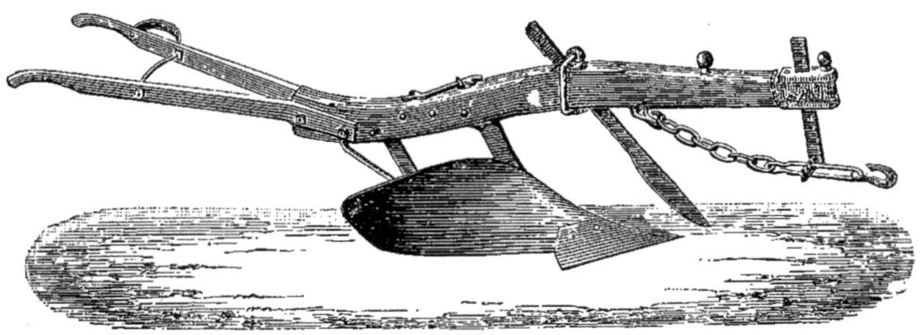

FIG. 234. — Charrue vigneronne Dombasle (petit modèle).

Les travaux successifs de scarifiage, de binage, se font avec le scari-ficateur et les houes américaines extirpatrices.

Résumons les travaux de la deuxième année :

 1° Un labour déchausseur et labour général ;
 2° Formation de cuvettes ;
 3° Mise des composts ;
 4° Rechaussement à la charrue ;
 5° Rechaussement définitif à la houe à la main ;
 6° Scarifiage ;
 7° Binage ;
 8° Sarclage ;
 9° Taille ;
 10° Soufrage ;
 11° Redressement des jeunes plants couchés ou inclinés ;
 12° Remplacement des plants manquants, par des plants racinés d'un an, conformément à ce que nous avons dit plus haut au chapitre sur la Plantation.

Nous donnons à la page suivante un résumé des dépenses que nécessite la vigne pendant la deuxième année.

Prix de revient des travaux de culture et d'entretien d'un jeune plantier de 2 ans
sur une superficie d'un hectare.

DÉSIGNATION	NOMBRE D'UNITÉS	PRIX de L'UNITÉ	SOMMES
Déchaussement à la charrue et labour complet. . .	1	26 04	26 04
Formation de cuvettes	2.500	7 00	17 50
Dépôt des composts, à 2 kil. 800 par pied	2.500 k.	16 80	42 00
Valeur des composts.	7.000 »	17 f.1000k.	119 00
Réchaussement à la charrue	2.500 »	2 00	5
Réchaussement définitif à la houe à main	2.500 »	5 50	13 75
Scarifiage au scarificateur	2	12 37	24 74
Binage à la houe à cheval.	2	14 56	29 12
Binage sarclage.	2	8 40	16 80
Binage à la houe extirpatrice.	1	16 37	16 37
Soufrage	3	3 00	9 00
Taille au commencement de la 2ᵉ année		4 00	4 00
Redressement et piquetage de 50 plants	50	30 f.le%,	15
Frais généraux		12 %	40 59
Valeur locative d'un hectare planté	1.500	5 %	75
Report de la première année			203 23
Intérêt du capital engagé.	657 f. 14	8 %	52 57
Total.			709 71

Ces chiffres font ressortir, pour la fin de la deuxième année, un
surcroît de frais qui résultent de l'apport des composts et des nombreuses façons que réclament les jeunes plantiers.

Le viticulteur n'aura pas à regretter ces frais, car une vigne, traitée
comme nous venons de l'expliquer, le récompensera rapidement et
promptement de tous ces sacrifices indispensables.

TROISIÈME ANNÉE

Les travaux de la troisième année ressemblent assez à ceux de la
seconde, sauf l'apport de l'engrais qui n'est pas nécessaire. — On peut,
à la rigueur, supprimer une façon, sans perdre de vue, toutefois, que la
vigueur de la vigne et ses rendements dépendent essentiellement de
ces labours et de ces manutentions multiples que nous avons décrites
plus haut.

La troisième année, les sarments commencent à encombrer les

lignes de travail. Chaque fois qu'ils se trouvent sur le passage des instruments, on les fait couper à la serpette par des ouvriers qui passent dans les rangs, en précédant l'instrument dont la marche doit toujours se poursuivre régulièrement et sans encombre : c'est une question d'économie pour le compte des journées, ainsi que nous l'avons déjà fait remarquer.

A la troisième feuille, les sarments deviennent plus nombreux, plus puissants ; les opérations du soufrage et de la taille prennent, par conséquent, plus d'importance. Ne pas oublier que la santé du cep dépend du soufrage et que sa formation régulière et sa production définitive sont subordonnées à la manière méthodique dont la taille a été faite.

La vigne réclame chaque année un déchaussage ; peu importe le système, pourvu que le collet de la souche soit mis à découvert afin que les racines supérieures soient aérées et qu'on puisse les débarrasser des insectes nuisibles ainsi que des cryptogames qui se cachent sous les écorces du collet.

Prix de revient des travaux de culture et d'entretien d'un jeune plantier de 3 ans
sur une superficie d'un hect are.

DÉSIGNATION	NOMBRE D'UNITÉS	PRIX de L'UNITÉ	SOMMES
Déchaussement à la charrue et labour complet. . .	1	26 04	25 48
Déchaussement et formation des cuvettes (sans fumure)	2.500	5 60	14 00
Rechaussement à la charrue	2.500	2 00	5 00
Rechaussement définitif à la houe	2.500	5 50	13 75
Scarifiage.	2	12 37	24 74
Binage à la houe américaine	2	14 56	29 12
Binage sarclage à la houe à main	2	8 40	16 80
Binage sarclage à la houe extirpatrice.	1	16 37	16 37
Soufrage	4		25 00
Taille.	2.500	7 25	18 10
Frais généraux		12 0/0	22 60
Valeur locative d'un hectare planté	1.500	5 0/0	75 00
Report des années précédentes			709 71
Intérêt du capital engagé.	995 fr. 67	8 0/0	79 63
TOTAL des dépenses à la troisième année.			1.075 30

Dans tous les cas, le sous-sol qui avoisine la souche en terre a besoin chaque année de s'aérer.

Les herbes adventives n'ont pas à la troisième année la surabondance et la tenacité que l'engrais leur a communiquées l'année précédente ; un bon ratissage suffit souvent pour s'en débarrasser.

A cette époque, on rencontre rarement quelques ceps rabougris ;
il est nécessaire de s'assurer de leur vitalité et, si on reconnaît qu'ils
souffrent, il faut les remplacer sans hésiter, soit par des provins, soit
par des plants racinés d'un an ou de deux ans, suivant leur degré de
robusticité.

Dès la troisième année, la taille devient plus lente en raison de l'accroissement et de la puissance des sarments ; aussi la dépense aug-
mente-t-elle relativement de ce côté.

Résumé. — L'hectare de vigne en plaine, plantée à 2 mètres sur 2
mètres, coûtera donc, à la fin de la troisième année, la somme de
2,575 fr. 30 centimes, se décomposant ainsi :

Achat de terrains à proximité d'une ville ou d'un port de mer :

Terre défrichée : 1 hectare.	1.000
Défoncement à 0,50	375
Plantation.	58 65
Frais généraux et accessoires.	66 35
Dépenses de culture et entretien pendant trois ans . .	1.075 30
Prix de revient d'un hectare de vigne.	2.575 30

EN COTEAU

Les vignes en coteau — que les acquéreurs recherchent parfois, en raison de leurs avantages, sous plusieurs rapports — présentent souvent, par suite même de leur situation, des difficultés pour l'exécution des travaux de culture, toujours nécessaires dans un vignoble et d'autant plus fructueux qu'ils sont plus multiples.

Il importe de savoir comment tourner ces difficultés.

Nous avons déjà, lorsque nous avons donné la méthode à suivre pour créer un plantier, exposé en détail certains systèmes qui permettent d'utiliser les terrains les plus déclives. Tel est par exemple l'établissement, sur le profil du coteau, de terrasses superposées au moyen de murailles en pierres sèches dont les intervalles sont remplis de terre en partie rapportée de plus haut ; tels sont encore les labours en travers qui prennent les pentes en écharpe et se prolongent, d'étage en étage, en suivant un niveau constant et en contournant tous les renflements, tous les contreforts d'un massif montagneux.

Mais dans les vignes ainsi créées, il arrive souvent que l'usage de la charrue, même la plus légère, et de la houe à cheval, même la plus étroite, est impossible, en raison du peu de largeur des terre-pleins. Quelquefois sans être absolument impossible, l'emploi des instruments à traction d'animaux est peu pratique à cause de l'adresse exceptionnelle que le travail exigerait de la part des ouvriers et du surcroît de frais que, par suite, il entraînerait. Dans ces conditions, le viticulteur doit se contenter du travail fait à la main.

Le coteau, qui sert de type à notre démonstration, se trouve être à pente variable sur laquelle les charrues et autres instruments attelés ne peuvent fonctionner. — Nous croyons utile, dans ce dernier cas, d'indiquer sommairement de quelle façon il faudra procéder.

ÉPOQUE ET ORDRE DES TRAVAUX

Que le travail se fasse, soit à la machine, soit à la charrue traînée par des animaux, soit à bras d'hommes, par les houes, etc., l'époque des façons à donner ne varie point. *C'est toujours après la taille qu'ils doivent être exécutés.*

Il faut d'abord débarrasser la vigne des sarments coupés — utilisables comme nous l'avons dit — et procéder au déchaussement des pieds ainsi qu'à leur rechaussement un peu après, ordinairement dans les premiers jours de mars, suivant la précocité des ceps. Nous avons donné tous les détails de ces opérations.

A leur suite, arrive le piochage général du sol.

Le moment précis du piochage dépend du plus ou moins d'intensité des pluies. Il faut saisir l'instant où elles ont détrempé suffisamment le sol, sans attendre qu'elles l'aient raviné trop profondément.

En Afrique, où les pluies se prolongent rarement pendant plusieurs semaines sans qu'il se produise une éclaircie, il est facile de choisir le moment propice, quand on reste à proximité du vignoble et que l'on observe les variations du temps avec cette attention vigilante et cette perspicacité qui sont le propre de tout viticulteur avisé.

OUTILS A EMPLOYER

Les piocheurs doivent employer la *houe plate* dans les terrains *légers* et la *houe à crochet* dans les *terres plus compactes* dont la consistance résiste d'avantage à l'action de l'outil. Le plus ou moins d'humidité des terrains est très important à constater.

Si les terrains sont forts et saturés d'humidité, ils s'agglomèrent au lieu de se diviser sous la poitrine, et ils roulent en mottes qui durcissent. S'ils sont, au contraire, bien ressuyés, ils se désagrègent facilement.

Le moyen pratique pour obtenir un bon piochage consiste à laisser ressuyer et aérer le sol pendant quelque temps avant d'y procéder.

Généralement, les terrains d'un coteau se ressuyent plus promptement que ceux d'une forme plate ; quarante-huit heures suffisent souvent pour rendre le sol malléable, aussi commode à travailler qu'un terrain léger en plaine.

Le grand point, en coteau, consiste à exécuter les travaux assez rapidement pour que l'humidité n'ait pas le temps d'abandonner les terrains supérieurs et de se ramasser en formant des cuvettes liquides dans les parties basses ; cet état anormal serait désastreux de toute manière.

LES ENGRAIS

Les travaux de fumures en coteau nécessitent les mêmes soins que les fumures en plaine. Inutile de répéter ici les prescriptions minutieuses que nous avons données à l'article spécial des engrais.

Un seul point est à retenir ; *amener toujours l'engrais au plus près des souches.* Si le terrain est inaccessible aux charrettes traînées par des animaux (et même aux petites voitures à bras que nous voudrions voir introduire en Algérie et en Tunisie où elles rendraient de grands services), il faut de toute nécessité recourir au transport à dos d'âne ou à dos de mulet.

SOUFRAGES

Les terres étant mieux ressuyées en coteau qu'en plaine, les soufrages peuvent y être plus légers. C'est une occasion d'économie qu'il ne faut pas négliger.

La quantité de soufre à répartir sur un vignoble en coteau est naturellement relative au degré de contamination déjà existant sur le bois et la nature des cépages, ainsi que de l'humidité existant dans le sol.

Dans tous les cas, il faudra toujours un peu forcer la quantité au fur à mesure que l'on descend vers le bas, — parce que d'une part les situations basses réclament une plus grande quantité de soufre, d'autre part, l'acide sulfureux du bas se condense sur les ceps des étages supérieurs, ce qui compense largement les petites quantités réparties sur ces derniers points.

Nous donnons ci-dessous le résumé des dépenses qu'occasionne la culture d'un jeune plantier situé en coteau pendant trois ans. Dans ces comptes, nous ne faisons pas figurer les réparations du système en cordon sur fil de fer qui servent de base à l'établissement.

PREMIÈRE ANNÉE

Prix de revient des travaux exécutés sur un hectare de vigne plantée en coteau de **3,085** pieds

(terre de 3ᵉ espèce)

DÉSIGNATION	NOMBRE D'UNITÉS	PRIX de L'UNITÉ	SOMMES
1ᵉʳ piochage	1	56	56
2ᵐᵉ piochage	1	50 40	50 40
1ᵉʳ binage et sarclage à la main.	1	8 40	8 40
3ᵐᵉ piochage	1	50 40	50 40
2ᵐᵉ binage et sarclage à la main	1	8 40	8 40
Petits soufrages.	2	1 75	3 50
Taille.	1	2 75	8 48
Redressage, piquets, évaluation.	50	0 10	5
Repiquage des plants manquants	100	12 49	12 49
Frais généraux		12 %	24 37
Valeur locative	1.500	5	75
Intérêt des dépenses.	302 44	8 %	24 20
Total.			326 64

Ainsi qu'on le voit, ces travaux de première année ont une assez grande importance sur l'avenir du futur vignoble pour que le viticulteur y apporte tous ses soins et toute son activité.

DEUXIÈME ANNÉE

La deuxième année, les façons sont à peu près les mêmes, en ce qui concerne les instruments, sauf qu'il faut pratiquer le déchaussement général de toutes les souches afin d'y déposer des composts, si on veut atteindre de beaux et bons résultats.

Il est probable qu'à la deuxième année, il y aura encore quelques pieds à redresser et peut-être aussi quelques ceps à remplacer.

Si la taille a été bien opérée la première année, il sera plus facile de la diriger la deuxième, car c'est dès les débuts de la plantation que la souche doit être formée, de façon à en faire un véritable gobelet pus tard.

La quantité de composts à mettre sur la vigne dépend de la qualité des cépages ; nous admettrons ici des cépages réclamant 2 kilos 500 grammes par pied.

Prix de revient des travaux exécutés sur un hectare de vigne plantée en coteau, de 3,086 pieds

(terre de 3ᵐᵉ espèce)

DÉSIGNATION	NOMBRE D'UNITÉS	PRIX de L'UNITÉ	SOMMES
1ᵉʳ piochage	1	56	56
Déchaussement en cuvettes	3.086	8 40	25 92
Déposé de composts (sur 3086)	3.086	14 11	43 54
Valeur des composts	7.715 k.	17 1000 k.	54
Rechaussement	3.086	5	15 43
2ᵐᵉ piochage	»	50 40	50 40
1ᵉʳ binage sarclage à la main	»	8 40	8 40
3ᵐᵉ piochage	»	50 40	50 40
2ᵐᵉ binage sarclage à la main	»	8 40	8 40
Soufrages	3		10
Taille	3.086	4 50	13 89
Redressage et piquetage	25	10	2 50
Repiquage de plants manquants	15	12 49	1 87
Frais généraux		12 %	40 89
Valeur locative	1.500	5 %	75
Report des dépenses de la première année			326 64
Intérêts des avances	783 fr. 28	8 %	62 66
TOTAL à la fin de la deuxième année			845 96

Ce surcroît de dépenses à la deuxième année provient des différents composts à introduire dans le plantier, de façon à améliorer la qualité productrice première du sol.

TROISIÈME ANNÉE

Les travaux de la troisième année sont exactement les mêmes que ceux de la deuxième année, moins l'emploi des composts.

Prix de revient des travaux exécutés sur un hectare de vigne plantée en coteau de 3,086 pieds

(terre de 3ᵐᵉ espèce)

DÉSIGNATION	NOMBRE D'UNITÉS	PRIX de L'UNITÉ	SOMMES
1ᵉʳ piochage.	1	56	56
Déchaussement petites cuvettes.	3.086	7	21 60
Rechaussement	»	4 50	13 89
2ᵐᵉ piochage	»	50 40	50 40
1ᵉʳ binage et sarclage à la main.	»	8 40	8 40
3ᵐᵉ piochage	»	50 40	50 40
2ᵐᵉ binage et sarclage à la main	»	8 40	8 40
Soufrages.	3		16
Taille.	3.086	7 25	22 37
Frais généraux		12 %	29 69
Valeur locative	1.500	5 %	75
Report des dépenses précédentes			845 96
Intérêts des avances	1.18 10	8 %	95 85
Total des dépenses concernant les travaux et l'entretien de la vigne. .			1.293 96

Il importe de remarquer qu'il est urgent, et nous le répétons, que le sous-sol qui avoisine la souche reçoive chaque année de cuvettes aératrices et d'un déchaussement soigné.

En coteau, où les terrains sont généralement pierreux, les herbes adventives sont rares ; il faut néanmoins surveiller leur développement et les arracher sans pitié à la houe à main, dans les endroits où ne peuvent circuler les outils extirpateurs mécaniques.

La vitalité des ceps est aussi à constater, et il faut, sans hésiter remplacer ceux dont la robusticité serait douteuse ou même simplement aléatoire.

Résumé. — L'hectare de vigne, située en coteau, plantée à 1 mètre 80 en tous sens, coûtera à la fin de la troisième année, la somme de 1,293 francs 96 centimes.

Achat de terrain à proximité d'une ville ou d'un port de mer :

Terre défrichée : 1 hectare.	500
Défoncement a bras d'homme.	900
Plantation.	58 65
Frais généraux et accessoires.	41 27
Dépenses des travaux et entretien de la vigne pendant trois ans.	1.676 75
Prix de revient d'un hectare.	3.175 67

SUR TERRASSE PEU RAPIDE

A DEUX RANGS

Les vignes, situées en coteau sur terrasse, sont d'un accès assez difficile puisqu'elles sont échelonnées, par étage, sur une pente rapide; par leur situation, elles ne peuvent donc être travaillées, à de rares exceptions près, qu'à bras d'hommes. Cependant, lorsque l'emploi de bêtes de somme ou de trait est impossible, on peut encore se servir de cette vaillante petite râce d'ânons — improprement, en Algérie, appelés *bourriquots* — qui, munis de *chouaries* (bâts en alfa formant sac de chaque côté), peuvent facilement porter une charge de 30 à 35 kilogs de composts.

EPOQUE ET ORDRE DES TRAVAUX

Comme pour les vignes plantées en plein et situées en simple coteau, les travaux que l'on exécute sur les terrasses sont à peu près les mêmes, sauf pour la taille et l'entretien du matériel d'établissement.

On procède d'abord au liage de l'extrémité des sarments, dès que la sève est descendue et que les feuilles sont tombées ; cette manutention a pour but de faciliter les travaux manuels d'instruments, etc.

Lorsque les souches sont dégagées de l'encombrement des sarments par le liage, on exécute le premier piochage, soit à la pioche plate ou houe dite grosse binette, soit avec la houe à crochet.

Une fois que le premier piochage est fait, on laisse ainsi reposer la terre quelque temps pour l'aérer ; ces travaux s'exécutent en décembre si c'est possible, comme il a été recommandé.

Vient ensuite la taille et l'enlèvement des sarments ou leur réduction en engrais sur place en les broyant.

Après la taille, on peut tourner autour des souches pour y creuser des cuvettes, soit pour recevoir des engrais, soit comme aération des pieds.

Une des bonnes conditions pour que les composts puissent apporter la plus grande somme de principes fertilisants au sol, c'est de les laisser exposer à l'atmosphère le plus longtemps possible.

Lorsque les composts sont réduits et désagrégés, on les recouvre avec la terre qui a été retirée de la cuvette; cette opération se fait avec une houe à main.

Après ces diverses façons, on continue par un deuxième piochage vers les derniers jours de janvier; on ne peut, en effet, assigner une époque fixe, par ce que c'est l'état du sol qui règle le travail.

En mars, les herbes atteignent déjà de 50 à 20 centimètres dans les terres bien ressuyées; il faut les biner en les sarclant avec une houe à main à long manche.

A la fin de ce mois, les bourgeons commencent à se prononcer et à s'ouvrir; c'est le moment de saupoudrer d'un peu de soufre sublimé sur chaque pied.

En mai, on procède au troisième piochage, c'est le dernier de la première année.

En juin, on bine et on sarcle, encore une fois, avec une des grandes houes à main.

Vers les premiers jours de juin, on applique un deuxième soufrage nécessaire à cette époque.

Si une affection cryptogamique se déclare, on aura recours de suite aux traitements indiqués au chapitre *Parasites végétaux* (1er volume).

OUTILS A EMPLOYER

Les outils, employés dans les travaux de culture sur terrasse en coteau, sont exactement les mêmes que ceux utilisés en coteau simple.

Pour exécuter le premier piochage, des ouvriers munis de houes plates attaquent le sol déjà durci par la chaleur et le piétinement des hommes; les piochages suivants se pratiquent avec des pioches ou houes à crochet.

Quant aux binages sarcleurs, ils se font à l'aide de houes à long manche que l'on passe sous les ceps pour atteindre les herbes, sans froisser les fleurs ou les fruits.

ENGRAIS

L'accès des terrasses étant assez difficiles, on aura recours aux bourriquots pour transporter les engrais sur les terre-pleins.

On évaluera d'avance quelle est la quantité de compost qu'il faut mettre à chaque souche suivant sa nature, puis on déposera la quantité déterminée dans chaque cuvette.

Si on emploie un amendement appartenant à un calcaire, il suffira de le répandre en poudre sur le sol avant le premier piochage.

Si, par exemple, on veut se contenter d'amender la vigne sans engrais soit avec les poussières de routes, soit avec les currures de fossé, on fera bien de déposer ces matières telles qu'elles sont dans les cuvettes préparées *ad hoc* pour cet usage.

Les engrais, quels qu'ils soient, devront toujours être le plus divisés possible, afin de s'assimiler plus vite.

LES SOUFRAGES EN COTEAU

La première année, les soufrages sont peu importants, étant donnée la faiblesse des jeunes ceps.

Comme il est indiqué à l'article spécial traitant de l'*Oïdium*, les soufrages s'exécutent, soit à la souffrette à main, soit de préférence encore à l'aide du *Soufflet Langlois*.

PREMIÈRE ANNÉE

Prix de revient des travaux de culture et d'entretien exécutés sur un hectare de vigne en terrasse plantée en cordon sur fil de fer, 1,650 pieds.

DÉSIGNATION	NOMBRE D'UNITÉS	PRIX de L'UNITÉ	SOMMES
1er piochage, surface calculée, 8,000 mètres	1	44 80	44 80
2me piochage	1	40	40 00
Binage sarcleur à la main	1.	8 40	8 40
3me piochage	1	40	40 00
Binage sarcleur	1	8 40	8 40
Petits soufrages.	2		3 50
Taille.	1.650	2 75	4 54
Redressage, piquets, évaluation.	25	0 10	2 50
Repiquage des plants manquants	50	12 49	6 25
Frais généraux		12 0/0	19 01
Valeur locative du terrain	500	5 0/0	75 00
Entretien et amortissement du matériel pendant 15 ans		4.797 34	319 56
Intérêts des dépenses de toute nature		8 0/0	52 20
Total de la première année.			624 16

Ces prix de revient sont, comme les précédents, calculés comme travaux de culture et d'entretien en terre de troisième espèce.

Les travaux de première année ont une importance considérable au point de vue de l'avenir du vignoble. On ne saurait donc trop recommander une attention soutenue dans les diverses façons indiquées au cours du tableau que nous venons de donner, car il ne faut pas oublier qu'une des premières conditions du succès consiste dans une bonne préparation du sol.

DEUXIÈME ANNÉE

La deuxième année, les travaux sont semblables que ceux exécutés sur les vignes en coteau simple.

Prix de revient des travaux de culture et entretien exécutés sur un hectare de vigne en terrasse plantée en cordon sur fil de fer, 1,650 pieds *(terre de 3ᵉ espèce)*

DÉSIGNATION	NOMBRE D'UNITÉS	PRIX de L'UNITÉ	SOMMES
1ᵉʳ piochage	1	44 80	44 80
Déchaussement en cuvettes pour engrais	1.650	8 40	13 86
Déposé de composts	1.650	14 11	23 28
Rechaussement	1.650	5	8 25
Valeur des composts	4.125	17	70 12
2ᵉ piochage	1	40	40 00
Binage sarcleur	1	8 40	8 40
3ᵉ piochage	1	40	40 00
Binage sarcleur	1	8 40	8 40
Soufrages	3		10 00
Taille	1.650	4 50	7 43
Redressage piquets	12	10	1 20
Repiquage de plants manquants	8	12 49	1 00
Frais généraux		12 %	33 20
Valeur locative du terrain	1.500	5 %	75 00
Entretien et amortissement du matériel pendant 15 ans			320 00
Report de l'année précédente			618 19
Intérêts des dépenses de toute nature	1.228 66	8 %	105 85
Total de la deuxième année			1.428 98

Si les dépenses totales de la deuxième année sont assez élevées, elles sont en grande partie dues à l'apport des engrais sous forme de composts, lesquels — de préférence, ainsi que nous l'avons fait remarquer, — doivent être incorporés au sol plutôt le deuxième année que la troisième.

TROISIÈME ANNÉE

Les travaux de la troisième année sont exactement les mêmes que ceux de la précédente, sauf que les cuvettes d'aération sont plus petités que celles destinées à recevoir les engrais. .

DÉSIGNATION	NOMBRE D'UNITÉS	PRIX de L'UNITÉ	SOMMES
1er piochage.	1	44 80	44 80
Déchaussement petites cuvettes.	1.650	7	11 55
Rechaussement	1.650	4 50	7 42
2me piochage	1	40	40 00
1er binage sarcleur.	1	8 40	8 40
3me piochage	1	40	40 00
2me binage sarcleur	1	8 40	8 40
Soufrages.	3		18 00
Taille.	1.650	7 25	11 96
Frais généraux		12 %	21 66
Valeur locative du terrain.	1.500	5 %	75 00
Entretien et amortissement du matériel pendant 15 ans			320 56
Report de l'année précédente			1.428 98
Intérêts des dépenses de toute nature	1.873 70	8 %	162 89
TOTAL des dépenses à la fin de la troisième année.			2.199 91

ÉBOURGEONNEMENT

SOMMAIRE :

De l'ébourgeonnement. — De son utilité. — De ses résultats.
— Opération de l'ébourgeonnement. — Conseils pratiques.
— Tableau du prix de revient de cette opération pour
1.000 ceps suivant l'âge de la vigne.

ÉBOURGEONNEMENT

L'ébourgeonnement est en usage depuis les temps les plus anciens, puisque Columelle regardait cette opération comme plus utile que la taille sèche.

Lorsqu'une vigne quelconque a été taillée suivant les principes que nous avons indiqués, l'ébourgeonnement devient moins important; mais si, au contraire, la taille a été pratiquée sans méthode suivie ou encore par une main inhabile, il en résultera inévitablement une production considérable de bourgeons nuisibles et non fructifères.

Souvent, malgré tous les soins apportés à la taille, ces bourgeons *parasitaires* apparaissent, soit au bas de la souche, soit aux intersections des *coursons* ou *porteurs*.

Les ceps chétifs, d'une végétation grêle, réclament un ébourgeonnement soigné et bien équilibré, en évitant de laisser des bourgeons inutiles qui nuiraient au développement des sarments fructifères.

Comme la sève d'un cep de cette nature est limitée dans ses canneaux, elle ne peut impunément alimenter tous les bourgeons qui émergent de la plante. C'est à cette cause qu'il faut attribuer les rendements souvent faibles que l'on rencontre en terre peu fertile.

Au contraire, lorsque la sève est abondante dans un pied de vigne, l'ébourgeonnement doit être modéré et surtout dirigé en vue de faire refouler la sève dans les nombreux porteurs qui doivent être laissés à chaque souche.

Les bourgeons qui partent surtout aux abords de l'œil borgne (sous-œil) sur le vieux bois, tantôt dessous, tantôt dessus, sont généralement improductifs à la première année, — mais il est quelquefois nécessaire d'en laisser subsister dans le cas où il serait impossible d'en trouver d'autres à proximité qui soient utilisables.

La marche à suivre vis à-vis de ces bourgeons improductifs est bien simple ; la pratique indique d'ailleurs leur suppression, car ils détournent inutilement une somme de sève bien plus utilisable dans les vrais porteurs fructifères.

En Algérie comme en Tunisie, la végétation est si exubérante, dans les années humides, que les bourgeons partent de toutes parts. Les premiers qui émergent sur le vieux bois, précèdent une autre émission plus fructifère qui a lieu 15 ou 20 jours après.

L'ébourgeonnement doit suivre pas à pas cette végétation, afin de bien reconnaître les bourgeons à éliminer.

Dans tous les cas, l'ébourgeonneur doit être, avant tout, un bon tailleur de vigne, car lui seul peut juger du bois qu'il doit laisser sur la souche pour la taille de l'année suivante.

Opération de l'ébourgeonnement.

Lorsque les rameaux fructifères atteignent 20 à 25 centimètres, c'est à peu près le moment de procéder à la visite de chaque cep que l'on débarrasse de l'excédent des *bourgeons à bois*.

Si, toutefois, on remarque qu'un rameau, quoique non fructifère dès cette première année, soit bien placé pour équilibrer la souche, il y a lieu de le respecter, par exception cependant.

Pour ébourgeonner d'une main aisée, rapide et sûre, il faut se munir d'une poucette en cuir, armée d'une minuscule lame d'acier avec laquelle on enlève les petits rameaux ; la blessure se cicatrise d'elle-même.

L'ouvrier ébourgeonneur « *le tailleur de vigne* » doit être exceptionnellement compétent et adroit. S'il manquait du discernement nécessaire ou s'il n'avait pas la légèreté de main exigée, il ferait fatalement tomber les jeunes rameaux fructifères pêle-mêle avec les branches gourmandes, et il en résulterait une déperdition considérable dans la quantité du raisin produit.

Nous inviterons les propriétaires viticulteurs à ne pas confier un travail si délicat au premier venu ; nous en voyons tous les ans commettre cette imprudence, dont ils se repentent amèrement à la récolte.

Dans la création du vignoble, pendant la période de trois ans, le viticulteur doit régler sa taille en vue de la vigueur du sol et de la résistance des cépages, de façon à éviter une végétation inutile qui engendre des bourgeons à l'infini.

Un bon tailleur de vigne peut visiter et ébourgeonner en une journée de 12 heures, si le temps le permet, de 900 à 1,000 pieds de vigne en plein rapport en terre fertile, et de 1,200 à 1,400 pieds en terre demi-fertile ; lorsque les ceps n'ont pas plus de 3 à 4 ans, un ouvrier peut en ébourgeonner de 1,500 à 1,800.

Dans la taille système Deiscimeris, les bourgeons sont plus nombreux que sur les souches qui ont subi l'ancien mode de taille, c'est-à-dire la taille contre le vieux bois, — et nous avons observé, parmi les bourgeons qui émergent sur le premier nœud du mérithalle destiné à être coupé l'année suivante, une certaine quantité assez fructifère ; d'où il résulterait une nouvelle ressource pour la formation future de la souche.

L'ébourgeonnement ne se borne pas seulement à l'enlèvement des bourgeons qui croissent au talon des porteurs, c'est-à-dire sur le vieux bois avoisinant aux sous-œils, il doit se continuer aussi lorsque ces bourgeons se traduisent à l'état de drageons, au pied même de la souche (partie émergeante et partie souterraine), qui épuisent inutilement le cep au grand détriment des bourgeons fructifères.

Beaucoup de viticulteurs — et c'est malheureusement le plus grand nombre — procèdent à ce travail d'une façon brutale, si on peut parler ainsi, en rompant la base du bourgeon (en ce moment à l'état de jeune rameau), en le prenant par le milieu et en le déchirant à sa base. En procédant ainsi, il se forme sur le cep une plaie vive qui saigne, pourrions-nous dire, puisque la sève vient à cette déchirure former un bourrelet qui cicatrise la blessure, absolument comme cela se produit pour le corps humain.

La poucette en acier, au contraire, sépare la petite brindille du tronc avec une netteté que la serpette ne pourrait égaler.

Il nous reste cependant à établir le prix de revient de cette opération ; à cette intention, nous avons dressé le tableau suivant donnant le chiffre approximatif des dépenses suivant l'âge de la vigne.

Prix de revient de l'ébourgeonnement (pour 1,000 ceps).

Ages de la vigne	NATURE DU SOL				
	Sec	Peu fertile	1/3 fertile	2/3 fertile	Fertile
1 an	1 00	1 25	1 50	1 75	2 00
2	1 25	1 50	1 75	2 00	2 25
3	1 50	1 75	2 00	2 25	2 50
4	1 75	2 00	2 25	2 50	2 75
5	2 00	2 25	2 50	2 75	3 00
6	2 25	2 50	2 75	3 00	3 25
7	2 50	2 75	3 00	3 25	3 50
8	2 75	3 00	3 25	3 50	3 75
9	3 00	3 25	3 50	3 75	4 00
10	3 25	3 50	3 75	4 00	4 25

Cer prix sont établis après une expérimentation de dix années, sur plusieurs vignobles ; ajoutons que les frais généraux ont été calculés à 12 °/₀ comme d'habitude.

OPÉRATIONS MODÉRATRICES

DE LA SÈVE

SOMMAIRE:

Épamprage. — Cisellement. — Pincement. — Rognage. — Effeuillage. — De leur utilité en Algérie et en Tunisie. — Conseils divers.

ÉPAMPRAGE

L'épamprage est une opération qui a pour but d'enlever les jeunes rameaux non fructifères, de 15 à 20 centimètres, qui ont échappé à l'ébourgeonnage.

Parmi les jeunes pousses, on remarque des brindilles très gourmandes, qui enlèvent une grande partie de la sève au détriment des branches à fruit.

Ces pousses émergent presque toujours sur le vieux bois, sous l'œil *borgne* ou sur un de ses côtés.

Nous avons constaté que les jeunes pousses venues sur vieux bois, plus elles se rapprochaient du premier nœud, plus elles avaient de chance d'avoir des raisins.

Généralement, après cette opération, on soufre la vigne; car c'est à ce moment que l'oïdium commence à faire ses ravages.

Pour épamprer, il suffira donc d'enlever la pousse reconnue impropre, à l'aide de la poucette, comme pour l'ébourgeonnage.

Le prix de revient de cette opération ne peut s'établir d'une manière définitive, surtout en présence des différences résultant dans le premier travail d'ébourgeonnage.

On peut estimer que ce travail vaut bien à peu près le tiers de l'ébourgeonnage.

CONSEILS PRATIQUES

Temps à choisir pour épamprer, ciseler, pincer, rogner et effeuiller.

Il faut éviter d'exécuter ces diverses opérations modératrices de la sève après les grandes pluies, à cause du mauvais état du sol; il faut choisir, autant que possible, un temps doux et couvert, plutôt humide que sec. Les sécheresses excessives et les grandes ardeurs du soleil ont une action fâcheuse sur les pampres, sur les fleurs et sur les fruits dont les abris viennent d'être brusquement supprimés et qui, le plus souvent, se présentent dans une position contraire à leur état normal. Un temps couvert, doux et légèrement humide, favorise le remplacement des feuilles, la cicatrisation des plaies, et donne au cep le temps de se remettre en état de recevoir convenablement l'action bienfaisante d'un soleil qui le flétrirait s'il le surprenait dans l'intime désordre de sa toilette.

Un premier épamprage est généralement pratiqué au commencement du mois de juin, puis on procède à un dernier binage léger pour détruire jusqu'au dernier vestige les herbes qu'aurait pu faire pousser le printemps.

CISELLEMENT

L'opération du cisellement, consiste à enlever avec des ciseaux à lames étroites et à bouts arrondis, les grains imparfaitement développés, lorsqu'ils ont atteint environ le tiers de leur grosseur normale. En outre, on retranche deux ou trois centimètres de l'extrémité de la grappe, quand elle est un peu trop longue (fig. 235).

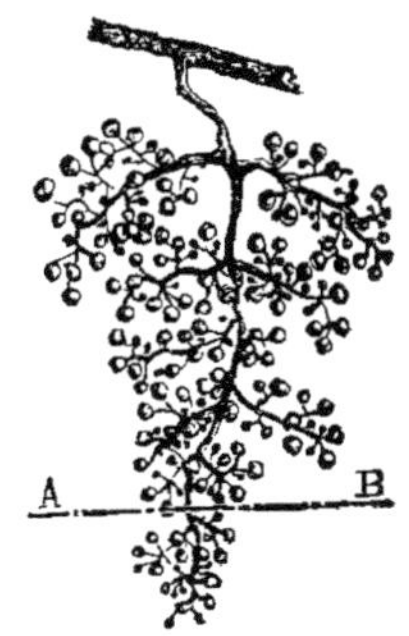

Fig. 235. — Grappe de raisin ciselée.

Le cisellement a pour but de régulariser le développement de tous les grains de raisin d'une même grappe. Ainsi que tout vigneron a pu le remarquer, les grains formant l'extrémité d'une grappe sont toujours plus petits que ceux de la base qui reçoivent directement la sève nourricière ; il importe donc, pour la beauté de la grappe, de rétablir l'équilibre entre les grains. Pour arriver à ce résultat, il suffit de couper l'extrémité de la grappe suivant A B, ainsi que l'indique notre gravure.

Il s'applique surtout aux raisins de table, qui ont une valeur commerciale suffisante pour supporter des frais de manutention multipliés.

Habituellement, ce sont les raisins précoces de Chasselas que l'on traite ainsi.

Dans les serres, tant en Belgique qu'en France, on va même plus loin dans la minutie apportée à l'opération du cisellement, telle que nous l'avons décrite ; on enlève tous les grains qui paraissent les plus médiocres et qui n'offrent aucun avenir. Cette opération permet à la grappe de prendre une belle apparence qui en double la valeur au point de vue commercial.

Nos lecteurs savent que, sur le littoral de l'Algérie, on cultive des Chasselas de Fontainebleau, qui, chaque année, partent d'Alger principalement et de quelques autres ports en quantité considérable, pour aller approvisionner les marchés du nord de l'Europe, et particulièrement ceux de Paris.

Guyotville, Staouëli, Aïn-Taya, etc., sont les grands centres de l'Algérie, où on produit les Chasselas et des Cinsauts primeurs.

PINCEMENT

On appelle *pincement* la supression de l'extrémité d'un bourgeon, en vue de contraindre les liquides séveux à se diriger vers d'autres points que l'on veut développer.

Effets du pincement.

Le pincement a pour effet de susciter une évolution de sève qui provoque de nouveaux bourgeons sous l'aisselle des feuilles : lorsque ces nouveaux rameaux ont une ou deux feuilles, on les pince aussi à leur tour, et il en résulte un élan nouveau dans la végétation. En outre, les vignes ainsi traitées sont presque toujours à l'abri de la coulure quand la végétation est trop luxuriante. Un cep qui a subi le pincement donnera toujours une récolte plus régulière et plus abondante.

Opération du pincement.

La puissance de la végétation, dans le nord de l'Afrique Française, facilite l'opération du pincement et en assure le succès d'une façon plus certaine et plus constante qu'en Europe.

Fig. 236. — Extrémité de rameau pincé.

Les reproches que certains auteurs adressent à ce procédé, qu'ils accusent d'épuiser la vigne, peuvent être fondés dans une certaine mesure en Europe ; mais ils ne le sont certainement pas en Afrique où le pincement ne peut donner que de bons résultats.

D'une façon générale, on retranche, à l'aide du pouce et de l'index, environ trois à quatre centimètres à l'extrémité de chaque rameau fructifère choisi parmi ceux qui ne portent pas plus de deux ou trois jeunes feuilles (fig. 236).

Si les extrémités se recourbent en petites vrilles caractéristiques, plus de doute, le pincement s'impose alors d'une façon absolue.

Ce dernier ne doit d'ailleurs s'opérer que lorsque les jeunes grappes de raisin apparaissent. Ajoutons que c'est surtout dans la taille longue que le pincement produit tous ses effets.

Une excellente méthode consiste à procéder au pincement à plusieurs reprises, afin de ne pas brusquer le mouvement de la sève.

Transformation en grappes des vrilles de la vigne.

On sait, ou du moins c'est la croyance générale, que les vrilles qui poussent certaines années en si grande abondance, ne sont autre chose que des grappes de raisins avortés.

« Si l'on examine, dit l'*Echo Universel*, la vrille dans les premiers jours de sa croissance, on remarque qu'elle est divisée en deux ou trois filaments très tenus ; c'est un de ces filaments qu'il s'agit de retrancher ou de pincer avec précautions toutefois pour ne pas endommager les autres, mais il faudra éliminer de préférence celui à la base duquel on remarquera un petit renflement, sorte de petit follicule trop exigü. C'est en cela que consiste uniquement cette opération ; mais aussitôt après, il est merveilleux de voir la rapidité avec laquelle se formera le raisin. Lorsque la température les favorise, trois ou quatre jours suffisent pour qu'on le voit apparaître. Et tous ceux qu'on aura ainsi fait naître pendant le mois de mai seront à peu de chose près aussi beaux que leurs voisins venus naturellement. Du reste, tant que la végétation aura encore assez de force pendant le mois de juin et même pendant les premiers jours de juillet, on obtiendra encore de très bons résultats, dont on sera encore plus assuré si l'on a soin, en même temps, de retrancher le gourmand qui se trouve près de la vrille. Enfin il ne faut pas perdre de vue que la principale condition du succès est de saisir le moment où la vrille vient de naître. »

ROGNAGE

OU ÉCIMAGE

Le rognage ou écimage est une opération plus accentuée qui complète le pincement, lorsque ce dernier se trouve insuffisant en présence d'une végétation excessive. Il a pour but de favoriser le développement des raisins et d'en régulariser les formes. En outre, ses effets se portent aussi sur l'équilibre des rameaux qui pourraient prendre sans cela des dimensions considérables ; elle favorise aussi le passage des instruments dans les interlignes.

Dans les terrains très fertiles, cette opération est quelquefois nécessaire pour empêcher la coulure et le millerandage ; dans les parages près de la mer, où les vents sont violents, on a recours à ce moyen pour éviter le brisement et la rupture des jeunes rameaux.

On procède au rognage « en taillant en brosse l'extrémité des brindilles avec un morceau de vieille faux emmanchée qu'on dirige horizontalement, le vigneron supprime la longueur exagérée des sarments, tant dessus que dans l'interligne. »

Il faut opérer avec discernement, une vigne fougueuse pouvant supporter un écimage plus sévère qu'une vigne affaiblie. Après la floraison, on écime encore légèrement dans les premiers jours de juillet, afin de laisser arriver l'insolation directe dans les interlignes et de rendre plus libre la voie aux animaux de traits

Enfin, on écime une troisième fois si cela est nécessaire ; cependant un écimage tardif peut être nuisible, en raison de l'apport d'une somme de lumière trop grande sur les souches et les raisins mis à nu par cette troisième opération.

La différence du rognage avec le pincement, c'est que le rognage enlève jusqu'à 15 à 25 centimètres à l'extrémité du rameaux, c'est-à-dire plusieurs mérithalles.

Cette opération, faite avec soin et précaution, n'épuise pas la vigne vigoureuse ; nous avons, au contraire, constaté souvent qu'elle présente en Algérie des avantages multiples.

Les auteurs Italiens sont unanimes à reconnaître que l'écimage appliqué normalement, développe la santé du cep en prolongeant son existence.

En France, cette pratique est répandue presque partout, à l'Est aussi bien qu'au Midi ; M. le Dr Guyot en parle ainsi dans son *Traité de la Vigne* :

« L'étalage, c'est-à-dire la suppression des tales ou pampres inutiles et gourmands, ainsi que le *rognage* des pousses après les avoir ramassées et liées autour de l'échalas, ont été pratiquées de tout temps, mais généralement après la floraison et sans autre but que de grouper les branches éparses, d'empêcher leur destruction par le vent ou par les opérations de la culture, et *de faire mieux pénétrer dans la vigne l'air et le soleil.* »

Dans les sols silico-calcaires, on peut éviter le rognage. Les vignes qui croissent sur ces terrains sont d'une vigueur relativement faible, surtout dans les périodes sèches ; celles, au contraire, situées dans les terrains fertiles, soit dans les talwegs, soit dans les accotements des rivières, nécessitent cette sorte d'amputation aérienne.

EFFEUILLAGE

L'*effeuillage* a pour but de faire pénétrer la lumière jusque dans l'intérieur des touffes de sarments chargés de raisins.

Il est surtout pratiqué dans les vignobles du Nord ou dans ceux situés à des altitudes élevées et, particulièrement, dans les serres de Fontainebleau et de Thomery ; cette opération n'est nécessaire, en Algérie et en Tunisie, que dans les terrains humides et très fertiles, où la sève exubérante retarde la maturité des fruits.

L'effeuillage pratiqué en Kabylie, sur les hautes altitudes — où la chaleur est indispensable pour faire accomplir le dernier travail de la maturité — peut rendre de certains services ; par contre, cette pratique peut être dangereuse pour les raisins primeurs, car elle les exposerait trop vivement à l'action du soleil qui les grillerait ou les fendillerait.

Au sujet de cette opération, M. Fauré écrit :

« L'expérience a démontré que dans les terrains calcaires, siliceux ou caillouteux, où la végétation est maigre et la réverbération très grande, il ne fallait effeuiller qu'avec précaution dans les années ordinaires et pas du tout dans les années de sécheresse ou de trop forte chaleur, sous peine de nuire au vin. Mais, dans les terrains forts, alumineux, qui absorbent les rayons solaires et conservent l'humidité, là où la maturation est lente, où les cépages sont élevés, garnis de feuilles larges et abondantes, il faut toujours effeuiller sans crainte. »

Comme dans toutes les opérations destinées à supprimer quelques organes de respiration ou autres, la nature joue le principal rôle ; en effet, elle arrive — presque toujours — à compenser par sa fertilité les inconvénients d'un climat froid et humide.

Puisqu'il nous arrive *currente calamo* de parler des vignes plantées sur sous-sol humide, dans lesquelles l'opération de l'effeuillage peut produire de bons effets, surtout au point de vue de la bonne maturation, rappelons le conseil d'Odart qui préconise l'emploi, autour de chaque souche, de cailloux plats et lisses qui, tout en buvant d'un côté l'humidité qui se dégage de la terre, renvoie directement à la grappe les rayons solaires qui viennent frapper leur surface polie, vrai magasin à chaleur. Ces surfaces réfléchissantes, par une dualité de rôles complémentaires, assurent donc à la vigne, à la fois, de la chaleur à ses fruits et de la fraîcheur à ses racines.

M. d'Armalhac dit que l'effeuillage suit la fertilité du sol et la nature des cépages ; par exemple, le Malbeck et le Merlot devront être moins effeuillés que le Cabernet, et ce dernier moins que le Verdot qui mûrit très tard.

Il ressort clairement de ces expériences que l'effeuillage suivra le degré de maturité de chaque cépage ; il faudra donc pratiquer cette opération avec prudence et discernement.

A Thomery et [à Fontainebleau, l'effeuillage est fait, avec succès, à trois reprises, peu, de façon à ne pas saisir la végétation et provoquer ainsi un brusque arrêt de sève. — On commence à enlever les feuilles de dessous, puis on continue en montant.

INCISION ANNULAIRE

Principes généraux de l'incision annulaire. — De son application et de ses résultats. — Époque de cette opération. — Outils à employer. — De son exécution. — Tableaux des prix de revient. — Tableaux synoptiques du degré en beaumé, alcool et sucre de divers plants incisés comparativement aux cépages n'ayant pas subi cette opération.

INCISION ANNULAIRE

§ 1. — Principes généraux de l'incision annulaire.

L'incision annulaire est encore peu connue et pratiquée chez l'ensemble des viticulteurs algériens.

Nous devons à notre ami, le Comte de Follenay, de nombreuses recherches sur l'application de cette opération, et nous ne pouvons mieux faire que de citer l'exposé général contenu en l'introduction de la brochure [1] qui traite spécialement de cette question.

« On appelle *incision annulaire* l'enlèvement complet, mais sans attaquer l'aubier, d'un anneau d'écorce plus ou moins large, sur une branche ou sur un rameau de l'année.

« Cette petite, mais assez énergique opération, a pour *effet* de concentrer plus spécialement la sève élaborée par les feuilles d'une branche dans celle située *au-dessus* de l'incision, sans toutefois apporter d'obstacles à la circulation de la sève brute dont elle ne fait que retarder l'ascension vers les feuilles. La concentration de la sève élaborée, c'est-à-dire la fixation plus active et plus complète du cambium, a lieu non-seulement autour du sommet cicatriciel de la blessure, mais elle s'opère aussi sur tous les points supérieurs à l'incision, et amène ainsi rapidement, dans toute cette partie de la branche, un état pléthorique, disposant tous ces bourgeons à s'accroître en largeur plutôt qu'à s'allonger, état beaucoup plus favorable à la fertilité et à la fructification qu'à la stérilité et à la vigueur. Ces phénomènes physiologiques sont analysés dans le chapitre III, qui est consacré entièrement à la théorie de l'incision annulaire.

« Les heureux résultats de l'incision sont aussi nombreux qu'avantageux :

1° Elle supprime la coulure climatérique d'une façon plus ou moins complète, suivant les circonstances et les conditions dans lesquelles elle se produit ;

---

(1) *Application pratique de l'incision annulaire.* Comte de Follenay. 1891.

2° Elle accroît la fertilité du cep, la beauté des fruits ; elle augmente la grosseur du grain et le volume de la grappe ;

3° Elle avance de dix à quinze jours la maturité du raisin. Elle est ainsi synchronique avec celle du Chasselas dont la maturité, comme tous les raisins de seconde époque, est retardée par le défaut de chaleur tant dans le nord que dans l'est ou le centre de la France ; elle permet au midi et, au moins en partie dans le sud-ouest, la culture des gros raisins de 3me et 4me époque. Enfin elle sera pour les américanistes un auxiliaire de la plus grande valeur, les producteurs directs répandus jusqu'ici étant presque tous d'une maturité plutôt tardive que précoce ;

4° Elle accroît de deux degrés environ la richesse saccharine du raisin, par conséquent la qualité et la valeur du vin ;

5° Elle augmente le rendement en jus du raisin et par conséquent, en plus de la qualité, la quantité du produit ;

6° Elle met à fruit les variétés et les individus que leur vigueur rend souvent infertiles et avance la maturité dans tous les moments de la fructification ;

7° Elle assure et hâte l'aoûtement du bois incisé, augmente sa facilité à s'enraciner et à reproduire par le bouturage les précieuses qualités communiquées par l'incision à la partie de la branche située au-dessus d'elle.

« Ces divers résultats sont examinés et discutés dans le chapitre VI qui traite des avantages de l'incision annulaire. »

---

§ 2. — Application de l'incision annulaire.

Nous continuons à citer M. le Comte de Follenay :

« L'incision annulaire est une petite opération d'une application facile et d'une exécution rapide, aussi bien dans les vignobles étendus que sur les treilles des jardins.

« Le *moment* d'opérer l'incision peut varier depuis l'apparition des fleurs jusqu'à la défloraison : l'instant le plus favorable paraît être le commencement de la floraison.

L'*endroit* où se pratique l'incision varie avec les différentes tailles, comme les diverses formes données au cep. Elle ne se pratique jamais sur la tige elle-même, ni sur les bras, ni sur le bois de remplacement. On l'opère exclusivement sur les branches à fruits ou sur les branches mixtes, et seulement sur une partie de ces branches quand la taille ne comporte pas de branches à bois. La place qu'on lui donne sur les branches à fruit ou sur les branches mixtes détermine le nombre des bourgeons qui profiteront de ses bons effets. Tous les rameaux auxquels ces bourgeons donnent naissance sont pincés plus ou moins longs pendant l'été et disparaissent à la taille suivante.

« La *largeur* de l'incision dépend de la vigueur du sujet, comme aussi de l'endroit où elle est pratiquée. Toutefois, sa largeur moyenne peut être fixée de quatre à cinq millimètres quand elle est faite avec un couteau, de cinq à six lorsqu'elle est opérée à l'aide d'un instrument à mouvement circulaire autour de la branche, à cause des petites portions de matière corticale que l'on est parfois obligé de laisser dans les parties déprimées pour ne pas entamer les arêtes du bois dans les parties saillantes.

« Le but, comme l'effet de l'incision annulaire, étant un accaparement, partiel et momentané, il est vrai, de la sève élaborée, au profit de quelques bourgeons fructifères, le *principe* qui doit constamment guider les viticulteurs pour sa judicieuse application est à la fois : une équitable répartition de cette sève entre les branches à fruit qui donnent la récolte de l'année et les branches à bois qui préparent celle de l'année suivante, ainsi qu'un juste partage entre la portion de cambium concentrée sur les bourgeons fructifères favorisés par l'incision et celle qui fait librement retour aux racines. On peut être certain de se maintenir dans ces conditions en ne pratiquant l'incision que vers le milieu des branches à inciser, plus ou moins haut vers ce milieu, suivant qu'elles sont accompagnées ou non de leurs coursons de remplacement, et, dans la taille courte, seulement sous l'œil supérieur de la moitié des coursons.

« L'incision annulaire peut être faite avec tout *instrument* tranchant, couteau, canif ou sécateur. On commence alors par limiter par deux entailles circulaires la portion d'écorce à enlever et on enlève ensuite avec la pointe de l'instrument l'anneau ainsi délimité. La section de l'écorce doit être franche et son enlèvement complet ; mais il faut avoir grand soin en opérant ainsi, de ne pas entailler le bois, ce qui serait facile si l'on n'y prêtait pas attention, l'aubier à l'état parenchymateux se confondant, dans la vigne, avec l'écorce. On risquerait de compromettre la solidité de la branche et même la vie du rameau, si la coupure de l'écorce atteignait et attaquait le bois.

« Ce mode primitif d'opérer ne peut être de mise dans les vignobles à cause de sa longueur et de sa minutie. Mais l'incision annulaire devient d'une exécution rapide et facile, même pour des femmes ou des jeunes gens, avec les *coupe-sève*, *bagueurs*, *inciseurs* et autres instruments spéciaux. Parmi ces outils, tous généralement imparfaits, quelques-uns exécutent assez bien l'incision et le meilleur paraît être encore le pince-sève Renaud. Mais, malgré leurs avantages particuliers et notamment la bonté réelle de ce dernier, leur plus grand défaut est surtout d'être des instruments de jardin et d'expérience, et non des outils de grande culture. Dans le but de remédier à ces inconvénients, j'ai fait construire par M. Renaud, coutelier à Lyon, rue de

Constantine, un *inciseur annulaire* de la force moyenne d'un sécateur, dont la surface active beaucoup plus développée dans tous ses organes et la mise en main puissante permettent d'inciser, sans fatigue et sans crainte de dérangement des lames ou d'engorgement des ramures, un hectare de vigne en trois jours au maximum. »

Comme on vient de le voir, l'incision doit se pratiquer sur les branches à fruit ou les branches mixtes.

Elle doit être faite légèrement un peu au *dessous* de l'œil, ou un peu au *dessous* du plus bas des bourgeons qu'elle doit favoriser.

Fig. 237

Rameau de vigne incisé.

L'incision annulaire A (fig. 237), qui est faite au-dessous de l'œil et de la grappe, indique sa section corticale qui a été extraite de la branche.

« La largeur de l'incision doit être calculée en principe, de manière à ce que le recouvrement de la section, décortiquée par le bourrelet qui se forme à la partie supérieure, coïncide avec la maturité du raisin. »

Cette largeur peut être évaluée de quatre à huit millimètres, on doit donc la régler de façon à ce que le recouvrement n'ait pas lieu trop tôt ; il est préférable, dans le cas où on ne serait pas bien sûr, de la faire plutôt plus grande que plus petite.

On a constaté que, lorsque le bourrelet se cicatrisait trop tôt, l'effet de précocité dans le fruit était moindre, comme, d'autre part, on a aussi observé qu'une incision un peu trop grande n'avait apporté aucun inconvénient.

L'incision annulaire, faite au point de vue de la coulure, peut être plus petite que celle faite pour avancer la maturité du fruit.

---

§ 3. — **Epoque de l'incision.**

L'incision annulaire peut être exécutée 15 jours avant la floraison jusqu'à la veraison, car si elle était faite trop tôt, elle pourrait amener un affaiblissement dans la plante.

Lorsqu'on craint la coulure de certains cépages, soit par leur nature, soit pour leur mauvaise situation, il faut alors avoir recours à l'incision annulaire avant la floraison, mais encore faut-il laisser élaborer la sève dans la charpente des branches, de façon à éviter l'étiolement. Le véritable moment de pratiquer cette opération paraît être celui qui précède immédiatement la pleine floraison.

En Algérie et en Tunisie, on a le temps de faire l'incision sur toute la vigne, puisque nous avons reconnu que la floraison durait ici plus .longtemps qu'en France.

Il reste d'ailleurs un fait acquis, c'est que cette opération, faite quelques jours avant la floraison, prévient la coulure et réalise une précocité assurée. Le célèbre ampélographe Landry [1] s'explique ainsi à ce sujet :

« Lorsque la vigne entre en fleur, ou même lorsqu'elle est en pleine fleur, il faut faire à l'écorce, soit du jeune bois de l'année, soit de celui de l'année précédente, deux incisions circulaires, puis enlever le petit anneau d'écorce compris entre ces deux incisions. Cependant, celui qui aurait beaucoup de vignes à opérer, pourrait commencer cinq ou six jours auparavant et continuer ensuite pendant tout le temps de la floraison. En devançant davantage, on réussirait peut-être ; mais on risquerait que la plaie ne fût refermée avant l'épanouissement des fleurs, ce qui rendrait l'opération nulle. Si l'on opère trop tard, quand tout est défleuri, l'incision n'a plus d'effet sur la coulure, mais elle conserve son autre propriété, qui est de hâter beaucoup la maturité.

« L'année dernière, qui a été si mauvaise, M. *Baudin*, voyant qu'une ligne de Chasselas mal exposée ne voulait pas mûrir, tenta l'opération sur elle en septembre. Il a eu la satisfaction que toutes les branches opérées sont venues à maturité et il a vendu une quantité considérable de ce Chasselas, dont il n'aurait retiré aucun profit sans cela ; car sur quelques branches qu'il avait laissées intactes çà et là, les fruits sont restés verts et ont été gelés ou pourris.

« Cet avantage d'avancer la maturité suffisait seul pour faire adopter l'incision annulaire aux amateurs de jardinage, pour les muscats et autres raisins difficiles à mûrir ; mais celui d'empêcher la coulure étant bien plus important, le mieux est d'opérer dans le temps de la fleur ; alors on obtient les deux résultats à la fois. »

M. Charles Baltet dit de même dans son excellente brochure sur la *Coulure des raisins*, p. 15 (Troyes 1887) :

« L'époque la plus favorable à l'opération est pendant la floraison de la vigne, plutôt au début qu'à la fin, c'est-à-dire qu'il y aura plus d'efficacité à inciser sous une grappe qui commence à épanouir ses fleurs que sous une grappe défleurie. Le fluide, circonscrit tardivement, pourrait encore seconder la maturation du fruit et prévenir l'atrophie excessive, résultant de pluies abondantes et continues. »

Le comice de Cadillac, ayant nommé une commission d'étude sur les effets de l'incision annulaire, résuma ainsi ses conclusions :

« Votre commission, Messieurs, dit le rapporteur, M. Cazeaud-Cazalet, votre commission pouvait après ces visites formuler les conclusions suivantes :

---

[1] Landry, *Incision annulaire*.

1° Les résultats de l'incision annulaire pratiquée sur les hastes sont indiscutables ; la coulure est diminuée sur la partie au-delà de l'incision ; le fruit est mieux nourri et sa maturité est avancée ;

2° L'incision, pratiquée au départ de la floraison, donne plus de résultat pour la production du fruit que celle qui est pratiquée en pleine floraison. L'incision tardive paraît devoir favoriser, au contraire, le développement et la maturation du bois de la partie qui profite de l'incision. Car, par l'incision précoce, on obtient beaucoup de raisins excessivement développés, tandis que le bois mûrit lentement, et, par l'incision tardive, le raisin n'a qu'un développement peu accentué et même insensible, tandis que le bois mûrit plus vite. En d'autres termes, dans l'incision moyenne ou tardive, l'effet est plus ou moins partagé entre le bois et le raisin, tandis que dans l'incision précoce, c'est le raisin seul qui profite de l'opération ;

3° Le résultat est aussi proportionnel à l'excès de grossissement de l'haste, c'est-à-dire au temps pendant lequel la sève descendante est retenue dans l'extrémité de l'haste, et la durée de cet isolement dépend à égale force de végétation, de la largeur de la zone pelée. La largeur de cette zone doit donc être au moins de 0^{m}005 à 0^{m}006 pour les vignes, suivant la vigueur des ceps. »

En suivant ces conseils précieux et ces données si précises, l'opérateur sera assuré d'un résultat, non-seulement satisfaisant, mais encore rémunérateur au premier chef.

---

§ 4. — **Exécution de l'incision annulaire.**

Cette opération est entrée depuis fort longtemps dans le domaine de la pratique. Dans l'antiquité déjà, Théophaste, philosophe grec parlait et préconisait cette opération ; plus tard, Buffon et Landry, que nous avons cité plus haut, essayent d'en compléter la description, d'en étudier les effets et d'en faire connaître l'exécution la plus pratique. Constatons, en passant, que depuis quelques années, l'incision annulaire se développe et tend à se répandre de jour en jour sur une plus grande échelle, surtout dans les vignes coulantes et dans celles où on réclame la précocité en vue de l'exportation des primeurs.

L'incision ne se pratique guère que sur les ceps dont la taille est courte ; sur une taille à long bois, cette opération n'est pas précisément utile, puisque la sève, dans ce cas, est plus régulière et moins fougueuse que dans la taille courte.

M. Pulliat recommande depuis longtemps l'incision annulaire comme opération *modératrice* et *régulatrice* de la sève dans les branches fructifères.

L'opération annulaire doit être faite soigneusement, car si on commet la maladresse de froisser la partie ligneuse sous l'écorce, on risquerait de blesser la plante et de la faire souffrir.

M. Ch. Baltet dit, en parlant de cette opération délicate :

« On tient l'instrument par les branches avec une seule main, tandis que l'autre main soutient le brin à inciser ; puis, saisissant le rameau entre les lames, on imprime à l'outil un mouvement tournant alternatif de droite à gauche, le rameau représentant l'axe de rotation, de telle sorte que la coupure de l'écorce soit très régulière sur la surface externe de la circonférence du sarment. L'écorce de la vigne étant pour ainsi dire confondue avec l'aubier à peine lignifié, il ne faut pas appuyer trop fort sur l'outil sans quoi le scion ou le rameau tomberait. »

On se sert aujourd'hui, pour cette opération de l'incision annulaire, soit d'un inciseur, soit d'un coupe-sève.

L'inciseur s'emploie à défaut du coupe-sève ; il est moins correct et moins expéditif, mais il est des cas où son emploi est assez satisfaisant (fig. 238).

Le coupe-sève a été notablement perfectionné ces temps derniers, — celui que représente le dessin ci-contre (fig. 239) est encore en usage dans les vignobles du Centre.

Il était réservé à M. de Follenay de perfectionner dans un sens plus pratique encore ce si utile instrument.

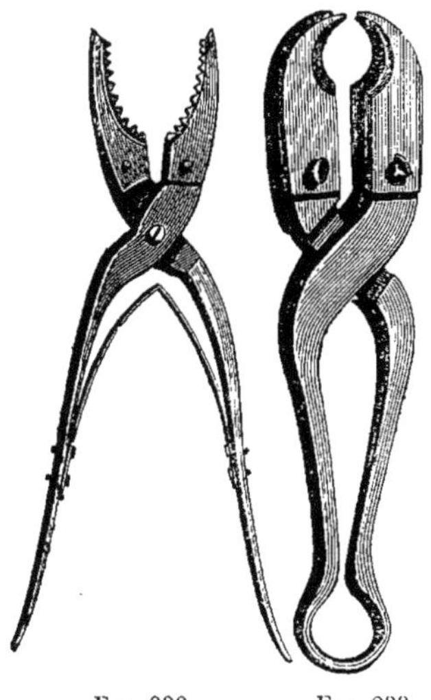

Fig. 238
Pince à main.

Fig. 239
Coupe-sève.

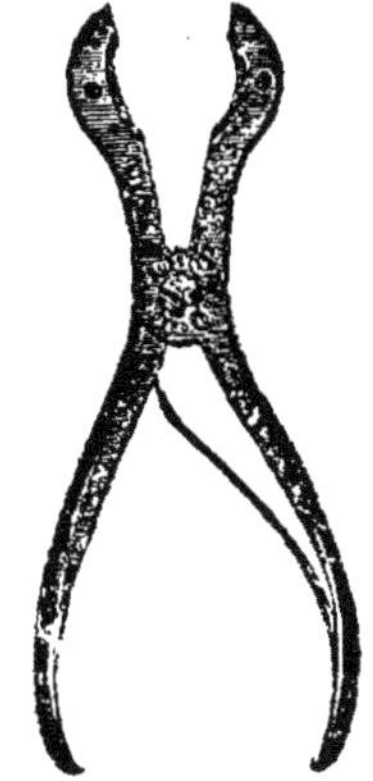

Fig. 240
Inciseur Follenay.

L'inciseur annulaire Follenay (fig. 240) est un instrument solide, d'un usage commode et pratique, facile et n'occasionnant aucune fatigue, même pour les femmes et les enfants. Il opère, nettement et sans déchirure, la section de l'écorce, en arrête la coupure à un millimètre environ, suivant la pression de la main sur les branches.

L'écorce est enlevée en même temps par les traverses intérieures, que le guide empêche de pénétrer dans l'aubier.

Cet instrument opère rapidement l'incision par un léger mouvement de rotation semi-circulaire du bec autour de la branche ; un jeune homme peut facilement inciser 1,000 ceps de vigne en 6 heures. M. Renaud construit trois numéros d'inciseur Follenay :

N° 1, pour incision de six millimètres ; n° 2, pour incision de quatre millimètres ; le n° 3 est un petit inciseur, sans manches ou poignées, qui se tient entre le pouce et l'index et sert surtout pour les petites branches ou rameaux herbacés compris dans un petit espace.

---

§ 5. — **Prix de revient de l'incision annulaire.**

Le prix de cette opération varie suivant le genre des instruments employés.

Le comice de Cadillac dit, dans un de ses rapports, sur cette opération :

« Les renseignements que nous avons recueillis nous permettent de dire qu'une femme, munie d'un instrument spécial (pince, coupe-sève du Breuil ou pince Pinsan) pourra faire de 600 à 800 incisions par jour, soit à 1 fr. 25 la journée, 2 fr. 50 à 3 francs par *journal* ou 10 francs par hectare de vigne à vide, c'est-à-dire dont la plantation est à deux mètres entre rangs et à un mètre dans le rang, soit 5,000 pieds à l'hectare. »

Depuis les observations que nous avons faites sur l'emploi de l'inciseur Follenay, un indigène peut inciser 2,000 sarments par journée de 2 francs, soit environ un hectare en cinq jours.

Une remarque à ajouter à ce que nous avons dit sur l'incision annulaire : *Il est aujourd'hui établi que les vins provenant de raisins issus de l'opération en question sont supérieurs aux autres.*

---

§ 6. — **Analyse des moûts.** — **Tableau comparatif.**

D'après les analyses de M. Duclaux, les moûts ont donné, pour mille grammes de moût :

Raisins incisés	Raisins non incisés
227.60 gr. de sucre	217.50 gr. de sucre
13.25 gr. d'alcool	12.70 gr. d'alcool
14.70 gr. beaumé	14.25 gr. beaumé

Pour plus de clarté, nous croyons utile de donner, avant de clore ce chapitre, le tableau comparatif, en degré, de beaumé, de l'alcool et du sucre, contenus dans des raisins incisés et les mêmes non incisés :

TABLEAU COMPARATIF (RAISINS INCISÉS)

DÉSIGNATION DES CÉPAGES	RAISINS INCISÉS			RAISINS NON INCISÉS		
	BEAUMÉ (Degrés)	ALCOOL (Centième)	SUCRE (Centième)	BEAUMÉ (Degrés)	ALCOOL (Centième)	SUCRE (Centième)
Gamay de Liverdun	12 3/4	15 3/4	24 3/4	12 1/2	15 1/4	24 »
Pineau blanc	13 »	16 »	25 »	12 »	14 3/4	24 »
Riessling	10 1/2	13 »	20 1/4	9 1/4	11 1/2	18 »
Mataro	10 1/2	13 »	20 1/4	10 »	12 1/2	19 1/2
Cabernet Sauvignon	10 1/4	13 »	20 1/4	10 1/4	12 1/2	19 3/4
Sauvignon rose	12 »	14 3/4	23 »	11 1/2	14 1/4	22 »
Sémillon blanc	10 1/2	13 »	20 1/4	10 »	12 1/2	19 1/2
Muscadet Sauterne	12 »	14 3/4	23 »	12 »	14 3/4	23 »
Pineau noirien	12 3/4	15 3/4	24 1/2	12 1/3	15 3/4	24 1/2
Mausac blanc	11 1/4	13 3/4	21 1/2	11 1/4	13 3/4	21 1/2
Mausac rose	11 1/4	13 3/4	22 »	10 3/4	13 1/4	20 1/2
Petite Syrah	12 »	13 3/4	23 »	12 »	14 3/4	23 »
Furmint de Tokay	11 1/2	14 3/4	22 »	11 1/4	14 1/4	22 »
Roussane	11 1/4	13 3/4	22 1/2	11 3/4	14 1/2	22 1/2
Œillade	11 »	13 1/2	21 »	10 »	12 »	18 1/4

CÉPAGES ROUGES ET BLANCS

A tout seigneur, tout honneur. — Empressons-nous d'ajouter que l'étude comparative, entre raisins ayant subi l'opération de l'incision annulaire et ceux non incisés, que nous avons publiée à la page précédente, n'est pas le fruit de notre travail personnel; nous l'avons empruntée au *Journal d'Agriculture des Sociétés de la Haute-Garonne et de l'Ariège* qui l'a publiée en novembre 1869.

Nous nous abritons derrière l'autorité incontestée de l'auteur, et si nous lui prenons une bonne part de son travail, c'est plutôt pour nous en servir comme un argument en faveur de notre thèse et faire ressortir clairement, aux yeux de nos lecteurs, toute l'importance qui doit être attachée à cette opération.

Nous ne pouvions donc, pour faire ressortir les bienfaits de l'incision, que choisir un parallèle — ou, pour mieux dire, une comparaison — entre les principaux cépages les plus usités en France et aussi les plus connus du monde viticole algérien.

ARROSAGE DE LA VIGNE

SOMMAIRE:

De l'utilité de l'arrosage. — Les arrosages dans l'Afrique française du Nord. — Des divers systèmes employés : Norias à tampons, Norias à godets, Pulsomètres, etc. — Les arrosages au début de la plantation. — Arrosage des vignes adultes. — Des diverses façons de procéder. — Prix de revient de chaque système employé. — Observations générales.

DE L'ARROSAGE

Faut-il arroser la vigne dans le nord de l'Afrique ? — Telle est la question qui se pose d'elle-même, dès les premières lignes d'entrée de ce chapitre.

Question fort délicate, si nous mettons en ligne de compte tous les désastres causés par les sécheresses et les dégâts occasionnés par l'abus même des arrosages. Nous sommes cependant, pour notre part personnelle, intimement persuadé qu'il en est de l'arrosage en Afrique comme beaucoup de choses excellentes : *Il en faut, mais pas trop n'en faut.* — Expliquons notre pensée.

Les arrosages d'été sont entrés, depuis quelques années, dans la pratique courante de beaucoup de viticulteurs du midi de la France et de certaines régions du littoral de la Méditerranée. On prétend avoir constaté qu'en dehors même de son action insecticide, l'eau imprime à la végétation un élément nouveau et grossit le fruit, sans nuire à son bon goût non plus qu'à la solidité alcoolique du vin.

Cette innocuité de l'eau, au point de vue des *qualités* de la récolte, est loin d'être prouvée pour nous qui avons suivi des essais d'arrosage pendant bien des années en Algérie.

Mais il est incontestable que l'arrosage exerce une influence heureuse sur les *quantités*, et les viticulteurs de l'Aude, qui ont pratiqué les arrosages, déclarent n'avoir eu qu'à s'en louer. Cette méthode leur inspire tant de confiance que ceux d'entre eux qui n'ont pas de cours d'eau à leur portée, ne reculent pas aujourd'hui devant l'établissement de puits ou de citernes-réservoirs. Ils élèvent l'eau de ces puits à l'aide de pompes à vapeur, système Dumont, ou de norias ; au moyen de rigoles, creusées latéralement aux lignes de ceps, ils arrosent largement leurs vignes en *juin, juillet* et *août*.

Ceux qui sont moins bien pourvus considèrent comme nécessaires deux arrosages au minimum pendant l'été, fin juin d'abord, au moment où la vigne va nouer, et à la veraison.

« Quant à la quantité d'eau employée, ils calculent qu'elle doit équivaloir approximativement, pour une pièce de vigne, à la quantité nécessaire pour l'irrigation d'une prairie de même grandeur [1]. »

Les résultats qu'ils obtiennent sont, disent-ils, « inespérés ».

---

§ 2. — **Les arrosages dans le nord de l'Afrique**.

Si l'utilité des irrigations est telle dans les contrées méridionales de la France, elle est — à plus forte raison — certaine en Algérie et en Tunisie où les pluies sont plus rares, les chaleurs plus intenses, et où le siroco, inconnu en France, fait ressentir trop souvent ses effets désastreux.

La nature, heureusement, a placé, en Afrique, le remède près du mal. — Dans toutes nos plaines et nos grandes vallées, sur les hauts plateaux à sous-sol sec, en Algérie comme en Tunisie, et particulièrement dans les plaines du Chéliff, de la Mina, du Sébaou, de la Soumane, de la Medjerda, etc., on rencontre l'eau dans le sous-sol à une légère profondeur. Il suffit d'y installer des pompes système Dumont ou encore des norias, pour avoir à sa disposition une eau fraîche, légère et bienfaisante.

Ce serait donc une faute, pour nos viticulteurs d'Afrique, de négliger cette ressource qui peut, à l'occasion, faire compensation à la sécheresse de certains étés et de certaines contrées.

Mais faut-il conclure, de ces services rendus par une irrigation opportune et nécessaire, que l'eau, prodiguée sans ménagement et à contre-temps à un vignoble d'Afrique, est toujours salutaire ? — Loin de là, et nous ne saurions trop nous élever contre cette erreur dont nous avons pu constater *de visu* les funestes conséquences.

Les terres africaines, en effet, ne sont pas toutes de la même composition et ne jouissent pas toutes des mêmes situations ; il n'en est pas de la plaine de la Mitidja, par exemple, comme de la plaine du Chéliff.

Dans la plaine de la Mitidja, le sol planté en vigne est, d'une façon générale, suffisamment abreuvé pendant la majeure partie de l'année pour rendre inutiles les arrosages d'été. Or, comme il arrive souvent que ce qui est inutile est nuisible, ces arrosages n'ont, en ce cas, aucune utilité pratique ; ils communiquent, il est vrai, un nouvel élan à la végétation du cep, mais en revanche ils oblitèrent la saveur du fruit et la solidité, la fixité, le degré alcoolique, l'arome du vin.

Ces réserves faites, occupons-nous de la manière dont doit être pratiqué l'arrosage des vignes là où il est utile, dans la plaine du Chéliff, par exemple.

---

[1] Portes et Ruyssen, *Traité de la Vigne*, page 609, tome III.

Fig. 241. — Pompe centrifuge appliquée à l'irrigation.

Dans cette vaste plaine, l'été est particulièrement sec ; mais la nature — comme si elle avait voulu fournir au travail les moyens de rétablir l'équilibre — a disposé dans le sous-sol, à une faible profondeur, des nappes d'eau faciles à utiliser.

Le fleuve lui-même charrie des eaux fertilisantes en grande quantité en toutes saisons ; il peut donc servir aux irrigations sur toute sa longueur qui est de plus de 300 kilomètres.

Toutes ces eaux s'écoulent sans profit vers la mer.— Pourquoi l'Etat n'y multiplierait-il pas les barrages qui ont déjà transformé toutes les régions où l'on en a construit ? Pourquoi l'industrie privée n'utiliserait-elle pas ces eaux, aujourd'hui perdues, au moyen de dérivation et de canaux d'irrigation [1] qui porteraient la fertilité partout où ils passeraient ?...

Nous avons, dans notre page précédente, donné une vue d'ensemble d'une propriété irriguée par une pompe centrifuge Dumont actionnée par une locomobile. Cet appareil a fait ses preuves partout où il a été essayé en France, tant sur les bords du Rhône que sur ceux de la Garonne où il était employé pour la submersion des vignes phylloxérées.

Pourquoi, dans ces conditions, ne pas faire l'essai de ce système sur les bords du Chéliff où de tout autre cours d'eau, qui permettrait d'irriguer largement et, au besoin, d'inonder rapidement les surfaces plantées en vigne.

Pour la petite culture, à défaut de cet appareil, on peut employer les norias, soit à godets, soit à tampons.

---

§ 3. — **Norias à tampons.**

La noria à tampons est un appareil qui date d'une cinquantaine d'années à peine. Ses organes sont assez simples ; ils consistent en une chaîne Vaucanson sur laquelle sont ajustés des tampons en caout-

---

(1) L'utilité des barrages s'est imposée d'une façon assez complète déjà, en Algérie, pour que des communes se soient imposées, de concert avec l'Etat, des sacrifices énormes pour endiguer et retenir des eaux qui, inutilisables en leur course vagabonde, seraient pourtant un adjuvant précieux à la grande agriculture. — De ces réservoirs, partent de tous côtés des canaux qui vont porter au loin, dans la plaine sèche, une bienfaisante fraîcheur, la seconde vie de la plante.

Parmi les principaux barrages, citons celui de Perrégaux, de triste mémoire : Le 15 décembre 1881, le barrage de l'Oued-Fergoug se rompit, lâchant sur la plaine qu'il était chargé de féconder *quarante millions de mètres cubes d'eau*, ravinant et emportant tout sur leur passage. Aujourd'hui la digue est rétablie ; à 12 kilomètres en amont de Perrégaux, on voit, liant les flancs des deux rives du Fergoug, une énorme muraille de 36 mètres de hauteur. C'est le barrage rendu à ses bienfaisantes fonctions.

chouc. Cette chaîne est disposée sur un porte-chaîne en métal qui est lui-même fixé sur un arbre horizontal en fer, lequel reçoit son mouvement d'un engrenage moteur armé de flèches destinées à l'attelage des animaux.

La chaîne à tampons descend d'un côté dans le puits et de l'autre monte dans un tube en métal. — Dans son ascension, les tampons enlèvent la colonne d'eau qui se trouve ainsi amenée dans le déversoir situé au centre de l'appareil.

Fig. 242. —Noria à tampons, à une chaîne.

Pour plus de clarté dans ces explications théoriques, nous donnons le dessin d'une noria à tampons (fig. 242) montée sur la margelle d'un puits et la coupe de l'intérieur de ce puits même.

Cette noria est mise en mouvement par une bête de trait, soit un cheval, soit un mulet ; pour faire un travail régulier et bien soutenu, on rechange l'animal d'heure en heure, — c'est le seul moyen pratique pour obtenir, dans la journée, une grande somme de travail.

A 9 mètres de profondeur, l'appareil soulève 8,000 litres d'eau par heure ; la même noria, armée d'un tube de 0^m12 de diamètre, mue par deux fortes bêtes de trait ou par une locomobile de la force de deux chevaux vapeur, peut amener d'une profondeur de 9 mètres plus de 1,700 litres d'eau par heure.

Cet appareil peut également recevoir deux chaînes, ainsi que le démontre la fig. 243.

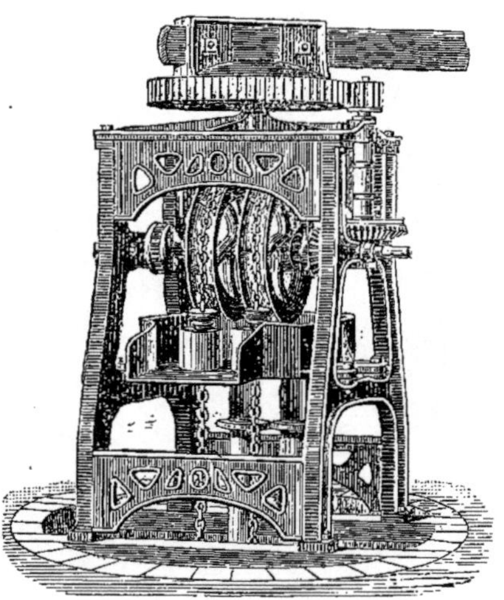

Fig. 243.— Noria à chapelet, à deux chaînes.

Avec la même puissance motrice, la noria à chapelet à deux chaînes produit une somme de travail encore plus importante, sans pourtant exiger des frais généraux supérieurs au système à une chaîne, dont nous avons donné plus haut la description.

---

§ 4. — Norias à godets à grand travail.

Pour les grandes profondeurs, nous préférons l'emploi de la noria à godets qui, actionnée par une force suffisante, peut ramener l'eau d'une profondeur de plus de cent mètres. Elle est d'ailleurs très appréciée, dans le département d'Alger, pour ses effets pratiques et son fonctionnement économique.

Noria à Vapeur à grand travail (Système Buzutif)

Cet appareil élévatoire est entièrement construit en fer et en fonte ; il se compose d'un mouvement de manège qui actionne une roue porte-chaînes entraînant, dans sa course circulaire, une chaîne Vaucanson armée de godets en zinc. — Ces derniers, en plongeant dans l'eau du puits, la ramènent en la déversant dans le bassin en zinc disposé sur le bâti en fer d'où elle se dirige, soit directement dans un bassin construit *ad hoc*, soit dans les terres.

La noria à godets, comme la précédente, est mue par des animaux de trait ou encore à l'aide de la vapeur. Dans ce dernier cas, il suffit de la relier à la machine par une courroie agissant sur la poulie fixée à l'extrémité de l'arbre horizontal.

Les mouvements des engrenages sont calculés de façon à ce que la chaîne marche lentement, pour donner le temps aux godets de se remplir dans le puits et se déverser ensuite dans le bassin après leur arrivée au sommet de porte-chaîne ; la bonne construction d'une noria assure sa durée et son fonctionnement normal.

Nous donnons, ci-contre, un cliché en photogravure d'une noria à grand travail, système Buzutil, constructeur à Mustapha-Alger, qui est actionnée par une petite machine fixe à vapeur.

---

§ 5. — **Pulsomètre.**

Nous devons également signaler l'emploi du pulsomètre qui rend de grands services surtout sur les points où le combustible est abondant et d'un prix peu élevé.

Le pulsomètre nécessite la présence d'un chauffeur un peu mécanicien, car cet instrument se dérange quelquefois.

---

§ 6. — **Observations génériques.**

Généralement les eaux souterraines, quand elles ne viennent pas d'une grande profondeur, sont à une température plus basse que celles qui coulent à la surface du sol.

Or, chacun sait que les arrosages à l'eau trop fraîche nuisent aux plantes et que l'eau, pour être salutaire aux végétaux, doit se rapprocher, autant que possible, de la température ambiante, ou même la dépasser.

Il faut donc, avant de se servir des eaux d'arrosage, les laisser séjourner quelques heures sous l'action de la chaleur solaire, afin de les réchauffer. Dans toutes les exploitations, il existe un bassin spécial installé près de la noria.

Les eaux des rivières, en été, sont assez chaudes pour n'avoir pas besoin de stationner dans ces réservoirs ; mais l'usage des eaux de rivières constitue l'exception pour nos viticulteurs. Il leur sera donc utile de trouver ici des indications pour la construction d'un bassin.

Nous avons imaginé un sytème que nous avons appliqué pour la première fois en Algérie, en 1864, et qui s'est répandu aujourd'hui partout, en raison des conditions économiques dans lesquelles nous le construisons. Son prix de revient, en effet, ne dépasse pas un franc par hectolitre d'eau emmagasinée.

Il consiste à faire, à une petite profondeur dans le sol, à vingt centimètres par exemple, une forme ronde en béton de quarante centimètres d'épaisseur en mortier hydraulique. On élève ensuite tout autour un mur en maçonnerie de deux à trois mètres de haut. On enduit à l'intérieur ces murs d'une couche de mortier au ciment dressée. Puis on adosse à tout le parement extérieur du mur circulaire, un rempart de terre légèrement damé, en l'humectant un peu. — On forme ainsi autour du réservoir un véritable chemin de ronde de 1ᵐ 50 au sommet et de 2ᵐ 25 à la base du talus.

Nous donnons ci-contre le dessin d'un bassin réservoir d'une contenance de 5,313 hectolitres, dont voici le devis estimatif.

Devis estimatif des travaux à exécuter pour un bassin-réservoir d'une contenance de 5,313 hectolitres devant servir à une grande exploitation de 50 à 100 hectares

DÉSIGNATION DES TRAVAUX A EXÉCUTER	Longueur	Epaisseur	Largeur	Quantités	Prix	Sommes
Terrassement et fouille du plafond. .	17ᵈ 50	0 20		48.10	0 60	28 86
Arrosage à l'eau de chaux et damage de la partie terrassée, surface . .				1 240.52	0 20	48 10
Béton en mortier hydraulique. . . .	17ᵈ 50	0 30	'	73.56	16	1.539 20
Maçonnerie en moëllons au mortier hydraulique.	15ᵈ 65	0 65	3	95.82	17	1.176 96
Enduit au ciment Portland, surface calculée.				320	1 50	480
Remblais et apport de terres et damage, cubes calculés.				305	1	305
Vanne, tube de sortie des eaux . . .						50
Sommes à valoir pour cas imprévus.						219 90
					Total.	3.848 02

Pour les petites exploitations il est plus avantageux d'employer un autre système de construction.

Le système dont il s'agit ne peut dépasser 3,000 hectolitres. Sa

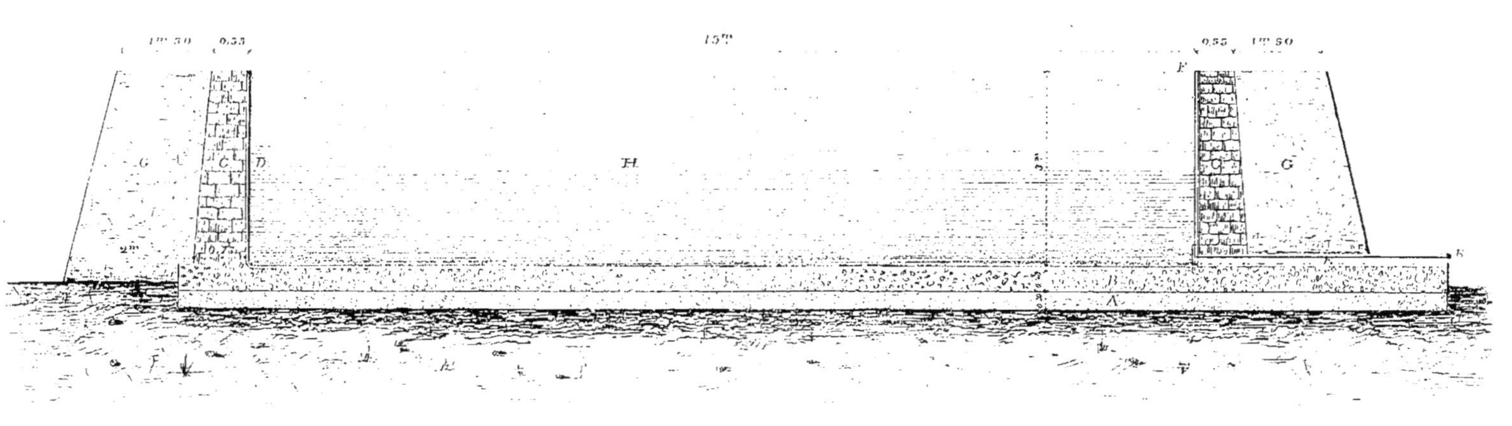

BASSIN Réservoir d'eau, Système LEROUX

construction se résume dans l'application de murettes verticales en briques à champ, au lieu de murs en maçonnerie de moellons ; c'est la limite extrême que peut acquérir un bassin de 3,000 hectolitres.

Voici son prix de revient pour les petites exploitations.

Devis estimatif des travaux à exécuter pour un bassin-réservoir d'une contenance de 3,000 hectolitres devant servir à une exploitation de 20 à 25 hectares de vigne

DÉSIGNATION DES TRAVAUX A EXÉCUTER	Longueur	Épaisseur	Largeur	Quantités	Prix	Sommes
Terrassement et fouille du plafond.	12ᵈ 50	0 15		18.40	0 60	11 04
Arrosage à l'eau de chaux et damage.				122.71	0 20	24 54
Béton en mortier hydraulique. . . .	12ᵈ 50	0 25		30.68	16	500 88
Murette en briques posées à champ, au ciment.	12ᵈ 10	0 05	2ᵐ 12	4.03	65	261 95
Enduit au ciment, intérieur, surface calculée.				203	1 50	304 50
Enduit au mortier hydraulique, derrière, surface calculée				80	0 90	72
Remblais et apport de terres et damage, cubes calculés.				150	1	150
Vanne, tube de sortie des eaux . . .						50
Sommes à valoir pour cas imprévus.						180
Total.						1.554 91

En résumé de ces différents prix de revient, il y aurait beaucoup plus d'avantage à faire deux bassins de 3,000 litres par ce système, plutôt que de faire un bassin de 6,000 litres en grosse maçonnerie.

Ces divers systèmes sont très économiques, et ne se dérangent jamais. En outre, la surélévation du fond au-dessus du niveau du sol, permet d'écouler l'eau toute entière, ce qui offre des avantages, que tous les praticiens apprécieront.

Du bassin tel que nous venons de le décrire, partent des conduites qui se dirigent sur les divers points du plantier.

Il faut fabriquer des conduites aussi économiquement que possible. La céramique ou poterie, qui coûte très cher et dure peu, et les conduites en ciment qui se disloquent, sont aujourd'hui remplacées partout où l'on a bien voulu suivre nos conseils, par des rigoles en béton hydraulique dont le prix de revient ne dépasse pas 1 fr. 15 le mètre courant pour une section de 0ᵐ20 de largeur et une profondeur de 0ᵐ18.

§ 7. — **Des arrosages au début de la plantation.**

Il y a des cas, en Algérie et en Tunisie, où l'arrosage s'impose. C'est ainsi que, lorsque l'on crée un vignoble dans une contrée exposée aux sécheresses, on doit — aussitôt après avoir fait défoncer et herser la partie à planter, vers la fin du mois de décembre — irriguer largement à raison de 2,000 mètres cubes à l'hectare ; quelque temps après, dans le courant de février, quand l'eau est descendue dans le sous-sol, on opère les manutentions accessoires de la plantation.

Quand il s'agit d'un plantier nouveau, il est nécessaire, dans les premiers jours de mai, lorsque la plantation des sarments ou plants racinés est faite, de procéder à un nouvel arrosage moins copieux, à raison de 1,500 mètres cubes d'eau à l'hectare. On travaille la vigne comme de coutume, *aussitôt que la surface du sol est ressuyée.*

La jeune vigne, traitée de cette façon, prend racine immédiatement, tandis que celle plantée en terre sèche sans arrosage risque très souvent de mourir. — S'il n'est pas tombé d'eau et que la sécheresse persiste, un troisième arrosage sera administré au jeune plantier vers les premiers jours de juillet, à raison de 1,200 mètres cubes d'eau par hectare.

---

§ 8. — **Arrosage des vignes adultes.**

Si, dans le midi de la France, l'arrosage de la vigne adulte est considéré comme nécessaire, il est à plus forte raison indispensable en Afrique où le soleil, en activant l'évaporation, favorise sur une grande échelle la déperdition continue de ce grand élément de fertilité : l'eau.

Aussi, nous ne nous lasserons pas de répéter que, pour maintenir les vignes d'Afrique dans un état prospère pendant la saison d'été, pour les *mener à bien*, il faut les arroser. Mais il est bien évident que même ici — surtout ici — il faut tenir compte des diverses données du problème si on veut le résoudre avec discernement et certitude.

La région est le premier point à considérer. — En Afrique, sur le littoral méditerranéen, le régime des pluies semble varier par séries d'années ; c'est d'ailleurs ce qui arrive de temps immémorial en Egypte, comme le prouve la vieille légende des sept vaches grasses et des sept vaches maigres de Pharaon.

Cependant, — remarque importante, — les périodes, en Algérie et en Tunisie, sont plus courtes ; ce n'est point par *sept années*, mais bien par *cinq ou six années* qu'il faut compter les séries de bonnes ou de mauvaises récoltes. Depuis que nous occupons l'Afrique française, il y a une loi qui a déjà pu être établie et que voici :

« Après cinq années en Tunisie et six années pluvieuses en Algérie, arrivent six ou cinq hivers très secs et ainsi de suite. »

Si nous appliquons cette loi au sujet qui nous occupe, il est évident que l'arrosage, pendant les *séries humides*, est absolument contre-indiqué. Leur opportunité reste donc subordonnée aux conditions météorologiques particulières de la localité où le vignoble est placé.

D'autre part, la quantité des eaux pluviales n'est pas la même partout ; nous connaissons des localités où la quantité maxima de pluie n'a pas dépassé 0,15 centimètres cubes pendant plusieurs années. — C'est là évidemment un chiffre insuffisant pour la vigne, en raison surtout de l'élévation constante de la température dans ces régions.

Dans ces conditions et surtout quand les mois de novembre et de décembre ont été secs, il est indispensable de recourir à un premier arrosage de 1,500 mètres cubes à l'hectare, vers les premiers jours de janvier ; aussitôt que le sol est ressuyé, on procède immédiatement aux travaux de labours, scarifiages, etc.

Un deuxième arrosage s'exécute, dans les mêmes conditions, vers les premiers jours d'avril, c'est-à-dire 25 jours avant la floraison, à raison de 1,300 mètres cubes par hectare ; un troisième arrosage s'applique encore lorsque le fruit commence à grossir et à tourner, à raison de 1,100 mètres cubes par hectare.

On voit que la méthode africaine diffère peu de celle adoptée dans le midi de la France. L'analogie des climats explique cette analogie des méthodes.

---

§ 9. — Opération de l'arrosage.

Le meilleur mode d'irrigation consiste à faire courir l'eau doucement dans une rigole creusée de deux en deux lignes de vignes à l'aide d'une charrue à double versoir. Cette disposition permet de faire pénétrer l'eau des deux côtés dans le sous-sol que l'on a labouré profondément à l'avance et où elle s'infiltre par suite jusqu'aux racines. Nous devons faire remarquer que les vignes arrosées exigent beaucoup plus d'engrais que les autres.

En effet, les arrosages répétés finissent par fatiguer la vigne et même par l'épuiser si on ne l'entretenait pas suffisamment par de copieuses fumures. Cependant, si les engrais sont bien azotés et si le sous-sol est perméable et d'une bonne nature, la vigne n'a rien à redouter des irrigations faites dans la mesure que nous avons indiquée.

L'arrosage du mois de janvier s'exécute après que les composts ou les fumures ont été déposés soit dans les cuvettes, soit dans les rigoles de sellettes. Comme la rigole centrale de l'interligne est légèrement plus élevée que le fond des cuvettes et des sellettes, l'eau y coule toute seule et y dissout une partie des composts ou des engrais d'où il s'en suit que leur assimilabilité est beaucoup plus grande et plus rapide que sans le concours de l'eau d'arrosage.

En résumé, le soleil, l'eau en quantité voulue, une terre fertile, des engrais et des façons multipliées, tels sont les cinq éléments qui font un vignoble prospère.

Nous donnons ci-dessous le résumé des frais qu'occasionne, par hectare de 2,500 pieds, l'arrosage de dix hectares de vignes adultes, en supposant une noria et l'eau prise à six mètres de profondeur.

Prix de revient de l'arrosage à trois reprises d'une vigne de 10 hectares

à l'aide d'une noria à grand travail mue par des animaux :

4 mulets travaillant 140 jours, soit 560 jours à 1 f. 50 . . .	840 f. 00
140 journées de conducteur à 1 fr. 50	210 00
2 arroseurs travaillant 140 jours à 3 fr. par jour chacun. .	840 00
Intérêt à 8 % sur l'installation et capital (5,000 f.)	400 00
Frais généraux, 12 %	270 00
Total	2.560 00

L'arrosage exécuté à l'aide d'animaux revient certainement à un prix plus élevé que celui obtenu au moyen d'un moteur à vapeur.

Depuis quelques années les maraîchers des environs d'Alger ne font plus mouvoir leurs norias que par la vapeur et, par ce moyen, ils ont augmenté considérablement les surfaces de leurs cultures. Ces moteurs sont fixes, ils sont de la force de quatre chevaux-vapeur, ils agissent sur une noria du système Buzutil, constructeur à Mustapha-Alger.

Voici le relevé de nos observations sur le prix de revient de l'arrosage d'une noria actionnée par un moteur de quatre chevaux-vapeur.

Prix de revient de l'arrosage, à trois reprises, d'une vigne de dix hectares

à l'aide d'une noria à grand travail mue par un moteur à vapeur :

8,500 kilos de charbon pour 60 journées, à 40 f. les 100 kil.	340 f. 00
130 journées d'arroseurs à 3 fr..	390 00
65 journées de chauffeur à 6 fr..	390 00
Intérêt à 8 % sur l'intérêt de l'installation et capital travail	640 00
Frais généraux, 12 %	134 40
Total.	1.894 40

Comme on vient de le voir, une noria actionnée par des animaux, peut produire certaines quantités d'eau, mais si on veut exiger l'arrosage de grandes surfaces en peu de temps, il est nécessaire alors d'avoir recours à la vapeur et aussi, d'une façon générale, aux pompes centrifuges de M. Dumont.

Nous donnons, ci-dessous, le résumé du prix de revient pour l'arrosage à la pompe Dumont pour vingt hectares de vignes adultes à 2,500 pieds.

Nous estimons que, pour irriguer convenablement et en peu de temps 20 hectares de vigne, il faut :

1° Une machine à vapeur de la force de 4 à 6 chevaux, système locomobile qui pourra, dans toute autre circonstance, servir aux multiples besoins de l'exploitation ;

2° Une pompe centrifuge n° 3, système Dumont, à deux paliers et clapet de retenue ;

3° Un bassin-réservoir, dans le genre de celui décrit plus haut ;

4° Un hangar-abri pour remiser machines et outils.

Ce qui donne une dépense totale de 10,000 fr. maximum, y compris les conduites en béton, l'eau étant prise à 6 mètres de profondeur.

Prix de revient de l'arrosage de 20 hectares de vigne par la pompe Dumont :

Charbon pour trois arrosages, 15,000 kil. à 40 fr. la tonne	600 f. 00
1 chauffeur (nettoyage et conduite pendant 100 jours à 6 fr.	600 00
4 arroseurs, représentant un total de 240 jours à 3 fr.. . .	720 00
Intérêt de l'installation et capital avancé, 8 %	960 00
Frais généraux, 12 %	230 40
Total.	3.110 40

Si on opérait sur de plus grandes surfaces, ce prix de revient descendrait en proportion de l'étendue du vignoble.

---

§ 12. — Observations résumées.

1° Ainsi que nous l'avons dit plus haut, deux ou trois arrosages suffisent lorsque l'hiver est sec ; si, au contraire, il est humide, cette opération peut porter un grave préjudice au vignoble par l'humidité entretenue dans le sous-sol.

Les frais d'ouvrage sont en raison du nombre d'arrosage que l'on applique au sol ;

2° Il ne faut pas compter sur les vignes arrosées pour produire les *grands vins*. Elles ne donnent en général que des produits ordinaires *mais abondants*, que l'on remonte ensuite par des coupages bien compris ;

3° Toutes les fois que le prix du combustible pour la machine dépasse le prix de 2 francs par cheval-vapeur, il y a avantage à se servir des animaux pour la noria. Le prix en est à peu près le même, en tenant compte du fumier produit par les animaux de trait qui sont d'ailleurs employés aux travaux généraux de l'exploitation ;

4° Lorsque l'on peut disposer d'eau courante gratuite ou à bas prix, le coût des arrosages est presque insignifiant, car il ne dépasse pas la main-d'œuvre et quelques menus frais généraux ;

5° Dans les exploitations viticoles où on organise des installations d'arrosage à vapeur, on fera bien de planter à côté des vignes, des arbres fruitiers tels qu'oliviers, caroubiers et des essences forestières dont les débris seront précieux comme combustibles, indépendamment des autres produits que l'arbre pourra donner.

Résumons en deux mots notre opinion sur cette grande question si controversée des arrosages en Afrique:

« Nous sommes convaincu qu'ils peuvent être utiles, bienfaisants même, dans les limites et avec les tempéraments que nous venons d'indiquer. »

FRUCTIFICATION

SOMMAIRE :

Développement du grain de raisin. — Origine du sucre. — Principes généraux. — Tableau indiquant l'évolution ascendante et descendante des acides et du sucre. — De l'influence de la lumière.

FRUCTIFICATION

Lorsque le grain de raisin commence à grossir, on voit sa nature se transformer au fur et à mesure de son évolution qui poursuit, tous les jours, sa marche vers la maturité.

Ces grains sont tout d'abord petits et verdâtres ; leur composition, essentiellement acerbe, est formée d'acide tanique et d'acides divers dans lesquels domine l'acide tartrique. Au fur et à mesure que le fruit augmente de volume et sous l'influence de la lumière et de la chaleur, les acides fixes augmentent encore jusqu'au sommet de leur évolution.

D'autre part, il n'y a aucun doute sur l'origine du sucre dans le fruit, origine attribuée à une décomposition de l'acide carbonique par l'oxigène, ayant comme base d'aliment l'acide tanique, l'acide tartrique et une portion d'amidon.

« Le principe doux du raisin, dit Chatin, pourrait bien dériver de la décomposition des matières taniques avec production d'acide carbonique. »

Nous partageons entièrement cette opinion. — Le fruit du plaque-minier *(Dyospiros Kaki)* nous fournit un argument en faveur de cette thèse ; ce fruit, arrivé à sa grosseur normale, contient 40 0/0 de tanin et, au fur et à mesure qu'il poursuit son évolution vers le point définitif de maturité, les principes saccharins augmentent graduellement jusqu'au terme de l'équilibre normal. C'est alors seulement que le fruit est bon pour le goût et le vin.

En dehors du sucre, MM. Le Chartier et Bellamy reconnaissent aussi la présence de l'alcool en formation dans l'intérieur des fruits par fermentation intracellulaire. M. Pasteur avait déjà expliqué cet acte physiologique manifesté par un ferment dans un milieu d'acide carbonique ; n'est-il pas établi aujourd'hui par le même savant que des levures se trouvent parsemées, soit à la surface, soit dans les cellules pelliculaires du fruit. Puisqu'il en est ainsi, il n'y a aucune raison pour infirmer cette opinion.

Nous avons un exemple frappant de la formation d'alcool dans les fruits ou les racines par l'asphodèle qui contient, dans ses tubercules, une certaine quantité d'alcool tout formé.

Buinet constate aussi que les acides concourent pour une grande part dans la formation du sucre, ainsi que le démontrent les deux tableaux suivants :

DÉSIGNATION	ACIDE 0/0 DE FRUITS	Sucre total 0/0 DE FRUITS	SUCRE 0/0 RÉDUCTEUR	PROPORTION DE SUCRE non réducteur avant l'emploi des ACIDES
Raisins verts	2.485	1.600	1.60	0.41
Raisins nouveaux de Fontainebleau .	0.558	9.420	9.42	»
Raisins venus en serre.	0.345	18.870	17.26	»
Raisins conservés	0.404	16.500	16.50	»
Citrons	4.706	1.466	1.06	»
Oranges.	0.448	8.578	4.26	4.22
Figues violettes du Midi	0.057	11.350	11.55	0.43

Tableau indiquant l'évolution ascendante et descendante des acides et du sucre.

DATES	ÉTAT DU RAISIN	ACIDE (évalué en ACIDE TARTRIQUE par litre	Extrait par LITRE	SUCRE	Coloration
25 juin . .	Raisins verts	45	65	»	0 vert
10 juillet .	— —	40	80	001	0 —
25 juillet .	— —	35	90	020	0 —
10 août . .	— commençant à se colorer.	31	105	080	1 —
25 août . .	— sommet de l'évol. des acides	22	125	120	5 —
10 sept[bre].	— complètement colorés . . .	18	140	165	10 —
25 sept[bre].	— — . . .	11	165	195	15 —
10 octobre	— maturité complète.	6	190	220	20 —
25 octobre	— maturité passée.	3	200	215 alcoolisé	15 jaunis[t]

INFLUENCE DE LA LUMIÈRE

La lumière et la chaleur influent d'une façon salutaire sur le raisin ; cette action est d'autant plus efficace que le sol est lui-même imprégné d'une certaine quantité d'humidité. Cette influence cesse d'être bienfaitrice du moment où se prononce la veraison et si le degré de température est trop élevé, phénomène qui se produit quand souffle le siroco et auquel on ne remédie que par l'apport de bonnes fumures et par des travaux d'ameublissement du sol.

LES VENDANGES

LES VENDANGES

SOMMAIRE:

De la cueillette du raisin. — Époque des vendanges. — Procédé pour reconnaître la maturité parfaite du raisin. — Des divers instruments employés pour reconnaître la densité du moût et ses proportions de sucre et d'alcool. — Tableaux et table Salleron. — Des vendanges en général. — Personnel à employer. — Outillage général. — Transport, prix de revient et observations particulières à l'Algérie et à la Tunisie.

LES VENDANGES

§ 1. — **De la cueillette du raisin.**

Chacun sait qu'on appelle *vendange* la récolte du raisin, et l'on pense bien que les procédés de cueillette du fruit sont les mêmes en Afrique qu'en Europe. Signalons toutefois l'adresse et le soin avec lesquels nos indigènes kabyles pratiquent la vendange, soit qu'ils travaillent sous notre direction comme auxiliaires payés, soit qu'ils vendangent leurs propres vignes dans le massif kabylien.

Rien n'est plus curieux que de les voir — dans ce dernier pays — monter dans les vignes qui enlacent les gros arbres jusqu'à 15 à 20 mètres, et détacher la grappe à ces hauteurs avec autant d'aisance et de dextérité qu'en souche basse.

Indépendamment des Kabyles, la main-d'œuvre pour la vendange, en Algérie comme en Tunisie, emploie encore des Espagnols, des Marocains, des Français et des Italiens, sans compter les Arabes indigènes qui se trouvent dans les tribus environnantes. Aussi le prix du travail n'est-il pas plus élevé qu'en France et le personnel ne fait-il jamais défaut ici pour cette opération.

Disons en passant que les Kabyles et les Arabes sont amateurs du raisin et que, partant de là, il est facile de comprendre l'empressement qu'ils mettent à se faire nos collaborateurs.

§ 2. — **Epoque des vendanges.**

Le moment où doit s'effectuer la vendange varie suivent la *contrée*, les *situations* et le *genre de vin* que l'on désire produire.

En général, la viticulture algérienne et tunisienne ne se préoccupe pas assez de saisir le moment propice pour procéder aux vendanges.

Pénétrés de cette idée qu'un grand vignoble ne peut être débarrassé trop promptement de ses fruits, nos viticulteurs ne s'efforcent pas assez de distinguer les diverses périodes de maturation pour chaque cépage. — C'est là un grand tort.

Nous avons déjà dit au chapitre *Choix des Cépages* que c'est au moment même de la création d'un vignoble qu'il faut combiner méthodiquement les cépages en vue des vendanges futures. Rien de plus simple alors que de choisir des plants dont les dates de maturité soient différentes, suivant nos indications.

Un vignoble ainsi créé pourra être vendangé, si important qu'il soit, avec une régularité parfaite, par séries et par échelons pour ainsi dire, de telle façon que le jour de la cueillette, sur chacune des parties de ce vignoble, coïncidera avec l'instant précis de la maturité du fruit planté par zones différentes.

Prenons comme exemple une plantation disposée tout le long d'un versant en pente douce et composée de Petit Bouschet au bas de la pente, de Morastel sur le sommet, et, dans l'intervalle, de divers cépages dont la date de maturation ait été soigneusement vérifiée. Il y aura un écart de quinze à vingt jours entre l'époque de maturité du Petit Bouschet au bas du vignoble et celle du Morastel en haut, de sorte que la vendange pourra se poursuivre dans toute l'étendue du vignoble sans interruption, et sans que la qualité du raisin varie au point de vue du degré de sa maturité, depuis la première jusqu'à la dernière grappe.

Nous avons donné un tableau spécial sur les époques de débourrement et de la maturité du fruit qui permettra de choisir les cépages appropriés à suivre la gamme des vendanges.

---

§ 3. — **Signes de la maturité et procédés pour la reconnaître.**

Tant d'importance s'attache, au point de vue du produit, à l'exacte détermination du point de maturité du raisin, que nous jugeons nécessaire d'entrer ici dans quelques développements.

La maturité se reconnaît à divers signes et elle se constate par divers procédés.

Le premier indice de maturité, c'est l'apparence caractéristique, ligneuse et noirâtre, que prend le pédoncule de la grappe, surtout pour le raisin blanc et pour certaines variétés de raisin rouge, mais ce signe fait souvent défaut en Algérie et en Tunisie, où le pédoncule d'un grand nombre de cépages reste vert bien au-delà de la maturation et jusqu'à la décomposition du grain.

Un autre signe de maturité, c'est que le grain cesse de grossir, qu'il a acquis toute son intensité normale de coloration et qu'il se détache facilement du pédicelle, à l'extrémité duquel il abandonne le pinceau. On appelle *pinceau* l'appendice minuscule qui pénètre à l'intérieur du grain pour le rattacher à son pédicelle, et qui est coloré en rouge dans les cépages de cette couleur.

Enfin, on a la certitude absolue que le raisin est mûr, et qu'il n'y a plus un moment à perdre pour le cucillir, lorsque sa pellicule s'amincit. ou se vide, suivant les espèces, symptôme de la décomposition prochaine du grain.

Nous avons aussi constaté que la couleur rouge passait au rouge orange lorsque la maturité était dépassée.

Parmi ces divers signes, les uns, comme on le voit, sont assez vagues ; les autres apparaissent si tardivement que l'on ne saurait les attendre pour vendanger.

Heureusement, il existe des *procédés* qui complètent à cet égard les indications fournies par l'aspect extérieur de la grappe, et qui permettent de constater d'une manière certaine le point précis de la maturité.

Le premier de ces procédés consiste, purement et simplement, à goûter tous les jours le raisin et à juger ainsi, de *gustu*, s'il est suffisamment mûr pour la vendange.

Le deuxième procédé est plus savant, mais c'est celui qui donne encore, dans la pratique, les meilleurs résultats.

Il consiste à exprimer tous les jours dans une éprouvette le jus d'une ou plusieurs grappes prises à la base du sarment, et à plonger dans le liquide contenu dans notre pèse-moût pour y relever le degré saccharimétrique.

Tant que ce degré va tous les jours en augmentant, c'est la preuve qu'il faut attendre. Mais lorsqu'il s'arrête, on peut commencer à vendanger, car on est certain que le raisin restera quelques jours dans cet état, sans changer. Ce n'est que le cinquième jour après cette constatation que le raisin commence à perdre ses acides et sa couleur qui passe douze jours après à la pelure d'oignon.

Les études de physiologie végétale auxquelles s'est livré le savant auteur italien Pollacci (1) ont ajouté aux moyens de fixer le point de maturité du raisin un procédé basé sur la substitution progressive de l'élément sucré à l'élément acide à l'intérieur du grain de raisin.

Il est évident que tout ce que le grain en mûrissant gagne en sucre chaque jour, il le perd en acidité. Ce phénomène s'accomplit en partant de l'extérieur du grain, de la périphérie et en se rapprochant du centre, où sont les pépins.

La maturité marche du dehors au dedans du fruit. C'est en se basant sur ces données que Pollaci a pu dresser un tableau mathématique du mouvement du sucre et de l'acidité dans les grains de raisin aux divers degrés de maturité.

Ces expériences ont été faites à chaque instant pendant l'évolution saccharine. Trois cépages ont servi de type dans ces essais.

1° L'aleatico ;

2° Le Procanico ;

3° Le Muscat blanc.

---

(1) E. Pollaci, *La teoria, la pratica della viticultura*, Melano 1883.

Les caractères spécifiques de chacun de ces cépages sont d'ailleurs décrits dans notre *Ampélographie générale des Cépages* (1er volume); nous croyons utile de donner le tableau indiquant la quantité de sucre et d'acidité existant dans la pulpe externe comparée à celle de la pulpe au voisinage des pépins, dans ces différents cépages et à divers degrés de maturité (en opérant sur 100 grammes de sucre) :

DATE de la RÉCOLTE	CÉPAGES	PULPE INTERNE		PULPE EXTERNE	
		ACIDE	SUCRE	ACIDE	SUCRE
1871 — 31 août . . .	Aléatico	2.10	7.71	1.14	9.12
5 septembre	—	1.60	9.00	0.60	10.60
6 —	—	1.30	11.00	1.00	11.42
11 —	—	1.04	11.90	0.70	12.00
16 —	—	0.92	12.00	0.66	12.00
22 —	—	0.86	12.63	0.62	12.63
1er octobre .	—	0.80	13.71	0.60	13.71
8 —	Procanico	0.67	23.40	0.48	23.40
12 —	—	0.60	23.40	0.44	23.40
8 —	Muscat blanc	0.68	27.86	0.50	27.86
10 —	—	0.63	27.86	0.48	27.86
12 —	—	0.62	27.86	0.48	27.86

§ 5. — Constatation de la richesse du moût en sucre par le pèse-moût.

Le moût — étant le jus qui résulte de l'expression du raisin avant toute fermentation — se trouve être un composé d'acides divers et de sucre, dont aucun instrument ne peut donner exactement les proportions respectives, car tantôt ce sont les acides qui dominent comme, d'autres fois, ce sont les principes azotés qui l'emportent...

L'*Aéromètre de Beaumé*, qui sert de base pour établir les divers instruments connus sous le nom de *Pèse-Moût* ou *Mustimètre*, se compose d'un tube en verre renflé à sa partie inférieure (soit en sphère, soit en cylindre), lesté avec du plomb en grenaille, ou encore avec du mercure ; à sa partie supérieure, une tige graduée portant une échelle dont le zéro occupe la partie supérieure et dont chaque unité, représentant un degré, augmente en descendant jusqu'au point de jonction avec la partie renflée de l'instrument.

Cet aéromètre — que l'on pourrait appeler *gleucomètre* — indique bien d'une façon absolue la densité du moût, mais d'une façon relative seulement la quantité de sucre qui concourt à augmenter cette densité.

Le *Polarimètre* donne des résultats précis sur la richesse du moût en sucre, mais cet instrument d'optique n'est pas encore à la portée de tout le monde, et le gleucomètre donne des résultats approximatifs très suffisants, surtout si son échelle, ayant pour zéro la densité de l'eau à la température de 12° au-dessus de zéro, est assez agrandie pour augmenter des centièmes de l'augmentation de densité.

Plusieurs de tous ces instruments sont aujourd'hui employés dans le commerce ; nous estimons nécessaire de donner une description succinte de chacun d'eux.

PÈSE-MOUT DE BABO

Cet appareil, construit spécialement pour le climat italien, est d'un emploi facile ; M. Babo a basé son aéromètre sur une température de 17°5 et non celle de 15°, comme on a l'habitude de le faire à Paris, et il admet une moyenne de 3 % dans la poussée exercée de bas en haut. Il a pris aussi comme base un mélange de sucre, d'acides et de matières protéiques pour faire des essais ; ces analyses de moût ont, en outre, été contrôlées par des calculs. Cet instrument est gradué de façon qu'en marquant 10°, le moût contient 10 % de sucre, et que 12° corresponde à 12 % de sucre, et ainsi de suite.

Quant au poids et au volume d'alcool fourni par une quantité donnée de sucre, nous prions le lecteur — qui veut éviter les calculs que comportent ces opérations — de se reporter au tableau que nous donnons ci-dessous :

SUCRE	ALCOOL		SUCRE	ALCOOL		SUCRE	ALCOOL	
	Poids	Volume		Poids	Volume		Poids	Volume
kilog.	kilog.	litres	kilog.	kilog.	litres	kilog.	kilog.	litres
1 »	0.48	0.60	9 »	4.32	5.37	17 »	8.16	10.05
1 5	0.72	9.90	9 5	4.56	5.67	17 5	8.40	10.34
2 »	0.96	1.20	10 »	4.80	5.96	18 »	8.64	10.63
2 5	1.20	1.50	10 5	5.04	6.25	18 5	8.88	10.92
3 »	1.44	1.80	11 »	5.28	6.54	19 »	9.12	11.21
3 5	1.68	2.10	11 5	5.52	6.84	19 5	9.36	11.50
4 »	1.92	2.40	12 »	5.76	7.13	20 »	9.60	11.79
4 5	2.10	2.70	12 5	6.00	7.42	20 5	9.84	12.08
5 »	2.40	3.00	13 »	6.24	7.71	21 »	10.08	12.37
5 5	2.64	3.30	13 5	6.48	8.01	21 5	10.32	12.65
6 »	2.88	3.59	14 »	6.72	8.30	22 »	10.56	12.94
6 5	3.12	3.89	14 5	6.96	8.59	22 5	10.80	13.22
7 »	3.36	4.18	15 »	7.20	8.88	23 »	11 04	13.51
7 5	3.60	4.48	15 5	7.44	9.18	23 5	11.28	13.80
8 »	3.84	4.77	16 »	7.68	9.46	24 »	11.52	14.00
8 5	4.08	5.07	16 5	7.92	9.75	24 5	11.76	14.37

Dans cette table, on remarquera que l'unité en poids de sucre est théoriquement représentée par 1,694 grammes de sucre pour produire un litre d'alcool à 100 degrés centigrades, dont le poids est de 815 grammes. Dans la pratique, nous estimons qu'il faut 1 k. 700 gr. de sucre pour produire un litre d'alcool, car la plupart des auteurs ne se sont pas bien rendu compte des déperditions que l'on éprouve dans l'évaporation causée par la chaleur de notre climat.

PÈSE-MOUT GUYOT (GLEUCOMÈTRE)

L'aéromètre du Dr Guyot, très apprécié des viticulteurs pour les nombreux renseignements qu'il donne, porte une échelle divisée en trois sections : l'une, colorée en jaune, donne la graduation du beaumé ; l'autre, teintée de bleu, fait connaître le poids 0/0 du sucre contenu dans le moût essayé ; la troisième section, de couleur blanche, indique le volume 0/0 d'alcool qui dérivera du sucre déjà connu.

Le *gleucomètre* du Dr Guyot est certainement un grand perfectionnement sur celui de Baumé et sur celui de Babo en ce qui concerne l'échelle de densité ; cependant, pour l'essai de nos moûts africains, il est avantageusement remplacé par le *Mustimètre de Salleron*.

MUSTIMÈTRE DE SALLERON

La construction de cet aéromètre est plus parfaite encore que ses devanciers sous plusieurs rapports. D'abord, l'échelle densimétrique est très lisible, c'est celle de Gay-Lussac ; le départ représente la densité de l'eau distillée, 1,000 grammes par litre à la température de 15°, et cette première division correspondant au 0 du gleuco-densimètre, indique le moment du décuvage.

Avec ce mustimètre, il suffit de lire les chiffres correspondant dans une des colonnes pour savoir le poids du sucre contenu dans le moût ainsi que la richesse du vin produit. Il est nécessaire cependant, pour se servir de cet instrument, d'avoir recours à la table spécialement dressée à cet usage.

La table de M. Salleron [1] sert, non-seulement à reconnaître toute la richesse d'un moût, mais elle indique encore la quantité de sucre nécessaire à un moût trop pauvre, — comme la cinquième colonne indique la quantité d'eau voulue pour ramener le moût au degré quelconque cherché.

Lorsque l'on veut obtenir plus rigoureusement l'exactitude du degré, il est nécessaire de faire des corrections suivant les températures, ainsi que l'indique le tableau qui suit ces quelques lignes de la description théorique de l'instrument.

----

(1) *Essai Commercial des Vins*, J. Dujardin, 1891.

TEMPÉRATURES	CORRECTIONS	TEMPÉRATURES	CORRECTIONS	TEMPÉRATURES	CORRECTIONS	TEMPÉRATURES	CORRECTIONS
10 deg.	— 0.6	15 deg.	— 0.1	20 deg.	+ 0.9	25 deg.	+ 2.0
11 —	— 0.5	16 —	+ 0.1	21 —	+ 1.1	26 —	+ 2.3
12 —	— 0.4	17 —	+ 0.3	22 —	+ 1.3	27 —	+ 2.6
13 —	— 0.3	18 —	+ 0.5	23 —	+ 1.6	28 —	+ 2.8
14 —	— 0.2	19 —	+ 0.7	24 —	+ 1.8	29 —	+ 3.1

EXEMPLE. — Le moût étant pesé à la température de 20 degrés, si le mustimètre marquait 1075, le tableau indique qu'il faut ajouter 0,9 à l'indication de l'instrument ; il en résulte que le poids du moût, à la température normale de + 15°, est de 1075,9, soit 10,1 degré d'alcool. — Si, au contraire, la température est de 11°, il faudra retrancher de 1075,0 — 4 = 1074.6, soit 9,9 d'alcool.

Tableau indiquant la richesse saccharine et alcoolique du moût de raisin

DENSITÉ ou DEGRÉ du mustimètre	DEGRÉS de l'aéromètre de BAUMÉ	GRAMMES de SUCRE par litre de moût	RICHESSE alcoolique EN CENTIÈMES du vin fait	DENSITÉ ou DEGRÉ du mustimètre	DEGRÉS de l'aéromètre de BAUMÉ	GRAMMES de SUCRE par litre de moût	RICHESSE alcoolique EN CENTIÈMES du vin fait
1050	6.9	0 k. 103	6.0	1075	10.0	0 k. 170	10.0
1051	7.0	0 106	6.2	1076	10.2	0 172	10.1
1052	7.1	0 108	6.3	1077	10.3	0 175	10.3
1053	7.2	0 111	6.5	1078	10.4	0 178	10.5
1054	7.4	0 114	6.7	1079	10.5	0 180	10.6
1055	7.5	0 116	6.8	1080	10.7	0 183	10.8
1056	7.6	0 119	7.0	1081	10.8	0 186	10.9
1057	7.8	0 122	7.2	1082	10.9	0 188	11.0
1058	7.9	0 124	7.3	1083	11.0	0 191	11.2
1059	8.0	0 127	7.5	1084	11.1	0 194	11.4
1060	8.1	0 130	7.6	1085	11.3	0 196	11.5
1061	8.3	0 132	7.8	1086	11.4	0 199	11.7
1062	8.4	0 135	7.9	1087	11.5	0 202	11·9
1063	8.5	0 138	8.1	1088	11.6	0 204	12.0
1064	8.6	0 140	8.2	1089	11.7	0 207	12.2
1065	8.8	0 143	8.4	1090	11.9	0 210	12.3
1066	8.9	0 146	8.6	1091	12.0	0 212	12.5
1067	9.0	0 148	8.7	1092	12.1	0 215	12.6
1068	9.2	0 151	8.9	1093	12.3	0 218	12.8
1069	9.3	0 154	9.0	1094	12.4	0 220	12.9
1070	9.4	0 156	9.2	1095	12.5	0 223	13.1
1071	9.5	0 159	9.3	1096	12.6	0 226	13.3
1072	9.7	0 162	9.5	1097	12.7	0 228	13.4
1073	9.8	0 164	9.6	1098	12.9	0 231	13.6
1074	9.9	0 167	9.8	1099	13.0	0 234	13.8

Remarque. — A partir de 1099, densité marquée par le mustimètre, la richesse du vin fait s'élevant à 13°8, il nous a paru plus pratique de donner, pour les densités supérieures, la quantité d'eau à ajouter au moût pour ramener le litre à 10° baumé. — Prenons comme exemple la densité de 1100 qui donne à l'aéromètre 13°12, contenant 0ᵏ·239 de sucre avec un degré alcoolique en centièmes de 13°9, à laquelle il faudra ajouter 0.33 d'eau, et ainsi de suite (consulter le tableau suivant).

Tableau indiquant les richesses saccharine et alcoolique du moût

avec le degré d'eau à y ajouter
pour ramener le litre à une densité de 1075 (10° baumé)

DENSITÉ ou DEGRÉ du mustimètre	DEGRÉS de l'aéromètre de BEAUMÉ	GRAMMES de SUCRE par litre de moût	EAU à AJOUTER	DENSITÉ ou DEGRÉ du mustimètre	DEGRÉS de l'aéromètre de BEAUMÉ	GRAMMES de SUCRE par litre de moût	EAU à AJOUTER
1101	13.2	0ᵏ·239	0.34	1126	16.1	0ᵏ·306	0.68
1102	13.8	0 242	0.36	1127	16.2	0 308	0.69
1103	13.5	0 244	0.37	1128	16.3	0 311	0.70
1104	13.6	0 247	0.38	1129	16.5	0 314	0.72
1105	13.7	0 250	0.40	1130	16.6	0 316	0.73
1106	13.8	0 252	0.41	1131	16.7	0 319	0.74
1107	13.9	0 255	0.42	1132	16.8	0 322	0.76
1108	14.0	0 258	0.43	1133	16.9	0 324	0.77
1109	14.2	0 260	0.46	1134	17.0	0 327	0.78
1110	14.3	0 263	0.48	1135	17.2	0 330	0.80
1111	14.4	0 266	0.49	1136	17.3	0 332	0.81
1112	44.5	0 268	0.50	1137	17.4	0 335	0.82
1113	14.6	0 271	0.52	1138	17.5	0 338	0.84
1114	14.7	0 274	0.53	1139	17.6	0 340	0.85
1115	14.8	0 276	0.54	1140	17.7	0 343	0.86
1116	15.0	0 279	0.56	1141	17.8	0 346	0.88
1117	15.1	0 282	0.57	1142	17.9	0 348	0.89
1118	15.2	0 284	0.59	1143	18.0	0 351	0.90
1119	15.3	0 287	0.60	1144	18.1	0 354	0.92
1120	15.4	0 290	0.61	1145	18.2	0 356	0.93
1121	15.5	0 292	0.62	1146	18.4	0 359	0.94
1122	15.6	0 295	0.64	1147	18.5	0 362	0.96
1123	15.7	0 298	0.65	1148	18.6	0 364	0.97
1124	15.9	0 300	0.66	1149	18.7	0 367	0.98
1125	16.0	0 303	0.68	1150	18.8	0 370	1.00

MUSTIMÈTRE LEROUX

Le mode d'emploi de notre pèse-moût est d'une grande simplicité ; voici d'ailleurs tous renseignements pour l'application de cet instrument :

Veut-on connaître la richesse saccharine d'un moût et l'alcool qu'il peut produire, on commence par se procurer une éprouvette en verre (fig. 245) dans laquelle on verse le moût à essayer, en ayant eu soin de le passer préalablement dans une mousseline pour le débarrrasser de ses impuretés grossières. — Disons en passant que, pour obtenir le moût tel qu'il doit être, il est préférable de le prendre sous la petite presse (fig. 244), construite spécialement pour les essais de ce genre ; à la rigueur, on peut encore se contenter de presser les raisins avec les mains ; mais le jus exprimé à l'aide de la presse représente mieux la qualité d'ensemble. — Une fois le moût obtenu en quantité voulue, on plonge dans ce liquide, le mustimètre en observant avec soin sa ligne de flottaison. Le degré qu'il accuse sera celui qui correspond à la richesse du moût en sucre et en alcool.

Supposons qu'il marque à la première colonne 170 grammes de sucre, nous trouvons en regard, à la deuxième colonne, 10 degrés d'alcool.— C'est la quantité cherchée.

Fig. 244

Presse à main pour extraire le moût.

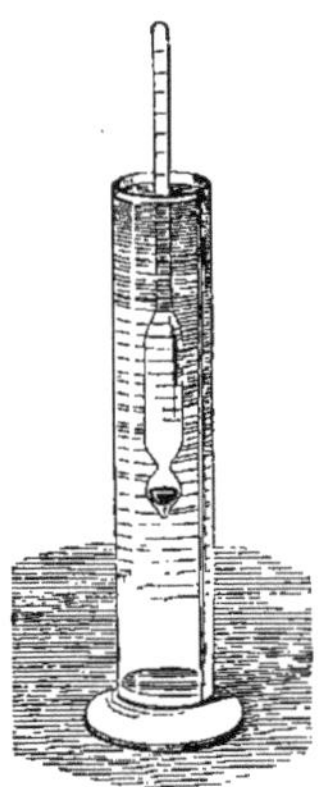

Fig. 245

Eprouvette et son pèse-moût.

La première colonne indiquant le poids du moût par litre, rien n'est donc plus facile que l'usage de notre mustimètre, même sans table.

Observation. — On peut encore reconnaître la valeur d'un moût sans se servir de densimètre : « On mesure, à cet effet, exactement un litre d'eau que l'on introduit dans un récipient de verre plus grand que le litre ; on fait un trait à l'endroit où s'arrête l'eau ; on vide le contenu, puis on le remplace par le moût à essayer. Si le litre de moût pèse 1094 grammes, par exemple, il suffira de se reporter à ce chiffre dans la première colonne de la table de M. Salleron, et l'on constatera qu'il correspond à 220 grammes de sucre par litre et à 12 degrés 9 d'alcool. »

Nous inspirant des mêmes idées que Babo et Salleron, nous avons imaginé et construit un pèse-moût gradué, sur la base d'une température de 20 degrés, en rapport avec la température ordinaire du nord de l'Afrique au moment où les vendanges se pratiquent. Cette température est à peu près la moyenne des chais de l'Algérie et de la Tunisie, dans la première quinzaine du mois de septembre.

En outre, nous estimons que nos moûts africains sont plus chargés en matières azotées que ceux de France ; appréciation qui nous a conduit à adopter, comme base de calcul, 1 kil. 700 grammes de sucre pour produire un volume de 1 litre d'alcool à 100 degrés centigrades.

En Europe, surtout dans la région moyenne où on fait du vin, la quantité de sucre nécessaire pour produire 1 litre d'alcool à 100 degrés ne devrait pas dépasser 1 kil. 691 grammes, parce que les principes acides contenus dans le moût sont d'un poids plus important que ceux des moût algériens.

La moyenne d'extrait sec qui a servi de base pour l'établissement de notre mustimètre a été évaluée à 28 grammes par litre, et cet instrument [1] — qui est construit par la maison Salleron — ne laisse rien à désirer sous le rapport de la justesse et de la précision.

Il indique, dans la première colonne, le poids du sucre contenu dans le moût par litre et, dans la deuxième, on trouve en regard le volume d'alcool correspondant qu'il doit produire.

Tableau indiquant la richesse saccharine d'un moût et l'alcool qu'il produira.

POIDS du SUCRE DE RAISIN par HECTOLITRE	ALCOOL en volume à produire par hectolitre	POIDS du SUCRE DE RAISIN par HECTOLITRE	ALCOOL en volume à produire par hectolitre	POIDS du SUCRE DE RAISIN par HECTOLITRE	ALCOOL en volume à produire par hectolitre	POIDS du SUCRE DE RAISIN par HECTOLITRE	ALCOOL en volume à produire par hectolitre
0 k. 000	0	8 k. 500	5	17 000	10	25 600	15
1 700	1	10 200	6	18 700	11	27 200	16
3 400	2	11 900	7	20 400	12	28 200	17
5 100	3	13 600	8	22 100	13	30 600	18
6 800	4	15 300	9	23 800	14	32 300	19

§ 6. — Observations particulières à l'Algérie et à la Tunisie.

Dans l'Afrique du Nord, la maturation ne se fait pas toujours d'une façon normale, et — chose assez singulière — c'est surtout dans l'intérieur, au sud, jusqu'au 33ᵐᵉ degré de latitude que ces anomalies se manifestent ; le littoral lui-même n'est est pas exempt.

---

(1) Le *Pèse-Moût Leroux* se trouve chez l'auteur, 62, rue Michelet, Agha.— Coût : 5 fr.

Lorsque les années sont sèches et chaudes et que des surprises interviennent, la maturation est contrariée dans son évolution et laisse à désirer. Nous avons constaté que, dans une terre peu fertile, à la suite d'un coup de siroco, l'*évolution saccharine* s'arrêtait pendant huit à dix jours, et ce n'est qu'après ce repos que les acides continuaient à diminuer au profit du développement du sucre.

Ce phénomène — que nous avons signalé déjà dans toutes nos conférences viticoles depuis 1860 — est la principale cause de la présence, dans le raisin, de certains acides mal définis ; on y rencontre surtout une grande proportion d'acide tartrique et des matières azotées très charnues.

Le remède à cet inconvénient consiste dans l'étude attentive des signes de *maturité* et dans l'application consciencieuse des *procédés* que nous avons fait connaître plus haut.

Il y a encore une chose dont nos viticulteurs algériens et tunisiens doivent se défier par dessus tout, c'est l'entraînement qui gagne quelquefois tout un pays. — Un viticulteur, plus ou moins éclairé, a-t-il commencé à vendanger, immédiatement tous ses voisins s'émeuvent, craignant d'arriver en retard ; c'est un véritable affolement. Il en résulte des vendanges hâtives et des vins médiocres ou mauvais, qui auraient été excellents si le raisin avait été cueilli à point.

Voici quelles sont généralement, en Algérie et en Tunisie, pour les divers cépages que nous connaissons, les *conditions calorimétriques* nécessaires pour que le véritable degré de maturation soit atteint.

DATES ET ÉPOQUES		DEGRÉS OU CALORIES
1re époque :	5 juillet.	2000
2me —	15 août	2800
3me —	25 août	3100
4me —	1er septembre	3500
5me —	20 septembre.	3650
6me —	25 septembre.	3900
7me —	20 octobre	4100
8me —	30 novembre	4500

M. de Gasparin, qui a fait de nombreuses expériences sur la quantité de chaleur que chaque cépage absorbe pour atteindre son degré de maturité, indique un système bien simple pour mesurer ce que spirituellement il appelle le *cycle végétatif d'un cépage*. — Il consiste à prendre chaque jour, depuis l'instant où la vigne ouvre ses bourgeons jusqu'à celui de la maturation supposée parfaite, la moyenne de la température ; puis, en fin de compte, la moyenne de ces moyennes est à multiplier par le nombre de jours. M. de Gasparin emploie, à cet effet, un thermomètre placé au centre d'une boule creuse en cuivre, enduite à l'intérieur de noir à l'huile ; cette boule, de dix centimètres de diamètre, est exposée dans un endroit découvert, de façon à ce que la moitié soit toujours baignée de soleil. La demi-somme du maximum et du minimum des températures ainsi observées donne la moyenne de chaque jour.

Nous appuyant sur les mêmes principes que M. de Gasparin, nous avons recherché, spécialement pour l'Algérie et la Tunisie, les effets produits par les influences atmosphériques sur le cycle évolutif d'un cépage dans l'Afrique française. Voici le résultat de nos expériences suivies, de 1882 à 1890, à Staouéli (Village et la Trappe', sur une moyenne de chaleur et aux époques où la vendange a été faite chaque année, sur des raisins appartenant à la deuxième époque et demie et à la troisième époque, c'est-à-dire aux Carignanes. aux Mourvèdres et aux Morastels.

ANNÉE des VENDANGES	DATE moyenne de la VENDANGE	NOMBRE de JOURS du CYCLE ÉVOLUTIF	MOYENNE des DEGRÉS de CALORIES	DEGRÉ COLORIMÉTRIQUE du VIN	DEGRÉ alcoolimétrique
1882	14 août	165	3045	34	12.20
1883	15 —	166	3028	31	12.00
1884	13 —	168	3008	32	12.30
1885	12 —	151	3000	35	12.60
1886	8 —	139	2860	39	12.70
1887	12 —	154	3009	34	12.50
1888	13 —	165	3073	31	12.20
1889	18 —	175	3209	30	12.00
1890	28 —	186	3425	28	11.50

Comme on peut le remarquer, plus l'évolution végétale a été longue, moins le vin est coloré et moins il est alcoolique.

OBSERVATIONS

Avant de clôturer ce paragraphe, nous devons insister sur divers points qui ont leur importance en Afrique :

1° *La coupe de la vendange doit être arrêtée pendant les jours de siroco.* — Les résultats désastreux que donnerait plus tard la fermentation du moût font de cette règle locale une obligation absolue. Il ne faut pas croire, comme beaucoup de gens le pensent, que le siroco avance l'époque de maturité du raisin ; c'est là une grave erreur, car il le saisit au contraire et en arrête l'évolution pendant plusieurs jours.

2° *Les vendanges faites pendant ou après la pluie donnent un vin un peu plus faible que celui qui est fait sans pluie,* mais la quantité est plus grande. *Une vendange qui a été lavée par une pluie donne un moût dont la fermentation est moins active que celle qui n'a pas été mouillée.* Une légère pluie influe également sur le raisin qui est mûr, car elle retarde de quelques jours son déclin, comme, d'autre part, s'il se trouve à la veille d'être mûr, elle retarde l'évolution de quatre à cinq jours et quelques fois plus.

3° L'époque des vendanges doit être subordonnée, dans une certaine mesure, aux diverses qualités de vin que l'on veut produire ; si, par exemple, on désire un vin normal, il faut vendanger aussitôt que le raisin est à point de maturité ; si on veut un vin sec et vert, un peu acerbe, *on vendange un peu plus tôt*, quoiqu'on puisse arriver au même résultat en prolongeant le séjour du vin sur le marc.

Pour faire des vins moëlleux, *on vendange quelques jours après le point précis de la maturité*, c'est-à-dire cinq ou six jours après ; ou bien encore, on soutire chaud le vin en fermentation à 4° d'alcool restant à transformer, c'est-à-dire 68 grammes de sucre.

Pour faire des vins liquoreux et doux, il est préférable de vendanger sept à huit jours après le point limité de maturité et soutirer chaud à 8 degrés d'alcool sur 12° restant à transformer, c'est-à-dire 13ᵏ·600 de sucre par 100 litres ; si le vin n'arrive pas à se débarrasser complètement du sucre, on peut le soumettre, dès ce moment, aux opérations spéciales dont nous aurons l'occasion de parler ultérieurement au cours de ce chapitre ; ce travail ne se pratique d'ailleurs que sur des moûts blancs.

---

§ 7. — **Opération de la vendange. — Personnel nécessaire.**

En Afrique, par suite d'une végétation plus robuste, les pédoncules sont plus résistants qu'en Europe.

Les instruments qui servent à séparer la grappe du pédoncule doivent, par suite, être l'objet d'un choix particulier. Il existe divers systèmes, qui peuvent se ramener tous, en dehors des détails de la fabrication, à deux types généraux : les *petites serpettes* ou les *petits sécateurs* spéciaux.

Nous n'hésiterons pas en raison d'une longue pratique, à recommander l'emploi du sécateur comme préférable à celui de la serpette, sous divers rapports, ainsi que pourra en juger le viticulteur.

1° Le sécateur bien manié, sépare la grappe du sarment près du premier pédicule, évitant de lui laisser un long pédoncule, ce qui altérerait le goût du vin.

2° Le sécateur coupe le pédoncule sans ébranler la grappe ; on n'a pas à craindre ainsi la perte des grains en contact, soit avec le sommet, soit avec une branche quelconque.

3° Enfin, le sécateur détache la grappe sans froisser le fruit, ce qui est un grand avantage surtout pour le raisin de table.

L'équipe des vendanges doit se composer, pour une petite exploitation, d'autant d'ouvriers qu'il y a d'hectares en vigne de moyenne fertilité, ou d'un ouvrier 1/4 par hectare en terre fertile.

Ce nombre est suffisant si la plantation a été faite en divisant la nature des cépages, de façon que les maturités arrivent les unes après les autres.

Soit pour notre ferme viticole de 20 hectares, nous emploierions 20 ouvriers dont 17 coupeurs, 2 porteurs et un surveillant.

Les vendangeurs coupent les raisins et les déposent soit dans des paniers-corbeilles, soit dans des seaux.

Nous n'hésitons pas à déconseiller absolument l'usage des seaux métalliques. Il est démontré en effet que l'acidité du raisin et surtout la sève acide des pédoncules nouvellement coupés, corrode le métal des seaux souvent étamés avec un mélange d'*étain*, de *zinc* et de *plomb*, ce qui communique au vin une vilaine couleur, un mauvais goût et pouvant même le rendre nuisible à la santé.

Il faut donc proscrire les seaux étamés — dont l'usage, très répandu en Algérie et en Tunisie, vient de ce qu'on suppose qu'ils ne laissent rien perdre.

Les paniers à vendange, lorsqu'ils sont garnis de toile huilée, n'occasionnent pas de perte et n'offrent point les multiples dangers des seaux en métal. Ils sont, dans tous les cas, préférables aux comportes en bois très usitées en France, mais cependant d'un emploi trop peu pratique en Algérie où le bois subit fortement les caprices du soleil.

Il est cependant urgent de se servir de récipients peu perméables, solides, propres et tout à fait étanches : 1° parce qu'ils évitent des transvasements nombreux, entraînant souvent des pertes de jus et de raisin et aussi une main-d'œuvre plus coûteuse ; 2° parce que les raisins ne subissent pas les triturations et les immersions qui rendent très difficiles un examen et un triage efficaces à la maison d'exploitation ; et 3° parce que ces mêmes raisins, n'étant ni froissés ni réunis en grande masse, ne subissent ainsi aucun commencement de fermentation avant le moment convenable pour la bonne vinification.

Aussi, de tous les ustensiles généralement employés, recommandons-nous les corbeilles en rotin (dont nous donnons ci-contre le dessin), qui remplissent toutes les conditions d'étanchéité, de malléabilité et de commodité de transport voulues.

---

§ 8. — **Prix de revient de la coupe du raisin.**

Le prix de la coupe des raisins varie suivant les années et suivant les circonstances de bonne ou mauvaise maturité ; il est d'autant plus élevé que les grappes sont moins abondantes, plus dispersées, ou bien encore plus petites.

Les nombreuses observations que nous avons été à même de faire,

REMARQUE IMPORTANTE

C'est à titre purement documentaire que nous donnons ci-dessous le dessin d'une comporte en bois ; nous avons, dans le paragraphe consacré à ces divers ustensiles viticoles (page 420) suffisamment indiqué l'inopportunité de son emploi en Algérie et désigné nos préférences, pour ne pas insister sur ce sujet.

Fig. 246
Panier pour coupeurs.

Fig. 247
Panier d'approvisionnement (en rotin).

Fig. 248
Comporte en bois.

soit sur notre exploitation, soit dans d'autres vignobles où nous avons dirigé les opérations de vendange et de vinification, nous ont permis d'établir des chiffres qui seront utiles à consulter par nos lecteurs.

Prix de revient de la coupe du raisin et de sa mise en panier ou comporte
sur les bords du chemin d'exploitation, par 1.000 kilog. en vigne moyennement fertile.

Une journée à 3 f. 50	3 f. 50
Deux journées de porteurs à 2 f. 50	5 00
Dix-sept journées de coupeurs à 2 fr. . . .	34 00
Frais généraux, 12 0/0 sur 42 f. 50	5 10
Total	47 50

soit 47,50 : 13,600 kilogs de raisin vendangés pendant 12 heures = 0,34,66 les 100 kil.

Vendanges faites en vigne de faible fertilité, sur coteau, en terre maigre.

Une journée de surveillant à 3 f. 50	3 f. 50
Deux journées de porteurs à 2 f. 50	5 00
Dix-sept journées de coupeurs à 2 fr. . . .	34 00
Frais généraux, 12 0/0 sur 42 f. 50	5 10
Total	47 50

soit 47 fr. 50 : 8,000 kilos de raisins vendangés pendant 12 heures = 0,58,93 les 100 kil.

Observations. — Les cépages à grande production sont généralement plus faciles à vendanger en raison du volume de chaque grappe. Les Aramons, les Cinsauts et, en général, toutes les grosses variétés coûtent moins à couper que les raisins qui ont un pédoncule court et difficile à détacher.

Ces détails, qui paraissent être minutieux, ont cependant un réel intérêt au point de vue du prix de revient.

---

§ 9. — **Triage et nettoyage du raisin.**

Dans les exploitations où l'on s'attache à la production et à la fabrication de vins spéciaux, les vendangeurs, tout en procédant à leur cueillette, font un triage judicieux des raisins qu'ils coupent. Le petit sécateur seul sert à tout, à cueillir et à retrancher des grappes les parties vertes, mal mûres, grillées, gelées ou pourries ; un panier ou une corbeille, placé entre deux vendangeurs, reçoit ces retranchements qui sont versés dans des récipients à part.

Si le triage est fait directement du panier au récipient, il faut un double service de paniers ; de jeunes indigènes, choisis parmi les plus adroits et les plus intelligents, reçoivent les paniers et en font le partage et les retranchements dans les deux récipients.

Enfin, pour plusieurs causes différentes, ou encore pour plus de commodité et de soin, le triage peut être fait à l'arrivée des récipients à la maison d'exploitation. Ce triage est fait avec beaucoup plus de sûreté et de perfection qu'à la vigne, parce qu'après un certain froissement et le détachement des grains les plus mûrs par les secousses, on aperçoit mieux les parties mal mûres des grappes.

Les rebuts qui résultent de ce triage ne sont pas entièrement perdus, on en fait des vins à part qui servent à la consommation de la ferme. Tout propriétaire, soucieux de ses intérêts et prévoyant l'avenir, ne permettra — sous aucun prétexte — que ces vins inférieurs, obtenus de raisins de rebut, soient livrés au grand commerce intérieur ou d'exportation.

§ 10. — Transport des vendanges.

La charrette la plus commode et en même temps la plus économique pour le transport des vendanges jusqu'à la cuverie, est celle construite à limonière à deux roues ; ses ranchets sont en fer, recourbés en équerre supportant une planche de chaque côté, afin de recevoir un grand nombre de comportes ou corbeilles ; elle est traînée par un ou deux mulets ou chevaux et peut transporter jusqu'à 26 comportes ou 65 kilogs de raisins. A défaut, l'emploi de la petite charrette, qui peut facilement transporter 14 à 16 comportes est tout indiqué (fig. 249).

Fig. 249. — Petite charrette pouvant transporter 14 ou 16 paniers ou comportes.

On peut également se servir d'un grand camion, dans le genre de ceux dont se servent les acheteurs d'oranges, et sur lesquels on peut charger 60 à 80 corbeilles de raisin contenant chacune 48 à 50 kilog. (voir la photogravure ci-contre).

La manœuvre d'une charrette nécessite toujours la présence d'un conducteur et de son aide pour aider à charger et à décharger quand la distance ne dépasse pas 700 mètres.

La vendange, mise dans les paniers, est transportée dans des corbeilles ou, à défaut, dans des comportes qui sont déposées sur les bords de la route d'exploitation où les charrettes de service viennent les prendre pour les transporter au foulage.

E. E. Mallet, constructeur à Marseille, a imaginé un nouveau système de tombereau qui simplifie les frais de transport du raisin

Fig. 250. — Tombereau à vendanges, système Mallet.

jusqu'à pied-d'œuvre. Ce tombereau (fig. 250-251), d'une contenance de 700 litres, est à bascule et de dimension à pouvoir passer entre les rangs de vigne ; entièrement construit en acier, il est parfaitement

Fig. 251. — Tombereau à vendanges versant son chargement.

Grand Chariot chargé de Vendanges

étanche et permet ainsi de supprimer l'emploi des comportes, si on veut se contenter de verser la vendange dans les récipients mêmes, comme le démontre la fig. 251. — Ce nouveau système, d'un prix peu élevé : 350 fr., peut en outre servir pour tous les travaux de la ferme et des champs.

Voici le prix de revient du transport de la vendange au chai (ou portée sous le hangar rafraîchisseur) au moyen de comportes ou de corbeilles, étant donnée une distance moyenne à parcourir de 700 mètres, du centre de la cueillette à la cuverie, par deux des petites charrettes du type décrit plus haut, soit le chargement, transport, déchargement, y compris le repos et retour en 80 minutes. (Une charrette peut faire en plaine 8 voyages par jour sans fatigue, soit en total 14 comportes de 65 kilogs chacune × 8 voyages de 2 charrettes, soit 16 voyages = 13,560 kilogs de raisin.)

Prix de revient du transport des vendanges à la cuverie :

EN PLAINE

Deux conducteurs à 3 f. 50 par jour	7 f. 00
Un aide à 2 fr. 50.	2 50
Deux mulets à 2 fr. chacun	4 00
Frais généraux, 12 % sur 13 f. 50	1 62
Total. . . .	15 12

soit 15 f. 12 : 13,560 kilog. de vendange transportée en 12 heures = 0,10,38 les 100 kil.

EN COTEAU

Deux conducteurs à 3 f. 50 par jour	7 00
Un aide à 2 fr. 50	2 50
Deux mulets à 2 fr. chacun	4 00
Frais généraux, 12 % sur 15 f. 50	1 62
Total. . . .	15 12

soit 15 fr. 12 : 1,000 kilogs de raisin transportés en 12 heures = 0,15,12 les 100 kilog.

Ainsi que nous l'avons déjà recommandé aux chapitres de la *Plantation* et de la *Culture de la Vigne*, il faut préparer les chemins de service de l'exploitation par un roulage au Croskil pour faciliter la marche des animaux de trait.

Dans les grandes exploitations, on se sert aujourd'hui de voies ferrées Decauville sur lesquelles roulent des wagonnets

Fig. 252. — Wagonnet à vendange.

(fig. 252-253) de différents systèmes. Les uns sont fixes ou à bascule ; ces derniers sont préférables, car, arrivés à la cuverie, il suffit simplement de les incliner sur le côté pour en faire déverser le contenu, soit dans les corbeilles de rafraîchissement, soit dans la cuve même. On emploit aussi des wagons à plate-forme pour y déposer les paniers pleins de vendange et qu'un indigène pousse, sans fatigue, jusqu'à la cuverie.

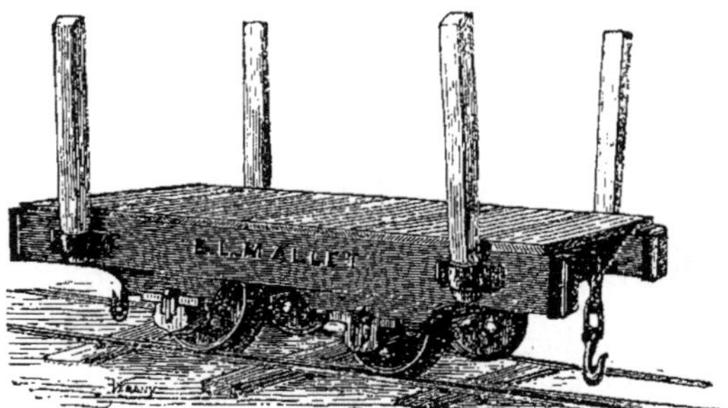

Fig. 253. — Wagonnet à plate-forme.

Dans toute installation bien ordonnée, les charrettes arrivent au chai par une rampe d'accès qui les présente en face des portes de réception qui s'ouvrent sur le terre-plein damé ou pavé, établi à niveau de l'orifice des cuves situées encontre-bas. — Mais toutes les installations ne sont pas les mêmes, et si le chai ne possède aucune rampe d'accès, il faut avoir recours à un autre moyen qui consiste à enlever, à l'aide d'un treuil (fig. 254), les comportes ou les corbeilles pleines de raisins.

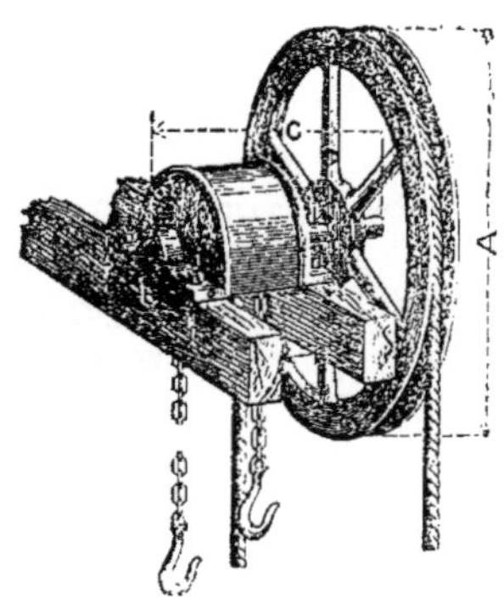

Fig. 254. — Monte-charge pour l'enlèvement des paniers ou des comportes.

Ce service élévatoire s'exécute assez facilement, soit au moyen de la manivelle, soit avec la chaîne elle-même ; un seul homme suffit pour enlever, par jour, l'équivalent d'une cueillette de deux hectares.

DEUXIÈME CHAPITRE

REFROIDISSEMENT

DE LA VENDANGE

SOMMAIRE :

De l'influence de la chaleur et du siroco. — Expériences diverses. — Procédés artificiels pour le refroidissement de la vendange. — Hangar rafraîchisseur. — Ventilation réfrigérente. — Tableaux de prix de revient.

REFROIDISSEMENT DES VENDANGES

§ 1. — De l'influence de la chaleur et du siroco.

Nos lecteurs connaissent déjà les curieux phénomènes de physiologie végétale qui s'accomplissent, régulièrement et silencieusement, sous la pellicule du raisin, pendant la période si délicate et si décisive de la maturation.

Nous avons expliqué le travail qui s'opère graduellement dans le grain de raisin, de la péripherie au centre, de l'extérieur à l'intérieur, et de la pellicule au pépin, — travail qui n'est interrompu que par les surprises violentes du siroco, et qui comprend le grossissement du grain, sa coloration progressive et la transformation de ses éléments acides en sucre.

Le moment où le fruit cueilli change en vin n'est pas moins important que celui qui précède la maturité. Il exige aussi une surveillance attentive, éclairée, constante. C'est la *vinification* qui commence, et l'art de la vinification est aussi nécessaire au propriétaire de vignobles que celui de la viticulture. Suivant que le travail de la nature a été avec plus ou moins aidé de méthode pendant la transformation du raisin en vin, le résultat définitif de la récolte sera plus ou moins heureux. Une large rénumération des peines prises, ou des mécomptes inattendus et quelquefois graves, telle est l'alternative inévitable pour le producteur.

Aussi ne s'étonnera-t-on pas si nous multiplions les conseils pour cette période si délicate à tous les points de vue, et dont nous avons déjà eu l'occasion de parler dans le chapitre consacré à la *maturité.*

Avant toute chose, nous devons signaler tous les inconvénients que présente la mise en fermentation du raisin qui vient d'être cueilli par une température trop élevée comme il arrive souvent en Afrique.

C'est en 1873 que nous remarquâmes, pour la deuxième fois, que le vin provenant d'une vendange « chaude » restait très longtemps *louche* et difficile à *s'éclaircir* et que de plus il conservait en vieillissant, malgré toutes les pécautions prises, un arrière-goût de « chauffé » un goût rappelant celui de pruneau séché (c'est le mot technique) et nous n'en connaissons pas qui expriment mieux et d'une manière aussi nette l'impression produite au palais par les vins de cette tare.

A la suite d'expériences minutieuses, nous avons encore pu constater que les vins issus d'une vendange froide provenant de la cueillette du matin étaient plus clairs, plus brillants et affranchis de cet arrière-goût de *chauffé* qui nous avait frappé, lors de notre expérience de 1873.

Il n'en fallait pas plus pour éclairer un observateur attentif, car la pratique confirmait une fois de plus la théorie.

Pourquoi les vins provenant de vendanges chaudes restent-ils nébuleux, sucrés et rebelles à tous les procédés de clarification soit par décantation, soit même par des collages énergiques et la filtration ordinaire. C'est parce qu'il se produit dans ces vins un double phénomène.

Sous l'action de la chaleur excessive qui règne dans la cuve au moment de la fermentation extra-tumultueuse, non-seulement les *ferments* s'endorment pour se réveiller plus tard, mais c'est aussi la matière colorante qui, dans la pellicule du raisin, se décompose en grande partie en débris infiniment réduits qui restent, par la suite, combinés aux ferments azotés et alcooliques, etc.: effets mécanique et chimique produits par insuffisance de fermentation.

En même temps et sous la même influence, on constate aussi que la matière colorante, au lieu de se fondre dans la masse du vin, s'agrège aux mucillages albumineux qui se coagulent ensuite pour former un amalgame léger et flottant. Cette matière nouvellement combinée ne se précipite plus qu'avec une lenteur désespérante qui, même à la filtration, se lamine pour se reconstituer ensuite sous l'influence d'une température un peu plus élevée que 26 degrés.

On rencontre quelquefois des vins tellement chargés de ces matières que tous les procédés mis en œuvre, soit chimiques, soit mécaniques, n'arrivent pas à séparer totalement ces corps flottants.

Telle est l'explication d'un phénomène qui condamne le vin à rester pour toujours trouble et d'un goût étrange.

Ce désordre, constaté maintes fois dans tous les pays vignobles du Midi de l'Europe, devait, plus naturellement encore, se produire en Afrique, à cause des chaleurs inhérentes au climat ou provoquées par une apparition de siroco. — En Algérie, en effet, la température, au moment des vendanges, atteint normalement de 25 à 30° à l'ombre durant plusieurs heures pendant le mois d'août et au commencement du mois de septembre ; lorsque le siroco souffle, elle peut (chose assez rare) monter jusqu'à 45 et même 50°. — On peut poser en axiome que la grappe, cueillie à partir de 10 heures du matin, atteint en moyenne 28 à 39°.

Il est évident que le raisin, récolté dans ces conditions, expose le producteur à des surprises désagréables.

Introduire dans la cuve ou dans l'*amphore* des raisins dont la pulpe marque à l'air libre une température supérieure à 24°, c'est provoquer presque inévitablement ce qu'on appelle la *fermentation extra-tumul-tueuse* et tous les désagréments, tous les désastres qu'elle entraîne avec elle.

De ces observations découle une règle absolue pour les viticulteurs africains : *Cesser la cueillette du raisin pendant le siroco*, à moins d'avoir un ubri pour le laisser refroidir tout le temps que durera la grande chaleur. L'opération de la vendange sera peut-être plus longue, mais le produit obtenu — au lieu d'être un vin chauffé, trouble, en un mot inbuvable — sera limpide, agréable, fruité et, par conséquent, d'une réelle valeur marchande.

---

§ 2. — **Moyen artificiel de refroidir la vendange.**

Il y a des cas où la vendange doit se poursuivre coûte que coûte et quelles que puissent être les conséquences d'une cueillette faite par les grandes chaleurs.

Quel est, dans ce cas, le moyen de sauver une récolte gravement compromise ? — Il existe cependant une planche de salut, un remède facile que nous appellerons le *refroidissement artificiel de la vendange*.

En 1873 déjà, notre attention fut appelée sur les conditions anormales qui présidaient aux vendanges, et, depuis cette époque, nous nous sommes livrés à de nombreux essais pour rechercher les causes initiales et, par suite, obtenir un abaissement de température du fruit cueilli. — Voici le résultat de nos expériences :

Première expérience. — Nous avons tout d'abord essayé de verser de l'eau fraîche marquant 19° centigrades sur la vendange déposée dans les corbeilles ou dans les paniers, dans la proportion de 6 litres par 100 kilog., en répétant cette opération à plusieurs reprises à l'aide d'un arrosoir muni d'une pomme finement percée. La température du raisin qui était primitivement de 30° centigrades est descendue à 27° après 10 heures de repos.

Le vin qui est résulté de cette vendange a été un peu supérieur à celui obtenu d'une vendange non rafraîchie ; il s'est clarifié un peu plus promptement, mais sa limpidité est restée douteuse. Par suite sans doute de la température encore trop élevée, son degré en alcool est resté inférieur d'un degré.

Deuxième expérience. — Nous avons introduit de la glace dans la cuve dans une proportion de 5 %. La vendange marquait 30° à son entrée en cuve ; 3 heures après, sa température était descendue à 26°50 pour remonter à 28° ; la fermentation commençait quelques heures après et dura 176 heures, tandis que la première avait mis 188 heures.

Le vin descendu à 0° fut décuvé ; il était à peu près semblable au premier et sa clarification fut aussi difficile.

Troisième expérience. — Nous avons laissé reposer la vendange de la veille pendant toute la nuit à l'air libre, après l'avoir préalablement arrosée de 5 % d'eau fraîche à 19°; comme les autres, elle marquait dès le début 30° centigrades. Nous l'avons introduit dans la cuve le lendemain matin, telle qu'elle se comportait, après lui avoir fait subir le foulage ordinaire. Ces raisins se composaient d'un mélange de Carignane et de Mourvèdre.

La température de cette vendange était descendue à 24°50 vers 5 heures du matin, c'est-à-dire 17 heures après sa mise au repos. Ce n'est donc que 15 heures plus tard que la fermentation a commencé lentement et s'est terminée 120 heures après. Le vin qui est résulté de ce mode de refroidissement était passablement limpide et d'une couleur assez vive ; sa conservation a été bonne toute l'année pour l'échantillon que nous avons gardé (une bordelaise).

CONCLUSION. — Ces trois expériences prouvent que l'influence du refroidissement des raisins joue un rôle très important dans la fermentation du liquide qu'il produit.

Cependant, la température de l'Afrique française du Nord est généralement assez basse pour que les procédés de refroidissement soient presque inutiles. — C'est ainsi qu'en 1890, le 15 septembre, à Bled-Bakroun, nous avons pu constater, dans la propriété de M. Mauguin, sénateur du département d'Alger, que les raisins cueillis par une journée fraîche (21° centig.), après avoir passé la nuit à l'air dans les paniers, foulés le lendemain et versés dans une amphore de 120 hectolitres, avaient perdu un degré de chaleur et ne marquaient plus que 20°. — Après 30 heures de séjour, ce moût accusait un accroissement de 1° de température, et ce n'est qu'après 38 heures de séjour que la fermentation s'est déclarée. Notons en passant que cette fermentation n'a duré que 66 heures seulement, très silencieuse jusqu'à ce que le liquide ne marqua plus que 0°. La couleur de ce vin était franche, son bouquet bien relevé et sa limpidité parfaite.

Pour terminer, empressons-nous de dire que, dans la première expérience, l'adduction d'eau avait fait perdre au moût près d'un demi-degré d'alcool.

---

§ 3. — Hangar rafraîchisseur.

Toutes ces considérations nous amènent à parler tout naturellement du hangar rafraîchisseur.

Soit qu'ils s'occupent de créer un chai, soit qu'ils l'aient déjà fait construire, les propriétaires devront disposer un hangar couvert, à proximité de la cuverie, de façon à ce que le dépôt des vendanges puisse en sortir facilement et se verser librement dans les fouloirs.

Sa construction — des plus simples — peut être faite dans le genre de celle des hangars à tabac, avec cette différence toutefois que les parois seront étanches à volonté à la chaleur extérieure. La couverture sera également rendue étanche par un coffrage en planche.

Le hangar rafraîchisseur doit être muni d'un plancher à claire-voie afin que l'air froid, projeté par le réfrigérant pulvérisateur puisse pénétrer et parcourir les environs des paniers ou corbeilles remplis de raisin.

Le point important réside dans la hauteur qui doit être réglée de façon à ce que le plancher à claire-voie soit posé de niveau avec les orifices des cuves ou amphores ; on pourra alors, par un petit chemin de fer système Decauville ou tout autre, disposé en regard de ces orifices, diriger au fur et à mesure la vendange chaque fois qu'elle arrive et la verser dans la trémie du fouloir en fonction.

§ 4. — Organisation et manœuvre.

Une condition indispensable pour l'emploi du hangar rafraîchisseur, c'est de posséder un nombre suffisant de paniers et corbeilles à vendanges, dont nous avons déjà parlé à ce chapitre.

Cette quantité est proportionnelle à la surface à vendanger, mais surtout au nombre que l'on veut mettre en réserve pour passer la nuit en repos ; on estime qu'il en faut au moins le double de ce que l'on peut avoir besoin pour vendanger une journée entière.

Lorsque les corbeilles pleines seront disposées sous le hangar rafraîchisseur, on les arrosera avec 2 à 3 0/0 d'eau fraîche pour passer la nuit ; la vendange ainsi rafraîchie peut rester jusqu'à 30 heures sans s'altérer. — Cependant, lorsque le service est bien organisé, les raisins coupés l'après-midi sont rafraîchis à point le lendemain matin dès la première heure.

Il est à remarquer aussi, qu'indépendemment de ce refroidissement dont nous avons démontré toute la nécessité, que le repos même du raisin facilitait l'égrappage, manutention qui a pour objectif de débarrasser d'une notable quantité de tous les sucs âcres que contiennent les pellicules, les pédoncules et les pédicelles, organes dans lesquels il se produit un complément de maturation et dont l'élimination s'impose au profit des éléments sucrés qui ajoutent à la qualité du vin.

---

(1) Nous croyons utile de citer, à titre documentaire, les renseignements suivants que donne sur l'égrappage M. le Dr Guyot dans son *Traité de Vinification*:

Soit qu'on ait recours au pressoir ou à la cuve, soit qu'on veuille obtenir des vins blancs, roses ou rouges, il est une opération préalable et commune à tous les vins ; cette opération est l'égrappage.

L'égrappage consiste dans la séparation des grains du raisin de la queue qui les porte

Rappelons que l'emploi des paniers et des corbeilles garnis de toile huilée à l'intérieur est certainement préférable à celui des comportes métalliques et même des comportes en bois qui nécessitent des réparations fréquentes et qui ne se laissent pas traverser par l'air libre ; Les paniers tiennent peu de place ; en les superposant par couches séparées par des planches, on peut loger 13,600 kilos de raisin, soit le produit d'une journée de vendange sur une surface de 100 m. carrés.

Encore quelques observations qui, sans doute, seraient venues d'elles-mêmes à l'esprit de nos lecteurs après tout ce que nous avons dit sur ce sujet, mais que, cependant, nous ne voulons pas omettre, tenant par dessus tout à fournir des renseignements pratiques, nets et complets :

1° Il faut de toute nécessité entretenir, soit par *l'établissement d'une ventilation artificielle*, soit par tout autre moyen, une *aération constante*, de jour et de nuit, autour du raisin qui a été mis à rafraîchir et à reposer ;

2° Pour ce rafraîchissement, l'exposition de la nuit, sous le hangar rafraîchisseur, est largement suffisante ;

c'est-à-dire de leurs pédicelles et de leur pédoncule ; on opère cette séparation pour le foulage, le pressurage ou la cuvaison.

Influence de la rafle sur la qualité du vin. — On appelle *rafle* le pédoncule ramifié de la grappe, devenu entièrement ligneux si le raisin est parfaitement mûr, demeuré vert si la maturité est imparfaite.

La rafle, si elle est conservée au pressurage ou si elle participe à la cuvaison, ne peut céder au moût et au vin qu'un principe astringent, dont la base principale est le tanin ; ce principe est utile dans les vins blancs chargés d'albumine, il est même employé comme remède efficace contre la maladie des vins blancs qu'on appelle la *graisse* ; il n'est ni nuisible à l'estomac ni désagréable au goût, s'il est en faible proportion dans le vin blanc ou dans le vin rouge : il donne d'ailleurs du corps au vin et n'est pas étranger à sa fermeté et à son bon goût ; mais si ce principe contient du tanin en excès, le vin est dur, acerbe, astringent, désagréable au goût et lourd à l'estomac.

L'observation et l'expérience ont également constaté, dans presque tous les vignobles, les avantages et les inconvénients de l'association de la rafle aux opérations de la vinification : aussi la moitié des vignobles de France repousse l'égrappage, et l'autre moitié le pratique avec soin ; cette divergence d'opinion et d'action ne se manifeste pas seulement dans des régions opposées et à l'égard de vins essentiellement différents, elle existe dans le même département, le même arrondissement, dans la même commune, et chacun y garde sa façon d'opérer et se félicite de ses résultats ; je citerai, comme exemple de cette confusion, la haute Champagne, le département de la Marne, où on produit le vin le plus uniforme de tous, le vin mousseux.

Cela prouve que l'opération de l'égrappage ne touche pas essentiellement aux bases fondamentales de la vinification, et j'en suis, pour ma part, profondément convaincu.

Influence des pepins et des pellicules sur la qualité du vin. — La rafle est moins nuisible à la qualité des vins que les pepins et les pellicules, qui contiennent des huiles grasses et des matières albumineuses en excès ; les pepins surtout contiennent les éléments les plus nuisibles à la délicatesse et à la santé des vins dans lesquels ils ont longtemps macéré. L'épepinage, pour les vins rouges, est beaucoup plus important que l'égrappage.

Cas où l'égrappage est utile. — Pour les vignobles à vins durs, astringents, forts en alcool et d'une longue durée, l'égrappage est utile et même nécessaire ; il est nuisible pour les vins légers, d'une faible durée et d'une mollesse reconnue ; pour les vins blancs

3° L'exposition sur l'emplacement même du foulage peut occasionner des accidents lorsque les cuves sont ouvertes et en fermentation, c'est un mauvais voisinage pour la chaleur qui se dégage ;

4° On peut obtenir un abaissement rapide et considérable de température en disposant à chaque extrémité du hangar rafraîchisseur une bouche d'un ventilateur à pulvérisation humide, actionné par un moteur quelconque (voir chapitre *aération*).

Voici le prix de revient du rafraîchissement et du repos, pendant l'après-midi et la nuit, *avec le concours de ventilation*, d'une vendange estimée à 13,600 kilos de raisin :

Manutention supplémentaire de la vendange, 1 journée à 2 fr. 50 .	2	50
Intérêt du capital hangar, ustensiles divers, 8 % sur 1,800 fr. . .	7	88
Ventilation réfrigérante	3	50
Frais généraux, 12 % sur 13,88.	1	66
TOTAL. . . .	15	54

soit une dépense supplémentaire de 0,11,42 par 100 kilos de raisin ou environ 0,16 cent. par hectolitre de vin.

qui subissent immédiatement l'action de la presse et dont les jus ne macèrent ni avec la rafle, ni avec la pellicule, ni avec les pepins, l'égrappage est à peu près indifférent, puisque la rafle, qui certainement résiste à l'action du pressoir, n'a pas le temps de céder au moût son tannin sous l'influence de la macération. C'est là, pour les vins blancs délicats et légers, une cause de faiblesse et de maladie à laquelle on pourrait remédier en suspendant des rafles dans un sachet au milieu des moûts en fermentation après le pressurage, on éviterait ainsi l'obligation où l'on se trouve souvent plus tard de rendre à ces vins du tanin extrait de la noix de galle pour précipiter leur excès d'albumine.

Quoi qu'il en soit, l'égrappage est une opération des plus faciles et des plus rapides à exécuter : elle est presque toujours accompagnée ou suivie du foulage et de l'écrasement des grains.

Cependant, le Dr Guyot ajoute :

Inutilité de l'égrappage pour faire les vins de cuves. — Pour faire les vins rosés, les vins rouges et les vins de macération, qu'on peut appeler vins bleus ou noirs, l'égrappage n'est point indispensable ; si les raisins sont fins et délicats, comme ceux du haut Médoc dans le Bordelais, de Clos-Vougeot en Bourgogne, de Bouzy en Champagne, l'égrappage les prive d'une certaine action tonique sur les muqueuses de la bouche, action qui fait valoir au goût et à l'odorat la vinosité et le bouquet de ces vins en les fixant pour ainsi dire aux organes, comme l'alun fixe les couleurs aux tissus. Si, au contraire, les raisins sont plats de jus et chargés de couleur, comme le Gamai, l'Orléans, le Gouais, etc., le tanin de la rafle leur est indispensable pour déguiser leur pauvreté vineuse. Si enfin les raisins sont surchargés de tous les principes d'une vinosité, d'une couleur et d'une astringence en excès, comme ceux que donnent les vins rouges du Roussillon, du Cher, du Rhône et généralement des vins rouges du Midi, la suppression de la rafle dans leur fermentation ou leur macération n'ajouterait rien, absolument rien, à leurs qualités, et je suis même convaincu que les qualités de la rafle y feraient défaut. La rafle est le plus sain et le plus inoffensif des accessoires du jus du raisin ; et si la fermentation et la macération doivent réellement extraire des accessoires du raisin des substances favorables à la dégustation, à la digestion et aux forces musculaires et nerveuses de l'organisation, c'est à la rafle qu'elles les emprunteront plutôt qu'aux huiles grasses, à l'amidon et à l'albumine des pepins et des pellicules d'enveloppe ; le pepin est surtout dangereux, c'est l'œuf de la vigne, renfermant tous les éléments putrides.

Cette dépense est relativement faible en comparaison des résultats rémunérateurs que peut produire à la vente un produit bien fait et bien réussi.

---

§ 5. — Installation de la ventilation réfrigérante.

De tous les moyens employés pour produire le froid à l'air libre et à bon marché, le meilleur est encore la ventilation humide.

L'installation de ce système réside dans l'emploi d'un moteur, soit à vapeur, soit au pétrole, ou encore d'un manège, actionnant un ventilateur Farcot à hélice ou de tout autre système. Un réservoir d'eau est disposé au-dessus de la conduite d'air, afin de permettre au courant de s'humecter au passage dessous cette bâche remplie d'eau. Cette eau descend par un robinet automatique réglé lui-même par le mouvement du moteur, de sorte que chaque fois que la machine fonctionne, l'eau s'écoule dans un distributeur qui la laisse tomber en nuages, tel qu'un brouillard ; l'air, à son passage rapide sur cette buée humide, se refroidit au point de descendre jusqu'à 12° centigrades à sa sortie.

L'organisation de cette ventilation réfrigérante ne se borne pas seulement au refroidissement des vendanges ; elle servira plus tard, comme nous aurons l'occasion de le voir, pour refroidir le moût en fermentation, et le moteur lui-même actionnera les transmissions des fouloirs, des pompes et autres accessoires.

TROISIÈME CHAPITRE

FOULAGE DU RAISIN

SOMMAIRE:

Du foulage du raisin et de ses résultats. — Divers modes de foulage. — Foulage mécanique par manège ou machine à vapeur. — Prix de revient respectifs. — Foulage-égrappage. — Outillage mécanique employé. — Observations générales.

FOULAGE DU RAISIN

§ 1. — **Du foulage et de ses effets.**

Le foulage a pour but d'écraser les raisins sans les froisser outre mesure, c'est-à-dire sans broyer pêle-mêle les pellicules, la pulpe et les pepins, en se bornant à mettre à nu le dessous de la pellicule pour en faciliter la désagrégation et en même temps la décomposition.

Le foulage, autrefois, se pratiquait en écrasant les raisins sous les pieds. Des ouvriers fouleurs s'installaient pieds nus dans les cuves, préférablement même dans une sorte de pétrin en bois, terminé à une de ses extrémités par un couloir muni d'une vanne mobile ; aussitôt le raisin suffisamment écrasé, on levait cette vanne et la masse, tant liquide que solide, se déversait dans un récipient *ad hoc*.

Cette ancienne méthode, qui n'est pas sans inspirer des répugnances légitimes aux délicats, est encore en usage dans quelques exploitations, principalement en Espagne, en Portugal et en Italie. A cet usage, il est construit, dans un angle de la cave, une véritable plate-forme en maçonnerie, légèrement inclinée et cimentée à son extérieur ; c'est là qu'est foulée la vendange et, après cette opération, le moût s'écoule vers l'orifice de la cuve ; les marcs sont ensuite à nouveau refoulés. « Cette deuxième opération, prétendent les viticulteurs espagnols, contribue à augmenter la couleur du vin et active la durée de la fermentation. »

En Europe et en Algérie, avons-nous dit plus haut, on opère encore, dans quelques exploitations seulement, le foulage aux pieds, en ayant soin de déposer au fond de la maie un faux-fond à claire-voie mobile qui se lève à chaque opération. Ce faux-fond est façonné de tringles étroites réunies aux intervalles sur d'autres tringles-traverses pour les maintenir.

Le foulage des raisins s'opère en les versant par couche dans la maie, puis en les soumettant à l'action des pieds des fouleurs. En Algérie comme en Tunisie, les ouvriers fouleurs sont des indigènes ; empressons-nous d'ajouter qu'on exige d'eux qu'ils lavent leurs pieds chaque fois qu'ils reprennent le travail.

Dans une journée de travail ordinaire, 8 fouleurs et porteurs écraseront sans fatigue 13,600 kilos de raisin, soit 0,16,04 les 100 kil., ou 0,24 cent. par hectolitre de vin fait.

Prix de revient du foulage aux pieds de 13,600 kilogs de raisin
soit dans un pétrin, soit sur plate-forme

Huit journées ouvriers fouleurs et porteurs à 2 fr. 50 . . . . . 20 f. 00
Frais généraux, 12 %   2   40

TOTAL. .   22   40

Depuis quelques années, on construit des cuves cylindriques en céramique, fermées à la partie supérieure et munies de trappes à vendanges ; la plate-forme est, en outre, organisée de façon à faciliter le foulage du raisin sous l'action du piétinement.

OPÉRATION. — Le raisin est déposé sur une plate-forme en ayant soin toutefois de fermer l'orifice avec la trappe en bois, facile à soulever lorsque cela est nécessaire ; on procède ensuite à l'écrasement du raisin, et quand on suppose la vendange suffisamment pétrie, on lève la trappe et le moût s'écoule dans la cuve. Les marcs sont encore réduits en un volume plus dense et plus compact, et versés dans le récipient. — On continue ainsi jusqu'à ce que la cuve soit pleine.

La cuve dont il s'agit se construit aussi sans plate-forme, ainsi qu'on le verra plus loin. M. Félix, notaire et viticulteur à Saint-Cloud (Algérie), nous a prié de lui construire 20 cuves ouvertes (voir *Cuve en céramique ouverte*, chapitre *Cuverie*). Ce système est déjà pratiqué dans plusieurs exploitations que nous avons organisées.

Cette disposition réalise une certaine économie sur le pétrin ou maie à fouler, en raison de la commodité qu'elle procure dans cette manutention.

Lorsque l'on foule la vendange, le moût s'écoule au travers des intervalles des tringles de 5 à 6 millim. qui forment assemblage sur la plate-forme et, quand on veut faire descendre les marcs, il suffit de lever un panneau à grillage pour laisser passer ces marcs fraîchement piétinés.

Aussitôt que la cuve est pleine, on régale bien la surface de la masse, puis on soutire 5 à 6 hectolitres de moût, opération qui permet de pouvoir placer le grillage au-dessous des taquets ; puis on reverse avec la pompe le liquide soutiré, ce qui complète la mise en train de la cuve ; le chapeau, dès lors, est submergé.

§ 2. — Foulage mécanique.

L'industrie française fabrique aujourd'hui des appareils que l'on désigne sous la dénomination de *Fouloirs mécaniques* pouvant remplacer, à tous les points de vue, le piétinement de l'homme comme hygiène, propreté et surtout comme bonne exécution du travail.

Rappelons brièvement que la tâche à remplir, dans ce cas, consiste à fouler le raisin doucement et rapidement :

1° Doucement, pour ne pas briser les pédoncules et les pédicelles des rafles ainsi que les pepins, dont la trituration trop accentuée communiquerait au vin une certaine âpreté et une amertume détestable, surtout en Afrique où les rafles conservent longtemps leur verdeur ;

2° Rapidement, pour éviter les complications d'encombrement, quelquefois onéreuses que la lenteur de l'opération pourrait entraîner, surtout sous notre climat.

Le foulage mécanique, exécuté suivant les indications que comporte cet outillage, répond, aussi bien que le foulage aux pieds, au double objectif que nous venons d'indiquer : *Célérité et ménagement.*

§ 3. — **Appareils mécaniques pour fouler les raisins.**

M. Mabille Frères ont construit un fouloir mécanique assez puissant pour fouler 25 à 30 quintaux métriques de raisin à l'heure — et même plus — à l'aide de deux hommes tourneurs.

L'appareil se compose de deux cylindres en fonte dont les cannelures sont obliques, ce qui permet de déchirer convenablement le raisin sans broyer pêle-mêle les pepins, la peau et la pulpe ; sur un des axes est disposée une manivelle fixée à un volant ; le tout est monté sur un bâtis en bois mobile qui, pour le grand modèle, roule sur quatre petites roues en fonte.

Indépendamment de ce modèle, cet habile constructeur construit, pour les petites exploitations, un fouloir plus petit (fig. 255) qu'un seul homme peut faire mouvoir facilement et qui écrase de 10 à 15 quintaux métriques de raisin à l'heure.

Pour régler l'écartement des cylindres de ces fouloirs, le constructeur a eu le soin de disposer sur les paliers des vis de rappel ; de la sorte, il est facile de presser fortement, comme il le faut dans certains cas où les raisins ont la pellicule très dure et qu'ils contiennent beaucoup de grains encore verts. Si au contraire, on veut déchirer le grain sans le triturer (comme c'est la règle ordinaire), il suffit de laisser entre les cylindres un écart plus grand.

L'alimentation du fouloir se fait en versant un panier de 30 à 40 kilos de raisin à la fois dans la trémie ; on attend qu'il soit à peu près épuisé pour en mettre un autre. Si on chargeait trop la trémie, la masse pressée par le poids empêcherait les cylindres d'entraîner les grappes.

Les frais de foulage du raisin sont peu variables, tant qu'ils sont basés sur une main-d'œuvre indigène assez au courant de ce travail ; mais dans les contrées où cette main-d'œuvre fait défaut, ils sont naturellement subordonnés aux fluctuations du prix de la main-d'œuvre intermittente qui, au moment des vendanges, peut varier de 2 à 3 francs par unité d'ouvrier et par journée. Les ouvriers préposés au fouloir sont généralement choisis parmi les plus robustes et les plus forts ; ils sont payés 50 centimes par jour de plus que les autres.

Fig 255. — Fouloir mécanique ordinaire, système Mabille Frères.

Nous donnons ci-dessous le résumé d'une moyenne de plusieurs prix de revient du foulage mécanique exécuté pendant quatre années ; ces prix sont basés sur une bonne main-d'œuvre indigène, soit de kabyles, soit de marocains ou d'arabes.

Prix de revient du foulage mécanique exécuté à bras d'homme :

Cinq journées d'ouvriers tourneurs ou porteurs à 3 f	15 f. 00
Intérêt du matériel 300 fr. (20 jours) à 8 %	1 20
Frais généraux sur 15, 12 %	1 80
Total . .	18 00

Dans une journée de manutention, on peut, sans aucune fatigue, écraser ou fouler 13,600 kilos de raisin, soit 0,13,38 centimes les 100 kil. ou encore 0 fr. 20 par hectolitre de vin.

Dans les exploitations viticoles encore plus importantes, où les rendements sont plus considérables, il faut avoir recours à des moyens plus expéditifs. Voici, dans ce cas, le système le plus perfectionné que nous conseillons.

Etant donnée une cuverie comme celle indiquée dans notre figure représentant le chai, nous installons contre les murs où sont adossées les amphores, à une certaine hauteur, une série de chaises en fonte armées de paliers-coussinets qui supportent une longue transmission commandant toute la longueur de la rangée de cuves amphores. En face de chaque récipient, sur cette transmission, est ajustée une poulie de commande pouvant agir sur le fouloir placé en face du regard de la cuve amphore.

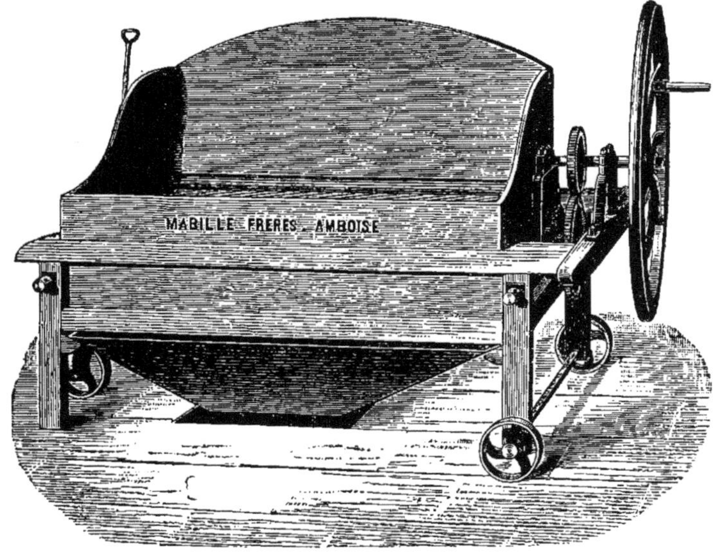

Fig. 256. — Grand fouloir à vendanges, système Mabille Frères.

Le ou les fouloirs se placent là où les cuves amphores doivent recevoir la vendange : le foulage s'exécute ainsi à peu de frais. Rappelons qu'à cette époque, dans les exploitations viticoles, il y a toujours des animaux de traits inoccupés qui peuvent être utilisés à la traction circulaire d'un manège ; voici quel serait le prix de rev'ent du foulage mécanique exécuté de cette dernière façon :

Six heures de 1 mulet fort à 2 f.	1 f. 20
Une demi-journée de 4 porteurs, etc., à 3 f.	6 00
Intérêt du matériel, 1000 f. (10 jours) à 8 %	5 00
Frais généraux sur 7,20 à 12 %	0 86
TOTAL. .	13 06

Nous trouvons donc que, pour fouler 13,600 kilos de raisin, la dépense ne sera que de 0,09,60 centimes par 100 kilos de raisin, ou 0,14 à 0,15 centimes par hectolitre de vin produit.

Dans une exploitation importante, on peut encore obtenir une réduction sur cette dépense, si on se sert d'un moteur à vapeur, ou même à pétrole. Il est peu de fermes, en effet, qui n'aient leur moteur à vapeur, soit pour les battages, soit pour la préparation des aliments des animaux, et les locomobiles de nouvelle construction sont assez économiques ; elles consomment très peu de combustible et sont, par suite, recherchées à cause de leur économie. On peut ainsi agir sur la vendange avec un ou plusieurs fouloirs actionnés par une machine à vapeur de 4 à 5 chevaux qui, de plus, servira aux autres usages, soit des soutirages, soit de l'aération réfrigérante des moûts, ainsi que de celui des locaux contenant tous les récipients vinaires.

La force nécessaire pour faire mouvoir un grand fouloir, avec toute la rapidité voulue, est d'environ un cheval vapeur et un cheval et demi pour un fouloir égrappoir double à grand travail.

Trois heures de chauffeur à 0,50	1 f. 50
Charbon (3 heures) valeur 1 cheval 50 × 4 k. à 5 f. les 100 k .	0 90
Une journée 3/4 de porteur à 3 fr.	5 25
Intérêt du matériel 7000 fr.	1 31
Frais généraux sur 7 f. 65 à 12 %	0 92
Total . .	9 88

Cette dépense s'élève donc à 9 fr. 88 pour le foulage de 13,600 kilogs de raisin, soit 0,07,26 centimes par 100 kilos, ou 0,11 à 12 centimes par hectolitre de vin fait.

Comme on le voit, le foulage mécanique, animé par voie du moteur à vapeur, revient à plus bas prix que ceux exécutés, soit à bras d'homme, soit même par le manége.

Remarques. — 1° Dans une installation bien comprise telle que celle que nous avons étudiée (et reproduite en partie dans notre dessin de chai), le fouloir, quel qu'il soit, doit être posé sur deux rails vignoles assemblés en ligne au-dessus des orifices des récipients, disposition qui permet de le faire circuler sur tous les points où il est nécessaire.

2° Rien de plus simple, pour amener la vendange au-dessus de la trémie ; si on ne le fait à bras d'homme, il suffit d'établir un rail suspendu à une certaine hauteur au-dessus de l'axe des récipients, de façon à ce que les corbeilles ou paniers, accrochés à une roulette ou galet à gorge mobile, viennent se déverser l'un après l'autre dans la trémie et, une fois vides, ils poursuivent leur chemin sur le rail pour sortir à l'autre extrémité et être remises sur la charrette de retour à la vigne.

Deux hommes suffisent au fouloir pour le service, tant est facile le basculement de la corbeille ; il résulte de ce chef une notable économie de 25 à 35 % sur la main-d'œuvre générale.

En résumé, une installation semblable est peu coûteuse et produit, par sa simplicité et sa facilité même, un travail régulier, propre et une grande économie de temps et d'argent.

§ 4. — **Egrappage du raisin.**

Les auteurs — qui ont écrit sur la vigne et le vin — ne sont guère d'accord sur le mode de foulage ; les uns préconisent le foulage pur et simple sans égrappage ; d'autres, au contraire, recommandent cet égrappage du raisin.

Suivant les lieux, les circonstances et la nature des cépages, chacun de ces auteurs a respectivement raison, en ce qui touche les vignobles de France.

Mais, en Algérie et en Tunisie, l'égrappage du raisin n'a pas encore été pratiqué sur une large échelle ; cependant, on peut dire d'ores et déjà que, d'après les expériences faites, ce mode est appelé à jouer un rôle très important dans la vinification future de notre colonie.

On a cru longtemps que la grappe (pédoncule) possédait une somme de tanin assez importante pour lui permettre d'en fournir surabondamment au vin ; c'est là une erreur qu'a relevée M. Vergnette-Lamotte [1].

Nous avons nous-même constaté, à plusieurs reprises, que le vin obtenu de raisins non égrappés était plus âpre et plus dur au palais que celui provenant de raisins égrappés. La cause principale de cette âpreté ne vient point de la présence du tanin, mais bien des sucs provenant de la rupture du pédoncule qui reste vert, même après la complète maturité du grain.

Le mauvais goût communiqué au vin par les rafles restées encore vertes, persiste plusieurs années et finit même par le rendre impropre à la consommation.

M. Xavier Bordet, dès 1874, se prononçait déjà pour l'égrappage en Algérie : « Les vins faits avec des raisins égrappés ont été toujours supérieurs chez lui, aux vins cuvés avec la grappe, de meilleure conservation, et dépourvus de goût de terroir. »

Le même auteur que nous avons suivi dans ses expériences dit aussi que :

1° Les raisins égrappés occupent un tiers de moins de place dans les cuves ; 2° Les vins de presse valent autant que les vins de goutte ; 3° Le vin se fait plus vite et est bon à boire dès le mois d'octobre.

Nous avons également constaté que les vins de raisin américain égrappés ou tirés en blanc perdent une notable partie de leur goût foxé et deviennent buvables.

---

[1] Vergnette-Lamothe, *loc. cit.*, page 351.

M. Robinet a constaté que les raisins rouges, faits en blanc, donnent des vins plus riches en alcool que ceux qui fermentent avec la grappe, et que le raisin égrappé fournit un vin intermédiaire, au point de vue alcoolique, entre le vin blanc et celui provenant du raisin non égrappé.

Nous donnons ci-dessous le résumé des intéressantes expériences de M. Robinet (d'Epernay) :

300 kilogr. de raisin noir dit *vert doré*, plant fin de la Champagne, furent fractionnés en trois parties :

    100 kilog. ont été pressurés en blanc ;
    100 — ont été écrasés et faits en rouge ;
    100 — ont été égrappés et faits en rouge ;

Les vins une fois faits, on procéda au dosage de leur alcool, et ils donnaient respectivement :

    Le vin blanc . . . . 9° 7 d'alcool.
    Le vin rouge. . . . . 8° 9 d'alcool.
    Le vin rouge égrappé . . . . 9° 5 d'alcool.

Ces expériences ont été répétées par nous-même ; elles ont donné des résultats exactement semblables.

Voici une autre expérience de M. Robinet :

    100 kilos de raisin blanc ont été écrasés avec la rafle et mis en fermentation ;
    100 kilos du même raisin ont été pressurés en blanc et séparés des rafles (ou marcs).

Après fermentation, on obtint :

    Pour le raisin fermenté avec le marc. . . . . 8°5 d'alcool.
    — séparé du marc. . . . . 9°6 —

D'une façon générale, le pédoncule de la grappe, dans notre colonie, reste vert après la maturité du raisin ; l'égrappage devient par conséquent nécessaire dans ce cas. Cette opération devient encore plus obligatoire à la suite d'un siroco violent qui arrête, pendant 10 à 12 jours, l'évolution saccharine, en laissant subsister des acides libres, mal définis, et une sorte de verdeur désagréable dans le pédoncule.

Dès 1867, quelques expériences d'égrappage nous ont fourni de bons résultats, comparativement au non égrappage, et ce n'est qu'à partir de 1878 que nous avons égrappé pratiquement avec l'appareil égrappoir alternatif, système La Loyère et Gaillot, de Baune.

C'est instrument se compose d'une sorte de civière concentrique armée de dents métalliques fixes ; au-dessus circule une claie mobile, également armée de dents semblables ; la grappe, saisie entre les deux jeux de dents, est rapidement dépouillée de ses grains par cette sorte de peigne. L'appareil fonctionne à l'aide de deux poignées de fer placées de chaque côté de la trémie, qui servent à créer le jeu de va-et-vient de la claie mobile.

Mais l'égrappoir de M. La Loyère a été supplanté, quelques années après par un système encore plus automatique et d'une production plus rapide et plus grande.

Le nouvel appareil se compose de deux instruments réunis en un seul :

1° Le fouloir-égrappoir n'est autre que la réunion de deux cylindres en fonte, cannelés, montés sur un bâtis, et munis d'une trémie pour recevoir le raisin ; cet assemblage est le même que celui des fouloirs mécaniques. Les cylindres reçoivent leur mouvement de rotation par un engrenage fixé sur un arbre en fer terminé à une de ses extrémités par un volant armé d'une manivelle qui imprime le mouvement de rotation ; sur un rochet, fixé à l'arbre de l'un des cylindres, est disposée une chaine de galle ou à la Vaucanson qui met en mouvement un arbre en fer, muni de tiges fixées en hélice, tournant dans un cylindre en cuivre percé de trous pouvant laisser passer le moût et les grains de raisin plus ou moins écrasés. Il est monté sur trois roues pour être mis en place où l'appelle sa fonction.

Fig. 257. — Fouloir-égrappoir monté sur roue, système Mabille Frères.

Lorsque l'on verse les raisins dans la trémie supérieure, les cylindres écrasent ceux-ci qui descendent ensuite sur les ailettes héliçoïdes, puis les grains passent au travers les trous pendant que les rafles continuent à se dépouiller des dernières traces de pellicules.

Ce système (fig. 257) permet d'écraser le raisin, sans éclaboussure centrifuge du moût et les rafles sortent parfaitement nettoyées pendant que le moût tombe dans le récipient.

Il faut deux hommes robustes, qui se remplacent de cinq en cinq minutes, pour faire mouvoir cet appareil, à moins que l'on installe un manège ou tout autre moteur avec une transmission; comme nous l'avons dit maintes fois au cours de ce chapitre, ce dernier système serait de beaucoup plus économique.

Lorsqu'il s'agit du foulage-égrappage sur une cuve à grande ouverture, on emploit un appareil semblable, mais il n'est pas muni de trémie inférieur ni de portes; il se pose sur des madriers où sont fixés des galets en fonte roulant sur un chemin de fer.

Depuis nos expériences de 1878, nous ne cessons de préconiser l'égrappage des raisins à pédoncules verts, dans l'Afrique Française du nord, et tous les viticulteurs — qui ont appliqué cette méthode, d'après nos conseils — en ont été pleinement satisfaits.

Les vins résultant de l'égrappage sont beaucoup plus fins que ceux qui ont été faits avec les rafles et qui conservent toujours, par suite, une certaine dureté de jeunesse.

Ils s'associent, en outre, aux autres vins d'une façon immédiate et leur communiquent un goût très frais. Enfin ils peuvent être consommés après deux soutirages, c'est-à-dire en 75 jours après leur premier débourbage, tandis que ceux provenant d'une vendange non égrappée ne peuvent être livrés au commerce avant 7 ou 8 mois. Les vins qui proviennent de raisins égrappés ne possèdent pas seulement les qualités générales recherchées par les acheteurs; ils offrent de plus cet avantage que le commerce peut s'en servir comme vins-primeurs pour améliorer et rajeunir ceux des années précédentes.

Incorporés dans des vins *vieillardissant,* ils les rajeunissent sans les altérer; ils en rehaussent le ton, la fraîcheur, et leur communiquent le goût de fruits, dont les consommateurs sont si friands.

Si leur couleur est inférieure de 3 centièmes à ceux faits avec la grappe, ils sont plus riches en alcool et leur couleur est plus franche.

L'avenir des vins rouges africains dépend en grande partie aujourd'hui des soins que nous saurons donner à leur préparation, et nous plaçons l'égrappage au premier rang de ces précautions si nécessaires pour obtenir des vins réguliers, d'une bonne tenue et d'une qualité supérieure.

L'égrappage s'impose donc, en dépit de la routine, d'une *façon absolue* pour les raisins à rafles vertes, — comme ils le sont presque tous dans les vignobles d'Algérie.

Nous avons relevé et nous donnons ci-dessous les prix moyens de plusieurs opérations d'égrappages exécutés sous notre direction, entre autres à Guebar-bou-Aoun en 1886 et 1887:

Sept journées de tourneurs et porteurs à 3 f	21 f. 00
Intérêt du matériel 8 % sur 500 f. pendant 20 jours	2 00
Frais généraux, 21 f., 12 %	2 52
Total	25 52

Le foulage-égrappage de 13,600 kilos de raisin, exécuté pendant la journée, est de 0,18,75 les 100 kilos, soit de 0,26 à 0,27 centimes par hectolitre de vin produit.

Comme pour les autres foulages simples, exécutés à l'aide du manège mû par des animaux de trait, le prix de revient est encore inférieur.

Pour connaître ce prix de revient, il suffira, à ce sujet, de réunir les éléments qui font la base de cette étude et que voici :

Sept heures 23 de fort mulet à 2 f	1 f. 20
Trois journées et demie de porteurs, etc, à 3 f	10 50
Intérêt du matériel 8 % sur 1,200 (pendant 15 jours)	6 40
Frais généraux, 12 % sur 11,70.	1 40
Total. . .	19 50

L'opération de l'égrappage par manège revient à un prix encore moins élevé que celui fait par bras d'homme ; il s'élève à 0,14,3 les 100 kilos, soit de 0,22 à 0,23 centimes l'hectolitre de vin.

Ainsi qu'il a été déjà énuméré pour le foulage simple, le prix de revient par moteur est encore inférieur à celui obtenu par manège.

Le moteur à vapeur produit, non seulement une économie sur le travail, mais encore il accélère le rendement par sa puissance et sa régularité.

Comme nous l'avons déjà fait remarquer plus haut, le moteur à vapeur, dans une exploitation de certaine importance, peut servir en outre au monte-charge, etc. ; c'est donc un grand facteur, utilisable soit pour l'aération, soit encore pour toutes les opérations de soutirages, etc.

Prix de revient du foulage-égrappage mécanique par moteur à vapeur

Quatre heures de chauffeur à 6 f.	2 f. 00
Charbon 4 heures 2 ch. $\times$ 4 k . à 5 f.	1 60
Trois journées de porteur à 3 f.	9 00
Intérêt du matériel 8 % sur 7,000.	1 31
Frais généraux.	1 51
Total. . .	15 42

$\dfrac{15.42}{13.600} =$ 0,11,2 par 100 kilogr. de raisin, ce qui correspond à environ 0,17 à 0,18 cent. par hectolitre de vin produit.

OBSERVATIONS. — Lorsque les cylindres sont échauffés par une exposition prolongée au soleil ou simplement par le travail mal réglé, quels que soient les appareils employés, il faut interrompre momentanément l'opération, car le moût prendrait un mauvais goût qu'il communique au vin (goût de *chauffé*) que nous avons déjà signalé comme une tare fâcheuse. Il faut que les cylindres soient maintenus à une température assez basse.

— Le fouloir simple et le fouloir-égrappoir doivent être nettoyés tous les jours après le travail.

— Aussitôt que les vendanges seront terminées, ces appareils seront lavés et séchés soigneusement, pour être remisés à l'abri de toute humidité.

— On nous pardonnera ces détails ; c'est au prix de ces soins minutieux que nos cultivateurs arriveront à posséder une exploitation modèle, comme nous en connaissons déjà qui donnent dès maintenant des résultats largement rémunérateurs et qui assureront, avant peu d'années, une fortune à leurs propriétaires.

QUATRIÈME CHAPITRE

ÉTABLISSEMENT D'UN CHAI

SOMMAIRE:

De l'établissement d'un chai. — Description technique. — Devis de construction. — Matériel vinaire nécessaire à un chai bien aménagé.

ÉTABLISSEMENT D'UN CHAI

De l'établissement d'un chai. — Description technique. — Devis

de construction.

En Algérie comme en Tunisie, les viticulteurs construisent des caves ou chais, sans trop se rendre un compte exact des lois qui président à leurs fonctions. Chacun sait, cependant, qu'une des questions principales, après la fabrication du vin, est d'assurer sa conservation dans le cas où on ne pourrait le vendre pendant l'hiver. La routine prédomine malheureusement encore sur cette question, et chaque viticulteur construit sa cave où son chai à sa façon, sans se préoccuper si ce bâtiment, qui sert de refuge au vin, peut l'abriter sans l'altérer.

En Afrique, la température s'élève quelquefois pendant l'été à 60° au soleil par un temps de siroco ; on constate aussi que ces grandes chaleurs se manifestent surtout pendant les vendanges, car ce n'est qu'en novembre que la température ambiante commence à baisser. En général et en dehors de ces incidents naturels, la température solaire pendant les vendanges se maintient entre 34 à 38° dans la période de 11 heures à 1 heure de la journée et, par contre 20 % de moins à l'ombre. En dehors de la présence du siroco, les nuits sont assez fraîches ; en septembre, le thermomètre descend quelquefois à 17° au-dessus de zéro.

Ces écarts, par suite de variations subites, entraînent une sorte de perturbation qui peut certainement nuire en favorisant un travail de fermentation secondaire trop prononcé dans le vin, soit de l'année précédente, soit nouvellement fait.

Puisque l'on sait que l'état climatérique, pendant l'été et même au moment des vendanges, est plus chaud et plus variable qu'en Europe, pourquoi ne prendrait-on pas les mêmes précautions pour abriter les vins que l'homme prend les siennes pour soustraire le corps, soit au froid en se couvrant de vêtements, soit de la chaleur en recherchant l'ombre.

Il est parfaitement reconnu aujourd'hui *que, du moment où la température du chai s'élève au-dessus de 26° centigrades, le vin qui repose sur lie commence dès ce moment à perdre sa limpidité et, par suite, il se trouble tout à fait et refermente.*

Il ne peut y avoir aucun doute sur cette cause ; *les ferments secondaires* (principes azotés et autres) *se réveillent sous l'action d'une température favorable à leur développement.*

Le chai, quel qu'il soit, doit donc être entièrement étanche à la chaleur externe, afin d'éviter les perturbations que nous signalons, et il faut admettre en principe que la constance d'une température basse qui règne dans un chai, constitue le principal facteur des vins mis en conserve.

Personne n'ignore que, suivant l'élévation ou l'abaissement de la température, le vin contenu dans les récipients du chai augmente ou diminue de volume ; par suite, le vin d'un foudre complètement plein, placé dans le même endroit, se contractera si le thermomètre baisse et, par conséquent, diminue de volume et vice-versa.

Les inconvénients sont grands dans ces divers cas. Si, par exemple, un foudre est plein et que la température dépasse 26°, le vin augmentera de volume et, si on ne soutire pas sur le champ l'excédent, la lie sous cette pression, remontera infailliblement.

Nos études sur toutes ces questions nous ont conduit à rechercher les principes fondamentaux qui peuvent constituer tous les éléments d'un chai à température basse et constante ; et, d'après ces études, nous estimons qu'un chai, destiné à conserver les vins dans les pays chauds, repose sur les principes suivants :

1° Isolement aussi complet que possible de la chaleur ambiante extérieure ;

2° Isolement de la chaleur du sol qui tend à pénétrer par capillarité des molécules constituant cette masse où repose le bâtiment;

3° Aération constante avec de l'air rafraîchi, soit entre les doubles murs, soit à l'intérieur du chai ;

4° Enlèvement automatique de l'air échauffé des combles.

Ces dispositions toutes particulières, mises en pratique dans la construction d'un chai, permettront de produire une température basse et constante.

Doit-on faire, en Algérie comme en Tunisie, des caves ou des chais ? Telle est la question qui a été souvent discutée par quelques viticulteurs et que nous résumons en quelques lignes.

Les caves creusées dans le sol, que nous avons vu construire dans notre colonie et que nous avons souvent visitées, sont plus ou moins profondes. Elles varient de 2 à 5 mètres ; toutes, quelles que soient leurs formes et leurs dimensions, nous ont paru affectées de cryptogames engendrés par la chaleur humide du sol qui traverse les murs.

Ces champignons, en se décomposant, finissent par infecter la vaisselle vinaire en bois et, par suite, le vin qui séjourne dans ces locaux.

Par conséquent, le chai que nous indiquons est certainement le bâtiment le mieux approprié aux usages de la conservation du vin dans les pays chauds (fig. 258). Il se décompose de la façon suivante :

DESCRIPTION

1° La construction doit être dirigée, selon la situation, autant que possible, de l'Est à l'Ouest, c'est-à-dire que les deux faces longitudinales doivent regarder le Sud et le Nord ;

2° La première disposition, avant même de construire, est de planter des rideaux d'arbres de hautes futaies, à croissance rapide, par exemple l'eucalyptus red-gum, qui donne un bois bon pour la construction et l'ombre en même temps. Cette plantation doit représenter un cordon d'abri ayant au moins 6 rangées d'arbres autour de l'emplacement du chai ;

3° Etablir des fondations plus larges que profondes ;

4° Les murs en élévation (A) auront 0^m45 d'épaisseur, ils seront séparés par un intervalle de 0^m20 qui servira de matelas d'air (B) isolant. Ces murs seront réliés par des agrafes en fer ; l'épaisseur totale de ces gros murs isolants sera de 1^m10 ;

5° Les murs extérieurs (c) de la cuverie et de la cave au vin blanc auront 0^m50 d'épaisseur ;

6° Le carrelage (D) sera établi à 0^m20 au-dessus du niveau du sol, afin d'éviter l'humidité et de pouvoir recevoir, à un moment donné, l'air extérieur.

7° La charpente (E) sera aussi simple que possible. Les chais perfectionnés que nous construisons sont munis de tirants en fer (F) ; sous la charpente, on établit un coffrage (H) en planches placées sous les arbalétriers (G). Entre les tuiles et ce coffrage, on a fourré du crin végétal en assez grande quantité pour empêcher l'air chaud de le traverser. Le crin qui sert à cet emploi doit être trempé dans de l'eau salée, pour empêcher la combustion et favoriser en même temps le maintien de l'humidité pendant la nuit. L'effet isolant de cette disposition est parfait ;

8° Afin d'enlever l'air qui s'échauffe dans les combles, nous avons fixé sur un côté du poinçon un tuyau en tôle (I) que nous désignons sous le nom d'*aspirateur solaire*. Ce tube est soudé dans toutes ses jonctions, pour le rendre étanche à la pression atmosphérique ; son extérieur est peint avec une couleur noire mat. Mis en place, il fonctionne aussitôt. Lorsque la chaleur est en contact avec cet aspirateur, il s'échauffe, au point que l'air contenu dedans s'échappe vivement, pour faire place à un volume égal qui s'échauffe à son tour et ainsi de suite ;

9° L'air se renouvelle dans le chai en passant dans le canal d'air réfrigérant, situé à la base du matelas d'air ;

10° La vaisselle vinaire se compose d'une batterie d'amphores modernes en céramique (J) alignées dans la cuverie n° 1 ; ces cuves amphores sont spécialement affectées à la fermentation ou, pour s'exprimer autrement, à la fabrication des vins.

D'autres cuves amphores (K) sont placées dans l'intérieur du chai n° 2. Au milieu du carrelage, on a construit une citerne de débourbage (M) pour recevoir les vins à la suite de leur décuvage, comme le démontre la figure. Le vin s'écoule dans le tuyau (N) en caoutchouc pour se déverser dans la citerne.

Une rangée de foudres (L) est installée sur un des côtés du chai ;

11° Dans le chai n° 3, sont des foudres (O) superposés sur batis en fer à double T, comme ceux installés chez M. Varlet, à Chabat-el-Leham.

Les services des amphores et des foudres sont partout installés au moyen de planchers et balustrades (P) qui facilitent la circulation du personnel.

Dans la cuverie proprement dite, un plancher général (Q) est placé au-dessus des amphores, de façon à recevoir les paniers et comportes pour l'alimentation des cuves ;

12° Sur le plancher, en ligne des bouches d'amphores, on a installé un chemin de fer Decauville qui reçoit le fouloir ou, de préférence, le fouloir-égrappoir (R).

Le fouloir-égrappoir circule sur ce petit chemin de fer au fur et à mesure qu'il est nécessaire de le présenter en regard de chaque orifice d'amphore. Il reçoit son mouvement d'une transmission, animée elle-même par un moteur placé à l'extérieur ;

13° Une disposition spéciale permet de remiser, sous les amphores nouveau modèle, l'outillage nécessaire à un chai intelligemment compris, en raison du vide existant sous chaque appareil ; en outre, un tuyau (T), conduisant l'air froid, est aménagé pour l'aération réfrigérante pendant la fermentation ; au-dessus se trouve la coupe d'un tuyau qui sert pour les opérations du soutirage et du transvasement.

Les vendanges sont transportées, soit en wagons, soit en charrettes sur le chemin d'accès incliné qui conduit à la plate-forme, en face la galerie ou plancher n° 1 du foulage (U).

Tout, dans la construction de ce chai-modèle, a donc été calculé minutieusement, de façon à faire vite et bien, sans heurt ni perte de temps préjudiciable à tous les points de vue. La simplicité même de son installation, spécialement étudiée pour les pays chauds, comporte des avantages multiples qui ne sauraient échapper à l'attention de nos viticulteurs algériens.

Son prix de revient n'est pas trop élevé ; il se monte à 18,300 fr., ainsi que le démontre le devis-estimatif suivant, comprenant fouilles,

Fig. 258. — Chai à réfrigération à température constante. Système Leroux.

remblais, fondations, maçonnerie, carrelage, charpente, menuiserie, peinture, etc., en un mot la construction entière et complète d'un chai à température basse et constante, pour une exploitation viticole de 20 hectares environ de vigne en plein rapport.

Devis estimatif d'un chai à température basse et constante

pour une exploitation de 20 hectares.

DÉSIGNATION DES TRAVAUX	TOTAUX des UNITÉS	PRIX de L'UNITÉ	SOMMES totales
1º Fouilles et déblais	130	0.70	91 00
2º Remblais, régalage, damage et arrosage à l'eau de chaux, compris.	130	0.30	39 00
3º Fondation en béton, chaux hydraulique .	130	13.50	1.755 00
4º Maçonnerie en moëllons, mortier hydr. .	490	15.50	7.595 00
5º Maçonnerie en brique, mortier hydraul. .	12	40.00	480 00
6º Enduit au mortier hydraul.. 3 couches .	1.600	0.75	1.200 00
7º Blanchissage des enduits et de la toiture	2.100	0.13	273 00
8º Carrelage, forme béton, glacé au ciment	400	1.20	480 00
9º Jointoiement des maçonneries en briques	36	1.50	54 00
10º Charpente	18	110.00	1.980 00
11º Coffrage sous charpente.	450	2.75	1.237 50
12º Fers, tirants et agrafes	450	0.70	315 00
13º Fourrure en crin végétal.	450	1.00	450 00
14º Couverture en tuiles plates attachées . .	500	3.00	1.500 00
15º Menuiserie, portes d'entrée, porte à vendange, volets tout ferrés et mis en place ainsi que les croisées toutes vitrées et peintes	30	20.00	600.00
16º Pour faux-frais imprévus			250 50
Total			18.300.00

Sur ces prix, le propriétaire exploitant le sol peut encore faire une économie de 10 0/0, soit sur des transports faits par lui-même, soit qu'il trouve une partie des matériaux à portée de sa construction. — Disons que, pour construire un chai ordinaire de la même capacité, c'est-à-dire comprenant 4 murs, une couverture, la menuiserie nécessaires à ce genre de construction, on ne peut dépenser moins de 14,500 francs.

Comme on le voit, la différence sur le prix de revient n'est qu'insignifiante, relativement aux avantages que l'on recueille avec le système à température basse et constante.

Ajoutons, pour terminer, que — dans un chai comme celui que nous avons décrit — on peut loger plus de 3,000 hectolitres de vin, tant blancs que rouges.

Composition d'un matériel vinaire.

Un chai bien organisé comprend le matériel vinaire suivant, dont nous donnons la description sommaire :

1° La cuverie se composera, soit de cuves fermées en céramique de forme cylindrique, soit de cuves amphores mordernes ;

2° Un pressoir sera placé dans un espace réservé à cet usage, de façon à desservir commodément les cuves amphores ;

3° Le fouloir-égrappoir sera disposé sur le chemin de fer qui dessert les orifices des cuves amphores ;

4° Dans l'intérieur du chai, les vaissaux vinaires seront placés sur deux rangs : le premier rang comportera des cuves amphores pour mettre le vin en réserve, le second rang sera composé de foudres en bois ;

5° Deux pompes mobiles à vin seront mises à la disposition de la cuverie et du chai proprement dit. En outre, une pompe mue par un moteur pourra être placée, sur la longueur du bâtiment intérieur avec plusieurs branches pour opérer les soutirages ;

6° Dans l'appentis au sud, on organisera des futailles pour les vins blancs ;

7° Les outils nécessaires pour les manipulations du chai seront rangés par ordre et numérotés pour éviter la confusion dans les recherches. La tuyauterie, soit en caoutchouc, soit en toile, sera suspendue pour qu'elle se ressuie promptement.

CINQUIÈME CHAPITRE

DE LA CUVERIE

SOMMAIRE :

Cuverie usuelle. — Cuves en maçonnerie, de forme carrée. — Cuves en bois. — Foudres. — Cuves en céramique. — Cuves-amphores en treillis métalliques. — Cuve-amphore moderne ; sa description et son influence sur la marche de la fermentation. — Conséquences et procédés pratiques.

DE LA CUVERIE USUELLE

§ 1.— Généralité sur les principales cuves et foudres employés.

La forme et la matière même des vaisseaux vinaires destinés à la vinification varient à l'infini, suivant les localités et le goût des viticulteurs.

Dans les pays de vignobles *anciens*, ce sont les usages locaux, c'est la tradition trop souvent routinière, qui a imposé, et qui maintient, pour les appareils de vinage, des formes et des dispositions souvent condamnées par la science.

Dans les nouveaux pays vinicoles, comme l'Afrique Française du Nord, l'inexpérience domine encore et on s'empresse d'adopter, les yeux fermés, tel ou tel système recommandé par le premier venu. C'est ainsi que, d'une part des habitudes plus rationnelles et, d'autre part, l'inexpérience, ont seules présidé jusqu'à présent à la construction, à l'achat et à l'installation de la vaiselle vinaire.

Il est temps de procéder plus rationnellement. Nos producteurs d'Afrique ont intérêt à connaître à fond et d'une manière pratique, tout ce qui se rattache à cette question.

Aussi sommes-nous convaincu que les développements que nous donnons à ce chapitre et que les renseignements que nous prodiguerons, même au risque de nous répéter, leur seront de quelque utilité pratique.

Il faut donc passer en revue les différents systèmes de récipients qui sont en usage en Algérie et en Tunisie pour cuver le vin ; on peut les classer dans l'ordre suivant :

1° La cuve en pierre ou en maçonnerie de forme carrée, ouverte à sa partie supérieure ;

2° La même cuve fermée, soit en voûtes surbaissées, soit en voûtelettes ;

3° La cuve en bois, de forme cylindro-conique, ouverte à sa partie supérieure ;

4° La même cuve en bois, de forme cylindro-conique, fermée par un fond de même nature ;

5° Le foudre en bois ;

6° La cuve en céramique, de forme cylindrique, ouverte à sa partie supérieure ;

7° La même cuve fermée, en voûtelettes ;

8° La cuve amphore en treillis métallique, recouverte en ciment ;

9° La cuve amphore moderne, en céramique, fermée à sa partie supérieure ;

---

§ 2. — Cuve en pierre ou en maçonnerie de forme carrée ouverte à sa partie supérieure.

La cuve en maçonnerie de forme carrée et ouverte à sa partie supérieure est très répandue en Algérie et en Tunisie. Elle est généralement construite en moellons, revêtue à l'intérieur d'un enduit de ciment Portland, dont la surface, comme toutes celles de même nature, est imprégnée de fluo-silicate de magnésie ou autre ; elle est aussi quelquefois construite en briques. A première vue, elle semble économique dans sa construction.

Malheureusement, ce récipient ne peut servir qu'à un seul emploi, c'est-à-dire à *cuver le vin*. On ne saurait y conserver ce précieux liquide, puisqu'elle est ouverte à toutes les fluctuations atmosphériques.

En outre, par son mauvais principe de résistance, elle est sujette à se fendre dans les angles et à s'écrouler. Ces inconvénients sont cependant secondaires en présence de la grande déperdition d'alcool et de bouquet que subit le vin pendant les derniers jours de sa fermentation qui, souvent, dure plus de 7 à 8 jours ; d'où il ressort que le chapeau émergeant, le liquide s'aigrit assez rapidement et lui communique sa maladie.

Il suffit donc de quelques grappes de raisin foulé, émergeant le liquide déjà fermenté, pour qu'elles s'acétifient rapidement au contact d'une aération surabondante qui chasse la couche d'acide carbonique garantissant le liquide.

De ce qui a été dit au sujet de l'aération des moûts, il ne faudrait pourtant pas en déduire, comme règle absolue, que l'aération soit toujours bienfaisante pour le vin fait et qu'il faille exposer impunément ce liquide à son action pour croire qu'il soit à l'abri de toute immunité d'*acescence* ; au contraire, c'est précisément au moment où l'acide carbonique diminue et devient insuffisant pour contrebalancer l'air atmosphérique, que l'oxygénation s'exerce sur les matières alcoolisées et produit l'*aigre*.

Nous avons bien des fois constaté que la fermentation produite dans une cuve ouverte, en maçonnerie, était toujours plus tumultueuse à son centre que dans les angles, et que, prenant un échantillon à déguster par le milieu, il marquait 0° au pèse moût, tandis que celui, prélevé sur le liquide domicilié dans les angles, accusait encore 12 à 15 grammes de sucre par litre.

Si on considère qu'une cuve semblable ne peut servir qu'à un seul usage, c'est-à-dire à cuver, et qu'il faille se munir d'autres récipients fermés pour conserver le vin, on est surpris de voir si petit résultat pour si grande dépense qui se résume ainsi :

Une cuve carrée et ouverte de 100 hectolitres à 3 fr. 50. . .   350 fr.
Un foudre en bois de 100 hectolitres. . . . . à 9 fr. 00. . .   900

TOTAL . . 1.250 fr.

soit 12 fr. 50 par hectolitre, dépense beaucoup trop élevée, en raison de l'unique service que ce récipient est appelé à rendre.

D'autre part, si on tient compte de l'évaporation alcoolique et du bouquet, ainsi que toutes les autres pertes et risques occasionnés par les mêmes causes, telles que fermentations vicieuses, fermentation d'acide acétique, etc., il n'est pas douteux que le viticulteur prévoyant, suffisamment édifié, laisse de côté la cuve carrée ouverte pour adopter des modèles nouveaux, plus économiques et mieux appropriés au climat.

Un autre danger, non moins grand, est encore à signaler ; nous voulons rappeler les nombreux accidents qui arrivent chaque année au moment de la décuvaison des vins. On sait qu'après avoir décuvé, il faut enlever les marcs. A cet effet, un ou plusieurs ouvriers descendent dans la cuve ; les marcs, fraîchement débarrassés de leur vin, dégagent encore de grandes quantités d'acide carbonique, et, plus souvent encore, lorsque ces vins n'ont pas été complètement fermentés, cet acide à l'état gazeux encombre l'intérieur de la cuve. Il n'y a donc pas lieu d'être étonné des accidents nombreux qui se produisent à cette époque, car c'est dans ces funestes conditions que les ouvriers descendent dans la cuve chercher l'asphyxie et la mort.

D'autre part, ce genre de cuve, par sa construction, n'est pas toujours solide et résistant à l'épreuve ; chaque année on constate qu'une ou plusieurs se fendent dans les angles et, par suite, s'effondrent en perdant leur vin. Les rats, les souris et les gros insectes, tombant très souvent asphyxiés par le gaz et ne pouvant plus remonter, en raison des parois verticales et glissantes, se décomposent dans le liquide et produisent une infection dont il se ressent.

Pour terminer, il importe de remarquer que, dans une cuve ouverte, on ne peut laisser séjourner un liquide fermenté au-delà de 7 jours maximum, sans risquer, ainsi que nous l'avons dit, l'acescence de sa surface.

On peut croire à première vue que la cuve carrée en maçonnerie tient moins de place que la cuve cylindrique, cette opinion serait vraie, si l'épaisseur de ses murs n'était plus forte.

La cuve carrée en maçonnerie comporte des murs de 0,50 à 0,60 d'épaisseur, tandis que ceux qui constituent la cuve en céramique, n'en ont que 0,14.

------

§ 3. — Cuve en maçonnerie de forme carrée et fermée à sa partie supérieure.

La cuve fermée est certainement supérieure à la précédente dans ses effets d'utilisation, tant au point de vue de la commodité que de celui de la fermentation, mais elle est encore loin d'atteindre le but désiré.

Si le chapeau, par exemple, est moins sujet à s'aigrir que dans la cuve ouverte, cette dernière n'en reste pas moins impropre dans la régularité de la fermentation, à cause de sa forme angulaire. La solidité de ce genre de construction est plus forte que sa précédente, grâce aux armatures du plafond supérieur qui retient les murs verticaux contre la pression du liquide.

Le vin contenu dans ce récipient ne possède pas non plus une température régulière, en raison de ce que trois de ses côtés sont tantôt appuyés contre les murs de la cuve ou contre les cuves voisines, tandis que celui de devant est en contact seulement avec l'air ambiant ; le liquide n'est pas ainsi uniformément fermenté. Il résulte de ces diverses anomalies que le vin peut subir des fluctuations suivant l'état climatérique de l'atmosphère.

Aux cuves couvertes comme aux cuves fermées, on pratique quelquefois des portes de vidanges à la partie inférieure de devant ; ces dernières sont souvent toutes en fonte. Il résulte de cet agencement anormal, des vins qui deviennent noirs par leur contact avec le métal ; il se forme une espèce de tartrate de fer qui se dissout ensuite.

Pour obvier à cet inconvénient, on remplace ces portes par d'autres en bois, ajustées sur rondelles en caoutchouc collées dans une feuillure de fonte, noyée dans la maçonnerie. Cette amélioration, qui vient de notre initiative, a été spécialement calculée pour éviter ces désagréments.

------

§ 4. — Cuve en bois de forme cylindro-conique ouverte à sa partie supérieure.

La cuve cylindro-conique en bois est en usage dans toutes les régions du monde où on fait du vin.

Les inconvénients les plus remarquables et les plus saillants de cet appareil vinaire sont :

1° Le danger de voir le chapeau s'aigrir, comme dans la cuve ouverte en maçonnerie, sous l'action d'une aération trop prolongée, par suite d'une fermentation incomplète ;

2° L'inconvénient d'une évaporation trop grande, en raison de la surface considérable du liquide, partant et de là, une certaine perte d'alcool et de bouquet ;

3° La cuve en bois ouverte se dessèche vite et se disloque quelquefois, si on ne prend la précaution de resserrer ses cercles en fer ;

4° Les parois internes de la cuve en bois s'aigrissent facilement, malgré les lavages ; aussi des traces d'aigreur restent-elles encore souvent, jusqu'au moment des vendanges suivantes. De là, le vin fermenté dans un pareil récipient, est infailliblement contaminé d'acescence ;

5° Si la cuve reste humide, ou qu'elle soit placée dans un local humide, la moisissure s'y fixe et, dès lors, ce récipient communique son mauvais goût au vin de la prochaine vendange.

En résumé, ce genre de cuve (qui coûte au moins 5 francs l'hectolitre), n'empêche pas la nécessité d'y adjoindre un foudre pour contenir le vin, ce qui entraîne le viticulteur dans une grande dépense finale de :

Une cuve en bois de 100 hectolitres à 5 fr. . . . . 500 fr.
Un foudre   —   de 100   —   à 9 fr. 900

$$\text{Total} \quad . \ . \ 1.400 \text{ fr.}$$

soit une dépense de 14 francs par hectolitre de logement.

---

§ 5. — Cuve en bois, de forme cylindro-conique, fermée à sa partie supérieure.

La cuve en bois fermée, par les dispositions étanches de sa partie supérieure, est d'un emploi beaucoup plus pratique que celle dont l'orifice est ouvert ; mais, comme dans la précédente, la porosité du bois engendre l'acescence, lorsqu'il se produit un vide à la suite d'un soutirage, surtout si l'on n'a pas eu soin de sulfurer à temps en allumant une mèche à l'intérieur. D'un autre côté, le bois séchant aussitôt que la futaille est vide, les soins sont donc à peu près les mêmes que pour la cuve ouverte. Cet appareil réalise cependant une certaine économie sur le vase ouvert, puisqu'il sert à cuver et à mettre en réserve le vin fermenté. Un des inconvénients de cette cuve est encore la difficulté que l'on éprouve à placer des claies pour retenir les marcs, à cause du plafond supérieur qui est plat, à moins de laisser un vide assez grand pour permettre la pose de ces claies. Le nettoyage du plafond inférieur est difficile à cause de la foncure des douelles rectilignes qui en forment la base.

En résumé, la cuve en bois cylindro-conique fermée, dont le prix de revient, en bon bois, est de 7 fr. 50 l'hectolitre, porte en elle-même les défauts de sa sœur aînée. Ce vase doit donc céder la place aux appareils plus perfectionnés et plus appropriés à la viticulture algérienne, dont nous donnerons la description dans des chapitres ultérieurs.

§ 6. — **Foudre en bois, à trappe mobile.**

Le foudre en bois peut servir à deux fins, soit pour cuver le vin, soit pour le contenir quand il est fait ; il est généralement muni d'une trappe en bois, de forme carrée, dont les dimensions restreintes ne dépassent guère 25 centimètres de côté. Cette trappe est le plus souvent découpée dans les deux douelles supérieures, disposition qui forme un assemblage irrégulier et instable. Un seul exemple suffira pour corroborer cette assertion :

Lorsque l'on veut fixer la trappe dans son orifice, après le remplissage du récipient, elle ne peut y rentrer complètement, parce que l'humidité gonfle le bois ; il faut donc avoir recours à un mastiquage sur les bords de cette trappe. Cependant, malgré cette précaution, le gonflement s'accentue et le mastiquage se fendille et disparaît ; c'est alors que l'air pénètre par les fissures et occasionne l'acescence des parois humides du foudre et de la trappe. Ce n'est plus, dans ces conditions, qu'une question de temps pour contaminer toute la masse du vin.

On a cherché à remplacer la trappe en bois par une trappe en fonte montée sur un cercle de même métal ; mais, bientôt, l'expérience est venue démontrer tous les inconvénients de ce système qui se disjoint dans ses raccords avec le bois et qui, de plus, noircit le vin par son contact. Aussi, a-t-il été bien vite abandonné.

Le foudre en bois est non-seulement incommode par son orifice exigu et sa trappe manquant de stabilité dans sa nature, mais c'est encore sa forme bizarre qui ne répond nullement aux fonctions auxquelles on l'a destiné, en Algérie surtout ; car, on peut dire que la fermentation qui se produit dans le foudre n'est que rarement bien réussie, malgré tous les soins et toutes les précautions.

La forme du foudre ne peut, en effet, se prêter à une fermentation normale et complète avec des moûts très riches en sucre, en raison des difficultés à surmonter pour maintenir les marcs immergés dans le liquide, par ses formes hétéroclites.

Lorsqu'un foudre commence à fermenter, on voit les marcs s'élever peu à peu et arriver à la surface du liquide sans pouvoir même rester immergés sous le niveau du liquide ; quelquefois même, ces marcs obstruent l'orifice de la trappe et la fermentation devient bruyante et extra-tumultueuse. Le vin qui résulte de ce travail incomplet est moins coloré que celui qui fermente en contact parfait avec les marcs immergés, son dosage en alcool et tanin est faible, ce qui le prédispose à la *tourne*.

La fermentation, faite dans un foudre, dure toujours plus longtemps que celle faite dans un récipient à parois verticaux.

Le bois qui sert à la construction des foudres, en Algérie, est très souvent *taré*; on y remarque beaucoup de nœuds dont les cavités sont déjà altérées par la pourriture cryptogamique ou autre; aussi est-on obligé de les boucher avec un mastic dont la composition comprend, soit de la chaux grasse, soit de la chaux hydraulique fusée et du sang, plus ou moins corrompu, provenant de l'abattoir. — Ces foudres, dont l'intérieur est en majeure partie mastiqué avec cette composition malsaine et infecte, sont usuellement employés dans notre colonie, et on évalue à 65 º/o ceux qui sont aujourd'hui altérés parsuite de pourriture ou de moisissure, ou encore par les mauvais soinset l'aigreur.

J'ai quelquefois entendu dire par des colons indifférents, auxquels je faisais remarquer le triste état dans lequel se trouvaient leurs foudres : « *Le vin qui bout enlève le mauvais goût.* » Hélas ! ils auraient dû dire : *Que le vin qui fermente dans un récipient s'approprie toujours son goût, s'il en a un.*

Le foudre, tel qu'on le construit aujourd'hui, soit dans le midi de la France, soit en Algérie, est un véritable receptacle de *bacteries* ou ferments vicieux, qui se logent dans toutes les cavités du bois formant les parois internes.

Il suffit d'examiner l'état défectueux de ces foudres pour reconnaître que le bois est à peine travaillé à l'herminette, travail très grossier, tandis que ces parois devraient être rabotées soigneusement, afin que les lies ne puissent y séjourner et pénétrer dans les pores, effets qui amènent toujours des altérations *bactériennes* dans les vins.

En résumé, le foudre est considéré comme un récipient inférieur pour le cuvage.

Il doit être établi en bon bois de fente, sans nœuds, et bien raboté à l'intérieur; on peut même encore améliorer ces conditions en étalant à la surface interne une légère couche de parafine.

Les foudres que l'on construit dans l'Est et le Nord de la France ne laissent rien à désirer sous tous les rapports ; il est vrai qu'ils sont cotés 25 º/o plus chers que les foudres ordinaires, mais si on tient compte de la sécurité et des produits, il n'y a pas à hésiter entre les deux qualités.

Avant de clore ce chapitre et d'aborder la description des cuves en céramique, nous croyons utile de résumer nos impressions et de donner notre modeste avis sur l'opportunité de l'emploi, en Algérie, des foudres et cuves en bois, que nous considérons comme peu appropriés au chaud climat africain et aux besoins de la viticulture algérienne.

Tout propriétaire avisé, désireux d'obtenir des produits supérieurs, au double point de vue de la *quantité* et de la *qualité*, ne se servira de ces récipients qu'en cas de force majeure et réservera, avec raison, ses préférences pour les cuves en céramique, — principalement pour la cuve amphore moderne, dont nous donnons plus loin la description technique complète.

§ 7.— Cuve en céramique, de forme cylindrique, ouverte à sa partie supérieure.

Cette cuve est construite en briques spéciales à tenons et à nervures s'emboîtant l'une sur l'autre et s'ajustant bout à bout, à l'aide d'une queue d'aronde, au moyen de ciment.

L'intérieur de cette cuve est cimenté avec un ciment de Portland spécial à prise lente et ensuite fluaté sur toute sa surface afin de boucher les pores et de transformer la chaux excédante en fluo-silicate-basique insoluble dans le vin.

L'épaisseur des parois de cette cuve (fig. 259) est de 14 centimètres. Nos calculs se sont arrêtés à cette épaisseur qui a été reconnue suffisante pour obtenir le résultat que l'on en attendait avec une contenance variant de 100 à 225 hectolitres. D'autre part, il y aurait un grave inconvénient à réduire cette épaisseur, car l'influence de la température ambiante atmosphérique se ferait sentir sur le vin en repos.

Cette cuve cylindrique en céramique repose sur un socle en grosse maçonnerie (A); le cylindre (BB) est en briques à queues d'aronde et nervures d'encastrement, l'intérieur est recouvert d'un enduit en ciment spécial; à 40 centimètres en contrebas des arêtes de l'orifice, une petite couronne en céramique est pratiquée pour arrêter la claie (fig. 260) que l'on voit figurer en place, cette claie maintient les marcs de raisin (C) qui cherchent toujours à remonter au-dessus du liquide au début de la fermentation.

Cette couronne-taquet permet, non-seulement de retenir les marcs du vin, mais aussi de pouvoir servir de plancher à fouler le raisin, car il suffit pour cela de déposer sur la couronne un plancher mobile et percé de petits trous pour laisser écouler le liquide pendant le foulage.

Une fois remplie, on procède comme de coutume en posant la claie sous la *couronne-taquet*.

Cette cuve est certainement supérieure à celles en maçonnerie et en bois parce qu'elle ne s'échauffe pas facilement; son pouvoir calorique est faible et l'air ambiant circule partout autour avec égalité.

CUVERIE

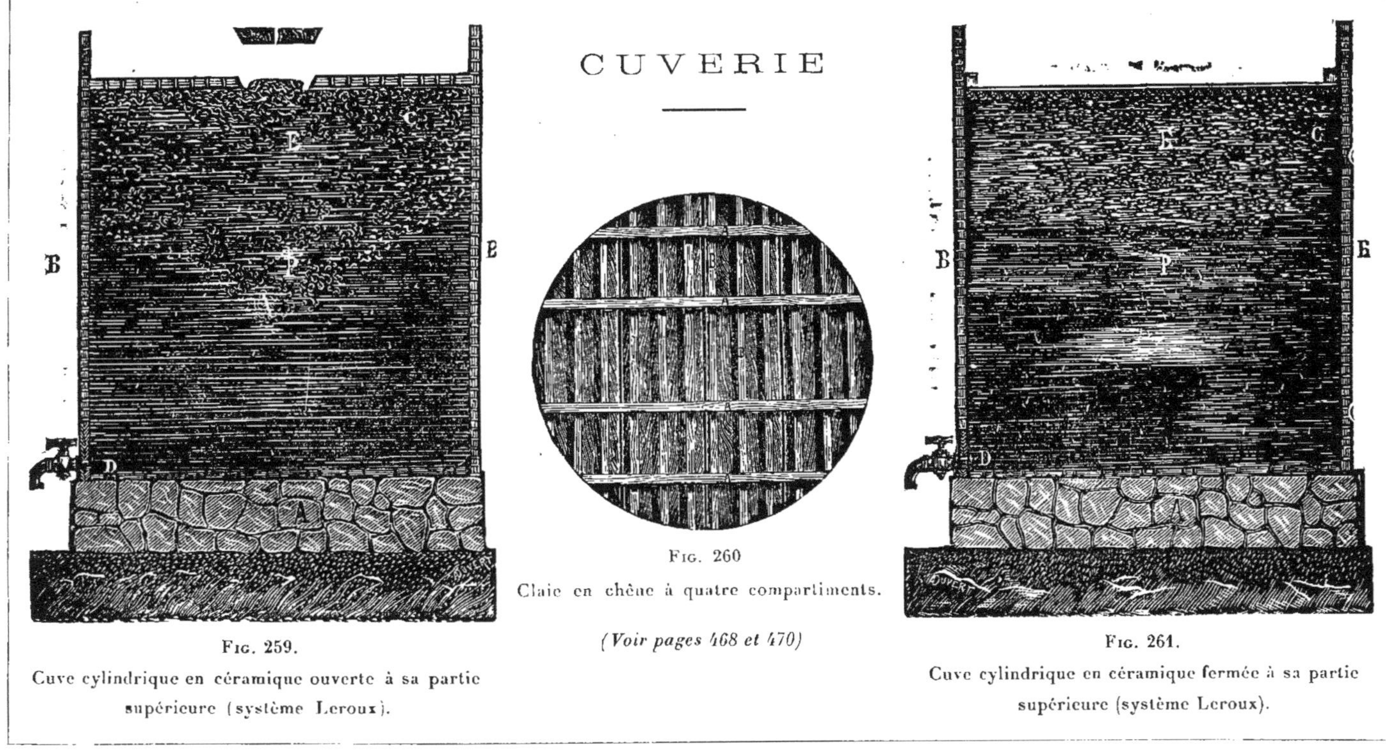

Fig. 259.

Cuve cylindrique en céramique ouverte à sa partie
supérieure (système Leroux).

Fig. 260

Claie en chêne à quatre compartiments.

(*Voir pages 468 et 470*)

Fig. 261.

Cuve cylindrique en céramique fermée à sa partie
supérieure (système Leroux).

§ 8. — Cuve en céramique, de forme cylindrique, fermée à sa partie supérieure.

La cuve en céramique, fermée à sa partie supérieure, comporte un perfectionnement assez sensible sur la cuve ouverte, pour que nous lui consacrions quelques lignes descriptives.

La construction de cette cuve (fig. 261) est, en majeure partie, assez semblable à celle ouverte que nous venons de décrire, sauf un perfectionnement des plus utiles que nous y avons apporté, c'est-à-dire qu'au lieu de fouler le raisin sur des claies mobiles, on foule la vendange sur un terre-plein en voûtelettes, faisant partie intégrante de la cuve. La surface de cette plate-forme est cimentée et striée de façon à rompre plus facilement les raisins sous les pieds des fouleurs. Le moût s'écoule par l'orifice, qui se ferme à volonté avec un tampon en marbre ou en bois.

Une fois que la cuve est remplie jusqu'à 10 centimètres en contrebas du dessous de la plate-forme, on ajuste une grille cylindro-conique en fil de fer, recouverte d'un enduit en caoutchouc pour éviter le contact du métal avec le vin.

Cette nouvelle cuve répond parfaitement aux exigences que réclame une bonne vinification.

La fermentation est régulière pendant toute sa durée et les marcs restent immergés dans le liquide, pendant qu'ils procurent à la masse une nourriture favorable et abondante aux ferments en travail.

Cette cuve peut servir, non seulement à la cuvaison, mais elle peut encore être disposée pour conserver le vin sans l'altérer aucunement. D'autre part, elle procure une grande économie sur les systèmes précédents et son prix est peu élevé.

---

§ 9. — Cuve-amphore, en treillis métallique.

Depuis 1889, on a cherché à imiter la cuve amphore moderne en céramique, en transformant la matière qui en constitue le principe même. Pour cela, d'habiles constructeurs ont imaginé un type d'amphore, semblable comme forme à ses congénères, mais faite en treillis de fil de fer ou acier, recouverte de mortier en ciment.

Cet appareil, qui ne manque pas de légèreté, est de forme cylindrique ; le corps repose sur un piédestal ou sorte de socle ; la porte inférieure, par où sortent les marcs, est en fonte ; la trappe qui ferme l'orifice supérieur est en bois ou en ciment. Lorsque cette amphore a été conditionnée en ciment Portland à prise lente, elle ne fuit pas.

L'idée de consolider le ciment par une ossature en métal, serait assez heureuse si toutefois, comme on pourrait le craindre dans un avenir prochain, il ne survenait quelque phénomène dû à la dilatation ou encore à l'oxydation de l'armature même.

Un des principaux défauts de cet appareil consiste dans la nature de sa porte en fonte, d'une surface assez grande pour s'oxyder au contact des acides du vin et, par conséquent, le noircir. Ses auteurs semblent ignorer que les acides libres du vin attaquent la fonte pour en faire des sels qui se dissolvent dans le liquide ; ce sont des tartrates combinés au tanin (tartro-tanate de fer), c'est-à-dire des produits similaires à l'encre qui altèrent la couleur naturelle du vin en le faisant virer au gris bleu.

La trappe en ciment ou en bois manque de précision, car elle ne peut se consolider étant sans armature et, si l'humidité gonfle la porte en bois, elle s'échappe de son cadre.

Signalons encore, en passant, une lacune laissée dans sa construction : par sa faible épaisseur, qui n'est que de 5 à 6 centimètres, et par la nature de son ossature, elle est sujette aux influences atmosphériques. Suivant des calculs précis, la conductibilité du calorique dans les parois de treillis et ciment est une fois plus grande que dans la brique à cuve maçonnée au ciment, c'est-à-dire que, pour obtenir le même résultat de résistance à la conductibilité de 0,14 que comportent les parois de nos amphores, il faudrait que l'épaisseur de ceux de la cuve à treillis combinés ait 28 centimètres d'épaisseur. Cette conductibilité supérieure est due à la nature de l'ossature métallique et à la faible épaisseur du mortier de ciment.

La nature poreuse et peu conductrice des briques à tenons constitue, au contraire, une grande résistance à la conductibilité de la chaleur ambiante et permet ainsi au liquide de se maintenir, pendant la fermentation, à une température plus basse que celle provoquée par les membranes en fil de fer et ciment.

L'enduit peut être fait, comme nous le recommandons, avec du ciment de choix de Boulogne-sur-Mer, fluaté ensuite.

---

§ 10. — Cuve-amphore moderne, en céramique.

Les inconvénients inhérents à tous les pays chauds, ainsi que le peu de garantie pour la *solidité* et la *durée* des produits obtenus que présentent les divers systèmes de cuves que nous venons d'étudier, nous ont conduit à rechercher un procédé qui put répondre, d'une façon plus complète à ce double objectif :

La bonne confection du vin ;

Sa conservation assurée.

En d'autres termes, il fallait trouver un appareil vinaire, approprié au climat d'Afrique, qui puisse servir à *loger* le vin après avoir servi à le *cuver* et qui, dans notre pays, puisse tenir lieu tout ensemble de *cuve* et de *foudre*, tel était le problème posé. — Il ne nous appartient pas de faire ressortir toutes les difficultés que présentait ce problème ; nous avons été cependant assez heureux pour les résoudre, si nous en croyons les propriétaires d'Afrique, nombreux déjà, qui font usage de l'appareil que nous avons combiné et que nous appelons la *cuve amphore* moderne.

La *cuve amphore* est en céramique ; elle peut être édifiée partout. Sa solidité dispense de toute réparation. Sa forme, sa structure et ses accessoires sont calculés de façon à garantir la sûreté en même temps que la rapidité du cuvage et à prévenir, pendant cette période délicate, en appliquant pour les procédés qui suivent, ces accidents, si fréquents dans les pays chauds, et qui font, en Afrique, quand ils se produisent, le désespoir de nos viticulteurs.

Remarquons, en passant, que ce n'est pas d'aujourd'hui que les producteurs de vins ont à redouter ces mécomptes. Déjà les peuples anciens, les Romains, les Grecs et les Égyptiens eux-mêmes se préoccupaient des meilleurs procédés à employer pour *loger* et *conserver* le vin *dans les climats tels que le nôtre*. Les ruines de celliers antiques, que l'on a retrouvées en Afrique, prouvent combien la question était importante à leurs yeux.

Sans faire remonter jusqu'à ces temps anciens, l'origine de notre *cuve amphore moderne*, nous pouvons dire qu'elle s'inspire des mêmes nécessités locales. Elle remplit, en effet, tout à la fois, l'office de cuve et de foudre.

Le lecteur s'en rendra facilement compte par la description détaillée qui suit.

Description de la cuve amphore moderne.

Le type de la cuve amphore, représentée par notre dessin (fig. 262) est d'une contenance de 150 hectolitres. Il peut donc recevoir la vendange faite en une journée.

La construction repose sur un socle incliné en maçonnerie (A) ; le cylindre (B) est en brique à tenons, comme pour la cuve précédente ; les parois intérieures sont enduites, sur toute leur surface, d'un ciment spécial qui constitue l'avantage essentiellement pratique du système, car ce ciment, qui acquiert une très grande dureté, est absolument étanche et ne communique, par suite, aucun goût au vin qui ne pénètre pas à travers ses molécules. Le tartre s'y fixe comme sur le bois, avec cette différence que le tartre déposé sur les parois verticales est, en majeure partie, dépouillé des lies qui tombent au fond.

L'ouverture supérieure, par laquelle on fait pénétrer le moût, est hermétiquement fermée par un tampon recouvert d'une plaque de marbre (C) ou d'une trappe en bois avec armature. La porte en bois (D), ménagée dans la paroi intérieure, est ajustée avec précision sur une feuillure en caoutchouc. Le robinet (G) s'ajuste sur le clapet, lequel est garanti par un épépineur, sorte de grillage métallique qui s'accroche à la porte au moment de verser le moût dans la cuve amphore. Le dégustateur (F) est fixé au centre du cylindre. Les claies en chêne, qui permettent d'isoler le chapeau, sont fabriquées en quatre pièces et disposées de manière à écarter toutes les difficultés et toutes les objections auxquelles ce procédé, excellent en principe, a quelquefois donné lieu dans la pratique, faute de soins dans la construction et du choix judicieux des matériaux employés.

On voit qu'il y a loin de la *cuve amphore*, ainsi perfectionnée par nos soins et l'expérience acquise, aux essais de la première heure et aux tâtonnements qui n'ont pas toujours donné, entre des mains inhabiles, les résultats que l'on était en droit d'attendre.

La description technique suivante achèvera d'éclairer le lecteur et le renseignera d'une façon complète :

(A) Socle en maçonnerie ;

(B) Corps cylindrique de l'amphore ;

(C) Trappe en marbre ou en bois avec armature ;

(D) Porte mobile pour retirer les marcs, etc. ;

(E) Couloir pour égoutter les lies, etc. ;

(F) Dégustateur ;

(G) Robinet et son clapet ;

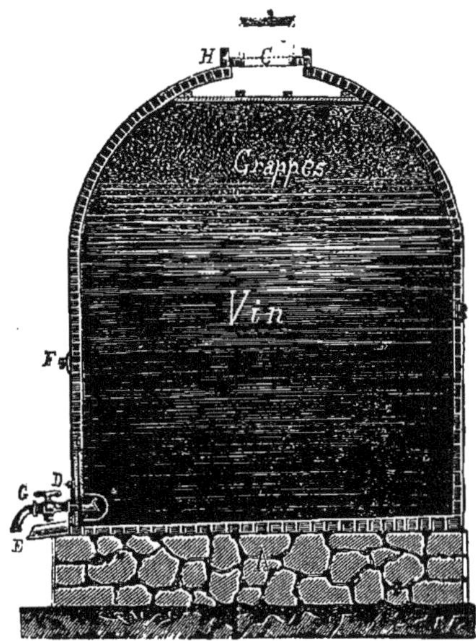

Fig. 262

Coupe verticale de la cuve amphore moderne.

(H) Couronne munie d'un dégorgeoir pour écouler l'excédent de la mousse.

Il est facile de se rendre compte des avantages que présente l'appareil ainsi établi.

Grâce aux dispositions particulières de son orifice supérieur, la cuve-amphore reçoit les moûts avec plus de facilité que les cuves-foudres, ou foudres ordinaires. Pour éviter en effet que la vendange ne se répande sur les côtés, nous avons eu soin de pratiquer, au-dessus du disque en marbre, une couronne évasée qui forme réservoir. Sur un des côtés de cette couronne est pratiquée une rigole qui descend jusqu'au socle et qui permet aux déjections mousseuses de s'écouler aussitôt que l'amphore est remplie dans les limites convenables.

Ces limites varient naturellement, suivant la contenance de l'appareil. On peut admettre, comme base, un vide de 35 centimètres de haut pour une capacité de 125 hectolitres et de 40 centimètres pour 150 hectolitres.

Examinons maintenant les avantages de la cuve-amphore, que nous avons perfectionnée au point de vue de la fermentation.

Influence de la cuve-amphore moderne sur la marche de la fermentation.

Pour obtenir une fermentation normale et régulière, il est nécessaire, en Afrique (comme nous l'avons déjà répété souvent), de ramener les moûts, dès leur foulage, à une température assez basse variant entre 20° et 24° centigrades, point initial représentant 12 heures de repos avant le depart de la fermentation. En France, ce point de départ est de 2° au-dessous, c'est-à-dire entre 18° et 20°.

La raison de cette différence, dans l'une des conditions de la fermentation, est tirée de la différence de *structure intime* entre les raisins des deux pays. Elle provient de ce que les pellicules des raisins de France sont plus minces et, par conséquent, plus sensibles au développement des ferments.

Une autre différence résulte de ce que, en Afrique, la fermentation, ainsi que nous avons souvent dit, est plus active et plus régulière dans les années à température basse où le siroco ne s'est pas fait sentir.

Le siroco retarde, en effet, l'évolution du raisin et durcit la pellicule. Notre cuve-amphore moderne remédie en partie à ce double inconvénient.

Exemple : Etant donné un moût de raisin accusant 25° centigrades au foulage, sa température aura baissé d'un degré dans la cuve lorsqu'elle sera remplie. Cet abaissement de température vient de ce que les parois et le fond de l'amphore étant à 22°, il s'en suivra un refroidissement de la masse, tandis que le même moût, introduit dans un foudre de même capacité, augmentera d'un degré.

Nous donnons un exemple bien frappant de cette influence. Si nous prenons une vendange cueillie sous une température moyenne de 28° centigrades, son degré au foulage accusera 25°, parce que le raisin est toujours moins chaud que l'air ambiant.

Lorsque cette vendange aura été foulée et que la cuve-amphore sera remplie, on constatera que l'ensemble du moût accusera une température de 24° centigrades. Cette différence vient de ce que la cuve-amphore étant construite en céramique, sur socle en maçonnerie, n'accuse que 22° dans son ensemble. De là, abaissement d'un degré dans la masse du moût.

Si on fait la même expérience avec un foudre, on constatera, au contraire, une augmentation d'un demi-degré de la masse du moût, parce que le bois accuse 25° centigrades.

Dans la cuve-amphore moderne, en effet, la fermentation suit son cours régulier sans incident ; généralement, après 5 à 6 jours, elle est complètement terminée, si toutefois la vendange ne dépasse pas 24° centigrades et 204 grammes de sucre indiqués à la colonne du pèse-moût Leroux ou 12° d'alcool dans la colonne de droite.

Quand le degré en sucre est plus élevé, la fermentation peut durer beaucoup plus longtemps.

Lorsqu'une plantation a été bien étudiée et bien organisée, au point de vue de la maturation successive des cépages, la vendange peut être faite, à l'aide de la cuve-amphore moderne, en 20 jours, ce qui, en résumé, représente un travail continu et une fermentation moyenne de 6 à 7 jours. Dans ce cas, les amphores fonctionnent 3 et 4 fois pendant le cours des vendanges.

Les viticulteurs ne doivent pas perdre de vue ce que nous avons déjà dit, savoir que la température du local et la nature de l'air ambiant au moment du cuvage exercent une influence considérable sur la marche plus ou moins rapide de la fermentation.

Nous citerons, comme exemple péremptoire à ce sujet, une expérience que nous avons faite plusieurs fois et que nous avons parfaitement renouvelée en 1888.

Dans un chai contenant 4 amphores, nous avons obtenu quatre marches différentes dans la rapidité de la fermentation.

La première amphore a été remplie le *20 septembre*. Après 26 heures, la fermentation se déclara.

La seconde fut remplie le *22 septembre*. La fermentation commença 18 heures après.

La troisième était remplie le soir du *24 septembre*. Après 12 heures, la fermentation se déclara,

Enfin, la quatrième amphore fut remplie le *26 septembre*. La fermentation arrivait neuf heures après.

Or, l'explication de ces différences était bien simple. Le 20 septembre, date du remplissage de la première amphore, la température de l'intérieur du chai était à 23° centigrades. Le 22, elle était de 24°. Le soir du 24, elle s'élevait à 25° et enfin le 26, elle atteignait 26°.

L'expérience était concluante : elle prouvait, jusqu'à l'évidence, l'influence de la température ambiante sur la rapidité de la fermentation.

Notons que les raisins étaient de même nature et d'une température à peu près égale à 23°, avec une température extérieure variant entre 27° à 28° centigrades.

La température du chai, qui s'élevait au fur et à mesure, était donc la principale cause qui précipitait le départ de la fermentation.

C'est ici le cas d'ajouter que les germes des ferments qui circulent en quantité plus ou moins grande dans l'atmosphère, autour de chaque amphore ou récipient quelconque, exercent aussi une action sensible sur la marche de la fermentation. Plus l'air est chargé de *semences génératrices*, plus les moûts s'en imprègnent au fur et à mesure du foulage. Voilà pourquoi nous sommes partisans d'une cuverie séparée du chai ; la raison en est péremptoire.

3° **Conséquences et procédés pratiques.**

Il résulte de ces faits que la ventilation intérieure d'une cuverie à fermentation s'impose tant au point de vue de la répartition régulière de l'air qu'à celui du refroidissement de la température. La fermentation extra-tumultueuse surgit parfois lorsque la cuverie est échauffée et que cet atmosphère est chargée de ferments aériens en excès. La température de la cuverie ne doit donc guère dépasser 25 à 26° centigrades malgré l'échauffement des cuves en fermentation dépassant souvent 30 à 35° centigrades.

Nous avons donné plus haut les conseils utiles en ce qui concerne la ventilation et l'apport de nouveaux ferments ; nous craindrions de fatiguer le lecteur par des répétitions fastidieuses, en reproduisant ici ces conseils, fruits de notre expérience ; mais nous le prions de s'y reporter au besoin, car nous sommes convaincu qu'il préviendra ainsi des accidents déplorables, tels que la fermentation *extra-tumultueuse* et autres qui en sont le corollaire.

En effet, la fermentation extra-tumultueuse se produit d'une manière presque inévitable toutes les fois que le raisin est trop chaud au moment du foulage. Cet accident arrive, soit pendant le siroco, soit qu'ils aient été vendangés pendant les grandes chaleurs, etc.

Cette fermentation est d'autant plus dangereuse qu'elle produit un vin impropre à la consommation qui reste *aigre-doux*, sucré, et dont la transformation en vinaigre est même difficile, car il faut alors le refaire fermenter à nouveau. C'est à la suite d'observations chez nos voisins de côteaux, où nous fîmes refermenter des vins doux, à plusieurs reprises pour les achever, que nous avons été convaincus de la nécessité de rechercher une cuve mieux appropriée au climat d'Algérie.

Quant aux cuves que nous étions chargé de faire fermenter à nouveau (et pour certaines desquelles le degré saccharimétrique était resté sucré de 4 à 5°), nous nous sommes toujours bien trouvé du système essentiellement pratique que nous ne cessons de conseiller depuis seize ans dans nos conférences sur la vinification en Algérie.

Voici ce système : Nous soutirons un foudre dont la fermentation est terminée, c'est-à-dire lorsque le vin est descendu de 0 à 1 au pèse-moût, encore chaud si c'est possible, et sur les marcs (mères) restant, nous faisons verser le vin resté sucré, en ayant grand soin, toutefois, de ramener sa vitalité par une aération à sa sortie dans le récipient : on laisse digérer et fermenter ce vin jusqu'à 0°, souvent 2 ou 3 jours suffisent pour opérer cette transformation.

Chaque fois qu'une cuvée devient paresseuse, on peut en accuser le manque d'équilibre entre la valeur du sucre et le nombre ou la puissance des ferments.

Il faut alors réveiller l'activité des ferments engourdis ou atrophiés en soutirant le vin sucré que l'on aère et les mettre en contact pendant un certain laps de temps avec une ou plusieurs *mères* (marcs frais) ayant déjà manifesté leur activité génératrice; tel est un des grands remèdes au mal. La logique et notre expérience personnelle sont d'accord pour le démontrer.

Si, par extraordinaire, toutes les *mères* étaient épuisées, on aurait recours aux divers moyens que nous indiquons au chapitre *Fermentation*. Disons cependant qu'un vin impropre à la consommation, qui reste *aigre-doux sucré* et dont la transformation en vinaigre n'est pas rémunératrice, doit être laissé de côté.

Ces observations faites, répétons qu'aucune des cuves employées jusqu'à ce jour, ne répond mieux aux desiderata de la viticulture algérienne que la cuve amphore moderne qui, appropriée au climat et pour tous les motifs énoncés plus haut, répond au double but de la *fabrication* et de la *conservation* du vin.

Nous ne voulions pas démontrer autre chose.

---

§ 11. — Les enduits des cuves en maçonnerie et en céramique.

Les enduits des cuves en maçonnerie comme celles en céramique, doivent être faits en ciments Portland de Boulogne-sur-Mer, remarquables par leur homogénéité et leur nature, qui sont certainement ceux qui offrent des garanties de solidité les plus grandes, et en même temps les moins attaquables par les acides du vin. Si, par malheur, on se servait de ciments grapiers provenant de la fabrication des chaux hydrauliques, on risquerait fort d'altérer les vins qui séjournent dans ces récipients.

La qualité du sable employé dans la composition de cet enduit peut jouer un certain rôle, suivant sa nature et sa qualité. Les sables siliceux sont à préférer à ceux schisteux qui laissent à désirer pour leur durée et surtout leur étanchéité ; les sables calcaires se combinent avec les acides du vin et forment, par suite, des cavités à la surface de l'enduit.

En général, pour durcir un enduit fait au ciment et le rendre inattaquable aux acides, il est indispensable de le revêtir d'une couche de fluo-silicate de magnésie.

Nous croyons utile d'indiquer le mode d'exécution pour procéder à cette opération :

Lorsque l'enduit est fait, laisser sécher 15 jours, puis chauffer avec un réchaud ; lorsqu'il est bien sec, dissoudre 4 kilos de fluo-silicate de magnésie dans 10 litres d'eau bouillante et appliquer sur l'enduit à l'aide d'un gros pinceau en crin ; renouveler cette opération une deuxième fois. Si on veut tout à fait parfaire cet enduit, on peut encore y étaler une légère couche de parafine dissoute dans une essence fugace.

Depuis quelque temps, on applique aussi sur la surface de l'enduit une autre matière ; nous voulons parler des carreaux en verre de Saint-Gobain qui, unis sur une des faces et striés sur le revers, sont appliqués sur l'enduit brut ; on obtient ainsi une surface étanche aux liquides et inattaquable aux acides. Ces carreaux sont d'un prix peu élevé pour permettre de les appliquer à toutes les cuves en maçonnerie et en céramique, quelle que soit leur forme.

SIXIÈME CHAPITRE

SOINS DES FUTAILLES

SOMMAIRE:

Soins à donner à la vaisselle vinaire. — Maladies des futailles (aigreur et pourriture, pourriture, moisi, goût et odeur de rhum ou d'absinthe) ; Futailles à dérougir. — Soins à donner aux cuves et aux amphores.

DES SOINS GÉNERAUX

A DONNER A LA VAISSELLE VINAIRE

§ 1. — Soins à donner à la vaisselle vinaire.

Lorsque l'on veut employer un foudre, soit pour y faire cuver le vin, soit pour le loger simplement, il s'agit de le rendre propre à cet usage.

La majeure partie des foudres usagés sont altérés par la moisissure, les cryptogames, ou encore la pourriture, et naturellement l'acescence; ceux mêmes qui paraissent indemnes de ces affections, lorsqu'ils sont laissés sans soin, ne tardent pas à être attaqués à leur tour.

En général, un foudre qui doit rester vide ou qui est destiné à recevoir vin, doit être nettoyé à fond, afin de lui enlever toutes les causes de détériorations.

Le lavage et le nettoyage des foudres s'imposent donc chaque fois après son usage; ils doivent être faits avec toute la rigueur que réclame ce travail. A cet effet, un ouvrier pénètre dans le foudre, muni d'une brosse métallique, avec laquelle il frotte en long les douelles pour en détacher toutes les impuretés qui s'y trouvent déposées; cette manutention s'effectue d'autant mieux qu'un filet d'eau projeté en même temps sur la surface en nettoyage, à l'aide d'une petite pompe à main, active l'opération.

Le lavage à l'eau, à plusieurs reprises, de ce récipient n'est pas une manutention superflue, si toutefois on veut rendre bien propre le bois à recevoir, soit la vendange, soit le vin, à l'état de repos.

Ce travail est surtout nécessaire, lorsque les foudres n'ont pas été employés depuis les vendanges précédentes.

On a souvent répété que le lavage d'une futaille était suffisant, lorsque l'eau de rinçage sortait claire; à la vérité, c'est un indice de propreté, mais cela ne prouve pas que tous les microrganismes vicieux cachés dans les nœuds, dans les fentes, et même dans les pores superficiels du bois, soient éliminés.

Nous ne saurions trop recommander de mettre dans l'avant-dernière eau de rinçage, 500 grammes d'acide sulfurique pour 20 litres d'eau, et de projeter cette eau avec la petite pompe à main, par petits filets, ayant soin toutefois que l'ouvrier se place en dehors du foudre. Après cette manutention, on repasse une eau claire et abondante pour expulser l'acide sulfurique.

On laisse le foudre ouvert ainsi pendant 12 heures, après quoi on enlève l'excès d'humidité qui reste au fond, puis on ferme la porte et la trappe ; quand toutes les issues sont fermées, on brûle une mèche soufrée que l'on suspend par un fil de fer ou une soufrette dans le foudre, que l'on bouche ensuite avec une bonde en bon liège.

Un foudre, ainsi préparé, peut attendre 35 à 40 jours sans s'altérer ; mais si ce récipient doit rester des mois entiers et même toute l'année dans cet état (comme cela se voit souvent après la vente du vin) il est, dans ce cas, très prudent de faire cette même opération tous les 35 jours, jusqu'au moment de son emploi.

---

§ 2. — Maladies des futailles en général

AIGREUR OU ACIDITÉ

L'aigreur, ou l'acescence des parois internes du bois, provient de plusieurs causes :

1° La première est due à ce qu'on laisse souvent le foudre (ou la petite futaille) débondé pendant un certain temps, quoique contenant encore une certaine humidité de vin ; cette cause est donc due à l'insuffisance de lavage, puisqu'il reste encore du vin avec ses principes oxydables.

Les parois du bois sont généralement imprégnées de vin jurqu'à une certaine profondeur de ses pores et, malgré les lavages superficiels, l'oxygène s'empare de l'alcool pour en produire du vinaigre ou même de l'acide acétique.

Aussi devons-nous recommander aux cavistes que, chaque fois qu'ils nettoient soit un foudre, soit une petite futaille indemne d'aigreur, il est nécessaire de sécher 8 à 10 heures un foudre et 4 à 5 heures une petite feuille de 600 litres. On procède ensuite à la sulfuration des récipients.

Voici un tableau que j'ai dressé sur les mesures à employer dans l'emploi des mèches soufrées, suivant chaque contenance :

```
   100 à     200 litres, mèches de  8 à 12 grammes
   500 à   1.000 litres, mèches de 12 à 15 grammes
 5.000 à   7.500 litres, mèches de 15 à 25 grammes
 7.500 à  12.500 litres, mèches de 25 à 35 grammes
12.500 à  20.000 litres, mèches de 35 à 50 grammes
20.000 à  30.000 litres, mèches de 50 à 70 grammes
```

Cette quantité de mèches soufrées est suffisante pour attendre 35 à 40 jours l'entonnage. Il est à remarquer cependant que les foudres se laissent pénétrer plus facilement par l'air ambiant, que les petites futailles de 600 litres bien faites ; un foudre de 150 hectolitres, par exemple, n'a que 35 millimètres d'épaisseur à son grand diamètre, tandis que la futaille de 600 litres, porte environ 2 centimètres.

Chacun peut faire soi-même les mèches soufrées. — A cet effet, il suffit de faire fondre doucement du soufre en canon dans un vase en terre et de tremper, dans ce mélange en fusion, des lanières en toile de coton ou de chanvre, etc., suivant la quantité nécessaire ;

2° La deuxième cause qui engendre l'aigreur, provient de ce que le récipient en bois a contenu du vin qui était lui-même acétifié et que son contact a contaminé.

Dans le cas qui nous occupe, il s'agit d'enlever l'aigreur simple du bois sans l'altérer. Rien de plus simple si l'acescence n'est pas trop profonde ; on lave d'abord la futaille et on procède comme il a été dit plus haut, mais lorsque la futaille est profondément attaquée par l'aigreur, il faut la traiter plus vigoureusement.

La futaille, très acétifiée, sera lavée à grande eau pour l'imprégner d'humidité et lui enlever ses impuretés grossières.

On fait ensuite, un mélange d'eau et d'acide sulfurique dans les proportions suivantes, que l'on verse dans la futaille en traitement :

Eau. . . . . 10 litres
Acide sulfurique . . . . 500 grammes

Pour désacétifier une futaille de 600 litres, il suffit de verser au dedans deux litres de cette composition ; on bonde et on agite la futaille en tous sens pendant cinq·minutes, puis on la met debout et on la laisse ainsi quarante minutes et autant de l'autre côté, après quoi on la roule encore cinq minutes ; après cette opération, on la rince à plusieurs eaux pour expulser l'acide sulfurique, et on la roule ensuite sur bonde pour la laisser égoutter suivant les principes déjà décrits.

Pour la sulfuration, on se reportera à la table que nous avons donnée plus haut.

Dans les cas ordinaires, on constate quelquefois que la mèche ne brûle pas à la suite d'un lavage ; la cause est due soit à la présence de l'aigreur dans la futaille, soit qu'elle n'ait pas été suffisamment égouttée ou qu'elle contienne encore trop d'humidité.

AIGREUR ET POURRITURE

La futaille atteinte de cette maladie est tout à fait impropre à contenir soit de la vendange, soit du vin, soit même tout autre liquide.

Il y a deux causes qui déterminent cette maladie : nous venons, dans le paragraphe précédent, de décrire la première ; la seconde réside dans l'emploi mal compris des mèches soufrées, car la pourriture survient à la suite de sulfuration des futailles encore trop humides. Il se forme, sous l'action des gaz sulfureux en combinaison avec l'eau, de l'hydrogène sulfuré (odeur d'œuf pourri) et, si on laisse ainsi le bois s'imprégner de ce gaz, il gagne un goût de pourriture très difficile à faire disparaître.

Le remède le plus efficace réside encore dans l'emploi de l'acide sulfurique en combinaison avec l'eau salée, formule que l'on établit ainsi :

Faire dissoudre dans 10 litres d'eau 2 kilos de sel marin (sel de cuisine), y ajouter 1 kilo de peroxyde de manganèse en poudre et 600 grammes d'acide sulfurique. Chaque fois que l'on traite une futaille de 600 litres, verser 1 litre 1/2 de cette composition. Si c'est un foudre, un ouvrier pénètre dans l'intérieur et, avec une grosse éponge attachée au bout d'un bâton, qu'il trempe dans ce mélange, il en imprègne toutes les parois, dans tous les sens, pendant une heure, et il recommence cette opération le lendemain ; le troisième jour, un ouvrier, muni d'une pompe à main, lance des jets d'eau sur les mêmes parois pour enlever l'acidité ; rincer ensuite à plusieurs eaux avec une pompe. Dans tous les cas, il est essentiel d'avoir recours à la chaîne métallique pour nettoyer les futailles de 600 litres.

POURRITURE

Les futailles, atteintes de cette maladie, sont encore plus compromises que celles où existe l'aigreur. Le remède sera le même, en changeant toutefois sa composition qui sera modifiée ainsi : verser dans 10 litres d'eau 1 kilo d'acide sulfurique, 4 litres d'acide chlorydrique et 2 kilos de sulfate de fer.

MOISI

Les foudres ou futailles de 600 litres moisis, sont, malheureusement, très nombreux en Algérie et en Tunisie. La cause de cette maladie est attribuée à la négligence seule, car une futaille quelconque, bien nettoyée et séchée, puis sulfurée par une mèche de soufre, ne peut se moisir, à moins que cette maladie n'ait pris naissance dans une cave humide où les cryptogames poussent librement.

La première opération pour enlever la moisissure consiste à brosser fortement le foudre, préalablement arrosé entièremet d'eau chaude, avec une brosse métallique ; lorsque le brossage est fini, on lave à grande eau au moyen de jets de pompe, puis on l'enduit de la composition suivante :

Eau	10 litres.
Sulfate de fer	2 kilos.
Acide chlorydrique	1 litre.
Acide sulfurique	2 litres,

On met cette composition dans une terrine en terre. Il faut avoir soin de munir de lunettes l'ouvrier chargé de ce travail ; il doit être recouvert d'un vêtement de toile à sacs huilé et avoir la tête couverte pour éviter les brûlures que pourrait occasionner l'eau acidulée.

Le lendemain, l'intérieur est rincé à plusieurs eaux, et la première opération est recommencée. Lorsque le foudre aura été bien rincé, il sera nécessaire d'y passer un liquide odoriférant, et nous recommandons chaque fois qu'une futaille subit un nettoyage, de l'humecter avec la composition suivante :

Eau.	5 litres.
Alcool.	1 litre.
Essence d'amandes amères	5 gram.
Benjoin.	5 —

Dissoudre le benjoin et l'essence d'amandes amères dans l'alcool, puis verser cette dissolution dans l'eau.

Il suffit donc de passer ce liquide sur les parois du foudre avec une éponge, ou, si c'est une futaille, d'en verser un demi-litre dans l'intérieur en la roulant en tous sens. Ce procédé, que j'ai trouvé et appliqué pour la première fois en 1873, m'a toujours donné de bons résultats.

D'une façon générale, les lavages des futailles de volume à transporter s'effectuent assez rapidement, lorsque l'on emploie de l'eau bouillante qui a la propriété de stériliser les microrganismes qui sont logés dans les pores du bois.

GOUT ET ODEUR DE RHUM OU AUTRE

Le goût et l'odeur du rhum ou même de l'absinthe, sont très difficiles à faire disparaître du bois, surtout lorsqu'ils ont fortement pénétré dans les pores. Voici cependant la façon de procéder :

Première opération. — Dissoudre dans 10 litres d'eau bouillante un kilo de savon mou en y ajoutant 100 grammes de potasse caustique ; faire ensuite bouillir ce mélange qui est introduit dans la futaille (600 litres) dans la proportion de 5 litres, puis bonder légèrement afin d'éviter son éclatement ; opérer ensuite le roulage de la pièce comme pour l'aigreur et renouveler la même opération le lendemain. Pour terminer, rincer avec de l'alcool à 50° centigrades.

On peut encore enlever l'odeur du rhum et de l'absinthe en rinçant les tonneaux, après le lavage à l'eau de savon, avec la composition suivante :

Eau	5 litres
Acide chlorydrique	6 —
Peroxide de manganèse	1 kilo.

Il est inutile de recommander de rincer ensuite à plusieurs eaux et à plusieurs reprises.

OBSERVATIONS. — Comme règle générale, dès que les tonneaux ont été choisis, quelques jours avant les vendanges, ils doivent être visités avec soin, rebattus, abreuvés et rincés à l'eau chaude, puis rincés de nouveau à l'eau froide, bondées et mis à couvert en lieu frais. — Au moment où l'on veut se servir des tonneaux, ils doivent être de nouveau rincés et éprouvés à l'eau chaude et à l'eau froide, vidés et égouttés avec soin, puis rangés par ordre, solidement calés, la bonde en haut, sur deux pièces de bois appelées chantiers, qui les élèvent à environ 0^{m}70 du sol.

§ 3. — Etuvage des futailles.

Les foudres et les futailles en bois peuvent être nettoyés par un autre procédé que ceux décrits plus haut ; nous voulons parler de l'étuvage qui ne suffit pas à neutraliser les mauvais goûts d'aigreur, de pourri et de moisi mais qui est employé comme adjuvant nécessaire de cette opération préliminaire.

Fig. 263. — Etuveuse petit modèle, système Egrot.

L'étuvage à la vapeur remplace avantageusement l'étuvage à l'eau bouillante pratiqué encore chez beaucoup de viticulteurs, il est plus rapide et permet de nettoyer d'une manière bien plus efficace l'intérieur des foudres ou des tonneaux en les soumettant pendant quelques minutes à l'action d'un jet de vapeur sous pression, par conséquent à une température supérieure à 100°.

Il est certain que l'étuvage d'un foudre ou d'une futaille quelconque qui a été traité par l'acide sulfurique est assez énergique pour que ce récipient n'ait plus rien à craindre, à moins qu'il existe contagion du mal.

L'étuvage a non-seulement l'avantage de stériliser tous les principes microrganismes logés dans les pores du bois, mais aussi de produire le gonflement du foudre en le resserant après sa dissécation par un long séjour à vide.

Lorsque l'on veut étuver des futailles ordinaires, on emploie l'étuveuse petit modèle, exécutée par M. Egrot, habile constructeur de Paris (fig. 263). La chaudière, jusqu'au niveau qui lui est assigné, est remplie d'eau qui est alors chauffée jusqu'à ce que le manomètre indique une pression suffisante; il suffit de lâcher la vapeur dans les tuyaux de communication avec les futailles retournées, bonde fermée, et l'effet se produit en quelques minutes.

Fig. 264

Générateur à vapeur, monté sur roue, système Egrot.

Comme le démontre notre dessin, les futailles sont préalablement disposées sur un poulain ou chantier, ce qui permet la manœuvre assez promptement et d'étuver beaucoup de tonneaux dans la journée. Pour les foudres, il est beaucoup plus avantageux d'avoir recours à l'étuveuse grand modèle (fig. 264).

Cette grande étuveuse, par son organisation économique, permet de lancer de grandes quantités de vapeur; par sa construction spéciale, elle peut circuler sur tous les points où sa présence est nécessaire. Elle se compose d'un générateur monté sur roues, et sa chaudière est munie de tous les robinets possibles pour son bon fonctionnement.

Des soupapes de sûreté sont parfaitement aménagées, ainsi que toute la tuyauterie nécessaire à son emploi ; cet appareil consomme très peu de combustible et produit un grand volume de vapeur à peu de frais.

Fig. 265

Etuveuse grand modèle, montée sur roue, fonctionnant dans un chai.

Le grand système, employé dans les chais, comme le démontre la figure 265, peut servir à beaucoup d'usages ; il peut être employé pour donner de l'eau chaude dans toutes les opérations que nécessite l'entretien bien compris d'une cave ou d'un chai.

FUTAILLES A DÉROUGIR

Lorsque l'on veut mettre du vin blanc dans une futaille qui a contenu du vin rouge, il faut la dérougir.

Les tonneaux qui ont contenu du vin rouge se laissent si bien pénétrer par la couleur qu'il contient qu'il est très difficile, même avec de l'eau bouillante, de faire disparaître totalement la matière colorante. Il faut, pour arriver à ce résultat, procéder à plusieurs opérations dont voici le détail :

La première consiste à rincer tout d'abord la futaille à l'eau bouillante après l'avoir passée à la chaîne ; la seconde comprend plusieurs manipulations dont la première est de jeter dans le tonneau 1 kilo de chaux vive en petits morceaux écrasés, en ayant soin de tourner ensuite la futaille en tous sens pour l'enduire à l'intérieur, puis on y ajoute 2 litres d'eau bouillante en bondant la pièce ; on la laisse ensuite une heure debout et autant de l'autre côté, et on roule encore pendant quelques minutes. Après cette manutention, on y ajoute de l'eau et on rince à plusieurs reprises jusqu'à ce que cette dernière sorte claire.

Après cette opération, le fût peut colorer le vin en gris, sans pour cela teindre du vin blanc en rose.

On peut encore blanchir un fût ayant contenu du vin rouge par un autre procédé : Dans 10 litres d'eau bouillante, on dissout 2 kilogs de cristaux de soude et on y ajoute 500 grammes de chaux vive ; on verse 5 litres de cette composition dans le tonneau à dérougir, ensuite on le bonde et on le tourne en tous sens, puis on lui fait suivre les mêmes opérations que celles du premier procédé ; on recommence encore une fois cette opération le lendemain.

Un troisième procédé a été également essayé avec succès : la futaille est passée à la chaîne et à l'eau bouillante, comme de coutume, puis on y introduit le mélange suivant en bouillie :

Eau.	5 litres
Chlorure de chaux	1 kilo

Cette quantité est pour deux transports de 600 litres ; on bonde et on roule pendant 10 minutes, puis on leur fait subir toutes les autres manutentions de renversement en tous sens, et on rince ; après quoi, on verse au dedans de l'eau acidulée par l'acide sulfurique :

Eau.	5 litres
Acide sulfurique	250 grammes

On agite en tous sens pendant 20 minutes et on rince ensuite à plusieurs eaux.

---

§ 4. — **Entretien des cuves ou amphores, soit en maçonnerie, soit en céramique.**

Après la cuvaison, les cuves ou amphores sont parfois affectées petits dépôts insignifiants sur leurs parois ; il suffit de brosser ces enduits en ciment avec une brosse en chiendent et rincer la surface avec un jet d'eau, à l'aide de la pompe.

Si le ciment qui a été employé dans la construction de ces récipients venait à se désagréger, par suite d'une teneur de chaux en excès ou qu'ils aient été mal appliqués, il serait nécessaire de les durcir en les rendant en même temps insolubles dans les acides du vin.

Le procédé le plus efficace pour obtenir ce résultat consiste à nettoyer la surface atteinte avec une brosse métallique, la rincer puis la faire sécher, même par la chaleur, et lorsque ces parois seront très sèches, on y applique une couche légère de la dissolution de 10 litres d'eau bouillante, 3 kilos de fluo-silicate de magnésie; ce liquide est étalé avec un pinceau.

Depuis quelque temps on propage avec succès l'applications de carreaux en verre en guise d'enduit; cette nouvelle amélioration pour lescuves etles amphores évitera la dissolution de la chaux en excès. Les avantages des carreaux en verre se manifesteront par la facilité du nettoyage des récipients qui en seront garnis, et permettront de pouvoir conserver les vins comme dans une bouteille.

---

§ 5. — **Outils à main pour nettoyer le bois des foudres.**

La brosse en fil d'acier est un instrument avec lequel on enlève très bien les impuretés de moyenne dureté.

Le râcloir est en tôle d'acier; de forme triangulaire il pénètre dans les angles et les parties planes.

La martelette coupante est destinée à enlever le tartre sur le bois. Il faut l'employer avec précaution car elle pourrait l'entailler et cette cavité deviendrait inévitablement un nid à microbe.

SEPTIÈME CHAPITRE

LES MOUTS

SOMMAIRE :

Des moûts de raisins. — Tableau indiquant les proportions du sucre et celle des acides dans le moût provenant de divers cépages cultivés en Algérie et en Tunisie. — Tableau indiquant tous les corps chimiques qui composent le vin. — Détermination de l'acidité totale d'un moût. — Amélioration des moûts. — Quantité de sucre nécessaire pour remonter les moûts. — Tableau indiquant les richesses saccharine et alcoolique du moût de raisin, ainsi que la quantité de sucre nécessaire pour remonter les vins à 12°9. — Quantité d'eau nécessaire pour descendre le degré d'un moût. — Quantité d'acides libres à ajouter au moût. — Tableau indiquant quelques analyses de moûts provenant de cépages cultivés en Algérie. — Tableau d'analyses de moûts de quelques cépages cultivés en France. — Tableau d'analyses de moûts provenant de cépages de Bourgogne. — Analyses complètes du moût de 4 cépages différents. — Tableau indiquant la composition de moûts de quelques cépages américains. — Tableau indiquant les quantités d'acides libres nécessaires pour compléter les moûts blancs. — Tableau indiquant les quantités d'acides libres nécessaires pour compléter les moûts rouges.

MOUTS CONCENTRÉS

MOUTS SIMPLES & MOUTS CONCENTRÉS

§ 1. — Des moûts en général. — Composition du grain de raisin.

Analyse des moûts.

Le moût est le liquide qui s'écoule du raisin au moment du pressurage ou du foulage.

Chaque grain est attaché à un pédicelle relié en grappe sur un pédoncule plus fort, que l'on désigne communément sous le nom de rafle.

La grappe de raisin, à l'état encore verte, contient divers principes d'une nature acerbe ; ces matières primitives sont notamment la chlorophylle (matière verte), l'acide malique, oxalique et du bitartrate de potasse. Plus tard, quand le raisin *tourne*, le tanin commence seulement à paraître, mais le sucre fait encore défaut.

Lorsque le grain de raisin est arrivé à son point de maturité, sa peau contient de la cellulose, du tanin, quelques traces de sucre, des huiles essentielles et diverses matières azotées. En outre de ces produits on y trouve plusieurs matières colorantes ; d'abord une couleur jaune pour les raisins blancs, puis une couleur bleue pour les raisins rouges, soluble dans l'alcool. Ces principes colorants, lorsqu'ils sont soumis au contact des acides du moût, passent au jaune paille pour les raisins blancs et au rouge rubis pour les raisins rouges.

Donc, la matière colorante du raisin prend plus ou moins d'éclat, suivant la teneur en acide des moûts.

Dans le jus ou moût de raisin, on rencontre quelquefois une matière colorante, qui est moins foncée que celle contenue dans la pellicule du grain. Cette couleur est très répandue, surtout dans le raisin mâle et dans les Hybrides Bouschet ; elle est moins solide que celle contenue dans les membranes de la peau. Les pepins sont recouverts d'une substance végétale qui contient 70 $^0/_0$ de tanin, et, dans l'intérieur, on rencontre des matières albumineuses ainsi que des huiles grasses peu agréables au goût.

D'après le professeur O. Ottavi, nous trouvons, dans son savant traité d'*Œnologie Theorico-pratique*, une description détaillée de la formation du grain de raisin ; il donne le dessin agrandi de la section longitudinale centrale d'un grain de raisin (fig. 266).

« En ᴘ se trouve le pédoncule au moyen duquel des vaisseaux apportent la nourriture au grain; en o se termine le cordon ombilical qui traverse le grain; du point ᴘ se ramifient de nombreuses fibres au moyen desquelles l'aliment est porté dans toute la partie molle et charnue du fruit, c'est-à-dire dans le parenchyme qui se développe de de plus en plus; du point o se ramifient d'autres fibres qui nourrissent le pédicelle du grain; deux autres petits cordons vont ensuite du pédicelle aux pépins 1 et 2. Quand le raisin est mûr, le cordon ombilical, ainsi que les petits cordons qui vont aux pépins, prennent une teinte brune. C'est à cette teinte qu'on attribue la coloration brun violet du pédicelle du raisin mûr, coloration qui peut être une bonne indication pour prévenir le viticulteur qu'il doit se préparer à la vendange.

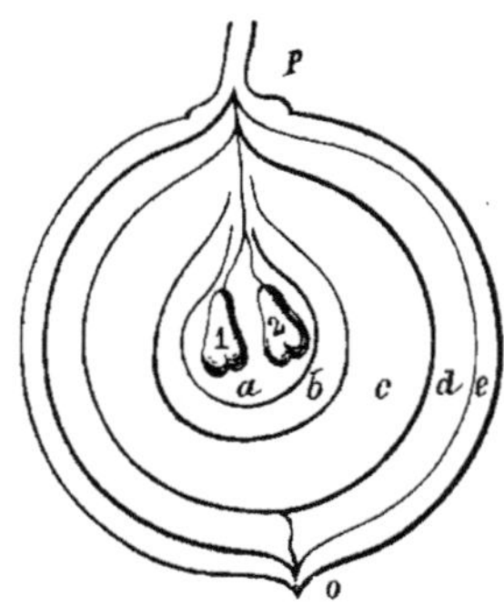

Fɪɢ. 266

Coupe d'un grain de raisin.

« Autour des pépins *a*, se trouve la couche *b*, sa composition est très complexe; elle n'a presque pas de sucre et contient des substances *albuminoïdes ou azotées* des *acides libres* parmi lesquels l'acide tartrique fait défaut et la crême de tartre. Les matières albuminoïdes sont cause de l'état visqueux et de la densité de la couche *b*. La couche *c* occupe plus d'espace que la couche *b*, mais elle est beaucoup moins dense parce qu'elle contient beaucoup d'eau; on y trouve principalement du sucre, de l'acide tartrique libre, d'autres acides, quelques sels et une faible quantité d'albumine. Vient après cette couche dont nous venons de donner la composition, la petite couche *d*, assez riche en sucre, de consistance charnue et composée de diverses substances, telles que la fécule, la gomme et les mucillages, qui, grâce à l'action de la lumière, de la chaleur et de l'humidité, se transforment en sucre; on trouve aussi dans cette couche *d* des acides et des substances albuminoïdes. Enfin la dernière couche *e*, qui est pour ainsi dire adhérente à la peau du raisin, a une grande importance, car c'est elle qui contient la matière colorante ; on y trouve aussi de l'acide tanique lorsque le raisin est presque mûr, des substances aromatiques qui donnent une saveur très prononcée à certains raisins, tels que les muscats, et qu'il ne faut pas confondre avec les éthers qui donnent aux vins vieux les bouquets qui les caractérisent. »

Pour que sa transformation en vin s'accomplisse dans de bonnes conditions et sans crainte de surprises fâcheuses pour l'avenir, le moût doit réunir la plus grande somme possible de sucre et une notable proportion d'acides fixes et libres en suspension. Nous avons déjà dit que le sucre est une question de maturité. On trouvera plus loin une étude spéciale sur les *acides* du vin.

Avant d'aller plus loin, plaçons ici une série de principes, basés sur des faits observés en Afrique et que nos viticulteurs ont tout intérêt à retenir :

1° *Plus un moût est vert, moins il est riche proportionnellement en sucre et plus il contient d'acide ; par conséquent, plus il lui faut de temps pour devenir buvable ;*

2° *Le vin qui provient d'un moût très riche en sucre et même suffisamment riche, est agréable et friand au palais.*

L'un des avantages que présente notre colonie algérienne et tunisienne, au point de vue de la viticulture, c'est que la vigne, quelles que soient les qualités des cépages, produit toujours dans ce pays des moûts assez sucrés pour qu'on en puisse faire des vins recherchés par le commerce, car la température conduit constamment le fruit à une maturité suffisante, même sur les hauteurs de la Kabylie (1,700 mètres d'altitude) ;

3° Les cépages, situés *sur coteaux* ou versants bien ressuyés et bien exposés, produisent des moûts *plus riches en principes sucrés que les cépages situés en plaine un peu humide*. L'acidité de ces derniers dépasse souvent la proportion utile ; le vin rouge qui en résulte est mal équilibré et peu agréable, mais le vin blanc est, par contre, excellent ;

4° Dans une même situation, les moûts peuvent différer de composition selon le mode de culture de plants.

Ceux qu'on obtient de raisins cultivés en *souches basses* seront toujours plus sucrés à cépages égaux que ceux provenant de *raisins cultivés en cordon sur fil de fer, ou en tonnelle, ou même en treille élevée,* mais moins fins, et, par contre, les vins qui proviendront de ces moûts plus sucrés, pécheront quelquefois par le défaut d'acidité et seront moins fruités. D'un autre côté, les vignes en cordon, en tonnelle et en treille produisent beaucoup plus, ainsi que nous l'avons dit ;

5° *Les moûts sont d'autant plus abondants en volume, qu'ils proviennent de raisins à pellicules fines et à pulpes peu charnues.*

L'abondance des moûts correspond à quatre éléments : 1° La fertilité du sol ; 2° la nature du plant ; 3° les *soins donnés*, tels que les nombreuses façons, les engrais, amendements, composts, etc ; 4° les variations atmosphériques de l'année ;

6° Les années pendant lesquelles l'hiver a été humide et l'été médiocrement chaud, sont les meilleures pour les viticulteurs d'Afrique.

Elles produisent des moûts abondants, d'une bonne tenue saccharine, et la *coloration de la pellicule est d'un rouge plus franc.*

Si, au contraire, l'hiver a été sec et chaud, ainsi que ceux des périodes sèches, les raisins sont moins volumineux ; la pellicule est plus épaisse. Le moût qui en résulte est plus riche en sucre, mais *la quantité totale en est fortement réduite et le rendement final du moût reste très inférieur à celui des années humides.*

Les années humides, en Algérie, correspondent aux années moyenne-nement humides du Midi de la France (dites bonnes années).

Ici s'affirme, une fois de plus, la loi de cette association naturelle qui peut et doit faire la fortune de l'Algérie et de la Tunisie : *du soleil* et *de l'eau ;*

7° Les moûts résultant des vendanges *faibles en acides* se transforment assez difficilement par les procédés ordinaires employés par nos viticulteurs. Le vin qu'on en retire est toujours plus ou moins louche et d'une couleur mal définie ;

8° Si l'hiver a été normal, mais que le siroco soit survenu en été, pendant la première évolution de la couleur, la pellicule s'épaissit en restant un peu dure et le moût ne suit plus son évolution saccharine avec autant d'activité ; *il reste un peu vert, acerbe, accompagné d'un goût étrange, comme il a été dit.* C'est ce qui s'est produit en 1885 sur des points peu humides ; ce cas est heureusement très rare ;

9° Si l'hiver a été sec et que l'été ait été visité par un fort siroco, comme celui qui est venu jeter le trouble dans les espérances des viticulteurs en 1892, non-seulement l'évolution normale se trouve enrayée, — mais, cette fois, la pellicule grossit au dépend du jus et de ses collaborateurs ; aussi les vins rouges provenant de cette vendange ont été, en majeure partie, très sucrés.

Nous réfugiant derrière l'autorité incontestée du Dr Guyot, nous pouvons ajouter avec lui qu'il importe de bien connaître le rapport des degrés des différents moûts de raisin avec la richesse correspondante des vins qu'ils produisent.

Ces rapports peuvent être approximativement établis ainsi qu'il suit :

Les moûts, qui n'accusent pas plus de 6 à 8 degrés au mustimètre, sont de petits vins ; ils peuvent être très fins et très délicats s'ils proviennent d'excellents cépages, mais ils ne sont pas assez *forts* pour le grand commerce et l'exportation.

Les moûts de fins cépages qui marquent de 8 a 15 degrés produisent les bons vins qui caractérisent plus spécialement les rendements de nos grandes exploitations viticoles.

Les moûts qui s'élèvent de 15 à 20 degrés produisent des vins très riches en alcool, en tanin et en matière colorante, propres à remonter les vins faibles ; ils produisent des vins de liqueur dont on retrouve les analogues, avec des quantités égales ou supérieures, en Espagne, en Portugal, en Italie, à Madère, et dans les principaux vignobles méridionaux.

Les variations de l'évolution saccharine dans les divers cépages et les rapports qui existent entre la quantité de sucre et celle des acides libres dans le moût, présentent une si grande importance dans notre grande colonie que nous avons cru devoir dresser, d'après nos observations personnelles, un tableau représentant ce rapport pour les différents cépages cultivés dans ce pays.

Tableau indiquant les proportions du sucre et des acides contenus dans le moût

provenant de divers cépages cultivés en Algérie et en Tunisie.

NOMS DES CÉPAGES	POIDS SPÉCIFIQUE du moût	ACIDE PAR LITRE	SUCRE PAR LITRE	ALCOOL par LITRE
Alicante (grenache)	1.095	4 25	221 00	13 00
Pedro Ximenès	1.091	7 21	238 00	14 00
Clairette	1.089	7 00	229 50	13 50
Furment	1.090	6 50	225 25	13 25
Semillou	1.087	5 50	221 00	13 00
Ferrana	1.086	5 00	204 00	12 00
Aïne-el-Kelb	1.084	4 00	195 50	11 50
Pineau (noirien)	1.081	7 50	212 50	12 50
Mourvèdre ou Morastel	1.087	7 00	204 00	12 00
Malbeck	1.083	6 75	195 50	11 50
Alicante (Henri Bouschet)	1.091	6 00	221 00	13 00
Petit-Bouschet	1.081	7 65	170 00	10 00
Cinsaut et Œuillade	1.083	6 50	187 00	11 00
Aramon	1.088	6 75	178 50	10 50
Hasseroumb-Lekal	1.080	7 00	170 00	10 00
Toustain-Habeneck	1.083	7 25	187 00	11 00

Tous ces raisins ont été cueillis à complète maturité.

Comme on le voit, l'Alicante (grenache), le Pineau, l'Alicante Henri Bouschet et le Pedro-Ximenès, produisent des moûts très riches en sucre. Cependant, il est aujourd'hui parfaitement démontré que l'Alicante contient une proportion notable de matières d'une transformation en alcool assez lente dans les vins rouges, mais plus rapide dans les vins blancs du même cépage.

La preuve en est dans ce fait que le vin rouge d'Alicante fermente constamment pendant la première année, malgré une température de 17°. Mais, lorsque ce moût sans pellicules a été converti seulement en vin blanc, sa fermentation s'effectue en moins de 4 mois, si ce vin a été soumis à une température dépassant 17°. — Ajoutons que c'est à la suite d'observations suivies avec constance depuis 1875 sur ce phénomène, que nous avons conseillé et conseillons encore la transformation de l'Alicante (grenache) en vin blanc; à ce sujet et pour le choix judicieux des cépages, nous prions le lecteur de vouloir bien se reporter au chapitre spécial consacré à ce sujet: *De la composition des cépages pour vins blancs*, 2mo vol., p. 70 et suivantes.

Nous croyons utile de donner, après ces observations générales, la composition d'un grain de raisin venu à pleine maturité, ainsi que les matières liquides en solution dans l'eau.

Composition du grain de raisin à maturité, d'après Comboni.

PEAU

Cellulose.
Œnoeyanine.
Œnorubine.
Tanin.
Crême de tartre.
Catechine.
Matières cireuses, germes de ferment.
Principes éthérés odorants.
Azotes, phosphates.
Potasse, chaux, magnésie.
Fer silice.

RAFLES

Ligueux.
Tanin.
Substances albuninoïdes.
Sels et acides organiques.
Sels et acides minéraux.
Chlorophylle.
Matières gommeuses.
Phosphates.
Potasse, chaux, magnésie.
Silice.

PÉPINS

Ligueux. Matières grasses.

PULPE

Parenchyme cellulaire.
Substances azotées.
Crême de tartre.
Gomme, pectine, dextrine.
Azote, acide carbonique.
Sels divers.

AZOTÉES

Gomme, amidon.
Phosphates.
Sels divers.
Tanin.

Matières liquides en solution dans l'eau :

Sucre interverti.
Substances azotées diverses.
Sucre de cannes et dulcite.
Gommes et congénères.
Crême de tartre, tartrates.

Acide tartrique, malique, citrique, etc.
Sels homogènes (traces).
Sels ammoniacaux et dérivés organiques.
Phosphates, sulfates, nitrates.
Potasse, chaux, magnésie.

Ces produits que l'on rencontre dans le moût naturel[1] du raisin changent de composition par suite de fermentation et acquièrent des qualités nouvelles qui caractérisent le vin proprement dit.

DOSAGE CHIMIQUE DU SUCRE DE RAISIN DANS LES MOUTS

L'analyse chimique est, de tous les moyens employés pour le dosage du sucre de raisin, le plus sûr et le plus parfait ; mais, à défaut de connaissances spéciales, on peut avoir recours à d'autres procédés suffisamment approximatifs.

---

[1] Sur cette même question des moûts en général, M. le Dr Guyot fournit comme moyenne les proportions suivantes :

Eau pure	720 g.	00
Glucose et sucre de raisin	200	00
Acides libres, tartrique, tanique, etc.	02	50
Sels ou acides organiques (bitartrate de potasse)	01	50
Sels minéraux	00	20
Substances albuminoïdes		
Huiles essentielles	0	05
Substances mucilagineuses et amylacées		
TOTAL	1.000 g.	00

Le but que nous nous proposons est de passer en revue, aussi succinctement possible, les procédés pratiques.

Lorsque l'on veut déterminer le dosage du sucre de raisin, on se procure de la liqueur bleue de Fehling titrée, de façon à ce que dix centimètres cubes soient décolorés par 0 gr. 05 de glucose ou sucre de raisin, ou par 0 g. 0475 de sucre de canne.

OPÉRATION. — « On choisit[1] quelques grappes de raisin dont l'état de maturité représente, aussi bien que possible, la composition moyenne de la vendange ; on les écrase au-dessus d'une capsule, on filtre le moût et l'on en mesure, au moyen d'une pipette (fig. 267), 10 centimètres cubes qu'on verse dans un ballon, dont le col porte un trait gravé représentant la capacité de 250 centimètres cubes ; on remplit le ballon jusqu'au trait avec de l'eau, on agite en retournant le ballon sens dessus dessous, après en avoir fermé le col avec le doigt, et l'on obtient ainsi un liquide contenant 25 fois moins de sucre que de moût.

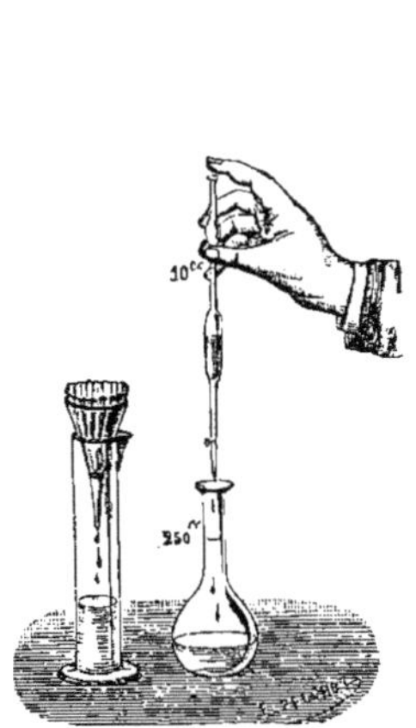

Fig. 267
Prélèvement de l'échantillon.

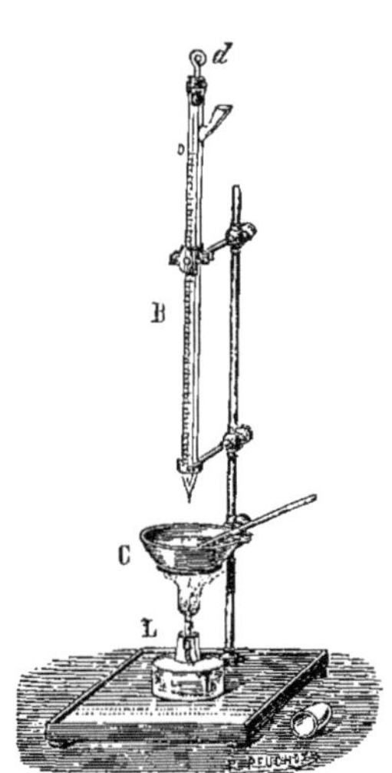

Fig. 268
Dosage du sucre.

« On remplit la burette B (fig. 268) jusqu'à la division o, avec le moût ainsi étendu d'eau ; on verse dans la capsule de porcelaine c, reposant sur l'anneau du support, 10 centimètres cubes de liqueur de Fehling, exactement mesurés au moyen d'une pipette ; on y ajoute une quantité à peu près égale d'eau distillée, ainsi que deux ou trois pastilles de potasse caustique ; on allume la lampe L et on chauffe la capsule jusqu'à

---

(1) Dujardin, *Essai Commercial des Vins.*

ce que la liqueur bleue entre en ébullition ; à ce moment on tourne légèrement la clef D de la burette et on laisse couler goutte à goutte le liquide sucré dans la capsule.

« La liqueur bleue ne tarde pas à changer d'apparence ; sous l'action du sucre, il se forme un nuage verdâtre, puis jaune orangé, qui se précipite ensuite sous forme de poudre rouge. En agitant le mélange, au moyen d'une baguette de verre, on remarque bientôt que la couleur bleue, laissant voir, par transparence, le fond rougi de la capsule, paraît violacée ; si l'on éloigne la lampe pendant quelques instants pour faire cesser l'ébullition, le précipité rouge se rassemble au fond de la capsule ; on peut voir alors que la couche de liquide qui touche le contour de la capsule conserve une couleur bleue, mais beaucoup plus claire. On verse de nouveau quelques gouttes de liquide sucré, en ayant soin de faire bouillir le liquide et en agitant avec la baguette de verre ; on remarque enfin, après quelques instants de repos, que la teinte bleue disparaît complètement.

La disparition complète de toute couleur bleue constituant le terme de l'opération, doit être saisie avec une grande exactitude ; il importe dès lors, non seulement de l'atteindre entièrement, mais aussi de ne pas la dépasser ; il ne faut donc verser les dernières gouttes de liquide sucré qu'avec précaution en vérifiant, après chaque addition, l'apparence de la capsule. On constate la fin de l'opération quand les contours de la capsule, ayant perdu toute nuance bleuâtre, sont incolores et n'ont pas encore atteint une coloration jaune clair d'abord, puis jaune d'or, car il ne faut jamais pousser jusqu'à la couleur jaune même la plus claire. Ajoutons que l'opération doit être conduite assez lentement : il ne faut pas trop attendre, entre chaque addition de liqueur sucrée, ni interrompre trop longtemps l'ébullition, car en se refroidissant, le mélange contenu dans la capsule peut redissoudre du cuivre et répandre une coloration bleuâtre qui fausserait le résultat de l'analyse.

On note, sur la division de la burette B le volume du liquide sucré qu'il a fallu verser dans la capsule pour obtenir la décoloration des 10 centimètres cubes de la liqueur de Fehling ; supposons que ce soit $8^{cc}4$; on cherche, dans la première colonne verticale du tableau 111 (dosage du sucre par l'analyse chimique),[1] le chiffre $8^{cc}4$, et dans la seconde colonne, portant le titre *sucre de raisins, grammes par litre*, on trouve 5,95, ce qui veut dire que le liquide sucré qu'on a versé dans la capsule contient 5 grammes et 85 centigrammes de sucre de raisin par litre ; mais nous nous rappelons que ce liquide est 25 fois moins sucré que le moût, puisque ce dernier a été étendu de 25 fois son volume d'eau ; par suite, il faut multiplier 5 g. 95 par 25, ce qui donne 148 gr. 75 pour le poids du sucre contenu dans le moût.

____

(1) Cette table a été calculée par M. Violette et publiée dans son excellente notice qui a pour titre : *Dosage du sucre par les liqueurs titrées* (1868).

DOSAGE DU SUCRE

PAR L'ANALYSE CHIMIQUE

Nombre de cent. cubes de liqueur sucrée	Glucose ou sucre de raisin gramme par litre	Sucre de cannes gramme par litre	Nombre de cent. cubes de liqueur sucrée	Glucose ou sucre de raisin gramme par litre	Sucre de cannes gramme par litre	Nombre de cent. cubes de liqueur sucrée	Glucose ou sucre de raisin gramme par litre	Sucre de cannes grammes par litre
0.50	100.00	95.00	5.0	10.00	9.50	10.0	5.00	4.75
0.55	90.91	86.36	5.1	9.80	9.31	10.1	4.95	4.70
0.60	83.33	79.17	5.2	9.61	9.13	10.2	4.90	4.66
0.65	76.92	73.08	5.3	9.43	0.96	10.3	4.85	4.61
0.70	71.26	67.86	5.4	9.26	8.80	10.4	4.81	4.57
0.75	66.67	63.33	5.5	9.09	8.64	10.5	4.76	4.52
0.80	62.50	59.37	5.6	8.93	8.48	10.6	4.72	4.48
0.85	58.82	55.88	5.7	8.77	8.33	10.7	4.67	4.44
0.90	55.55	52.78	5.8	8.62	8.19	10.8	4.63	4.40
0.95	52.63	50.00	5.9	8.47	8.05	10.9	4.59	4.36
1.0	50.00	47.50	6.0	8.33	7.92	11.0	4.54	4.32
1.1	45.45	43.18	6.1	8.20	7.79	11.1	4.50	4.27
1.2	41.67	39.58	6.2	8.06	7.66	11.2	4.46	4.24
1.3	38.46	36.54	6.3	7.94	7.54	11.3	4.42	4.20
1.4	35.71	33.93	6.4	7.81	7.42	11.4	4.39	4.17
1.5	33.33	31.67	6.5	7.69	7.34	11.5	4.35	4.13
1.6	31.25	29.69	6.6	7.57	7.20	11.6	4.31	4.09
1.7	29.41	27.94	6.7	7.46	7.90	11.7	4.27	4.06
1.8	27.78	26.39	6.8	7.35	6.98	11.8	4.24	4.02
1.9	26.32	25.00	6.9	7.25	6.88	11.9	4.20	3.99
2.0	25.00	23.75	7.0	7.14	6.78	12.0	4.17	3.96
2.1	23.81	22.62	7.1	7.04	6.69	12.1	4.13	3.92
2.2	22.73	21.59	7.2	6.94	6.60	12.2	4.10	3.89
2.3	21.74	20.65	7.3	6.85	6.51	12.3	4.06	3.86
2.4	20.83	19.79	7.4	6.76	6.42	12.4	4.03	3.83
2.5	20.00	19.00	7.5	6.67	6.33	12.5	4.00	3.80
2.6	19.23	18.27	7.6	6.58	6.25	12.6	3.07	3.77
2.7	18.52	17.59	7.7	6.49	6.17	12.7	3.94	3.74
2.8	17.86	16.96	7.8	6.41	6.09	12.8	3.91	3.71
2.9	17.24	16.38	7.9	6.33	6.01	12.9	3.88	3.68
3.0	16.67	15.83	8.0	6.25	5.94	13.0	3.85	3.65
3.1	16.13	15.52	8.1	6.17	5.86	13.1	3.82	3.63
3.2	15.62	14.84	8.2	6.10	5.79	13.2	3.79	3.60
3.3	15.15	14.39	8.3	6.02	5.72	13.3	3.76	3.57
3.4	14.71	13.97	8.4	5.95	5.65	13.4	3.73	3.54
3.5	14.29	13.57	8.5	5.88	5.59	13.5	3.70	3.52
3.6	13.89	13.19	8.6	5.81	5.52	13.6	3.68	3.49
3.7	13.51	12.84	8.7	5.75	5.46	13.7	3.65	3.47
3.8	13.16	12.50	8.8	5.68	5.40	13.8	3.62	3.44
3.9	12.82	12.18	8.9	5.62	5.34	13.9	3.60	3.42
4.0	12.50	11.87	9.0	5.55	5.28	14.0	3.57	3.39
4.1	12.19	11.58	9.1	5.49	5.22	14.1	3.55	3.37
4.2	11.90	11.31	9.2	5.43	5.16	14.2	3.52	3.34
4.3	11.63	11.05	9.3	5.38	5.11	14.3	3.50	3.32
4.4	11.36	10.79	9.4	5.32	5.05	14.4	3.47	3.30
4.5	11.11	10.50	9.5	5.26	5.00	14.5	3.45	3.27
4.6	10.87	10.33	9.6	5.21	4.95	14.6	3.42	3.25
4.7	10.64	10.11	9.7	5.15	4.90	14.7	3.40	3.23
4.8	10.42	9.89	9.8	5.10	4.85	14.8	3.38	3.21
4.9	10.20	9.69	9.9	5.05	4.80	14.9	3.35	3.19

DOSAGE DU SUCRE PAR L'ANALYSE CHIMIQUE (Suite)

Nombre de cent. cubes de liqueur sucrée	Glucose ou sucre de raisin gramme par litre	Sucre de cannes gramme par litre	Nombre de cent. cubes de liqueur sucrée	Glucose ou sucre de raisin gramme par litre	Sucre de cannes gramme par litre	Nombre de cent. cubes de liqueur sucrée	Glucose ou sucre de raisin gramme par litre	Sucre de cannes gramme par litre
15.0	3.33	3.17	18.0	2.78	2.64	30.0	1.67	1.58
15.1	3.31	3.14	18.1	2.76	2.62	31.0	1.61	1.53
15.2	3.29	3.12	18.2	2.75	2.61	32.0	1.56	1.49
15.3	3.27	3.10	18.3	2.73	2.59	33.0	1.51	1.44
15.4	3.25	3.08	18.4	2.72	2.58	34.0	1.47	1.40
15.5	3.22	3.06	18.5	2.70	2.57	35.0	1.43	1.36
15.6	3.20	3.04	18.6	2.69	2.55	36.0	1.39	1.32
15.7	3.18	3.02	18.7	2.67	2.54	37.0	1.35	1.28
15.8	3.16	3.01	18.8	2.66	2.53	38.0	1.31	1.25
15.9	3.14	2.99	18.9	2.64	2.51	39.0	1.28	1.22
16.0	3.12	2.97	19.0	2.63	2.50	40.0	1.25	1.29
16.1	3.10	2.95	19.1	2.62	2.49	41.0	1.22	1.26
16.2	3.09	2.93	19.2	2.60	2.47	42.0	1.19	1.13
16.3	3.07	2.91	19.3	2.59	2.46	43.0	1.16	1.10
16.4	3.05	2.90	19.4	2.58	2.45	44.0	1.14	1.18
16.5	3.03	2.88	19.5	2.56	2.44	45.0	1.11	1.15
16.6	3.01	2.86	19.6	2.55	2.42	46.0	1.09	1.03
16.7	2.99	2.84	19.7	2.54	2.41	47.0	1.02	1.01
16.8	2.98	2.83	19.8	2.52	2.40	48.0	1.04	0.09
16.9	2.96	2.81	19.9	2.51	2.39	49.0	1.02	0.07
17.0	2.94	2.79	20.0	2.50	2.37			
17.1	2.92	2.78	21.0	2.38	2.26			
17.2	2.91	2.76	22.0	2.27	2.16			
17.3	2.89	2.74	23.0	2.17	2.06			
17.4	2.87	2.73	24.0	2.08	1.98			
17.5	2.86	2.71	25.0	2.00	1.90			
17.6	2.84	2.70	26.0	1.92	1.83			
17.7	2.82	2.68	27.0	1.85	1.76			
17.8	2.81	2.67	28.0	1.78	1.70			
17.9	2.79	2.65	29.0	1.72	1.64			

Il ne faut pas, cependant, accorder à ce chiffre 148 gr. 75 une valeur absolue, car presque tous les vins, même ceux qui, contenant peu d'alcool, ont dû accomplir leur complète fermentation, accusent encore, quand on les analyse par le procédé chimique que nous venons de décrire, la présence d'une petite quantité de sucre. Les vins les plus secs, ceux dans lesquels la dégustation ne reconnaît plus aucun principe sucré, réduisent la liqueur de Fehling comme s'ils contenaient encore un ou deux grammes de sucre par litre. Les chimistes les plus autorisés ne sont pas d'accord sur la nature des principes qui, dans les vins fermentés, réduisent ainsi les sels de cuivre. Les uns prétendent que le moût fermenté suivant les procédés actuels de la viticulture, n'est pas entièrement transformé par le ferment et que le vin contient toujours des traces de sucre; d'autres attribuent cette faible action du vin sur la liqueur de Fehling à des principes propres au vin, et autre que le sucre auxquels ils appliquent le nom de *sels réducteurs*. Quoi qu'il en soit de ces hypothèses, nous conseillons de retrancher de tous les résultats fournis par l'analyse chimique le poids de 1 gramme de sucre, que nous appelons *action de la matière réductrice*. De sorte que les 148 gr. 75 que nous a fournis l'exemple précédent, étant diminués de 1 gramme, il nous reste 147 gr. 77 de sucre fermentescible et utilisable par litre de moût.

DÉTERMINATION DE L'ACIDITÉ TOTALE D'UN MOUT

Les moûts contiennent en général des acides végétaux dans une proportion variant entre 4 et 6 grammes par litre, destinés à faciliter la transformation du sucre en alcool et à développer avec le temps dans le vin fait, par leur action sur l'alcool, les éthers nombreux qui lui donnent son bouquet et ses qualités principales.

Le titrage de l'acidité d'un moût de raisin présente donc un grand intérêt dans la vinification.

Les moûts sont plus ou moins riches en acides selon les années et suivant la nature des cépages.

En Algérie, comme en Tunisie, nos moûts sont toujours assez sucrés, mais ils sont quelquefois un peu faibles en acides; la proportion de

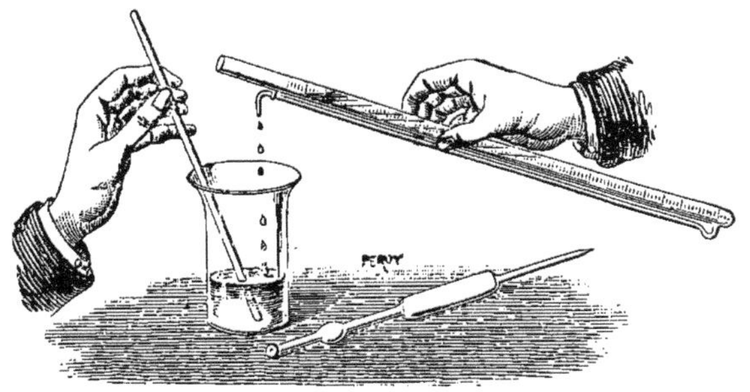

Fig. 269. — Dosage de l'acidité totale des moûts.

ces acides fixes et volatils varie entre 4 et 6 grammes par litre; leur présence est nécessaire, non-seulement pour équilibrer la composition chimique du vin, mais aussi pour faciliter la transformation du sucre en alcool et développer avec le temps dans le vin, par leur action sur l'alcool, les éthers qui lui donnent son bouquet.

Si nos vins vieillissent avec une rapidité désespérante, cette anomalie est due à ce que nos moûts sont trop pauvres en acides libres et fixes.

Les acides qui entrent dans la composition du moût sont les acides tartrique, citrique, tanique, malique, succinique, pectique, etc.; ils jouent un rôle très important en se combinant avec les matières azotées pour se précipiter, en partie, avec elles. C'est de là que la clarification commence et que le goût s'affranchit de ses embarras.

La moyenne des moûts de notre colonie est d'environ 5 gr. 1/2 par litre ; c'est beaucoup trop faible en présence des grandes quantités de sucre qu'ils contiennent.

En France, il est souvent utile de corriger l'acidité des moûts en abaissant leur degré à l'aide du carbonate de chaux (poudre de marbre).

En Algérie, c'est le contraire qui se produit ; ils ont besoin d'être relevés par une addition d'acides libres.

Nous ne voulons pas entraîner le lecteur à faire des expériences de laboratoire qui pourraient le conduire trop loin.

Nous nous bornerons à indiquer le moyen le plus pratique et le plus simple pour reconnaître le degré acimétrique d'un moût de raisin soumis à l'essai.

M. Dujardin [1] donne un procédé très simple pour arriver au résultat pratique que réclame ce dosage :

Pour doser l'acidité totale d'un moût, dit-il, « on prépare d'abord deux liqueurs titrées, dont l'une contient de l'eau distillée et 10 grammes d'acide sulfurique monohydraté par litre ; l'autre est une dissolution de soude ou de potasse caustique titrée de telle sorte que 10 centimètres cubes de ce liquide alcalin saturent 10 centimètres cubes de la liqueur acide.

Pour faire un essai, on filtre un échantillon du moût, puis on en prélève 10 centimètres cubes, mesurés au moyen d'une pipette jaugée, et on les verse dans un vase à saturation ; on y ajoute de l'eau distillée, jusqu'au trait qui mesure 60 centimètres cubes, et deux gouttes d'une teinture alcoolique de phtaléine de phénol. On remplit la burette, divisée par dixièmes de centimètre cube, jusqu'à la division 0, avec du liquide alcalin et on verse celui-ci, goutte à goutte, dans le verre, puis on agite jusqu'au changement de la couleur du vin et jusqu'à l'apparition d'une légère *teinte rosée persistante* (fig. 269).

Généralement, la teinte naturelle jaune ou rosée du moût change de couleur un peu avant l'apparition de la teinte rosée propre au réactif ; elle tourne au brun verdâtre, mais une ou deux gouttes de liqueur alcaline suffisent pour amener la teinte rose de la phtaleine qui indique la fin de l'opération.

On lit sur la burette le nombre de centimètres cubes de liqueur alcaline qui ont été employés et on en retranche 0^{cc} 1, qui représente le volume nécessaire pour faire virer le réactif. Supposons que pour obtenir la teinte rose il ait fallu verser avec la burette 4 centimètres cubes et 9 dixièmes de liqueur alcaline, nous dirons que 10 centimètres cubes de moût saturés par 4^{cc} 9 — 0^{cc} 1 = 4^{cc} 8 de liqueur alcaline et

---

(1) Dujardin, *Essai Commercial des Vins*, page 41.

qu'un litre de moût essayé contient une quantité d'acides équivalente à 4 grammes et 8 décigrammes d'acide sulfurique. »

On voit que chaque centimètre cube de liqueur alcaline employée représente 1 gramme d'acide par litre de vin.

DOSAGE DU TANIN

La méthode la plus simple et qui paraît la plus pratique est celle due à M. Roos. [1]

« On fait une solution à 10 % d'acide tartrique qu'on sature d'ammoniaque jusqu'à faible alcalinité ; on ajoute alors au tartrate d'ammoniaque une solution d'acétate neutre de plomb jusqu'à ce que le précipité qui se forme ne se redissolve plus dans sa liqueur, puis on filtre. Cette liqueur précipite complètement le tanin de ses solutions. On en fixe le titre avec une solution de tanin pur à l'éther en procédant de la façon suivante :

25 centimètres cubes de solution de tanin à 5 grammes par litre, soit 0 gr. 10 de tanin, sont placés dans un verre, puis additionnés de 4 à 5 gouttes d'ammoniaque. On fait tomber la solution d'acéto-tartrate de plomb d'une burette graduée, de deux en deux centimètres cubes pour un premier essai rapide. A chaque nouvelle quantité ajoutée, on prélève avec une baguette une goutte de l'essai que l'on dépose dans une double feuille de papier sans colle (Berzelius). Le précipité adhérent à la baguette reste sur le papier au point touché, tandis que par la capillarité, le liquide s'étend autour et gagne ainsi la feuille inférieure. Dans le voisinage de la tache on dépose une goutte de solution de sulfate de sodium, en ayant soin que le réactif se mélange bien par capillarité au liquide de la première goutte sans que le précipité soit entraîné.

Ce précipité (tartrate de plomb) forme sur le papier une tache à contours très nets qui se fonce sous l'influence du sulfure de sodium, mais qui ne s'entoure d'un auréole brune qu'à partir du moment où le tanin est entièrement précipité. L'intensité de la teinte croît naturellement avec l'excès de plomb.

Après quelques essais seulement, on reconnaît aisément que l'opération est terminée. On a, du reste, pour témoigner que l'observation a été bien faite, la feuille de papier inférieure qui ne donne une trace que lorsque la précipitation complète du tanin est atteinte et qu'il existe un léger excès de plomb dans l'essai.

Le premier essai rapide donne un litre à 2 centimètres cubes près ; un second essai, fait de cinq en cinq gouttes, par exemple, permet de le fixer définitivement. La solution d'acétotartrate de plomb ammoniacal

---

[1] *Journal de Pharmacie et de Chimie,* 15 janvier 1890.

ne précipite pas les différents sels minéraux contenus dans le vin, tels que tartrates, sulfates, etc.

Dans le vin, le dosage du tanin et l'appréciation de la fin de l'opération se font de la même manière que pour la fixation du titre à l'aide de la solution connue du tanin,

On prend 25 centimètres cubes de vin qu'on additionne d'ammoniaque jusqu'à faible alcalinité. Il est bon de ne pas trop mettre d'ammoniaque, car la précipitation du tanin ne paraît pas se faire aussi facilement dans un milieu trop fortement alcalin. Les gouttes servant à la touche s'étendent avec une légère coloration verte qui gêne un peu pour observer le terme de la réaction.

Au début, on peut avoir quelque incertitude, mais l'habitude en triomphe bientôt.

Les résultats qu'on obtient en usant de cette méthode sont plus faibles que ceux que donnent les méthodes par oxydation. Ils n'expriment peut-être pas la quantité absolue de tanin, mais on est fondé à dire que les chiffres se rapprochent davantage de la vérité, puisque les causes d'erreur semblent écartées et que la totalité du tanin est précipité. »

DOSAGE DE LA GLYCÉRINE

« On mélange à un demi-litre de vin, dit M. Macagno, 10 à 15 gr. d'oxide de plomb récemment précipité.

En remuant le tout à chaud, on obtient un précipité gris très abondant et, en filtrant, on a un liquide très limpide, contenant la glycérine, le glucose, quelques sels solubles de plomb et toutes les bases solubles primitivement combinées aux acides du vin et que l'oxyde de plomb a séparées. On évapore ce liquide au bain-marie et on mélange le résidu avec l'oxyde de plomb hydraté en suspension dans l'alcool. L'oxyde de plomb sature les acides libres qui se sont encore formés pendant l'opération, et si on le laisse en contact un temps suffisant, il forme, avec le glucose, un composé insoluble.

L'alcool, de son côté, dissout la glycérine. On filtre, on traite la liqueur filtrée par un courant d'acide carbonique, qui précipite le plomb en excès et transforme la potasse, mise en liberté par l'oxyde de plomb, en carbonate de potasse insoluble dans l'alcool. Évaporé au bain-marie, le liquide filtré abandonne la glycérine pure. »

§ 2. — Amélioration des moûts.

Nous avons dit que la maturation complète des raisins était un des privilèges de la vigne en Afrique ; c'est, en effet, la règle générale, mais, comme toutes les règles, elle ne va pas sans quelques exceptions. Il y a des années où les raisins mûrissent moins complètement. Tantôt, par suite, la teneur en sucre est plus faible, tantôt elle est plus élevée.

Les cépages peuvent jouer, d'ailleurs, un rôle important dans ces variations du titre saccharin.

Quoi qu'il en soit, les vins à faible degré saccharimétrique ont besoin d'être remontés par un sucrage, soit naturel, soit artificiel, pour atteindre le degré qui leur convient.

Le sucrage des moûts est à peu près inconnu des colons viticulteurs algériens et tunisiens par l'excellente raison qu'il y est rarement nécessaire. Il peut se présenter, toutefois, des années ou des situations qui obligent à *remonter* le titre d'un vin, par exemple si l'été a été exceptionnellement humide par suite d'une série de pluies. Dans ces conditions, le sucrage des moûts, au moment de la mise en cuve, est infiniment préférable au vinage ; car la surproduction d'alcool qui en résulte s'assimile au corps du vin plus facilement et plus intimement que ne peut jamais le faire l'alcool ajouté après coup ou pendant les derniers moments de la fermentation.

Il existe plusieurs façons de pratiquer le sucrage.

Certains auteurs conseillent l'addition du sucre en nature soupoudré sur la vendange.

Nous préférons beaucoup l'emploi du sucre dissous dans son poids d'eau chaude. On y incorpore les produits indispensables et nécessaires à une bonne vinification, avec lesquels on arrose le moût au fur et à mesure qu'il est introduit dans la cuve, et l'incorporation du sucre se fait pour ainsi dire toute seule. La nature du sucre additionné peut influer sur la qualité du vin.

Autrefois, on employait, par économie, des cassonades plus ou moins épurées, il s'en est suivi des déboires qui ont fait adopter définitivement aujourd'hui le sucre blanc cristallisé épuré, soit de *cannes,* soit de *betteraves.*

---

§ 3. — Quantité de sucre nécessaire pour remonter les moûts.

Le sucrage ne doit être employé que pour fournir un supplément, un appoint au sucre naturel contenu dans le moût.

La fabrication des seconds vins à haute dose, ne produit qu'un vin médiocre, sans corps ni couleur, et d'une durée très courte ; ce vin contient, en outre, une notable quantité d'acide carbonique naissant qui s'échappe à l'état gazeux pendant quelque temps.

Les quantités de sucre nécessaires pour remonter un moût trop faible ont été relevées par nous avec le plus grand soin. On trouvera plus loin une table que nous avons dressée qui fournit, à cet égard, toutes les indications utiles pour faire des vins de 12° 9 d'alcool.

Il arrive souvent que, par suite d'une année humide qui a produit beaucoup de raisins, le degré saccharimétrique du moût est trop bas pour produire des vins que réclame le commerce. (N'oublions pas que c'est le commerce qui règle nos destinées.) Aussi, ces vins ont-ils besoin d'être relevés en degrés.

Il ne faut pas oublier, non plus, qu'aujourd'hui les vins du nord de l'Afrique Française qui entrent en France, ne peuvent dépasser 15° 9 ; c'est le maximum que tolèrent les douanes françaises, à la condition, bien entendu, qu'il n'y ait pas eu vinage par l'alcool en excès, prohibé par les règlements. Dans ce dernier cas, la douane taxerait la totalité de l'alcool contenu.

Tableau indiquant les richesses saccharine et alcoolique du moût de raisin

ainsi que la quantité de sucre nécessaire pour remonter les vins à 12 degrés 9.

DENSITÉS ou DEGRÉS DU MOUT au mustimètre	SUCRE DE RAISIN contenu PAR LITRE DE MOUT en grammes	RICHESSE ALCOOLIQUE du VIN FAIT	SUCRE BLANC qu'il faut ajouter à un litre de moût pour obtenir un vin de 12 degrés 9 d'alcool	DENSITÉS ou DEGRÉS DU MOUT au mustimètre	SUCRE DE RAISIN contenu PAR LITRE DE MOUT en grammes	RICHESSE ALCOOLIQUE du VIN FAIT	SUCRE BLANC qu'il faut ajouter à un litre de moût pour obtenir un vin de 12 degrés 9 d'alcool
1044	087	5.10	133	1070	156	9.20	63
1045	089	5.20	131	1071	158	9.30	61
1046	092	5.40	127	1072	161	9.50	58
1047	095	5.60	124	1073	163	9.60	56
1048	097	5.70	122	1074	166	9.80	53
1049	100	5.90	119	1075	170	10	49
1050	103	6	117	1076	172	10.10	48
1051	106	6.20	114	1077	175	10.30	44
1052	108	6.30	112	1078	178	10.50	41
1053	111	6.50	109	1079	180	10.60	39
1054	114	6.70	105	1080	183	10.80	36
1055	116	6.80	104	1081	185	10.90	34
1056	119	7	100	1082	187	11	32
1057	122	7.20	97	1083	190	11.20	29
1058	124	7.30	95	1084	194	11.40	26
1059	127	7.50	92	1085	195	11.50	24
1060	130	7.60	90	1086	199	11.70	20
1061	132	7.80	87	1087	202	11.90	17
1062	135	7.90	85	1088	204	12	15
1063	138	8.10	82	1089	207	12.20	12
1064	140	8.20	80	1090	210	12.30	10
1065	143	8.40	77	1091	212	12.50	7
1066	146	8.60	73	1092	215	12.60	5
1067	148	8.70	71	1093	218	12.80	2
1068	151	8.90	68	1094	220	12.90	0
1069	154	9	66				

Exemple : 1° Sachant qu'un moût provenant d'Aramon accuse une teneur saccharine de 138 grammes par litre, nous trouvons en regard, à la colonne suivante, 8° 10 d'alcool. Si nous voulons porter ce vin à 12° 9, nous serons obligé d'avoir recours à une addition de sucre qui est tout indiquée en regard de la 4ᵐᵉ colonne, c'est-à-dire 82 grammes de sucre qu'il faut ajouter à la vendange dans la cuve ;

2° Voulant porter un vin de Petit-Bouschet à 12° 9, étant donné qu'il ne pèse que 10°, il suffira donc de regarder le chiffre en sucre correspondant à 49 grammes. On peut varier à l'infini la transformation d'un moût ayant comme objectif un degré variable quelconque. Il suffira, dans ce cas, de se servir du coefficient invariable 17 ;

3° Veut-on obtenir 11° 50 d'un moût de Cinsaut qui ne pèse que 10° ? Il suffira, dans ce cas, de poser l'équation suivante :

$$11° \ 50 - 10° = 1{,}50 \times 17 = 25 \ \text{gr.} \ 5 \text{ à ajouter à ce moût.}$$

§ 4. — Quantité d'eau nécessaire pour descendre le degré d'un moût.

En ouvrant ce paragraphe et avant tout, donnons le tableau de la quantité d'eau à ajouter pour ramener le moût à une densité de 1094 :

DENSITÉS ou DEGRÉS DU MOUT au mustimètre	SUCRE DE RAISIN contenu PAR LITRE DE MOUT en grammes	RICHESSE ALCOOLIQUE du VIN FAIT	EAU qu'il faut ajouter à un litre de moût pour le ramener à la densité de 1094	DENSITÉ ou DEGRÉS DU MOUT au mustimètre	SUCRE DE RAISIN contenu PAR LITRE DE MOUT en grammes	RICHESSE ALCOOLIQUE de VIN FAIT	EAU qu'il faut ajouter à un litre de moût pour le ramener à la densité de 1094
1095	223	13.10	0 g. 10	1118	284	16.70	2 g. 27
1096	226	13.30	0 21	1119	287	16.90	2 88
1097	228	13.40	0 38	1120	290	17.00	2 48
1098	231	13.60	0 39	1121	292	17.20	2 56
1099	234	13.80	0 50	1122	295	17.30	2 66
1100	236	13.90	0 57	1123	298	17.45	2 77
1101	239	14.00	0 67	1124	300	17.60	2 84
1102	242	14.20	0 78	1125	303	17.80	2 95
1103	244	14.30	0 85	1126	306	18.00	3 05
1104	247	14.50	0 96	1027	308	18.10	3 12
1105	250	14.70	1 06	1128	311	18.30	3 23
1106	252	14.80	1 14	1129	314	18.50	3 33
1107	255	15.00	1 24	1130	316	18.60	9 41
1108	258	15.20	1 35	1131	319	18.80	3 51
1109	260	15.30	1 42	1132	322	18.90	3 62
1110	263	15.40	1 53	1133	324	19.00	3 69
1111	266	15.60	1 63	1134	327	19.20	3 80
1112	268	15.80	1 70	1135	330	19.40	3 90
1113	271	15.90	1 81	1136	332	19.50	3 98
1114	274	16.10	1 92	1137	335	19.70	4 08
1115	276	16.20	1 99	1138	338	19.90	4 19
1116	279	16.40	2 09	1139	340	20.00	4 26
1117	282	16.60	2 17	1140	343	20.20	4 35

Exemple : 1º Veut-on descendre le degré à 12º 9 d'un moût provenant d'Alicante Henri Bouschet qui pèse 14º ? Dans ce cas, il suffira de se reporter à la 4ᵐᵉ colonne et voir quel est le chiffre qui correspond à 14º : on voit que c'est 67 grammes d'eau qu'il faut ajouter par litre de moût pour le descendre à 12º 9 ;

2º Veut-on descendre un moût de 15º à 12º 9 ? On trouvera en regard 15º, soit 142 grammes d'eau à ajouter.

Il n'est pas rare, en Algérie et en Tunisie, de trouver des vins dont le degré alcoolique dépasse 15º en rouge et 16º en blanc.

Même en raison des cépages, de leur situation et de l'état climatérique de l'année, ces effets sont très étendus surtout dans les terrains silico-calcaires, argileux et ferrugineux.

Il est bien regrettable que l'administration ait pris des mesures aussi sévères concernant la limite du degré des vins.

Que veut donc dire 12º 9, si nous produisons 16º couverts en blanc et 15º couverts en rouge ? Il faut donc enlever la véritable valeur de nos vins en y ajoutant de l'eau ? C'est fâcheux.— Espérons que le Gouvernement reviendra sur cette décision, et qu'il étudiera cette question très importante pour nos viticulteurs.

L'eau que l'on ajoute à un moût quelconque doit être dépourvue de corps étrangers ; sa nature peut jouer un rôle important, si elle est saumâtre ou si elle est trop calcaire. Il faut la prendre soit dans une citerne, soit dans un puits, en la battant de façon à l'aérer.

---

§ 5. — Quantités d'acides libres à ajouter au moût.

Comme nous l'avons vu plus haut, pour produire un vin normal, il faut l'équilibrer s'il ne l'est pas ; car lorsqu'un moût de raisin (prenant de la Cariragne, par exemple) située en plaine, dépasse 187 grammes de sucre par litre, il perd peu à peu son acidité au fur à mesure qu'il s'enrichit en sucre.

Si le degré acidimétrique est trop faible, le moût reste paresseux dans sa fermentation, le vin qui en découle se conserve moins bien que celui qui résulte d'un moût bien équilibré. Aussi est-il nécessaire d'ajouter à ces moûts une certaine quantité d'acides libres pour égaliser l'excès de sucre.

Les principes que contient le moût de raisin sont les acides tartrique, tanique, citrique, bitartrate, etc. (Voir le tableau de la composition des vins).

Autrefois, avant les savantes recherches de Pasteur, on admettait que 100 grammes de sucre de raisin se décomposaient en 48 gr. 8 d'acide carbonique et 51 grammes d'alcool absolu ; aussi ne s'expliquait-on pas pourquoi les résultats pratiques ne correspondaient jamais à cette équation.

Pasteur, dans ses travaux œnologiques, a expliqué ces anomalies. Il a fait connaître qu'en dehors de l'acide carbonique et de l'alcool, la fermentation produisait encore de la glycérine, de l'acide succinique et autres substances, dans les proportions à peu près invariables représentées par les chiffres ci-dessous :

	Acide carbonique.	46.56
100 grammes sucre	Alcool.	48.36
de raisin	Glycérine.	3.21
contiennent	Acide succinique	0.61
	Cellulose, etc.	1.22

Le poids trouvé de l'alcool (48,36) représente un volume de 0,60,40.

OBSERVATIONS. — *Les moûts provenant des raisins mûris près du sol sont généralement plus sucrés que ceux qui ont mûri à une certaine hauteur. En revanche, ils sont moins riches en acide.*

Comme nous l'avons déjà dit, l'acidité des moûts de raisin provient des acides libres et fixes qu'ils contiennent ; ces excès : acide tartrique et ses dérivés, connus sous le nom de tartre, acide malique et acides racimique, citrique et tanique.

Les acides qui entrent dans la combinaison des moûts sont plus ou moins solubles dans l'eau ou dans l'alcool, ainsi que le démontre l'analyse suivante :

Nombre de grammes qui se dissolvent dans un litre de liquide :

Acide tartrique.	666	grammes dans	1.000	grammes d'eau	froide.
—	2.000	—	1.000	—	chaude.
Bitartrate de potasse. .	5	—	1.000	—	froide.
— . .	62	—	1.000	—	chaude.

Remarquons que si le bitartrate de potasse est faiblement soluble dans l'eau chaude, il est absolument insoluble dans l'alcool. Sa présence cependant est nécessaire dans la composition du vin qu'il bonifie, car nous avons constaté que moins l'acide tartrique domine, plus, par conséquent, est faible le dépôt tartrique ; mais, d'un autre côté, la présence d'une notable quantité d'acide tartrique dans le vin offre l'avantage d'empêcher la formation des acides lactique, butyrique et acétique qui pourraient nuire à la qualité du vin.

L'acide tartrique du commerce, c'est-à-dire celui qui est simplement cristallisé, est entièrement soluble dans l'eau tiède, mais moins dans l'alcool ; car il est à remarquer que, lorsque l'alcool est en excès dans le vin, l'acide tartrique se précipite en quantité infinitésimale au fond du liquide.

L'acide citrique est également soluble dans l'eau, même froide, et beaucoup moins dans l'alcool (soluble dans l'alcool à 15°).

L'acide tanique est entièrement soluble dans l'eau chaude et dans l'alcool ; son action se porte particulièrement sur les matières azotées ; il agit sur ces substances en s'unissant avec elles pour former des produits dont la densité ne leur permet pas de rester en suspension dans le liquide et, par suite, se précipitent au fond du vin. Mais la majeure partie du tanin reste combinée aux alcools, aux éthers et aux autres corps qui constituent le vin proprement dit.

Lorsque le tanin équilibre les autres acides libres, il se combine en vieillissant avec le vin et se transforme en sucre et en acide gallique, dont la parenté avec l'acide tanique est connue.

L'acide succinique est en petite proportion dans le vin, mais sa présence joue un rôle remarquable dans la formation d'éthers suaves que l'on remarque surtout dans les vins de Bordeaux, auxquels il communique un parfum particulier.

Les acides dont nous venons de parler ne sont pas les seuls dont il y ait à se préoccuper, quand on veut s'assurer le bienfait d'une vinification *irréprochable*, point capital pour l'écoulement commercial du vin ; point sur lequel on ne saurait trop insister en Algérie, où la vinification a été si longtemps négligée.

Mais, nous exposerons en détail toutes les données de la science et de la pratique sur les acides du vin, dans la note spéciale que nous avons consacré à cette matière. Terminons, ici, par quelques observations importantes sur le défaut d'acidité du vin.

Ce défaut d'acidité, qui entraîne une moins-value, se fait souvent remarquer dans les vignobles situés en côteaux exposés au Sud et dont les cépages produisent des moûts dosant plus de 320 grammes de sucre par litre, c'est-à-dire plus de 12° 9 d'alcool.

Quand l'acidité totale d'un moût descend à 4 pour 1,000, concuremment avec une grande quantité de sucre comme celle qui vient d'être signalée, c'est le cas de remonter ce moût par un apport d'acides libres.

Tableau indiquant quelques analyses de moûts provenant de cépages cultivés en Algérie

(Expériences faites en 1880-1881, à Birtouta)

DÉSIGNATION DES CÉPAGES	Sucre par litre		Acides libres par litre	
	en coteau	en plaine	en coteau	en plaine
Aramon	178	144	6.00	7.00
Chasselas	161	144	4.00	5.25
Petit Bouschet	187	153	5.10	6.00
Mourvèdre.	204	170	7.00	8.25
Carignane	»	»	5.65	7.10
Cinsault	188	153	6.00	7.00
Alicante (grenache)	238	204	4.25	5.00
Pedro Ximénès.	»	»	5.10	6.00
Clairette.	234	200	5.25	6.50
Farana.	208	188	3.75	5.00

ANALYSES COMPLÈTES DU MOUT DE QUATRE CÉPAGES DIFFÉRENTS

1· Analyse du professeur Herberger

SUBSTANCES CONTENUES dans 100 PARTIES DE MOUT FILTRÉ	OESTERREICHER de DEUX PROVENANCES		WEISSER GUTEDEL de DEUX PROVENANCES	
Sucre de raisin	130.975	132.105	122.105	127.497
Matières albumineuses et géla- tineuses	17.142	19.850	15.427	18.547
Gomme, dextrine	6.910	5.425	9.143	6.520
Résine.	traces	traces	traces	traces
Principes colorants extractifs	0.108	0.117	0.097	0.125
Tanin	traces	traces	traces	traces
Acide tartrique libre	2.210	2.205	2.207	2.246
Acide citrique	0.098	0.246	traces	traces
Acide racémique	0.311	0.227	0.287	0.299
Acide malique	1 289	1.352	1.007	1.127
Bitartrate de potasse . . .	1.208	1.215	1.341	4.356
Tartrate neutre de chaux . .	0.224	0.239	0.226	1.521
Tartrate de magnésie . . .	0.049	0.135	traces	traces
Tartrate d'alumine	0.068	0.115	0.105	0.110
Tartrate de protoxyde de fer.	traces	traces	traces	traces
Chlorure de calcium	»	»	0.910	0.923
Chlorure de sodium	0.847	0.991	traces	traces
Sulfate de potasse.	0.947	1.211	0.845	1.027
Phosphate d'alumine	0.024	0.028	0.017	0.021
Eau	837.610	854.381	846.283	838.711

2· Analyse du docteur Walz

SUBSTANCES CONTENUES dans 100 PARTIES DE MOUT FILTRÉ	RIESLING	BURGUNDER
Acide tartrique	4.379	2.640
Acide racémique.	0.078	0.012
Acide citrique.	traces	traces
Acide malique.	2.465	2.975
Gomme, dextrine	4.962	4.132
Sucre.	140.720	152.176
Matières albumineuses et gelatineuses. . .	15.300	11.768
Tanin.	traces	0.998
Acide phosphorique	0.214	0.506
Acide sulfurique.	0.035	0.031
Principes colorants	traces	0.015
Acide chlorhydrique.	0.029	0.028
Potasse.	0.964	0.035
Soude.	2.369	0.401
Chaux	1.799	0.343
Magnésie	0.925	0.018
Albumine	0.225	0.005
Protoxyde de fer.	0.630	0.007
Silice.	0.736	0.600
Eau	824.151	822.310
	1.000.000	1.000.000

ANALYSE DE MOUTS PROVENANT DE CÉPAGES DE BOURGOGNE

ANNÉES	DENSITÉ du MOUT	SUCRE pour 100 grammes de moût	ACIDES LIBRES pour 100 grammes	DENSITÉ DU VIN	RICHESSE ALCOOLIQUE DU VIN	ACIDE LIBRE	MATIÈRE extractive pour 100 grammes	CENDRES pour 100 grammes
1847.	1097	21.42	0.50	0.995	11.70	0.45	2.57	0.60
1848.	1101	21.86	0.44	0.990	11.64	0.41	2.37	0.41
1849.	1103	22.10	0.43	»	11.60	»	2.32	0.32
1850.	1085	19.40	0.51	»	10.74	»	2.46	»
1851.	1080	17.50	0.52	»	9.90	0.51	»	»
Raisins verts et durs (1851)	1017	»	2.60	»	»	»	»	»
Raisins verts et déjà transparents.	1037	»	1.92	»	0.79	»	2.40	»
Raisins mûrs desséchés sur des claies (un mois d'exposition)	»	31.74	0.44	»	»	»	»	0.20
1852.	1039	19.40	0.63	»	10.90	»	»	»
1853.	1082	18.70	0.52	»	10.34	»	»	»
1354.	1104	24.50	0.44	0.990	13.07	»	»	»
1855.	1090	17.90	0.51	»	9.97	»	»	»
1856.	1096	19.75	0.46	»	11.15	»	»	»
1857.	1102	22.40	0.43	»	12.20	»	»	»
1858.	1112	24.90	0.36	0.991	13.24	0.33	3.20	0.40
1859.	1105	22.96	0.42	»	12.25	»	»	»
1860.	1070	14.30	0.67	»	8.40	»	1.85	0.21
1861.	1098	22.14	0.43	»	11.75	»	»	»
1862.	1095	21.80	0.44	»	11.57	»	»	»
Pinot 1848 (2e crû) vendangé :								
Le 28 septembre.	»	»	0.54	»	10.99	»	2.19	0.27
Le 10 octobre	»	»	0.38	»	11.54	»	2.63	0.22
Le 6 novembre	»	»	0.42	»	12.79	»	3.98	0.18
Meursault (blanc) génévriens. . . .	1120	29·10	0.39	1.0019	14.80	0.38	3.80	»
Pomard, Rugiens, Éperrots (1er cru).	1115	29.00	0.42	0.9996	14.20	0.40	3.50	0.47
Meursault, grand ordinaire (rouge).	1096	24.00	0.50	0.994	12.05	0.48	3.10	»(2)
Vin Gamet de la plaine	1080	21.50	0.56	0.9927	10.08	0.53	2.95	»

(1) Vergnette-Lamotte. *Des Vignes de la Côte-d'Or*, p. 223, *La Ferme*.
(2) Id. *Le Vin*, p. 24.

De nombreuses analyses ont été faites, en Europe, sur les moûts de raisin ; aussi ces recherches ont-elles puissamment contribué à faire avancer la science du vin d'un pas de géant.

Nous relevons plusieurs tableaux qui concernent l'étude des moûts que nous donnons ci-après, pour éclairer le lecteur sur ses recherches.

Pour améliorer les moûts trop pauvres en acides libres et les mettre ainsi en état de fermenter régulièrement, le procédé est bien simple : il consiste à additionner les acides qui manquent, en suivant les proportions indiquées ci-dessous :

C'est une erreur de croire que la clarification puisse être compromise par cette addition d'acides dans les proportions que nous indiquons. Ces réactifs agissent comme stimulants ; ils provoquent une fermentation plus rapide et plus soutenue, et le produit ne fait qu'y gagner en couleur, comme en saveur et en durée. On a reproché souvent à nos vins algériens leur couleur violacée ; cet état est généralement dû à la pauvreté des principes acides contenus dans le vin et à un manque d'aération.

La quantité d'acides supplémentaires, nécessaire à l'amélioration des moûts est, comme on le sait déjà, subordonnée à leur état saccharin. C'est à partir de 195 grammes de sucre, soit marquant 11° 50 d'alcool, que nous estimons utile d'additionner ces acides dans les proportions suivantes, indiquées dans le tableau que nous avons dressé spécialement à ce sujet.

Quantités d'acides libres nécessaires pour compléter les moûts blancs (pour vins secs)

Par litre, y compris le poids des acides

POIDS du SUCRE CONTENU dans un litre de moût	CRÈME de TARTRE	ACIDE TARTRIQUE	ACIDE CITRIQUE	ACIDE TANIQUE	DEGRÉ ALCOOLIQUE correspondant
188	0.05	0.05	0.10	0.05	11.00
196	0.06	0.06	0.13	0.05	11.50
204	0.08	0.08	0.17	0.07	12.00
212	0.10	0.10	0.21	0.08	12.50
219	0.12	0.12	0.25	0.09	13.00
230	0.14	0.14	0.28	0.10	13.50
238	0.16	0.16	0.32	0.11	14.00
246	0.18	0.18	0.36	0.12	14.50
255	0.20	0.20	0.40	0.13	15.00
263	0.22	0.22	0.44	0.14	15.50
272	0.24	0.24	0.48	0.15	16.00
281	0.26	0.26	0.52	0.16	16.50
289	0.28	0.28	0.56	0.17	17.00

Pour se servir de cette table, il suffit de savoir quels sont les acides qui manquent au moût que l'on doit faire fermenter.

Exemples. — 1° Ayant un moût blanc qui dose 272 grammes de sucre, quels seront les acides et leur poids à introduire dans le moût ?

En regard de 272 grammes, on voit : 1° 0,24 grammes de crème de tartre ; 2° 0,24 grammes d'acide tartrique ; 3° 0,48 grammes d'acide citrique : 4° 0,15 grammes d'acide tanique ;

2° Un moût pour vin blanc dosant 238 grammes de sucre nécessitera : 1° 0,16 grammes de crême de tartre ; 2° 0,16 grammes d'acide tartrique ; 3° 0,32 grammes d'acide citrique ; 4° 0,11 grammes d'acide tanique.

La table suivante, que nous avons également dressée pour les vins rouges, donne les quantités d'acides nécessaires à équilibrer les moûts trop faibles en acides.

Tableau indiquant les quantités d'acides libres nécessaires pour compléter les moûts rouges

Par litre de moût

Rafles et pellicules fermentant ensemble sous claies						Rafles et pellicules fermentant à peine immergés					
Poids du sucre contenu dans un litre de moût	Crème de tartre	Acide tartrique	Acide citrique	Acide tanique	Degré alcoolique correspondant	Poids du sucre contenu dans un litre de moût	Crème de tartre	Acide tartrique	Acide citrique	Acide tanique	Degré alcoolique correspondant
195	001 g.5	001 g.2	000 g.6	00 g.03	11.50	195	002 g.0	001 g.5	000 g.7	000 g.4	11.50
204	001 8	001 4	000 7	00 04	12.00	204	002 3	001 8	000 9	000 5	12.00
212	002 1	001 6	000 8	00 04	12.50	212	002 6	002 1	001 0	000 6	12.50
221	002 4	001 9	000 9	00 05	13.00	221	003 0	002 4	001 2	000 7	13.00
229	002 7	002 1	001 1	00 06	13.50	239	003 4	002 7	001 3	000 8	13.50
238	003 0	002 4	001 2	00 06	14.00	238	003 7	003 0	001 5	000 9	14.00
246	003 3	002 6	001 3	00 07	14.50	246	004 1	003 3	001 6	001 0	14.50
255	003 6	002 8	001 4	00 07	15.00	255	004 5	003 6	001 8	001 1	15.00

Exemple : 1° Soit à équilibrer un vin rouge qui doit fermenter avec les marcs sous claies et qui accuse 221 grammes de sucre, quelles seront les quantités d'acides à lui incorporer ? Pour le savoir, il suffira de regarder à la première colonne *Poids*, chiffre 221, on trouvera en regard sur la même ligne : crême de tartre, 0 g. 30 ; acide tartrique, 0.24 ; acide citrique, 10.12 ; acide tanique ou tanin, 0.13.

L'usage de nos tableaux pour équilibrer les moûts plus ou moins pauvres en acides libres est, comme on le voit, d'une grande simplicité et ils sont, par cela même, excessivement faciles à être consultés.

---

§ 6. — Procédé pour employer les acides.

Les acides libres, que nous venons de désigner pour être employés à l'amélioration complémentaire des moûts, doivent être dissous dans deux fois leur poids d'eau bouillante. Après quelques instants de séjour dans l'eau, on répand le liquide dans la vendange foulée, au fur et à mesure qu'elle est introduite dans la cuve.

Même opération pour le vin blanc.

Le vin obtenu à l'aide d'un moût équilibré suivant les indications qu'on vient de lire, acquerra ainsi une plus-value certaine de 10 à 12 0/0.

Il faut bien le reconnaître, en effet : ce n'est pas sans quelque raison qu'on a souvent reproché à nos vins algériens et tunisiens de manquer de *vigueur*. — Le reproche, ainsi formulé d'une façon générale, est excessif ; mais il est fondé dans une certaine mesure.

La pellicule et le pépin des raisins d'Europe, importés dans notre colonie, contiennent autant de tanin que ceux d'Europe ; mais il arrive quelquefois, qu'une partie de ce tanin s'élimine et disparaît à la suite d'une maturation trop prolongée. C'est un inconvénient qui sera évité par les viticulteurs qui se pénètreront des règles que nous avons posées sur les dates des vendanges, etc.

Il y a encore un autre cas dans lequel le tanin peut se trouver insuffisant dans nos vins : c'est lorsque, par suite d'une organisation défectueuse de la cuve, les pellicules et les pépins n'ont pas séjourné suffisamment dans le liquide.

En effet, il faut un certain temps pour que les pellicules et les pépins cèdent leur tanin à la cuvée. On verra plus loin par quel système pratique nous sommes parvenus à résoudre un problème souvent posé par les auteurs, et qui consiste à maintenir, pendant le temps nécessaire, les marcs dans le moût pendant sa fermentation.

---

§ 7. — Essai du moût ou du vin sucré artificiellement.

La vendange reçoit souvent une addition de sucre devant corriger le défaut de maturité, trop fréquent, hélas! dans les vignobles de France ; quand on veut analyser un moût ayant été sucré, il faut modifier légèrement la manière d'opérer.

Le sucre, ainsi ajouté au moût, est presque toujours du sucre cristallisable qui se change en sucre de raisin par l'effet des acides que contient le moût, mais qu'il faut transformer en ce même sucre incristallisable avant l'emploi de la liqueur de Fehling ; opération qui constitue l'*inversion*.

Inversion. — Le cuivre, qui est dissous dans la liqueur de Fehling et qui lui donne sa couleur bleue, n'est pricipité que par le *sucre de raisin* ou *glucose*. Le sucre de canne ou *sucre cristallisable*, comme on l'appelle aussi, est sans action sur la liqueur bleue ; il en résulte que l'analyse chimique d'un moût ayant reçu une addition de sucre cristallisable n'accuse que la proportion de sucre incristallisable fourni par la vigne. Pour obtenir, par cette analyse, la totalité des deux sucres, il faut transformer le sucre cristallisable en *glucose* ou *sucre de raisin incristallisable* au moyen de l'*inversion*.

Voici comment on procède :

Quand les 10 centimètres cubes de moût sur lesquels on doit opérer sont versés dans le ballon de 250 centimètres cubes, on y ajoute 4 ou 5 gouttes d'acide chlorhydrique fumant, pur et concentré; on pose le ballon sur l'anneau du support, en ayant soin d'intercaler, entre l'anneau et le fond du ballon, une toile métallique qui modère l'action de la flamme, et l'on amène le moût à l'ébullition en le faisant bouillir pendant trois minutes. Après cette simple opération, le sucre cristallisable ajouté au moût est *interverti*, c'est-à-dire qu'il est transformé en sucre de raisin. Quand le ballon est refroidi, on le remplit jusqu'au trait de jauge, 250 centimètres cubes, avec de l'eau distillée, on agite le liquide en retournant le ballon sens dessus dessous après en avoir fermé le col avec le doigt, et enfin on termine l'opération comme nous l'avons dit dans le chapitre précédent.

Supposons qu'il ait fallu verser $7^{cc}, 2$ de liquide interverti, puis dilué au 25e pour décolorer les 10 centimètres cubes de liqueur bleue. Nous cherchons, dans la première colonne de la Table III du *Dosage du sucre par l'analyse chimique*, le chiffre $7^{cc}, 2$, et, en face, dans la *seconde* colonne de la même table, portant le titre : *glucose ou sucre de raisin, grammes par litre*, nous trouvons 6 gr. 94 de sucre par litre et 5 gr. 94 × 25 = 173 gr. 5 de matière réductrice par litre ; en outre, 173 gr. 5 — 1 gramme pour l'action des sels réducteurs, nous laisse 172 gr. 5 de sucre fermentescible par litre de vin.

OBSERVATION. — Le viticulteur fera bien de faire analyser de temps en temps, pendant les vendanges, ses moûts par un chimiste œnologue de la contrée où il se trouve.

D'un autre côté, connaissant les richesses en sucre et en acidité, le vigneron a ainsi en main tous les éléments pour obtenir un bon vin et pour procéder, soit au sucrage, soit à la diminution, soit à l'augmentation de l'acidité. — Nous ne nous étendrons pas longuement ici sur le détail de toutes ces opérations qui rentrent dans le chapitre de la *Vinification*; dans le chapitre suivant, *Plâtrage, Tartrage et Phosphatage des moûts*, nous reviendrons sur le plâtrage des moûts et sur l'action de l'acide sulfurique qui s'y trouve ainsi ajouté.

MOUTS CONCENTRÉS

De nombreux conférenciers, se basant sur la chimie viticole, ont préconisé, en ces derniers temps, pour être expédiés au lointain, l'emploi pratique des moûts concentrés, — auxquels nous croyons utile de consacrer quelques lignes.

On entend par *moût concentré*, du jus de raisin amené par certains procédés que nous indiquons rapidement plus loin, à un état qui lui permet :

1° De représenter sous un volume très restreint une grande quantité de fruits ;

2° De se conserver très longtemps sans s'altérer et de pouvoir voyager ainsi pendant des mois entiers ;

3° De constituer des produits que l'on peut mettre en réserve, pour convertir en vin plus tard, sans éprouver aucune détérioration.

Depuis quelques années, on expédie sur France, d'Algérie et de Tunisie — pays privilégiés où le raisin acquiert toutes les qualités voulues pour produire des vins excellents et parfaits — des raisins entassés dans des futailles dont un des fonds a été défoncé et remis ensuite en place. Ce mode de voyage est peu pratique si l'on considère la majoration des frais de transport du produit qui emporte avec lui près de 75 % d'eau.

En dehors des études faites par M. le Dr Springhmüll qui est arrivé à condenser les moûts en un volume restreint, il convient de citer la communication suivante que, l'an dernier, M. le Ministre des Finances adressait à M. le Ministre de l'Agriculture sur le nouveau procédé de concentration des moûts :

« Les raisins cueillis mûrs sont d'abord égrappés puis pressés, comme pour le vin blanc. Le moût est monté par des pompes dans des appareils à vide, et les pulpes et pépins sont mis de côté. Les pompes pneumatiques font le vide dans de grands cylindres, jusqu'à ce que le degré de raréfraction de l'air indique 67 centimètres à l'échelle mercurielle : à l'intérieur des appareils, passent des tuyaux remplis de vapeur, en forme de serpentins, chargés de réchauffer la masse du moût qu'un malaxeur met en mouvement, afin d'égaliser la température ; dans le vide ainsi obtenu, l'ébullition se produit entre 30 et 45 degrés centigrades. La vapeur qui se dégage est aspirée par des pompes pneumatiques, puis condensée par les réfrigérants. Quand la masse du moût est arrivée à la consistance sirupeuse, on la fait couler dans un récipient inférieur et on y mélange alors, en parties proportionnelles, les pulpes et les pépins écartés au début. Le moût peut être concentré jusqu'à contenir 72 à 80 0/0 de sucre.

« Cette température peu élevée ne produit aucun effet sur les levures contenues dans le moût, ce qui permet, quand on veut s'en servir pour les transformer en vin, d'y ajouter de l'eau tiède, et alors la fermentation prend sa marche normale. »

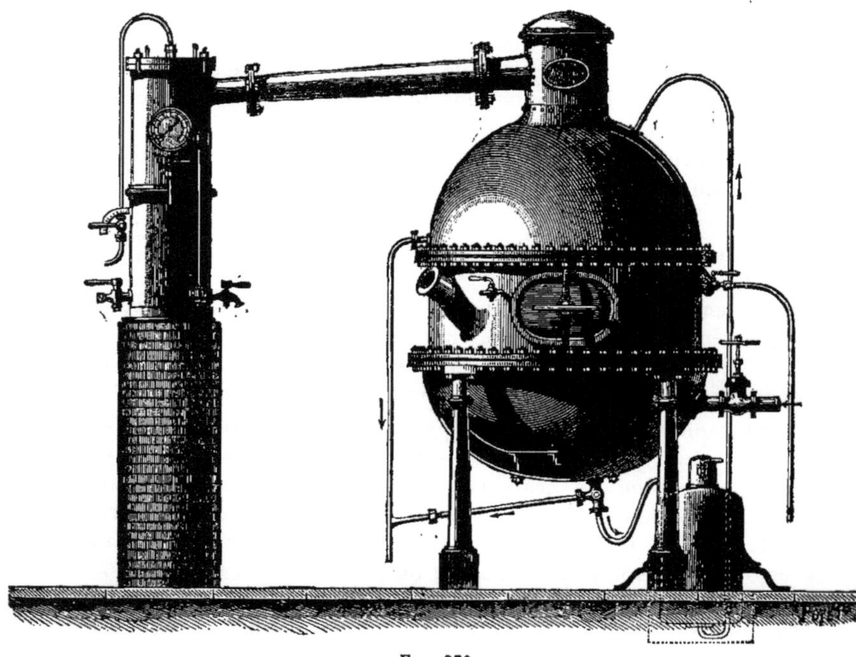

Fig. 270

Appareil à deux coupoles (Système Egrot et Genevoix) à fond plat pour vapeur et condenseur avec récepteur des mousses.

On peut concentrer les moûts à tel point qu'ils seraient même solides ; cependant, d'une façon générale, ils ne sont ordinairement réduits que des trois quarts.

On peut donc facilement se rendre compte de tout le profit qui peut être tiré de l'économie de ce procédé qui permet l'exportation, sur une large échelle, des moûts de raisins algériens et tunisiens, sans exposer les vins aux vicissitudes inhérentes à toute traversée.

Empressons-nous d'ajouter que, malheureusement, dans le fait, l'application industrielle de ce procédé nécessite une certaine dépense et entraîne à l'achat d'appareils assez coûteux.

Les appareils à vide et double coupole, sytème Egrot, semblent réaliser les désirs de ce genre d'opération

L'appareil que nous décrivons (fig. 270) contient 30 hectolitres. On peut réduire les deux tiers de son volume en 6 heures, ce qui, en résumé, porte la fabrication à 40 hectolitres par 24 heures.

Les moûts, une fois concentrés, sont entonnés dans de fortes futailles de 600 litres, par le trou de bonde de 0,08 bouché avec une bonde en bois, garni de sa toile et recouvert d'une plaque de fer blanc.

Mais si on veut les utiliser pour en faire du vin rouge, on y joint les pellicules qui ont été préalablement pressées pour en extraire le jus.

Les raisins qui concourent à donner le moût concentré, sont égrappés pour éliminer les rafles et pédicelles qui encombreraient inutilement le jus et qui lui donneraient un mauvais goût.

A leur arrivée en Europe, ces moûts, bien logés en futailles fortes, sont mis de côté, jusqu'au moment où on veut les employer à la fabrication du vin.

Il est préférable de les garder dans des lieux froids et secs, que dans des endroits humides et chauds.

Pour opérer utilement et avec économie, il est inutile de faire évaporer les pellicules qui encombreraient les voies de sorties à leur passage ; de cette façon, on ne procéderait à l'évaporation que sur les jus, et pour parfaire et compléter ce mode de préparation, on presserait les marcs.

On se demande ici quel serait le meilleur mode de pressurage à employer. Le but que l'on se propose en pressant les marcs frais est de les réduire à leur volume initial et réel, c'est-à-dire en un petit volume, et de leur conserver toutes leurs qualités fermentescibles. Or, si les pellicules sont soumis à une forte ébullition, il s'en suivra certainement que ses ferments seront tués et mis dans l'impossibilité de fermenter et reproduire.

Il y a donc avantage de pressurer les marcs et de les expédier en mélange avec le jus concentré, de façon à en faire un tout ensemble.

L'appareil qui convient le mieux pour obtenir un résultat favorable serait le *pressoir-fouloir* de Debono.

Cette machine est aujourd'hui reconnue la plus apte à produire la désunion, la désagrégation proprement dite de la matière colorante, qui est contenue dans la pellicule ; par conséquent, on foulera le raisin venant de la vigne dans un égrappoir, et, de là, on établira une sorte de couloir qui conduira les pellicules et la majorité des pulpes dans le fouloir-pressoir Debono.

Premièrement, on aura recueilli une grande partie du jus par la première opération d'égrappage, et en second lieu, le jus restant s'écoulera dans le fouloir-pressoir, pendant que les pellicules se fouleront définitivement dans l'hélice de cet appareil.

En résumé, on obtiendra du jus blanc à la première opération, et un jus plus rosé à la seconde, ainsi que des marcs frais tout préparés, pour céder tous les principes colorants qu'ils contiennent.

HUITIÈME CHAPITRE

MODIFICATION & AMÉLIORATION

DES MOUTS

SOMMAIRE :

Plâtrage. — Tartrage. — Phosphatage. — Tartro-phosphatage. — De leur utilité pratique et de leur action sur les moûts. — Conseils divers.

MODIFICATION DES MOUTS

PLATRAGE

Après avoir été employée dans l'antiquité et particulièrement dans les Gaules, la pratique appelée *plâtrage des vins*, a été abandonnée pendant plusieurs siècles. Elle a été reprise et remise en honneur, en 1849, par Sirane.

Le plâtre (sulfate de chaux) agit chimiquement, mais surtout mécaniquement sur les mucilages ; il les précipite en raison de sa densité, qui leur est supérieure, et il amène ainsi la clarification du vin. En outre, il améliore son goût à la condition que l'addition ne soit pas excessive, et il lui donne une sorte de solidité qui le fait durer long-temps sans s'acétifier ; il avive la couleur ; enfin, il facilite la fermentation. Tels sont ses avantages.

CONSEILS PRATIQUES

Le plâtre doit être administré à dose modérée (150 grammes par 100 kilos de vendange).

La qualité du plâtre peut influer sur les résultats à obtenir. Si par exemple, il contenait de la chaux en trop grande proportion, le vin perdrait de sa fraîcheur.

Il faut donc bien choisir cette matière. Le plâtre bien cristallisé et blanc doit être préféré. Le dosage dont nous avons fixé ci-dessus la proportion, laisse dans le vin moins de 2 grammes de sulfate de potasse par litre, c'est-à-dire une quantité inoffensive ; il importe de ne pas dépasser cette limite, ce qui arrive trop souvent, à tel point qu'il n'était pas rare autrefois de voir se produire des cas d'empoisonnement qui avaient pour cause un excès de plâtrage.

Le conseil supérieur d'hygiène, pour mettre un terme à ces abus, a proscrit le plâtrage des vins ; toutefois il accorde une tolérance de 2 grammes par litre. Encore cette tolérance n'est-elle que provisoire.

Plusieurs savants ont cherché à substituer au plâtre d'autres substances qui puissent produire les mêmes résultats, sans présenter les mêmes dangers pour la santé publique. Entre autres, M. Calmettes, de Narbonne, a trouvé un moyen de substitution au plâtrage par le tartrage dont nous parlons immédiatement.

TARTRAGE

Le tartrage des moûts, tel que le décrit son auteur, serait appelé à remplacer avantageusement le plâtrage sous tous les rapports. M. A. Calmettes, de Narbonne, a communiqué son procédé à l'Académie de Médecine, dans sa séance du 8 novembre 1887.

Ce procédé consiste à ajouter au raisin, au moment de sa mise en cuve et par hectolitre de vin à fabriquer (c'est-à-dire par 150 kilos de vendange), 200 à 300 grammes d'acide tartrique et de 120 à 180 grammes de craie concassée. On répand l'acide tartrique sur une couche de vendange et la craie sur une autre, de telle sorte que les réactions chimiques se produisent au fur et à mesure que l'acide tartrique entre en contact avec le carbonate de chaux, pour former des tartrates de chaux insolubles dans l'eau, dans le vin et dans l'alcool.

Nous avons essayé l'emploi de cette combinaison sur 4 hectolitres de moût. Le vin ainsi préparé était plus vif, plus limpide et d'un goût plus frais que le vin naturel non plâtré.

D'après M. Gauthier, l'éminent chimiste :

1° La pratique du tartage des moûts est favorable à la fermentation vineuse. Elle peut élever d'un degré et plus le titre alcoolique des vins produits. — Nous avons vu le même phénomène résulter du plâtrage et du phosphatage, quoique à un moindre degré, peut être dans ce dernier cas ;

2° Abstraction faite des alcools, l'extrait sec total, les matières minérales solubles ou insolubles, l'acide phosphorique, la chaux, le tartre et la potasse, et en général, l'ensemble des éléments du vin tartré reste le même que dans le vin naturel ;

3° L'acidité de la liqueur est un peu diminuée. Dans un seul cas, cette acidité a paru tomber de 9 grammes 31 à 5 grammes 43 par litre. Mais ce vin malade avait subi une notable altération ;

4° L'intensité colorante du vin tartré est généralement un peu supérieure à celle des vins naturels ; elle a été double dans un cas, mais elle reste le plus souvent inférieure à celle des mêmes vins naturels plâtrés ;

5° Le moût tartré, fermentant plus rapidement que le moût naturel, et le vin formé, se dépouillant et se clarifiant plus vite et plus complètement, il faut admettre que dans le vin tartré comme dans les vins phosphatés et plâtrés où la fermentation alcoolique a devancé et étouffé les autres ferments, on trouve moins d'alcool supérieur et de produits secondaires que si les vins provenaient des mêmes moûts naturels ayant fermenté trop lentement;

6° Les vins tartrés ne contenant pas ou contenant peu de produits fermentescibles sucrés ou albuminoïdes et de ferments aptes à provoquer l'altération tardive de ces substances, doivent se conserver plus facilement que les vins naturels. Les faits confirment à cet égard la théorie.

PHOSPHATAGE

M. Hugonneng, chimiste, conseiller général de l'Hérault, exposait en 1887, dans un mémoire adressé à l'Académie des Sciences, que le pouvoir clarificateur du phosphate de chaux précipité bibasique et même tribasique, ajouté au moût, était comparable à celui du plâtre. Des essais furent tentés de tous côtés, et comparativement avec des vins naturels, plâtrés et tartrés.

La quantité de phosphate de chaux précipitée pur a été fixée à 350 grammes par hectolitre de vin à produire ; son addition a été faite en mélangeant la poudre de phosphate de chaux à la vendange, au moment de son foulage.

Voici le résumé des observations faites par M. Gauthier :

1° Le phosphatage des moûts augmente sensiblement la proportion d'alcool contenu dans le vin. Les phénomènes qui se produisent dans le plâtrage et le tartrage, sont sensiblement les mêmes. La défécation est très rapide ; par conséquent, tous les principes transformables sont attaqués vigoureusement sans déchets ;

2° Les vins s'enrichissent de 1 gramme à 2 grammes de phosphate, acide de potasse mêlé d'un peu de phosphate de chaux, tandis que ceux plâtrés en perdent ;

3° L'acidité augmente dans les vins phosphatés ;

4° L'extrait des vins phosphatés est sensiblement supérieur à celui des vins naturels correspondants ;

5° Dans les vins phosphatés, le poids de la crème de tartre est supérieur ou égal au poids de la même substance fournie par les mêmes vins naturels ;

6° Dans les vins phosphatés, le poids du sucre réducteur et des gommes, est généralement un peu supérieur au poids du sucre et des gommes dans les vins naturels ou plâtrés, car dans le milieu où ils se trouvent, ils ne peuvent plus travailler ;

7° L'intensité colorante des vins phosphatés est toujours supérieure à celle des vins naturels ;

8° D'après des essais de *dégustation*, le vin phosphaté vire moins au jaune que le vin naturel. Le phosphatage ne lui fait rien perdre de son goût, ni de son bouquet.

D'après les observations qui précèdent, il serait désirable que la pratique du phosphatage se généralisât en Algérie.

Prix du phosphatage, suivant la méthode Hugonneng

L'emploi économique du phosphatage, dont nous venons d'exposer tous les résultats pratiques, est naturellement subordonné au prix de revient initial de ce sel qui se chiffre actuellement autour de 0,55 cent. le kilo, rendu même à 50 kilomètres du littoral. Partant de ce chiffre, et en récapitulant, nous trouvons une dépense minime que l'on peut établir ainsi : 350 grammes de phosphate de chaux, précipité et épuré, pour 150 kilos de vendange, soit 0,19 cent. par hectolitre de vin.

TARTRO-PHOSPHATAGE

Il existe aussi un autre procédé pour la même opération du phosphatage, que nous recommandons pour les bons résultats acquis au cours d'expériences suivies depuis octobre 1888.

Dans un tonneau de 500 litres, préalablement défoncé, furent mis 450 kilos de vendange foulée (Carignane), auxquels on ajouta au fur et à mesure la composition suivante :

Acide citrique, 300 grammes à 0,05 centimes.	1 50
Carbonate de chaux (blanc d'Espagne), 150 grammes à 0,05 centimes.	0 02
Phosphate de chaux précipité épuré, 450 grammes à 0,55 centimes. .	0 25
	1 77

Tout d'abord, l'acide citrique fut dissout dans 5 litres d'eau, puis ajouté à l'acide phosphorique et après avoir agité ce mélange, on y versa la poudre de blanc d'Espagne ; le tout a formé une bouillie liquide qui fut incorporée à la vendange au fur et à mesure du foulage,

La vendange marquait 21 degrés au thermomètre ; une claie fut établie pour maintenir les marcs immergés. La fermentation s'est déclarée après 24 heures et, 5 jours après, elle était terminée. Le vin qui est résulté de cette opération, avait 15 0/0 de couleur de plus que celui qui avait été fait avec le phosphate seul, et 20 0/0 de plus que celui naturel sans addition. En outre, il dosait 1/2 degré d'alcool de plus, et son goût était frais. Quant à sa limpidité, elle était très satisfaisante, car la défécation s'était parfaitement opérée.

En résumé, ce vin avait gagné en couleur, en alcool et en goût, par sa fraîcheur. On a évalué sa plus-value à 10 0/0 sur celui qui avait été fait sans addition, et 3 % sur celui fait soit par le tartrage seul, soit par le phosphatage unique.

Les résultats de cette opération sont décisifs, si on les compare à ceux obtenus par les procédés rapportés plus haut, puisque la plus-value l'emporte sur la dépense qui n'est que de 0,59 centimes par hectolitre.

Economie comparée de ces divers procédés.

On sait que le vin naturel dans les pays chauds, laisse souvent à désirer sous les rapports de la couleur et de la faculté de conservation. Cette infériorité provient de la présence dans le vin, de notables quantités de matières mucilagineuses qui n'ont pu être réduites et transformées par le manque d'acides libres.

La végétation de la vigne est si puissante en Algérie, et les écarts entre la température du jour et celle de la nuit sont si fréquents, que le raisin ne saurait échapper à ces influences, d'ailleurs bienfaisantes le plus souvent. Sans avoir la prétention d'initier, en quelques mots, nos lecteurs, à tous les secrets de la chimie agricole et végétale, bornons-nous à dire que les alternatives par lesquelles passe l'air ambiant exercent, en Afrique encore plus qu'ailleurs, leurs effets sur le raisin. C'est ainsi que certains mouvements atmosphériques produisent dans la pellicule du grain une surabondance, une pléthore de matières albuminoïdes pectiques, qui a pour résultat d'engendrer des fermentations secondaires et quelquefois permanentes. Ces fermentations, d'ailleurs, sont loin d'être favorables; il y a même tout intérêt à les éviter, car il est à craindre que ces procédés factices ne dégénèrent pas en abus. — Et c'est d'ailleurs pour éviter les abus de ce genre, que la tolérance administrative a fixé une limite à la pratique du plâtrage.

Toutes ces considérations nous amenant à parler à nouveau de ce procédé, quelques observations, d'ordre technique et économique, compléteront utilement ce que nous en avons dit déjà.

Le plâtre d'Algérie, assez blanc, vaut, suivant les localités, de 2 à 3 francs les 100 kil. Or, sachant qu'il faut une moyenne de 145 à 150 kil. de vendange pour faire 100 litres de vin et que la tolérance administrative admet 150 grammes de plâtre par 100 kilos de vendange, nous proposons la pratique du phosphatage — telle que nous l'avons indiquée au cours de ce chapitre.

PRÉPARATION DU TANIN

Le viticulteur, soucieux de ses intérêts, doit se munir de toutes les substances nécessaires à l'amélioration de ses produits. Le tanin est, sans contredit, un des plus grands facteurs parmi les agents qui concourent à la solidité des vins et qui en caractérise les bonnes qualités.

Dans l'Afrique Française du Nord, où le climat permet aux raisins de mûrir à fond jusqu'au *figuage*, le tanin disparaît peu à peu au fur et à mesure de cette action; aussi faut-il quelque fois suppléer à cette diminution, en apportant de nouveau du tanin dans les moûts, avant leur fermentation.

La préparation économique du tanin est une manipulation des plus simples, mise à la portée de tous, puisque chaque viticulteur peut préparer sa provision pour saturer soit ses moûts, soit son vin. Il suffit de procéder de la manière suivante:

1° On concasse, comme du café moulu, de la noix de galle bien séchée, que l'on met ensuite dans un appareil à déplacement, puis on verse de l'alcool à 95° sur la masse; après 24 heures de digestion, le tanin contenu dans la noix de galle est dissous. On laisse, dès lors, le liquide s'écouler au fond du vase, et, pour expulser les dernières traces de tanin, on verse encore de l'alcool au-dessus jusqu'à parfait enlèvement;

2° Les deux liquides sont réunis dans un alambic que l'on chauffe au bain-marie pour distiller l'alcool; une fois cette opération finie, on expose le tanin sirupeux à l'air et il cristallise en évaporant ses dernières traces d'alcool.

Le tanin qui résulte de cette préparation est cristallisé en aiguilles fines et se réduit en poudre presque impalpable entre les doigts.

Le tanin est très soluble dans l'alcool. Il se dissout en partie dans 4 volumes d'eau froide, et totalement dans l'eau bouillante.

Le rendement dépend de la qualité de la noix de galle, et lorsque cette matière est bonne, il va jusqu'à 70 %.

NEUVIÈME CHAPITRE

LA MATIÈRE COLORANTE

DES VINS

SOMMAIRE :

Principes de la coloration des vins. — Analyse de la matière colorante. — Études de MM. Vogel, Gauthier et Pasteur. — Procédés pour augmenter l'intensité colorante. — Observations générales.

MATIÈRE COLORANTE DU VIN

§ 1. — Les principes colorants et leur analyse chimique.

La science et la chimie vinicole, après avoir admis pendant long-temps que la matière colorante du vin était particulièrement sensible à la lumière et à certaines réactions chimiques, s'est enfin rendu compte d'une façon précise des éléments qui composent cette matière et des lois suivant lesquelles elle s'élabore dans les fruits.

Il y a un demi-siècle, *Vogel* reconnut :

1° Que le principe colorant du vin provenait de la pellicule du raisin ;

2° Que la teinte rouge en était augmentée par les acides et que, par contre, les alcalis la faisaient virer au vert ;

3° Que le sous-acétate de plomb précipitait cette couleur en gris verdâtre.

Vogel constata également son insolubilité dans l'éther.

D'après Pasteur[1], les matières colorantes de la pellicule sont formées par des principes très oxydables, et, par suite, elles s'altèrent très vite sous l'action de l'oxygène contenu dans l'air, mais il suffirait de les mettre à l'abri de l'air et de la lumière, pour rendre ces matières colorantes inaltérables.

Enfin, d'après A. Gauthier[1], les matières colorantes contenues dans les vins rouges peuvent être classées en quatre groupes distincts :

1° *Une matière colorante rouge, insoluble dans l'eau*, de formule différente, mais dont les principes chimiques appartiennent aux tanins ;

2° *Une matière colorante de la même nature que la précédente, mais soluble dans l'eau*, dans quelques cépages, tels que les *Hybrides Bouschet*, et surtout le *Teinturier*.

Cette matière colorante soluble dans l'eau, prédomine sur la matière colorante insoluble ; elle est généralement répandue dans la pulpe ou

(1) Pasteur, *Etudes sur le Vin*, loc. cit. page 82.
(2) A. Gauthier, *Comptes-rendus*, Académie des Sciences, 1878.

partie liquide du fruit, tandis que celle insoluble est enfermée dans les cellules de la pellicule ;

3° *De petites quantités de matières colorantes azotées* ou *ferrugineuses*, ou encore *azotées* et *ferrugineuses* tout à la fois ;

4° *Une matière jaune* résistant presque indéfiniment à l'oxydation dans la plupart des vins[1].

Les matières colorantes appartenant en partie, d'après Gauthier, aux tanins, sont astringentes au début. Elles précipitent la gélatine ainsi que les sels de fer et s'oxydent avec une grande facilité. Inutile d'insister plus que de raison sur ces côtés scientifiques de la question. En résumé, la couleur que réclame le commerce, est le rouge pourpre qui flatte l'œil du consommateur ; or, les acides auraient la propriété de ramener à cette couleur le rouge violet qui nuit à quelques-uns de nos vins d'Afrique. Tous nos producteurs savent, en effet, que l'on reproche surtout à nos vins leur faiblesse de coloration ou leur coloration défectueuse.

Mentionnons donc, au point de vue pratique, les services que peuvent rendre les acides pour la coloration du vin, et rappelons surtout ce que nous avons dit plus haut sur les bons résultats produits à cet égard par une *large aération* des moûts.

L'expérience nous a prouvé que cette méthode appliquée aux amphores procurait au vin une robe plus franche que celle obtenue par les anciens procédés.

OBSERVATIONS. — On peut encore augmenter la couleur des vins par une addition d'extrait de pellicules de raisin rouge foncé.

La matière colorante des pellicules provenant des raisins riches en couleur est extraite par le procédé suivant, dû théoriquement au Dr *Prunaire* et que nous avons pratiquement perfectionné en nous basant sur les proportions suivantes :

Pellicules lavées de raisins noirs	1.000 grammes.
Eau	1.500 —
Acide tartrique	100 —
Acide citrique	50 —
Sucre	100 —
Glycérine	100 —

Les pellicules sont lavées à l'eau froide en éliminant les pépins en raison de leur mauvais goût ; après leur lavage, elles seront pilées à plusieurs reprises entre deux cylindres en granit, de façon à en faire une bouillie ; ce produit est ensuite mis dans un chaudron avec toutes

---

(1) Dans les vins jeunes, la matière colorante jaune n'apparaît pas encore ; elle est noyée en quelque sorte ; mais au fur et à mesure que le vin vieillit, le rouge se précipite en partie en laissant la couleur jaune suspendue dans le liquide. Les Hybrides-Bouschet et le Teinturier sont surtout sujets à cet *accident*, lorsqu'ils ont été exposés pendant quelques mois dans un endroit éclairé. — Dans l'amphore, la couleur rouge résiste plus longtemps que dans le bois.

les substances sus-mentionnées, et on fait bouillir pendant un certain moment, jusqu'à ce que le tout soit réduit d'un quart.

Cette composition, que l'on croyait stérilisée par son ébullition, fermente légèrement après. Les acides font virer la matière colorante en la disloquant de ses cellules pendant que l'alcool du sucre et la glycérine facilitent la dissolution. Quatre ou cinq jours après, on y ajoute un quart de litre d'alcool, pour compléter la dissolution des principes colorants.

L'Algérie et la Tunisie possèdent maintenant les principales variétés de raisins rouges foncés (voir *Ampélographie*, 1er vol.) qui donnent un vin très chargé en couleur. Il est donc toujours facile de remonter la coloration de nos vins, soit au moment de la création des plantiers, par des choix de cépages bien combinés, soit au moyen de coupage avec des vins bien colorés.

En passant, nous ne pouvons que confirmer ce que nous avons écrit à ce sujet dans le chapitre *Du choix des Cépages* (2me vol., p. 53) où nous avons incidemment été amené à parler de l'intensité colorante des vins, étant donnée la composition organique des terrains producteurs :

« La nature du sol joue un grand rôle dans la formation des matières colorantes : les terrains calcaires, recouverts d'argiles sablonneuses rouges, donnent une couleur plus foncée que celle obtenue dans les argiles pures ; les terrains sablonneux donnent, au contraire, des vins beaucoup moins colorés, parce qu'ils ne procurent pas à la plante les éléments de réaction chimique qui leur sont nécessaires. »

---

§ 2. — **Mesure de l'intensité colorante des vins.**

La mesure ou l'évaluation de l'*intensité colorante* — qui a aujourd'hui une grande importance surtout s'il s'agit de vins de coupages — s'obtient de plusieurs manières.

Le moyen le plus élémentaire et, disons-le, le plus employé pour *examiner* la couleur du vin, est la *tasse à dégustation* dont les formes unies ou bossuées sont surtout destinées à refléter la lumière et à accentuer ainsi la limpidité du liquide. — On emploie également des petits tubes en verre aussi semblables que possible entre eux, dans lesquels on examine le vin par transparence. — On compare encore très commodément la différence d'intensité colorante de plusieurs vins à l'aide d'une auge en cristal séparée en deux compartiments de capacités égales.

Mais ces différents procédés sont tous approximatifs et, pour dire qu'un vin possède *une* ou *deux couleurs*, il faut se servir d'un instrument qui *mesure* son intensité colorante ; ce résultat est très facilement obtenu à l'aide du vinicolorimètre Salleron, dont nous avons donné la description technique en son entier au chapitre du *Choix des Cépages* (2me vol., p. 55), étude au cours de laquelle cette question de l'intensité a été étudiée et à laquelle nous renvoyons nos lecteurs.

Aujourd'hui, l'emploi de cet instrument est très vulgarisé et il y a bien peu de vins dont l'intensité colorante n'ait été mesurée à l'aide de cet ingénieux appareil.

---

§ 3. — **Production de la matière colorante (Procédé Debono).**

Quant à la production de la matière colorante du vin en grand, il est préférable de se reporter au nouveau procédé de M. Debono qui consiste dans la désunion des matières colorantes contenues dans les cellules, procédé que nous décrivons aux chapitres consacrés à la *Vinification* et auxquels nous prions nos lecteurs de vouloir bien se reporter.

DIXIÈME CHAPITRE

DE LA FERMENTATION

DES MOUTS

Causes générales de la fermentation. — Maladies ou affections particulières des ferments. — Leur analyse. — Fermentation anormale. — Fermentation régulière. — De leurs causes et des moyens d'y remédier. — Durée de la fermentation et conseils pratiques.

DE LA FERMENTATION

§ 1. — La composition des ferments et leurs affections.

D'après les admirables découvertes de Pasteur, le ferment du moût de raisin n'est autre chose qu'un être organisé, ou plutôt une cellule végétale vivante qui se trouve parsemée sur la pellicule du grain de raisin avec plus ou moins d'adhérence. Ce ferment puise sa nourriture, comme toutes ses congénères, dans le milieu favorable qui l'entoure et qui l'alimente.

Sous l'influence de cette véritable nutrition, la cellule primitive s'accroît, se développe et produit de nouvelles cellules, qui en engendrent d'autres à leur tour, par une série de dédoublements générateurs successifs. Ainsi, tant qu'il existe de la matière fermentescible, le ferment suit son travail de multiplication et de transformation de la matière qui l'environne, et c'est seulement lorsque la nourriture fait défaut que la fermentation s'arrête.

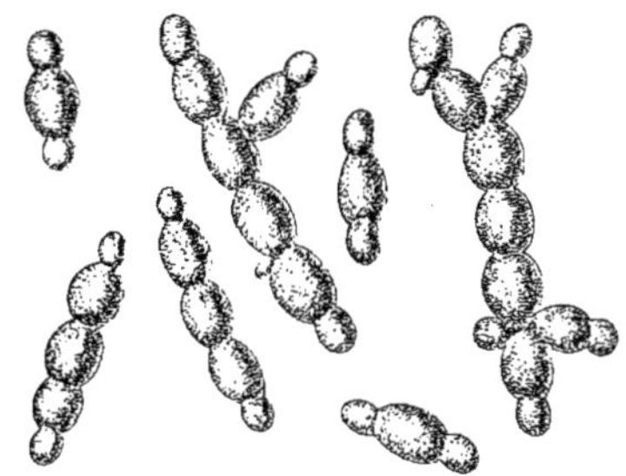

Fig. 271

Saccharomyces ellipsoïdeus (d'après L. Marchand).

La figure 271, que nous donnons ci-dessus, explique et rend sensible cette reproduction des ferments, qui compose la *levure vineuse*. On y voit se succéder, sur les cellules-mères, des ferments nouveaux et, de préférence, sur les côtés les plus larges, une série de bourgeonnements.

Les levures proprement dites de la fermentation alcoolique, appartiennent au genre *Saccharomyces* (Meyen) et au genre *Carpozyma* (Engel), de la famille des champignons.

Parmi ces levures, la plus importante est celle désignée sous le nom de *Saccharomyces cerevisiæ* (fig. 272); c'est celle qui domine, dans la fermentation de la bière. Comme on le voit, cette levure est de forme ovoïde dans sa pleine activité.

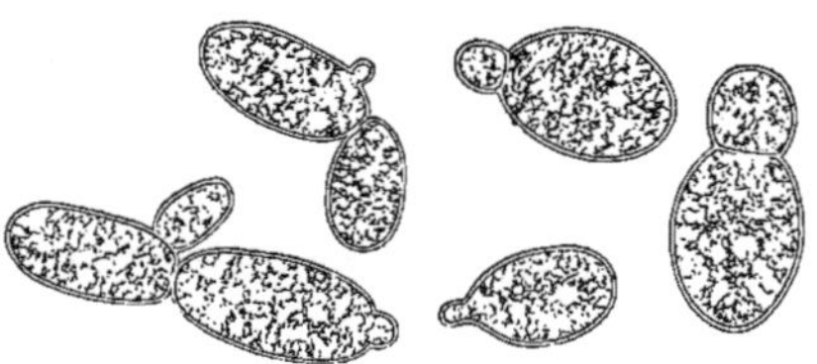

FIG. 272

Multiplication du *Saccharomyces cerevisiæ* (d'après L. Marchand).

Mais dès que les éléments de nutrition s'affaiblissent, le protoplasma se fragmente en plusieurs parties égales (fig. 273), enveloppe chacune d'elles d'une membrane cellulosique, en provoquant l'émission à plusieurs spores, prêtes à la régénération, si le milieu redevient favorable.

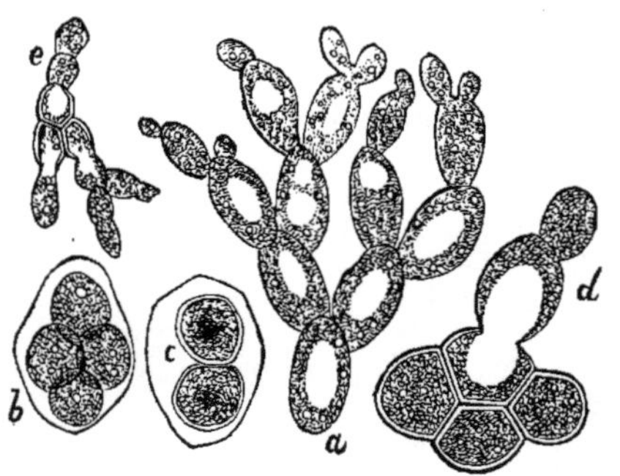

FIG. 273

Saccharomyces cerevisæ.

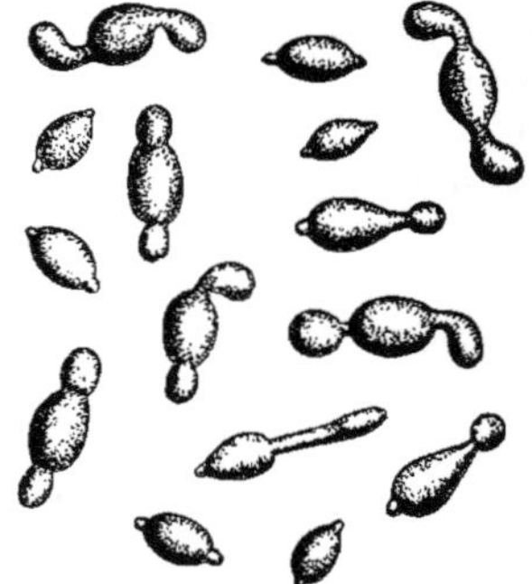

FIG. 274

Carpozyma apiculatum.

Saccharomyces cerevisæ. — *a*, colonie produite par le bourgeonnement; *b*, *c*, formation des ascopores; *d*, *e*, germination d'une triade ou d'une tetrade de spores (d'après M. L. Marchand).

La levure du *Carpozima apiculatum*, d'après Angel, est le ferment alcoolique le plus abondant répandu à la surface de la pellicule des fruits (fig. 274).

La levure *Saccharomyces ellipsoïdeus* est moins abondante que celles apiculées qui dominent généralement ; c'est souvent la cause d'un résultat inférieur dans la fermentation du vin.

Voici, d'après Pasteur, la composition du *Saccharomyces ellipsoïdeus :*

Matières azotées	62.73
Cellulose	29.37
Substances grasses	2.10
Matières minérales	5.80
Total .	100.00

Il ressort de cette analyse que ce ferment est, en résumé, un être végéto-minéral.

Il importe de remarquer que cette levure vineuse, qui affecte la forme de champignons ovales (ce qui l'a fait nommer *Saccharomyces ellipsoïdeus,* par Marchand) est essentiellement subordonnée à la présence du sucre dans les moûts, ainsi que l'indique son nom scientifique.

L'azote et l'oxygène jouent aussi leur rôle dans la fermentation du vin, mais l'acide carbonique et l'alcool en sont aussi des agents utiles.

Les expériences de Pasteur démontrent que les éléments minéraux, tels que le carbonate de chaux, les phosphates et autres, sont indispensables à la fermentation. Si l'un de ces éléments vient à diminuer au cours de l'action chimique *(la proportion de sucre restât-elle suffisante),* la fermentation s'affaiblit au fur et à mesure et elle s'arrète quand ils font défaut.

Voici donc les éléments nécessaires pour la fermentation vineuse :

Le sucre, l'oxygène, l'azote et les éléments minéraux.

Comment, dans la pratique, faire en sorte que chacun de ces éléments se trouve toujours dans la proportion voulue pour concourir utilement au travail de l'acte de fermentation ? — Reprenons successivement notre énumération :

1° Pour le sucre, nous avons expliqué comment, au moyen de l'analyse chimique ou, à son défaut, l'emploi du pèse-moût, il est facile de se rendre compte des quantités contenues dans le moût de raisin ; et, dans ce but, nous avons donné plusieurs tableaux qui permettent d'améliorer ces moûts en suppléant à l'insuffisance saccharine qu'ils contiennent au moyen du sucrage artificiel. — Les tables dont il s'agit s'appliquent à tous les cas ; il n'existe, par conséquent, aucune difficulté de ce côté ;

2° Le grand rôle de l'oxygène se résume surtout dans l'aération naturelle et la ventilation rapide de la cuverie et particulièrement des moûts, que nous recommandons très instamment ; il suffit donc, pour arriver à un but parfait, de bien organiser et installer la cuverie suivant les principes que nous avons déjà décrits dans les divers chapitres consacrés à ce sujet ;

3° Pour ce qui concerne l'azote qui est à l'état gazeux dans l'air, comme l'oxygène, une large aération ne peut que faciliter son absorbtion dans les moûts. Ajoutons, en ce qui concerne ces deux gaz, que c'est encore Pasteur qui a démontré que les ferments prenaient ces gaz, non-seulement dans le sucre du raisin, mais encore sur la peau du fruit, sur les rafles et dans le liquide du moût ;

4° Le rôle des éléments minéraux dans la fermentation, tels que les carbonates de chaux, les phosphates, etc., n'est pas moins bien établi. Nous ne reproduirons pas ici les expériences faites à cet égard. Elles sont du domaine de la chimie pure et nous entraîneraient trop loin.

En résumé, l'oxygène et l'azote sont, avec le sucre et les éléments minéraux, les agents les plus actifs de la fermentation vineuse. Aussi Pasteur, dont nous ne nous lassons pas d'invoquer la haute autorité, insiste-t-il sur l'utilité d'un grand afflux d'air pour rendre les moûts proliphiques.

Nous ne pouvons mieux faire que de citer à cet égard ce que dit l'illustre savant :

« J'ai constaté, dit-il, « que lorsque le moût est exposé au contact de l'air en grande surface ou agités à l'air, pendant plusieurs heures, la fermentation est incomparablement plus active que celle du même moût non aéré, il est digne d'attention que l'aération peut produire des effets aussi sensibles lorsque le liquide est déjà chargé d'acide carbonique et de levure alcoolique.

« Les expériences suivantes ne laissent pas de doute à ce sujet, mais elles montreront d'autre part, que l'activité plus grande de la fermentation pendant les premiers jours n'est pas durable, qu'elle fait bientôt place à un ralentissement très marqué, et que, si l'on n'aère pas de nouveau, le moût primitivement non aéré finit par prendre le dessus. L'acidité des moûts a augmenté pendant la fermentation, mais le moût qui avait été aéré a moins gagné en acidité par la fermentation que le moût non aéré. A l'aération des moûts correspondrait donc un moyen d'apporter quelque changement dans les proportions des principes résultant de la fermentation. »

Mettant à profit ces enseignements de Pasteur sur l'aération des moûts, nous fîmes, en 1875, des essais comparatifs sur deux moûts de même nature, dans deux foudres en bois séparés, d'une contenance de 90 hectolitres chacun.

Dans ces deux expériences, on foula la vendange avec un fouloir à cylindre ; mais dans la deuxième expérience, au fur et à mesure que l'on foulait, on insufflait de l'air sur le moût qui tombait du fouloir dans le foudre, à l'aide d'un ventilateur *tarrare* que nous avions approprié spécialement pour cet effet, et cette application a donné les résultats suivants :

1re expérience sans aération. — Le 15 septembre 1875, la température ambiante du chai était à 25 degrés centigrades et la vendange accusait au thermomètre 24 degrés.

Voici quelle fut, de part et d'autre, la marche de la fermentation :

Après 13 heures, les bulles de gaz s'échappèrent du *premier* foudre, ce qui dénotait que la fermentation entrait en activité et après 7 jours de travail le vin était descendu à 5 grammes de sucre par litre ; ce vin resta un peu nébuleux pendant 2 mois.

2ᵉ expérience avec aération. — Le moût du *deuxième* foudre, après 10 heures de séjour, entrait en fermentation, et après 5 jours de travail le vin était descendu à 0 degré, on le soutira encore chaud, sa température accusait encore 32 degrés centigrades.

Il avait un goût supérieur au premier vin qui n'avait pas été aéré sous forme de moût et il se clarifiait peu à peu et, après 20 jours de repos, il était d'une limpidité commerciale.

On comprend qu'après des expériences aussi concluantes, il ne nous soit plus resté aucun doute sur l'importance de l'aération des moûts.

D'après une étude sur la fermentation alcoolique due à M. V. Martinaud, un nouveau jour vient d'être jeté sur les microrganismes qui la produisent et l'origine de ces derniers.

« Si l'on abandonne le moût de vin à lui-même, explique M. Martinaud, il ne tarde pas à se produire une effervescence dans toute la masse ; le sucre disparaît, en même temps qu'il se forme de l'alcool et de l'acide carbonique. Tel est, dans son ensemble, l'acte de la fermentation. Si l'on cherche à se rendre compte de son *processus*, en faisant des observations microscopiques, on commence à apercevoir de petits organismes représentés par des cellules rondes ou ovales, puis par d'autres plus ou moins allongées. Ces petites cellules rondes ou renflées aux deux extrémités, sont désignées sous le nom de levure apiculée ou *saccharomyces apiculatus* ; elles vivent et se développent dès le début de la fermentation. Ce sont elles qui forment la plus grande partie de l'alcool produit ; leur action diminue au fur et à mesure que le liquide devient plus alcoolique sans cependant être jamais nulle. Les cellules plus ou moins ovales sont, pendant la première phase de la fermentation, des spores ou des conidies de moisissures qui se reproduisent et vivent comme des levures, avec l'apparence d'être de vraies levures de vin ; leur action est diminuée plus ou moins rapidement et dépend des conditions dans lesquelles la fermentation s'opère. On y rencontre aussi de grandes quantités de *mycoderma vini*.

« Mais la vie de tous ces organismes est enrayée aussitôt qu'a lieu le développement de la levure de vin proprement dite, le *saccharomyces ellipsoideus*, levure qui est généralement en très petite quantité dans la vendange, et que l'on trouve sur les raisins dans un état qui ne lui permet pas de faire fermenter directement les liquides sucrés ; elle doit en effet, pour cela, passer par une phase de rajeunissement plus ou moins longue. Il en est ainsi lorsque les raisins ne sont pas cueillis très mûrs, car la levure est, dans ce cas, en plein développement. Quel que soit l'état de la vendange, cette levure s'y trouve toujours en petite quantité par rapport à la levure apiculée, aux moisissures, aux *mycoderma* et aux bactéries. Une température trop basse et une température trop élevée sont également défavorables à la fermentation des *saccharomyces* et favorisent le développement des bactéries nuisibles.

« *Tous ces microrganismes sont apportés par les raisins qui en sont recouverts à l'époque des vendanges*, avant leur maturité complète, on y rencontre des moisissures parmi lesquelles domine *l'aspergellius niger*; plus tard, au fur et à mesure de la diminution de l'acidité des grains, c'est le *penicillium glaucum* qui s'y trouvera en plus grande quantité et surtout pendant les périodes pluvieuses et humides. La levure apiculée précède aussi l'apparition de la levure de vin qui ne se trouve sur les fruits qu'au moment de leur maturité et quand leur teneur acide a disparu.

« Un œnologue italien, M. Martinengo, a présenté des observations identiques, sous une forme encore plus catégorique.

« La vieille théorie, dit ce savant praticien, qui considérait comme mortels pour les vins les germes de moisissures, de ferments nuisibles, etc., nageant dans l'air, a désormais fait son temps. Il est très bien démontré que la plus grande quantité des germes dangereux sont introduits dans le vin avec les peaux des raisins. Néanmoins aucun de ces germes ne peut se développer dans une vinification rationnelle, parce que les germes plus ou moins nombreux qui se trouvent dans l'air, sont destinés à périr quand ils arrivent dans le vin, à moins que, par l'ignorance ou la négligence de l'œnologue, on laisse se produire dans le vin des conditions favorables au développement de ces organismes. »

Comme on le voit par cette étude, la fermentation apiculée agit la première; viennent ensuite les mauvais ferments qui peuvent s'emparer du milieu sucré qui constitue le moût et y exercer une mauvaise fermentation. — Mais, lorsque la fermentation elliptique se manifeste, les microrganismes défavorables sont aussitôt enrayés dans leur marche par le développement des premiers.

Le but à atteindre consiste donc à obtenir une prompte fermentation par le *saccharomyce ellipsoïdeus*. Dans ce cas, il suffira d'introduire un supplément de levure en pleine activité dans le moût nouvellement mis en cuve.

Il est parfaitement prouvé aujourd'hui que la température joue également un rôle d'une importance indiscutable dans la marche de la fermentation. Si, par exemple, la fermentation d'un moût s'exerce sous l'influence d'une température moyenne de 28 à 32 degrés centigrades, elle s'accomplit, non-seulement avec régularité, mais encore avec une certaine rapidité; mais si, au contraire, cette fermentation s'élève et dépasse la température de 32 degrés et qu'elle s'éloigne de ce degré pour atteindre quelquefois 47 degrés, elle s'arrête en laissant une notable partie de sucre qui ne peut se convertir en alcool.

On remarque souvent que cette température élevée ne s'arrête pas aussi vite si le moût a été préalablement oxygéné ; cet acte de fermentation se prolonge encore longtemps sans pouvoir atteindre complètement le but. Nous en avons d'ailleurs constaté une semblable qui a duré 15 jours — le vin est resté nébuleux pendant 4 mois.

La température du moût en fermentation doit donc être maintenue entre 28 à 32 degrés centigrades pour que cet acte soit normal ; il est, par conséquent, de toute nécessité de faire refroidir le raisin avant toute manipulation et avant d'entrer dans la cuve sous forme de moût, à moins que ce liquide subisse un abaissement de température, ainsi qu'il sera expliqué au chapitre spécial qui traite cette question.

Le manque d'aération d'un moût contribue, dans une certaine proportion, au ralentissement et à la prolongation de la fermentation alcoolique. Il est donc nécessaire de renouveler l'air de la cuverie afin d'empêcher l'échauffement de l'atmosphère ambiante, car, une négligence pareille peut déterminer des désordres dans le repos du vin déjà fait, soit nouvellement, soit anciennement ; il n'est pas rare, en effet, de voir ces derniers refermenter à nouveau et s'altérer, en prenant la *pousse* ou la *tourne*.

Il est d'ailleurs facile à remarquer que le vin, déjà fait, qu'il soit vieux ou nouveau, et conservé dans des amphores en céramique à parois assez épaisses, ne subit aucune influence.

Nous pouvons donc dire, comme conclusion, que la cuverie devrait être séparée du chai par un mur quelconque, pour éviter l'influence des gaz qui se dégagent pendant la fermentation et la production de chaleur nouvelle. Pour prévenir d'une manière générale toute influence sur les vins faits par l'ensemencement funeste des ferments aériens suspendus dans l'atmosphère de la cuverie, la construction d'un chai, en Algérie et en Tunisie, doit être établie sur la méthode que les spécialistes du métier ont adoptée, qui sait allier, pour le climat spécial de la colonie africaine, l'élégance de la construction, sans sacrifier à aucune des exigences multiples créées par le véritable objectif qui est la préoccupation de tout viticulteur avisé et prévoyant.

---

§ 2 — **Fermentation anormale.**

La fermentation, dans le nord de l'Afrique française, n'est pas aussi simple qu'on pourrait facilement le croire. — Autant le vin est facile à réussir dans le centre de la France, autant il est difficile d'atteindre, dans nos exploitations viticoles, toute la perfection désirable, et bien des causes déterminent souvent une vinification vicieuse qui se traduit par des vins malades, altérés, sans valeur et, par conséquent, d'un écoulement commercial assez difficile.

Au cours de la fermentation, des anomalies se produisent parfois, telle, la plus fréquente et la plus redoutable, qui est la fermentation *extra tumultueuse*, caractérisée par un grand échauffement de la masse qui engendre une surabondance de mousse avec bruit. La température atteint alors quelquefois jusqu'à 48 et 50 degrés centigrades; il s'en suit infailliblement une désorganisation dans la marche de cet acte essentiel de la vinification des ferments alcooliques qui, par leur constitution sensible s'atrophient et perdent leur faculté de reproduction.

Lorsque la température du moût dépasse 42 degrés et que la somme d'alcool déjà produite est d'environ 7 degrés, cette masse acquiert les facultés de dissoudre une partie des membranes légères du *saccharomyces ellipsoïdeus*.

En effet, comme on l'a remarqué le plus souvent dans des cas semblables, cette fermentation se ralentit et s'arrête après quelques heures de travail extravagant, en laissant un vin doux ou réellement sucré qui le plus souvent contient encore 85 grammes de sucre par litre ou ayant encore 5 degrés centigrades d'alcool à produire. Dès lors, la température du vin s'abaisse jusqu'à celle ambiante extérieure sans se modifier; ce vin, reste sucré, est, par conséquent, avarié si on ne le fait refermenter à nouveau, ou, altéré dans ses principes par la stérilisation de ses ferments, il ne peut rester plus de 2 mois sans acquérir un nouveau caractère d'acidité.

Nous avons remarqué que les vins sucrés, qui avaient encore 5 à 6 degrés d'alcool à produire, conservés dans des foudres, s'*oxydaient* par voie capillaire du bois et s'*acétifiaient*; dès lors, ils sont impropres à la consommation, et c'est à peine si on en retire le quart du prix normal (au cours de l'alcool).

Les principales causes d'une fermentation *extra tumultueuse* sont:

1° Le foulage du raisin *encore chaud* (dont nous avons signalé plus haut les dangers et les moyens d'y remédier);

2° L'échauffement du moût au fur et à mesure de son foulage par suite d'une haute température atmosphérique de la cuverie, ou d'un état orageux qui prolifie les mauvais ferments;

3° Lorsque la vendange est très sucrée, à la suite de siroco, il n'est pas rare de voir le vin conserver encore 50 à 70 grammes de sucre par litre non converti en alcool, surtout si l'oxygénation du moût a été insuffisante;

4° La fermentation dans une cuve en grosse maçonnerie de forme carrée est généralement plus paressseuse dans les angles que vers le centre dont le foyer s'échauffe plus vite. Nous avons constaté assez souvent que le vin du centre descend à 0, tandis que celui des angles accuse encore 30 grammes de sucre par litre.

5° Lorsqu'un foudre est trop rempli de vendange, l'orifice se bouche et la température de la masse augmente à tel point que la vitalité des ferments est souvent compromise et, par suite, le vin reste sucré et nébuleux.

Nous l'avons déjà dit et nous ne saurions trop le répéter : *La fermentation ne suit sa marche régulière et ne s'accomplit normalement avec célérité qu'autant que la vendange est relativement froide, c'est-à-dire qu'elle ne dépasse pas, au moment du foulage, 25 degrés centigrades.*

Nous devons encore ajouter que le moût, pendant sa deuxième période de fermentation, doit être maintenu à une température variant entre 28 à 32 degrés centigrades maximum ; nous indiquerons plus loin les moyens d'arriver à ce dernier résultat.

§ 3. — Fermentation normale.

La fermentation normale présente plusieurs phases successives très apparentes et faciles à constater.

Dans la première période du travail, la surface du liquide s'imprégnant d'oxygène, les *ferments-cellules* commencent leur œuvre de la décomposition du sucre ; dès lors, la température du liquide en fermentation s'élève en dégageant des bulles d'air et d'acide carbonique. Pour s'en rendre facilement compte, il suffit de présenter une allumette allumée sur le gaz qui s'échappe des bulles, et la flamme s'éteint.

La deuxième comprend la *fermentation proprement dite*. Elle se manifeste par l'apparence mousseuse du liquide en fermentation et, lorsque le bouillonnement est accompagné d'une mousse fine et abondante, on peut affirmer que la fermentation est alors *tumultueuse*. Le liquide, pendant cette période, ne doit jamais dépasser 32 degrés centigrades sous peine de voir dégénérer la puissance des *saccharomyces ellipsoïdeus*.

Pendant la troisième période, le liquide termine ses dernières traces de fermentation ; la température de la masse décroît alors assez rapidement si le sucre a disparu. Cette période est désignée sous le nom de *fermentation décroissante*.

La quatrième période est celle pendant laquelle le vin achève en cave sa concentration et son vieillissement ; c'est la fermentation dernière. Il faut qu'elle soit très lente, très peu sensible, pour produire de bons effets, surtout en conservant une température moyenne et constante de 20 à 23 degrés centigrades au maximum.

Lorsque les raisins auront été sirocotés et quoique le moût ne dépasse 187 grammes de sucre par litre, soit 11 degrés centigrades d'alcool, il sera nécessaire de modifier le moût en l'améliorant, soit par l'apport d'acides libres, soit même par une légère addition d'eau *(voir les tableaux des Moûts)*.

Pour obtenir une fermentation normale, il faut donc suivre toutes les indications que nous avons données dans les divers chapitres déjà cités et que nous résumons succintement :

1° Mettre en fermentation la vendange lorsque l'on s'est assuré que sa température ne dépasse pas 25 degrés centigrades ;

2° Equilibrer les moûts par un dosage raisonné et rationnel, äinsi que nous l'avons dit(voir *Des Moûts*) ;

3° Maintenir les marcs sous le liquide pendant la fermentation, sous risque de voir ces produits s'oxygéner et s'acétifier ;

4° Aérer les moûts pendant leur fermentation (voir *Aération*);

5° Maintenir les moûts pendant leur fermentation à une température de 28 à 32 degrés centigrades ;

6° Unifier la fermentation dans toute la masse pendant la première période de son travail ;

7° Décuver le vin aussitôt qu'il n'accuse plus de sucre ou encore peu, c'est-à-dire entre 0 et 2 degrés d'alcool encore à produire au pèse-moût Leroux, quoique sa température soit encore chaude ;

8° Entonner le vin décuvé dans des récipients en bois de volume moyen ;

9° Laisser ouvert l'orifice de l'amphore ou autre récipient pendant la fermentation, afin de laisser échapper les gaz et la mousse de dégagement qui s'écoule dans un couloir.

Une fermentation basse procure toujours au vin une délicatesse que n'acquiert pas ce liquide lorsqu'il subit une fermentation élevée. Le vin, fermenté par voie basse, représente un degré d'alcool plus élevé et une finesse de goût supérieure.

---

§ 4. — **Durée de la fermentation.**

La durée de la fermentation est en raison de la quantité de sucre que contient le moût, car *plus un moût est riche en principes sucrés, plus de temps mettront les ferments pour accomplir la transformation du sucre en alcool.*

Indépendamment de cette cause, il en est encore d'autres que nous avons constatées dans nos travaux pratiques de vinification.

Une fermentation peut se prolonger longtemps si les ferments sont insuffisants, même à une température normale.

L'insuffisance des ferments viniques est due à plusieurs causes.

D'abord à la suite d'un violent siroco, les ferments sont en partie altérés, car la vitalité de ces organes générateurs, répandus sur la peau du raisin, s'altère vite.

Secondement, par suite de pluies battantes, les ferments pelliculaires se détachent en abandonnant la pellicule.

Lorsqu'il y a insuffisance de *cellules-ferments* dans un moût et que la marche de ces ferments devient paresseuse, on peut ramener cet acte à son travail normal.

Cette opération peut se pratiquer à peu de frais par plusieurs moyens :

1° Si la fermentation s'arrête par suite de stérilisation des ferments venue d'un excès de sucre, il suffira d'y ajouter 10 % d'eau tiède et 5 à 6 % de moût en pleine activité d'une cuvée en travail. La fermentation reprendra 3 ou 4 heures après ;

2° Lorsque la fermentation est paresseuse par suite d'insuffisance de ferments, 5 à 6 litres de moût en activité répandus sur la masse, lui imprime une marche nouvelle et progressive ;

3° On obtient encore le même résultat en versant sur le moût paresseux de la *levure* cultivée spécialement en vue de favoriser cet acte ; la quantité varie de 150 à 200 grammes à ajouter par hectolitre de moût à faire activer ;

4° On peut aussi exciter une fermentation lente en délayant des lies fraîches de vin blanc dans de l'eau chaude à 35 degrés, que l'on répand sur la surface du moût ;

5° Un moyen assez pratique et peu dispendieux permet encore de ramener à l'activité une cuvée paresseuse. Ce procédé consiste à chauffer à 35 degrés, 10 % de vin de presse et de le répandre sur la surface du moût à ranimer.

Une fermentation normale, soutenue suivant les principes que nous venons d'indiquer, peut s'accomplir en 48 heures à partir du moment où les bulles d'acide carbonique se dégagent jusqu'au moment où le vin encore chaud marque de 0 à 17 au pèse-moût Leroux.

L'activité d'une fermentation vineuse réside donc dans *une température basse et une aération soutenue pendant son travail.* Cette activité dépend aussi du contact général du liquide avec les pellicules du raisin contenu dans l'amphore ou autre récipient.

Si, par exemple, les marcs ne sont pas complètement immergés dans le moût au moment de la fermentation, il s'en suivra une grande diminution dans la puissance génératrice des ferments, puisque les marcs, en surnageant, n'auront pu prolifier le liquide qui ne les touche pas.

La fermentation est d'autant plus rapide que les ferments, qui recouvrent la surface des pellicules de raisin, peuvent se détacher et fonctionner à leur génération dans le véritable milieu qui leur est propre. Mais si, au contraire, les marcs surnagent à la surface du liquide comme cela se produit presque toujours dans les foudres, il n'y a que les marcs immergés qui prolifient le liquide dans cette seule région et le reste de la masse, s'en trouvant dépourvue, subit, par conséquent, une certaine lenteur dans l'accomplissement de son travail.

Plus l'acte de la fermentation est rapide, plus vite le vin se clarifie et plus tôt il est bon à livrer à la consommation.

Un des grands défauts de nombreux viticulteurs africains, c'est de laisser soit-disant fermenter le vin jusqu'à 15 à 25 jours.

Le vin, qui reste plus de 10 à 12 jours en contact avec des marcs de raisins non égrappés, est considéré comme très inférieur à celui qui n'a cuvé que 5 à 10 jours maximum. On peut qualifier ce vin de *véritable décoction*. — En effet, par son séjour prolongé et son contact avec les marcs, il s'approprie les sucs du bois, c'est-à-dire l'extrait des pellicules et pédiculles des grappes qui ne peuvent que lui communiquer de mauvais goût caractéristique.

En outre, si on considère les risques d'*acescence* en laissant séjourner un vin ainsi déjà fermenté depuis longtemps, on ne doit pas être surpris des maladies qui peuvent se déclarer.

Ces lignes concernent les vins rouges seulement. — La fermentation des vins blancs est plus lente ; elle ne s'effectue guère qu'en 25 à 30 jours et, souvent même, elle se prolonge encore à cause de la pénurie des ferments pelliculaires. Aussi faut-il soumettre le moût blanc à l'action d'une température assez élevée pour activer l'acte de fermentation, — s'il est possible à une température constante de 22 à 25 degrés centigrades, température qui convient très bien à l'accomplissement de ce travail (voir *Vins blancs et Chai*).

La rapidité de la fermentation va en croissant, en raison inverse de la hauteur du liquide à traverser, c'est-à-dire que moins la masse fermentante est épaisse, plus vite est terminé cet acte.

En 1889, j'avais acheté la récolte de raisins de M. Branthomme, à Bourkika. Après avoir fait 10 hectolitres de vin blanc avec le jus de divers cépages rouges, j'ai mis au fond d'une cuve couverte en bois ayant 2 mètres de diamètre, les marcs frais pressés provenant de cette opération (environ 400 kil.), j'y ai ajouté 1,000 litres de vin de presse ayant une température de 26 degrés centigrades ; 4 heures après la fermentation commençait et 25 heures ensuite elle était complètement terminée, à tel point que le liquide marquait 0 degré et qu'il n'accusait plus aucune trace de sucre ni de produits azotés. La cause de cette fermentation rapide provenait de ce que ce liquide se trouvait en présence d'un superflu de ferments contenus dans les marcs et que son épaisseur était minime, puisqu'elle ne dépassait pas 45 centimètres y compris les marcs.

ONZIÈME CHAPITRE

AÉRATION, RÉFRIGÉRATION

DES MOUTS

SOMMAIRE:

De l'aération et de ses effets sur les moûts. — Études de Pasteur. — Température normale de l'air. — Ventilateur système Leroux. — Chambre réfrigérante mobile. — Robinet aérateur. — Prix de revient de la réfrigérance des moûts.

De la réfrigération et de son utilité pratique en Algérie et en Tunisie. — Appareils réfrigérateurs. — Trappe à échappement. — Conseils divers.

AÉRATION

L'aération des moûts a été signalée à l'attention des viticulteurs par Pasteur ; c'est donc à lui seul que revient cette précieuse découverte.

Ce savant dit dans ses *Etudes sur le vin* [1] : « J'ai constaté que, lorsque le moût est exposé au contact de l'air en grande surface, pendant plusieurs heures, ou agité avec de l'air... la fermentation du moût est incomparablement plus active que celle du même moût non aéré. Il est digne d'attention que l'aération produise des effets aussi sensibles, alors même qu'on l'effectue pendant la fermentation, lorsque le liquide est déjà chargé d'acide carbonique et de levure alcoolique.

« Les expériences suivantes ne laisseront pas de doute à ce sujet, mais elles montreront, d'autre part, que l'activité plus grande de la fermentation pendant les premiers jours n'est pas durable, qu'elle fait bientôt place à un ralentissement très marqué, et que, si l'on n'aère par de nouveau, le moût primitivement non aéré finit par prendre le dessous... l'acidité des moûts a augmenté pendant la fermentation... mais le moût qui avait été aéré a moins gagné en acidité par la fermentation que le moût non aéré... A l'aération du moût correspondrait donc un moyen d'apporter quelques changements dans les proportions des principes résultant de la fermentation. »

Comme on le voit, l'activité nouvelle imprimée aux cellules-mères de la levure (ferments viniques) par l'aération du moût, complète d'une façon remarquable la fermentation des vins dans les pays chauds.

Dans tous les cas, même dans celui où la vendange a été refroidie naturellement à 20° centigrades (ce qui arrive rarement à l'époque des vendanges dans nos colonies du Nord de l'Afrique Française), il est donc indispensable d'aérer les moûts.

L'aération produite sur un moût, dans des conditions normales et satisfaisantes et sous l'influence d'une température basse, augmente le caractère prolifique des cellules-ferments dans une forte proportion.

Lorsqu'un moût de raisin a été suffisamment saturé d'air, soit au moment du foulage, soit quelques heures après ou même plus tard,

---

(1) L. Pasteur, *Etudes sur les Vins*, loc. cit., p. 277-281.

on est assuré par la suite que la fermentation peut commencer et suivre ses phases et sa marche normale sans arrêt. Ce travail s'effectuera bien, si toutefois on maintient la température du moût entre 28° à 34° centigrades, maximum.

La fermentation d'un moût aéré dure d'autant moins que sa température peut se maintenir entre ces deux degrés.

Un moût de raisin rouge, (y compris ses pellicules) qui est suffisamment aéré, peut, dans de semblables conditions, parcourir toutes ses phases de fermentation en 48 heures, c'est-à-dire à partir du moment où les bulles d'acide carbonique se dégagent jusqu'à celui où elles s'éteignent.

Le vin obtenu par suite d'une bonne aération sur le moût — surtout si cette action a été produite à une température assez basse, — ne doit plus contenir aucune trace de sucre.

Ne constate-t-on pas journellement, pendant la période des vendanges, des vins faits ne marquant plus que 0° et qui contiennent encore à l'analyse chimique jusqu'à 45 grammes d'extrait sec par litre ; dans ce cas, le véritable degré d'extrait sec ne devrait jamais dépasser 36 grammes par litre. Aussi cette différence est-elle due à une certaine abondance de matières protéiques qui restent encore combinées en suspension dans le vin, après une fermentation incomplète quoique apparemment définie, puisqu'il ne marque plus que 0° au pèse-moût.

Ces matières azotées se coagulent aussi sous l'influence d'une température élevée, produites pendant la fermentation, et restent suspendues dans le liquide au lieu de se précipiter.

Les vins faits dans les pays chauds, par l'ancienne méthode, sont très chargés de matières azotées ; ils demandent une grande défécation au moment de leur fermentation pour qu'ils puissent se dépouiller des impuretés qu'ils contiennent en excès. Ce n'est que sous l'influence des nouveaux procédés que nous indiquons, que l'on peut arriver avec succès à ce résultat, c'est-à-dire par l'*aération réfrigérante*.

L'aération réfrigérante des moûts a aussi pour résultat de maintenir en suspension dans le vin fait les acides libres si nécessaires à son existence et d'en augmenter leur solubilité. Son action va même jusqu'à favoriser la formation d'éthers qui, par suite, se développent en bouquet.

Le moût, aéré par les procédés qui suivent plus loin, produit toujours un bouquet relevé et supérieur à celui obtenu par une fermentation non aérée par réfrigération, car la chaleur excessive qui se développe dans ce dernier vin, volatilise les éthers et une notable proportion d'alcool.

Un moût suffisamment aéré produit un vin dépouillé de toutes causes qui engendrent les maladies et, par ses facultés d'équilibre, son existence prolongée est assurée et son vieillissement devient moins rapide, mais sans défaillance contestable.

———

Le moût de raisin peut s'aérer par plusieurs procédés, soit à l'aide d'une soufflerie ordinaire, soit au moyen d'un courant d'air propulsé par un ventilateur.

Ce liquide doit être imprégné par pénétration, soit au moment de sa chute du fouloir, ou encore à sa sortie du robinet de décuvage.

Nous croyons cependant qu'il est préférable d'aérer le moût d'abord à sa sortie du foulage ; néanmoins, si l'on n'était pas organisé pour le faire de cette façon, on pourrait l'aérer à sa sortie du robinet de décuvage aussitôt sa mise en cuve.

A quelle température doit-on prendre l'air? — Nous dirons que :

Plus l'air sera froid et moins il sera chargé de microrganismes vicieux, plus vite il refroidira le moût à son point voulu.

Par les temps de siroco et de grandes chaleurs, il est assez difficile de se procurer de l'air froid à bas prix, en notre climat rechauffé d'Afrique. Plusieurs machines à production d'air froid ont été essayées dans les usines et dans les mines ; parmi ces appareils, il faut citer entre autres, le souffleur réfrigérant de M. Cuau, de Paris. Les organes de cette machine, mue par un moteur quelconque, se composent de la façon suivante :

1° Un ventilateur à grande surface ;

2° Un réservoir d'eau pour humidifier l'air produit ;

3° Une trémie d'écoulement.

Le ventilateur à grande surface propulse l'air qu'il aspire sur ses côtés, à travers une légère pluie fine d'eau fraiche, qui s'écoule par la trémie, de sorte que le courant d'air qui s'établit ainsi se mouille et se refroidit de plusieurs degrés.

Cet appareil demande, pour son emploi, une certaine quantité d'eau qui ne se rencontre pas toujours dans les vignobles.

Mettant à profit cette théorie déjà ancienne, nous avons combiné un appareil à ventilation réfrigérante qui, grâce à ses nouvelles dispositions, permet de produire de l'air froid dans de meilleures conditions que les anciens appareils.

Notre appareil (fig. 275) se compose d'un ventilateur silencieux à surface moyenne (A). Il reçoit son mouvement d'un moteur par l'intermédiaire d'une courroie (B). L'air produit par le ventilateur (A) se dirige dans une chambre à réfrigération (C), construite soit en maçonnerie, soit en métal ou en bois.

Dans cette sorte de conduite (chambre réfrigérante), on y place des tubes en terre cuite très poreuse (D). Chaque tube est recouvert d'une mèche à lampe faisant office de chemise, de façon que l'eau qui s'écoule par le robinet (F) dans le réservoir (E), tombe dans les tubes et transpire fortement à travers les pores et le tissus en coton servant d'éponge alimentaire.

On conçoit déjà que cet appareil favorise, par son évaporation rapide, un abaissement de température, en conservant tous les avantages d'un aérateur puissant.

Le courant d'air que produit le ventilateur traverse avec rapidité les batteries de tubes évaporateurs.

Dans ces conditions, cet air qui, par exemple, marquerait 28° centigrades à son entrée dans le ventilateur, doit en sortir à 24° au plus.

Chose remarquable dans cet appareil, c'est le faible volume d'eau qu'il consomme (environ 100 litres à l'heure), soit environ 1,500 litres par 12 heures de travail effectif, y compris celle employée pour l'alimentation du moteur à vapeur.

L'appareil que nous venons de décrire a pour but de produire purement et simplement de l'air froid. Mais lorsque l'on veut obtenir l'aération réfrigérante de moût de raisin, il est nécessaire d'avoir recours à un second appareil spécial, dont la description suit :

CHAMBRE RÉFRIGÉRANTE MOBILE

Ce second appareil est destiné à recevoir les moûts contenus dans des amphores ou des foudres ; de faire subir à ce liquide, pendant son séjour, l'action de l'aération réfrigérante avant sa sortie.

Cet appareil (fig. 276) se compose, comme le précédent, d'une chambre réfrigérante (c), contenant une batterie de tubes (d) et surmontée d'un réservoir (e) qui reçoit le moût par le robinet (f). Ce liquide s'écoule dans les tubes capillaires également recouverts de mèches, et l'air froid du premier appareil traverse, avec une grande rapidité, cette série de tubes ruisselants de moût, qui se refroidit au fur et à mesure qu'il s'écoule, jusqu'à sa sortie par le robinet (i).

L'air, après avoir accompli son trajet, reste humecté et s'échappe par un tuyau qui va le jeter, humide, dans l'orifice du récipient qui alimente l'aérateur réfrigérant ; de cette façon rien est perdu dans cette opération qui nécessite, ainsi qu'on le voit, peu de soins spéciaux.

Cet appareil, par ses dispositions, peut se mouvoir en tous sens ; il peut se diriger sur tous les points où sa présence est nécessaire.

Pour plus de clarté, nous donnons ici une vue en coupe transversale de cette chambre réfrigérante (fig. 277-278).

Le premier appareil peut servir aussi à produire l'aération réfrigérante du moût qui s'écoule en cascade sur l'appareil de *Lawrence*.

Veut-on, par exemple, aérer et refroidir du moût de raisin qui s'écoule à la surface du dit appareil. Dans un cas semblable, il suffira d'établir deux réservoirs en planches calfeutrées, de forme plate (a) et percées chacune d'un seul côté de petits trous (b), les trous de chaque réservoir sont placés en face le réfrigérant Lawrence qui est mis en communication avec l'appareil aérateur, par le tuyau (c). Lorsque les distances des réservoirs sont bien gardées, on fait écouler le moût, d'une part, à l'extérieur du réfrigérant (d), et de l'autre, on fait arriver l'air dans les réservoirs qui les distribuent sur le liquide qui descend en cascade.

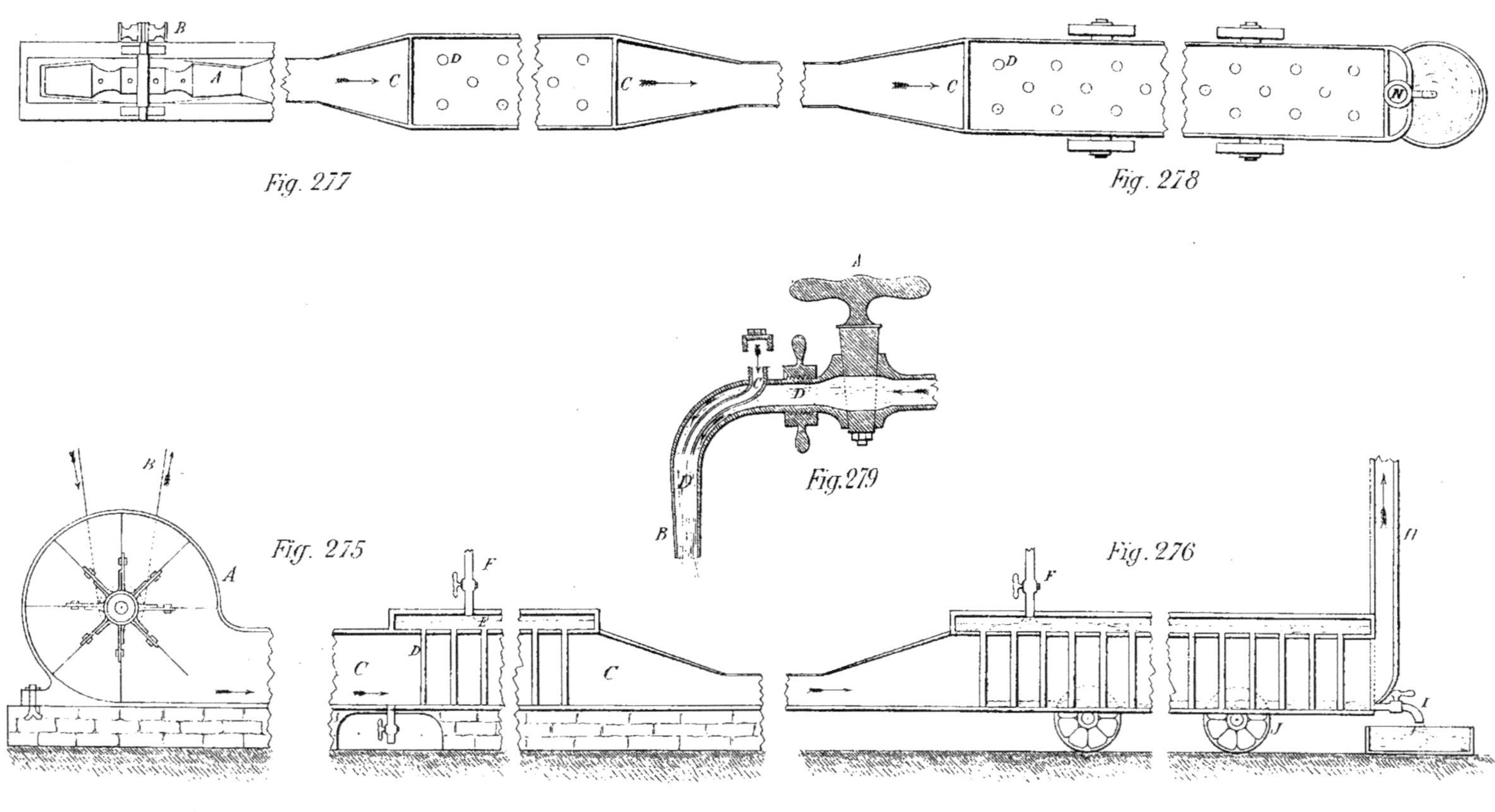
Fig. 277
Fig. 278
Fig. 279
Fig. 275
Fig. 276

Non-seulement le moût se refroidit sur le réfrigérant, mais il s'aère beaucoup en diminuant par conséquent de température.

Si on veut faire refroidir le moût sans l'aérer, on le fait passer dans l'appareil même, c'est-à-dire entre les ondulations (E) (fig. 281), de bas en haut, pendant que l'aération réfrigérante produit son effet sur l'eau qui descend en dehors en cascade (D), à la surface du réfrigérant.

Prix de revient de l'aération réfrigérante des moûts de raisin, système Leroux

Chauffeur : 15 journées à 6 francs	90.00
Charbon : 1,200 kilos à 5 francs les 100 kilos	60.00
Ouvriers aérateurs : 30 journées à 3 francs	90.00
Intérêts du capital : 15 jours sur 60 jours d'emploi à 8 %.	100.00
Frais généraux sur 240 francs à 12 %	28.80
TOTAL.	368.80

Sachant qu'une exploitation semblable doit produire 4,000 hectolitres de vin en moyenne, le prix de revient sera dans ce cas de 9 cent. 22 par hectolitre ; — il est inutile de dire que nous faisons rentrer dans ce prix les dépenses occasionnées par l'installation d'un chai, telle que nous l'avons décrite et comprenant machines à vapeur, transmission, installation et agencement pouvant s'élever ensemble approximativement à la somme de 5,000 francs.

ROBINET AÉRATEUR

M. le docteur Trabut, de la Faculté des Sciences d'Alger, a trouvé un système de robinet qui, en laissant écouler le liquide qui le parcourt, permet à l'air de s'introduire par un aspirateur et de mélanger ce fluide compressible avec le moût qu'il traverse pendant sa course du coude (voir fig. 279).

Le robinet (A) est construit comme d'habitude, sauf le coude (B) qui reçoit un aspirateur (C) soudé de façon à éviter les fissures qui détruiraient l'introduction de l'air.

Son fonctionnement est des plus simples : il suffit de visser le raccord du coude sur le robinet et de tourner la clef pour laisser parcourir le liquide (D) ; ce dernier en passant dans le coude, forme un appel d'air par l'aspirateur (C) et il s'en suit une sorte d'aération continue pendant que le liquide coule par le robinet ; cette ingénieuse idée est d'une application facile, puisqu'il suffit de visser ce coude sur un robinet ordinaire.

Lorsque l'on veut soutirer du vin fait et que l'on veut éviter le contact d'un courant d'air supplémentaire, on visse sur ce robinet un coude ordinaire.

L'emploi du coude aérateur se pratiquera surtout dans les cas où le moût a besoin d'être aéré en tombant dans le baquet, avant d'être aspiré, pompé, et déversé dans le récipient à fermenter.

L'emploi de notre système d'aération réfrigérante dispense la pratique de ce système, mais comme moyen complémentaire il est à retenir, et surtout dans les cas où le viticulteur ne possèderait pas un appareil d'aération réfrigérante.

RÉFRIGÉRATION

§ 1. — De la réfrigération et de son utilité pratique en Algérie et en Tunisie.

Si les vins des pays chauds laissent parfois assez souvent à désirer, tant sur leur limpidité que sur leur conservation, cela tient à ce qu'ils sont faits dans de mauvaises conditions, sous le rapport de l'état climatérique et d'un outillage mal ordonné.

Si les causes sont connues (comme il est aujourd'hui parfaitement établit), il n'y a plus à tâtonner, ni à hésiter, pour s'organiser dans le sens des perfectionnements à apporter à toute industrie viticole.

On sait que la haute température ambiante, occasionnée soit par les rayons solaires, soit par le siroco, développe une chaleur excessive dans les raisins et, par conséquent, dans les moûts mis en fermentation.

Dans d'aussi fâcheuses circonstances inhérentes au climat de notre colonie, il devient nécessaire d'apporter sur-le-champ un remède au mal.

Ce remède consiste dans le refroidissement des raisins avant leur foulage, comme il a été dit, et dans l'abaissement ou le maintien d'une température basse des moûts pendant leur fermentation.

La réfrigérance artificielle s'impose donc d'ores et déjà, lors même que la température ne dépasserait pas 25 degrés centigrades.

Cette réfrigération des moûts ne doit pas seulement se borner à son action sur le liquide dès qu'il entre en fermentation, elle doit se faire sentir de temps à autre pour équilibrer la température moyenne recherchée.

Par suite d'une température ambiante très élevée, la fermentation de la cuverie s'élève et augmente encore la chaleur locale des lieux où elle se produit. On voit souvent, dans l'état actuel d'organisation, la température de la cuverie s'élever à 35 degrés centigrades et, par conséquent, des fermentations s'élevant jusqu'à 46 degrés.

La fermentation dans de semblables conditions est anormale, car elle acquiert des allures vagabondes et extra-tumultueuses.

La réfrigération des moûts est si nécessaire à la réussite de nos vins d'Afrique, que ceux faits sans son concours, n'atteignent jamais les qualités de ceux faits sous l'action d'une température basse et normale.

---

§ 2. — Des appareils réfrigérateurs.

Jusqu'à présent, plusieurs réfrigérants ont été mis en pratique pour le refroidissement des bières et des liqueurs ; mais pour les vins, les essais réfrigérants ont été rarement tentés encore.

Pour obtenir un abaissement de température des moûts, soit au début de la fermentation, soit en cours de travail de cet acte, les uns laissent circuler le moût à l'intérieur, pendant que l'eau froide tombe en jets fins sur les tubes ; d'autres, au contraire, laissent le moût descendre en cascade sur les tubes capillaires aplatis.

Le moût introduit dans le récipient destiné à la fermentation, doit nécessairement subir un abaissement de température en proportion de celle ambiante, car si, par exemple, elle dépasse 23 degrés centigrades, la réfrigérance utile s'obtiendra en laissant circuler le moût, soit dans l'intérieur de l'appareil, soit à sa surface extérieure, suivant le cas voulu.

L'appareil dont il s'agit est le réfrigérant capillaire de « Lawrence » que nous avons observé dans son fonctionnement chez M. Lèq, à La Réghaïa, en octobre 1893.

Le réfrigérant Lawrence est construit tout en cuivre, comme le démontre le dessin ; cet appareil est à nettoyage, car il se démonte en plusieurs pièces pour subir cette opération. Lorsqu'il est monté en place devant une amphore ou un foudre, on le met en relation avec l'eau froide d'une part et le moût d'autre part.

Exemple : si on veut refroidir du moût en train de fermenter et qui n'a pas encore beaucoup d'alcool libre, on le fait circuler en cascade à la surface extérieure, pendant que l'eau froide circule librement dans l'intérieur de l'appareil.

Veut-on au contraire baisser la température du moût en pleine fermentation quand il dose 6 à 8 degrés d'alcool ? — il faut alors avoir recours au moyen inverse, c'est-à-dire faire circuler l'eau à l'extérieur, pendant que le moût circule dans les ondulations internes.

La quantité d'eau nécessaire pour obtenir un résultat satisfaisant, est en raison de son propre degré, de son volume et, par conséquent, du degré que marque le moût.

Notons en passant que les eaux que l'on rencontre en Algérie et en Tunisie, soit à la surface du sol (rivière), soit dans les puits et les sources, marquent des températures peu différentes les unes des autres.

Les eaux des rivières marquent en moyenne, pendant le mois de

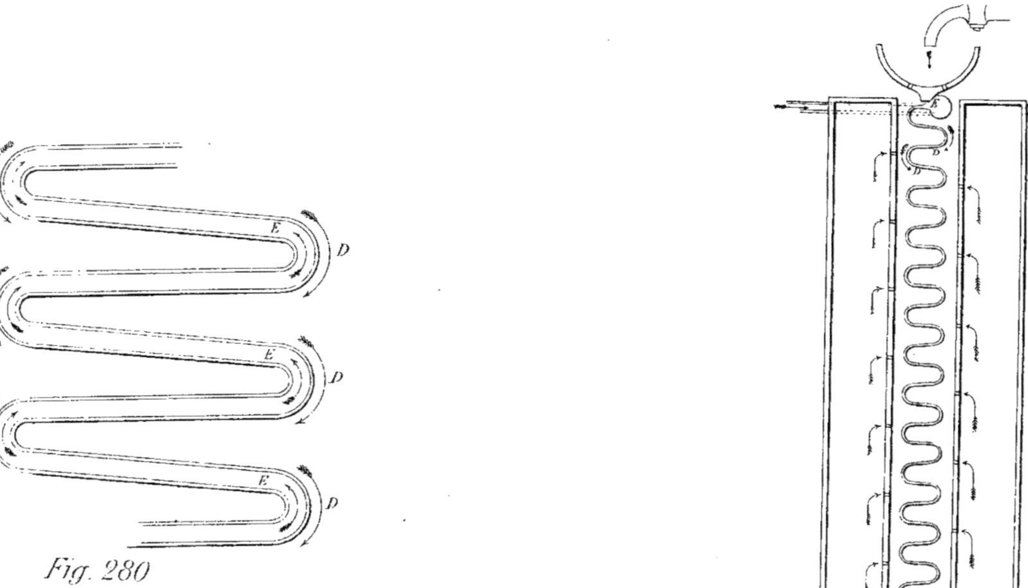

Fig. 280

Coupe. Réfrigérant Système Lawrent.

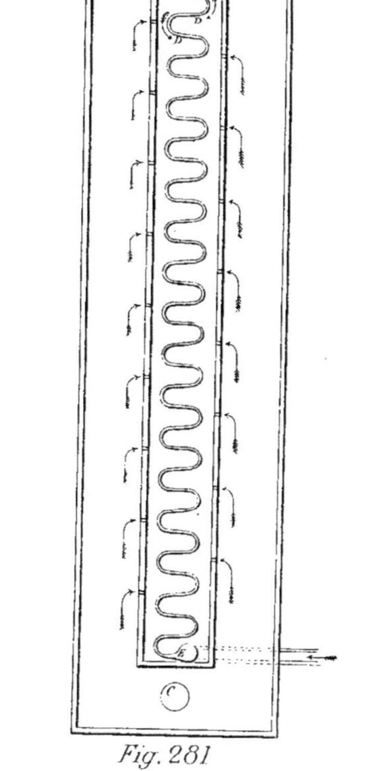

Fig. 281

Aérateur Réfrigérant, Système Leroux & Lawrent.

septembre 22 à 23 degrés centigrades et celles prises dans les sources ou les puits, variant entre 17 à 20 degrés centigrades.

L'eau puisée dans une noria, dont la température marque 19 degrés, est généralement déversée dans un bassin ouvert à l'action solaire, mais, après 24 heures de séjour, sa température atteint entre 21 à 22 degrés. Si par conséquent, on veut employer l'eau comme matière réfrigérante, il y a avantage à s'en servir peu de temps après sa sortie du puits.

On peut encore obtenir une eau plus fraîche en la réservant dans un bassin couvert en maçonnerie.

Ce bassin aura, autour de sa circonférence, une zone de terre rapportée, et au-dessus une couche de terre de 30 à 40 centimètres, sur laquelle on sème de l'orge ; en août, cette culture que l'on arrose de temps en temps, entretient la fraîcheur de la voûte.

Description du réfrigérant Lawrence. — Ce réfrigérant se compose de deux feuilles de cuivre mince ondulées et ajustées par des raccords mobiles ; lorsque l'appareil est monté, il est étanche aux liquides qui circulent dedans. Il peut être nettoyé avec la plus grande facilité et à n'importe quel moment.

Cet appareil est muni d'un bac supérieur percé de nombreux petits trous, par lesquels l'eau ou le moût se déverse.

Lorsque l'on veut refroidir du moût par voie intérieure, il suffit de mettre en relation ce liquide avec le raccord qui est placé sur un des côtés, en bas de l'appareil ; dès ce moment, le moût monte dans les cannelures pour s'écouler par le tuyau (B), mais, pendant que le moût passe dans l'appareil, l'eau arrivant d'un réservoir quelconque, et se déversant par le tuyau (C) dans le bac supérieur, tombe de là en jets fins, et en cascade, jusque dans le bac inférieur pour s'écouler par le tube (D).

Dans tous les cas, le liquide qui doit traverser l'intérieur de l'appareil, passera par le bas avant de s'écouler par le haut.

OPÉRATION. — Si on désire, par exemple, abaisser la température d'un moût qui accuse 28 degrés centigrades et que l'eau marque 20 degrés, *la température de ce moût s'abaissera d'autant plus que son écoulement à la surface du réfrigérant, sera faible et lent, et que le volume d'eau sera considérable à l'intérieur* étant donné à écouler 30 hectolitres de moût à l'heure, marquant 30 degrés, c'est-à-dire qu'il sera ramené à 3 degrés de l'eau (soit 23 degrés) si la quantité d'eau employée a été d'environ 20 hectolitres à l'heure.

Lorsque l'on veut maintenir en équilibre à une température de 28 à 30 degrés un moût en pleine fermentation, cela jusqu'au moment où elle ne s'élève plus au-dessus, il suffit d'écouler de temps en temps 10 à 12 hectolitres de moût à la réfrigérance, avec une dépense de 5 à 6 hectolitres d'eau.

L'appareil Lawrence (fig. 281), enveloppé dans les deux chambres à air, remplit ce double objectif, car il emmagasine l'air froid en même temps qu'il produit la réfrigérance.

Cette opération, faite 3 ou 4 fois pendant les premières 24 heures, suffiront à tempérer la masse qui terminera son acte de fermentation dans les règles voulues.

L'effort nécessaire pour opérer avec cet appareil est peu pénible, car trois hommes suffisent amplement pour traiter 200 hectolitres de moût par jour.

Dans une exploitation bien comprise, ce travail doit s'exécuter à l'aide de pompes rotatives, placées de distance en distance et mues par une transmission recevant son mouvement d'un moteur unique.

La dépense pour refroidir un moût peut varier suivant l'état où il se trouve comme température, et de l'abondance de l'eau que l'on a à sa disposition.

En général, cette dépense peut s'estimer entre 5 à 7 centimes par hectolitre, pendant la période de 24 heures, nécessaire au résultat final.

Un réfrigérant de 1^m15 sur 1^m52 peut suffire à refroidir 200 hectolitres de moût par jour.

DOUZIÈME CHAPITRE

VINIFICATION DES VINS

ROUGES

SOMMAIRE :

Vins de première cuvée. — Conduite de la fermentation. — Vins de presse. — Signes caractéristiques d'une fermentation normale. — Vins rosés. — Nouvelle vinification système Debono. -- Nos conclusions. — Vins rouges de seconde cuvée. — Vinification des vins provenant de marcs frais non fermentés. — Prix de revient de chaque opération.

VINS DE PREMIÈRE CUVÉE

§ 1. — Fermentation première.

Le moût de raisin, avec ses pellicules, qui vient d'être foulé, soit par les pieds, soit au fouloir mécanique ordinaire ou même au *fouloir-égrappoir* ou encore au *fouloir-pressoir*, sera versé dans une amphore ou tout autre récipient vinaire pour y subir la fermentation.

Mais, pour obtenir tout l'effet désirable que peut produire la matière colorante et les autres produits contenus dans la pellicule du raisin, il est très utile (on peut même dire indispensable) de compléter l'immersion des marcs pendant la fermentation.

Ce résultat s'obtient facilement par l'emploi des cuves en céramiques (fig. 259) ou des cuves amphores (fig. 262) comme celles qui ont déjà été décrites ; la cuve amphore est certainement la mieux appropriée pour obtenir une bonne fermentation régulière, c'est elle qui servira d'exemple pour les démonstration faites au cours de ce chapitre.

Lorsque ce récipient est rempli de moût et de marcs foulés et que la masse arrive à environ 50 centimètres des bords de l'orifice, on prend, pour la pose des claies, les dispositions suivantes :

Le soutirage se fait par le robinet de décuvage ; la dixième partie du liquide contenu dans l'amphore, c'est-à-dire environ 10 hectolitres de moût sur une amphore de 150 hectolitres de contenance totale, mais dont la partie liquide proprement dite n'est que de 100 hectolitres.

Cette opération achevée, la surface des marcs est nivelée avec une petite fourche ; on dépose ensuite au-dessus les claies en bois de chêne (fig. 260), et le moût soutiré à son tour est enlevé à la pompe et projeté sur ces claies. Peu à peu, dès ce moment, la masse s'élève et presse les claies sous la voûte formant dôme de l'amphore et le liquide continue son ascension émergente au-dessus de ces claies, sur lesquelles il circule automatiquement.

Dans d'aussi heureuses conditions, la masse va bientôt commencer à fermenter, et c'est le cas d'apporter à ce moment toutes les précautions que nécessite cette opération finale, qui ne demande qu'à être entourée de soins assidus.

Malheureusement beaucoup de viticulteurs ne sont pas encore organisés de cette façon ; à défaut de ne pouvoir opérer ainsi, il faudra éviter de faire fermenter les moûts dont la température dépasse 24° centigrades ; au-dessus de cette température, la vendange devra être refroidie, ainsi que nous l'avons dit et par les moyens que nous préconisons, en dehors de la cave ou du chai.

---

§ 2. — **Conduite de la fermentation pendant son travail.**

Aussitôt la fermentation commencée, il faudra la suivre attentivement et lorsqu'elle arrivera entre 28° à 32°, il sera nécessaire d'unifier la température de la masse ; toutes les précautions devront être apportées à cette opération d'une importance capitale, car il est à remarquer que si le moût fermente à 32° à la surface, le centre n'est encore qu'à 27° environ et le liquide qui occupe la base est encore moins élevée (environ 26°). Il faut donc soutirer peu à peu ce dernier et le rejéter à l'aide de la pompe sur la surface pour qu'il rentre en fermentation.

Si on ne possède pas un appareil quelconque d'aération, on pourra avoir recours au robinet aérateur de M. Trabut (voir *aération*) ;

Si, pendant la fermentation, on constate une augmentation dans la température générale de la masse, il suffira de faire refroidir un peu de moût sur le réfrigérant et de le rejeter avec la pompe sur la masse en travail : en répétant cette opération à plusieurs reprises, on peut dès lors maintenir cette température entre 28° et 32°, même par les grandes chaleurs.

---

§ 3. — **Emploi des vins de presse.**

Lorsque le moût a terminé sa fermentation tumultueuse, on peut profiter de cette circonstance pour parfaire le vin de presse provenant des cuvées précédentes. A cet effet, on verse doucement, en petit filet, les deux tiers du dit vin de presse sur la surface du liquide en fermentation décroissante ; bientôt, on constate une recrudescence quelque peu tumultueuse se produire.

Or, comme le vin de presse est encore très chargé de principes *sucro-azotés* dans ses débuts, il est donc parfaitement constitué pour accomplir ses dernières phases de fermentation ; c'est, par conséquent, une circonstance favorable pour compléter ce travail.

Cette opération simultanée fait disparaître du chai ou de la cave la majeure partie d'un vin qui constitue souvent un embarras, et occasionne une certaine dépréciation sur l'ensemble de la partie.

Le vin qui résulte de cette opération mixte est très solide et d'une grande durée, en raison de sa teneur supplémentaire en tanin, que lui apporte le vin de presse.

Il est à remarquer que le vin se clarifie assez promptement, par suite de la disparition des matières azotées que le vin de presse possédait primitivement.

Des négociants sérieux affirment préférer ce vin à celui qui a été cuvé sans le concours du vin de presse. Depuis longtemps, notre opinion est faite à ce sujet, et nous considérons que le vin de goutte ainsi fait est supérieur et résiste mieux aux influences diverses qui sont cause de tant de maladies.

Ce vin est d'autant plus beau et meilleur, que les raisins ont été soumis à l'égrappage.

En général, lorsque la fermentation est terminée, on le constate par les indices suivants :

Le moût est définitivement transformé en vin, du moment qu'il ne marque plus que 0° de sucre au pèse-moût, c'est-à-dire qu'il ne contient plus de sucre et qu'il est encore chaud (voir *Décuvage*).

---

§ 4. — **Essai du vin pour s'assurer s'il est bon à décuver.**

Lorsque l'on veut s'assurer que le vin est bon à décuver et à quel degré saccharin il se trouve, il suffit, dans ce cas, de prendre un échantillon de ce liquide au dégustateur, et de le verser dans une éprouvette (fig. 245), on plonge ensuite cette éprouvette ainsi remplie de vin à essayer dans un baquet d'eau fraîche sortant du puits. Comme cette eau marque généralement, en Algérie et en Tunisie, 18° à 20° centigrades, on est certain que le degré du vin descendra à 20° quelques minutes après. C'est à ce moment que l'on plonge le pèse-moût dans ce vin et que, par la lecture de la colonne du sucre, on constate le dégré saccharimétrique qu'il porte encore.

Si, par exemple, ce vin accuse 34 grammes de sucre, on sait d'ores et déjà qu'il a encore 2° centigrades d'alcool à produire ; mais, comme il est encore chaud, dans ces conditions, on le laisse continuer son travail jusqu'à ce qu'il ne marque plus que 0° de sucre.

Quant à notre opinion sur cette question, elle est depuis longtemps arrêtée d'une façon absolue.

Le vin qui n'accuse plus que 20 à 25 grammes de sucre et qui recèle une certaine chaleur, peut être décuvé sans aucune crainte, car il possède encore des ferments en pleine vigueur pour terminer sa dernière transformation. Ce vin est certainement supérieur à celui qui a refroidi avec ses marcs.

Les viticulteurs observateurs qui possèdent des *amphores en céramique*, sont d'accord à reconnaître que la fermentation faite dans ces récipients s'accomplit mieux et avec plus de certitude que dans les foudres et les cuves ouvertes, etc.

Dans plusieurs chais on a constaté, depuis quelques années, que la fermentation dans les amphores s'est maintenue de 2° centigrades au-dessous de celle des foudres.

Nous nous bornerons à rapporter ici une de ces expériences qui fait ressortir cet écart de température entre les deux systèmes.

Notons d'abord que l'amphore et le foudre en expérimentation étaient remplis de même raisin, à la même température, dont la contenance égalait 150 hectolitres chacun.

Or, voici ce qui s'est produit :

1° Le moût qui était contenu dans l'amphore a fermenté pendant 7 jours, tandis que la fermentation a duré 8 jours dans le foudre.

2° Le cinquième jour, on a puisé un échantillon de vin à la partie supérieure de l'amphore, il accusait au pèse-moût 0° de sucre, et sa limpidité était déjà relativement passable. En même temps, on prenait un autre échantillon au centre même du récipient par le dégustateur, celui-ci accusait encore 12 grammes de sucre par litre. Enfin, un troisième échantillon fut pris à la base, il marquait au pèse-moût encore 15 grammes de sucre par litre. Le septième jour, au soir, le liquide avait totalement terminé sa fermentation ; il n'accusait plus uniformément aucune trace de sucre.

D'autre part et en même temps, on prenait dans les mêmes conditions des échantillons de vin dans le foudre.

Le premier échantillon marquait 10 grammes : *Trouble.*
Le deuxième   —   20   —   : *Trouble.*
Le troisième   —   26   —   : *Très trouble.*

Le huitième jour, il accusait 5 grammes de sucre par litre et sa température était encore chaude : 34° centigrades.

La couleur du vin fait dans l'amphore mesurait 3 couleurs, tandis que celle du vin de foudre ne donnait qu'une intensité colorimétrique de 2 couleurs 8. Quant à la vivacité du ton, la nuance était plus franche du côté de l'amphore.

Ces résultats sont, sans aucun doute, dûs en partie à la forme toute particulière de l'appareil et à ses effets réfrigérants, puisque, par sa densité et sa nature peu conductrice de la chaleur, la température est toujours restée inférieure de deux degrés.

OBSERVATIONS

Nous croyons utile de faire remarquer ici que le début de la fermentation du moût commence toujours par se produire à la surface supérieure du liquide et que peu à peu, par un échauffement rationnel et progressif, elle gagne les profondeurs du liquide ; la masse entière se met alors en mouvement, et cette propagation de haut en bas est d'autant plus rapide que le liquide est porté à une température supérieure à 20°.

Mais cette propagation des ferments ne constitue pas toujours un travail soutenu et de longue durée; il vaut beaucoup mieux qu'elle soit plus lente, c'est-à-dire mieux soutenue, action effectivement plus courte puisque tous les ferments se maintiennent dans une vigueur normale et puisque la transformation du sucre en alcool peut se faire en 36 à 40 heures.

Au lieu de cela, si la fermentation est portée à une température trop élevée, elle se ralentit brusquement et le vin reste sucré.

En ces conditions et comme règle générale, le récipient de vendanges ne doit être rempli que si on est certain de le compléter dans la même journée, à moins encore que le raisin n'ait été refroidi au point de ne fermenter que 24 heures après.

Depuis bien des années divers systèmes ont été expérimentés pour arriver à se rendre maître de la fermentation; c'est d'abord la *trappe à échappement*, et plus tard on a préconisé les bondes hydrauliques sans plus de succès ; ces divers procédés ont eu souvent pour résultat d'arrêter la fermentation ou de la modérer outre mesure.

Le vin, qui fermente en vase clos ou à peu près, éprouve un ralentissement préjudiciable à la bonne marche de ce travail, et il reste longtemps imprégné d'acide carbonique hydrogéné dont les effets sont caractéristiques; il pétille et reste gazeux. Il a donc été reconnu que de tels procédés n'ont eu pour conséquence que d'altérer les produits et de porter préjudice à leur réputation.

---

§ 5. — Signes caractéristiques d'une fermentation normale.

Dans le chapitre spécialement consacré à la *Fermentation* (pages 537 et suivantes), nous n'avons pas cru devoir insister sur les phénomènes perceptibles par l'ouïe et par le toucher, sur le bruit et la chaleur qui se dégage des cuves en fermentation, phénomènes (si nous pouvons employer ce mot) qui indiquent la marche normale de la fermentation et sont autant d'indices précieux pour le viticulteur.

M. le Dr Guyot les analyse ainsi :

« Lorsque la séparation des solides et des liquides s'est accomplie sous les premiers effets de la fermentation, si l'on applique l'oreille à la partie inférieure de la cuve, on y entend une crépitation analogue à celle de la fermentation des vins blancs ; si l'on se reporte à la partie supérieure, l'oreille entend un bouillonnement à grosses bulles bien différent et bien plus puissant que le bruit produit par le dégagement du gaz dans la partie liquide. Si la main est longtemps appliquée à la partie inférieure et moyenne de la cuve, on perçoit une sensation de fraîcheur relative ; si elle est appliquée de même au milieu du tiers supérieur, vis-à-vis le milieu du marc, on sent une chaleur marquée ; si, de cette exploration superficielle, on passe à l'exploration thermométrique, le thermomètre, descendu au milieu de l'épaisseur du marc, s'élève à 30 ou à 35 degrés au-dessus de zéro, et, s'il est descendu au milieu du liquide, il marque de 20 à 25 degrés. »

§ 6. — **Vins rosés ou vins mixtes.**

Pour procéder par ordre, nous avons dû étudier la fermentation sous toutes les différentes phases de son évolution caractéristique pour les vins rouges ; mais le moment est venu, avant d'aborder les vins blancs, de parler des vins rosés qui n'ont pas le caractère stimulant et diffusible des vins blancs, mais qui conservent un peu cependant la dureté et l'austérité des vins rouges.

Les vins rosés (inconnus dans le commerce d'exportation), sont ainsi appelés pour leur belle couleur *pelure d'oignon* ; ils sont tirés de la cuve après quarante-huit heures de cuvaison, selon que la fermentation est plus ou moins active, par suite aussi d'une maturité plus ou moins grande des raisins et d'une température atmosphérique plus ou moins élevée.

Ces vins, d'une finesse exquise et d'un velouté particulier, ne sont pas répandus dans le commerce ; seuls, quelques propriétaires, riches et hospitaliers, en possèdent pour leur consommation personnelle et, quelques fois encore... pour leurs amis. — C'est en somme, un vin à propager en vue de l'hygiène.

NOUVELLE MÉTHODE DE VINIFICATION

Les négociants en vins sont arrivés, comme les chimistes, à faire par des coupages avec des vins ordinaires, des types supérieurs aux premiers produits.

Dans la nouvelle méthode dont il va être question, le vin rouge se fabrique en deux opérations simultanées, ainsi qu'on va le voir.

M. Debono, grand viticulteur à Boufarik, ayant en vue l'extraction du jus de raisin rouge, pour en faire du vin blanc, a imaginé une nouvelle machine automatique, qu'il désigne sous le nom de *fouloir-pressoir* (fig. 282), dont nous donnons la description suivante :

L'ensemble de cet appareil est assemblé sur un bâti en bois reposant sur deux essieux terminés par quatre roues. Les organes de cette machine sont démontables et faciles à remettre en place à volonté.

La première disposition qui se présente pour opérer le foulage, c'est une trémie (T), qui reçoit la vendange, dessous sont disposés deux cylindres (c) en fonte, dont les cannelures diagonales permettent dans leur mouvement, d'écraser le raisin en le déchirant sans le froisser, car pour obtenir cet effet, on a eu soin de les rendre mobiles dans leur écartement. Ces cylindres reçoivent leur mouvement par des engrenages intermédiaires, qui, eux-mêmes sont mis en mouvement par une grande poulie de réception, mise en relation directe avec le moteur.

Les raisins, en descendant sous les cylindres, sont ramassés par une hélice (v), (vis d'archimède), et cet organe, par sa forme, pousse le raisin contre les parois d'une gaîne en tôle ou en cuivre, percés de nombreux petits trous (E). Le jus s'échappe par ces petites issues et vient tomber dans une chambre de réception (B), pour s'écouler par l'orifice (o).

Les marcs, en suivant leur course de compression, continuent de se débarrasser du jus qu'ils contiennent encore, mais comme la pellicule a déjà subie de nombreux frottements, ce jus devient rosé, et s'écoule dans la chambre (R), pour sortir par l'orifice (o), vu leur éloignement du centre d'action ; ces marcs, déjà un peu comprimés, s'accumulent par la puissance des ailes des vis d'archimède dans le manchon (M), en tôle d'acier, perforée, formant la chambre de compression.

La compression des marcs, à leur sortie, est réglée dans une gouttière d'évacuation (G), par l'obturateur (o^b) qui, lui-même, est muni d'un poids mobile P agissant sur le bras du levier.

La force motrice nécessaire pour faire mouvoir cet appareil, est d'environ 3 à 4 chevaux-vapeur.

Dans l'opération extractive des moûts par cette nouvelle méthode, il reste naturellement d'un côté les marcs frais comprimés, dont il faut tirer parti.

Autrefois, les marcs frais provenant de l'extraction des jus par voie de pressurage, étaient tout simplement ajoutés à la vendange ordinaire pour en faire du vin rouge.

M. Debono ayant eu l'heureuse idée de rechercher un emploi plus avantageux de ces produits, a pensé de les utiliser pour en extraire la matière colorante.

Fig. 283. — Cuve en céramique pour la fermentation des marcs frais.

Les marcs frais, tels qu'ils sortent du fouloir-pressoir, sont mis dans un récipient (fig. 283), cuve en céramique (B). On les dame par couche de 10 à 15 centimètres, et ensuite, on pose des claies en chêne pour les maintenir afin qu'ils ne se soulèvent pas pendant leur fermentation. Les marcs (P), commencent cette action aussitôt qu'ils s'échauffent ; ce travail dure 6 à 8 jours.

La température de cette fermentation ne dépasse guère 32 degrés centigrades ; que s'est-il passé pendant cette fermentation sourde ? nul doute, toute la matière colorante a été délogée de ses cellules, chimiquement et par oxygénation, elle a beaucoup gagné en intensité.

Dans ces conditions, la matière colorante n'a subi aucune altération ; au contraire, elle s'est vivifiée par oxydation.

Comme dans le fruit de la *plaquemine*, le tanin s'est adouci et a pris un caractère moins dur et moins acerbe que lorsqu'il fermente dans un liquide très fluide. Chose encore à remarquer, c'est que la matière colorante est plus vive et moins jaune.

Lorsque la fermentation est complètement terminée, on verse doucement du vin rosé ou blanc sur ces marcs fermentés ; mais, comme le vin rosé qui a été déjà extrait n'a pas encore terminé lui-même sa fermentation, on profite de cette circonstance pour le saturer de couleur et en faire soit un vin de coupage, soit un vin ordinaire de commerce, en le laissant digérer avec les marcs fermentés à sec.

Dans la pratique, on répète cet arrosage à plusieurs reprises, avec les quantités de vin rosé ou de vin blanc, afin d'épuiser totalement la couleur.

En admettant que l'on veuille conserver le vin blanc et le vin rosé, on peut même, si on le veut, arroser les marcs avec de l'eau tiède légèrement saturée d'acide tartrique et de sucre pour en faire un vin rouge, soit très foncé, soit de couleur courante commerciale.

À ce sujet, M. Debono nous dit :

« J'ai mis en cuve le marc de 800 comportes de vin rouge, pesant 46 kilos l'une, soit 360 quintaux métriques. J'ai retiré de cette quantité 240 hectolitres de vin blanc ; il me restait, après cette opération, 120 quintaux de marcs qui m'ont donné :

1° 16 hectolitres de colorant, contenant 16 couleurs et pouvant servir à la coloration de 272 hectolitres de vin blanc ($15 \times 17 = 272$) . . . . 272 h.

2° J'ai repassé ensuite sur ce marc 240 hectolitres de vin blanc qui ont pris une bonne couleur. 240

3° J'ai repassé encore sur ce marc 240 hectolitres d'eau alcoolique. 240

4° Et enfin, j'ai lavé ce même marc avec 120 hectolitres d'eau pour en retirer l'alcool ; ces 120 hectolitres de piquette avaient encore une belle couleur. 120

Total . . 872 h.

Je m'empresse d'ajouter que le marc de 300 quintaux a servi à la coloration de ce liquide. »

En 1893, à la suite d'un concours de fouloirs-pressoirs continus, tenu à Boufarik, sous les auspices de la Société d'Agriculture d'Alger, ce fut le fouloir-pressoir de M. Debono (de Boufarik) qui obtint une médaille d'or, la plus haute récompense. Ce fut d'ailleurs M. Catta, le sympathique chef du service phylloxérique, qui fut nommé rapporteur de la Commission de la Société d'Agriculture d'Alger, rapport tout fait à l'éloge de l'instrument vinicole qui nous occupe.

Il résume le travail d'une journée de foulage-pressage au moyen de cet appareil, comme il suit:

588 quintaux métriques de raisins d'Alicante, de Morastel et de Carignane ont été foulés et comprimés en 9 h. 23 min., à l'aide d'une force moyenne de 4 chevaux-vapeur, soit 780 quintaux en 10 heures. Les rendements ont été de 76 % de jus et 24 % de marcs frais.

Les dépenses, pour effectuer ce travail, se décomposent de la façon suivante :

190 k. 300 g. de charbon, à 35 fr. la tonne, sur place	6	66
Huile	0	20
	6	86

A ces dépenses matérielles, il convient d'ajouter les frais de main-d'œuvre qui peuvent se résumer ainsi :

Conducteur-chauffeur de la machine	5	00
11 hommes employés dans la cave, soit :		
1 conducteur de pressoir, payé à raison de 3 fr.	3	00
1 engreneur, chargé de régler l'admission du raisin	2	50
8 manœuvres à 2 fr. chacun	16	00
1 balayeur, à 1 fr. 75	1	75
	28	25

soit pour une journée entière, 38,84.

Il ne faut pas oublier, dans ce tableau de prix de revient, l'intérêt du capital des appareils employés dont le prix d'achat peut être évalué de 9,000 fr., intérêt qui, à 12 % pendant un an, s'élève à 1,080 fr. ; si on se sert du pressoir pendant 60 jours, soit pour le raisin frais, soit pour les marcs, il convient d'arrêter cet intérêt à la somme de 18 fr.

La récapitulation de ces différentes dépenses donne donc :

Alimentation de la machine motrice		
Main-d'œuvre ouvrière	38	84
Intérêt du capital sur matériel et machines	18	00
Total	56	84

Soit une dépense de 56 f. 84 pour 780 quintaux de vendange ; ce qui, comme conclusion, nous donne un débours de 0,07,28 par 100 kilos de raisins foulés et pressés avec l'appareil Debono.

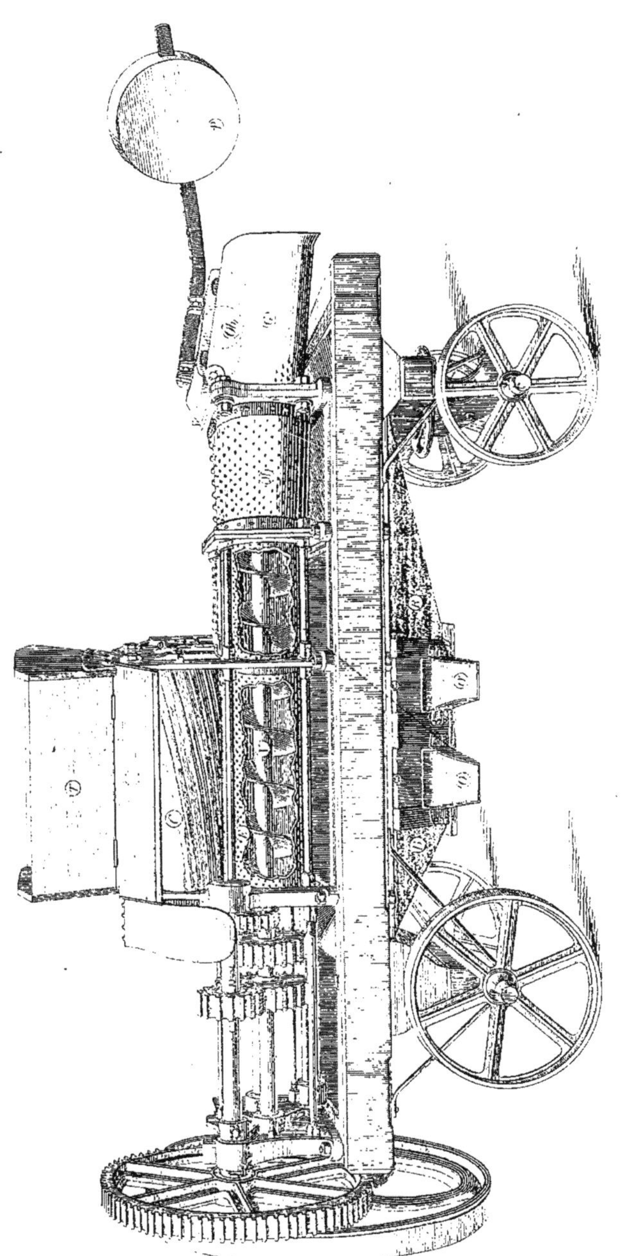

Fig. 282. — Fouloir-Pressoir continu, Système Debauno.

VINIFICATION DES VINS ROUGES

PROVENANT DE MARCS FRAIS NON FERMENTÉS

Les marcs frais non fermentés qui proviennent du foulage des raisins rouges traités par la première méthode des vins blancs, ainsi qu'on l'a vu, sont restés dans le récipient à fermentation ; la cuve (qui nous sert de type dans toutes nos expériences) doit contenir les deux tiers de sa contenance de marcs frais ; il s'agit donc, dans ce cas, de tirer le parti le plus avantageux de ces produits.

Lorsqu'il y a eu égrappage, ces marcs se composent simplement de pellicules, de pulpes grossières et de pépins. Or, comme ces matières sont très chargées de tanin par rapport au jus qu'ils contiennent encore, on y ajoute un peu d'eau pour en faire un vin faiblement alcoolique, mais très astringent.

Exemple : Si on foule 17,000 kilos de raisin, on obtiendra environ 80 hectolitres de moût. On ajoutera aux marcs restant 20 hectolitres d'eau, c'est-à-dire l'équivalent du quart du jus extrait.

On procèdera, comme de coutume, à une fermentation régulière. Le vin de goutte, qui découlera de cette fabrication, marquera 8° centigrades d'alcool, étant donné que le moût accusait 204 grammes de sucre par litre, ou son équivalent de 12° en alcool.

Le vin ainsi obtenu est parfaitement sec et très vigoureux au goût. Pour en faire un produit de consommation immédiate, il sera cependant nécessaire de l'adoucir en lui incorporant 10 à 12 0/0 de vin d'Alicante rouge ou blanc : par ce moyen, on lui donnera du moelleux, et on en fera un bon produit hygiénique, qui marquera alors 8° 42 centigrades.

Le vin rouge, tel qu'il sort de l'amphore après sa fabrication, possède la propriété de modifier les vins doucereux et les rendre secs s'il lui est incorporé sans mélange. Dans ce cas, il suffit d'ajouter de 15 à 20 0/0 de ce vin à celui qui est doux ; un mois après, la combinaison des deux vins sera faite, et l'ensemble sera parfaitement dépouillé de ses dernières traces de sucre et matières azotées.

On peut varier les produits de première fabrication suivant le cas. Veut-on par exemple faire un vin plus alcoolique, plus coloré et plus riche en tanin (vin de coupage)? On se contentera de laisser fermenter les marcs seuls sans addition d'eau. Comme dans la méthode précédente, la plus grande partie de la matière colorante se détache pour former un gros vin de couleur, très riche en tanin.

Les marcs, à la suite de leur fermentation, donnent encore, comme dans les cas ordinaires, un bon vin de presse très coloré et, par conséquent, très riche en tanin. Inutile de dire que ces marcs peuvent faire des seconds vins et des piquettes. Il convient d'ajouter que ces procédés ne sont réalisables que si le jus blanc n'est pas mis en fermentation avec les marcs fermentés à part.

Les marcs frais, provenant de l'expression sous pressoir simple ou sous fouloir-pression, seront traités de la même façon. — On pourra donc varier sur une grande échelle, ce genre de fabrication, et obtenir ainsi toutes les intensités colorantes voulues, suivant les quantités d'eau qui seront ajoutées aux marcs en fermentation.

VIN ROUGE DE SECONDE CUVÉE

Les vins de seconde cuvée ne semblent pas avoir leur raison d'être dans notre colonie où, généralement, les récoltes sont à peu près certaines et constantes. Cependant, en prévision d'une récolte insuffisante, il est utile que le viticulteur sache tirer parti de ses marcs le plus avantageusement possible.

Lorsque l'on veut faire du vin de deuxième cuvée, il faut d'abord bien choisir les éléments qui doivent le constituer.

La première condition est d'avoir à sa disposition des bons marcs biens colorés, et de posséder une bonne eau limpide non saumâtre. On se procure ensuite les matières suivantes : du sucre blanc de cannes de première qualité, ainsi que de l'acide tartrique, de l'acide citrique, du tanin, du phosphate de chaux précipité et de la glycérine.

Il y a deux modes d'opérer pour faire du vin de deuxième cuvée :

1° En employant les marcs non pressés, c'est-à-dire ceux qui restent à la suite d'une cuvée de premier vin de goutte ;

2° En se servant des marcs déjà pressés.

Pour le premier mode, un seul pressage après emploi ne suffira pas, puisqu'il restera encore du second vin dans les marcs.

Tandis que par le second mode, le marc épuisé ne contiendra plus suffisamment de substances pour faire un vin potable.

Inutile de dire que le vin de seconde cuvée, quelle que soit sa qualité relative, ne vaut jamais le premier vin, c'est-à-dire le vin de goutte.

Il va de soi, également, que le vin de deuxième cuvée, qui résulte des marcs non pressés, est certainement supérieur à celui qu'on obtient à la suite d'un long pressage, en raison du vin de goutte et de presse qu'il contient.

A la suite du décuvage d'un récipient vinaire, le marc restant est encore très chargé de *cellules-ferments*, que l'on désigne plus scientifiquement sous le nom de *Saccharomyces-ellipsoïdeus*, dont les facultés génératrices se réveillent aussitôt qu'elles se trouvent dans un milieu oxygéné et sucré.

Sachant, d'une part, qu'il faut 17 kilogrammes de sucre pour produire 10° d'alcool absolu, et que, d'autre part, généralement, les vins de seconde cuvée ne dépassent guère ce point, nous arrivons sans peine à formuler les règles nécessaires pour nous guider dans la fabrication de ce vin.

Admettons que l'amphore ou le foudre (qui doit nous servir pour cette opération) aura donné au décuvage 100 hectolitres de vin et que la quantité de second vin à faire soit aussi de 100 hectolitres :

La première opération consistera à émietter rapidement les marcs pressés pour les diviser convenablement et les aérer en même temps, puis on les introduit dans le récipient à fermentation ; ce travail doit être fait très rapidement, parce que les marcs s'oxygèneraient trop, et que, par suite, l'acescence se produirait inévitablement.

La seconde opération est de faire dissoudre dans deux fois son poids d'eau très chaude, presque bouillante, 1,600 kilos de sucre, d'une part, et de l'autre les quantités d'acides tartrique, citrique et de tanin, portées au compte spécial que nous donnons plus loin.

Lorsque ces produits seront dissous et convenablement remués dans une cuve ou un foudre en bois, on complètera le volume total de 100 hectolitres avec de l'eau froide, jusqu'à ce que l'ensemble marque environ 45° centigrades. On versera ensuite cette solution par fraction et peu à peu, sur le marc qui se réchauffera graduellement, on attendra une demi-heure et l'on terminera l'opération sans précipitation, pour éviter que la fermentation ne soit troublée.

D'autre part, on fera écouler ce moût dans un aérateur réfrigérant, jusqu'à ce que la température marque 30° centigrades, en ayant soin d'aspirer le liquide qui tombe dans le baquet de réception et de le refouler sur le niveau supérieur des marcs, à l'aide de la pompe à vin. Quelques heures après, les bulles de gaz (acide carbonique) s'échapperont, et la fermentation suivra son cours, jusqu'au moment où ce travail cessera.

Pour donner plus d'activité à cette masse, on y ajoute de la levure cultivée ou, à son défaut, des lies fraîches de vin blanc, si toutefois on en a une certaine quantité en réserve. Que ce soit de la levure cultivée ou des lies, il sera nécessaire de les répandre sur la surface du moût avant toute fermentation ; on peut encore procéder autrement en semant à l'état d'arrosage ces produits sur les marcs, au fur et à mesure qu'on les dépose dans la cuve à fermenter. Un troisième moyen se pratique encore dans ce cas ; il consiste à préparer, la veille, un baquet de 100 litres de moût et de l'ensemencer avec la quantité de levure cultivée que l'on doit employer. De cette façon, cette mère fermentante, par son contact avec la masse, lui communique de suite son mouvement et ses effets prolifiques.

Généralement, ces sortes de fermentations durent de 6 à 8 jours, si ce n'est plus ; par le dernier moyen que nous venons d'indiquer, elles s'accomplissent en 5 à 6 jours.

Lorsque l'on décuve le vin de deuxième cuvée, on y ajoute la glycérine préalablement dissoute dans 50 litres de vin ; — inutile de recommander d'agiter ce mélange et de le verser dans la masse de vin, en opérant son unification avec la pompe.

Observations. — La couleur du vin de seconde cuvée est, comme sa qualité, un peu inférieure à celle du vin de première fermentation ; quelquefois, cependant, cette infériorité colorante est souvent d'un tiers et de moitié, suivant les qualités des raisins qui l'ont produite ; aussi est-il nécessaire d'avoir recours à l'addition de vin très foncé dans ses coupages, pour lui donner le ton voulu.

Ajoutons que le vin de seconde cuvée reste encore quelque temps un peu gazeux, surtout si le moût n'a pas reçu un appoint de ferments cultivés.

Ce vin est très léger, agréable et digestif ; sa constitution hygiénique ne laisse rien à désirer ; aussi peut-il entrer facilement dans les coupages, mais il n'a sa raison d'être que dans les cas de pénurie de récolte, car son prix de revient est encore assez élevé.

Prix de revient du vin de seconde cuvée.

100 hectolitres d'eau (manutention comprise).	10 00
Sucre blanc, 1.600 kilos à 0 fr. 80	1.280 00
Acide tartrique, 7 kilos à 2 fr. 50	24 50
Acide citrique, 2 kilos à 5 francs	10 00
Tanin de cachou (en poudre), 5 kilos à 2 francs.	10 00
Glycérine, 10 kilos à 1 fr. 75	17 50
Phosphate de chaux précipité, 10 kilos à 0 fr. 50.	5 00
Combustible.	2 50
Manutentions diverses	10 00
Total . .	1.369 50

Soit 13 fr. 69 l'hectolitre, en admettant que l'eau se trouve à proximité du chai ; ce vin pèsera 11° 1/2 centigrades.

Nous croyons devoir ajouter que ces marcs contiennent encore des matières sucrées et de l'alcool ; c'est la raison qui nous conduit à ne porter en compte de fabrication que 1,600 grammes par degré ; et les marcs, après cette opération, seront lavés pour en extraire l'alcool et les produits utiles qu'ils contiennent encore.

VINS DE MACÉRATION (vins bleus, vins noirs).

En dehors des vins de seconde cuvée, se font aussi des vins de macération. Nous n'en parlerons pas longuement, cette pratique n'étant guère entrée dans les mœurs de la viticulture algérienne. Citons le Dr Guyot :

« Aussitôt que la fermentation tumultueuse de la cuve s'apaise, aussitôt que l'acide carbonique cesse de se faire entendre à sa sortie du liquide, aussitôt que la chaleur baisse, le vin rouge est fait. Il possède tous les éléments de ses qualités futures, et le vigneron est trop heureux si le vin n'a pas déjà *dépensé* trop de sucre, s'il n'a pas tué son parfum de raisin, s'il n'a pas usé en 24 ou 48 heures la moitié de sa jeunesse et de sa vie pour s'emparer de cette couleur trompeuse qui n'a jamais été qu'une qualité pour l'œil et une qualité de convention ; l'odorat, le goût, l'estomac, les muscles et les nerfs n'ont rien à attendre d'elle, mais surtout rien de bon. Le vin ne peut rien emprunter désormais aux pépins, aux pellicules et aux rafles que des excès de tanin, de sels, d'amidon, de matières azotées et surtout de matière colorante qui constituent des défauts et des vices dont il devra se débarrasser, s'il le peut jamais, au prix d'un temps et d'un capital énormes. Le vin macéré ne deviendra bon que lorsqu'il aura déposé la matière colorante, le tanin, les sels, etc., dont il s'est chargé sans limites et sans raison.

» Disons en terminant que les vins blancs, rosés, rouges, noirs, tous les vins, en un mot, sont des liquides organisés et vivants qui ont leur enfance, leur jeunesse, leur virilité, leur vieillesse et leur décrépitude. Ils végètent sans cesse en eux-mêmes et le cours de leur existence est borné à l'accomplissement d'une certaine somme de travail dont la dernière fin est la réduction de deux parties en eau, en acides, en sels, en éléments minéraux ; enfin arrivés à ce point, les vins n'existent plus, ils sont morts.

» *Coupages des vins vivants par les vins morts.* — Ces coupages, s'ils résultent de mélanges de vins purs, naturels et macérés le moins possible, peuvent fournir des boissons d'usage ordinaire assez agréables et suffisamment saines, surtout si les vins purs très colorés sont associés aux vins blancs, qui eux sont toujours pleins de vie. Elles valent certainement mieux que les vins remontés par les glucoses, par les cassonades, les mélasses et même par les sucre de betterave ou par les alcools qui résultent de la distillation de ces vins ; elles valent même mieux que les vins purs tués par la macération. Malheureusement les sucres inférieurs en qualité au sucre du raisin viennent trop souvent aujourd'hui joindre leur funeste influence à celle de la macération à outrance. »

TREIZIÈME CHAPITRE

DES VINS BLANCS

SOMMAIRE :

Première partie. — **Vins blancs faits avec des raisins rouges.** — *Diverses méthodes et leurs applications. — Pressoirs continus Coq et pressoir-fouloir Debono. — Production comparée. — Observations générales.*

Deuxième partie. — **Vins blancs faits avec des raisins blancs.** — *Fabrication usuelle et procédés employés. — Mode pratique d'opération. — Fabrication de second vin blanc. — Direction à donner à la fermentation.*

Troisième partie. — **Vins de liqueurs.** — *Vins de muscat. — Méthodes diverses. — Vin de Tokay.*

Quatrième partie. — **Vins mousseux.** — *De la fabrication des vins blancs mousseux en Algérie et en Tunisie. — Appareil à gazifier. — Débouchés et procédés usités.*

PREMIÈRE PARTIE

Vins blancs faits avec des raisins à pellicule rouge

§ 1. — Des diverses méthodes et de leur application.

Les vins blancs, qui entrent dans la consommation générale, sont présentés au public sous diverses dénominations, telles que *Vin blanc doux* — *Vin blanc sec* — *Vin mousseux*.

Empressons-nous de dire qu'ils sont fabriqués soit avec des raisins rouges, soit avec des raisins blancs ; les rouges sont généralement employés pour la production de vins blancs ordinaires, et les blancs sont spécialement destinés pour les vins fins.

On peut, dès lors, classer les vins blancs algériens et tunisiens, généralement supérieurs aux rouges (car il est aujourd'hui reconnu que ces pays bénis du soleil sont la véritable patrie des vins blancs), en plusieurs catégories qui se subdivisent elles-mêmes en qualités différents :

1° Les vins blancs secs obtenus, soit avec des raisins rouges seulement, soit avec un mélange de rouge et de blanc ou même avec des raisins blancs seuls ;

2° Les vins blancs liquoreux, soit sucrés, soit moelleux, proviennent de raisins rouges mélangés de raisins blancs, et ceux obtenus par l'emploi de raisins blancs seulement ;

3° Les vins blancs mousseux obtenus par l'emploi des raisins rouges ou par les raisins blancs ;

Les raisins rouges, ordinairement employés pour la fabrication des

---

(*) Pour plus de clarté et afin d'éviter toute confusion dans les explications et le sujet traité au cours de ce chapitre consacré à la question si intéressante des *Vins blancs*, l'auteur a cru devoir diviser son texte en quatre parties bien distinctes qui comprennent : *Vins blancs faits avec des raisins rouges* (1re partie) — *Vins blancs faits avec des raisins blancs* (2me partie) — *Vins de liqueur* (3me partie) — *Vins mousseux* (4me partie). — Le lecteur pourra, de cette façon, plus facilement suivre les différentes phases évolutives de la fabrication de ces vins.

vins blancs, sont choisis dans les variétés suivantes, spécialement recommandées pour l'Algérie et la Tunisie, qui sont les Aramon, Terret-Bourret, Œillade, Cinsaut, Mourvèdre, Morastel, Pinot, Alicante et les variétés roses indigènes. Il est également à remarquer que les terrains compris dans le périmètre des coteaux, étagés près des dunes et jusqu'à une altitude assez élevée, peuvent produire des vins blancs estimés.

Les vins blancs se fabriquent suivant diverses méthodes et divers procédés qui sont devenus nombreux depuis l'invention des *Fouloirs-Pressoirs continus* auxquels d'habiles constructeurs apportent tous les jours de nouveaux perfectionnements.

On peut, cependant et d'une façon générale, classer au nombre de trois ces principaux procédés :

1° Méthode d'extraction du moût de raisin rouge sans presser les pellicules ;

2° Méthode pour extraire le moût du raisin rouge à l'aide du pressoir mécanique ordinaire ;

3° Méthode d'extraction du moût de raisin rouge à l'aide du fouloir-pressoir mécanique.

PREMIÈRE MÉTHODE

(Extraction du moût blanc de raisin rouge sans presser les pellicules)

Le pétrin étant disposé comme d'habitude sur l'orifice de l'amphore ou de tout autre récipient, on le remplit de vendange jusqu'à la hauteur du jarret des fouleurs ; — ces raisins sont ensuite vivement piétinés, de façon à ce que les pellicules n'aient pas le temps de colorer le jus. Au cours de cette opération, une grande partie du moût s'écoule sous la vanne laissée entr'ouverte d'un centimètre.

Ce foulage est continué tant qu'il reste du jus dans les pellicules ; aussitôt ce résultat obtenu, les vannes sont levées pour chasser les marcs, et la porte inférieure qui sert à leur sortie est laissée à demi fermée de façon à faciliter l'écoulement des moûts.

Après avoir écrasé environ 3,000 kilos de raisin pour une amphore de la contenance de 150 hectolitres, la porte de sortie est fermée définitivement afin d'empêcher les marcs de sortir avec le moût, puis on continue de fouler le raisin — comme nous venons de l'indiquer — jusqu'à ce que l'amphore soit environ remplie aux deux tiers.

Au fur et à mesure que s'écoule le moût par le robinet de la porte de sortie, on l'entonne dans des futailles de 600 litres environ, pour le laisser fermenter à son aise et se débarrasser de ses impuretés grossières.

En ce qui concerne la ligne de conduite à suivre pour soigner et diriger la fermentation des vins blancs, nous prions le lecteur de se reporter au chapitre spécial consacré à ce sujet.

DEUXIÈME MÉTHODE

(Extraction du moût blanc de raisin rouge en pressant les pellicules)

Comme dans la première méthode, les raisins sont foulés par les hommes chargés de ce travail dans un pétrin à raisin, d'où le jus s'écoule dans le récipient par l'ouverture de la vanne laissée entr'ouverte d'un centimètre. Ce moût est ensuite enlevé et entonné dans des futailles de 600 litres environ pour le laisser fermenter librement.

Les pulpes et les pellicules sont portés ensuite dans la trémie à claie du pressoir (fig. 288), — puis on presse doucement ces marcs jusqu'à ce que le jus devienne rose ; on arrête alors la pression du plateau compresseur, et le moût est remis ensuite avec le premier qui est sorti du foulage.

Le vin blanc, obtenu par ce procédé, est un peu plus coloré que celui fait suivant la première méthode ; mais, en revanche, il est plus abondant, car on peut arriver à un rendement supérieur de plus de 15 pour cent.

Les marcs frais, qui ont été comprimés dans le pressoir-mécanique, sont enlevés et mis à part pour faire un petit vin rouge de goutte, ou encore un vin de grande couleur.

Le moût blanc ayant été préparé à part, dans des futailles spécialement affectées à cet usage, il ne reste plus qu'à procéder à la fermentation des marcs frais.

TROISIÈME MÉTHODE

(Extraction du moût blanc de raisins rouges au moyen du fouloir-pressoir continu)

Les fouloirs-pressoirs continus que nous estimons supérieurs comme rendement général et comme fonctionnement, à ceux déjà essayés, sont au nombre de deux : celui de M. Coq, de Nîmes, et le fouloir-pressoir continu de M. Debono, de Boufarik.

Nous croyons utile d'en donner une description succinte ; commençons par le pressoir Coq (fig. 284) :

PRESSOIR COQ

Cet appareil se compose essentiellement de deux paires de cylindres compresseurs séparées par un couloir, et d'un cylindre distributeur surmonté d'une trémie, recevant la matière à presser.

Les 4 cylindres compresseurs sont creux, en fonte; ils portent intérieurement 6 nervures longitudinales venant se raccorder à chaque extrémité à un moyeu, le tout fondu d'une seule pièce sur des arbres en fer traversant les bâtis et venant porter les organes du mouvement. Des rainures étroites pratiquées à des distances assez rapprochées, perpendiculairement aux cylindres, pénètrent à l'intérieur, formant autant d'issues par lesquelles s'échappera le liquide pendant la compression de la matière.

Des lames d'acier, fixes, s'engagent dans chacune des rainures et, par leur inclinaison, en expulsent à chaque tour des cylindres les pépins, les pulpes et toute matière solide.

Fig. 284. — Fouloir-pressoir continu de M. Coq, attelé et transportable.

Le cylindre distributeur porte des palettes qui, au moyen de cames excentrées fixées aux joues latérales, font saillie pour saisir et entraîner le raisin ou le marc et rentrent un peu avant d'arriver à la palette formant joint entre le cylindre distributeur et le cylindre inférieur de la première paire.

Les deux cylindres inférieurs et le distributeur sont poussés vers les cylindres supérieurs au moyen de forts ressorts Belleville, dont il est possible de régler la pression au moyen de vis ; il est à remarquer que les cylindres postérieurs qui sont les plus rapprochés l'un de l'autre ont entre eux un écartement minimum de 7 $^m/_m$; cet écartement est nécessaire pour éviter, d'une façon absolument certaine, l'écrasement des pépins ou de la rafle.

Les 2 premiers cylindres compresseurs, ainsi que le distributeur tournent à une même vitesse circonférentielle et, chose très importante, leur nombre de tours à la minute est à peu près le triple du nombre de tours des cylindres postérieurs tournant aussi entre eux à la même vitesse.

Cette vitesse accélérée des 2 premiers cylindres a pour but de permettre une *alimentation rapide* tout en laissant tourner les cylindres

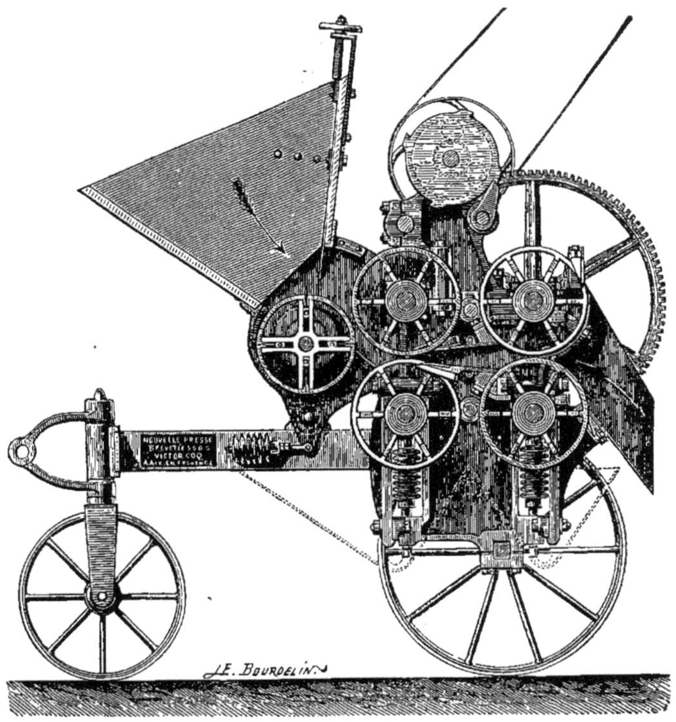

Fig. 285. — Vue en coupe du pressoir continu Coq.

postérieurs à une vitesse suffisamment faible pour obtenir un *assèchement aussi complet que possible* ; elle a aussi pour résultat de compenser l'énorme perte de volume due à l'écoulement d'une grande partie du liquide par les premiers cylindres et de permettre à la couche de marc qui sort des cylindres postérieurs, de conserver une épaisseur de 2 à 3 centimètres, conditions essentielles pour que la pression se fasse d'une façon absolument régulière, *sans que les pépins ni la rafle n'aient à souffrir*.

Des bâches, indépendantes l'une de l'autre, placées sous la machine, reçoivent le liquide qui s'échappe par l'intérieur des cylindres ; la bâche placée sous les cylindres d'avant reçoit le liquide de 1re *pression* et celle placée sous les cylindres d'arrière reçoit le liquide de 2me *pression*.

Cette séparation des liquides de 1re et 2me pression, qui n'est du reste que facultative, peut avoir son utilité.

Ceci dit, le fonctionnement de l'appareil s'explique à première vue.

Le raisin frais ou le marc cuvé est jeté dans la trémie, il est saisi et entraîné par le distributeur dont le trop plein est rejeté en arrière par l'effet d'une palette fixe réglable à volonté ; une première compression et un écoulement considérable de liquide s'opèrent par l'effet de la première paire de cylindres qui poussent le marc dans le couloir intermédiaire où il vient se tasser jusqu'au contact des cylindres d'arrière ; ceux-ci lui font subir une dernière compression et le rejettent en dehors de la machine.

L'homogénéité et l'état de compression de la couche de raisin ou de marc sont tels, au sortir de la machine, que cette couche se développe sous la forme d'un tourteau épais, assez compacte, pour être conduit par une toile sans fin en un point quelconque du cuvier.

En résumé, il est facile de se rendre compte que, par son mode de fonctionnement, ce pressoir agit sur le raisin par compressions successives *sans exercer sur la peau aucun frottement*, ce qui est une des conditions essentielles pour obtenir des jus non colorés et ce qui réduit au minimum la force motrice absorbée.

Le fouloir-pressoir continu de M. Coq peut se transporter sur tous les points où sa présence est reconnue nécessaire ; il est monté sur un bâtis métallique solide, armé de roues en fer et d'un avant-train à brancards (fig. 284).

Nous avons assisté à une expérience faite dans l'exploitation des Pères-Blancs à Maison-Carrée, le 24 janvier 1894, sur des marcs fermentés. — Il résulte du relevé des calculs faits, séance tenante, que l'appareil peut atteindre une production de 600 quintaux métriques de marcs en 10 heures de travail, avec une force de 4 chevaux-vapeur.

FOULOIR-PRESSOIR CONTINU, système DEBONO

Dans le fouloir-pressoir système Debono, l'appareil — ainsi que le lecteur a pu le voir dans la description que nous en avons donnée au sujet de la fabrication des vins de coupages foncés — est muni d'une hélice.

Les raisins rouges, écrasés entre deux cylindres, donnent un jus qui descend dans un réservoir *ad hoc* pour s'écouler de là dans un baquet. Ce premier jus est blanc. Plus loin, les hélices refoulent la matière déjà en partie débarrassée de son jus, de sorte que ce second moût est rosé, mais, comme il a son emploi dans les vins de coupage, nous n'avons pas besoin de nous en occuper.

La première portion du jus, élaborée ainsi, peut s'élever à des proportions différentes suivant les cépages :

Aramon	61	pour cent
Terret-Bourret	61	—
Cinsaut ou Œillade	57	—
Alicante	55	—
Mourvèdre ou Morastel	54	—
Gamay	46	—
Pineau	43	—

En résumé, nous considérons l'appareil Debono comme un pressoir à *production mixte*, c'est-à-dire pouvant produire des vins blancs d'une part et, en même temps, des vins de coupage avec des marcs frais qui viennent de subir, dans leur frottement par les hélices, une prédisposition physique qui les rend propres à céder totalement leur matière colorante.

Les jus blancs de premier jet seront transvasés en futailles moyennes pour les faire fermenter.

Nous ne nous étendrons pas plus longuement sur tous les avantages qu'offre l'ingénieux appareil de M. Debono; nous en avons d'ailleurs donné une description complète au chapitre de la *Vinification* auquel, pour de plus amples renseignements, nous renvoyons le lecteur.

OBSERVATIONS GÉNÉRALES

En ce qui concerne la compression du raisin pour en faire du vin blanc, il suffit de verser le raisin dans la trémie, pour que, par sa marche, l'appareil foule et exprime le jus ; au fur et à mesure que le moût s'écoule dans les baquets, une pompe le reprend pour le transvaser dans les récipients à fermenter. La quantité de vendange que l'on peut écraser dans cet appareil, pendant dix heures, peut atteindre 960 quintaux métriques.

Le rendement des raisins en jus est subordonné à sa nature première et au degré de compression qu'il subit.

Il est certain que si l'on veut obtenir un vin blanc peu rosé à l'aide des raisins rouges, il faut se conformer aux règles qui prescrivent que *plus on exprime les marcs de raisin rouge, plus on obtient de couleur*, et, au contraire, moins on pratique cette pression, moins on a de couleur dans le jus écoulé.

Veut-on faire un beau vin blanc du premier jet sans avoir recours plus tard à la décoloration ? — Il faudra se contenter des rendements suivants :

Aramon	68	pour cent
Terret-Bourret	68	—
Cinsaut ou Œillade	64	—
Alicante	63	—
Morastel ou Mourvèdre	60	—
Gamay	50	—
Pineau	46	—

Le restant ne peut être enlevé sans être coloré ; il est d'ailleurs plus utile en combinaison avec les pellicules pour faire des vins de marcs frais.

DEUXIÈME PARTIE

Vins blancs provenant de raisins à pellicules blancs

---

§ 1. — **Fabrication usuelle et méthodes diverses.**

Les vins blancs provenant de raisins blancs sont généralement plus délicats, plus fins et plus savoureux que ceux faits avec des raisins rouges et ils sont consommés ou purs, ou mélangés avec des vins blancs provenant de raisins rouges.

Les vins secs contiennent souvent un mélange de vins blancs faits avec des raisins rouges, ce qui les rend encore plus secs et plus nerveux ; si, au contraire, on cherche la finesse et le moelleux, il faut alors éviter d'incorporer au blanc naturel celui de raisin rouge.

Les vins blancs les plus fins et les plus agréables au goût, obtenus actuellement en Algérie et en Tunisie, proviennent généralement soit de cépages importés d'Europe, soit encore des cépages autochtones cultivés par les Kabyles. A ce sujet, rappelons qu'on trouvera dans notre 1ᵉʳ volume, à la *Monographie des Cépages de l'Afrique française du Nord,* tous les renseignements désirables, tant sous le rapport des qualités que sous celui des rendements et de tous les caractères qui les accompagnent.

---

§ 2. — **Modes d'opération pour faire les vins blancs.**

La fabrication des vins blancs provenant de cépages blancs se divise en deux méthodes différentes que nous allons, pour éviter toute confusion, examiner séparément :

Opération suivant la 2ᵐᵉ méthode. — La première est celle qui est correspondante à la deuxième qui comprend l'extraction d'un moût blanc de raisins rouges.

Comme dans la deuxième méthode, le raisin blanc est foulé sous les pieds dans un pétrin-fouloir, et le jus est entonné dans des futailles de 600 litres ; les marcs frais sont ensuite portés sur le pressoir-mécanique (fig. 288) ou sur tout autre. Lorsque ce pressoir est rempli, le plateau de bois, ainsi que les traverses, taquets et tasseaux, sont placés au-dessus, puis on serre doucement la vis ; — au fur et à mesure de son écoulement, ce moût est porté dans des futailles de 600 litres préparées à cet usage ; on le mélange ensuite avec le premier entonné, à moins que l'on préfère séparer les qualités.

Le vin qui s'écoule du pressoir n'est pas continuellement le même, et on estime qu'il doit être séparé en trois qualités différentes : la première portion est d'environ la moitié, la seconde représente le tiers et la troisième le reste.

La première portion écoulée peut être mise sans crainte avec le moût de foulage ; quant aux autres parties, il sera sage de les mettre à part.

Veut-on faire un vin sec ? — Dans ce cas, on recueille environ 2 kilos de pellicules sans pépins, qui sont ajoutés au moût et mis en fermentation par futaille de 600 litres. Le vin, ainsi obtenu par ce mode d'opération, sera sec et vigoureux au palais.

Veut-on obtenir un vin plus moelleux ? — Il suffira de laisser fermenter le moût tel qu'il sort soit du foulage, soit dès le début de la pressuration.

Les marcs, au sortir du pressoir, seront mis en mélange avec des raisins rouges foulés, pour en faire un vin rouge ; ils peuvent encore servir à ranimer une fermentation paresseuse. — On peut encore faire un bon petit vin blanc avec les marcs, en procédant comme dans les vins de deuxième cuvée : on profite de ces marcs pour faire un bon vin léger qui n'est pas à dédaigner pour la consommation locale, ou même pour l'emploi soit dans les coupages, soit dans les vins rouges, soit dans les vins blancs, pour en abaisser le degré.

Cette fabrication toute simple est toute indiquée par la nature des éléments qui constituent ces marcs frais.

Fabrication du second vin blanc. — Dans un récipient destiné à la fermentation, on verse les marcs frais jusqu'aux deux tiers de sa capacité.

Nous admettons ici que nous procédons sur une amphore de 150 hectolitres et que nous foulons 17,000 kilos de raisin blanc pour obtenir 85 hectolitres de moût ; dans ces conditions, nous ajoutons le tiers en volume d'eau de la quantité de moût extrait, soit environ 40 hectolitres. Inutile de recommander de chauffer l'eau avant de l'introduire dans le récipient et de la verser sur les marcs (voir *Second vin*).

Après une fermentation régulière et silencieuse, on obtiendra un vin qui marquera 5° centigrades d'alcool, étant donné que le moût extrait accusait 221 grammes de sucre par litre.

Ce second vin est un peu plus faible en acides libres, aussi fera-t-on bien d'y ajouter 50 grammes d'acide tartrique et 400 grammes de glycérine ; quant au tanin, il en est suffisamment pourvu, surtout pour l'usage auquel il est destiné.

Ce vin servira dans les coupages de vin blanc ou de vin rouge.

Dans les vins blancs doucereux manquant de tanin, il suffira d'en ajouter 10 à 15 0/0, suivant la méthode que nous avons indiquée.

Autre exemple : Admettons que nous ayons un vin blanc doucereux pesant 13° centigrades à rendre plus sec et de conserve. On mélangera :

$$\begin{array}{llll}
\text{Dans ce vin qui pèse} & 13° \times & 85^l = & 11.05 \\
\text{Vin de 2}^\text{me} & 5 \times & 15 = & 75 \\
\hline
& & 100^l & 11°80
\end{array}$$

Fabrication des vins blancs selon la troisième méthode. — La troisième méthode, employée pour faire les vins blancs avec les vins rouges, s'applique également à la fabrication des vins blancs naturels.

Les raisins blancs, après avoir fourni le moût qui est mis totalement à fermenter dans des futailles de 600 litres, donnent des marcs frais que l'on recueille pour en faire un second vin comme celui que nous venons de décrire plus haut.

La différence existe seulement dans l'appareil qui est chargé de ce travail ; ici, c'est avec le fouloir-pressoir continu que l'on obtient ces résultats.

Nous avons remarqué que cet instrument fournit des marcs dont le tanin se dégage mieux que dans tout autre, et donne naissance, par suite, à un vin plus sec.

---

§ 3. — **Direction à donner à la fermentation des vins blancs.**

Le moût blanc, soit qu'il provienne de raisins rouges, soit qu'on l'obtienne avec des raisins blancs, réclame les mêmes manipulations pour sa fermentation.

Le moût est généralement entonné tel qu'il sort du pressoir ; il est, par conséquent, plus ou moins propre, c'est-à-dire encore chargé de débris de pédicelles, de pellicules, de pépins, etc. ; il est donc prudent de mettre sur la futaille à entonner un gros entonnoir en bois garni d'un fin tamis en toile métallique de fil de cuivre rouge pour empêcher l'introduction de ces résidus.

On agite de temps en temps, pendant la fermentation, le filet avec un roseau, de façon à répandre dans la masse du liquide le tanin qui est contenu dans les pellicules.

Le moût de raisin se met à fermenter aussitôt que la température du liquide atteint 19° à 20° centigrades. D'abord il se trouble en s'échauffant et ses ferments commencent leur œuvre en la continuant doucement, jusqu'au moment où elle cesse définitivement.

La fermentation marche insensiblement d'abord ; elle prend ensuite sa marche mousseuse sans s'arrêter, si toutefois sa marche ambiante est supérieure à 16° centigrades.

Lorsque l'on s'aperçoit que la mousse ne sort plus de la futaille, on ajoute encore un peu de moût en fermentation de la même époque, à peu près de façon à maintenir le mouvement d'évacuation de cette mousse, jusqu'à ce que la fermentation cesse apparemment.

Si c'est une futaille de 5 à 600 litres, qui sert à cette opération, on laisse un vide de 14 à 16 centimètres environ, pour permettre au moût de jeter dehors un peu plus de mousse, sans cependant déborder.

Préalablement à la mise du moût dans la futaille, on perce au bas un trou pour y mettre un robinet de vidange, dans le cas de débordement et aussi pour l'aération du moût en travail.

Il est très important de surveiller l'évacuation de la mousse, parce qu'il faut la modérer et en arrêter la sortie le 3me ou 4me jour de son travail, car il ne resterait pas suffisamment de *cellules ferments* dans le liquide pour le rendre sec ; c'est pour cela que beaucoup de vins blancs restent doux malgré un long travail de fermentation. La mousse est un composé de véritables ferments de *Saccharomyces ellipsoïdeus*.

Peu à peu la température du vin descend jusqu'au-dessous de celle ambiante ; aussi, dès ce moment, les matières azotées répandues dans la masse commencent à se précipiter vers la base et, par suite, le vin se clarifie au fur et à mesure de son dépouillement.

Le temps normal que met un moût pour fermenter varie ordinairement entre 15 à 30 jours ; mais si le moût fermente en contact de pellicules mises à digérer dans la masse pour le rendre plus sec, le parcours de la fermentation devient plus rapide ; dans ce cas, on peut l'évaluer entre 12 et 15 jours.

Ce travail peut encore être abrégé si on procède à l'aération du moût en fermentation : on peut parvenir dans ces conditions à produire une fermentation accélérée et complète entre 8 et 12 jours.

Les récipients, quels qu'ils soient, ne doivent jamais être trop pleins, parce qu'une température élevée peut surgir pendant un siroco et les faire déborder avec une grande déperdition de liquide.

Le modèle de futaille de 600 litres est on ne peut mieux approprié pour faciliter des fermentations rapides et complètes.

Cependant, je dois citer ici un vieux viticulteur algérien, M. Sturm, de Chebli, qui fait, chaque année, ses premières fermentations de vin blanc dans des amphores de 150 hectolitres.

Aussitôt que la fermentation cesse, en apparence, il décuve et il laisse terminer dans des futailles en bois de 30 à 40 hectolitres.

Nous nous arrêtons ici sur cette question de cuvage du vin blanc ; c'est au chapitre spécialement consacré au sujet des soins aux vins que devra se reporter le lecteur.

TROISIÈME PARTIE

VINS DE LIQUEUR

Les vins de liqueurs sont aussi désignés sous le nom de vins sucrés. Les uns restent sucrés après leur fermentation limitée, les autres sont sucrés par suite de mutages artificiels.

Les raisins poussés à une grande maturité sont plus aptes à faire des vins de liqueurs, que ceux qui n'atteignent pas ce degré saccharin.

Les vins obtenus par l'emploi des raisins qui ont atteint la dernière limite de maturation, développent un parfum très prononcé ; ils ont une consistance sirupeuse et une douceur sucrée qui leur donne un caractère de liqueur agréable au goût.

Tous les raisins sont peu aptes à produire des vins de liqueurs. Ceux, propres pour cet emploi, sont longuement étudiés et désignés dans nos recherches ampélographiques ; il suffira donc de s'arrêter à ceux qui conviendront le mieux aux terrains et au goût particulier du viticulteur.

L'Afrique française du Nord possède déjà toutes les qualités les plus recherchées qui peuvent donner naissance à une grande fabrication de ces produits. — Nous devons ajouter aussi que notre climat favorisé est on ne peut mieux approprié au développement de la fabrication des vins de liqueurs, et depuis longtemps déjà, la viticulture aurait dû avoir organisé ce genre d'industrie, parce que, nous le répétons, l'Algérie et la Tunisie sont des pays occupant la meilleure situation pour la culture de ces raisins spéciaux.

VINS DE MUSCAT BLANC

Les raisins, désignés sous le nom de *Muscats*, sont au nombre de six variétés bien distinctes ; il faut cependant, lorsqu'il s'agit de faire des vins ayant le caractère spécifique qui prédomine dans ces cépages, procéder à une sélection des variétés les plus rémunératrices qui se trouvent chez les deux espèces connues sous le nom de *Muscat de*

Frontignan et *Muscat d'Alexandrie*, et qui donnent un vin identique ;
le *Muscat de Frontignan* est cependant plus fin. Il existe malgré cela,
une troisième variété, connue sous le nom de *Muscat Houdbine*, qui
paraît produire un vin plus délicat encore, si l'on en croit les gourmets.
Dans tous les cas le mode de fabrication est le même pour tous.

Vendange. — Le raisin de muscat, désigné pour cet usage, restera
sur la souche jusqu'à ce que la peau commence à se rider légèrement
ou, si on craint que l'humidité occasionnée par la pluie lui porte préjudice, on le récoltera à grande maturité, puis on le déposera sur des
toiles ou un terre-plein bétonné, pour le laisser passeriller au soleil
quatre ou cinq jours. Comme toujours, il faut couper le pédoncule des
grappes de raisin aussi près que possible des grains, avec le sécateur
à vendange. Le raisin muscat ridé accusera 16 degrés d'alcool au
pèse-moût, c'est suffisant.

Foulage. — Les grappes de raisins seront déposées dans un fouloir-
égrappoir pour éliminer les rafles, et le jus descendra dans un bac
construit en maçonnerie et ciment muni d'un robinet de vidange, on
transportera le moût dans des tonneaux de 50 à 60 litres, pendant que
deux fouleurs piétineront les pellicules en partie déchirées. Aussitôt
qu'elles seront foulées à point, on les transportera dans un pressoir
mécanique ; comme de coutume, on pressera ces marcs pour en extraire
le jus qu'ils contiennent encore, et ce moût sera ajouté au premier
quoi qu'il soit moins alcoolique. En revanche, il est beaucoup plus par-
fumé, car les principes essentiels qui caractérisent ce vin sont plus
abondants dans les pellicules que dans le jus.

Première méthode. — Le moût de raisin muscat étant très épais,
on ne saurait trop éviter les grosses pulpes qu'il contient, en le passant au travers un tamis en crin, au moment de son introduction dans
la futaille.

Pour obtenir une filtration suffisante, on emboîte trois tamis de
numéros différents, de sorte que le jus, à la sortie du dernier est très
clair : condition essentielle pour une bonne fabrication.

On verse ce moût dans une grande chaudière en cuivre, bien
nettoyée et décapée, la chaudière est chauffée à petit feu, jusqu'à ce
que le liquide ait perdu 18 à 20 % de son volume, c'est-à-dire que, si
le moût accusait au pèse-moût Leroux 272 grammes de sucre par
litre, il indiquera au même instrument 340 grammes ou 20 degrés
d'alcool.

Ce moût sera remis dans une futaille pour y accomplir sa fermentation restreinte. Il est nécessaire de la remplir en laissant un vide de
4 à 5 centimètres.

La fermentation s'établira insensiblement, peu à peu, jusqu'à ce que
l'écume se jette dehors. Au fur et à mesure qu'elle cherche à sortir,

il faut verser du moût pour l'évacuer continuellement, ce détail n'est pas négligeable, car les ferments qui sortent n'agiront plus sur la masse, et 15 à 20 jours après la fermentation s'arrêtera en laissant au vin cuit une grande quantité de sucre (que l'on peut évaluer à 170 grammes) et autant d'alcool ; ce vin muscat se clarifiera assez promptement à la suite de ce travail.

Deuxième méthode. — La deuxième méthode comprend les mêmes opérations de vendange et de foulage.

Le moût, au sortir du foulage et du pressurage, sera filtré, comme il a été dit plus haut.

On ajoutera au moût ainsi filtré, 18 litres d'alcool à 86 degrés centigrades provenant de vin ou de riz rectifié.

On agite bien ce mélange, que l'on filtre ensuite dans le filtre fermé, système Feraud (d'Alger).

Le vin muscat, fabriqué ainsi, est corsé et généreux. Son arôme est pénétrant ; il ne le cède en rien au précédent, il est même préféré par les fins gourmets.

Troisième méthode. — Comme dans les autres méthodes, le moût filtré au tamis de crin sera traité de la façon suivante :

Dans une futaille où a été entonné du moût filtré, on y ajoutera 11 litres d'alcool à 86 degrés centigrades et 25 grammes d'*Abrastol*.

L'*Abrastol* est un nouveau produit du Naphtol qui possède la propriété d'arrêter la fermentation dans une certaine mesure ; aussi pensons-nous que l'addition de 15 grammes par hectolitre de cette substance, remplacera 7 litres d'alcool à 86 degrés centigrades, c'est une grande économie tout en évitant un alcoolisme trop accentué.

Quatrième méthode. — Le moût filtré au travers des tamis de crin sera traité par le gaz sulfureux.

Dans une futaille de 600 litres nouvellement rincée, on y brûle une mèche de soufre de 30 grammes, on bonde et on y introduit en pluie fine 100 litres de moût. On agite ensuite la futaille en la roulant, pour que le gaz sulfureux soit complètement absorbé, ensuite on brûle une seconde mèche de 25 grammes, en ayant soin que le soufre ne touche le vin pendant la combustion. — A la troisième reprise, 10 minutes après, on brûle une mèche de 20 grammes et ainsi de suite jusqu'à ce que le fût soit plein. On agite légèrement le vin avec une baguette.

Le vin ainsi fait, est certainement inférieur aux précédents, mais il est suffisant muté pour tenir de la sorte plus de 8 mois sans fermenter.

Dans tous les cas, s'il est nécessaire de filtrer un vin muscat, on devra le faire dans le filtre Feraud, car il faut éviter l'aération de ce liquide.

VIN DE TOKAY

Le *Tokay* est un vin liquoreux très estimé de tous les gourmets. Le raisin qui fournit ce vin délicieux c'est le *Furmint*. On le laisse fortement mûrir sur souche et quand il a atteint le degré de maturité la plus complète, c'est-à-dire lorsqu'il commence insensiblement à se rider et que le pédoncule se dessèche, on le récolte, on l'égrappe avec soin ; puis on piétine complètement le raisin dans le pétrin à fouler. Les marcs sont ensuite soumis à la presse ordinaire, et le jus qui en découle est mélangé avec celui qui vient du foulage.

Les marcs sont recueillis pour mettre avec la vendange de vin rouge.

Le moût provenant de ce cépage subira les mêmes manipulations que celui de muscat.

Le raisin qui a atteint une maturité complète, peut fournir un moût qui contiendra 289 grammes de sucre par litre. En le laissant fermenter jusqu'à ce que le moût contienne encore 153 grammes de sucre, il suffit d'y ajouter seulement 7 litres d'alcool à 86 degrés centigrades pour qu'il reste fixé dans ces conditions.

L'emploi de 15 grammes d'*Abrastol*, au lieu de 7 litres d'alcool, suffirait pour le muter complètement.

Le *Tokay*, fabriqué suivant cette dernière méthode, se rapprocherait beaucoup comme qualité de celui fait d'après le mode hongrois, qui consiste à laisser le raisin extra-mûrir sur la souche et ensuite le laisser se rider 10 à 12 jours sur la paille et en exprimer le jus par le foulage.

QUATRIÈME PARTIE

VIN BLANC MOUSSEUX

Tant en Algérie qu'en Tunisie, il est facile de fabriquer des vins mousseux comme en France; notre climat chaud et nos caves surchauf·fées sont peu aptes à cette fabrication, qui réclame des soins tout

Fig. 286. — Appareil à gazifier les vins blancs.

particuliers. Cependant, avec beaucoup de précautions, on obtient encore des vins mousseux qui ont une certaine analogie avec ceux de Champagne. Cette fabrication n'est pas suffisamment entrée dans le domaine général pour en faire le sujet d'un chapitre spécial; nous ne les mentionnerons donc ces vins qu'à titre purement documentaire et d'application facultative.

Pour ma part, toutefois, j'ajouterai que j'ai fait, en Algérie, à plusieurs reprises, des vins mousseux très crémants ; je citerai notamment celui obtenu, en 1886, chez notre regretté ami de Sainte-Croix, qui, sur mes indications, en fit confectionner 110 bouteilles..

Ce vin était délicieux, d'un pétillant incomparable. Voici, d'ailleurs, de quelle façon il fut procédé à cette tentative : dans un hectolitre de vin blanc de l'année précédente, bien clarifié, j'ajoutais :

Glycérine pure	600 grammes.
Tanin	20 —
Sucre blanc	2.400 — .
Vin muscat	2 litres.

Après avoir opéré le mélange intimement, je fis remplir les bouteilles de ce vin, qui fut champanisé à l'aide d'un appareil à eaux gazeuzes (fig. 286) ; quelques-unes furent portées à 4 atmosphères, d'autres à 5, et défininitivement à 6 atmosphères ; après un mois de repos, les derniers crémaient mieux que les premiers, et un an plus tard, ce vin était bon, si bon que tout avait été bu comme du Champagne, qui se vend dans notre colonie à un prix par trop exagéré.

Prix de revient du vin mousseux africain

Vin blanc de choix, 100 litres à 25 fr. l'hectolitre	25 00
Glycérine pure, 600 gr. à 2 fr. le kilog	1 20
Tanin surfin, 20 gr. à 10 fr. le kilog	0 20
Sucre, 2 kil. 400 à 1 fr. le kilog	2 40
Vin muscat, 2 litres à 1 fr. le litre	2 00
Champanisation, 110 bouteilles à 0 fr. 15	16 50
Bouchons, ficelage, étiquetage à 0 fr. 15	16 50
Bouteilles, 110 à 0 fr. 16	16 60
Total	81 40

soit 0,74 la bouteille.

Les Arabes, comme on le sait, ne boivent pas de vin rouge ; les familles riches se paient cependant volontiers le luxe du Champagne (qui n'est pas considéré comme vin par leurs prêtres) et plusieurs caïds ont des caves à rendre rêveur Brillat-Savarin lui-même. Un débouché naturel se trouve donc ouvert à ce produit que nous préconisons tant au point de vue de la consommation algérienne que pour l'importation générale.

QUATORZIÈME CHAPITRE

DÉCUVAGE DES MARCS

SOMMAIRE :

Moment du décuvage. — Précautions à prendre et conseils divers. — Décuvage des marcs en foudres et en futailles. — Acescence et mauvaise odeur ; de leur influence sur l'air ambiant. — Enlèvement des marcs.

DU DÉCUVAGE

Le vin est reconnu bon à décuver lorsque son sucre est à peu près transformé en alcool et que sa température s'abaisse rapidement.

Généralement, en principe, on attend que le vin soit froid et descendu à 0° sucre pour procéder au décuvage.

Dans bien des cas la futaille manque au moment précis de cette opération ; on peut cependant décuver sans risques à 17 grammes de sucre au pèse-moût, surtout si le vin a fermenté rapidement et qu'il est encore chaud.

Décuver à plus de 34 grammes de sucre par litre serait faire courir des risques à l'opération ; mais, toutefois, nous devons dire que nous avons souvent décuvé des vins dans des cas semblables, à cause de l'abondance du raisin et du manque de futaille marquant jusqu'à 33 grammes de sucre. Nous nous étions assuré au préalable que le vin avait fermenté vivement et qu'il était encore chaud ; nous avions pris la précaution d'aérer le moût dès les débuts de sa fermentation, en lui faisant faire pavillon au robinet de décuvage.

Ce vin marquait 0° 20 jours après le décuvage, il avait été entonné dans des futailles de 600 litres exposées à l'air libre, au mois d'octobre.

Ces expériences ont été répétées pendant l'année 1887 jusqu'en 1889 chez notre sympathique ami, feu René de Sainte Croix, au domaine de *Guebar-bou-Aoun*.

En général le vin qui a subi toutes les phases de la fermentation sans anomalies, descend rapidement vers 0° sucre et se refroidit assez vite, si l'air du local est à une température de 20 à 23° ; mais si le vin contient encore une certaine quantité de sucre en suspension, sa température baisse moins vite.

Il ne faudrait donc pas s'étonner que la cuverie, malgré son aération reste encore quelque temps à une température au-dessus de la moyenne d'un local semblable où il n'y aurait pas de vin nouveau ; c'est l'effet produit par les fermentations qui s'y produisent.

Le vin refroidi et qui est en repos, se clarifie mieux que celui qui reste encore en fermention quoique déjà descendu à 0° sucre, parceque ce dernier contient encore des matières azotées non transformées.

Si la fermentation a été bien conduite et, qu'on nous permette de le dire, si elle a été suivie conformément à nos indications, elle peut être complètement terminée en 3 ou 4 jours maximum. Rappelons toutefois que cette durée est subordonnée aux influences que nous avons signalées plus haut, c'est-à-dire suivant la nature et l'état de la maturité de la vendange, son degré d'oxygénation, sa température et la puissance prolifique de ses ferments, sans oublier de signaler l'échauffement de la cuverie et des ferments aériens qui circulent dans la cuverie.

A cet égard une observation importante :

On constate souvent en entrant dans une cuverie ou même un chai, une certaine odeur d'acescence répandue dans les locaux ; l'état de l'atmosphère que cette odeur révèle peut déterminer, par influence, l'acétification générale des vins faits qui s'y trouvent. Il n'est pas rare de rencontrer en Algérie et en Tunisie, des locaux assez mal entretenus pour produire ces effets contagieux. Aussi, dans des cas semblables, faut-il rechercher immédiatement l'origine de cette influence atmosphérique, soit qu'elle provienne du vin qui a été répandu par terre et s'y soit aigri, soit que des marcs acétifiés restent encore derrière les amphores ou que les foudres soient à proximité.

Si ce sont des marcs, il faut promptement les enlever et les évacuer sur un point éloigné du chai ou de la cuverie.

Si c'est du vin répandu, il faut l'éponger rapidement. Dans les deux cas, il est nécessaire de laver l'emplacement avec un lait de chaux ou de plâtre, de façon à neutraliser l'acidité du sol ou de tout autre emplacement que son odeur pénétrante désigne comme susceptible de contaminer l'air libre ambiant. — Lorsque l'atmosphère d'une cuverie ou d'un chai est imprégnée d'acide acétique, il suffit, pour en chasser ou stériliser les germes, de brûler dans ces locaux quelques grosses mèches soufrées soir et matin.

On ne saurait trop prendre de soins de propreté pendant et après la fermentation, car l'acescence atmosphérique des locaux provient toujours de l'aigrissement des marcs, soit provenant du chapeau, soit de ceux qui n'ont pas été ramassés en temps utile et dont l'exposition trop prolongée à l'air libre engendre cet acide à l'état gazeux.

Aussi recommanderons-nous particulièrement de prendre toutes les précautions voulues lorsque la fermentation n'est pas terminée au sixième jour en cuve ouverte, au septième jour en foudre, et au douzième jour en amphore moderne.

La différence qui existe entre le temps que parcourt la fermentation de chaque système de cuve, repose sur la faculté avec laquelle l'air ambiant contrebalance la couche d'acide carbonique qui surnage sur les marcs.

Opération. — Le décuvage du vin s'effectue à peu près de la même manière pour tous les systèmes employés.

Le vin s'écoule des cuves ouvertes par un robinet (D) placé au niveau du radier (fig. 256 et 258) c'est-à-dire que l'on vide ainsi tout le liquide qui s'y trouve ; malheureusement le vin trouble et le vin clair passent ensemble, ce qui est un grand défaut en matière d'unification et de coupage.

Les cuves fermées, en bois, ont des portes mobiles qui se détachent en dedans. Le robinet de décuvage se place sur un des côtés, mais à une certaine hauteur du fond ; le vin clair coule par le robinet, et le vin trouble est enlevé au moyen d'un syphon ou, quelquefois même, par un petit robinet de vidange placé dessous.

Le foudre en bois porte son robinet soit à la porte, soit sur l'un de ses côtés ; le vin clair s'écoule par le robinet et le vin trouble s'écoule après avoir enlevé la porte ; mais pour l'écouler complètement, il faut avoir recours à un furet ou à un syphon, et les lies restent partie sur les bas côtés, et l'autre au fond.

Fig. 287

Pompe à vin aspirante et refoulante, système Noël.

La cuve fermée en céramique (fig. 258) se prête parfaitement à la séparation du vin clair d'avec le vin trouble : sa porte en bois comporte un gros robinet de décuvage ou tout autre ; dessous, un petit trou est pratiqué pour écouler le vin trouble sans déranger la porte ; il suffit d'enlever le bouchon, et il sort jusqu'à la fin ; on ôte alors la porte, et les lies s'écoulent par le couloir.

La cuve-amphore moderne possède la même porte que celle qui est adaptée à la cuve (fig. 258) ; le décuvage de ce récipient est aussi simple que possible, parce que les liquides peuvent se séparer et que par ses grandes dimensions, la porte permet à l'homme le plus fort d'y pénétrer sans risquer de la fendre, comme cela arrive pour la porte du foudre, qui se détache en dedans, au lieu que celle-ci se détache en dehors sans la frapper, et sa remise en place se fait en une minute sans craindre aucune fuite.

Lorsque l'on décuve le vin, il est nécessaire, malgré la présence de l'épepineur du clapet, de mettre sous le robinet un *tamis fin* en fil de cuivre rouge, pour arrêter au passage les grosses impuretés qui pourraient passer. Le vin qui s'écoule de là tombe dans un grand baquet ou dans une citerne, comme celle qui est pratiquée dans le chai (fig. 255) ; mais, à défaut de cette dernière, on peut se contenter du simple baquet ; c'est dans ce récipient que l'on soutire le vin avec la pompe (fig. 287).

Cette pompe aspire le vin par le tuyau d'aspiration qui est formé d'une spirale métallique enfermée entre des toiles et du caoutchouc, afin d'éviter, par la pression, un aplatissement quelconque ; le vin aspiré par le corps de pompe est refoulé par le piston dans un tuyau en caoutchouc ou de toile, jusqu'à sa destination.

Chaque fois que l'on termine la manœuvre de la pompe, il est indispensable de la nettoyer à plusieurs eaux et laisser égoutter ensuite les tuyaux qui ont servi à ce travail. A cet effet, on les suspend, de façon à ce qu'il ne reste aucun liquide au dedans.

---

§ 2. — **Enlèvement des marcs.**

L'enlèvement des marcs a lieu, dans les cuves ouvertes, par l'orifice supérieur ; cette opération se fait quelques heures après le décuvage. — A cet effet, un homme pénètre à l'intérieur pour les enlever, soit avec des paniers, soit avec des comportes rondes cylindro-coniques que l'on enlève avec une corde passant sur une poulie placée au-dessus du centre, ou encore les paniers remplis de marcs que l'on verse dehors sur les planches. Cette dernière façon est dangereuse, car elle laisse, autour de la cuve, des traces de marcs qui aigrissent.

Avant de **faire** entrer les ouvriers dans la cuve ouverte nouvellement décuvée, il faut s'assurer s'il y a encore au dedans de l'acide carbonique en suspension. A cet effet, il suffit de descendre une bougie allumée jusqu'au fond ; si la lumière s'éteint, il faut encore différer pour descendre, jusqu'à ce que la bougie brûle bien. On peut remédier sur-le-champ à cet inconvénient, en arrosant la surface des marcs avec un arrosoir d'eau, dans lequel on aura versé 200 grammes d'ammoniaque liquide, ensuite on descend une petite mèche soufrée allumée jusqu'au fond ; une fois éteinte, on pourra alors entrer sans crainte ; ou bien encore on chasse l'acide carbonique de la cuve en soufflant dedans avec un gros soufflet. Combien de malheurs arrivent chaque année, par ignorance de ces petits moyens que la science populaire a cependant mis à la portée de tous.

Avant de décuver le vin du vase qui a servi à fermenter, il est urgent de s'assurer si le chapeau des marcs n'aurait pas été *aigri* par une exposition trop prolongée à l'air ; dans ce cas, on soulève doucement la couche supérieure des marcs aigris, sans en laisser tomber sur le restant ; on retire ensuite encore une légère couche de 4 à 5 centimètres d'épaisseur afin d'éviter toute contamination d'acescence avec le bon marc.

Chaque fois que l'on constate que le marc est chaud en le dégageant, il faut s'en débarrasser superficiellement, puis on arrose le reste avec de l'eau froide, pour arrêter cette mauvaise fermentation.

Lorsque les marcs sont reconnus indemnes de toute acescence, on les enlève et on les transporte au pressoir.

Dans les foudres, la sortie des marcs s'effectue avec un crochet, mais cette opération ne se fait pas sans peine. D'abord, la porte du foudre s'ouvre difficilement, si on n'a pas eu soin de prendre la précaution de clouer une barre de bois en dedans. Cette barre a pour but d'arrêter les marcs lorsqu'ils descendent pendant le décuvage ; par conséquent, ces matières n'encombrent plus le derrière de la porte par leur pression.

Une fois les marcs retirés du foudre, il est inutile de nettoyer ce récipient s'il doit être rempli immédiatement, mais à condition que la fermentation ait été faite en 6 jours et que les alentours internes de la trappe soient indemnes d'acescence. Si la fermentation avait duré 7 à 8 jours, et qu'il se soit produit un atome d'aigreur dans les parties que nous venons de désigner, il faudrait laver le foudre et neutraliser le siège acétifié avec de l'eau acidulée par l'acide sulfurique et bien rincer ensuite.

En prenant toutes ces précautions, on est assuré d'éviter toute contamination d'acescence.

Que de vins sont piqués chaque année à la suite de fermentation faite dans des foudres ou autres récipients contaminés par l'aigreur !

Pour ce qui concerne les amphores, on retire les marcs par la porte en bois que l'on connaît déjà ; une fois cette opération faite, il suffit de jeter un peu d'eau sur les parois internes, pour obtenir une surface propre et neutre d'acescence, après quoi on laisse la porte ouverte ainsi que la trappe de fermeture, jusqu'au moment où son emploi redevient nécessaire. Une fois la cuve amphore séchée, ce qui ne demande que quelques heures, on remarque sur toutes ses parois une légère et belle cristallisation, mais la plus grande partie du tartre qui s'est précipitée est tombée au fond avec les lies, ce qui permet de recueillir ce sel, tandis que, dans le foudre, le tartre se fixe fortement sur le bois.

Le vin de cuvée sera mis soit dans les foudres, soit dans d'autres amphores, ou encore dans des futailles de 600 litres.

Avant de mettre le vin dans un foudre ou dans une petite futaille, il est nécessaire de s'assurer de leur état (voir chapitre spécial *Soins des futailles*).

Observations. — Si on veut remplir un foudre de vin après la cuvaison, on le lave immédiatement, après cette opération, à plusieurs eaux, en le brossant à la brosse métallique ; aussi, le rinçage terminé, on le laisse égoutter et sécher au moins huit heures, puis on lute la porte avec du suif ; cela fait, on brûle une forte mèche soufrée, après quoi on peut entonner le vin.

Si on doit recuver dedans, on suivra la prescription que nous avons déjà indiquée.

Le cuvage d'un moût fait dans un foudre ou tout autre récipient, qui sort de cuver sans avoir été nettoyé par suite de son bon état de neutralité, gagne 6 à 7 he res dans ses phases de travail, en raison des ferments vitaux que les parois retiennent encore.

Dans le cas où le travail de la vendange marche plus rapidement que le dégagement des marcs, on peut laisser ces matières dans le récipient, sur lesquelles on verse la nouvelle vendange foulée ; là encore, on constate que la fermentatton gagne encore du temps, environ 8 à 10 heures sur la rapidité de l'acte.

Dans un cas semblable, la vaisselle vinaire faisant défaut chez notre regretté ami de Sainte-Croix, nous avons pu mettre jusqu'à 3 vendanges dans un grand foudre de 200 hectolitres.

PRESSURAGE DES MARCS

FERMENTÉS

SOMMAIRE :

Moment opportun du pressurage. — Rapport entre la quantité et la qualité. — Instruments à employer. — Pressoirs divers. — Leur description technique. — Fouloirs. — Pressoirs continus. — Pressurage des marcs.

PRESSURAGE DES VINS

§ 1. — **Moment opportun du pressurage. — Des pressoirs.**

Après le décuvage du vin de goutte, il reste — au fond du vase vinaire qui a servi à le faire — tous les marcs du raisin constituant la masse générale.

Il est facile de juger si les raisins ont été convenablement foulés ; car, dans ce cas, chaque grain est dépouillé de sa pulpe et seule la pellicule est restée déchirée ; quant aux pédoncules et aux pédicelles, on les retrouvera intacts de forme.

Si le raisin n'était pas suffisamment arrivé au point matériellement voulu de foulage, les marcs contiendraient des débris qui n'auraient pas été atteints et disloqués. C'est pour cette raison que l'introduction en cuve de raisins non foulés constitue une erreur préjudiciable, car il s'en suit invariablement un faible rendement en vin de goutte et un rendement excessif en vin de presse.

Les marcs de raisin contiennent encore beaucoup de vin, et cette quantité varie en raison des pulpes qu'ils contiennent, soit à la suite d'une fermentation incomplète, soit aussi d'un foulage imparfait ou d'une maturité insuffisante.

On constate aussi que toutes les qualités ne fournissent pas toujours les mêmes rendements en liquide ; ainsi, par exemple, les raisins à fines pellicules contiennent moins de vin de presse que ceux qui ont la peau grossière et épaisse.

La couleur des pellicules des marcs est relative au raisin qui les a produits. Il y a des raisins qui cèdent leur couleur pendant la fermentation plus parfaitement que d'autres ; par exemple, le Morastel cède presque toute sa matière colorante à la première fermentation, tandis que la Carignane possède encore une demi-couleur à la seconde.

Les appareils qui servent à exprimer le jus contenu dans les marcs sont désignés sous le nom de pressoirs. On se servait autrefois de pressoirs à plate-forme en bois ; tout récemment, MM. Mabille frères, d'Amboise, ont considérablement amélioré cet ancien système qui ne répondait plus aux besoins de la viticulture moderne, et, depuis 1867, ces habiles constructeurs ont établi des pressoir de modèles différents pouvant répondre à toutes les exigences, d'une grande facilité de mouvement et d'entretien, et pourvus, pour la transmission d'une pression énergique, d'un appareil à encliquetage très ingénieux.

Nous croyons être agréable à nos lecteurs en leur donnant en ce chapitre une description succinte de chaque modèle, ainsi que le dessin de chacun de ces appareils ; notre première gravure (fig. 288) représente un pressoir Mabille, à cuvette en tôle d'acier emboutie et avec encliquetage à rochet.

Fig. 288. — Pressoir Mabille, à cuvette en tôle d'acier emboutie.

Ce pressoir est monté sur cadre et bâtis en bois. La cuvette est en tôle d'acier au lieu d'être en bois. Si on se rappelle que la cuvette ou plate-forme était autrefois en bois, on a pas oublié que chaque année, au moment de se servir de cet appareil, il fallait souvent le remettre en état, car les plateaux se disjoignaient, et il résultait des fuites par lesquelles le vin se perdait.

L'appareil qui agit comme transmission sur la vis du pressoir est formé d'une douille ou disque en fonte percée d'un trou fileté au pas de la vis ; un levier actionné à bras d'homme est ajusté dans une sorte d'arc mobile en fonte sur lequel sont disposés, sur un support, deux petites bielles faisant office de pousse-rochet sur deux chevilles.

En faisant aller et venir le grand levier, le mouvement imprime la rotation soit en avant, soit en arrière de cette douille. Le dessous de cette sorte d'écrou est uni et plat ; il presse les taquets en bois qui, quoique mobiles, forment des points résistants à la rupture.

Ce pressoir peut facilement être transporté là où sa présence est nécessaire ; empressons-nous d'ajouter qu'il est généralement, dans un chai, placé de façon à opérer sur les marcs qui se trouvent tant à sa droite qu'à sa gauche.

Cependant, dans les grandes exploitations, on a adopté un pressoir fixe (fig. 289), installé à demeure dans une maçonnerie.

Fig. 289. — Pressoir fixé dans une maçonnerie.

A cet effet, on scelle, dans une cavité en maçonnerie, des pièces en bois lesquelles reçoivent la plate-forme du pressoir, sous lequel un soubassement, également en maçonnerie, soutient l'appareil général.

Ce grand pressoir possède un plateau circulaire en bois et à charnières, disposition qui permet de relever ses deux côtés pour la bonne manœuvre et la mise en place des marcs qui sont foulés avec les pieds ou bien encore qu'on damera fortement.

Dans le pressoir de MM. Mabille frères, le système n'a pas pour unique avantage de rendre le mouvement circulaire et continu, il produit, en outre, une force très grande dont voici la formule : soit une vis de 0^m11 et un disque à rochet de 0,70 de diamètre, avec un levier de 2^m60 de longueur. Pour avoir la pression fournie par deux hommes, il faut multiplier d'abord la longueur du grand bras de levier par la circonférence du disque ; multiplier ensuite la longueur du petit bras de levier par le pas de vis, et diviser les deux produits l'un par l'autre, le quotient obtenu exprimera le rapport de la puissance à l'effort P., abstraction faite des frottements : $\dfrac{2^m50 \times 2,25}{0.04 \times 2,20} = 5.500$. Donc, pour deux hommes fournissant un effort de 60 kilogs, on aura $60 \times 5,500 = 330,000$ kil. de travail utile.

Dans les petites exploitations viticoles, on a recours assez souvent, depuis quelque temps, à un système expéditif. — MM. Mabille frères construisent un pressoir monté sur roues (fig. 290), qui se transporte avec beaucoup plus de facilité que celui monté sur batis en bois ; il suffit d'y mettre une flèche en fer pour le déplacer à volonté ; en effet, ce pressoir est très léger et surtout solide ; grâce à sa cuvette en tôle d'acier emboutie, il ne se dérange jamais à sa base. Son mouvement est en tous points semblable aux autres.

Un autre modèle un peu plus grand (fig. 291) a été également établi par les mêmes constructeurs ; sa plate-forme est disposée de manière à ce que les ouvriers puissent monter dessus pour la facilité du travail ; comme le précédent, il peut circuler en tous sens à l'aide d'une flèche en fer armée de manettes.

Ce pressoir possède également une cuvette en fer ajustée sur batis en bois monté sur l'assemblage ou chassis en fer à double T.

Dans les grandes exploitations viticoles, qui ont pris un certain développement en raison de l'accroissement des rendements et de l'extension de chaque vignoble, on est forcément amené à faire activer le travail des pressoirs ; aussi a-t-il été nécessaire d'avoir recours à des moyens plus rapides et plus énergiques.

C'est pour répondre à ce double objectif que les mêmes constructeurs ont soumis au grand commerce viticole un nouveau modèle destiné à rendre de nombreux services (fig. 292).

Ce pressoir est monté sur bâti en bois, mais le mouvement qui l'actionne est plus compliqué que celui des pressoirs ordinaires ; il se compose d'un bâti en fonte servant d'écrou et supportant les engrenages ajustés sur des tourillons communiquant entre eux et devant leur mouvement à deux jeux de poulies, l'un à droite l'autre à gauche ; le premier est destiné à serrer et l'autre à desserrer. — Inutile d'ajouter que cet appareil est mis en mouvement par une machine à vapeur fixe ou une locomobile.

Un autre perfectionnement a encore été apporté au pressoir continu. Celui que nous décrivons (fig. 293) ici se compose d'un bâti en fonte

Fɪɢ. 291

Pressoir Mabille à plate-forme, monté sur roues.

Fɪɢ. 290

Pressoir Mabille à cuvette en tôle d'acier, monté sur roues.

ajusté sur quatre colonnes en fer fixées sur le sol. Cèt assemblage se fait au milieu de la cuverie ; un chemin de fer est installé dessous, au milieu.

Le pressoir, proprement dit, se compose d'un wagon-bâti sur lequel une cuvette en tôle d'acier est ajustée comme dans les autres pressoirs.

Fɪɢ. 292. — Pressoir continu, système Mabille.

Lorsque l'on veut s'en servir, il suffit de remplir la cage ou maie de marcs foulés et, lorsqu'il est plein, on passe le wagon chargé dans le plateau, puis on embraye la courroie sur la poulie fixe, et la grande roue à engrenage tourne, ce qui fait que, par son filetage au centre, la pression s'opère en avant, et par un décliquetage, un autre engrenage fait opérer un mouvement dans le sens contraire.

Pendant que la pression s'opère, d'un autre côté on charge un autre wagon monté, de sorte que la pression s'exerce presque tout le temps sur des marcs et le travail se fait rapidement.

En général, pour opérer une bonne pression et exprimer le liquide qui se trouve contenu dans les marcs, il faut mettre ces derniers dans

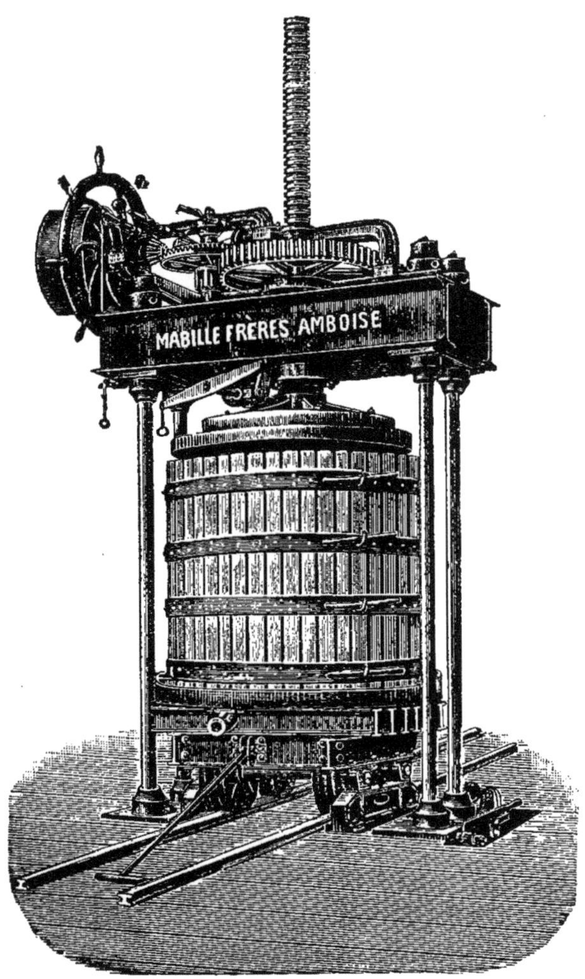

Fig. 293. — Pressoir continu, sur chemin de fer.

la cage par petits lits de 10 centimètres d'épaisseur et damés soit au pied, soit à la dame. Une fois la cage pleine, on dispose sur les marcs le plateau qui est surmonté par des tasseaux placés en divers sens, de façon à ce que la pression soit uniforme.

On opère la première pression assez vite ; le vin sort alors abondamment. Celui-ci se met de suite avec le vin de goutte, puisqu'il est à peu près le même.

Nous estimons que ce premier jet de vin de presse représente le tiers de celui contenu dans les marcs.

On continue alors de presser lentement, petit à petit, et lorsque l'on sent une certaine résistance dans la pression, on arrête et puis on resserre par alternatives régulières jusqu'à ce que le vin de presse ne coule plus.

En France, on recommande de recouper ensuite le marc pressé et de le represser. Dans notre colonie, où le vin est de qualité ordinaire et d'un prix très bas, *le jeu n'en vaut pas la chandelle*, comme on dit vulgairement. Les marcs peuvent trouver une destination plus pratique.

§ 2. — **Emploi des marcs.**

Les marcs servent à faire soit un second vin, soit de la piquette ou encore de l'eau-de-vie.

A notre avis, nous estimons qu'il sera plus avantageux de faire tout d'abord du vin de piquette corsé et d'utiliser encore ces déchets pour la fabrication de l'eau-de-vie.— Ce sera le thème du prochain chapitre.

Le vin de pressurage se compose donc de trois qualités différentes :

1° Celui qui s'écoule en premier lieu est, à peu de choses près, semblable à celui désigné sous le nom de goutte (on en retire le tiers) ;

2° Le second, qui vient après, se met à part et on peut encore en retirer un tiers ;

3° Le dernier vin de presse est celui qui est le moins coloré et le moins clair et, par suite, le moins alcoolique.

Depuis quelque temps on expérimente de tous côtés le « pressurage des marcs » au moyen d'appareils que l'on désigne sous le nom de fouloir-pressoir continu. C'est en 1890 que M. Masson, de Lyon, a construit le premier appareil ; son rendement était de 1,500 kilos de marcs à l'heure, à l'aide d'une machine de 4 chevaux. Cet appareil a été naturellement perfectionné : c'est M. Coq, constructeur à Aix, qui s'est chargé de ces modifications en 1891 ; l'appareil qu'il a fait essayer produisait 2,000 kilos de marcs à l'heure ; mais, depuis, en 1893, il a construit un nouveau fouloir-pressoir continu, qui produit également 2,000 kilos de marcs à l'heure, mais dont le pressurage est absolument parfait.

Cet appareil (fig. 294) se compose essentiellement de deux paires de cylindres compresseurs, séparés par un couloir, et d'un cylindre surmonté d'une trémie recevant la vendange.

Les cylindres séparent immédiatement les pellicules et les rafles du jus contenues dans les marcs fermentés.

Les cylindres compresseurs sont garnis de fentes ou rainures, de façon à laisser couler le liquide qui s'échappe de la matière.

Les marcs sont comprimés suivant les nécessités de l'opération.

Fig. 294. — Fouloir-pressoir continu Coq.

En 1894, M. Debono a disposé son système de fouloir-pressoir de façon à pouvoir obtenir la compression des marcs. Les essais qui ont été faits ont pleinement réussi.

Nous avons donné, au chapitre de la *Vinification*, une description si complète du pressoir-fouloir de M. Debono, qui fut seul primé au concours spécialement ouvert pour ces appareils, à Boufarik, sous les auspices de la Société d'Agriculture d'Alger, qu'il serait oiseux de nous étendre plus longuement sur ce sujet.

En résumé, les vins rouges de pressurage peuvent également se classer en trois catégories, comme celles qui proviennent des marcs frais.

Les premiers représentent au moins le tiers comme susceptibles d'être mélangés immédiatement avec les vins de goutte.

Les seconds peuvent encore être reportés sur les moûts en fermentation, ainsi que je l'ai dit au chapitre *Vinification*.

Quant aux troisièmes, je ne conseillerai jamais de les mélanger directement au vin, premier — car, par leur goût désagréable, ils pourraient l'altérer.

Dans les opérations d'ordre au sujet des vins de pressurage, il est bon de faire circuler le vin vers une citerne, où il peut se débourber à son aise, sans embarrasser la tonnellerie.

On peut laisser ce vin séjourner 30 jours ainsi, sans aucun risque, si toutefois la citerne est couverte.

SEIZIÈME CHAPITRE

EMPLOI DES BAS VINS

RÉSIDUS DES VINS ET DES MARCS

SOMMAIRE :

Alcool contenu dans les marcs pressurés. — Fabrication de la piquette. — Prix de revient. — Distillation des bas vins et des eaux de lavage des marcs.

FABRICATION DE LA PIQUETTE

Les marcs fermentés, lorsqu'ils ont été soumis à l'action du pressoir, retiennent encore une notable quantité d'alcool. Cette quantité varie suivant le degré du vin que l'on a obtenu, ou même encore de la position que les marcs occupaient dans le vin ; si, par exemple, les marcs surnagent, ils s'emparent d'une certaine portion d'alcool au détriment du vin. On peut estimer que la moyenne d'alcool contenue dans les marcs après avoir été pressés, est de 3 à 4 %.

Fig. 295. — Cuve en céramique contenant des marcs en lessivage

Pour extraire l'alcool et tous les autres principes solubles que les matières contiennent, en évitant de les altérer, on les étale par couche mince de 8 à 10 centimètres dans une cuve cylindrique en céramique que l'on remplit ainsi en les damant jusqu'au sommet (fig. 295).

Les marcs, ainsi damés fortement, forment une masse très dense et peu perméable à l'air. Cependant, si on laissait trop longtemps la surface de cette masse en contact direct avec l'atmosphère, elle s'aigrirait.

Le moyen le plus économique et le plus sûr pour éviter cet accident, consiste à arroser d'eau la surface avec un simple arrosoir à pomme très fine La quantité d'eau à répandre est de 2 litres par mètre carré, à chaque opération.

La surface des marcs, grâce à cette précaution, peut demeurer plusieurs jours en l'état sans altération et en même temps cette eau quitte la surface pour descendre et traverser les marcs, en les saturant d'humidité et se répand en entraînant les produits solubles qu'elle rencontre.

Cette action entraînante se manifeste aussitôt ; du moment que l'arrosage continue, la fermentation légère de ces marcs est à peine sensible et presque insensible, elle se déclare dans la masse nouvellement hydratée. Et c'est ainsi que la piquette se fabrique, avec l'aide du concours des divers éléments qui ont constitué, en quelque sorte, une vinification de seconde main.

Voici maintenant les détails de l'opération :

La piquette se fait de préférence dans une cuve ouverte, cylindrique, dont toutes les parties peuvent recevoir l'eau.

La masse des marcs doit être arrosée avec dix litres d'eau environ toutes les 5 minutes, ce qui, en 24 heures, fait 28 hectolitres de piquette. L'eau froide ne produit pas les mêmes effets que l'eau tiède. Il faut que son degré moyen marque 40 degrés centigrades de chaleur.

Les premiers litres de piquette qui s'écoulent sont un peu troubles, mais au bout de quelques moments, la piquette coule très limpide.

On constate qu'à la sortie des premières eaux, leur degré alcoolique varie entre 7 à 9 degrés suivant la nature des raisins qui ont produit les marcs, mais, insensiblement, la teneur alcoolique diminue au fur et à mesure que l'on introduit de l'eau par l'orifice supérieur. On ne doit pas attendre que l'alcool ait complètement disparu pour terminer l'opération ; on s'arrête généralement quand le liquide marque 1 degré. Mais le moyen le plus sûr, pour extraire jusqu'à la fin, est d'attendre que le liquide ne marque plus que 0 degré ; on arrête alors d'arroser, et on laisse couler au dehors le liquide qui reste dans les marcs ; en 24 heures les marcs seront complètement débarrassés de cette eau.

En principe, il ne faudrait recueillir le liquide que lorsque son degré moyen marque 6 ; mais, dans la pratique, on réserve même les premières eaux pour les remonter avec 10 à 15 % de vin de couleur et en faire un petit vin pour la consommation du personnel de l'exploitation. Ce vin dose 8 degrés centigrades ; il est excellent et très hygiénique.

Toutes les eaux qui s'écoulent après celles dont nous venons de parler, on les emploie généralement pour la distillation ; la moyenne de leur force alcoolique est de 3 degrés centigrades.

Les marcs, qui ont donné tout ce qu'ils étaient susceptibles de produire, ne doivent pas être jetés. Il faut les égoutter complètement, ainsi qu'il a été dit plus haut, puis on les recouvre d'une couche de plâtre gâché, de façon à intercepter l'air extérieur. Ainsi protégés contre toute altération, ces marcs forment pendant toute l'année des rations pour les mulets et les autres animaux de trait ; les vaches et les cochons en sont très friands. Les fumiers qui en résultent et qui sont remplis de pépins plaisent aux volailles et concourent utilement à leur alimentation.

Prix de revient de la piquette

Le prix de revient de la piquette varie suivant la teneur en alcool des marcs de raisins employés. Si, dans une cuve de 100 hectolitres, on introduit 98 hectolitres ou 6,500 kilos de marcs, la production alcoolique moyenne de ces marcs étant basée sur un rendement de 3 degrés 50 % d'alcool absolu, nous trouverons, pour le prix de revient de la fabrication les chiffres suivants :

Mise des marcs en cuve : 4 journées d'ouvrier à 2 fr. 50. . . .	10.00
Arrosage : 4 journées d'ouvrier à 2 fr. 50	10.00
Soins au robinet et entonnage : 2 journées d'ouvrier à 3 francs.	6.00
Total. . . . . , .	26.00

D'un autre côté, on obtiendra en 36 heures :

10 hectolitres 1re piquette à 6 degrés
57 hectolitres 2e piquette à 3 degrés

Comme ces résidus représentent à peu près le tiers en poids du vin exprimé, on peut dire que les marcs de 100 hectolitres de vin produiront un premier bénéfice net 50 francs, plus celui que rapporte les rations données aux animaux que l'on peut encore estimer à 50 francs, soit ensemble 100 francs.

EMPLOI DES BAS VINS, RÉSIDUS DES VINS & DES MARCS

Distillation des bas vins et des boissons de marcs. [1] — Les lies proprement dites, recueillies des vins fermentés, doivent être lavées à deux eaux successives, et ces eaux de lavage peuvent être jointes aux vins éventés pour être distillés ensemble et fournir leur alcool en eau-de-vie ou en esprit du commerce.

---

(1) Dr Guyot, *Culture de la vigne*, loc., cit., p. 367.

Dans les grands établissements ruraux, tous les marcs (mais les marcs de vins blancs mieux encore que ceux de vins rouges) recueillis et enfermés dans des tonneaux, des cuves ou des foudres, et garantis par une fermeture convenable, peuvent fournir une boisson très saine et très fortifiante à consommer dans l'année.

Si l'on verse dans les récipients (vases, tonneaux ou foudres, où ils sont gardés) de l'eau pure dans la proportion de la moitié des jus que les marcs ont produits, et qu'on laisse les marcs macérer dix à vingt jours dans cette quantité d'eau, cette eau prendra les sels, le tanin et la matière colorante des marcs, et se chargera encore de 4 à 5 % d'esprit. En ajoutant à l'eau 10 % de sucre, on peut doubler sa portion et obtenir une boisson encore meilleure par la fermentation plus active qu'elle éprouvera ; mais ces produits, fussent-ils chargés de plus de sucre et d'esprit, doivent être consommés sur place ou vendus dans le voisinage pour ce qu'ils sont : pour entretenir les forces et l'activité des ouvriers des champs, et même pour les nourrir, ils valent certainement mieux que l'eau ; ils constituent même une boisson plus salutaire que la bière, plus salutaire que le cidre, mais ils ne constituent pas le vin et ne peuvent être vendus comme tels sans tromperie.

Distillation des eaux de lavage des marcs. — Pour retirer l'alcool contenu dans les marcs n'ayant pas fourni de boissons, et même les dernières portions d'esprit restant dans les marcs ayant fourni des boissons, la méthode la plus convenable consiste à emplir d'eau chaude les vases où les marcs sont contenus, après l'époque où ils se sont échauffés à sec, puis refroidis. Lorsque l'eau chaude ajoutée s'est refroidie à son tour, on la soutire comme on soutirerait le vin, et cette eau, passée aux appareils continus de distillation, donne des eaux-de-vie et des esprits de bon goût.

Les derniers résidus des marcs servent à faire des mottes à brûler ou à nourrir des volailles, ou bien on les mêle aux composts de terre et de fumier d'étable pour l'entretien des vignes.

DIX-SEPTIÈME CHAPITRE

COUPAGE ET UNIFICATION

DES VINS

SOMMAIRE :

Unification première des vins de cépages différents. -- Réservoir central. -- Caractères des vins. -- Enoncé des principaux termes adoptés par le commerce. -- Classification des vins. -- Coupages comparés. -- Coupage de vins blancs. -- Influence du froid sur l'unification et la classification.

COUPAGE ET UNIFICATION

---

§ 1. — Unification première des vins de cépages différents.

Dans notre chapitre III, *Choix des Cépages* (pages 51 et suivantes, 2ᵐᵉ vol.), nous avons groupé des séries de plants combinés en vue de produire des vins de toutes sortes, suivant l'altitude, la situation et la nature des terrains.

Un des grands défauts de la viticulture africaine est de présenter souvent au commerce des vins disparates, manquant d'homogénéité, de cohésion ; c'est là le fruit d'une méthode suivie au hasard, sans discernement aucun... insouciance dont souffre aujourd'hui le viticulteur qui s'est laissé entraîner dans cette voie.

Suivant un observateur spécial sur les vins, M. Daguillon : « chaque cépage ou variété de vigne a des qualités et des défauts qui lui sont propres, inhérents les uns et les autres à sa nature, modifiables sans doute, dans une certaine mesure, sous l'empire de telle ou telle circonstance de culture, de terrain, d'exposition, etc., etc., mais ne s'effaçant jamais ni les uns ni les autres, même au milieu des conditions les plus favorables de temps et de lieu ; en dépit de tout l'art du viticulteur et de tous ses efforts, chaque variété reste constamment identique à elle-même, sous tous les climats, dans quel milieu qu'on les place. Ainsi, et toutes choses égales d'ailleurs, l'une se montrera toujours plus riche en sucre que sa voisine, celle-ci fournira plus de tanin que celle-là, une troisième fournira plus de matière colorante, une quatrième plus d'arome, etc., etc. Leurs produits comparés entre eux présenteront à l'analyse des proportions inégales et souvent inverses, des nombreuses substances que la chimie a su découvrir dans le grain de raisin. »

Un chai bien organisé doit posséder une citerne centrale où tous les vins se réunissent pour se décanter après le décuvage, afin de se débarrasser d'abord de leurs grossières impuretés et ensuite de s'unifier, de se fondre en un seul type ; elle est placée au centre du chai ; sa capacité peut varier, suivant les cas et la production, de 200 à 1,000 hectolitres.

Grâce à ce réservoir, dont le coût est peu élevé, l'homogénéité du vin se trouve faite du premier coup, tandis que des coupages ultérieurs exigeraient un assez long temps pour que la combinaison soit intime. Une autre conséquence heureuse de cette unification au début, c'est que le vin en citerne peu profonde se clarifie assez vite.

Nous croyons avoir suffisamment indiqué les compositions de plantiers les mieux appropriés à l'Afrique Française du Nord, pour n'avoir pas à nous engager ici dans les méthodes de coupage, travail purement spécial du négociant. En quelques mots nous dirons, cependant, que c'est au goût que l'on reconnaît si le vin a besoin d'être coupé avec un autre. La plupart des vins ne peuvent être consommés seuls : les uns sont trop doux, les autres acides ou acerbes ; ceux-ci sont trop peu alcooliques, ceux-là manquent de couleur, etc.

Nous estimons, en conséquence, qu'il ne sera pas sans intérêt pour le lecteur d'avoir sous les yeux la nomenclature des diverses expériences faites pour juger les vins, avec la définition de chaque terme, et, autant que possible, la cause déterminante des défauts relevés.

Expressions particulières pour désigner la qualité ou les défauts des vins

CARACTÉRES DES VINS

Acerbe. — Le vin acerbe et dur est revêche au palais ; son mauvais goût résulte ordinairement de ce qu'il a été fait avec des raisins insuffisamment mûris, ou de ce qu'il est imprégné du jus de rafles, par suite d'un séjour trop prolongé à la cuvaison.

Aigre. — Le vin aigre accuse au goût et à l'odorat la présence de l'acide acétique.

Acide. — Le vin acide accuse un excès d'acide tartrique ou autre.

Apre. — Le vin âpre dénote la présence d'un excès de tanin, soit pur, soit combiné avec le fer. La présence d'un ustensile de fer oublié dans le vin suffit pour lui donner une âpreté insupportable.

Dur. — Le vin dur est celui qui, dans les premiers jours de sa fabrication, contient beaucoup d'acide tartrique combiné au tanin. Il s'adoucit en vieillissant.

Corsé. — On appelle vin corsé celui dont la force vineuse stimule énergiquement toutes les papilles de la langue et du palais ; il dose une proportion considérable d'alcool.

Charnu. — C'est celui qui est consistant et pâteux.

Fruité. — Le vin fruité rappelle le goût et le parfum du raisin frais, du fruit.

De bouche. — Vin supérieur, quel qu'il soit.

Droit. — De tout mélange.

Délicat. — Vin léger dont les principes sont bien harmonisés et le dosage alcoolique suffisant, sans excès.

Etoffé. — Vin solide, bien constitué, vineux à la bouche.

Généreux. — Vin chaud, ayant de l'arome, bien constitué, produisant une sensation tonique à l'estomac.

Fin. — Le vin fin est délicat à la bouche ; ses principes constituants sont bien fondus et son bouquet est agréable.

Faible. — Le vin faible se dit de celui qui est pauvre en alcool et en extraits.

Franc. — Vin neutre sans goût prédominant.

Fumeux. — Se dit de celui qui contient de l'acide carbonique à l'état gazeux.

Gras filant. — C'est celui qui file comme de l'huile.

Moelleux. — On appelle vin moelleux celui qui coule de la bouche à l'estomac sans laisser au passage une impression trop sèche ou trop douce.

Qui a du montant. — C'est un vin vineux balsamique, dont l'arome semble monter agréablement au cerveau.

Nerveux. — C'est celui qui est corsé en même temps qu'alcoolique ; il varie peu, résiste bien en cave et dure de longues années.

Trouble. — Est celui qui n'est pas suffisamment clarifié.

Louche. — C'est un vin qui est légèrement trouble, par suite de maladies spéciales. Généralement, ces vins sont déjà d'un certain âge ou ne sont pas suffisamment clarifiés.

Mou. — Ce vin est douceâtre et légèrement pâteux.

Passé. — C'est celui qui a perdu ses qualités, tant au point de vue alcoolique qu'au point de vue de la saveur et de la couleur.

Plat. — Est à peu près semblable au vin faible ; il est destiné à devenir rapidement un vin passé.

Sec. — Se dit surtout des vins blancs qui ne sont ni liquoreux ni sucrés.

Sévère. — Ce vin est celui qui a du corps, de la dureté. Tonique au goût, mais un peu âpre.

Vert. — C'est le vin qui a été fait avec des raisins un peu verts et qui en a conservé une âpreté désagréable, qui disparaît d'ailleurs avec le temps.

Trois de nos sens concourent à l'appréciation des vins. La vue juge la couleur qui doit être franche et distinguée ; l'odorat ensuite en aspire le parfum, le bouquet ; le goût enfin prononce en souverain juge.

---

§ 2. — Classification des vins.

Les vins, en Europe, ont été rangés selon leurs crûs et quálités, et classés ensuite par genre.

En Algérie, nous n'avons pas encore de classification officielle ; cependant, les concours et les expositions ont déjà révélé des crûs appréciables et leur ont créé un commencement de notoriété. L'avenir augmentera rapidement le nombre et la réputation des crûs d'Afrique, à l'égal de ceux du cap de Bonne-Espérance.

On appelle, en Europe :

Grand vin. — Celui qui réunit au plus haut point toutes les qualités désirables : couleur, saveur et bouquet.

Vins fins. — Ceux qui présentent les mêmes qualités, mais à un degré moindre.

Grands ordinaires. — Les vins d'un certain âge, qui ont acquis des qualités honorables sans mériter une mention exceptionnelle.

Bons ordinaires. — Plus légers que les précédents. Ce sont les vins ordinaires des ménages riches.

Ordinaire. — C'est le bon vin des ménages pauvres. Il est passable au goût et doit pouvoir bien porter l'eau.

Les vins communs n'ont pas besoin d'être définis. Saveur désagréable, ou du moins grossière ; peu ou point de bouquet ; coloration souvent obtenue par des moyens artificiels, et degré alcoolique d'origine suspecte..., heureux encore quand ils ne sont pas nuisibles à la santé.

§ 3. — Unification et coupage.

Les vins les premiers fermentés sont généralement plus verts que les derniers mis en cuve.

La cause qui amène ces écarts dans l'état des vins est due principalement à la différence de maturité des premiers raisins récoltés d'avec les derniers vendangés. Aussi doit-on unifier les vins en mélangeant la queue avec la tête et, au fur et à mesure que ce travail avance, on constate que toute la masse se ressemble beaucoup. Il est facile, dès lors, de procéder à de simples soutirages en les mélangeant encore de la même façon.

Ce travail de combinaison permet au dernier vin, resté encore quelquefois un peu doux, de perdre en peu de temps ce défaut.

Dans une propriété où, malheureusement, on a planté à tout hasard des cépages qui donnent un vin trop faible en alcool et en couleurs, il faut avoir recours chaque année à des coupages pour remonter le vin au niveau et au goût des demandes.

EXEMPLE. — Voulant remonter les vins rouges d'un plantier de plaine composé de 1/50e Aramon, 1/20e Cinsaut, 1/20e Morastel, 1/10e Carignane, — vin qui accuse 2 couleurs 5 et une moyenne de 10,50 d'alcool, — il sera nécessaire de le couper avec un vin de montagne chargé en couleur et en alcool.

Pour la région de Bône, les vins de Souk-Ahras de 6 couleurs et 12 à 13 degrés d'alcool pourront être incorporés dans la proportion de 15 à 20 %, ce qui donnera :

```
Vin de plaine  . . . .  80 litres × 2 coul. 50 = 2c      (80 × 10.50 al) 8o40
Vin de Souk-Ahras. .  20 litres × 6 coul.      = 1c 20   (20 × 13)       2o60
                       ─────────              ──────                ─────────
                          100                  3c 20                 11o00
```

Pour la région de la Mitidja, les vins d'Aïn-Bessem, de 7 couleurs et 13 à 14 degrés d'alcool pourront être incorporés dans les proportions suivantes :

```
Vin de plaine . . . .  80 litres × 2 couleurs 50 = 2c    (80 × 10.50 al)  8o40
Vin d'Aïn-Bessem . .  20 litres × 7 couleurs     = 1c40  (20 × 13     )   2o60
                      ─────────                  ──────                  ─────────
                         100                      3.40                   11o00
```

Pour la région de Perrégaux et Saint-Denis-du-Sig, les vins de Mascara, Saïda, Aïn-el-Hadjar, Sidi-Bel-Abbès et Tlemcen, de 7 couleurs et 13 à 14 degrés d'alcool pourront entrer en combinaison dans les proportions suivantes :

Vin de plaine. . . . . 80 litres × 2 couleurs 50	= 2ᶜ	(80 × 10.50ᵃˡ)	8º 40
Vins précités . . . . . 20 litres × 7 couleurs	= 1ᶜ40	(20 × 13)	2º 60
100		3.40	11º 00

§ 4. — Coupage des vins blancs.

Puisque les plantations en raisins blancs n'ont pas encore été faites suivant l'ordre méthodique que nous avons indiqué, nous nous bornerons ici à donner quelques indications pour obtenir des vins qui, à la vente, affecteront un caractère plus neutre que la majorité des vins blancs connus du commerce actuel.

Tout d'abord, empressons-nous de détruire une erreur qui s'est accréditée en avançant que nos grands vins blancs de montagne sont supérieurs aux vins de plaine ; nous estimons, au contraire, que les vins blancs de plaine sont mieux dégagés d'un certain goût prononcé que ceux de montagne.

Les vins de Semillon, soit seuls, soit associés à ceux de Sauvignon, sont presque neutres dans la plaine, à peine légèrement parfumés, tandis que ceux des hautes altitudes du Sud possèdent un parfum trop accentué pour ce genre de vin.

Dans les coupages des vins blancs, on améliore ceux de montagne par ceux de plaine dans des proportions variant entre 40 et 50 º/₀.

Les mélanges ou coupages se font en réunissant les parties de vin qui doivent se combiner.

L'incorporation de vins blancs secs dans les vins rouges foncés et riches en alcool et en extraits secs fait bon effet, surtout si on règle le titre à 11º, en y ajoutant un peu de vin d'Aramon.

Rappelons, pour l'avenir, les recommandations faites au cours de ce volume, et disons, encore une fois, qu'il faut vendanger les raisins blancs, un peu en vert et suivre la base des proportions énoncées dans les tableaux donnés au chapitre *Choix des Cépages*.

§ 5. — Influence du froid sur la clarification des vins.

Si le temps devient froid, on peut différer autant qu'on le veut le remisage des vins blancs, surtout si on est pressé de les rendre potables et, comme on dit, *marchands*. Le froid jusqu'à 4 degrés au-dessous de zéro, c'est-à-dire n'allant pas jusqu'à la congélation du vin, est très-favorable aux vins de toute nature et surtout aux vins blancs dont il précipite les sels et les matières suspendues, de façon à les dépouiller, à les blanchir et les rendre d'une limpidité qu'ils n'acquerraient que par un an ou deux ans de séjour en cave dans une température constante de 20 à 25 degrés.

Un fait remarquable, c'est que sous l'influence prolongée, pendant un jour ou deux, d'un froid de 7 à 8 degrés au-dessous de zéro, les sels vineux et particulièrement le bitartrate de potasse contenus en excès dans les vins blancs les plus limpides se cristallisent en nombreuses lames qui ressemblent assez à une multitude d'écailles chatoyantes ; ces cristallisations ne se redissolvent pas spontanément quand le vin se réchauffe et revient à une température même de 20 degrés au-dessus de zéro ; pour obtenir leur dissolution il faut élever cette température à 40 et 60 degrés ; je parle ici de vins soutirés à *clairfin*, collés plusieurs fois et débarrassés en apparence de tout corps en excès et pouvant former dépôt. On peut induire de ce fait l'importance que le froid peut avoir pour contribuer à la purification et à la clarification des vins nouveaux ; aussi, quand on a pu laisser ou exposer ces vins à un froid sec et fixe pendant une semaine, deux semaines et plus, dans le cours de décembre et de janvier, doit-on se hâter de leur appliquer le premier soutirage, sans avoir même recours à l'opération du collage.

Partant de ces indications que nous donne le Dr Guyot, nous pouvons conclure que l'on pourrait, en Algérie et en Tunisie, — ainsi que nous l'avons dit en les chapitres spéciaux, — obtenir de sérieux résultats, pour la clarification de nos vins, par des appareils frigorifiques ou réfrigérants.

DIX-HUITIÈME CHAPITRE

CLARIFICATION & FILTRAGE

DES VINS

SOMMAIRE:

Causes déterminantes du trouble dans les vins. -- Vins nébuleux. -- Clarification artificielle. -- Collage des vins. -- Enumération et résumé des différents modes de collage. -- Clarifiants mécaniques. -- Filtration. -- Filtre Rouhette. -- Filtre Bordelais. -- Filtre Chamberland. -- Etude et description d'une filtrerie à Alger.

CLARIFICATION ET FILTRAGE

§ 1. — Causes déterminantes des vins troubles.

Les causes qui déterminent le trouble dans les vins appartiennent à plusieurs ordres :

— La première est due à une fermentation incomplète du vin, c'est-à-dire quand toutes les matières azotées n'ont pas été transformées. Si on veut le clarifier avec succès, il faut le taniser un peu avec dix grammes de tanin par hectolitre, avant de le coller ou de le filtrer.

— La deuxième provient quelquefois de l'agitation des lieux, du bruit ou de la trépidation qui fait remonter les ferments des lies dans le liquide.

— La troisième réside dans la présence, dans le vin, de micro-organismes engendrés par suite de défaut de soutirages.

— La quatrième est souvent due à des courants d'air qui existent près d'un récipient plein de vin.

Ce serait commettre une grave erreur que de chercher à clarifier du vin nouveau dont la fermentation a été mal conduite, autrement que par des soutirages successifs. — S'il résiste encore à des soutirages répétés, convenablement faits, suivant même les méthodes et les précautions que nous avons recommandées, c'est qu'il contient en suspension des principes fermentescibles que le simple repos n'a pas suffi à précipiter, et dont le séjour dans le vin compromettrait gravement son avenir, si on ne l'en débarrassait en temps utile.

La règle, à cet égard, peut donc se formuler ainsi :

Lorsqu'après *deux soutirages à intervalles réguliers de 25 à 35 jours, le vin reste trouble*, on peut tenter de le clarifier ; mais il ne faut pas devancer ce moment, car la clarification artificielle a des inconvénients inévitables, dont les plus connus sont d'enlever au vin de la couleur et de la force, de l'énerver, pour tout dire.

La clarification artificielle s'obtient par divers systèmes : le premier est basé sur l'emploi des matières agglutinantes pour précipiter les substances nébuleuses qui garnissent le liquide ; le deuxième moyen consiste à opérer mécaniquement la précipitation de ces matières azotées sur un tissu quelconque ou sur un feutrage de substances difficiles à traverser.

---

§ 2. — **Collage du vin.**

Par les principes organiques. — Le collage a pour base, comme il a été déja en partie expliqué, *l'agglomération des principes mucillagineux azotés ou protéïques combinés* qui sont suspendus dans le vin, et la formation d'un *nouveau produit* que sa densité plus grande précipite au fond du vase vinaire. Ces matières, appelées encore *lies*, contiennent de l'alcool, du sucre non transformé, soit de la manite, soit de la glycérine et du tanin, ainsi que des acides tartreux, etc. L'albumine est, sans contredit, le meilleur agent clarifiant qu'on puisse employer pour agglomérer ces matières, pour les précipiter et pour dépouiller ainsi le vin de ses impuretés.

Collage par le blanc d'œuf. — L'œuf contient de grandes quantités d'albumine, son blanc est un composé d'albumine à peu près pure ; le jaune en contient également beaucoup, mais il renferme une certaine quantité de soufre en combinaison. Dans tous les essais, on a constaté que l'albumine se coagule à une température de 75 degrés centigrades.

Lorsque l'on veut clarifier un vin blanc (opération qui ne doit se pratiquer que sur un vin de 3 mois au moins), on délaye avec un petit balai d'osier, 4 œufs avec leur jaune, on y verse 1 litre de vin de même nature en continuant de bien battre ; cette colle est ensuite versée dans 200 litres de vin que l'on a préalablement tanisé avec 8 grammes de tanin par hectolitre, puis on fouette vivement avec une verge en osier propre. Si on veut opérer sur un vin plus fin, on évite de mettre les jaunes, mais, dans ce cas, on ajoute un blanc d'œuf de plus et on tanise de même que le premier.

Pour coller le vin rouge, on procède de la même façon que pour le vin blanc, avec la différence que cette opération nécessite l'emploi d'une plus grande quantité d'œufs.

Le tanisage du vin se fait de la façon suivante :

Etant donné une bordelaise de 200 litres de vin rouge à clarifier, on dissout 25 grammes de tanin dans 100 grammes d'alcool à 90° ou 150 grammes d'eau-de-vie à 60 degrés, puis on verse cette solution dans le vin, en agitant la masse avec une verge de bois.

Le vin blanc ne doit pas rester plus de 15 jours sur colle, et 20 jours maximum pour le vin rouge.

Un vin collé ne doit jamais séjourner à la chaleur ; il faut au contraire le mettre au frais.

Collage par le cérum du sang. — On peut encore pratiquer le collage avec du sang de bœuf ou d'autres animaux domestiques, car on sait que le cérum du sang contient de l'albumine et divers sels, mais il faut qu'il soit isolé d'abord, — car le sang, tel qu'il sort des veines, ne peut être avantageusement utilisé au point de vue de la conservation des vins. Sa fibrine et ses globules se mélangeraient avec le liquide et pourraient l'altérer gravement.

Le sang doit être défibriné, c'est-à-dire que le cérum seul sera employé. On en obtient un collage aussi parfait qu'avec le blanc d'œuf.

Collage par la gélatine. — On emploie également la gélatine épurée pour le collage des vins. Cette substance est un corps solide, transparent, incolore et inodore dans sa pureté, qui provient des tendons et des cartilages des animaux ; elle se gonfle dans l'eau froide et se dissout entièrement dans l'eau chaude ; elle ne se coagule pas sous l'action des acides ni de l'alcool, mais elle forme avec le tanin un composé (tanate de gélatine) agglomérée, tenace et assez dense pour se précipiter facilement.

Lorsque l'on désire coller un vin avec la gélatine blanche, on la dissout sur la base de 5 à 6 grammes par hectolitre de vin blanc et 6 à 8 grammes par hectolitre de vin rouge.

On fait gonfler la gélatine dans l'eau froide, on la chauffe ensuite jusqu'à ce que la colle soit bien dissoute ; on y ajoute 10 grammes de sel blanc de cuisine par hectolitre, puis on verse cette colle dans le vin à clarifier (préalablement tanisé) en continuant de l'agiter pendant 6 à 7 minutes.

Formule de cette dissolution pour 1 hectolitre de vin rouge. — Eau : 100 grammes. — Gélatine pure : 8 grammes. — Sel blanc : 10 grammes. — Alcool : 10 grammes.

Collage par la colle de poisson. — La colle de poisson ou ichthyocolle que l'on extrait de la vessie natatoire de l'esturgeon, possède les mêmes propriétés que la gélatine, mais lui étant supérieure, elle est généralement préférée à cette dernière pour la clarification des vins fins.

Quand on veut clarifier au moyen de la colle de poisson, on prend environ 3 grammes de cette substance par hectolitre, on la divise par petites lames minces que l'on met dans de l'eau pendant 24 heures, puis on la presse fortement avec le pouce dans la main, ensuite on la met dans du vin tiède mélangé d'eau ; elle se dissout, puis on bat bien cette colle et on la passe à travers un tamis métallique. On colle comme avec la gélatine. — Elle est, pour les vins blancs, très supérieure à l'albumine d'œuf ou de sang cependant, pour les rouges, les autres colles peuvent suffir.

Collage par le lait. — Le lait contient, à la vérité, de l'albumine ; mais son emploi ne saurait être recommandé en présence des corps étrangers et décomposables qu'il renferme.

Collage par le papier délayé. — Le papier gris pâle non collé, délayé dans une petite quantité de vin, peut encore servir au collage. Quant il est réduit en pâte, on le bat vivement dans une petite quantité de vin; on ajoute cette bouillie dans le vin à clarifier et on agite vigoureusement. — En quelques jours le vin se clarifie.

CLARIFIANTS MÉCANIQUES

On appelle clarifiants mécaniques ceux qui, par leur poids et leur contact avec les matières nébuleuses azotées, se précipitent au fond du liquide, entraînant avec eux ces corps légers.

Clarification par le sable siliceux. — Le sable blanc et bien fin, lorsqu'il est parfaitement lavé et dépourvu de matières calcaires, peut servir à clarifier les vins. Il est introduit à la dose de 400 à 500 gram. par hectolitre, et généralement, en 24 heures, le vin est dépouillé et les matières azotées se combinent avec lui pour tomber au fond du récipient vinaire.

Kaolin. — Le kaolin, bien blanc et parfaitement épuré de corps étrangers à peine teinté en gris, agit de la même façon que le sable fin, son dosage est de 350 à 400 grammes par hectolitre.

Marbre en poudre fine. — Le marbre en poudre possède la propriété de se combiner aux acides libres du vin et de former un corps dense qui entraîne les mélanges, mais il ne doit être employé qu'avec prudence, pour le goût *sui generis* qu'il communique au liquide.

---

§ 4. — Clarification par la filtration.

La clarification par l'albumine, la gélatine et autres corps divisés à densité supérieure, offre des garanties réelles de durée. Malheureusement, ces procédés sont d'une lenteur désespérante, lorsque les vins sont trop troubles, et quand leur volume est considérable. — En effet, lorsqu'il faut agir sur des masses volumineuses, il est nécessaire d'avoir recours à la filtration rapide.

La filtration, quelle que soit son mode d'application, conduit (par un chemin opposé en principe) au même résultat que celui attendu du collage; la différence réside en ce que, par cette dernière méthode, ce sont les matières suspendues dans le liquide qui restent arrêtées à leur passage dans les mailles des tissus qui forment le principal objet de l'appareil à filtrer.

Les appareils destinés à la filtration sont assez nombreux.

Les premiers appareils employés, en ces temps derniers, filtraient le liquide au moyen de manches en toile spéciale; le vin s'écoulait assez vivement, mais il s'évaporait trop en s'oxygénant par l'aération qui lui était donnée, condition qui constituait un grave inconvénient, pour sa stabilité et sa conservation future.

Le second système repose sur la filtration du vin à travers des chassis en osier recouverts de toile spéciale ou de simples manches, mais dont tous les organes sont abrités du contact de l'air, ce qui remédie aux inconvénients du premier système ; aussi doit-il être préféré dans tous les cas, même dans celui de la rapidité.

Plusieurs appareils ont été construits sur cette base ; le plus récent comme rapidité et perfectionnement, est le *Filtre rapide à grand travail* de *Rouhette* (fig. 296).

FIG. 296. — Filtre, système Rouhette, en fonction.

Le filtre Rouhette doit être muni de ses manches pour fonctionner.

Ce système, on ne peut plus ingénieux, est d'une grande simplicité et facile à manœuvrer ; il consiste en une série de manches, sorte de sacs de 3 mètres environ chacun, en toile spéciale, qui s'enroulent, ayant une autre toile isolatrice pour laisser passer le liquide.

Ces manches forment chacune une spirale, de façon à tenir peu de place et une grande surface. Le vin arrive par un tuyau en caoutchouc, jusqu'au réservoir du filtre et c'est de là qu'il s'introduit dans chaque manche en passant par son robinet.

L'évaporation est à peu près nulle, si on considère que chaque manche est enfermée dans un gros tube métallique, émaillé tant à l'intérieur qu'à l'extérieur.

14

Lorsque l'on veut filtrer, il suffit d'ouvrir chaque robinet correspondant aux manches ; dès lors, le vin pénètre dans toute la longueur de la manche et se filtre en route au travers des fuites des tissus.

Le premier vin passé est trouble, mais on le reverse dans le réservoir pendant dix minutes environ ; peu à peu, le vin devient clair et limpide comme de l'eau de roche.

Le filtre Rouhette évite le collage du vin avant son opération. Les autres filtres nécessitent souvent un peu de colle pour fonctionner régulièrement.

Lorsque l'on suppose qu'une des manches fonctionne mal, il suffit de mettre une tasse au-dessous et d'examiner la limpidité du vin. S'il est trouble, on ferme le robinet de la manche douteuse, et on en opère le changement.

Le prix de revient du filtrage, par ce procédé, est peu coûteux :

2 hommes à 2 fr. 50.	5 00
1 homme à 4 francs.	4 00
Frais généraux, 12 %.	1 08
Prix de revient pour 100 hectolitres.	10 08

Soit environ 0,10 centimes par hectolitre. L'appareil n° 6 filtre 100 hectolitres par jour de 12 heures.

------

§ 5. — Filtre bordelais.

Les vins troubles soumis au filtre bordelais se clarifient fort bien ; c'est un appareil à raquettes ou cloisons faites en osier recouvert d'une manche plate en toile croisée de coton, et recevant le liquide par son centre.

Le premier vin qui entre dans l'appareil doit être saturé de colle, afin que les pores des tissus se voilent, de façon à réduire le passage du vin et le laminer finement.

------

§ 6. — Filtre système Chamberland.

Les vins nouvellement faits, présentent encore des corps étrangers qui obscurcissent sa limpidité, surtout si toutes leurs matières azotées ne sont pas définitivement réduites et transformées.

Pasteur nous dit dans ses *Études sur le vin* [1] :

« J'établirai qu'une deuxième source de changements propres au vin ne doit pas être cherchée dans l'action spontanée d'une matière albuminoïde, modifiée par des causes inconnues, mais dans la présence de végétations parasitaires microscopiques, qui trouvent dans le vin des conditions favorables à leur développement, et qui l'altèrent, soit par soustraction de ce qu'elles lui enlèvent pour leur nourriture propre, soit principalement par la formation de nouveaux produits qui sont un effet même de la multiplication de ces parasites dans la masse du vin.

» De là cette conséquence claire et précise qu'il doit suffire, pour prévenir les maladies des vins, de trouver les moyens de détruire la vitalité des germes des parasites qui les constituent, de façon à empêcher leur développement ultérieur.

» Nous verrons combien il est facile d'atteindre ce but. »

Il était réservé à M. le Dr Chamberland, élève de Pasteur, de trouver que la porcelaine dégourdie pouvait servir à filtrer les liquides, en arrêtant au passage les microbes pathogènes qui sont répandus dans le vin, sous toutes les formes.

Les essais faits, sous la surveillance de Pasteur lui-même, ont été couronnés de succès.

Voici la description de la filtrerie organisée à Alger, telle que M. Catta l'a énoncée dans sa notice : *Une filtrerie à Alger*.

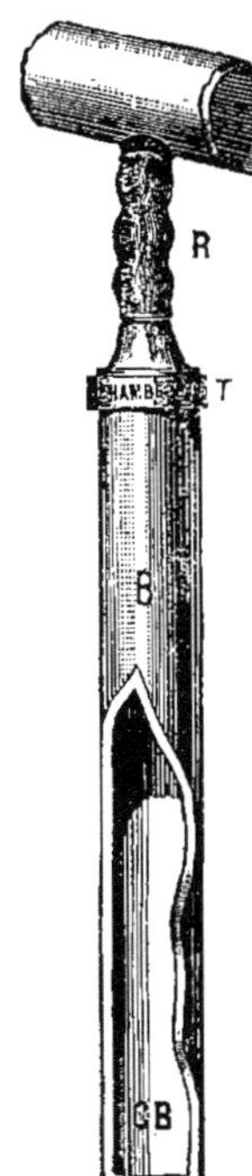

Fig. 297
Bougie Chamberland
sur collecteur.

« Un filtre Chamberland, réduit à sa plus simple expression, consiste en un petit étui en porcelaine représenté en B (fig. 297 et 289), qui a reçu le nom de *Bougie Chamberland*.

« Si nous plongeons cet étui dans un liquide, comme il est fermé en bas et ouvert en haut, le liquide tendra à passer dans la cavité intérieure cB, en traversant les pores de la porcelaine ; mais, comme ces pores sont très étroits, ainsi que nous le disions en commençant, la pénétration sera extrêmement lente, pour la rendre plus rapide, il suffirait de pouvoir presser sur la surface libre du liquide, pour le forcer à passer plus vite, ou de pouvoir aspirer l'air dans l'intérieur de la bougie, ce qui donnerait le même résultat.

« Voici comment on peut, très simplement, y parvenir : Tout le monde connaît le siphon, et chacun sait que cet instrument primitif permet de vider le contenu d'un

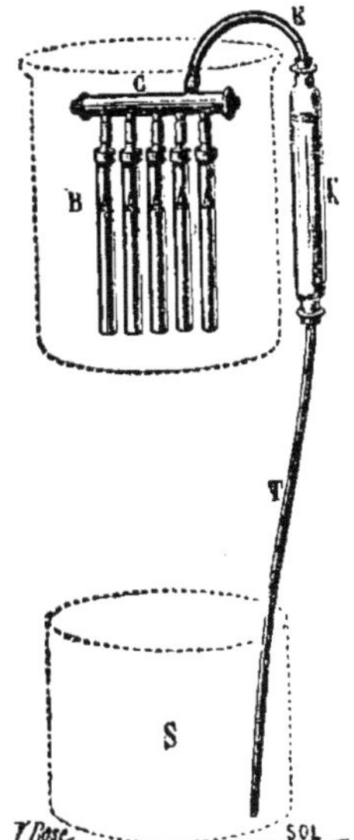

Fig. 298
Coupe du syphonnement.

vase dans un autre récipient placé plus bas, à condition que le siphon soit amorcé. Ceux de nos lecteurs que cette question intéresse pourront trouver, dans les livres de physique les plus élémentaires, l'explication de ce mouvement d'un liquide à travers les deux branches d'un siphon.

« Supposons donc que l'on fixe au bout de la courte branche d'un siphon une bougie Chamberland et qu'on plonge cette bougie, devenue ainsi partie intégrante du siphon lui même, dans un vase dont on veut vider le liquide, puis amorçons ce siphon spécial en aspirant, par exemple, avec la bouche, par la longue branche, comme cela se fait pour un siphon ordinaire, nous verrons le liquide passer à travers ce siphon d'un nouveau genre. Le mouvement d'écoulement sera seulement plus lent que si la bougie Chamberland n'existait pas.

« La figure montre cette disposition avec une modification destinée à rendre le passage du liquide plus rapide. En effet, au lieu de se terminer par une seule bougie, le siphon (E K T) se termine par *cinq* bougies (B), réunies par un collecteur commun (C), à la longue branche (E K.T) du siphon.

« Cette disposition ne change évidemment rien à la théorie du fonctionnement du siphon. Elle ne fait que multiplier par *cinq* le nombre d'ouvertures de la courte branche du siphon dans le liquide à transvaser.

« Le mode de jonction des bougies avec le collecteur est réalisé de la manière la plus simple : chaque bougie porte, fixée à son orifice, une garniture en ivoire (T) formant tétine, sur laquelle on peut fixer un bout de tube en caoutchouc (R) dont l'autre bout (fig. 297) est fixé sur une tétine pareille du collecteur (C). La figure indique ce détail assez clairement pour qu'il soit superflu d'insister davantage. Quant à la partie (K) du siphon, représentée dans la figure 298, elle indique la disposition que l'on peut adopter, pour amorcer, sans avoir besoin de recourir à l'aspiration par la bouche.

« Il est clair que l'on peut multiplier autant que l'on veut les bougies, on n'a pour cela qu'à disposer d'un collecteur plus long. Plusieurs collecteurs peuvent aussi être réunis par un collecteur commun. On obtient alors ce que l'on appelle une batterie. La figure 3 montre une batterie visible dans le bac métallique (H). Les collecteurs c, c, c, sont réunis au collecteur commun (C) et, par son intermédiaire, au tube (T), qui constitue la longue branche du siphon. Le vin arrivant, comme nous le dirons tout à l'heure, dans le bac (H) est ainsi siphoné et en même temps filtré à travers les bougies visibles en blanc dans le bac, et il est conduit par le tuyau de descente (X), au rez-de-chaussée de la filtrerie.

« Sur la gauche de la figure, on peut voir un bac tout pareil hermétiquement fermé et, par conséquent, tel qu'il est, en réalité, quand l'appareil fonctionne, le bac (H) n'ayant été figuré ouvert que pour en montrer le contenu.

« Nous pouvons maintenant comprendre l'ensemble de l'installation de la filtrerie d'Alger. Le vin à stériliser arrive soit par chemin de fer, soit par charrette, sur le quai, en face du local de la filtrerie située dans un vaste magasin, occupant quatre voûtes de la rampe Chasseloup-Laubat. Les futailles sont saisies par un puissant monte-charge à vapeur et élevées dans les locaux supérieurs, à la hauteur du balcon de la Société d'agriculture. Le vin est alors transvasé dans des récipients situés à la partie la plus élevée du local et qui sont indiqués dans le haut de la figure 299.

« De ces récipients le vin passe, par la seule action de la pesanteur, dans un filtre *dégrossisseur* (B), qui mérite un instant d'attention.

Notons tout d'abord une boîte latérale (F) contenant un robinet à flotteur destiné à maintenir constant le niveau du vin dans le filtre dégrossisseur. L'intérieur du filtre est constitué par des claies revêtues d'étoffe filtrante à travers laquelle passe le vin pour s'écouler par le tuyau (E), après avoir laissé sur les toiles les lies qui seraient de nature à encrasser trop rapidement les bougies Chamberland et à ralentir leur fonctionnement. Les arrachements pratiqués (dans la fig. 299) sur la paroi du filtre et de sa boîte d'arrivée, suffisent pour faire comprendre cette partie du fonctionnement.

« Le tuyau (E) conduit le vin qui a subi cette première clarification, dans un bac (G) dont le rôle est de maintenir le niveau constant dans les bacs de filtration (H) et suivants. Nous l'appellerons le *régulateur de niveau*. Son action régulatrice est obtenue par une soupape à flotteur lenticulaire, bien visible au milieu du bac (G), qui se ferme dès que la surface libre du vin dépasse dans ce bac le niveau que l'on veut atteindre dans tous les bacs de filtration; si, au contraire, le niveau baisse, la soupape s'ouvre en grand pour donner accès à une plus grande quantité de vin venant du dégrossisseur. Bien entendu, ce bac (G), ainsi que le filtre dégrossisseur lui-même et tous les appareils, sont hermétiquement fermés quand ils fonctionnent, de manière à ce que, dans tout son trajet, de l'entrée à la sortie définitive des appareils, le vin soit toujours absolument à l'abri de l'air qui est d'ailleurs remplacé dans les dits appareils par du gaz acide carbonique. De même, toutes les parties solides qui doivent être en contact avec le vin sont incapables d'altérer ce liquide; elles sont, en effet, en étain fin ou en argent, ou bien, elles sont enduites d'un vernis absolument insoluble, consistant en un espèce d'émail inattaquable par les éléments constitutifs du vin.

« Le tuyau (Z), dont on aperçoit le bout pointillé aboutissant dans le bac régulateur de niveau (G), reçoit le vin sortant de ce bac, qui passe successivement devant tous les bacs de filtrage et distribue à chacun d'eux, par un branchement invisible sur la figure, le vin qui leur revient; un robinet aussi invisible, permet de couper la communication avec chaque bac et, par conséquent, de l'isoler, en le fermant, au besoin, sans arrêter le travail dans les autres. Les batteries de bougies Chamberland plongeant dans chaque bac aspirent, comme nous l'avons expliqué plus haut, par siphonnement, le vin qui se trouve ainsi filtré et stérilisé, et comme tous les tubes (t) sont réunis à un même tuyau de chute (x), tout le vin filtré est conduit à l'étage inférieur.

« Nous disions tout à l'heure que le vin, circulant dans tous les appareils, était constamment tenu à l'abri de l'air. Nous n'avons pas besoin d'insister sur la nécessité absolue de cette précaution, dont l'oubli, dans les caves des viticulteurs, est souvent cause de bien des mécomptes. Mais, d'autre part, pour que le siphon, qui constitue le principe de la filtrerie put fonctionner, il était nécessaire de maintenir, sur le niveau libre du vin, dans les bacs, une pression sensiblement égale à la pression atmosphérique, sans quoi, dès qu'une portion de liquide aurait été siphonée, l'écoulement s'arrêterait, tout comme dans une futaille que l'on voudrait vider sans la débonder. Voici comment on est parvenu à ce résultat: le bac (g) règle le niveau (fig. 299), de telle sorte que, dans aucun des bacs (h), il ne puisse atteindre les collecteurs, c, c, c. L'espace compris entre ce niveau et le couvercle des bacs est plein d'acide carbonique. Ce gaz, produit dans un générateur à acide carbonique ordinaire, est envoyé, à l'aide d'une pompe de compression, dans le tuyautage, Y, qui le distribue dans tous les bacs par des branchements verticaux visibles sur la figure, à côté de la lettre Y. Au moment de la mise en marche de l'appareil, on a soin de remplir tous les bacs d'acide carbonique, on fait arriver le vin et, en même temps que l'on comprime le gaz acide carbonique sur sa surface, on fait le vide dans l'intérieur des bougies à l'aide d'une pompe à air qui est mise en communication avec leur cavité par l'intermédiaire du petit ajustage que l'on voit dans la figure au-dessus du robinet (p) dont est garnie la branche descendante (t) du siphon. L'amorçage ainsi réalisé, tout l'appareil fonctionne tout seul, et on n'a qu'à maintenir la pression d'acide carbonique en réglant l'arrivée de ce gaz. Le tuyau (t) étant en verre, permet de surveiller facilement le travail.

« Il arrive nécessairement, au bout d'un certain temps, malgré la présence du filtre dégrossisseur, qu'il est nécessaire de nettoyer une ou plusieurs parties de l'appareil. Voici quelles sont les dispositions adoptées: on coupe, à l'aide du robinet d'isolement (invisible dans les figures) la communication du bac à nettoyer (h) avec le restant des appareils (fig. 299). On enlève le couvercle et on évacue le vin qui reste, par le tuyau (n) dans la canalisation (s). Remarquons que l'orifice du tuyau (n) est fermé par un bouchon à vis dont on aperçoit en blanc le long manche en bois devant les bougies. Rien n'est donc plus facile que de vider le bac en dévissant ce tampon. On peut voir, dans le bac régulateur (g), derrière le flotteur, un bouchon analogue disposé dans le même but.

« Mais il ne suffit pas de vider les bacs. Les bougies restent, en effet,

Fig. 299. — Vue d'ensemble de la Filtrerie d'Alger.

pleines de vin qui doit être évacué pour ne pas être mélangé avec le vin des opérations ultérieures. Voici comment on y parvient. La canalisation, Y, qui a servi à amener l'acide carbonique, est mise momentanément en communication avec une pompe qui comprime de l'air et qui l'envoie dans l'intérieur de la cavité des bougies ; le robinet (P) étant fermé, le vin qui reste dans la cavité des bougies est obligé de repasser, en sens inverse, à travers les pores de la porcelaine et ce passage à rebours contribue à décoller le dépôt qui a pu se former à l'extérieur de la bougie. Pour effectuer cette manœuvre, on n'a qu'à tourner le robinet à trois voies (invisible dans la figure) qui termine le branchement de la canalisation, Y, dans le bac. En effet, tourné dans un certain sens, ce robinet établit la communication entre la canalisation et la cavité générale du bac, c'est alors qu'on fait arriver l'acide carbonique pour le filtrage ; si on le tourne en sens inverse, la communication est établie entre la canalisation et les cavités des bougies, c'est alors qu'on envoie de l'air dans ces cavités pour le nettoyage.

« Lorsque tout le vin trouble est évacué par le tuyau (N), il reste à laver le tout à grande eau claire pour enlever les dépôts solides, les lies, et remettre tout en état de fonctionner.

« Pour cela, une canalisation spéciale, non figurée dans nos dessins, amène de l'eau sous pression au-dessus de chaque récipient. Une lance à trois orifices est dirigée, à la main, sur les bougies et envoie tout autour d'elles ses trois jets puissants qui assurent leur nettoyage complet ; l'eau de lavage est enfin évacuée par le tuyau k, dans la canalisation (o), tout comme le vin trouble a été évacué dans la canalisation (s). Le bac est alors prêt à fonctionner de nouveau.

« Nous devons maintenant nous demander quelle est la quantité de vin que peut purifier et stériliser la Filtrerie d'Alger. Chacun des bacs contient une batterie de 500 bougies, comme il y en a six et que tout l'appareil que nous avons décrit et dont l'ensemble est représenté dans la figure 299 est double, cela nous donne 12 bacs, c'est-à-dire 6,000 bougies.

« D'autre part, la longueur totale des tuyaux de chute et de leur collecteur, comptée sur une même verticale, depuis le niveau du vin, dans les bacs, jusqu'à l'ouverture du tuyau de chute, au rez-de-chaussée de la filtrerie, est de 4 mètres.

« Or, des expériences préalables, faites avec l'eau et avec le vin, on établi que la quantité d'eau qui passe à travers *une* bougie Chamberland, pendant *une* heure, lorsque la chute est de *un* mètre, se trouve être d'*un tiers* de litre. Dans le cas du vin, il ne passe qu'*un dixième* de litre, dans les mêmes conditions. En effectuant les multiplications par 4 mètres, par 6,000 bougies et par 24 heures, on obtient le chiffre de 676 hectolitres de vin qui peuvent être filtrés par journée de 24 heures.

« En pratique, on compte filtrer de 3 à 400 hectolitres par jour. La filtrerie est donc installée de manière à satisfaire largement à tous les besoins de la viticulture de notre département.

« Pour compléter notre description, il nous reste à dire que le vin stérilisé conduit au rez-de-chaussée de la filtrerie par le tuyau de chute (fig. 299), est reçu dans une grande cuve fermée, d'où il passe dans les futailles qui l'ont amené à la Filtrerie. Seulement, pendant que le liquide passait au filtre Chamberland, la futaille était soumise à la stérilisation par la vapeur d'eau. Pour effectuer cette opération complémentaire, on se sert de la machine à vapeur située au rez-de-chaussée et qui sert à actionner le monte-charge. Un jet de vapeur emprunté à cette machine est dirigé dans chaque futaille, dont le bois est ainsi porté à une température suffisamment élevée pour assurer la destruction de tous les microbes qui peuvent la souiller.

« Ainsi traité et entonné, le vin doit se conserver à l'abri de toute altération aussi longtemps que de nouveaux germes de maladie ne viendraient à y être introduits par des manipulations et transvasements ultérieurs. Ce vin pourra donc séjourner longtemps dans un local, même mal exposé, ou voyager au loin, sans risquer de prendre la tourne, ni l'amer, ni l'acescence et, lorsqu'il sera arrivé à destination, il pourra se présenter honorablement en concurrence avec les vins les mieux faits et les plus sains.

« Inutile, par conséquent, d'insister sur les services considérables que pourront rendre à la viticulture algérienne les trois filtreries d'Alger, d'Oran et de Philippeville. »

---

§ 6. — Traitement préventif de la graisse.

La clarification est souvent entravée dans sa marche par une maladie qui affecte particulièrement les vins ; — nous voulons parler de la *graisse*.

M. le Dr Guyot, dans son *Traité de Vinification*, en préconise le traitement préventif suivant :

« Ce qui vaut mieux que de guérir, dit M. Monny de Mornay, c'est de prévenir le mal. Ce précepte a été appliqué avec un grand bonheur dans la Champagne, dont les vins blancs, légers et délicats, étaient souvent atteints de viscosité ou de la maladie appelée « graisse ». Cette affection a disparu par l'emploi du tanin à dose de 15 ou 20 grammes par hectolitre, ajoutée en solution alcoolique trois ou quatre semaines avant la mise en bouteilles. Le tanin neutralise ainsi et précipite la matière azotée en excès, excès qui produit la viscosité du vin. Cette médication préventive a été conseillée par M. François, habile chimiste qui a rendu d'immenses services à l'industrie des vins mousseux de Champagne ; il avait constaté que les vins affectés de la graisse redevenaient secs et limpides par l'addition du tanin, et il en a tiré cette conséquence, — aussi simple que vraie, — que l'addition du tanin préviendrait la maladie. On obtiendrait les mêmes résultats pour les vins blancs (les seuls presque qui soient atteints de cette maladie) en leur rendant, après le pressurage, une partie de leurs rafles immergées pendant tout le temps de sa fermentation apparente, et cette pratique vaudrait mieux pour eux que l'emploi du tanin ou de la noix de galle : 1° parce que le tanin, extrait de la rafle par le vin, n'est pas identique à celui qui est extrait de la noix de galle ; 2° parce qu'il est plus naturel au vin, moins sensible au goût et moins dur à l'estomac.

« On pourra toujours soutenir de même, par des moyens préventifs très simples et très naturels, les vins qui menacent de tourner, d'être atteints de la pousse, du besaigre et même de l'amer, en leur rendant en proportion de leur faiblesse et de leur pauvreté, après les avoir collés et soutirés, ce qui leur fait défaut, le sucre et l'esprit, soit en nature, soit en les coupant avec des vins plus jeunes et plus riches.

« Quant aux soufrages, mutages ou méchages, bien qu'ils aient la faculté incontestable de suspendre momentanément toute fermentation, toute décomposition vineuse, je ne puis trop les conseiller, car ils tuent le vin et lui donnent souvent un mauvais goût ; j'admets encore moins l'emploi de l'alun, du lait et de tout autre matière minérale, végétale ou animale étrangère au vin. Toutefois l'agitation de la bonne huile d'olive avec le vin lui enlève parfois son mauvais goût sans lui nuire en quoi que ce soit. »

DIX-NEUVIÈME CHAPITRE

SOUTIRAGE DU VIN

SOMMAIRE :

Epoque du soutirage. — Temps à choisir. — Procédés divers. — Effets du soutirage sur les vins. — Soutirage du vin blanc. — Transmission des liquides. — Observations générales.

LE SOUTIRAGE

§ 1. — **Effets du soutirage**. — **Procédés divers.**

Après le décuvage, le vin est mis en repos dans le chai, afin qu'il se dépouille de ses impuretés les plus lourdes ; malheureusement, ce repos ne suffit pas toujours. En Algérie et en Tunisie, où la température reste souvent assez élevée après la vendange, et où, surtout, les pratiques de vinification sont encore si défectueuses, le vin reste trop souvent nuageux, longtemps encore après le décuvage.

Il s'agit donc d'enlever, sans l'altérer, les matières impures qui le troublent. Ces matières sont très mélangées : on y rencontre des débris de [pellicules, de pépins, de rafles, de pulpes et de *cellules-ferments* atrophiés, que la température basse réduit à l'état inerte. On y trouve aussi dehors une grande quantité de gaz acide carbonique qui n'a encore pu se dégager complètement. « Faire disparaître les ferments quels qu'ils soient, empêcher qu'ils ne puissent se reproduire, et qu'il ne se forme dans le vin des matières analogues » dit Ladrey[1], tel est le but des manifestations qui suivent la fermentation. Lorsque le liquide est parvenu à cet état, et qu'il ne contient plus rien, qui, de près ou de loin, puisse déterminer une manifestation inopportune de vitalité, alors seulement le vin doit être considéré comme achevé.

Soumis désormais à la seule influence d'une action purement chimique, ses éléments continuent à réagir lentement ; les différentes parties de ce produit si complet, se fondent et s'harmonisent, et le vin constitue un tout homogène et uniforme qui arrive bientôt au développement de toutes ses qualités. C'est dans les bouteilles, à l'abri de toute influence extérieure, que se complètera cette nouvelle phase de transformation.

Le soutirage du vin s'effectue de plusieurs façons.— Citons les trois principales :

La première s'applique aux grandes quantités et s'exécute à l'aide d'une pompe aspirante et refoulante. Parmi ces dernières, signalons

---

(1) Ladrey, *L'Art de faire le Vin,* loc. cit. p. 94-95.

celle nouvellement perfectionnée par Noël (fig. 300). Elle est très douce à faire mouvoir, et ces proportions sont bien gardées, ce qui la rend très commode et utile dans le cas qui nous occupe. Le n° 2 que donne notre dessin est mû par un seul homme agissant sur le volant ; son débit est de 40 à 50 hectolitres à l'heure, suivant le cas de la hauteur ou de la distance auxquelles, pour plus de commodité, le vin devra être projeté.

Le tuyau d'aspiration est en caoutchouc, garni d'une spirale métallique, c'est ce qui permet d'éviter l'aplatissement du tuyau. Le tuyau de projection est, soit en caoutchouc, soit en toile de chanvre suivant le désir de l'emploi.

Fig. 300. — Pompe Noël, modèle n° 6, pour le soutirage des vins.

Dans le second système de soutirage, employé pour des quantités moindres et pour des qualités qui demandent des soins, le soutirage s'exécute à l'aide du *Soufflet Bordelais*, d'une grande utilité pour les petites exploitations, mais dont l'usage doit être limité aux futailles dont la contenance ne dépasse pas 10 hectolitres.

Le troisième mode de soutirage consiste dans l'emploi d'un tube de caoutchouc à plusieurs toiles servant de syphon ; ce système n'a son utilité pratique que pour les petites pièces de faible contenance, dans les caves de ménage, etc.

Le quatrième système se résume dans l'écoulement du vin dans un baquet ; le liquide est puisé au moyen d'un broc soit en bois, soit en cuivre, pour être transporté dans un autre récipient. — Ce dernier procédé est très long et dispendieux ; il présente, en outre, le grave inconvénient d'aérer à l'excès le vin lorsque celui-ci est déjà clair, ce qui le *durcit* et l'affaiblit.

Le vin, après le décuvage, est mis en repos dans d'autres récipients pour y accomplir son travail de dépouillement et devenir aussi limpide que possible ; ce repos ne peut avoir une durée bien longue, car il est de principe qu'un vin ne peut s'éclaircir définitivement si on le laisse trop longtemps séjourner sur ses lies.

Le vin mis au repos s'éclaircit donc peu à peu, à la condition toutefois qu'il ait été fermenté suffisamment, c'est-à-dire à point voulu, ainsi que nous l'avons dit, et que le local soit froid. Mais cette clarification est incomplète et même fort imparfaite ; il faut encore, en cette

Fig. 301. — Pompe à soufflet ou syphon à air comprimé.

circonstance, aider le travail de la nature. A cet effet, il est nécessaire de procéder à un *deuxième transvasement*, c'est-à-dire qu'il faut, dès que l'on constate que le vin a laissé précipiter ses plus grosses impuretés (ce qui arrive après une période de 25 à 35 jours de premier repos), s'occuper de le soutirer pour le mettre à nouveau dans un autre récipient.

Le soutirage, quel qu'il soit, ne doit point être fait par des temps d'orage, soit pluvieux, soit venteux, mais bien par un temps sec et froid, si cela est possible.

En Algérie et en Tunisie, les colons ont la déplorable habitude de profiter des jours de pluie pour exécuter les travaux de cave ou de chai ; ces économies de main-d'œuvre, qui ne sont qu'apparentes, sont cependant les causes de bien des déboires. Il importe de ne pas perdre de vue une loi qui est démontrée par l'expérience : pendant les orages, les pluies et les vents, les vins se mettent en un travail de fermentation nouvelle qui altère les principes acides tartreux et taniques. Ils semblent ressentir comme un être organisé l'influence délétère de l'atmosphère troublée ; ils sont eux-mêmes troubles. Il est donc urgent, dans ces conditions, de s'abstenir de soutirer.

Au premier soutirage, le vin s'est déjà en partie débourbé de ses grosses lies ; s'ils restent un peu doux à la suite d'une fermentation incomplète, on aère le vin à son passage au robinet de décharge. — Nous pouvons ajouter que, de toutes façons, nous n'avons cessé de recommander le *pavillonnage* du vin à sa sortie soit du foudre (voir *Vinification*), soit dans la majeure partie des cas où un transvasement paraît nécessaire, car cette opération oxydante du vin active, par son contact immédiat avec l'air, les dernières transformations évolutives du généreux liquide.

Mais si le vin est sec, la manœuvre du pavillon devient inutile ; il suffira d'ajouter un bout de tuyau en toile au robinet pour que le vin ne subisse pas trop d'aération. L'emploi de notre aérateur mobile, tel que nous l'avons décrit, sera encore préférable au *pavillonnage*.

OBSERVATIONS

Généralement, en Algérie et en Tunisie, au premier soutirage, le vin a encore besoin d'aération pour terminer les dernières traces de fermentation *des matières azotées* et pour se débarrasser de l'excédent *d'acide carbonique mélangé d'hydrogène*, pour éloigner, en les effilochant au contact de l'air, *les matières organiques légères* qui restent encore en suspension dans le liquide.

L'usage de l'aération est tout indiqué dans ce cas.

Les soutirages ultérieurs s'effectuent de la façon suivante :

Le premier, de 30 à 35 jours après le décuvage ;

Le second, de 35 à 45 jours après le premier ;

Le troisième, de 45 à 55 jours après le deuxième ;

Le quatrième, de 55 à 70 jours après le troisième.

C'est généralement vers les premiers jours d'avril que s'exécute le quatrième soutirage.

Ajoutons quelques observations générales :

1° Les vins de l'Afrique du Nord, comme ceux d'Espagne et des bords de la Méditerranée, étant tous chargés de matières azotées, ont besoin de subir plus de soutirages que ceux du centre de la *France*. C'est pourquoi nous ne cesserons de recommander aux viticulteurs de soutirer souvent ; c'est un des principaux moyens d'arriver à clarifier leurs vins.

2° Nous avons déjà recommandé de ne pas trop laisser les vins en repos après le décuvage. En effet, les vins qui restent trop longtemps sur les lies peuvent, dans cette situation, contracter des maladies incurables, soit par suite des variations atmosphériques dont nous avons parlé, soit par l'influence secrète qu'ils ressentent au moment de la montée de la sève dans les vignes-mères ;

3° Un vin qui vient d'être soutiré, quel qu'il soit, réclame toujours un certain temps pour rétablir son équilibre ; ce nouveau travail est d'autant plus caractéristique que le vin est nouveau. Le vin qui subit le premier soutirage demande de 5 à 10 jours avant d'avoir repris son équilibre ; nous avons constaté que ses facultés d'homogénéité semblent ébranlées ou affaiblies, mais, peu à peu, il reprend son travail de clarification et de vieillissement.

Il est essentiel de dire que, dans les soutirages, le vin doit toujours être tiré au clair ; le résidu est entonné dans des futailles à part ;

4° Comme principe de clarification spontanée, il est établi que plus la masse du liquide est forte, moins vite le vin se dépouille, et cela en raison de la hauteur du liquide à parcourir par les corps légers qu'il contient ;

5° En Algérie comme en Tunisie, le vin perd rapidement sa teinte, ou du moins cette dernière vire promptement au jaune. En outre de cette transformation, cette couleur tient à se précipiter très vite ;

6° Le vieillissement du vin marche plus vite qu'en Europe ; c'est au point qu'il pourrait arriver, semble-t-il, en peu d'années, à cette période de décrépitude où le vin n'a plus ni goût, ni force, si surtout on le logeait dans des futailles de bois ou en des locaux soumis aux influences atmosphériques. Raison de plus pour le soutirer souvent, afin de s'assurer de son état ; raison péremptoire aussi pour soigner, d'une façon toute particulière, l'installation de nos vins d'Afrique dans des chais à température basse et constante, et dans des amphores en céramique bien établies par des constructeurs compétents et choisis dans le pays ;

7° Avant tout soutirage, le local où l'on *soutire* doit être purgé de toute mauvaise odeur. Il convient, pour y purifier l'atmosphère, d'y allumer, de distance en distance, des mèches de soufre. On peut, quelques heures après, opérer le soutirage en toute sécurité.

La pompe qui sert à transvaser le vin doit être nettoyée à l'eau claire avant et après chaque opération, ainsi que ses tuyaux ; à cet effet, il suffit d'aspirer de l'eau claire dans un baquet et de lui faire parcourir le corps de pompe et les tuyaux à nettoyer. Cette manutention expulse et stérilise les matières engagées dans les divers organes dont il s'agit.

Les tuyaux, soit en toile, soit en caoutchouc, nécessitent leur égouttement pour éviter la pourriture ; à cet effet, on les suspend de façon à ce que l'un des bouts de chaque tuyau reste incliné pour égoutter l'humidité.

42

§ 2. — **Soutirage des vins blancs.**

La première condition, avant de soutirer le vin blanc, est de s'assurer si la pompe (qui doit fonctionner à cet effet), est bien propre, indemne de toute coloration ainsi que ses tuyaux ; si par hasard, on soupçonnait la présence d'un peu de coloration, il suffirait de mettre, dans un baquet, 25 à 30 litres d'eau, dans laquelle on verserait 500 grammes d'acide sulfurique. On se servirait ensuite de cette eau pour rincer l'intérieur de la pompe et des tuyaux, en la faisant repasser dans les organes, au moyen de mouvement pendant 10 minutes, puis on la rincerait après avec de l'eau claire à plusieurs reprises, afin d'enlever toute trace d'acidité.

Les vins blancs demandent à être soutirés seulement trois fois dans l'année ; tous les praticiens d'Europe sont d'accord pour reconnaître que de nombreux soutirages peuvent colorer le vin blanc d'une manière anormale et même l'altérer.

Lorsque l'on soutire du vin blanc, il faut toujours y ajouter quelques grammes de tanin dissous dans un peu d'alcool et autant d'acide citrique.

Voici la formule (basée par hectolitre) qui donne les meilleurs résultats :

Alcool.	50	grammes.
Tanin pur de Pelouze	6	—
Eau	200	—
Acide citrique	10	—

Le tanin est tout d'abord dissous dans l'alcool et l'acide citrique dans l'eau ; le tout est mélangé ensemble et ajouté au vin soutiré.

Cette opératien de mélange et de soutirage doit être faite à demi-jour, dans les parties un peu obscures du chai ou bien on ferme les ouvertures pendant ce temps. En même temps, on brûle une petite mèche soufrée dans le chai ; il s'agit toujours d'empêcher la contamination du liquide par les corpuscules flottants de l'atmosphère, qui se trouvent de préférence, paraît-il, dans les rayons lumineux.

La tradition et la science semblent d'accord à cet égard.

---

§ 3. — **Soutirage au soufflet bordelais.**

Lorsque le vin est dans des barriques, dont la contenance n'excède pas 1,000 litres, le soufflet bordelais, ainsi que nous l'avons déjà dit, doit être préféré à la pompe pour le soutirage. Le soufflet dont il s'agit constitue un appareil des plus simples : il permet de tirer le vin au clair sans poser de robinet et sans déranger la futaille, ce qui est un grand avantage pour toutes les installations, même les plus modestes.

Il suffit de juxtaposer le système transvaseur le plus près possible du trou de bonde de la pièce à soutirer et d'ajuster à sa tête le tuyau conduisant le vin dans la barrique vide à remplir. Un enfant suffit ensuite à faire fonctionner le levier du soufflet et le vin se transvase de lui-même. Si le soufflet bordelais est manœuvré par un ouvrier habile, au lieu d'un enfant, on peut arriver à transvaser avec cet engin jusqu'à 100 hectolitres par jour (fig. 301).

Chaque fois que l'on soutire un vin qui a déposé, on règle la hauteur du tuyau d'aspiration, de façon a éviter le contact de la lie.

Ce système, inventé par M. Vivès, de Bordeaux, rend journellement de grands services dans les caves les mieux soignées du Médoc. Nous le recommandons à nos viticulteurs d'Afrique.

Fig. 301 *bis*. — Pompe à vin, mue par la vapeur (système Egrot).

A ces explications générales, il convient d'ajouter quelques lignes d'observations, qui ont bien leur importance.

Observation. — Dans le cas où on voudrait soutirer une partie de vin d'une futaille et laisser le restant en vidange pendant 15 à 20 jours, il suffit de brûler une mèche de soufre dans le vide et bien reboucher,

En répétant cette opération tous les 5 jours, on peut laisser ce vin 20 jours sans altération ; mais la couleur pâlirait si on renouvelait trop souvent cette opération.

§ 4. — Transmission des liquides.

Le vin se soutire en grand par des jeux de pompes, soit animées par un moteur à vapeur, soit par un manège.

La transmission du vin, d'un foudre à un autre par la pompe à bras, nécessite un temps relativement long ; mais si on veut abréger cette manutention pénible et produire un travail économique et rapide, il est indispensable d'avoir recours à une pompe à vapeur agissant par aspiration au moyen de raccords qui correspondent au point voulu.

Il en est de même des moûts qu'on peut également transmettre d'un point quelconque sur un autre ; la figure que nous donnons ci-dessous représente une pompe mue par un moteur qui aspire le vin d'une futaille en vidange et qui le refoule sur un point déterminé par son tuyau d'embranchement (fig. 301 *bis*).

L'organisation de la tuyauterie n'est qu'une question de dépense.

On sait que quelques journées belles et propices à faire les soutirages sont peu nombreuses ; c'est pour cela que les viticulteurs profitent des journées pluvieuses pour accomplir ce travail, quand au contraire il ne faudrait pas agiter le vin pendant ces mauvaises journées, puisqu'il est parfaitement démontré que le vin travaille pendant les orages et les pluies.

VINGTIÈME CHAPITRE

OUILLAGE DU VIN

SOMMAIRE :

Utilité pratique de l'ouillage. — Des divers systèmes employés jusqu'à ce jour. — Ouilleur systématique, système Leroux. — Préparation du vin destiné à l'ouillage. — Composition pouvant remplacer le vin destiné à ouiller. — Conseils divers.

OUILLAGE

§ 1. — **Des divers modes d'opération et de leur résultat.**

L'ouillage est une opération qui a pour but de maintenir à l'état plein les récipients dans lesquels le vin doit se conserver et se parfaire et, par suite, d'éviter l'introduction ou le contact direct de l'air extérieur sur le liquide que des vides inévitables auraient mis à découvert. Il est, en effet, de toute évidence qu'un récipient en bois, par sa perméabilité, ne peut empêcher le passage de l'air à travers ses pores, mais le bois ne laisse passer l'air qu'après l'avoir filtré et dépouillé de la plupart de ses ferments, tandis que le vide dans le même récipient laisse pénétrer tous les microorganismes de contamination possibles.

On s'est demandé si le vide des futailles pouvait être absolument évité. Non, puisqu'une partie de leur vin s'évapore forcément et constamment à travers les tissus ligneux du bois, et que cette évaporation est d'autant plus active que l'enveloppe du bois est plus mince.

Il suffit également d'une ouverture quelconque dans le haut d'une futaille, pour que l'évaporation s'accélère et que le vide produit permette l'introduction de ferments désastreux. Ce sont là des accidents qu'il est impossible de prévenir ; mais la pratique de l'ouillage a précisément pour but et pour résultat d'y remédier.

Négliger de remplir en temps utile les vides accidentels des récipients, c'est condamner le vin à se trouver, par suite du contact avec l'air, dans toutes les conditions voulues pour former de l'acide acétique, c'est-à-dire pour se tourner en vinaigre. Il est donc de toute nécessité de maintenir le plein des futailles de bois, quelle que soit leur grandeur.

Invoquons l'autorité de Pasteur[1] à l'appui de notre dire :

« L'évaporation, dit l'illustre savant, qui s'établit naturellement dans un tonneau de 228 litres n'est pas moindre de trois quarts de litre tous les 25 jours dans les caves de Bourgogne pendant la première année,

---

(1) Pasteur, *Etudes sur les Vins*, loc. cit., p. 109.

et elle atteint encore un demi-litre l'année suivante. Cette évaporation va encore en augmentant de jour en jour pendant le vide. »

Pendant la première période entre le décuvage et le premier soutirage, l'évaporation se produit sensiblement ; le vin est encore chaud ou en travail secondaire. Les globules d'acide carbonique tiennent encore une certaine place, déplacent un volume de vin ; à chaque période de soutirage on voit, peu à peu, le volume prendre une marche descendante dans l'évolution évaporante, jusqu'à sa stabilité en bouteille.

Les foudres qui servent à la fermentation sont généralement munis de trappes carrées qui ne peuvent s'ajuster rigoureusement ; il s'en suit que malgré les joints mastiqués, le liquide s'écoule jusqu'à l'arrête inférieure, de sorte que l'air y pénètre de nouveau ; par conséquent, cet orifice est impraticable à l'ouillage (presque tous les foudres sont construits de cette façon en Afrique). Pour que l'ouillage d'un foudre puisse se faire sans déperdition anormale, il lui faut une porte ovale à bride en bois percée d'un trou de bonde se fermant en dedans.

Un bon ouillage est la première des choses pour la conservation du vin qui, une fois dépouillé, doit désormais ne jamais être en contact avec l'air, au-delà de quelques heures ; c'est un principe qu'il importe de ne pas perdre de vue, surtout en Afrique.

---

§ 2. — **Des systèmes employés jusqu'à ce jour.**

L'ouillage se pratique d'après divers procédés :

1° Le plus ancien consiste à mettre de l'huile sur la surface. On sait qu'en Italie encore, l'huile fait office de bouchon ; c'est de là que vient le mot *ouillage*, en latin *olium*. Malheureusement, ce procédé n'est pas applicable aux futailles en bois, mais seulement aux cuves amphores de notre système, sur lesquelles nous aurons encore l'occasion de revenir ;

2° Le second moyen est celui que tout le monde pratique aujourd'hui, c'est-à-dire verser du vin de même nature dans le vide du récipient, jusqu'à ce qu'il soit plein. Malheureusement, ce procédé est encore loin de remédier aux inconvénients qui résultent forcément de la porosité du bois qui favorise l'évaporation. On comprend que, dans les récipients en bois, le plein ne subsiste que momentanément et que de jour en jour la vidange se produit, inévitable, et de plus en plus considérable.

Nombre d'auteurs conseillent d'ouiller d'abord tous les huit jours, puis tous les quinze et enfin de mois en mois. — Rigoureusement, c'est chaque jour que l'on devrait faire le plein. Mais, nous le demandons à nos lecteurs, un pareil travail est-il praticable, et surtout, est-il efficace ?

Dans ce système, chaque fois que le plein est fait, il faut enlever, puis remettre la bonde avec sa toile. Sait-on ce qui se produit par ce fait ? On fabrique simplement de l'acide acétique. On travaille à convertir son vin en vinaigre. En effet, le chiffon de toile qui enveloppe la bonde se mouille infailliblement chaque fois qu'il y a ouillage. A chaque opération, l'acescence se produit sur toute la surface du linge extérieur et elle se communique insensiblement et infailliblement à la masse du liquide.

La toile, dans ce cas, est un agent de propagation de l'un des pires ennemis du vin, du terrible *micoderma aceti*, qu'il faut bannir à tout jamais des chais dans la pratique de l'ouillage ;

3° Un troisième procédé d'ouillage consiste à mettre par l'orifice des cailloux en silex ou en grès, etc, inattaquables par les acides libres du vin. Ce moyen est surtout employé quand on manque de vin semblable pour ouiller ; mais il a les mêmes inconvénients que le précédent ;

4° Enfin, il existe encore trois procédés : l'un (système Terrel des Chênes) exige un tonneau rempli de vin, qui est tenu en relation constante avec chaque foudre par un tube de caoutchouc. Ce tuyau se termine par une petite lance qui laisse écouler le liquide ouilleur. Cette disposition générale a le défaut de nécessiter une surveillance de tous les instants, pour la vérification des lances, constamment sujettes à s'obstruer ;

5° Le cinquième engin se compose d'un réservoir en verre ayant, à sa partie inférieure, un tube de caoutchouc terminé par une petite lance qui entre dans la bonde. Pas plus que les précédents, ce système n'empêche l'introduction de l'air et, par suite, l'acescence éventuelle.

Le sixième procédé enfin, celui pour lequel nous avons pris un brevet d'invention depuis 1884, a pour but et pour effet d'ouiller *automatiquement* sans que le vin subisse le contact de l'air.

Nous croyons devoir donner une description très complète de cet appareil, appelé à rendre de grands services à la viticulture toute entière.

---

§ 3. — Ouilleur automatique, système Leroux.

L'appareil (fig. 302) se compose, à sa partie supérieure, d'un réservoir en verre (AA) ayant une ouverture de 3 centimètres pour y verser le liquide (G) destiné à l'ouillage ; sa partie inférieure est terminée par une tige (B) percée sur toute sa longueur, par laquelle le vin ouilleur pénètre pour rejoindre la masse liquide qu'il doit alimenter,

Voici le moyen de se servir de cet appareil :

Dans le réservoir (AA), on verse par l'orifice (D) le vin ouilleur (G), et sur le vin on y verse une couche d'huile d'olive sans goût ni odeur.

Fonctionnement de l'appareil. — L'ouilleur automatique s'ajuste à la main dans la bonde (E) du récipient, de façon que la tige (B) communique avec le vin. Cela fait, la communication s'établit entre le liquide du ouilleur et celui du foudre ou autre récipient.

En vertu des lois de la pesanteur, l'ouillage se produit de lui-même et constamment, au fur et à mesure de l'évaporation, sans que l'on puisse agir chimiquement sur le vin de l'appareil et, par suite, sur la masse du liquide, puisque la couche d'huile interposée empêche tout contact avec l'atmosphère.

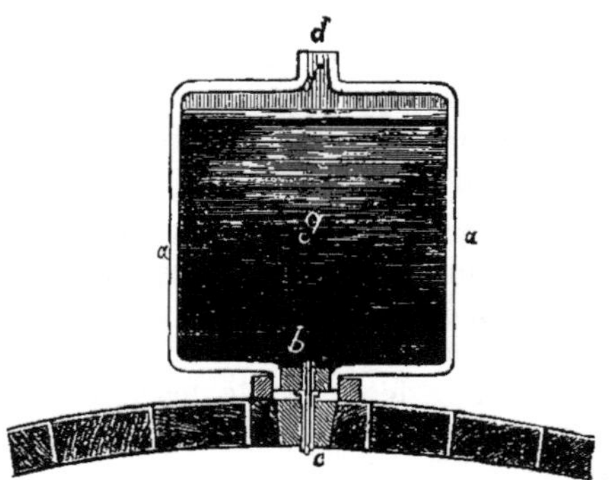

Fig. 302. — Appareil ouilleur, système Leroux.

Les avantages de ce nouveau système se résument ainsi qu'il suit :

1° Alimentation certaine du réservoir destiné à remplir les vides du récipient ;

2° Aération ou évent rendu matériellement impossible ;

3° Niveau du liquide ouilleur visible à première vue et par conséquent facile à régler ;

4° Consommation de liquide moindre que dans tous les autres systèmes.

Les conditions climatologiques, spéciales à notre colonie où le soleil règne en maître absolu pendant une grande partie de l'année, accentuent encore cette déperdition qui laisse à l'air extérieur, tout imprégné de microrganismes, le loisir de pénétrer dans les récipients et de donner ainsi aux vins une acescence particulière, car personne n'ignore que l'*ozone* ou l'état vivifiant de l'atmosphère — état qui correspond aux temps de sève — met généralement les vins en un état de mi-fermentation qui peut être préjudiciable pour leur bonne conservation.

Il suffit de savoir que plus du quart de nos vins sont plus ou moins contaminés par des germes d'acescence ; on peut donc se rendre compte des services que peut rendre l'ouilleur automatique.

---

§ 4. — Préparation du vin destiné à l'ouillage.

Le vin destiné à l'ouillage doit être, autant que possible, de même qualité, homogène, et surtout indemne de *micoderma aceti*. Il doit être mis de côté dans de petites futailles de diverses dimensions et bien ouillées, de façon que ce vin, destiné à prévenir la vidange, ne puisse jamais se trouver en vidange lui-même.

Si cet accident arrivait, il faudrait immédiatement le mettre en grosses bouteilles de 4, 10 et 50 litres.

Dans un chai bien organisé, on doit construire spécialement pour la réserve du vin d'ouillage, une petite cuve amphore d'une contenance variant entre 15 et 25 hectolitres, dans laquelle on verse le vin, et une couche d'huile sur sa surface ; dans cet état, il se conserve toute l'année sans s'altérer, et c'est de là que l'on tire le vin d'alimentation de l'ouillage.

---

§ 5. — Composition pouvant remplacer le vin d'ouillage.

Dans le cas où le vin ferait défaut pour ouiller les récipients du chai ou de la cuve, nous avons paré à cet inconvénient, en établissant une formule qui remplacera avec sécurité le vin d'ouillage.

Eau	88	litres.
Bon alcool à 90°	11	—
Carbonate de soude	0.010	grammes.
Tanin	0.030	—
Acide tartrique	0.460	—
Glycérine	0.500	—

On dissout dans l'eau tiède le carbonate de soude, puis l'acide tartrique et la glycérine.

D'autre part, on dissout le tanin dans l'alcool ; ensuite, on verse dans l'eau en bien remuant le tout pendant 10 minutes.

Ce liquide marque 10 degrés à l'alcoomètre ; il représente à peu près les mêmes éléments que le vin et n'est pas oxygénable ; il est, par conséquent, dans toutes les conditions requises pour remplacer le vin ouilleur.

Avant de terminer cette étude sur l'ouillage, on nous permettra de faire remarquer que l'évaporation du vin dans la *cuve amphore* est presque insignifiant et que, par suite, l'emploi de cet appareil pour loger le vin supprime à peu près la pratique de l'ouillage.

Si cependant on y tenait, rien de plus facile que de répandre à la surface du vin de nos amphores une mince couche d'huile comme cela se pratique chez beaucoup de viticulteurs, notamment chez M. Altairac, à Maison-Carrée. On peut également adopter l'ouilleur automatique aux amphores.

Observation. — Le vin nouvellement décuvé laisse encore échapper de l'air et de l'acide carbonique ; il serait imprudent d'employer le ouillage automatique dès les premiers jours ; il faut laisser le vin se débarrasser de ses gaz, sans toutefois le mettre au grand contact de l'air pendant 15 à 20 jours. C'est à partir de ce moment qu'il est nécessaire de procéder à l'ouillage automatique pour les futailles en bois, et d'incorporer l'huile sur le vin des amphores.

COMPOSITION CHIMIQUE

DU VIN

SOMMAIRE:

Le Vin. — Sa composition. — Les principaux éléments qui le constituent. — Leur analyse chimique. — Etude synthétique des divers acides. — Notions succintes de chimie viticole.

COMPOSITION DU VIN

§ 1. — Analyse des éléments constitutifs du vin.

Le vin, produit de la fermentation du jus de raisin ou moût dont nous avons, en les chapitres précédents, suivi toutes les phases évolutives jusqu'à sa transformation en liquide généreux, est — comme le dit M. A. Gauthier — un corps très complexe et tellement délicat que les chimistes n'ont encore qu'ébauché son état.

La composition du vin fait varie suivant les espèces et le climat où elles sont cultivées. Voici, d'après Ordonneau, l'analyse chimique des nombreux produits qui constituent ce liquide à l'état alimentaire.

ÉLÉMENTS DU VIN ROUGE

Eau, 830 à 860 grammes. — *Sucre de raisin*, 150 à 300 grammes ;

Alcools. — Amylique, Butylique, Caproïque, Caprylique, Éthylique, Hepthylique, Hexolique, Isobutyline glycol, Octylique, Œnantique, Pelargonique, Prophylique ;

Acides libres ou combinés avec des bases. — Acétique, Azotique, Brombydrique (bromures), Butyrique, Carbonique, Caproïque, Caprylique, Caprique ou décylique, Chlorydrique, Citrique, Fluorhydrique, Iodydrique, Laurique ou duodecylique, Lactique, Malique, Myristique ou tétradécylique, Œnœanthylique ou heptylique, Propionique, Phosphorique, Pelargonique ou nonylique, Racémique, Succinique, Silicique, Sulfurique, Tartrique, Tanique ou œnotanique ;

Aldéhydes. — Aldéhyde acétique, Aldéhydate d'ammoniaque, Furfurol (?) ;

Éthers. — Acétique (acétate d'éthyle, Acétal, Amylacétique, Butyrique (butyrate d'éthyle), Caprylacétique, Caprylique, Citrique, Laurique, Myristique, Malique, Œnantylique, Propionique (propionate d'éthyle), Prophylbultyrique, Pélargonique, Palmitique, Succinique, Stéarique, Tridécylique, Tartrique, Valérianique ;

Huiles essentielles. — Huiles de raisin, Essences oxygénées, Carbures d'hydrogène, Collidine ;

Bases volatiles. — Glycérine, Mannite, Glucose ou sucre de raisin, Levulose, Gommes, Inosines, Dextrine ;

Matières pectiques. — Pectine, Mucilages, Glucosides, Acide mucique ;

Principes albuminoïdes. — Leucine, Tyrosine, Gliadine ;

Matières colorantes. — Œnocyanine, Œnoline, Acide œnolique ;

Acides supérieurs éthérifiés. — Acide œnanthique constitué par trydécilique, myristique ;

Sels de potasse. -- Tartrates, Sulfates, Azotates, Chlorures ;
Sels de soude. — Chlorure, Sulfate ;
Sels de chaux. — Tartrate, Malate, Sulfate, Phosphate ;
Sels de magnésie. — Sulfate ;
Sels d'alumine. — Tartrate, Phosphate ;
Sels de fer. — Tartrate, Acide, Phosphate ;
Sels de manganèse. — Peroxyde, Tartrate, Posphate ;
Ammoniaques. — Amines. — Bases volatiles de la série pyridique.

Cette longue énumération des principes chimiques qui composent le vin pourra paraître fastidieuse ; en la donnant, nous n'avons pas voulu empiéter sur les attributions réservées à la chimie, nous avons simplement voulu démontrer combien est difficile l'analyse *complète* d'un vin.

Dans le commerce, on se contente de dosages réduits à la valeur intrinsèque des produits recherchés, dosages qui ne portent que sur *l'alcool, l'extrait sec, le sucre* et *l'acidité totale.*

Quelque ardue et purement technique que paraisse être la question essentiellement chimique des éléments constitutifs du vin, il importe cependant que tous les viticulteurs soient familiarisés avec ces termes de laboratoire, et ce n'est que dans ce but que nous donnons sommairement la définition des principaux alcools qui rentrent dans cette analyse :

Alcool éthylique. — Cet alcool (formule $C^2 H^6 O$) est le principal élément du vin ; il découle de la décomposition du sucre de raisin sous l'influence de la fermentation. Sa composition en centièmes peut se définir ainsi :

	MAUMENÉ	ROBINET	VIARD
Carbone.....	42.17	52.67	52.57
Hydrogène..	13.05	12.90	12.99
Oxygène....	34.78	34.43	34.44

Le liquide, connu sous la désignation d'alcool, est très fluide et d'une saveur brûlante, soluble en toute proportion dans l'eau. Sa densité varie suivant la température ; c'est pour ce motif qu'il est employé dans la fabrication usuelle des thermomètres. A 15°, son poids est de 794g50 par litre ; il bout à 0m760mm.

Lorsqu'on mélange l'alcool à l'eau, il y a contraction et diminution de volume, ainsi qu'un dégagement de chaleur. Il est un dissolvant des huiles essentielles, des alcools supérieurs, des éthers, des alcaloïdes et de beaucoup d'acides gras.

La proportion d'alcool varie dans le vin de 5 à 18 %/0 ; pendant les premiers mois du vin nouveau, l'alcool augmente de volume et plus tard, au contraire, il s'épuise en traversant les bois du tonneau et amène ainsi l'acétification du vin.

Alcools supérieurs.— On entend par alcools supérieurs des alcools dont la densité est supérieure à celle de l'alcool éthylique ; leur goût est moins fin et leur présence est loin d'améliorer la qualité de ce dernier, car, dans la distillation de ces produits, il faut encore procéder à une rectification nécessaire.

Alcool prophylique. — Sa formule est $C^3 H^8 O$. Soluble dans l'eau, sa densité à 0° est de 820 ; il bout à 98°5 et passe à la distillation entre 84 et 90°.

Alcool buthylique. — Sa formule est $C^4 H^{10} O$. Il bout à 116° et sa densité à 0° est de 0.824 ; il est soluble dans douze fois son volume d'eau.

Acide amylique. — Sa formule est $C^5 H^{12} O$. On connaît aussi ce produit sous la désignation d'*alcool de pomme de terre* (fuseloil); moins fluide que ses congénères, à odeur forte et désagréable, sa densité à 0° est de 0,825, il bout à 132°, il est soluble dans l'eau et se combine très bien avec l'alcool éthylique.

Alcool caproïque. — Sa formule est $C^6 H^{14} 0$; il bout à 157° ; il est soluble dans l'alcool, peu dans l'eau bouillante, d'une odeur assez désagréable.

Alcool œnantylique. — Sa formule est $C^7 H^{16} 0$. Il bout à 160°.

Alcools monoatomiques. — Ces alcools sont à densité variable, entre 0.824 et 0.850, et leur ébullition ne se produit qu'à partir de 175 à 240°. D'après M. Rabuteau (*Union pharmaceutique*, p. 23, 1879), ces alcools sont toxiques.

Acide caprylique. — Sa formule est $C^8 H^{18} O$; odeur aromatique, insoluble dans l'eau, mais miscible avec l'alcool. Sa densité est 0.823 à 17° ; il bout à 178°.

Acide pelargonique. — Sa formule est $C^9 H^{20} O$; bout de 204 à 220°.

Acide caprique. — Sa formule est $C^{10} H^{22} O$; bout de 220 à 240°.

Glycol isobutylique. — Sa formule est $C^4 H^{10} 0^2$; cet alcool est sirupeux, soluble dans l'eau, à saveur sucrée comme celle de la glycérine. Sa densité à 0° est de 1.013 et il bout à 177°.

Glycérine. — Comme le précédent et ainsi que le démontre Pasteur, c'est un produit secondaire ; sa formule est $C^3 H^8 0^2$. D'après ce même savant, cette substance donne aux vins le velouté ; par sa nature sirupeuse, neutre, incolore, inodore et sucrée, elle est employée pour améliorer les vins et les liqueurs. Sa densité à 14° est de 1.624 ; elle bout à 285° et se combine en toute proportion avec l'alcool et l'eau. D'après Pasteur, son poids varie dans le vin de 4 à 9 grammes par litre.

Viennent ensuite d'autres produits qui tiennent des précédents et du sucre.

Un de ces produits, connu sous le nom de *mannite*, a, en ces temps derniers, servi de prétexte à une campagne jalouse et d'une malveillance intéressée contre nos vins d'Afrique, campagne dans laquelle de prétendus œnologues n'ont pas craint d'écrire que la *mannite était une* **maladie qui affectait les vins algériens**... Le commerce en fut un instant ébranlé, et il ne se ressaisit que sur les affirmations si nettes et si précises de M. Malbot, professeur à l'École des Sciences d'Alger, qui, dans des conférences fort applaudies faites à Paris, là même où cette insidieuse calomnie avait pris corps, déjoua cette manœuvre et prouva victorieusement que *les vins contenant de la mannite sont généralement bien supérieurs aux autres*.

Cet incident étant clos, revenons à notre sujet. Voici la composition des divers produits secondaires qui concourent à la composition du vin :

Mannite. — La mannite a été trouvée par Prat, dans les bons vins de Bordeaux ; c'est une substance cristallisable en prismes rhomboïdaux droits, ordinairement très fins et soyeux ; sa saveur est légèrement sucrée et son pouvoir rotatoire est très faible, 0°15. Sa formule est $C^6 H^{14} 0^6$ — D'après Pasteur, elle se forme pendant la fermentation visqueuse du sucre de canne ; mais le glucose et le lévulose donnent également, dans ces conditions, de la mannite par fixation d'hydrogène. Il se forme, en même temps, des matières gommeuses très solubles dans l'eau, précipitable par l'alcool, dextrogyre, sans action sur la liqueur de Fehling.

Inosine. — L'inosine est un produit se rapprochant beaucoup de la mannite ; sa présence dans les vins a été signalée par Robinet (*Manuel pratique d'analyse des Vins,*

1884). Elle se présente sous forme de prismes rhomboïdaux obliques, efflorescents, incolores, de la formule $C^6 H^{12} O^6 + 4 H^2$; elle cristallise oxhydre ; sa densité à 15° est de 1.524. Sa saveur est sucrée. Elle est très soluble dans l'eau, surtout à chaud, mais insoluble dans l'alcool absolu.

Glucose et Levulose. — Dans le moût de raisin, on rencontre du glucose interverti, mais, dans le vin, on en trouve que très peu et toujours mélangé à la levulose. Dans ce dernier cas, la levulose l'emporte sur le glucose, surtout quand les vins n'ont pas été suffisamment fermentés.

Le glucose a été découvert par Lonitz en 1772, c'est le sucre de raisin, c'est lui qui en se décomposant pendant la fermentation du vin produit de l'alcool ; aussi un vin bien fermenté ne doit-il contenir aucune trace de glucose. Sa formule est $C^6 H^{12} O^6 A_9$, son pouvoir rotatoire est dextrogyre et représenté par le nombre 52°, 8, il se présente sous forme de cristaux assemblés en mamelons ou en choux-fleurs, indéfinis, à saveur fraîche et sucrée, mais de deux fois et demi moins intense que celle du sucre de canne, soluble dans l'eau, peu soluble dans l'alcool pur.

Levulose. — Le Levulose forme de longues aiguilles brillantes, d'un aspect ressemblant à la mannite, son goût est sucré, il est lévogyre et son pouvoir rotatoire égale 98°,7 à la température de 15°.

Gommes. — Bechamp à rencontré dans les vins nouvellement faits, des substances gommeuses, dont une notamment qui se rapproche de la dextrine Pasteur ; *(Etudes sur le vin,* p. 292) s'exprime ainsi : « J'ai reconnu la présence, dans tous les vins, d'une substance combinée à du phosphate de chaux et ayant toutes les propriétés des gommes, notamment celle de fournir, par l'action de l'acide nitrique, une assez grande quantité d'acide mucique. » Les vins rouges sont plus chargés de principes gommeux que ceux en blanc.

Mucilages. — Les mucilages sont des polyglucosides dérivant de polymérisation des glucosides, les acides les plus faibles les rendent insolubles dans l'eau, les acides étendus ne les précipitent pas et les rendent comparables à la dextrine et les transforment en substance légèrement sucrée.

Matières lactiques. — Ce sont des produits mucilagineux.

Huiles essentielles. — On entend, sous cette désignation, les corps gras plus ou moins fluides que contient le vin fait, le goût, le bouquet. etc , et qui sont dûs à la présence de ces huiles.

Aldehydes. — Sorte d'alcool ou de furfurol éthéré. Sa formule est $C^2 H^4 O$.

Acétal. — L'Acétal est un produit dont la formule est $C^6 H^{14} O^2$; on le rencontre dans les vieux vins.

Furfurol. — Sorte d'alcool à odeur agréable, rappelant la cannelle et l'amande amère.

Éthers du vin. — Les éthers du vin varient de densité de 877 à 1,072 et leur point d'ébullition de 70 à 300°. Ces corps sont très volatils, ils présentent une odeur suave ; quant à leur saveur, elle est désagréable. Les premiers éthers sont insolubles dans l'eau et, progressivement, ces corps deviennent moins fluides jusqu'au point d'apparence sirupeuse.

Bouquet du vin. — Ce produit est un éther composé qui prend le nom de *éther œnantique ;* soluble dans l'alcool et insoluble dans le vin, d'une odeur de vin très caractéristique ; au fur et à mesure que le vin vieillit, cet éther se forme. Suivant Fauré, ce produit ne serait pas l'unique cause du bouquet, car les crûs, suivant leur origine, varient de parfum. D'après Maumené, l'arome serait dû à un carbure d'hydrogène et aux dérivés de leur oxydation. Le second résulterait du mélange avec des aldéhydes et des huiles essentielles.

Acides. — On constate la présence de deux séries d'acides dans le vin : 1° acides organiques ; 2° acides minéraux. Parmi les acides organiques, les uns existent déjà dans le moût, les autres proviennent de la sécrétion du ferment ou de l'oxydation des alcools.

Acide carbonique. — Cet acide est à l'état permanent dans tous les vins ; c'est un gaz incolore, inodore, irrespirable ; c'est lui qui caractérise les vins de Champagne et les autres vins mousseux.

Acide acétique. — Ce produit fait partie des acides gras ; sa formule est $C^n H^{2n} O^2$. Dans presque tous les vins on rencontre cet acide, soit libre ou à l'état d'éther. Fauré prétend qu'il se produit pendant la fermentation du vin au détriment de l'alcool, mais ce fait est dû surtout à une oxydation exagérée des alcools. Quoiqu'en disent beaucoup d'auteurs, le vin peut très bien se faire sans qu'il y ait production d'acide acétique.

Acide propionique. — Sa formule est $C^3 H^6 O^2$; sa densité est 1,016 ; il bout à 141°. Soluble dans l'eau, en faible quantité dans le vin.

Acide butyrique. — Sa formule est $C^4 H^8 O^2$; en très faible quantité dans le vin.

Acide œnantique. — Cet acide est cristallisé ; il fond à $+$ 10° et bout à 224 ; soluble dans l'eau ; il est en faible quantité dans le vin.

Acide caprylique. — Sa formule est $C^8 H^{16} O^2$, en très petite quantité dans le vin.

Acide pélargonique. — Sa formule est $C^9 H^{18} O^2$; principe gras élevé des vins ; il fond à 12° et bout à 254° ; odeur de beurre frais et saveur piquante ; peu abondant dans le vin.

Acide caprique. — Sa formule est $C^{10} H^{20} O^2$; il se cristallise en lames brillantes ; odeur de bouc, saveur piquante, il fond à 30° et bout à 270° ; peu soluble dans l'alcool et l'eau. Peu abondant.

Acide laurique. — Quelques traces dans le vin. Sa formule est $C^{12} H^{24} O^2$.

Acide myristique. — Sa formule est $C^{14} H^{28} O^2$; très rare.

Acide succinique. — Sa formule est $C^4 H^{28} O^4$; c'est Pasteur qui a reconnu que cet agent naissait toujours parmi les produits de la fermentation alcoolique ; il se formait indépendamment de l'alcool et de l'acide carbonique, ainsi que de la glycérine ; il cristallise en prismes rhomboïdaux, incolores et inodores, d'une saveur un peu âcre ; sa densité est 1,552. Il fond à 180° et bout vers 236° ; il se dissout dans 8 parties d'eau à 15° et il est très soluble dans l'alcool.

Acide lactique. — Sa formule est $C^3 H^6 O^3$; c'est un acide-alcool mobasique ; il est sirupeux et d'une saveur franche ; soluble dans l'eau. Sa densité à 20° est 1,243. Il est rare dans les vins, sa présence se révèle quelquefois à la suite d'un collage fait avec le lait.

Acide malique. — Sa formule est $C^4 H^6 O^5$; l'acide malique est un acide-alcool mono-alcoolique et acide bi-basique, en cristaux incolores, d'une saveur agréable, il fond à 100° ; soluble dans l'eau et dans l'alcool, il existe à l'état libre et à l'état combiné (malates acides et malates alcalins, éthers maliques et glucosides maliques). Cet acide se rencontre abondamment dans les vins qui ont été faits avec des raisins non mûris.

Acide tartrique. — Sa formule est $C^4 H^6 O^6$; bi-basique et bi-alcoolique, cristaux prismatique rhomboïdant obliques et hémiedres à saveur agréable, soluble dans l'eau et dans l'alcool, il existe dans tous les vins à l'état libre, tantôt sous nature acide, quelquefois neutre, acide glucoso-tartrique, et à l'état d'héter tartrique, il forme le fond du vin.

Acide citrique. — Sa formule est $C^6 H^6 O^7$; on le rencontre quelquefois à l'état libre et combiné dans les vins. Acide glucoso-citrique, éthercitrique. C'est surtout dans cet état qu'on le trouve dans les vins dont la vendange n'était pas suffisamment mûrie. Soluble dans l'eau et dans l'alcool, il se présente en gros cristaux orthorhombiques. Il est tribasique et mono-alcoolique.

Acide tanique. — Sa formule est $C^{14} H^{10} O^9$; soluble dans l'alcool et l'eau bouillante. Le tanin existe dans tous les vins, notamment dans les rouges, dont il forme le fond et le préserve dans son existence ; il facilite la clarification des vins en se combinant avec les matières azotées du vin. Il colore le sel de fer en noir, il se combine avec la gélatine et avec l'albumine, avec lesquelles il forme des précipités.

Acide sulfurique. — Très rare, ou quelquefois à l'état d'acide sulfydrique, à la suite de méchage.

Acide phosphorique. — Peu appréciable dans les vins.

Acide silicique. — Quelques traces dans les vins jeunes.

Acide chlorhydrique. — Quelques traces dans tous les vins, mais plus abondants dans ceux des bords de la mer, ou ceux qui proviennent des terrains salins.

Acide bromhydrique et **acide fluorhydrique.** — Quelques traces dans les vins des bords de la mer.

Acide iodhydrique. — Quelques traces.

Acide sulfhydrique. — On rencontre cet acide dans les vins qui ont été fortement mêchés, ou à la suite du traitement des raisins par le soufre.

Bases volatiles. — Les produits dont la base est l'ammoniaque, sont nombreux ; ce sont des amines : *étylamine, trimétylamine, propylamine, amylamine, caprilamine.* Ils se développent dans les vins soit par la malpropreté des futailles en bois, soit par suite de fumures faites avec des fumiers frais, etc. D'après Ordonneau[1], les bases volatiles sont abondantes, surtout dans les vins qui ont fermenté sur rafles pendant longtemps. Ces corps peuvent encore se produire dans les levures vieilles qui se décomposent dans les moûts (produits de putréfaction).

Bases fixes. — Ces produits sont le résultat de la combinaison de différents métaux avec l'oxygène, formés dans le vin.

Potasse. — La potasse est toujours à l'état de combinaison de tartrate, sulfate, azotate et chlorure ; la soude, à l'état de chlorure et de sulfate ; la chaux à l'état de sulfate et de phosphate ; la *magnésie* à celui de sulfate, *l'alumine, l'oxyde de fer* et *l'oxyde de manganèse* y sont combinés avec l'acide tartrique et l'acide phosphorique.

Principes albuminoïdes. — Dans le vin on rencontre des matières albuminoïdes et des matières azotées combinées entre elles; cette substance est plus considérable dans les vins jeunes que dans les vieux. Les vins qui sont atteints de la graisse sont ceux qui sont dépourvus de tanin ou d'albumine en excès.

Matières colorantes. — Le principe colorant est une matière cachée dans de petites cellules sous la peau du grain de raisin ; la présence des acides et l'oxydation de ces principes lui maintient son caractère colorant ; mais aussitôt que cette matière est en présence d'un alcali, elle vire au vert, etc. Mulder dit que la couleur du vin est une combinaison d'œnocyanine avec l'acide tartrique et une autre matière servant de base.

Fauré dit aussi que la couleur du vin est due à une matière bleue rougie par un ou plusieurs acides libres. C'est dans la pellicule du raisin que réside cette substance.

Indépendamment de celle-ci, le raisin fournit aussi une matière jaune plus ou moins complète que le fruit a asubi.

D'après Pasteur, les matières colorantes de la pellicule sont formées par des principes très oxydables. Conservé à l'abri de l'air, le vin ne changerait jamais de couleur, mais sous la libre action de l'oxygène, ses principes colorants ne tardent pas à s'altérer, et l'influence prolongée de l'air finit par lui enlever presque toute sa couleur.

Toutes ces matières colorantes sont plus ou moins acides, et le tanin joue un grand rôle dans leur nature.

DOSAGE DES VINS

SOMMAIRE :

Dosage de l'alcool. — Alambic Salleron. — Essai des liquides produisant de la mousse à l'ébullition. — Essai des vins de liqueur riches en alcool. — Essai des vins aigres. — Table de la force réelle des liquides spiritueux. — Ébullioscope Malligand. — Ébulliomètre Salleron. — Essai des vins très alcooliques. — Essai des vins sucrés. — Recommandations essentielles. — Dosage de l'acidité totale du vin fait. — Dosage de l'extrait sec.

Œnomètre Houdart. — Œnobaromètre. — Échelle œnobarométrique. — Tableaux œnobarométriques.

DOSAGE DE L'ALCOOL

Le producteur a un intérêt tout particulier à connaître strictement les principaux éléments composant les produits devant être livrés au commerce, et c'est avec regret que nous constatons chez la majeure partie des viticulteurs de notre colonie une indifférence si complète à cet égard qu'il est souvent permis de se demander quel objectif peut les conduire à rester dans l'ignorance des produits qu'ils offrent à la consommation.

Le principal élément à déterminer dans un vin est sans aucun doute la constatation intrinsèque de l'alcool ; quant aux autres corps, on trouvera leur dosage dans l'*Etude des Moûts*, (2me volume, p. 490 et suivantes).

§ 1. — Titrage et densité de l'alcool.

L'alcool est un produit beaucoup plus léger que l'eau, dont la densité est de 0,8095 à 0 degré, 7939 à + 15 degrés et 0,792 à + 20 degrés l'eau pesant 1,000. Son point d'ébullition à l'état pur est à 78°41, celui de l'eau étant à 100 degrés.

L'alcool se détermine de suite avec un alcoomètre de Gay-Lussac s'il n'est mélangé qu'avec de l'eau ; mais si, au contraire, d'autres éléments sont incorporés à ce mélange, aucun instrument à densité ne peut en apprécier exactement la valeur. Ces derniers cependant sont nombreux ; citons les principaux employés dans le commerce et l'administration :

1° Alambic de Salleron :
2° Ebullioscope Malligand ;
3° Ebulliomètre Salleron.

Nous croyons être agréable à nos lecteurs en leur donnant, en un résumé succint, la description de chacun de ces appareils, description que nous empruntons au traité si intéressant et si pratique édité par M. Dujardin et qui a pour titre : *Essai commercial des Vins*.

Assitôt après l'étude relative à ces trois instruments, nous donnons une série de tables comparatives de la force réelle des liquides spiritueux, mélanges indiquant de 1 à 100 centièmes à l'alcoomètre (voir pages 685 et suivantes).

ALAMBIC DE SALLERON

L'alambic de Salleron est un instrument d'une grande précision, parce qu'il repose sur le véritable principe de la séparation de l'alcool et l'eau des autres produits non évaporables ; d'où il s'en suit qu'il suffit de doser le produit distillé avec l'alcoomètre de Guay-Lussac de préférence.

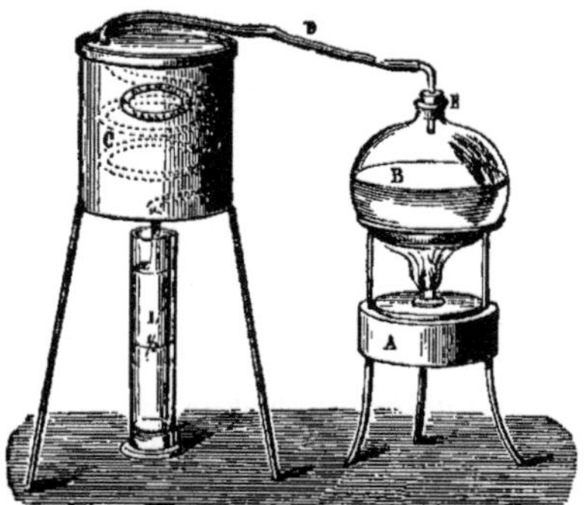

FIG. 303. — Alambic Salleron, petit modèle.

Manière d'opérer avec l'alambic Salleron. — On mesure dans la burette L (fig. 303) le liquide à distiller ; à l'aide d'une petite pipette, on amène exactement le niveau de la burette et l'on vide son contenu dans la chaudière (B). On remplit une seconde fois la burette de la même manière et l'on verse encore le liquide dans la chaudière. On est certain, de cette manière, que la totalité du vin mesuré est soumise à la distillation.

On ferme alors la chaudière avec le bouchon de caoutchouc (E), puis on verse de l'eau froide dans le réfrigérant (C) ; il ne reste plus qu'à mettre la burette sous le serpentin et à allumer la lampe (A) pour que l'appareil fonctionne.

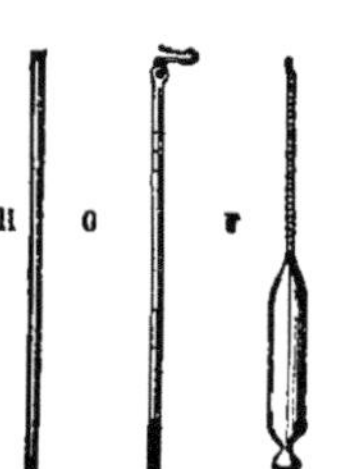

FIG. 304. — Alcoomètre d'alambic.

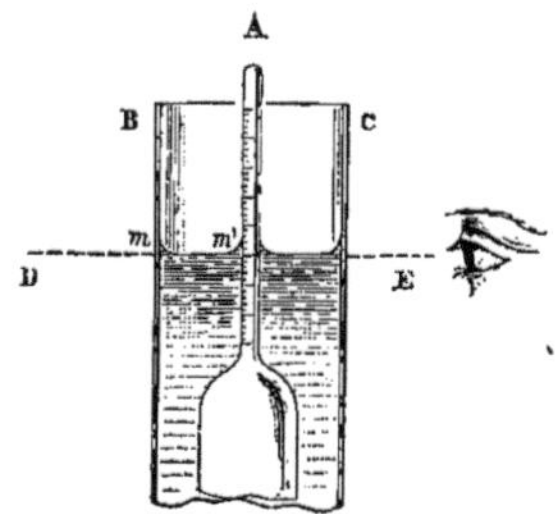

FIG. 305. — Lecture de l'alcoomètre.

Le vin ne tarde pas à entrer en ébullition. La vapeur s'engage par le tube (D) dans le serpentin, s'y condense et tombe dans la burette (L). On renouvelle de temps en temps l'eau du réfrigérant au moyen de l'entonnoir ; l'eau chaude s'écoule par un tuyau trop-plein.

On distille ainsi jusqu'à ce que le liquide recueilli dans la burette atteigne le trait supérieur qui a servi à mesurer le vin à essayer. Comme il est absolument essentiel de ne pas dépasser la distillation, lorsque le niveau du liquide sera parvenu à quelques millimètres au-dessous de ce trait et de compléter le volume jusqu'au trait avec de l'eau, on agite et on mélange l'eau et l'alcool contenus dans l'éprouvette en les retournant à plusieurs reprises, après l'avoir bouchée avec la paume de la main ; lorsque les bulles d'air produites par l'agitation ont disparu, on plonge successivement l'alcoomètre et le thermomètre (fig.304). Pour que les indications de l'alcoomètre soient rigoureusement exactes, il faut que le liquide distillé mouille parfaitement sa tige graduée ; il est donc indispensable de maintenir l'alcoomètre dans le plus grand état de propreté.

On effectue la lecture de l'alcoomètre en plaçant l'œil au-dessous de la surface du liquide, suivant la ligne (D E). On note les indications de l'alcoomètre et du thermomètre (fig. 305) et l'on détermine, à l'aide de la table qui accompagne l'appareil, la richesse réelle du produit distillé.

---

§ 2. — **Ebullioscope Malligand**

On sait que l'eau entre en ébullition entre 99 et 101 degrés, suivant la pression barométrique, l'alcool pur à 78 degrés 41. Il existe donc entre ces deux températures un espace de 22 degrés qui comprend les températures auxquelles entrent en ébullition les mélanges d'eau et d'alcool, de richesses variables entre 0 et 100 degrés de l'alcoomètre de Guay-Lussac; partant de ces principes, de nombreuses expériences furent faites, notamment par Tabarie (1833), Brossard-Vidal (1842), Conati (1847), Malligand (1874), Salleron (1880).

L'ébullioscope de M. Malligand (fig. 306) se décompose ainsi :

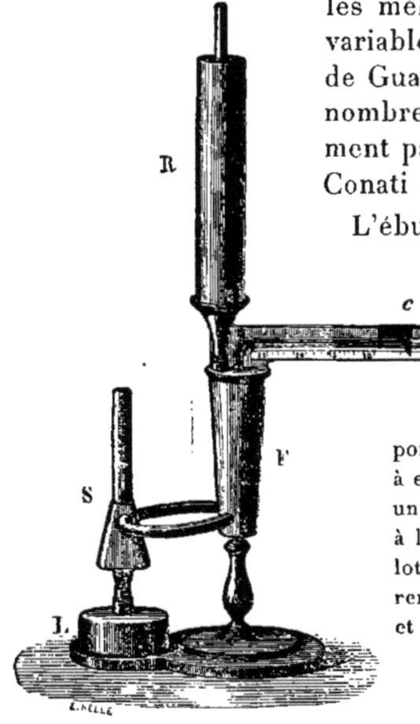

Fig. 306
Ebullioscope Malligand.

(L) est une lampe à alcool dont la flamme entre dans une cheminée d'appel (s), en forme d'entonnoir ; (F) bouillotte conique portée sur un pied, dans laquelle on introduit le vin à essayer et lequel n'est chauffé directement que sous un petit volume, par une couronne métallique creusée à l'intérieur et mettant en communication la bouillotte (F) et le foyer de chauffage (L) ; (R) condenseur rempli d'eau froide qui condense les vapeurs d'alcool et les fait retomber dans la bouillotte (F) ; (E) tige horizontale du thermomètre dont le réservoir vertical plonge dans le vin ; sur cette tige est appuyée une échelle mobile (T), pouvant se fixer au moyen d'une vis de pression placée derrière le thermomètre et les degrés de cette échelle indiquent les centièmes d'alcool contenus dans les vins ; un curseur mobile (E) permet d'établir la coïncidence entre le niveau du mercure et les degrés de l'échelle. La règle se meut sur le thermomètre et est mise en place d'après la pression barométrique.

On fait bouillir le vin, et la température indiquée par le thermomètre donne le degré d'alcool. »

D'un rapport présenté à l'Académie par MM. Dumas, Dessains et Thénard, au sujet de cet appareil, le résumé démontre :

« 1º Que si la plupart des matières fixes et solubles retardent le point d'ébullition d'un liquide alcoolisé, il en est cependant qui l'abaissent sensiblement ;

2º Que ces matières se trouvent toujours réunies dans le vin, mais en proportions diverses ;

3º Qu'en s'en tenant aux vins de table dont la fermentation est achevée, ces matières sont assez bien compensées pour que le point d'ébullition corresponde à celui de l'eau alcoolisée au même degré ;

4º Qu'avec les vins de liqueurs et ceux dont la fermentation est inachevée, le degré d'ébullition est avancé ; mais qu'en recoupant ces vins avec de l'eau, en quantité convenable, on fait toujours disparaître cette anomalie ;

5º Que, dans les plus mauvaises conditions, on ne commet pas une erreur de un sixième de degré et que, dans la majorité des cas, on est sur la vingtième ;

6º Que l'opération est facile et rapide ;

7º Que, par suite des soins donnés à la graduation, les instruments construits jusqu'ici et dont le nombre dépasse cent, sont comparables entre eux. En conséquence, déclare que l'ébullioscope Malligand fournit le meilleur procédé connu jusqu'ici, pour titrer l'alcool dans les vins et elle conclut à ce que l'Académie vote des remerciements à leurs auteurs et l'insertion de son mémoire dans le recueil des savants étrangers. »

L'ébullioscope Malligand est très répandu dans les administrations et le commerce.

---

§ 3. — Ebulliomètre Salleron.

Depuis cette époque, M. Salleron, habile constructeur de Paris, a lui-même construit un ebullioscope pour l'essai des vins, qu'il a dénommé « Ebulliomètre », qui ne laisse absolument rien à désirer, tant au point de vue de l'exactitude des résultats qu'il fournit, qu'à celui de la rapidité des opérations de son fonctionnement et de son prix modéré.

ÉBULLIOMÈTRE SALLERON

L'ébulliomètre (fig. 307) se compose d'une chaudière métallique dans laquelle on verse le liquide soumis à l'expérience. Un condenseur, renfermé dans un réfrigérant (D) qui surmonte la chaudière, condense les vapeurs alcooliques qui s'échappent du vin et maintient l'uniformité de la température du liquide en ébullition.

Un thermomètre (T), divisé sur verre par dixième de degré centigrade, est fixé, au moyen d'un bouchon de caoutchouc, dans la tubulure (T) de la chaudière ; son réservoir plonge au sein du liquide chauffé.

Une lampe à alcool (L) est introduite sous la cheminée, elle est accompagnée d'une provision de mèches appropriées.

Une échelle *ébulliométrique* à coulisse, a pour objet de transformer en richesses alcooliques les températures accusées en degrés centigrades par le thermomètre (T).

Un tube de verre gradué sert à mesurer le volume du liquide sur lequel on doit opérer; il peut aussi être employé pour effectuer le coupage des différents liquides soumis à l'analyse.

L'ensemble de ces organes sont renfermés dans une boîte portative.

Réglage de l'appareil. — Les changements de la pression barométrique modifiant la température d'ébullition des liquides, il faut chaque jour, avant de procéder aux expériences, déterminer la température de l'ébullition de l'eau.

On verse dans la chaudière, par la tubulure (T), la quantité d'eau pure mesurée au moyen du tube gradué jusqu'à la division *Eau*, et l'on introduit dans la tubulure (T) le thermomètre (T) qui ferme la chaudière, on remplit la lampe (L) avec de l'alcool, on allume la mèche et on la pose sous la chaudière, après trois minutes la colonne de mercure s'élève et s'arrête bientôt en mesurant la température de l'ébullition de l'eau ; on attend que la vapeur s'échappe par la tubulure supérieure pour être certain de l'immobilité de la colonne et on lit la division qui se trouve en face du sommet du mercure quand il est devenu stationnaire. Supposons que cette température, lue sur l'échelle du thermomètre, soit 100 degrés et un dixième.

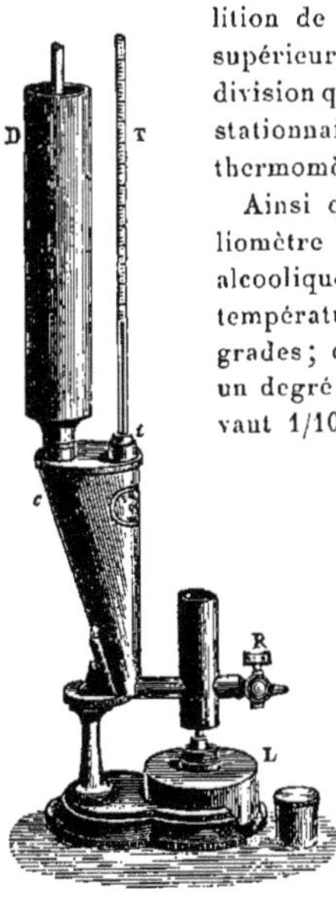

Ainsi que nous l'avons dit plus haut, le (T) thermomètre de l'ébulliomètre n'indique pas bien directement la richesse alcoolique du liquide soumis à l'analyse, mais sa température d'ébullition exprimée en degrés centigrades ; chaque groupe de dix divisions représente un degré, et, par conséquent, chaque petite division vaut 1/10e de degré. Pour traduire en degrés alcooliques l'indication du thermomètre, on emploie l'échelle à coulisse (fig. 308), laquelle porte trois graduations différentes ; celle du milieu, tracée sur une réglette mobile, correspondant aux degrés centigrades du thermomètre, elle porte l'indication *Centigrades* ; celle de droite, désignée *Vins ordinaires*, répond aux richesses alcooliques évaluées en degrés et en dixièmes de degrés de l'alcoomètre légal ; enfin, celle de gauche désignée *Degrés Malligand*, représente les richesses alcooliques évaluées en degrés de l'instrument Malligand.

L'usage de cette échelle est fort simple ; on desserre le petit écrou qui se trouve derrière l'échelle, et qui maintient la réglette immobile, puis faisant mouvoir cette réglette, on amène la division 100. 1, température que le thermomètre marquait dans l'eau bouillante, devant la division 0 des échelles fixes (voir fig. 308) ; enfin, on serre l'écrou. L'échelle est maintenant prête aux expériences, et l'appareil est réglé sans qu'on ait besoin de renouveler ce réglage à chaque opération, les changements atmosphériques ne se produisant généralement qu'avec une certaine lenteur.

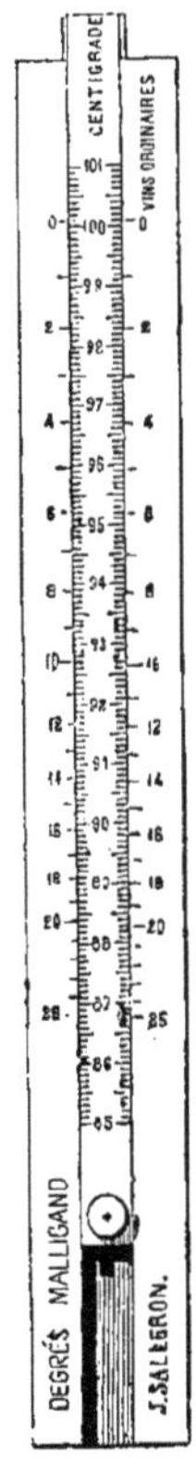

Fig. 307
Ebulliomètre Salleron.

Fig. 308
Règle mobile de
l'ébulliomètre.

§ 4. — **Essai des vins.**

Supposons qu'on veuille essayer un vin ordinaire. On fait écouler complètement l'eau contenue dans la chaudière, on la rince avec une petite quantité de vin à essayer qu'on expulse à son tour, on souffle par la tubulure supérieure pour chasser la vapeur d'eau qui la remplit[1], puis on y introduit une burette entière du vin à essayer, on remplit d'eau froide le réfrigérant (D) et l'on introduit le thermomètre (T) dans sa tubulure ; enfin la lampe (L) est allumée et mise en place. Après quatre minutes, la colonne de mercure du thermomètre commence à apparaître, elle s'élève rapidement d'abord, ensuite plus lentement et, enfin, s'arrête tout à fait.

On attend quelques instants pour être certain de l'immobilité du mercure, puis on lit la division qui se trouve en face de son sommet. — Supposons que ce soit 90° 7 (voir fig. 309), on éteint la lampe et l'opération est terminée ; on se reporte à *l'échelle ébulliométrique* décrite plus haut ; on lit sur l'échelle de droite, portant l'inscription *vins ordinaires*, la division qui se trouve en face de la température 90° 7 centigrades ; on trouve 13,4, ce qui veut dire que le vin essayé contient 13,4 pour cent d'alcool pur, évalués en degrés de *l'alcool légal*. Si l'on veut voir la richesse alcoolique évaluée en *degrés Malligand*, on lit, sur l'échelle gauche de la règle, en face de 90° 7, après avoir mis 100° 1 en face de 0 de cette échelle et l'on trouve 13° 9.

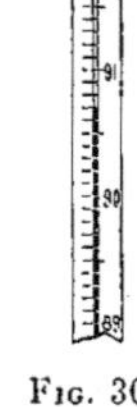

Fig. 309

Échelle thermo-
métrique de
l'ébulliomètre.

Nous interrompons pour un instant l'étude des *Essais des divers vins* que nous reprenons à la suite des tables indiquant en centième la force réelle des liquides spiritueux.

---

§ 5. — Tables synoptiques.

L'usage de ces tableaux, dûs à Gay-Lussac, est fort simple ; on cherche dans la première colonne horizontale le nombre correspondant à l'indication de l'alcoomètre et dans la première colonne verticale le degré indiqué par le thermomètre. Au croisement des lignes on trouve la richesse alcoolique du liquide distillé, soit la quantité d'alcool pur qu'il renferme exprimé en centièmes de son volume.

Mais, comme il a été distillé deux burettes de vin et que l'on en a recueillie seulement une, le liquide contenu dans l'éprouvette possède une richesse alcoolique double de celle du vin essayé, il faut donc diviser par deux le titre donné par l'alcoomètre.

Exemple : l'alcoomètre 26 degrés et le thermomètre 18 degrés, la richesse correspondante est 25 ; celle du liquide essayé est la moitié, soit $\frac{25}{2}$ 12 degrés 5.

---

(1) Il est très important d'expulser de la chaudière les dernières traces du liquide qu'elle a contenu ; les quelques gouttes qui mouillent ses parois et la vapeur qui la remplit, quand elle est chaude, peuvent occasionner des erreurs s'élevant à 0° 2. Enfin on diminue cette cause d'erreurs en laissant refroidir la chaudière pendant quelques instants avant de recommencer une nouvelle expérience.

TABLE DE LA FORCE RÉELLE DES LIQUIDES SPIRITUEUX

I. — *Mélanges indiquant de 1 à 15 centièmes à l'alcoomètre.*

TEMPÉRATURES	INDICATION DE L'ALCOOMÈTRE (FORCE APPARENTE)														
	1ᶜ	2ᶜ	3ᶜ	4ᶜ	5ᶜ	6ᶜ	7ᶜ	8ᶜ	9ᶜ	10ᶜ	11ᶜ	12ᶜ	13ᶜ	14ᶜ	15ᶜ
0°	1.3 1000	2.4	3.4	4.4	5.4	6.5 1001	7.5	8.6	9.7	10.9	12.2	13.4 1002	14.7	16.1	17.5
1	....	....	....	....	....	....	....	....	....	....	....	13.4 1002	14.7	16	17.3
2	....	....	....	....	....	....	....	....	....	....	....	13.4 1002	14.7	16	17.2
3	....	....	....	....	....	....	....	....	....	....	....	13.3 1001	14.6 1002	15.9	17.1
4	....	....	....	....	....	....	....	....	....	....	....	13.3 1001	14.5 1002	15.8	16.9
5	1.4 1001	2.5	3.5	4.5	5.5	6.6	7.7	8.7	9.8	10.9	12.1	13.2	14.4	15.7 1002	16.8
6	....	....	....	....	....	....	....	....	....	....	....	13.1 1001	14.3	15.6 1002	16.7
7	....	....	....	....	....	....	....	....	....	....	....	13 1001	14.2	15.4	16.6 1002
8	....	....	....	....	....	....	....	....	....	....	....	13 1001	14.1	15.3	16.4
9	....	....	....	....	....	....	....	....	....	....	....	12.9 1001	14	15.1	16.2
10	1.4 1000	2.4	3.4 1001	4.5	5.5	6.5	7.5	8.5	9.5	10.6	11.7	12.7	13.8	14.9	16
11	1.3 1000	2.4	3.4	4.4 1001	5.4	6.4	7.4	8.4	9.4	10.5	11.6	12.6	13.6	14.7	15.8
12	1.2 1000	2.3	3.3	4.3	5.3	6.3	7.3	8.3	9.3	10.4	11.5	12.5 1001	13.5	14.6	15.6
13	1.2 1000	2.2	3.2	4.2	5.2	6.2	7.2	8.2	9.2	10.3	11.4	12.4	13.4	11.4	15.4
14	1.1 1000	2.1	3.1	4.1	5.1	6.1	7.1	8.1	9.1	10.2	11.2	12.2	13.2	14.2	15.2
15	1 1000	2	3	4	5	6	7	8	9	10	11	12	13	14	15
16	0.9 1000	1.9	2.9	3.9	4.9	5.9	6.9	7.9	8.9	9.9	10.9	11.9	12.9	13.9	14.9
17	0.8 1000	1.8	2.8	3.8	4.8	5.8	6.8	7.8	8.8	9.8	10.8	11.7	12.7	13.7	14.7
18	0.7 1000	1.7	2.7	3.7	4.7	5.7	6.7	7.7	8.7	9.7	10.7	11.6	12.5 999	13.5	14.5
19	0.6 999	1.6	2.6	3.6	4.6	5.5	6.5	7.5	8.5	9.5	10.5	11.4	12.4	13.3	14.3
20	0.5 999	1.5	2.4	3.4	4.4	5.4	6.4	7.3	8.3	9.3	10.3	11.2	12.2	13.1	14
21	0.4 999	1.4	2.3	3.3	4.3	5.3	6.2	7.1	8.1	9.1	10.1	11	11.9	12.8	13.7
22	0.3 999	1.3	2.2	3.2	4.1	5.1	6.1	7	7.9	8.9	9.9	10.8	11.7	12.6 998	13.5
23	0.1 999	1.1	2.1	3.1	4	4.9	5.9	6.8 998	7.8	8.7	9.7	10.6	11.5	12.3	13.3
24	....	1 998	1.9	2.9	3.8	4.8	5.8	6.7	7.6	8.5	9.5	10.4	11.3	12.2	13.1
25	....	0.8 998	1.7	2.7	3.6	4.6	5.5	6.5	7.4	8.3	9.3	10.2	11.1	12	12.8
26	....	0.7 998	1.6	2.6	3.5	4.4	5.4	6.3	7.2	8.1	9	9.9 997	10.8	11.7	12.6
27	....	0.5 998	1.5	2.5	3.3	4.3	5.2	6.1	7	7.9	8.8 997	9.7	10.6	11.5	12.3
28	....	0.3 997	1.3	2.3	3.1	4.1	5	5.9	6.8	7.7	8.6	9.5	10.3	11.2	12
29	....	0.1 997	1.1	2.1	2.9	3.9	4.8	5.7	6.6	7.5	8.4	9.2	10.1	11	11.8 996
30	....	0.0 997	0.9	1.9	3.8	3.7	4.6	5.5	6.4	7.3	8.1	9 996	9.8	10.7	11.5

TABLE DE LA FORCE RÉELLE DES LIQUIDES SPIRITUEUX

II. — *Mélanges indiquant de 16 à 30 centièmes à l'alcoomètre.*

TEMPÉRATURES	\(16^c\)	\(17^c\)	\(18^c\)	\(19^c\)	\(20^c\)	\(21^c\)	\(22^c\)	\(23^c\)	\(24^c\)	\(25^c\)	\(26^c\)	\(27^c\)	\(28^c\)	\(29^c\)	\(30^c\)
	INDICATIONS DE L'ALCOOMÈTRE (FORCE APPARENTE)														
0	18.9 1003	20.3	21.6 1004	22.9	24.2	25.6 1005	27	28.4 1006	29.7	30.9 1007	32.1	33.2	34.8 1008	35.3	36.3
1	18.7 1003	20	21.3	22.6 1004	23.9	25.3 1005	26.7	28	29.2 1006	30.4	31.6	33.7 1007	33.8	34.8	35.8 1008
2	18.5 1003	19.8	21.1	22.3 1004	23.6	24.9 1004	26.3 1005	27.5	28.8	30 1006	31.2	32.3	33.3	34.4 1007	35.4
3	18.3	19.6 1003	20.8	22	23.3 1004	24.6 1004	25.9 1005	27.1	28.4	29.6	30.8 1006	31.9	32.9	33.9 1007	34.9
4	10.1	19.4	20.6 1003	21.8	23	24.3 1004	25.6	26.8 1005	28	29.2	30.4	31.4	32.5	33.5 1006	34.5
5	18	19.2	20.4 1003	21.5	22.7	24 1003	25.2	26.4 1004	27.6	28.8	30	31 1005	32.1	33.1	34.1
6	17.8	19	20.2 1003	21.3	22.4	23.6 1003	24.9	26 1004	27.2	28.4	29.6	39.6 1005	31.6	32.6	33.6
7	17.7	18.8	20	21	22.1	23.3 1002	24.6 1003	25.7	26.9	28	29.2	30.2 1004	31.2	32.2	33.2
8	17.5	18.6 1002	19.7	20.7	21.8	23 1002	24.2	25.3 1003	26.5	27.6	28.8	29.8	30.8	31.8	32.8
9	17.3	19.4	19.5	20.5 1002	21.6	22.7 1002	23.9	25	26.1	27.2	28.4 1003	29.4	30.4	31.4	32.4
10	17	18.1	19.2	20.2	21.3	22.4 1001	23.5 1002	24.6	25.7	26.8	27.9	29	30	31	32
11	16.8	17.9	19	20	21	22.1 1001	23.2	24.3	25.4	26.5 1002	27.6	28.6	29.6	30.6	31.6
12	16.6	17.6	18.7	19.7	20.7	21.8 1001	22.9	24	25.1	26.1	27.2	28.2	29.2	30.2	31.2
13	16.4	17.4	18.5	19.5	20.5	21.5 1001	22.6	23.6	24.7	25.7	26.8	27.8	28.8	29.8	30.8
14	16.2	17.2	18.2	19.2	20.2	21.2 1000	22.3	23.3	24.3	25.3	26.4	27.4	28.4	29.4	30.4
15	16	17	18	19	20	21 1000	22	23	24	25	26	27	28	29	30
16	15.9	16.9	17.8	18.7	19.7	20.7 1000	21.7	22.7	23.7	24.7	25.7	26.6	27.6	28.6	29.6
17	15.6	16.6	17.5	18.4 999	19.4	20.4 999	21.4	22.4	23.4	24.4	25.4	26.3	27.3	28.2	29.2
18	15.4	16.3	17.3	18.2	19.1	20.1 999	21.1	22	23	24	25	25.9	26.9	27.8	28.8
19	15.2	16.1	17	17.9	18.8	19.8 999	20.8	21.7	22.7	23.6 998	24.6	25.5	26.5	27.4	28.4
20	14.9	15.8	16.7	17.6	18.5	19.5 999	20.5 998	21.4	22.4	23.3	24.3	25.2	26.1	27.1	28
21	14.6	15.5 998	16.4	17.3	18.2	19.1 998	20.1	21.1	22.1	23	23.9	24.8	25.7	26.7 997	27.6
22	14.4	15.3	16.2	17	17.9	18.8 998	19.8	20.7	21.7 997	22.6	23.6	26.4	25.3	26.3	27.2
23	14.1	15	15.9	16.7	17.6	18.5 998	19.5 997	20.4	21.4	22.3	23.2	24.1	25	25.9	26.8
24	13.9	14.8	15.7	16.5 997	17.4	18.3 997	19.2	20.1	21.1	21.9	22.8	23.7	24.6 996	25.5	26.4
25	13.6	14.5 797	15.4	16.2	17.1	18 997	18.9	19.8	20.7	21.6 996	22.5	23.3	24.3	25.2	26.1
26	13.4	14.2	15.1	15.9	16.8	17.7 997	18.6 996	19.5	20.4	21.3	22.2	23	23.9	24.8 995	25.7
27	13.1	14	14.8	15.6	16.5	17.4 996	18.3	19.2	20.1	20.9	21.8	22.7	23.6	24.4 995	25.3
28	12.8 996	13.7	14.5	15.3	16.1	17 996	18	18.9	19.7 995	20.6	21.5	22.3	23.2	24	24.9 994
29	12.6	13.4	14.2	15	15.8	16.7 996	17.6	18.5 995	19.4	20.3	21.1	21.9	22.8 994	23.7	24.5
30	12.3	13.1	13.9	14.7	15.5	16.4 995	17.3	18.2	19.1	19.9	28.8 994	21.6	22.5	23.3	24.2

TABLE DE LA FORCE RÉELLE DES LIQUIDES SPIRITUEUX

III. — *Mélanges indiquant de 31 à 45 degrés à l'alcoomètre.*

TEMPÉRATURES	INDICATIONS DE L'ALCOOMÈTRE (FORCE APPARENTE)														
	31ᶜ	32ᶜ	33ᶜ	34ᶜ	35ᶜ	36ᶜ	37ᶜ	38ᶜ	39ᶜ	40ᶜ	41ᶜ	42ᶜ	43ᶜ	44ᶜ	45ᶜ
0	37.3 (1009)	38.3	39.2	40.2	41.1	42.1 (1010)	43.1	44	45	45.9 (1011)	46.9 (1011)	47.9	48.8	49.8	50.7
1	36.8	37.8	38.8	39.8	40.8 (1009)	41.8	42.7	43.7	44.6 (1010)	45.5	46.5 (1010)	47.5	48.4	49.4	50.3
2	36.4	37.4	38.4 (1008)	39.4	40.4	41.4	52.3	43.3 (1009)	44.2	45.1	46.1 (1009)	47.1	41.1	49	49.9 (1010)
3	36	37	38	39	40	41 (1008)	42	42.9	43.9	44.8	45.8 (1008)	46.7 (1009)	47.7	48.6	49.6
4	35.5	36.5	37.5	38.5 (1007)	39.5	40.5	41.5	42.5	43.5	44.4 (1008)	45.4 (1008)	46.4	47.4	48.3	49.2
5	35.1	36.1 (1006)	37.1	38.1	39.1	40.1	41.1 (1007)	42.1	43.1	44	45 (1007)	45.9	46.9	47.9	48.8
6	34.7	35.7	36.7	37.7	38.7	39.7 (1006)	40.7	41.6	42.6	43.6	44.6 (1006)	45.5	46.5	47.5	48.4
7	34.2	35.2	36.2	37.2 (1005)	38.2	39.2 (1006)	40.2	41.2	42.2	43.2	44.2 (1005)	45.1 (1006)	46.1	47.1	48.1
8	33.8 (1004)	34.8	35.8	36.8	37.8	38.8	39.8	40.8	41.8	42.8 (1005)	43.8 (1005)	44.8	45.8	46.8	47.7
9	32.4	34.4	35.4	36.4	37.4 (1004)	38.4	39.4	40.4	41.4	42.4	43.4 (1004)	44.4	45.4	46.4	47.3
10	33	34	35 (1003)	36	37	38	39	40	41	42	43 (1003)	44 (1004)	45	46	46.9
11	32.6	33.6	34.6	35.6	36.6	37.6	38.6	39.6	40.6 (1003)	41.6	42.6 (1003)	43.6	44.6	45.6	46.6
12	32.2	33.2	34.2	35.2	36.2	37.2	38.2	39.2	40.2	41.2	42.2 (1002)	43.2	44.2	45.2	46.2
13	31.8	32.8	33.8	34.8	35.8	36.8	37.8	38.8	39.8	40.8	41.8 (1001)	42.8	43.8	44.8 (1002)	45.8
14	31.4	32.4	33.4 (1001)	34.4	35.4	36.4	37.4	38.4	39.4	40.4	41.4 (1001)	42.4	43.4	44.4	45.4
15	31	32	33	34	35	36	37	38	39	40	41 (1000)	42	43	44	45
16	30.6	31.6	32.5 (999)	33.5	34.5	35.5	36.5	37.5	38.5	39.5	40.6 (999)	41.6	42.6	43.6	44.6
17	30.2	31.2	32.1	33.1	34.1	33.5	36.1	37.1	38.1	39.1	40.2 (999)	41.2	42.2	43.2 (998)	44.2
18	29.8	30.8	32.7 (998)	32.7	33.7	35.1	35.7	36.7	37.7	39.7	39.8 (998)	40.8	41.8	42.8	43.8
19	29.4	30.4	31.3	32.3	33.3	34.7	35.3	36.3	37.3 (997)	38.3	39.4 (997)	40.4	41.4	42.5	43.5
20	29	30	30.9 (997)	31.9	32.9	34.3	34.9	35.9	36.9	37.9	39 (997)	40	41	42.1	43.1 (996)
21	28.6	29.6	30.5	31.5	32.5	33.9	34.5	35.5 (996)	36.5	37.5	38.6 (996)	39.6	40.6	41.7	42.7
22	28.2	29.2	30.1 (996)	31.1	32.1	33.1	34.1	35.1	36.1	37.1	38.2 (996)	39.2 (992)	40.2	41.3	42.3
23	27.8 (996)	28.8	29.7	30.7	31.7	32.7	33.7	34.7 (995)	35.7	36.7	37.8 (995)	38.8	40.8	40.9 (994)	41.9
24	27.4	28.4	29.3 (995)	30.3	31.3	32.3	33.3	34.3	35.3	36.3 (994)	37.4 (994)	38.4	39.4	40.5	41.5
25	27 (995)	28	28.9	29.9	30.9	31.9 (994)	32.9	33.9	34.9	35.9 (994)	37 (994)	38	39 (993)	40.1	41.1
26	26.6	27.6	28.5	29.5 (994)	30.5	31.5	32.5	33.5	34.5 (993)	35.5	36.5 (993)	37.6	38.6	39.7	40.7 (992)
27	26.2	27.2 (994)	28.1	29.1	30.1	31.1 (993)	32.1	33.1	34.1	35.1	36.1 (992)	37.2	38.2	39.3	40.3
28	25.8	26.8	27.7	28.7 (993)	29.7	30.7	31.7	32.7	33.7 (992)	34.7	35.7 (992)	36.8	37.8	38.9 (991)	39.9
29	25.4	26.4 (993)	27.3	28.3	29.3	30.3 (992)	31.3	32.3	33.3	34.3	35.3 (991)	36.3	37.4	38.5	39.5
30	25.1 (999)	26	26.9	27.9	28.9 (992)	29.9	30.9	31.9	32.9	33.9	34.9 (991)	35.9	37 (990)	38.1	39.1

IV. -- *Mélanges indiquant de 46 à 60 centièmes à l'alcoomètre.*

TEMPÉRATURES	46ᶜ	47ᶜ	48ᶜ	49ᶜ	50ᶜ	51ᶜ	52ᶜ	53ᶜ	54ᶜ	55ᶜ	56ᶜ	57ᶜ	58ᶜ	59ᶜ	60ᶜ
						INDICATIONS DE L'ALCOOMÈTRE (FORCE APPARENTE)									
0	51.7	52.6 1012	53.5	54.5	55.4	56.4	57.3	58.3	59.2	60.2	61.2	62.1	63.1 1013	63.1	65
1	51.3 1011	52.2	53.2	54.2	55.1	56	57	57.9	58.9	59.9	60.9	61.8	62.8 1012	63.8	64.7
2	50.9	51.8	52.8	53.8	54.7	55.7	56.6	57.6	58.5	59.5	60.5 1011	61.5	62.4	63.4	64.4
3	50.5	51.5	52.4	53.4	54.4	55.3	56.3	57.2	58.2 1010	59.2	60.2	61.1	62.1	63.1	64.1
4	50.2	51.1	52.1	53	54 1000	55	56	56.9	57.9	58.9	59.8	60.8	61.7	62.7	63.7
5	49.8	50.7	51.7 1008	52.7	53.5	54.6	55.6	56.6	57.5	58.5	59.5	60.4	61.4	62.4	63.4
6	49.4	50.4	51.4	52.4	53.3	54.3	55.2	56.2	57.1	58.1	59.1	60.1	61 1008	62	63
7	49.1	50.1	51	52	53.9	53.9	54.9	55.9	56.8	57.8	58.8	59.8 1007	60.7	61.7	62.7
8	48.7	49.7	50.6	51.6	52.6	53.6	54.6	55.5 1006	56.5	57.5	58.5	59.5	60.4	61.4	62.4
9	48.3	49.3 1005	50.2	51.2	52.2	53.2	54.2	55.1	56.1	57.1	58.1	59.1	60	61	62
10	47.9	48.9	49.9	50.9	51.8	52.8	53.8	54.8	55.8	56.8	57.8	58.8	59.7	60.7	61.7
11	47.6	48.6	49.5	50.5	51.5	52.5	53.5	54.4	55.4	56.4	57.4	58.4	59.4	60.4	61.4
12	47.2	48.2	49.2	50.2	51.1	52.1	53.1	54.1	55	56	57	58	59	60	61
13	46.8	47.8	48.8	49.8	50.8	51.8	52.8	53.7	54.7	55.7	56.7	57.7	58.7	59.7	60.7
14	46.4	47.4	48.4	49.4	50.4	51.4	52.4	53.3	54.3	55.3	56.3	57.3	58.3	59.3	60.3
15	46	47	48	49	50	51	52	53	54	55	56	57	58	59	60
16	45.6	46.6	47.6	48.6	49.6	50.6	51.6	52.6	53.6	54.6	55.6	56.6	57.6	58.6	59.6
17	45.2	46.2	47.2	48.3	49.3	50.3	51.3	52.3	53.3	54.3	55.3	56.3	57.3	58.3	59.3
18	44.9	45.9	46.9	47.9	48.9	49.9	50.9	51.9	52.9	53.9	54.9	55.9	56.9 997	57.9	58.9
19	44.5	45.5	46.5	47.5	48.5	49.5	50.6	51.6	52.6	53.6	54.6	55.6	56.6	57.6	58.6
20	44.1	45.1	46.1	47.2	48.2	49.2	50.2	51.2	52.2	53.2	54.2	55.2	56.2	57.2	58.2
21	43.7	44.8	45.8 995	46.8	47.8	48.8	49.8	50.8	51.8	52.9	53.9	54.9	55.9	56.9	57.9
22	43.3	44.3	45.3	46.4	47.4	48.4	49.4	50.4	51.4 994	52.5	53.5	54.5	55.5	56.5	57.5
23	42.9	43.9	44.9	46	47	48	49.1	50.1	51.1	52.1	53.1	54.1 993	55.1	56.1	57.1
24	42.5	43.6	44.6	45.6 993	46.6	47.6	48.7	49.7	50.7	51.8	52.8	53.8	54.8	55.8	56.8 992
25	42.2	43.2	44.2	45.2	46.3	47.3	48.3	49.3	50.3 992	51.4	52.4	53.4	54.4	55.5	56.5
26	41.8	42.8	43.8	44.9	45.9	46.9	47.9	49	50 991	51	52	53	54	55.1	56.1
27	41.4	42.4	43.4 991	44.5	45.5	46.5	47.5	48.6	49.6	50.7 990	51.7	52.7	53.7	54.8	55.8
28	41	42	43	44.1	45.1 990	46.1	47.2	48.2	49.2	50.3	51.3	52.3	53.3 989	54.4	55.4
29	40.6 990	41.6	42.6	43.7	44.7	45.7	46.8 989	47.8	48.9	49.9	51	52	53	54	55 988
30	40.2	41.2	42.3 989	43.3	44.3	45.3	46.4	47.5	48.5 988	49.6	50.6	51.6	52.6	53.6	54.7

TABLE DE LA FORCE RÉELLE DES LIQUIDES SPIRITUEUX

V. — *Mélanges indiquant de 61 à 75 centièmes à l'alcoomètre.*

TEMPÉRATURES	INDICATION DE L'ALCOOMÈTRE (FORCE APPARENTE)														
	61ᶜ	62ᶜ	63ᶜ	64ᶜ	65ᶜ	66ᶜ	67ᶜ	68ᶜ	69ᶜ	70ᶜ	71ᶜ	72ᶜ	73ᶜ	74ᶜ	75ᶜ
0°	66 1013	67	68	68.9	69.9	70.8	71.8	72.7	73.7 1014	74.7	75.6	76.6	77.6	78.6	79.5
1	65.7 1012	66.7	67.7	68.6	69.6	70.5	71.5	72.4	73.4 1013	74.3	75.3	76.3	77.3	78.3	79.2
2	65.3 1011	66.3	67.3	68.3	69.3	70.2	71.2	72.1 1012	73.1	74	75	76	77	78	78.9
3	65 1010	66	67	68	68.9	69.9 1011	70.8	71.8	72.8	73.7	74.7	75.7	76.7	77.7	78.6
4	64.7 1009	65.7	66.6	67.6 1010	68.6	69.5	70.5	71.5	72.5	73.4	74.4	75.3	76.3	77.3	78.3
5	64.3 1009	65.3	66.3	67.3	68.3	68.2	70.2	71.2	72.2	73.1	74.1	75	76	77	78
6	64 1008	65	66	67	68	68.9	69.9	70.9	71.9	72.8	73.8	74.7	75.7	76.7	77.7
7	63.7 1007	64.7	65.7	66.7	67.6	68.6	69.6	70.6	71.5	72.5	73.5	74.4	75.4	76.4	77.4
8	63.4 1006	64.4	65.4	66.4	67.3	68.3	69.3	70.2	71.2	72.2	73.2	74.1	75.1	76.1	77.1
9	63 1005	64	65	66	67	67.9	68.9	69.9	70.9	71.9	72.9	73.8	74.8	75.8	76.8
10	62.7 1004	63.7	64.7	65.7	66.7	67.6	68.6	69.6	70.6	71.6	72.6	73.5	74.5 1005	75.5	76.5
11	62.4 1003	63.4	64.4	65.4	66.4	66.3	68.3	69.3 1004	70.3	71.3	72.3	73.2	74.2	75.2	76.2
12	62 1002	63	64	65	66	67	68 1003	69	70	71	72	72.9	73.9	74.9	75.9
13	61.7 1002	62.7	63.7	64.7	65.7	66.7	67.7	68.7	69.6	70.6	71.6	72.6	73.6	74.6	75.6
14	61.3 1001	62.3	63.3	64.3	65.3	66.3	67.3	68.3	69.3	70.3	71.3	72.3	73.3	74.3	75.3
15	61 1000	62	63	64	65	66	67	68	69	70	71	72	73	74	75
16	60.6 999	61.7	62.7	63.7	64.7	65.7	66.7	67.7	68.7	69.7	70.7	71.7	72.7	73.7	74.7
17	60.3 998	61.3	62.3	63.3	64.3	65.3	66.3	67.3	68.3	69.3	70.3	71.3	72.3	73.3	74.3
18	59.9 997	61	62	63	64	65	66	67	68	69	70	71	72	73	74
19	59.6 997	60.6	61.6	62.7	63.7	64.7	65.7	66.7	67.7 996	68.7	69.7	70.7	71.7	72.7	73.7
20	59.2 996	60.3	61.3	62.3	63.3	64.3	65.4	66.4	67.4	68.4	69.4	70.4	71.4 995	72.4	73.4
21	58.9 995	59.9	61	62	63	64	65	66	67	68.1	69.1	70.1	71.1	72.1 994	73.1
22	58.5 994	59.5	60.6	61.6	62.7	63.7	64.7	65.7	66.7	67.8	68.8	69.8	70.8	71.8	72.8 993
23	58.1 993	59.2	60.2	61.3	62.3	63.3	64.3	65.4	66.4	67.4	68.4	69.4	70.5	71.5	72.5 992
24	57.8 992	58.9	59.9	61	62	63	64	65	66	67.1	68.1	69.1	70.1	71.2	72.2
25	57.5 992	58.5	59.5	60.6 991	61.6	62.6	63.7	64.7	65.7	66.7	67.8	68.8	69.8	70.8	71.8
26	57.1 991	58.1	59.2	60.2	61.3 990	62.3	63.3	64.3	65.3	66.4	67.4	68.4	69.5	70.5	71.5
27	56.8 990	57.8	58.9	59.9	60.9	61.9	63 989	64	65	66	67.1	68.1	69.2	70.2	71.2
28	56.4 989	57.5	58.5	59.5	60.6	61.6	62.6	63.7	64.7	65.7 988	66.8	67.8	68.8	69·9	70.9
29	56 988	57.1	58.1	59.2	60.2	61.2	62.3	63.3	64.3	65.4	66.4	67.4 987	68.5	59.5	70.6
30	55.7 988	56.7 987	57.8	58.8	59.9	60.9	61.9	63	64	65	66.1	67.1	68.2 986	69.2	70.3

VI. — *Mélanges indiquant de 76 à 90 centièmes à l'alcoomètre*

TEMPÉRATURES	INDICATION DE L'ALCOOMÈTRE (FORCE APPARENTE)														
	76ᶜ	77ᶜ	78ᶜ	79ᶜ	80ᶜ	81ᶜ	82ᶜ	83ᶜ	84ᶜ	85ᶜ	86ᶜ	87ᶜ	88ᶜ	89ᶜ	90ᶜ
0	80.5	81.5	82.4	83.3	84.3	85.2 1014	86.2	87.1	88	88.9	89.9 1015	90.8	91.7	92.6	93.6
1	80.2	81.2	82.1	83.1	84	85 1013	85.9	86.8	87.8	88.7	89.6 1014	90.5	91.5	92.4	93.3
2	79.9	80.9	81.9	82.8	83.7	84.7 1012	85.6	86.6	87.5	88.5	89.4 1013	90.3	91.2	92.2	93.1
3	79.6	80.6	81.6	82.5	83.5	84.4 1011	85.4	86.3	87.3	88.2	89.2 1012	90.1	91	91.9	92.9
4	76.3	80.3	81.3	82.2	83.2	84.2 1011	85.1	86.1	87	87.9	88.9	89.8	90.8	91.7	92.7
5	79	80	81	81.9 1010	82.9	83.9 1010	84.8	85.8	86.7	87.7	88.6	89.6	90.5	91.5	92.4
6	78.7	79.7	80.7	81.6	82.6 1009	83.6 1009	84.5	85.5	86.5	87.4	88.4	89.3	90.2	91.2	92.2
7	78.4	79.4	80.4	81.4	82.3 1008	83.3 1008	84.2	85.2	86.2	87.2	88.1	89.1	90	91	91.9
8	78.1	79.1 1007	80.1	81.1	82	83 1007	84	85	85.9	86.9	87.9	88.8	89.8	90.7	91.7
9	77.8	78.8 1006	79.8	80.8	81.7	82.7 1006	83.7	84.7	85.7	86.6	87.6	88.6	89.5	90.5	91.5
10	77.5	78.5	79.5	80.5	81.5	82.4 1005	83.4	84.4	85.4	86.4	87.4	88.3	89.3	90.2	91.2
11	77.2	78.2	79.2	80.2	81.2	82.2 1004	83.1	84.1	84.1	86.1	87.1	88	89	90	91
12	76.9	77.9	78.9	79.9	80.9	81.9 1003	82.9	83.9	84.8	85.8	86.8	87.8	88.7	89.7	90.7
13	76.6	77.6	78.6	79.6	80.6	81.6 1002	82.6	83.6	84.6	85.5	86.5	87.5	88.5	89.5	90.5
14	76.3	77.3	78.3	79.3	80.3	81.3 1001	82.3	83.3	84.3	85.3	86.3	87.3	88.2	89.2	90.2
15	76	77	78	79	80	81 1000	82	83	84	85	86	87	88	89	90
16	75.7	76.7	77.7	78.7	79.7	80.7 999	81.7	82.7	83.7	84.7	85.7	86.7	87.7	88.7	89.7
17	75.4	76.4	77.4	78.4	79.4	80.4 998	81.4	82.4	83.4	84.4	85.4	86.4	87.4	88.4	89.5
18	75.1	76.1	77.1	78.1	79.1	80.1 997	81.1	82.1	83.1	84.1	85.2	86.2	87.2	88.2	89.2
19	74.7	75.8	76.8	77.8	78.8	79.8 996	80.8	81.9	82.9	83.3	84.9	85.9	86.9	87.9	88.9
20	74.4	75.5	76.5	77.5	78.5	79.5 995	80.5	81.6	82.6	83.6	84.6	85.6	86.6	87.7	88.7
21	74.1	75.2	76.2	77.2	78.2	79.2 994	80.2	81.3	82.3	83.3	84.3	85.3	86.4	87.4	88.4
22	73.8	74.8	75.9	76.9	77.9	78.9 992	79.9	81	82	83	84	85	86.1	87.1	88.2
23	73.5	74.5	75.5	76.6	77.6	78.6 992	79.6	80.7	81.7	82.7	83.8	84.8	85.8	86.8	87.9
24	73.2	74.2	75.2 991	76.3	77.3	78.3 991	79.3	80.4	81.4	82.4	83.5	84.5	85.5	86.5	87.6
25	72.8	73.9	74.9	76	77	78 991	79	80.1 990	81.1	82.1	83.2	84.2	85.2	86.3	87.4
26	72.5	73.6	74.6	75.6	76.7	77.7 990	78.7 989	79.8	80.8	81.8	82.9	83.9	84.9	86	87.1
27	72.2	73.3	74.3	75.3	76.3	77.4 989	78.4 988	79.5	80.5	81.5	82.6	83.6	84.7	85.7	86.8
28	71.9	73	74	75	76	77.1 988	78.1	79.2 987	80.2	81.2	82.3	83.3	84.4	85.4	86.5
29	71.6	72.6	73.7	74.7	75.7	76.7 987	77.8	78.9	79.9 986	80.9	82	83	84.1	85.1	86.2
30	71.3	72.3	73.3	74.4	75.4	76.4 986	77.5	78.6	79.6	80.6 985	81.7	82.7	83.8	84.9	86

TABLE DE LA FORCE RÉELLE DES LIQUIDES SPIRITUEUX

VII. — *Mélanges indiquant de 91 à 100 centièmes à l'alcoomètre*

TEMPÉRATURES	INDICATION DE L'ALCOOMÈTRE (FORCE APPARENTE)									
	91ᶜ	92ᶜ	93ᶜ	94ᶜ	95ᶜ	96ᶜ	97ᶜ	98ᶜ	99ᶜ	100ᶜ
0·	94.5	95.3	96.2	97.1	98	98.8	99.7 1016			
1	94.3	95.1	96	96.9	97.8	98.6	99.5			
2	94	94.9	95.8	96.7	97.6	98.5	99.3 1014			
3	93.8	94.7	95.6	96.5	97.4	98.3	99.2			
4	93.6	94.5	95.4	96.3	97.2	98.1	99	99.9		
5	93.4	94.3	95.2	96.1	97	97.9	98.8	99.7		
6	93.1	94.1	95	95.9	96.8	97.8	98.7	99.6		
7	92.9	93.9	94.8	95.7	96.6	97.6	98.5	99.4		
8	92.7	93.6	94.6	95.5	96.4	97.4	98.3	99.2		
9	92.5	93.4	94.4	95.3	96.2	97.2	98.1	99.1	100	
10	92.2	93.2	94.2	95.1	96	97	98	98.9	99.9	
11	92	92.9	93.9	94.9	95.8	96.8	97.8	98.7	99.7	
12	91.7	92.7	93.7	94.7	95.6	96.6	97.6	98.5	99.5	
13	91.5	92.5	93.5	94.4	95.4	96.4	97.4	98.4	99.3	
14	91.2	92.2	93.2	94.2	95.2	96.2	97.2	98.2	99.2	
15	91	92	93	94	95	96	97	98	99	100
16	90.8	91.8	92.8	93.8	94.8	95.8	96.8	97.8	98.8	99.8
17	90.5	91.5	92.6	93.6	94.6	95.6	96.6	97.6	98.7	99.7
18	90.2	91.3	92.3	93.3	94.3	95.4	96.4	97.4	98.5	99.5
19	90	91.1	92.1	93.1	94.1	95.2	96.2	97.3	98.3	99.3
20	89.7	90.8	91.8	92.9	93.9	95	96	97.1	98.1	99.1
21	89.5	90.5	91.6	92.6	93.7	94.7	95.8	96.9	97.9	99
22	89.2	90.2	91.3	92.4	93.4	94.5	95.6	96.7	97.7	98.8
23	89	90	91.1	92.1	93.2	94.3	95.4	96.5	97.5	98.6
24	88.7	89.7	90.8	91.9	93	94.1	95.2	96.2	97.3	98.4
25	88.4	89.5	90.6	91.6	92.7	93.8	94.9	96	97.1	98.2
26	88.2	89.2	90.3	91.4	92.5	93.6	94.7	95.8	96.9	98.1
27	87.9	89	90.1	91.1	92.2	93.4	94.5	95.6 987	96.7	97.9
28	87.6	88.7	89.8	90.9	92	93.1	94.3	25.4 986	96.5	97.7
29	87.3	88.4	89.5	90.6	91.7	92.9	94.1	95.2	96.3 985	97.5
30	87.1	88.2	89.3	90.4	91.5	92.7	93.8	96	96.1 984	97.3

Rappelons que la première colonne verticale à gauche de chaque page porte les températures de 0 à 30° centigrades ; la colonne horizontale supérieure contient les 100 degrés qui peuvent être accusés par l'alcoomètre. Ayant lu d'une part le degré alcoométrique et d'autre part noté la température à l'aide d'un thermomètre, on obtient la correction cherchée en posant le doigt sur le degré marqué par l'alcoomètre, le faisant descendre dans la même colonne verticale, et l'arrêtant à la hauteur de la ligne horizontale qui marque la température observée.

§ 6. — Essai des liquides produisant de la mousse à l'ébullition.

Lorsqu'on opère sur des liquides incomplètement fermentés, contenant encore des matières azotées, il se produit souvent une mousse abondante qui s'élève de la chaudière et qui est projetée dans le serpentin ; on remédie à cet inconvénient en ajoutant au liquide en ébullition quelques gouttes d'huile.

---

§ 7. — Essai des vins de liqueurs riches en alcool.

L'essai des vins de liqueurs se fait de la même façon que celui du vin ordinaire, mais il faut ajouter au vin autant d'eau ; de cette façon, on n'aura pas besoin de soustraire la moitié pour avoir le véritable degré.

---

§ 8. — Essais des vins aigres.

Les vins piqués contiennent de l'acide acétique dont l'évaporation se fait en même temps que l'alcool et l'eau.

On peut toujours s'assurer que le vin contient des acides volatils en distillant ce produit une première fois, et on constate sa présence à l'aide d'un papier tournesol qui rougit immédiatement, s'il y en a.

Lorsque l'on est certain de la présence d'un acide volatil, on neutralise préalablement le vin avec un peu de magnésie caustique.

Dans ce cas, il sera nécessaire d'ajouter quelques gouttes d'huile dans la chaudière, avant de distiller.

---

§ 9. — Essai des vins très alcooliques.

Le thermomètre et l'échelle alcoométrique qui complètent l'ébulliomètre ne permettent pas de mesurer des richesses alcooliques supérieures à 25 degrés ; si l'on veut essayer des liquides plus spiritueux comme, par exemple, des vins de liqueurs ou eaux-de-vie sirupées, il faudrait, au préalable, les couper avec de l'eau dans une proportion connue et multiplier par le même rapport le degré indiqué par l'ébulliomètre.

---

§ 10. — Essai des vins sucrés et des liqueurs.

Il n'est pas possible de doser très exactement, au moyen de la température d'ébullition, l'alcool contenu dans les liquides qui contiennent du sucre. — Le coupage du liquide avec de l'eau ne suffit pas à corriger les erreurs causées par la présence du glucose ; l'essai de ces liquides ne peut être effectué ainsi qu'approximativement, et, pour obtenir les résultats rigoureusement exacts, il faut avoir recours à la distillation à l'aide de l'alambic Salleron.

---

§ 12. — Recommandations essentielles.

Le chauffage de la chaudière devant être régulier, il est important que la mèche de la lampe conserve toujours les mêmes dimensions ; aussi est-il nécessaire de la remplacer de temps à autre, surtout si elle a été carbonisée par suite du manque d'alcool. On évite cette carbonisation en tenant la lampe constamment remplie. Il est absolument nécessaire de rincer la chaudière, à chaque expérience, avec une petite quantité de vin qu'on va essayer et qu'on expulse à son tour.

Si, par suite des chocs ou des cahots du transport, la colonne du mercure du thermomètre venait à se séparer, il serait facile de faire redescendre les bulles de mercure dans le réservoir en secouant le thermomètre à la façon d'une pendule, le réservoir de mercure étant tenu par la main, la tige en l'air, appliquée contre l'avant-bras.

Enfin, pour éviter la rupture du thermomètre, il est indispensable de ne pas le plonger dans un liquide froid quand il est chaud et réciproquement, de même que le réservoir du thermomètre ne doit pas être posé sur un corps froid au sortir de la chaudière.

---

§ 13. — Dosage de l'alcool par la capillarité.

On désigne, sous le nom d'action capillaire, une action qui paraît être en opposition avec les lois de l'équilibre des liquides et qu'on observe tout particulièrement avec les tubes très étroits dont le diamètre arrive à être réduit à celui d'un cheveu (*capillaceus*, délié comme des cheveux). — Lorsqu'on touche avec un tel tube de verre la surface libre d'un liquide *susceptible de mouiller le verre*, on voit le liquide s'élever dans le tube suivant sa nature ; ainsi, dans un tube de 1 millimètre de diamètre, l'eau distillée s'élève à 30$^{m/m}$7, l'alcool à 95° à 12$^{m/m}$1.

Partant de ce principe, MM. Arthur, Musculus Valson, Garcerie, et beaucoup d'autres inventeurs ont construit des instruments qui ont la prétention de doser l'alcool dans les vins.

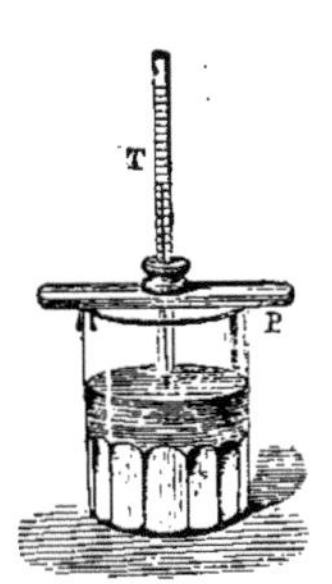

Fig. 309
Liquomètre.

On met dans un verre le liquide à essayer, on pose dessus une planchette (p) dans laquelle glisse à frottement entre deux ressorts (fig. 309) un tube capillaire gradué (t), et on le fait descendre jusqu'à ce que sa pointe se trouve affleurer exactement l'image produite par réflexion dans le liquide. On aspire alors avec la bouche par le sommet du tube et on le laisse redescendre. La division où s'arrête le liquide indique son *degré alcoolique*.

Cet instrument séduit tout d'abord par sa simplicité, mais il est sujet à une foule de causes d'erreur. Il faut d'abord éviter de souffler dans le tube et d'y introduire de la salive, des matières visqueuses ou grasses ; l'instrument est gradué avec des mélanges d'eau et d'alcool ; il donne donc des résultats inexacts avec des vins dont la richesse en matières extractives dissoutes est excessivement variable. De plus, le tube capillaire se salit vite, surtout lorsqu'on opère avec des vins très chargés de sels ; le nettoyage parfait en est difficile, sinon impossible, et, au bout de peu de temps, ce tube se trouve hors d'usage.

En résumé, ce petit appareil, nommé liquomètre, que son tube soit droit ou incliné, ne peut être employé que lorsqu'il s'agit d'approximations ou d'examens très rapides à faire sur place. — Nous avons cependant cru devoir en parler, parce que la Direction générale des Douanes en fait quelquefois usage sur les quais d'arrivée et que certains laboratoires municipaux ont cru devoir le mettre entre les mains de leurs inspecteurs pour apprécier instantanément, mais très approximativement, la richesse alcoolique des vins vendus couramment chez les débitants.

DOSAGE DE L'ACIDITÉ DU VIN ROUGE

D'après Tony-Garcin, voici le procédé le plus pratique : le dosage de l'acidité totale d'un vin rouge par une liqueur acidimétrique titrée est une opération des plus simples et des plus sûres, si l'on se base, pour estimer le point de saturation, sur le virage de la couleur propre du vin examiné, comme nous allons l'indiquer.

Voici le procédé, que nous employons depuis quinze ans et qui nous a toujours donné les résultats les plus certains et les plus concluants :

« La liqueur acidimétrique est une dissolution de soude caustique *exactement équivalente* à une dissolution d'acide sulfurique pur qui contient 10 grammes d'acide sulfurique mono-hydraté par litre. Elle doit être conservée dans des flacons bouchés avec des bouchons en caoutchouc. Son titre reste très longtemps constant, si l'on a la précaution de ne pas tenir le flacon débouché quand on a pris de la liqueur, et de ne jamais reverser dans ce flacon les résidus qui restent dans la burette graduée après les expériences, résidus que l'on doit rejeter. C'est tout au plus si nous conseillons, pour plus de sûreté, de vérifier une fois par mois son titre, au moyen de la « liqueur sulfurique étalon ».

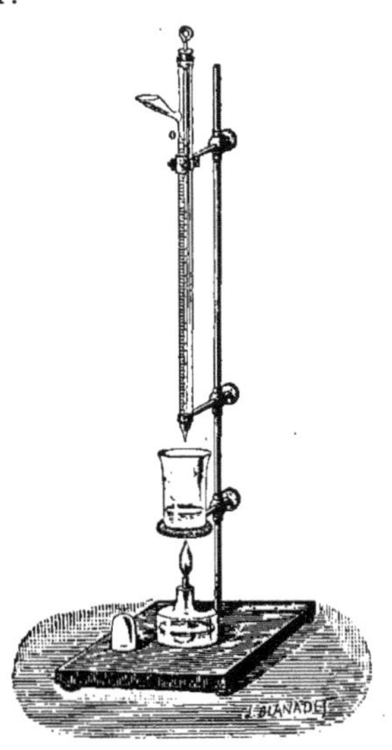

Fig. 310

Dosage de l'acidité totale
dans le vin fait.

Dans un vase en verre de Bohême, dit à filtration chaude, *très grand*, c'est-à-dire d'au moins 8 centimètres de diamètre et possédant un fond très plat, on verse — exactement — avec une pipette préalablement jaugée, 10 centimètres cubes de vin à titrer. — Le vase de Bohême doit être mince et très blanc. — S'il a bien 8 centimètres de diamètre, si le fond en est plat, ni concave ni convexe, le liquide y occupe une hauteur uniforme ne dépassant pas 2 millimètres. On le place sur le socle en faïence émaillée blanc, du support de la burette, dans un endroit bien éclairé à la lumière du jour ; celle d'une lampe ne convient pas. Dans de telles conditions, les moindres variations de couleur et de teinte de la couche liquide mince sont saisies avec une exactitude parfaite (fig. 310).

La liqueur alcalimétrique est contenue dans une burette de verre, graduée en dixièmes de centimètres cubes, à divisions suffisamment espacées pour qu'on puisse évaluer facilement le demi-dixième. On la verse goutte à goutte dans le vin, et entre chaque addition on agite le verre tenu dans la main, d'un mouvement de rotation qui mélange le réactif versé avec toute la masse liquide.

La liqueur prend, sous l'action des doses successives de la solution de soude, les teintes suivantes : de rouge, le vin passe au carmin ; le carmin se fonce et se ternit ; carmin tirant au noir ; violet noir ; violet lie de vin noirâtre ; noir ; *précipité dans la liqueur* ; c'est le point de virage ; vert ; abondant précipité floconneux foncé. Par un excès de réactif, la liqueur prend et garde la teinte vert feuille morte.

En résumé, le vin rouge passe au violet noir de plus en plus sale, lequel, à un moment, *par une seule goutte*, passe à une teinte noire brune, *sans mélange de violet ni de vert* ; c'est le point exact de saturation ; une seule goutte de plus donne au noir une teinte verte.

Ces essais, d'après la couleur du vin, sont concordants avec ceux que l'on ferait au papier de tournesol ; mais il est plus facile de reconnaître le point précis de saturation par le virage du vin que par celui d'un réactif.

Le virage du violet noir ou noir brun, suivi de vert, est instantané, net, facile à observer dans les conditions où l'expérimentateur s'est placé, et une seule goutte de réactif le détermine toujours ; cette goutte équivalant, au plus, à un demi-dixième de centimètre cube, représente l'erreur possible, propre à l'opération. Elle équivaut, sur le titre acide du vin ainsi déterminé, à un demi-décigramme d'acide sulfurique par litre, approximation tout à fait suffisante.

Supposons que l'on ait employé 3 ^{cc} 75 de liqueur de soude, ce chiffre *exprimé en grammes*, donne immédiatement le titre acide par litre de vin, exprimé en acide sulfurique mono-hydraté, soit 3 gr. 75 d'acide par litre.

Lorsque le vin contient de l'acide carbonique en dissolution, on opère comme nous l'avons dit pour le moût, et avant d'en prélever 10 centimètres cubes, on chasse l'acide carbonique en portant à l'ébullition dans une capsule de porcelaine, une petite quantité de vin à essayer (fig. 310). »

DOSAGE DE L'EXTRAIT SEC

Les matières extractives que contient le vin — notamment celles qui ne se volatisent pas comme l'eau, l'alcool et les éthers — sont considérées fixes à densité variable.

Les matières extractives se composent principalement de sels divers, tels que les tartrates, sulfates, gommes et matières organiques qui constituent le vin.

Comme le dit M. Dujardin, c'est à la présence de tous ces produits que le vin doit ses propriétés alimentaires et, par suite, sa valeur commerciale ; il est du plus grand intérêt de déterminer exactement la proportion dans laquelle ils s'y trouvent contenus.

On dose l'extrait sec des vins de trois manières : le procédé le plus employé et le plus rapide est celui basé sur l'œno-baromètre de M. Houdart (fig. 312), dont la trousse des instruments est représentée à la figure 311.

Fig. 311

Trousse de l'œnomètre de M. Houdart.

Voici maintenant le procédé de M. Houdart. — Il commence par déterminer la richesse alcoolique du vin et la ramène à + 15° centigrades, puis il prend la densité au moyen d'un densimètre, la ramène à + 15° au moyen d'une table spéciale que nous donnons plus loin. Ces deux points connus, il a établi la densité moyenne des sels et autres matières qui constitueront l'extrait sec du vin ; il nous est facile alors de connaître l'extrait sec du vin mis en essai.

En effet, soit :

P, Le poids de la matière extractive ;
2,062 Un coefficient dépendant de la densité des sels du vin ;
D, La densité du vin ;
D', La densité d'un mélange d'eau et d'alcools purs, dont la richesse alcoolique soit égale à celle du vin.

$$P = 2,062 \ (D - D')$$

Exemple. — Un vin titre alcool 10° à + 15, sa densité au même degré est 0,9970. La densité d'un mélange d'eau et d'alcool dans les mêmes proportions et à + 15 est 0,9859, l'extrait sera

$$P = 2,062 \times 9970 - 9859 = 22\,g,882$$

C'est donc 22 g. 882 d'extrait sec que contient ce vin.

Ce coefficient de 2,062 est le résultat de nombreux essais comparatifs faits par M. Houdart, et la pratique confirme l'exactitude de son appréciation ; cependant il faut observer qu'on ne doit pas agir sur des vins sucrés.

Pour éviter tous ces calculs de densité et autres, M. Houdart a construit son œnobaromètre (fig. 312).

Il opère comme suit, il prend la densité du vin à la température de 15° au moyen de l'œnobaromètre, la corrige, si elle n'est pas exactement à ce degré au moyen des tables (A et B), détermine la richesse alcoolique à + 15 ; enfin, au moyen de la table (C) il trouve le poids d'extrait sec.

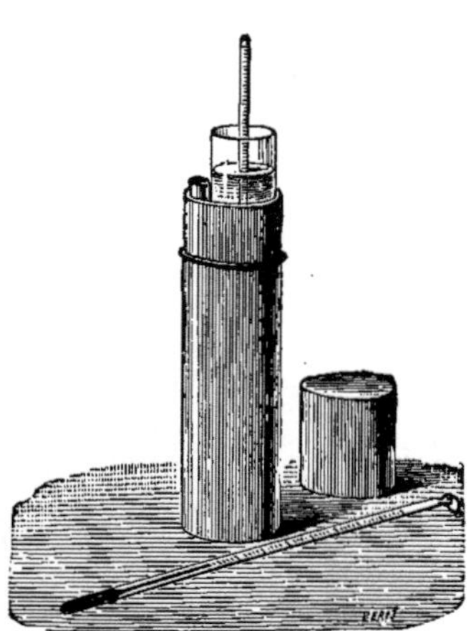

Fig. 312. Œnobaromètre.

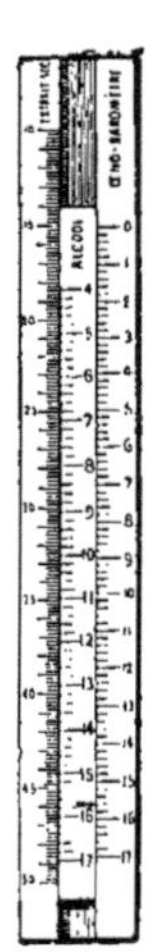

Fig. 313. — Echelle œnobarométrique.

Exemple. — L'œnobaromètre indique 8 de densité à + 18 de température.
La richesse alcoolique 14.
La table (A) nous indique que 8 de densité à + 18 = 8,5 à + 15.
La table (C) nous montre que 8,5 de densité à 14 d'alcool donne 27 grammes d'extrait sec.

Si nous avions appliqué l'autre formule nous aurions trouvé :
Densité du vin à + 15 = 994,5.
Différence 994,5 — 981,4 = 131 × 2,062 = 27 g 02.

Tous les nombres qui composent les tables à l'usage de l'œnobaromètre étant les résultats de calculs proportionnels, ont pu être transformés en échelles tracées sur une règle à coulisse (fig. 313).

Cette règle, dont la manipulation est très simple, est d'un usage plus commode que les tables publiées jusqu'ici, parce qu'elle permet de lire toutes les fractions de degrés, sans recourir à aucune interpolation. Supposons que nous ayons obtenu pour l'essai d'un vin les chiffres suivants :

La richesse alcoolique est 11° 3. Le poids œnobarométrique corrigé, 9° 8. Quel est le poids de l'extrait sec ?

Disons d'abord que la règle à coulisse porte trois graduations différentes : la première, celle de droite, nommée *œnobaromètre*, représente les indications de cet instrument, avec ses degrés perfectionnés en cinq parties ; la seconde, celle du milieu *alcool*, indique les richesses alcooliques subdivisionnées en cinquièmes de degré ; enfin la troisième, *extrait sec*, fait connaître le poids de l'extrait sec du vin exprimé en grammes et cinquièmes de gramme. On amène la flèche tracée sur l'échelle du milieu *(alcool)* en face du chiffre œnobarométrique 9,8 (9 degrés et 4 cinquièmes), puis on lit sur l'échelle de gauche *(extrait sec)* le chiffre qui se trouve placé devant 11,5 de la réglette du milieu *(alcool)*, on trouve 23,3, ce qui veut dire que le vin contient 23 grammes et 3 cinquièmes de gramme, ou 23 grammes et 6 décigrammes d'*extrait sec* par litre.

Après ces explications toutes théoriques et pour leur plus grande clarté de démonstration ou encore d'application usuelle, nous donnons une série de tables indiquant l'augmentation ou la diminution de densité de températures au-dessous de 15°, ainsi qu'un tableau œnobarométrique donnant le poids de l'extrait sec des vins.

TABLES DE DENSITÉ & TABLEAU ŒNOBAROMÉTRIQUE

Tableau indiquant la diminution de densité (en grammes), causée par la diminution de la température au-dessous de 15°. Ces quantités devront être RETRANCHÉES des chiffres fournis par l'œnobaromètre.

FORCE ALCOOLIQUE DES LIQUIDES														
	5°	6°	7°	8°	9°	10°	11°	12°	13°	14°	15°	16°	17°	18°
5°	0.7	0.8	0.8	0.9	0.9	1.0	1.2	1.3	1.5	1.7	1.8	2.0	2.2	2.3
6°	0.7	0.8	0.8	0.9	0.9	1.0	1.2	1.2	1.4	1.6	1.7	1.8	2.0	2.1
7°	0.7	0.8	0.8	0.9	0.9	1.1	1.2	1.1	1.3	1.4	1.6	1.7	1.8	1.8
8°	0.7	0.8	0.8	0.9	0.9	1.1	1.2	1.1	1.2	1.3	1.4	1.5	1.6	1.5
9°	0.7	0.8	0.7	0.9	0.9	1.1	1.2	1.0	1.1	1.1	1.2	1.3	1.4	1.4
10°	0.7	0.7	0.6	0.6	0.6	0.7	0.8	0.8	0.9	0.9	1.0	1.0	1.1	1.1
11°	0.5	0.5	0.5	0.5	0.4	0.7	0.7	0.7	0.7	0.7	0.8	0.8	0.9	0.9
12°	0.3	0.4	0.4	0.4	0.3	0.5	0.6	0.6	0.6	0.6	0.6	0.6	0.6	0.6
13°	0.3	0.3	0.2	0.2	0.2	0.2	0.4	0.4	0.4	0.4	0.4	0.4	0.4	0.5
14°	0.1	0.1	0.1	0.1	0.1	0.2	0.2	0.2	0.2	0.2	0.2	0.2	0.2	0.4

The leftmost column of the data rows is labelled vertically: **TEMPÉRATURE**.

Tableau indiquant l'augmentation de densité (en grammes), causée par l'élévation de la température au-dessus de 15°. Ces quantités devront être AJOUTÉES aux chiffres fournis par l'œnobaromètre.

TEMPÉRATURE	FORCE ALCOOLIQUE DES LIQUIDES													
	5°	6°	7°	8°	9°	10°	11°	12°	13°	14°	15°	16°	17°	18°
16°	0.1	0.1	0.1	0.1	0.1	0.1	0.1	0.1	0.1	0.1	0.1	0.1	0.1	0.2
17°	0.2	0.2	0.2	0.2	0.2	0.2	0.2	0.3	0.3	0.3	0.3	0.4	0.4	0.4
18°	0.4	0.4	0.4	0.4	0.4	0.4	0.4	0.4	0.5	0.5	0.5	0.6	0.7	0.6
19°	0.6	0.6	0.6	0.6	0.6	0.6	0.6	0.7	0.7	0.7	0.7	0.8	0.9	0.9
20°	0.8	0.8	0.8	0.9	0.8	0.8	0.8	0.9	0.9	0.9	1.0	1.1	1.2	1.2
21°	0.9	1.0	1.0	1.1	1.1	1.1	1.1	1.1	1.2	1.2	1.3	1.4	1.5	1.4
22°	1.2	1.2	1.2	1.2	1.3	1.3	1.3	1.3	1.4	1.4	1.5	1.6	1.7	1.6
23°	1.3	1.4	1.4	1.5	1.5	1.6	1.6	1.6	1.6	1.6	1.7	1.9	2.0	1.9
24°	1.5	1.5	1.5	1.6	1.7	1.8	1.8	1.8	1.9	1.8	1·9	2.1	2.2	2.1
25°	1.8	1.8	1.9	1.0	1.9	2.0	2.0	2.1	2.1	2.1	1.2	2.4	2.5	2.3

EXEMPLE : La lecture de l'œnobaromètre donne 7, celle du thermomètre 12, la richesse du vin est 14, la correction trouvée 0,6, la densité œnobarométrique à 15° sera 7 — 0,6 = 6,4.

Le tableau suivant (page 701) donnera assez exactement le poids de l'extrait sec des vins.

Cependant, en ce qui concerne le dosage de l'extrait sec des vins sucrés, M. Houdard a eu soin d'en spécifier la raison pour laquelle sa méthode ne pouvait s'appliquer aux vins contenant du sucre, et cette raison est facile à comprendre : l'évaluation du poids de la matière extractive que donne l'œnobaromètre est déduite de l'augmentation de la densité acquise par le vin sous l'action de la matière solide qu'il tient en dissolution ; la densité de cette dernière ayant été fixée par l'auteur du procédé au chiffre de 1,94. Mais si le vin contient du sucre dont la densité est environ 1,60, la valeur relative des divisions de l'instrument est considérablement modifiée. Cependant, il serait très utile de pouvoir déterminer, avec la rapidité que fournit la méthode œnobarométrique, le poids de l'*extrait sec des vins sucrés*.

Les procédés de dosage de la matière extractive, par l'évaporation dans le vide ou dans l'air à 100 degrés, ne donnent pas des indications plus rigoureuses, car le sucre, lors de l'évaporation du vin, retient mécaniquement un poids d'eau appréciable qui ne s'échappe pas plus dans le vide qu'à 100 degrés ; aussi les poids donnés par les méthodes en usage jusqu'à présent sont tous trop élevés : il n'est donc pas exact, pour obtenir d'une façon certaine le poids de l'extrait sec, de retrancher le poids du sucre donné par l'analyse saccharimétrique du chiffre accusé par ces méthodes.

— 701 —

Tableau œnobarométrique donnant le poids de l'extrait sec des vins

RICHESSE ALCOOLIQUE OBSERVÉE :

DEGRÉ DENSIMÉTRIQUE LU SUR L'ŒNOBAROMÈTRE	5.5	6	6.5	7	7.5	8	8.5	9	9.5	10	10.5	11	11.5	12	12.5	13	13.5	14	14.5	15	15.5
1.0																9.3	10.5	11.5	12.6	13.6	14.6
1.5																10.3	11.5	12.6	13.6	14.6	15.7
2.0																11.3	12.6	13.6	14.6	15.7	16.7
2.5																12.4	13.6	14.6	15.7	16.7	17.7
3.0														11.1	12.4	13.4	14.6	15.7	16.7	17.7	18.7
3.5														12.2	13.4	14.4	15.7	16.7	17.7	18.7	19.8
4.0												10.9	12.2	13.2	14.4	15.5	16.7	17.7	18.7	19.8	20.8
4.5												11.9	13.2	14.2	15.4	16.5	17.7	18.7	19.8	20.8	21.8
5.0										10.5	11.7	13.0	14.2	15.2	16.5	17.5	18.7	19.8	20.8	21.8	22.9
5.5										11.5	12.8	14.0	15.2	16.3	17.5	18.5	19.8	20.8	21.8	22.9	23.9
6.0								10.3	11.5	12.6	13.8	15.0	16.3	17.3	18.5	19.6	20.8	21.8	22.9	23.9	24.9
6.5								11.3	12.6	13.6	14.8	16.1	17.3	18.3	19.6	20.6	21.8	22.9	23.9	24.9	26.0
7.0								12.4	13.6	14.6	15.9	17.1	18.3	19.4	20.6	21.6	22.9	23.9	24.9	26.0	27.0
7.5								13.4	14.6	15.7	16.9	18.1	19.4	20.4	21.6	22.7	23.9	24.9	26.0	27.0	28.0
8.0						11.7	13.2	14.4	15.7	16.7	17.9	19.2	20.4	21.4	22.7	23.7	24.9	26.0	27.0	28.0	29.0
8.5						12.8	14.2	15.4	16.7	17.7	19.0	20.2	21.4	22.5	23.7	24.7	26.0	27.0	28.0	29.0	30.1
9.0				10.2	11.3	13.8	15.2	16.5	17.7	18.7	20.0	21.2	22.5	23.5	24.7	25.7	27.0	28.0	29.0	30.1	31.1
9.5				11.2	12.4	14.8	16.3	17.5	18.7	19.8	21.0	22.2	23.5	24.5	25.7	26.8	28.0	29.0	30.1	31.1	32.1
10.0			10.9	12.2	13.4	15.9	17.3	18.5	19.8	20.8	22.0	23.3	24.5	25.5	26.8	27.8	29.0	30.1	31.1	32.1	33.2
10.5		10.6	11.9	13.3	14.4	16.9	18.3	19.6	20.8	21.8	23.1	24.3	25.5	26.6	27.8	28.8	30.1	31.1	32.1	33.2	34.2
11.0	10.3	11.6	12.9	14.3	15.4	17.9	19.4	20.6	21.8	22.9	24.1	25.3	26.6	27.6	28.8	29.9	31.1	32.1	33.2	34.2	35.2
11.5	11.3	12.6	14.0	15.3	16.5	19.0	20.4	21.6	22.9	23.9	25.1	26.4	27.6	28.6	29.9	30.9	32.1	33.2	34.2	35.2	36.3
12.0	12.3	13.7	15.0	16.4	17.5	20.0	21.4	22.7	23.9	24.9	26.2	27.4	28.6	29.7	30.9	31.9	33.2	34.2	35.2	36.8	37.3
12.5	13.3	14.7	16.0	17.4	18.5	21.0	22.5	23.7	24.9	26.0	27.2	28.3	29.7	30.7	31.9	33.0	34.2	35.2	36.3	37.3	38.3
13.0	14.4	15.8	17.1	18.4	19.6	22.0	23.5	24.7	26.0	27.0	28.2	29.5	30.7	31.7	33.0	34.0	35.2	36.3	37.3	38.3	39.3
13.5	15.4	16.8	18.1	19.5	20.6	23.1	24.5	25.7	27.0	28.0	29.3	30.5	31.7	32.8	34.0	35.0	36.3	37.3	38.3	39.3	40.4
14.0	16.4	17.8	19.1	20.5	21.6	24.1	25.5	26.8	28.0	29.0	30.3	31.5	32.8	33.8	35.0	36.0	37.3	38.3	39.3	40.4	41.4
14.5	17.5	18.8	20.1	21.5	22.7	25.1	26.6	27.8	29.0	30.1	31.3	32.5	33.8	34.8	36.0	37.1	38.3	39.3	40.4	41.4	42.4
15.0	18.5	19.9	21.2	22.5	23.7	26.2	27.6	28.8	30.1	31.1	32.3	33.6	34.8	35.8	37.1	38.1	39.3	40.4	41.4	42.4	43.5
15.5	19.5	20.9	22.2	23.6	24.7	27.2	28.6	29.9	31.1	32.1	33.4	34.6	35.8	36.9	38.1	30.1	40.4	41.4	42.4	43.5	44.5
16.0	20.6	22.0	23.2	24.7	25.7	28.2	29.6	30.9	32.1	33.2	34.4	35.6	36.9	37.9	39.1	40.2	41.4	42.4	43.5	44.5	45.5
16.5	21.6	23.0	24.3	25.7	26.8	29.3	30.7	31.9	33.2	34.2	35.4	36.7	37.9	38.9	40.2	41.2	42.4	43.5	44.5	45.5	46.6

Cependant, le poids d'extrait sec des vins de grande consommation entre en ligne de compte pour établir leur valeur intrinsèque ; or, un très grand nombre de vins d'Algérie, d'Espagne et d'Italie, quand ils arrivent en France, contiennent encore du sucre qui a échappé à la fermentation, de sorte que la valeur réelle de ces vins ne peut être exactement connue.

Il est possible d'obtenir une solution très approchée de ce problème en modifiant quelque peu le procédé œnobarométrique de M. Houdart : il suffit de corriger ses indications de la différence de densité apportée au chiffre 1,94 par le poids du sucre que le vin contient en dissolution.

Partant de là et à l'aide de formules spéciales, on peut, connaissant la richesse en sucre d'un vin — déterminée comme nous le disons — connaître la richesse extractive vraie. Il suffit de retrancher *du chiffre fourni par l'œnobaromètre le poids du sucre multiplié par 0,774.*

EXEMPLE : Un échantillon de vin essayé à l'œnobaromètre contient 25 grammes d'extrait sec par litre, mais l'analyse saccharimétrique accuse la présence de 6 grammes de sucre par litre. La richesse extractive vraie est 25 grammes — $(0,764 \times 6) = 20$ gr. 36. Tandis qu'en déduisant, ainsi qu'on le fait habituellement, des 25 grammes d'extrait sec, 6 grammes de sucre, on n'obtient que 19 grammes, ce qui est inexact.

Le tableau ci-contre donne, sans calcul, le poids de l'extrait sec du vin dont le degré œnobarométrique et la richesse saccharine sont connus.

Dosage du sucre dans les vins faits.

Il est du plus grand intérêt pour le négociant en vins de connaître quelle est la proportion de sucre de raisin ou de glucose que peuvent encore contenir les vins *faits* qu'il achète ou qui lui sont offerts ; les vins qui contiennent encore du sucre sont pour lui la source de nombreux ennuis, non seulement parce que leur saveur douceâtre les rend peu agréables à consommer, mais aussi parce qu'ils sont sujets à une foule de maladies, de décompositions et de fermentations secondaires. Si ce vin, qui quelquefois ne fermente plus parce qu'il est très alcoolisé, vient à être coupé avec des vins faibles, le ferment annihilé par l'alcool reprend sa vitalité et le coupage devient pétillant, trouble et mousseux parce que le vin qui a servi à le préparer était encore sucré.

De plus, la présence du sucre dans les vins fausse les indications de l'œnobaromètre ainsi que nous l'avons dit plus haut, et comme aujourd'hui, dans les achats, le dosage de l'extrait sec est de la plus haute importance, on ne saurait considérer comme tel les quelques grammes de sucre qu'un vin peut encore contenir, lesquels sont appelés à disparaître par fermentation.

GRAMMES DE SUCRE — EXTRAIT SEC

	1	2	3	4	5	6	7	8	9	10	11	12	13	14	15	16	17	18	19	20
9	8.2	7.4	6.7	5.9	5.1	4.4	3.6	2.8	1.0	1.3	1.5									
10	9.2	8.4	7.7	6.9	6.1	5.4	4.6	3.8	2.0	2.3	2.5	0.7								
11	10.2	9.4	8.7	7.9	7.1	6.4	5.6	4.8	3.0	3.3	3.5	1.7	0.9							
12	11.2	10.4	9.7	8.9	8.1	7.4	6.5	5.8	4.0	4.3	4.5	2.7	1.9	0.2						
13	12.2	11.4	10.7	9.9	9.1	8.4	7.5	6.8	5.0	5.3	5.5	3.7	2.9	1.2	0.4					
14	13.2	12.4	11.7	10.9	10.1	9.4	8.6	7.8	6.0	6.3	6.5	4.7	3.9	2.2	1.4	0.6				
15	14.2	13.4	12.7	11.9	11.1	10.4	9.6	8.8	7.0	7.3	7.5	5.7	4.9	3.2	2.4	1.6	0.8	0.1	0.3	
16	15.2	14.4	13.7	12.9	12.1	11.4	10.6	9.8	8.0	8.3	8.5	6.7	5.9	4.2	3.4	2.6	1.8	1.1	1.3	0.5
17	16.2	15.4	14.7	13.9	13.1	12.4	11.6	10.8	9.0	9.3	9.5	7.7	6.9	5.2	4.4	3.6	2.8	2.1	2.3	1.5
18	17.2	16.4	15.7	14.9	14.1	13.4	12.6	11.8	10.0	10.3	0.5	8.7	7.9	6.2	5.4	4.6	3.8	3.1	3.3	2.5
19	18.2	17.4	16.7	15.9	15.1	14.4	13.6	12.8	11.0	11.3	10.5	9.7	8.9	7.2	6.4	5.6	4.8	4.1	4.3	3.5
20	19.2	18.4	17.7	16.9	16.1	15.4	14.6	13.8	12.0	12.3	11.5	10.7	9.9	8.2	7.4	6.6	5.8	5.1	5.3	4.5
21	20.2	19.4	18.7	17.9	17.1	16.4	15.6	14.8	13.0	13.3	12.5	11.7	10.9	9.2	8.4	7.6	6.8	6.1	6.3	5.5
22	21.2	20.4	19.7	18.9	18.1	17.4	16.6	15.8	14.0	14.3	13.5	12.7	11.9	10.2	9.4	8.6	7.8	7.1	7.3	6.5
23	22.2	21.4	20.7	19.9	19.1	18.4	17.6	15.8	15.0	15.3	14.5	13.7	12.9	11.2	10.4	9.6	8.8	8.1	8.3	7.5
24	23.2	22.4	21.7	20.9	20.1	19.4	18.6	17.8	16.0	16.3	15.5	14.7	13.9	12.2	11.4	10.6	9.8	9.1	9.3	8.5
25	24.2	23.4	22.7	21.9	21.1	20.4	19.6	18.8	17.0	67.3	16.5	15.7	14.9	13.2	12.4	11.6	10.8	10.1	10.3	9.5
26	25.2	24.4	23.7	22.9	22.1	21.4	20.6	19.8	18.0	18.3	17.5	16.7	15.9	14.2	13.4	12.6	11.8	11.1	11.3	10.5
27	26.2	25.4	24.7	23.9	23.1	22.4	21.6	20.8	19.0	19.3	18.5	17.7	16.9	15.2	14.4	13.6	12.8	12.1	12.3	11.5
28	27.2	26.4	25.7	24.9	24.1	23.4	22.6	21.8	20.0	20.3	19.5	18.7	17.9	16.2	15.4	14.6	13.8	13.1	13.3	12.5
29	28.2	27.4	26.7	25.9	25.1	24.4	23.6	22.8	21.0	21.3	20.5	19.7	18.9	17.2	16.4	15.6	14.8	14.1	14.3	13.5
30	29.2	28.4	27.7	26.9	26.1	25.4	24.6	23.8	22.0	22.3	21.5	20.7	19.9	18.2	17.4	16.6	15.8	15.1	15.3	14.5
31	30.2	29.4	28.7	27.9	27.1	26.4	25.6	24.8	23.0	23.3	22.5	21.7	20.9	19.2	18.4	17.6	16.8	16.1	16.3	15.5
32	31.2	30.4	29.7	28.9	28.1	27.4	26.6	25.8	24.0	24.3	23.5	22.7	21.9	20.2	19.4	18.6	17.8	17.1	17.3	16.5
33	32.2	31.4	30.7	29.9	29.1	28.4	27.6	26.8	25.0	25.3	24.5	23.7	22.9	21.2	20.4	19.6	18.8	18.1	18.3	17.5
34	33.2	32.4	31.7	30.9	30.1	29.4	28.6	27.8	26.0	26.3	25.5	24.7	23.9	22.2	21.4	20.6	19.8	19.1	17.3	18.5
35	34.2	33.4	32.7	31.9	31.1	30.4	29.6	28.8	27.0	27.3	26.5	25.7	24.9	23.2	22.4	21.6	20.8	20.1	29.3	19.5
36	35.2	34.4	33.7	32.9	32.1	31.4	30.6	29.8	28.0	28.3	27.5	26.7	25.9	24.2	23.4	22.6	21.8	21.1	21.3	20.5
37	36.2	35.4	34.7	33.9	33.1	32.4	31.6	30.8	29.0	29.3	28.5	27.7	26.9	25.2	24.4	23.6	22.8	22.1	22.3	21.5
38	37.2	36.4	35.7	34.9	34.1	33.4	32.6	31.8	30.0	30.3	29.5	28.7	27.9	26.2	25.4	24.6	23.8	23.1	23.3	22.5
39	38.2	37.4	36.7	35.9	35.1	34.4	33.6	32.8	31.0	31.3	30.5	29.7	28.9	27.2	26.4	25.6	24.8	24.1	24.3	23.5
40	39.2	38.4	37.7	35.9	36.1	35.4	34.6	33.8	32.0	32.3	31.5	30.7	29.9	28.2	27.4	26.6	25.8	25.1	25.3	24.5
41	40.2	39.4	38.7	37.9	37.1	36.4	35.6	34.8	33.0	33.3	32.5	31.7	30.9	29.2	28.4	27.6	26.8	26.1	26.3	25.5
42	41.2	40.4	39.7	38.9	38.1	37.4	36.6	35.8	34.0	34.3	33.5	32.7	31.9	30.2	29.4	28.6	27.8	27.1	27.3	26.5
43	42.2	41.4	40.7	39.9	39.1	38.4	37.6	36.8	35.0	35.3	34.5	33.7	32.9	31.2	30.4	29.6	28.8	28.1	28.3	27.5
44	43.2	42.4	41.7	40.9	40.1	39.4	38.6	37.8	36.0	36.3	35.5	34.7	33.9	32.2	31.4	30.6	29.8	29.1	29.3	28.5

Le dosage du sucre dans le vin par le procédé chimique que nous avons décrit pour les moûts est excessivement simple et, malgré sa complication apparente, il a été tellement vulgarisé que maintenant la plupart des grandes maisons en font usage.

La méthode que nous avons déjà décrite est la plus simple et la plus exacte; elle demande, lorsqu'elle est appliquée aux *vins faits,* à être précédée de la décoloration par le noir animal. Les vins faits, rouges ou blancs, contiennent en plus ou moins grande quantité de la matière colorante qui, au contact de la liqueur alcaline bleue, devient verdâtre, et rend très difficile l'appréciation de la décoloration de cette liqueur.

Ces considérations et ces expériences sont d'ailleurs d'un ordre qui se rattache trop à la chimie de laboratoire pour que nous nous étendions sur ce sujet purement scientifique. — Pour nos lecteurs qui voudraient suivre jusqu'au bout ces expériences spéciales, nous les renvoyons au Traité écrit par M. Dujardin, qui a pour titre: *Essai Commercial des Vins.*

MANIPULATIONS DIVERSES

DES VINS

SOMMAIRE:

Vinage et alcoolisation des vins. — Procédés et conseils divers. — Décoloration des vins rosés. — Des divers systèmes employés. — Chauffage du vin. — Appareil Pasteurisateur Houdart.

VINAGE & ALCOOLISATION

Dans l'étude que nous avons faite sur les moûts, nous avons indiqué les moyens à employer pour remonter les vins au titre voulu, de façon à en faire des liquides marquant 12° 9. Cette amélioration des moûts pauvres, par l'addition de sucre cristallisé à prix réduit, dégagé d'une partie de ses droits, se fait directement à la cuve pendant le foulage du raisin. C'est le meilleur mode de remonter les vins. Cependant, il est des cas particuliers où le vinage (alcoolisation) peut remplacer à la rigueur le sucrage des moûts.

Dans tous les cas, la qualité d'alcool à employer doit, avant tout, préoccuper l'opérateur.

Les alcools rectifiés d'industrie, quelle que soit leur finesse, ne présentent jamais comme goût la qualité de ceux obtenus par la distillation du vin neutre. Ils peuvent être par suite, nuisibles. Aussi conseillons-nous toujours d'employer ces derniers quand on le peut.

Toutefois, parmi les alcools d'industrie, il en est quelques-uns qui peuvent être, sans inconvénient, incorporés aux vins : ce sont les alcools de riz et de maïs, ainsi que les alcools de betteraves rectifiés à fond.

OBSERVATIONS. — Quand le vinage est nécessaire pour remonter ou conserver un vin, il ne suffit pas de combiner simplement l'alcool au vin sans l'approprier à cet usage.

Il est prouvé que l'incorporation directe de l'alcool dans le vin en altère le goût et le rend par suite amer, et, pendant quelques jours, la saveur alcoolique domine, ce qui peut être, soit une cause de discrédit commercial, soit même un motif de suspicion de la part des douanes.

Le procédé suivant a promptement raison de ces anomalies : étant donné un vin de 11° à remonter à 12° 9, on prend par hectolitre :

Eau.	1 litre.
Alcool à 90°	2.11 —
Glycérine	50 gr.
Tanin.	05 gr.
Acide tartrique	10 gr.
Carbonate de soude	15 gr.

On dissout d'abord le carbonate de soude dans l'eau ; on y ajoute ensuite la glycérine et l'acide tartrique.

D'autre part, on dissout le tanin dans l'alcool, et, lorsque ces deux compositions sont faites, on les mélange en bien les fouettant.

Lorsque l'on veut remonter le vin, on y introduit cette composition qui peut servir quelques heures après qu'on la prépare, pourvu qu'elle soit agitée de temps en temps.

Une observation cependant :

L'alcoolisation en excès provoque la précipitation de l'acide tartrique et de ses dérivés ; le vin devient plat et fade au goût. C'est pourquoi nous engagerons les viticulteurs à n'avoir recours à ce moyen qu'à la dernière rigueur, puisque le sucrage des vendanges est plus économique et qu'au point de vue hygiénique, il n'offre pas les mêmes dangers.

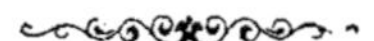

DÉCOLORATION DES VINS ROSES

Les vins rosés découlent naturellement de l'expression des raisins rouges ; malgré toutes les précautions, il reste souvent de la couleur rouge dans le moût blanc, même après sa fermentation.

Cette teinte forme un obstacle pour la vente de ces vins que l'on aurait voulu en blanc.

Plusieurs procédés sont en usage pour atteindre ce but :

Le premier consiste à traiter le vin rosé par le noir animal ; mais il faut observer que, non-seulement le noir animal décolore le vin, mais il le neutralise au point de vue de son bouquet. Ce procédé ne doit se pratiquer que sur des vins ordinaires. Le voici :

Pour décolorer 600 litres de vin rosé, on prépare 100 grammes de noir animal neutralisé par l'acide chlorydrique et bien lavé ensuite, que l'on mélange avec un litre de vin. Il suffit alors de verser cette composition dans le vin rosé et de l'agiter après, à plusieurs reprises, pendant une heure.

Le lendemain, on le tanise avec 7 grammes de tanin, dissout dans un peu d'eau bouillante par hectolitre de vin, puis on bat bien le vin que l'on colle ensuite (voyez *Clarification*).

Le deuxième procédé diffère peu du précédent. On fait dissoudre 60 grammes de gélatine dans un litre d'eau, dans laquelle on verse 50 grammes de noir animal neutralisé. Une fois cela fait, on verse dans la pièce de vin 10 grammes de tanin par hectolitre de vin, comme il a été dit plus haut. Après quoi, on verse la composition de gélatine et de noir animal ; on agite d'heure en heure pendant cinq fois et on soutire. Dix jours après, la décoloration sera complète, mais le bouquet du vin sera légèrement altéré.

Le troisième procédé repose, pour cette décoloration du vin, sur la sulfuration du liquide.

Une pièce de 600 litres est mise en vidange en laissant le tiers dedans ; on mèche fortement ce vide et on continue de remplir peu à peu en soufrant de temps en temps une mèche, jusqu'à ce que le tonneau soit plein, puis on colle avec 15 grammes de gélatine par hectolitre, et, 10 jours après, on tanise avec 6 grammes de tanin dissous dans l'alcool par hectolitre ; 15 jours après on soutire.

Le quatrième procédé consiste à verser 10 à 15 grammes d'acide sulfureux (liquide) dans un hectolitre de vin rosé et coller ensuite après tanisage.

Le cinquième système est dû à M. E. Robinet, qui opère ainsi :

Le vin, logé en fûts de 2 à 6 hectolitres, est additionné de 5 grammes de sucre par litre, sucre que l'on fait fondre dans le moins d'eau possible, ou même dans du vin, et qu'on a interverti en le faisant bouillir pendant 15 à 20 minutes avec 1 0/0 de son poids d'acide tartrique. Le vin ainsi additionné est fortement agité pour bien opérer le mélange, puis on y verse une certaine quantité de levures, bien pures de vin blanc. La température du local où sont les fûts est portée de 20 à 25 degrés centigrades et maintenue pendant tout le temps que dure la fermentation qui ne tarde pas à se déclarer ; une fois celle-ci terminée, le vin est descendu dans une cave fraîche, et, après refroidissement, on l'additionne de 5 grammes de tanin à l'alcool. On brasse et 24 heures après, on colle avec 2 grammes 50 de colle de poisson, toujours par hectolitre. Après 15 jours de repos, le vin est soutiré et la couleur est entièrement enlevée.

Il est arrivé, par ce procédé, à décolorer entièrement des vins blancs de raisins noirs, ayant une couleur rosée très prononcée.

CHAUFFAGE DU VIN

Le chauffage des vins remonte à une haute antiquité. Dans *l'ancienne Grèce*, à une certaine époque, les vins qui n'avaient pas subi l'action du feu, les vins *apyres* étaient rares. Plus tard, ces coutumes passèrent en Afrique ; on rencontre, dans chaque ruine de notre colonie, des amphores qui ont servi à cet usage. — Cette coutume se continue encore dans le sud de l'Espagne où on évapore le moût pour le réduire et en faire des vins concentrés.

C'est Appert qui, le premier, a su utiliser la chaleur pour conserver les produits liquides, en les exposant dans des étuves ou dans des bains-marie.

De tous ces procédés, le but final était la conservation ou le vieillissement des vins. — Mais, quant à l'emploi de la chaleur, personne n'y avait encore pensé.

En 1864, Pasteur publie un mémoire sur les mycodermes du vin. Il recherche successivement l'action que peuvent avoir sur les dépôts de ces vins, l'alcool, l'acide sulfureux, le soufre, les sels, le charbon, la congélation, la chaleur ; plus tard le 17 mai 1865, il fait à l'Académie des Sciences une communication dans laquelle il démontre que, dans un vin exposé pendant quelque temps à une température qui varie de 40 à 50 degrés, les mycodermes deviennent inertes.

« J'ai reconnu, dit-il, que les maladies ou altérations spontanées des vins sont produites par des êtres microscopiques, dont les germes existent dans le vin avant qu'il devienne malade.

« Le vin ne s'altère pas si ces germes sont tués ; un moyen simple et pratique de faire périr ces germes consiste à porter le vin à une température comprise entre 60 et 100 degrés. »

L'expérience l'a conduit à constater que l'on peut même descendre jusqu'à 50 degrés.

Les principes posés par Pasteur se résument, dans la pratique, par les manipulations suivantes :

« Je suppose donc, dit-il, que du vin vient d'être mis en bouteille. On a bouché à l'aiguille ou autrement, à la mécanique ou non. On ficelle chaque bouteille, puis on les porte dans un bain-marie. Afin de manier plus facilement les bouteilles, elles étaient placées dans un panier à bouteilles en fer. L'eau doit s'élever jusqu'à la cordeline. Il ne m'est pas arrivé de noyer complètement les bouteilles. Je ne crois pas qu'il y ait inconvénient à le faire, pourvu qu'il n'y eût pas de temps d'arrêt, ni de refroidissement partiel pendant le chauffage, qui exposerait à faire rentrer un peu d'eau dans ces récipients.

FIG. 314. — Appareil Houdart destiné à la Pasteurisation des vins.

» Parmi les bouteilles, on en place une pleine d'eau, à la partie inférieure de laquelle plonge la boule d'un thermomètre. Quand celui-ci marque le degré voulu, par exemple 60°, on retire le panier. Il ne faut pas en remettre un autre tout de suite : l'eau trop chaude pourrait faire briser les bouteilles froides. On retire une portion de l'eau chaude et l'on abaisse un peu le degré de celle qui reste en ajoutant de l'eau froide. Mieux encore, on a commencé par chauffer les bouteilles du deuxième panier, afin de pouvoir les placer sans retard dans l'eau chaude qui vient de servir, et ainsi de suite.

» La dilatation du vin pendant son échauffement tend à faire sortir le bouchon, mais la ficelle (ou fil de fer) le retient, et le vin suinte entre le bouchon et les parois intérieures du goulot. Pendant le refroidissement des bouteilles, le volume du vin diminue; on frappe sur les bouchons pour les renfoncer, on ôte la ficelle et l'on met le vin en cave ou dans un cellier quelconque, au rez-de-chaussée ou premier étage, à l'ombre ou au soleil. Il n'y a pas à craindre que ces diverses manières de le conserver le rendent malade ; elles n'auront d'influence que sur son mode de vieillissement, sur sa couleur, etc.

Suivant Mangon, voici les conditions que devraient remplir les appareils de chauffage du vin :

1° Aucune molécule de vin ne doit se trouver en contact avec des surfaces à une température supérieure à 55 ou 60°, pour éviter de donner au vin le *goût du cuit* ;

2° Le chauffage doit être opéré en vase clos, pour éviter les pertes de gaz, d'alcool ou de bouquet ;

3° Le vin doit être refroidi après le chauffage, en vase clos, et ramené, au moment de son envaisselage, à une température ordinaire, afin d'éviter l'effet du *veillissement* que produit sur le vin chauffé l'oxygène de l'air.

Sur ces principes, plusieurs constructeurs ont établi des appareils pour atteindre le but final.

Parmi eux M. Houdart, négociant en vins à Paris, a imaginé un appareil qui réalise les effets pratiques que réclamaient le commerce et les viticulteurs. Il est construit par M. Egrot, fabricant d'appareils à distiller.

Voici la légende détaillée du Pasteurisateur à vapeur (fig. 314).

LÉGENDE :

1° Réservoir d'arrivée du vin à niveau constant ;
2° Réfrigérant ;
3° Chauffe-vin ;
4° Chaudière thermo-siphon ;
5° Générateur à vapeur ;
6° Réservoir d'eau du thermo-siphon ;
7° Régulateur automatique de température ;
8° Tuyau conduisant le vin au réfrigérant ;
9° Robinet régulateur du vin ;
10° Tuyau conduisant le vin du réfrigérant au chauffe-vin ;
11° Tuyau conduisant le vin du chauffe-vin au réfrigérant ;
12° Tuyau de sortie du vin de l'appareil ;
13° Tuyau de retour d'eau du chauffe-vin à la chaudière ;
14° Tuyau recevant les gaz et arômes qui se dégagent par le chauffage du vin ;
15° Thermomètre.

Cet appareil peut, non-seulement servir au chauffage du vin, mais encore à l'étuvage des futailles par l'emploi de son générateur.

Comme on le voit, on peut soit à part, soit en même temps, étuver les futailles. La figure 314 représente une futaille en voie d'étuvage.

Observations. — Le vin que l'on désire pasteuriser doit être au moins dépouillé de ses impuretés ; celui qui a été filtré est toujours supérieur, à la fin de l'opération, à celui qui n'a pas été clarifié. — Il est donc recommandable de le clarifier auparavant, si on veut obtenir un résultat satisfaisant.

ENTONNAGE & EXPÉDITION

DES VINS

SOMMAIRE :

Entonnage des vins. — Dépotoir mesureur automatique Egrot. — Manipulations diverses. — Chargement et transport. — Préparation du vin en bouteilles pour la conservation ou l'exportation. — Bouchage. — Remplissage, Capsulage et Goudronnage des bouteilles.

ENTONNAGE & EXPÉDITION

Les vins, avant d'être livrés au commerce, seront amenés au point voulu de limpidité que comporte le produit.

Le vin se livre, soit en futailles de 500 à 600 litres, soit dans des bordelaises de 200 à 230 litres.

Fig. 315. — Dépotoir mesureur de précision pour jauger les fûts au remplissage.

L'expédition en gros se fait généralement par grosses futailles que l'on désigne sous le nom de *transports* ou *demi-muids*, de la contenance de 600 litres, en bon bois de chêne, solidement établis, dont le prix varie de 32 à 40 francs, suivant qualité.

Le mode de livraison, en Algérie et en Tunisie, est à l'hectolitre, pesé sur bascule par 100 kilos, c'est-à-dire que les conventions portent qu'il sera livré 100 kilos de vin pour un hectolitre.

Cependant, par dérogation, si la convention ne stipule pas cette réserve, c'est par le mesurage que l'opération se fera à l'aide du dépotoir.

L'opération du jaugeage d'un fût est des plus rapides, au moyen de cet appareil; elle consiste à introduire d'abord du vin dans le dépotoire à l'aide d'un tuyau d'amenée, jusqu'à ce qu'on le voit déborder par le trop-plein. Le niveau est alors indiqué à l'échelle par le zéro. On vide alors le dépotoir dans le récipient à jauger, et lorsque celui-ci est plein, l'échelle indique exactement la capacité du fût.

Ce dépotoir peut contenir de 200 à 1,000 litres, suivant l'importance de l'établissement viticole.

L'entonnage des transports s'effectue, soit directement à la prise du robinet du foudre ou de l'amphore, soit par transmission, à l'aide de tuyautage correspondant au récipient qui contient le vin à expédier; il est d'un bon usage et d'une certaine prudence de terminer le tuyau d'entonnage par un robinet à air avertisseur qui prévient quand la pièce est à peu près pleine. Ajoutons qu'il est indispensable, avant l'entonnage, de sulfurer les futailles.

Fig. 316. — Appareil de levage, mobile, système Merlin.

Les pièces remplies de vin sont ensuite bondées avec des bondes en bois garnies d'une toile pour éviter l'écoulement du liquide dans le parcours du voyage.

Les pièces de vin toutes prêtes à expédier, sont amenées sur le quai du chai pour être de là roulées sur les charrettes ou les chariots. A défaut de quai, on les charge en les montant sur un poulain, mais il est encore préférable de les charger à l'aide de l'appareil mobile, système Merlin (fig. 316).

Il suffit d'approcher la pièce sur le support et, de là, on lui fait gravir

Fig. 317. — Charrette chargée de bordelaises de vin

Fig. 318. — Charrette en déchargement.

l'espace du point d'appui jusqu'au-dessus de la charrette à l'aide d'un mouvement à manivelle. Un seul homme peut ainsi charger et décharger une charrette de transports chargés de liquide.

Lorsque ces pièces sont petites, telles que des bordelaises de 200 à 250 litres, le chargement est plus vite exécuté en les montant sur un simple poulain.

A l'arrivée de la charrette, le déchargement s'effectue au niveau sur le quai en roulant les pièces de vin, mais si le déchargement doit se faire au niveau du sol, on abaisse l'arrière de la charrette et, à l'aide du tour, on déroule le câble qui maintenait les pièces, et celles-ci roulent sur le sol sans chocs, ainsi que le démontre la fig. 318.

Dans un chai, où un plancher a été établi pour y déposer des vins blancs à veillir etc., il est nécessaire d'installer un monte-charge pour enlever les pièces de vin du rez-de-chaussée et les rendre au niveau du plancher. Cette installation est très simple ; elle consiste en un monte-charge à mouvement à débrayage qui reçoit sa force d'un moteur placé à l'extérieur du chai.

On roule la ou les pièces de vin sur la plate-forme mobile, qui monte ou descend suivant le mouvement de monte ou de descente imprimé par le moteur ; un frein automatique est disposé de façon à régler la vitesse de descente.

Observations. — Les charrettes à deux roues sont plus avantageuses pour transporter les vins que les chariots à quatre roues. Ces derniers sont très lourds et nécessitent l'emploi d'une plus grande force pour transporter le même poids.

PRÉPARATION DU VIN EN BOUTEILLES

soit pour la conservation, soit pour l'exportation

---

§ 1. — **Mise en bouteilles.**

La mise en bouteilles doit s'effectuer par un temps clair, sec et non venteux. Cette opération, qui est des plus simples en apparence, demande cependant des soins attentifs et suivis.

La conservation du vin, mis en bouteilles, dépend essentiellement de l'absence de tout ferment, absence qui résulte elle-même d'une bonne fermentation au début et de soutirages persévérants, ainsi que nous l'avons longuement expliqué déjà.

En Algérie, le vin peut être mis en bouteilles après un an de fabrication ; on rencontre même quelquefois ici des vins qui sont assez complètement clarifiés au bout de six mois.

La première opération comprend le nettoyage à fond et le rinçage des bouteilles. Inutile d'insister sur cette nécessité de premier ordre.

Le nettoyage, tel qu'il se pratiquait autrefois, au moyen de grains de plomb de chasse, avait un grave inconvénient. Si le vin se trouvait par hasard contaminé de *micodermes aceti*, il suffisait de quelques grains de plomb restés au fond de la bouteille, pour en transformer le contenu en une solution d'acétate de plomb, qui est, comme on le sait, un poison violent.

Les brosses à la main employées au rinçage n'offrent certainement pas ces inconvénients, mais leur action peu énergique ne suffit pas pour décrasser complètement et à fond les bouteilles.

Depuis quelques années on opère le rinçage, à Bordeaux, au moyen d'un appareil portatif qui ne laisse rien à désirer comme propreté, commodité et économie.

Les bouteilles sont disposées dans un baquet rempli d'eau ; on en prend une contenant un peu d'eau, dans laquelle on fait pénétrer la brosse rotative, et, avec la main, on tourne quelques secondes le petit volant qui imprime un mouvement rapide de rotation à la brosse. Les bouteilles ainsi décrassées, il suffit d'y passer de l'eau pour les rendre tout à fait nettes.

Lorsque l'on a beaucoup de bouteilles à rincer, on emploie la machine rotative à pédale.

Les bouteilles qui ont été complètement nettoyées seront mises au séchage sur des porte-bouteilles à chevilles.

Lorsque l'on nettoie simplement les bouteilles neuves, l'eau ordinaire suffit ; mais si ce sont des bouteilles qui ont déjà contenu du vin, il faudra les rincer avec une lessive chaude à 35 degrés, contenant du sous-carbonate de soude. Ensuite, un bon rinçage suffira.

---

§ 2. — **Bouchage.**

Choisir des bouchons de bonne qualité, dirons-nous tout d'abord à nos producteurs Algériens et Tunisiens. — L'économie que vous réaliserez sur le prix des bouchons ne serait qu'un leurre, et elle vous exposerait à de grosses pertes par suite du mauvais goût qu'un liège avarié ne manquerait pas de communiquer à votre vin.

Veut-on faire servir les vieux bouchons non altérés par le tire-bouchon, il suffit de les mettre bouillir dans un chaudron, pendant une bonne heure ; on les rince à l'eau claire et on les passe ensuite quelques minutes, pour blanchir, dans un bain dont voici la formule :

Eau.	10 litres
Acide chlorydrique.	200 grammes
Acide oxalique.	100 grammes

Laver les bouchons à grande eau après ce bain et les mettre à sécher complètement au soleil.

§ 3. — **Remplissage et bouchage des bouteilles.**

Tout le monde sait, par simple intuition, comment on remplit et on bouche des bouteilles. Toutefois, nous conseillons d'assouplir les bouchons dans de l'eau alcoolisée au préalable. De cette façon, ils glissent mieux dans le goulot et ils sont à l'abri des cryptogames, avantage qui n'est pas à dédaigner.

Le bouchage se fait soit avec un piston à maillet, soit à l'aide d'une machine à boucher à levier ; le premier procédé entraîne souvent une certaine casse qui ne laisse pas d'être dispendieuse. Verre et vin perdus à la fois. — Le bouchage avec la machine à levier est préférable ; on opère en mettant la bouteille remplie de vin sur le culot et un bouchon dans l'encoche, puis de la main droite on baisse le levier qui communique son mouvement au piston, lequel fait pénétrer le bouchon dans le goulot. A l'aide de cette machine qui fonctionne sans bruit ni casse, on peut arriver à boucher plus de 100 bouteilles à l'heure ; nous donnons ci-contre (fig. 319) le dessin de cet appareil.

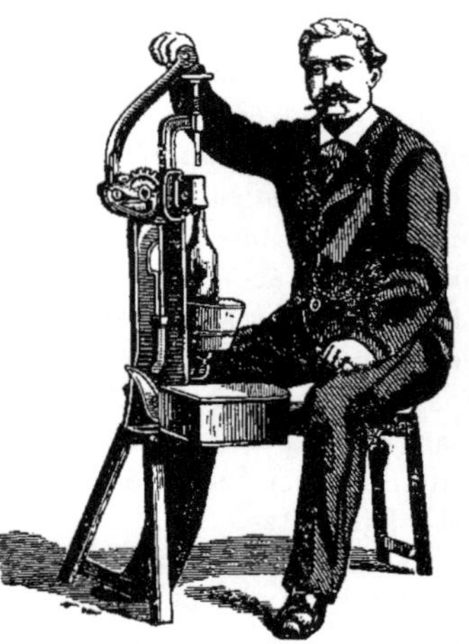

Fig. 319

Appareil à boucher les bouteilles.

---

§ 4. — **Capsulage et goudronnage des bouteilles.**

Lorsque les bouteilles ont été bouchées à la cire, on laisse sécher le ou les bouchons, afin que l'obturateur adhère bien.

Les négociants ou les propriétaires, soucieux d'un bon bouchage pour le commerce, déposent un peu de cire mâle sur les bouchons et garnissent les têtes de capsules métalliques, à l'aide de la machine.

Le propriétaire qui veut simplement conserver son vin pour son usage, se borne à faire fondre dans un poêlon en terre ou en métal de la cire à cacheter, on trempe le bouchon dans la cire en fusion jusqu'au cordon du goulot. Approchant ensuite la bouteille horizontalement on la fait tourner sur elle-même afin que la couche de cire se répartisse également et qu'elle adhère sans déperdition.

Les bouteilles cachetées sont mises en casiers, dans une cave aussi froide que possible.

MALADIES DES VINS

SOMMAIRE :

Causes générales des diverses affections des vins. — Vins sucrés. — Transformation du vin sucro-acide en vin sec. — Goût de terroir. — Verdeur et acidité. — Vins piqués et échauffés. — La pousse. — La Tourne et la Casse. — Vin amer. — La graisse. — Goût de moisi et de pourri. — Le jaune des vins blancs. — Le bleu. — Vin plombé. — Conseils et moyens curatifs.

MALADIES DES VINS

§ 1. — Cause générale des diverses affections des vins.

Les liquides, comme les végétaux et les animaux, ne sont pas exempts d'être atteints, dans leur nature et leur composition, d'affections qui les rend impropres aux usages de l'alimentation.

Les vins portent souvent en eux-mêmes, dès leur origine, les germes des maladies qui les affectent plus tard dans leur existence ; ces causes se révèlent aussitôt que le liquide se trouve dans un milieu qui lui est favorable.

En Algérie comme en Tunisie, certains vins sont plus ou moins réussis ou, pour mieux dire, plus ou moins bien faits et bien soignés. De cette fabrication négligée découle des produits qui s'altèrent plus tard, faute des précautions si nécessaires à leur bonne tenue.

Les vins malades se rencontrent plus fréquemment chez les producteurs qui, sous le prétexte d'économie de manipulations, n'observent aucune des prescriptions élémentaires usitées en cette matière. N'avons-nous pas constaté bien des fois que les vins les mieux soignés et les plus présentables au commerce étaient faits par des colons du Centre et du Nord ?

Notre plus grand ennemi, dans le cas qui nous occupe, est l'état climatérique du pays. La chaleur et l'humidité combinées forment souvent les causes qui engendrent les maladies qui affectent la vigne elle-même et, par suite, le vin produit.

Ces généralités étant posées, nous allons examiner successivement les diverses affections, les plus générales, qui altèrent nos vins algériens.

§ 2. — Vins sucrés.

Lorsque la fermentation a, dans son acte incomplet, laissé du sucre et des matières azotées, qui n'ont pas pu être transformés en alcool par une cause quelconque, le vin reste plus ou moins doux et sucré.

Dans de semblables conditions, le commerce se refuse avec raison de s'en rendre acquéreur, et, par conséquent, ce produit est dès lors reconnu impropre à la consommation.

Le vin, quoique resté sucré, peut encore se transformer assez rapidement, à condition de le traiter avant le mois de mars qui suit les vendanges faites, car il est reconnu que, si on laisse un vin sucré séjourner dans un chai ordinaire pendant l'été, il refermente dans un mauvais milieu de ferments vicieux, puisque les *Saccharomyces Elipsoïdeus* sont devenus impuissants à la première fermentation. Sous l'action de la chaleur, la pousse se déclare et le vin se détruit assez rapidement.

Nous avons constaté que le vin, sous la forme sucrée, s'acétifie peu, mais assez pour l'altérer ; sa composition change, il se forme de l'acide malique et lactique (sucro-acide) qui arrête la fermentation alcoolique, en raison de la faiblesse des cellules-ferments normaux qu'il contient.

Lorsque l'on veut tirer un parti avantageux d'un vin doux ou sucré, n croit généralement qu'il n'est bon qu'à faire du vinaigre.

C'est une grave erreur de croire cela. Le vin sucro-acide ne possède pas suffisamment d'alcool acétifiable et même d'acide acétique pour être converti en vinaigre ; il possède une nature particulière qui s'oppose à cette conversion. Il est nécessaire, avant toute tentative de conversion, de transformer en alcool le sucre qu'il contient.

---

§ 3. — **Transformation du vin sucro-acide en vin sec.**

Lorsque l'on s'aperçoit que le vin se refroidit et qu'il reste doux ou sucré, on le dose pour en reconnaître le degré saccharifère par voie chimique ou, ce qui est encore plus simple, en plongeant le pèse-moût Leroux dans le vin à doser. Un vin sucré qui révèle au pèse-moût 51 grammes de sucre, par exemple, c'est-à-dire 3 degrés d'alcool encore à produire, que faut-il faire pour transformer ce sucre en alcool sans changer le degré alcoolique déjà trouvé ?

Si ce vin accuse 51 grammes de sucre par litre, c'est que la fermentation qui la produit a été très insuffisante, soit parce que les *ferments-cellules* ont été anéantis ou paralysés par un travail très pénible exercé sous l'influence d'une température trop élevée, soit encore à la suite de leur insuffisance ou de leur impuissance normale. Par conséquent, et en raison de ces causes, le remède qui apparaît consiste en une refermentation nouvelle, faite alors dans des conditions plus normales. Ajoutons cependant que refermenter le vin tel qu'il se comporte en l'état, dans les conditions premières, ne peut donner que des résultats douteux et perpétuer la présence d'une notable portion de sucre et de matières azotées, qui sont les plus difficiles à transformer avec des ferments insuffisants.

Voici un moyen de simplifier la fermentation, que j'ai trouvé et appliqué en grand dans plusieurs chais.

La première des choses est de soutirer le vin sucré au clair le plus tôt possible après cette constatation, et de le mettre dans de petits récipients en bois (foudres de 50 à 100 hectolitres).

Exemple. — Opérant sur un récipient de 150 hectolitres, et sachant d'une part que le vin dose actuellement 12° centigrades d'alcool et, d'autre part, qu'il contient encore 51 grammes de sucre, c'est-à-dire 3 degrés d'alcool à produire, l'essentiel de l'opération est de conserver le degré déjà trouvé (12°); cette tâche sera d'autant plus facile, qu'il s'agit tout simplement de mouiller le vin sucré avec de l'eau pour dissoudre le sucre interverti, de façon à le rendre plus indépendant dans le nouveau travail de fermentation qui va suivre.

Le volume d'eau nécessaire au mouillage de ce vin est basé sur la quantité de sucre qui reste à convertir en alcool. Or, on sait qu'il reste 51 grammes de sucre ou autrement dire, 5 kil. 100 gr. par hectolitre, soit 8ᴸ 33 × 3° = 25 litres d'eau à ajouter par hectolitre de vin, ce qui, en résumé, forme 37 hectolitres 50 de liquide de mouillage.

L'eau que l'on ajoute ainsi au vin sera saturée de tanin et d'acide tartrique dans la proportion suivante et par hectolitre de vin :

Eau prise dans la masse.	25 litres.
Tanin de Pelouze.	5 gr.
Tartrate neutre de potasse . . .	25 gr.
Acide succinique.	5 gr.

On dissout ces produits dans l'eau qui est portée à l'ébullition, puis on la verse dans le vin, en un petit filet, de façon à ne pas altérer les ferments que contient le vin sucré.

Pour opérer avec sécurité, on laisse un vide dans le foudre, afin de recevoir et contenir l'eau chaude.

En même temps que l'on opère, ou même de préférence avant, on ferme et on chauffe l'appartement où se trouve le vin qui doit fermenter à l'aide d'un ou plusieurs foyers s'il fait froid, jusqu'à ce que la température s'élève et atteigne 28°, température qui est maintenue ainsi tout le temps que mettra le vin à fermenter.

Cette opération est d'autant plus facile que la température extérieure n'est pas encore refroidie par la saison ; c'est pour cela que nous engageons les viticulteurs opérateurs à faire ce travail pendant les jours froids.

Si l'on veut activer cette opération, il suffit d'ensemencer la surface du liquide mélangé et chaud, de 50 grammes de levure, cultivé par hectolitre de contenance.

Cette fermentation sourde dure de 8 à 10 jours, et le vin est très clair après 15 à 20 jours de repos.

Après clarification, il suffira d'ajouter un gramme de glycérine par hectolitre sur la totalité du vin fait.

§ 4. — **Goût de terroir.**

On rencontre encore dans notre colonie des vins qui possèdent un léger goût de terroir ; mais, autrefois, presque tous les vins étaient empreints d'un goût étrange très prononcé. Depuis bien des années, les défrichements ayant pris un grand développement, la disparition des broussailles a changé la nature des gaz atmosphériques qui étaient la principale cause de ce goût particulier que l'on ne rencontre plus aujourd'hui.

Les causes de ces odeurs quelquefois un peu foxées, ne résident pas essentiellement dans l'absorption de ces gaz aériens infectés par les végétaux sauvages, mais aussi par suite des fumures nouvelles faites à l'aide de fumiers mal combinés, dont la fermentation putride communique ses odeurs aux fruits.

Le sous-sol qui n'a jamais vu le jour n'est pas fait pour améliorer l'atmosphère dans les grandes chaleurs. Ainsi, une vigne plantée sur un sol défoncé et bien aéré, donne toujours des vins supérieurs à qualité égale à celui qui ne l'a pas été.

Lorsque la fermentation d'un vin a été trop violente et trop élevée, une grande partie de l'alcool s'empare des principes étrangers de la rafle et des pépins. Il en est de même si on prolonge le cuvage au-delà des limites nécessaires : il s'en suit toujours que le vin révèle un goût étrange et désagréable, mais surtout si le raisin n'a pas été égrappé.

Si l'on pressure des marcs fermentés et que cette opération se prolonge longtemps, on remarque que le dernier vin qui s'écoule est légèrement empreint d'un goût désagréable un peu foxé. C'est donc une erreur de mélanger celui-ci avec le vin de goutte, auquel il communiquerait son mauvais goût.

Le vin de goutte peut encore prendre un mauvais goût s'il séjourne trop longtemps sur ses lies, et cela malgré une température froide. Comme conclusion, nous recommandons les façons suivantes :

Egrappage des raisins ; fermentation basse ; cuvage le plus court possible ; élimination des derniers vins de pressurage ; fréquents soutirages ; collage et filtrage avec addition de poussière de charbon de bois. Par ces moyens, on n'enlèvera pas complètement le goût de terroir naturel, mais comme le dit Robinet, il sera fortement atténué et souvent modifié, de manière à ce qu'il ne reste aucun goût désagréable pour le consommateur.

---

§ 5. — **Verdeur et Acidité**

La verdeur n'est pas précisément une maladie, c'est un défaut de constitution, dû à un excès d'acidité.

L'acidité du vin comprend plusieurs principes ; un vin peut accuser une certaine acidité par la présence d'un excès d'acide tartrique, comme aussi il peut être qualifié du même titre s'il est chargé d'une trop grande quantité de tanin.

Le vin peut acquérir une notable dose de tanin en excès par un séjour trop prolongé au cuvage, ou encore, par un foulage trop énergique, agissant sur les pédoncules et les pépins, etc.

Une vendange incomplètement mûrie, donnera infailliblement naissance à un vin très dur et âpre au goût, et d'une certaine acidité.

« Le tanin, dit M. E. Robinet (d'Epernay), est facilement précipité par la gélatine ; un collage modéré à la gélatine blanche, dissoute dans l'eau tiède, sera le remède le plus pratique et le plus sûr. Il faudra même en user avec le plus grand ménagement, car si l'on privait le vin de la totalité de son tanin, il pourrait subir de nouvelles influences bien plus fâcheuses ; la couleur elle-même aurait à en souffrir, accident grave dans les vins rouges, où elle joue un grand rôle si important qu'il faut lui sacrifier la plus grande partie de ses imperfections. »

On corrige ce défaut, en versant dans un litre de vin à essayer, de la solution suivante, dans les proportions de 5 grammes par 5 grammes jusqu'au moment où l'excès d'âpreté ne se fait plus sentir :

Eau. . . . . 50 grammes
Gélatine. . . . . 1 gramme
Alcool. . . . . 5 grammes

C'est par le tâtonnement que l'on arrivera à corriger ce défaut.

Si le vin est acide par la présence d'un excès d'acide tartrique, il est alors nécessaire d'avoir recours aux agents neutralisants.

On a préconisé autrefois la poudre de marbre, ce produit laisse toujours dans le vin des traces de chaux.

Le procédé le plus pratique et le plus satisfaisant, est encore celui indiqué par Julien, qui consiste à traiter ces vins par le tartrate neutre de potasse. A cet effet, on opère le dosage de l'acidité totale du vin acide nouvellement fait, on l'exprime en acide sulfurique $S\,O^3\,H\,O$, et si le titre est trop élevé, on l'abaisse de 1 ou 2 grammes par litre.

Généralement, les vins d'Algérie et de Tunisie sont peu acides ; leur teneur varie entre 4 à 8 grammes. Si on veut ramener, par exemple, à 7 degrés un vin qui dose 8, c'est 5 grammes de tartrate neutre de potasse qu'il faudra ajouter au vin, puisque chaque degré d'acidité totale est neutralisé par 5 fois environ de son poids en tartrate neutre de potasse.

---

§ 6. — **Vins piqués et échauffés.**

Lorsque le vin est en contact prolongé avec l'air, il se couvre d'abord d'une couche blanchâtre, très mince, s'épaississant par degré et formant peu à peu une agglomération de poussières blanches qu'on nomme la « *fleur du vin* » (voir fig. 320).

Pasteur désigne cette végétation cryptogamique sous le nom de *micoderma vini*. Son influence n'est pas aussi funeste qu'on pourrait le croire, s'il surnage à la surface d'un vin bien équilibré et complètement fermenté, à condition toutefois, de ne pas le laisser séjourner trop longtemps dans ces conditions.

Le même auteur a déterminé aussi la présence d'une autre cryptogame qu'il désigne sous le nom de *micoderma aceti*.

Le vin en vidange, après un long séjour, se revêt aussi de ce parasite qui est beaucoup plus dangereux que le premier. La rapidité avec laquelle il se multiplie est très grande, et bientôt la fermentation acétique se poursuit. Ce ferment appartient au genre *diplococcus*; C'est le *diplococcus aceti* (fig. 321).

Ce sont de petits globules géminés qui forment des articles dont la longueur est d'environ 1,5 millième de millimètre, en forme de chapelet ; au fur et à mesure qu'ils avancent en âge, ils se resserrent et plus tard, se divisent à leur tour, en produisant ainsi un nombre considérable d'articles qui augmentent progressivement.

Ce parasite se développe avec d'autant plus d'activité que l'oxygène de l'air lui vient en aide en oxydant l'alcool que contient le vin.

Bien des moyens ont été recommandés pour guérir cette affection trop développée dans les vins faits par des viticulteurs peu soigneux.

Autrefois, on avait indiqué comme palliatif, les poudres calcaires, mais les résultats n'ont guère été satisfaisants ; on a ensuite essayé la potasse caustique et le tartrate de potasse ; ces derniers agents neutralisants, permettent de modifier un peu le vin piqué, mais, seuls, ils ne suffisent pas.

Si le vin est à peine piqué, il faut procéder de la façon suivante : il suffit de le Pasteuriser, c'est-à-dire le chauffer à l'appareil Houdard (voyez *Chauffage du vin*). Mais si le vin est acidulé, au cinquième par exemple, il faut avoir recours à des moyens plus énergiques.

Pour traiter un vin atteint d'une certaine acescence, il est nécessaire de doser l'acide acétique qu'il contient. On dose ce vin avec une liqueur alcoolique, et chaque gramme d'acide acétique reconnu, on le neutralise par 4 fois son poids de tartrate neutre de potasse.

Exemple. — A traiter un vin qui possède déjà 5 grammes d'acide acétique par litre, on trouve $5 \times 5^g = 25$ grammes de tartrate neutre de potasse à ajouter au liquide malade.

On peut encore guérir l'aigreur du vin en y ajoutant de la cendre de bois, provenant d'un four à pain. On remue bien et ensuite on colle, puis on filtre comme d'ordinaire.

Il y a encore un autre procédé qui consiste à mécher fortement une futaille à mi-pleine de vin piqué en y ajoutant ensuite un litre de lait.

Dans tous les cas, nous préférons recommander la formule suivante par hectolitre :

Tartrate neutre de potasse.	150 grammes
Potasse caustique,	50 grammes
Sulfite de soude	25 grammes

On dissout ces produits dans 1 litre d'eau bouillante ; ce liquide correspond à 100 grammes d'acidité à neutraliser, c'est-à-dire que si le vin piqué accuse 5 grammes d'acide acétique, il faudra ajouter 50 grammes de ce liquide.

Une fois le vin saturé de ce produit, on le colle comme d'habitude, et on le filtre ensuite. Après ces diverses opérations, on y ajoute 150 grammes d'acide tartrique par hectolitre.

Comme nous l'avons dit plus haut, le vin s'aigrit promptement lorsqu'il est en relation directe avec l'air, mais il peut aussi s'acétifier par le contact du bois de la futaille qui est déjà contaminée elle-même par le *micoderma acéti*. L'acescence se produit encore par l'oxydation des marcs qui ont été exposés trop longtemps à l'air et replongés ensuite dans le vin pendant sa fermentation ; huit fois sur dix, la fermentation prolongée entraîne infailliblement l'oxydation de la surface du liquide chargé de matières azotées.

Ne jamais laisser dans une cuverie, ni dans un chai, des marcs aigris ou même du vin acétifié, car il suffit que ces gaz séjournent dans ces milieux pour en contaminer tous les objets environnants ; c'est une précaution absolument nécessaire à prendre.

---

§ 7. — La pousse.

Très commune dans les pays chauds où les installations s'échauffent en été, cette affection est due à plusieurs causes.

La première est constitutionnelle : elle se manifeste dans les vins qui ont incomplètement fermentés, c'est-à-dire dans ceux qui n'ont pas été suffisamment débourbés et qui contiennent encore quelques traces de sucre et de matières azotées en suspension.

La seconde est due à un trop long séjour du vin sur les lies, car aussitôt que la température s'élève à plus de 24°, les ferments vicieux contenus dans ces matières déjectives envahissent le liquide qui devient alors nuageux.

La troisième cause est connexe à la deuxième. Elle est due à la trépidation d'un mouvement quelconque ; le passage d'une voiture ou un fort bruit peut occasionner la montée de la pousse, si la température dépasse 24° centigrades.

La quatrième cause est déterminée par les orages ou les grands vents. On a vu même, sous une température de 23°, le vin se dilater fortement dans les foudres et prendre la *pousse*.

Lorsqu'un vin a fermenté jusqu'à la disparition du sucre, il ne faudrait pas croire, cependant, que la fermentation a été suffisante et complète. En effet, il reste encore beaucoup de matières azotées et protéïques en suspension dans le vin, ces produits secondaires refermentent ensuite sous l'action des causes diverses que nous avons énoncées plus haut.

Enfin, on reconnaît cette affection lorsque l'on voit le vin se troubler et dégager de l'acide carbonique, provenant de la décomposition des matières formant les lies.

« Le ferment de la pousse, dit Balard, se rapproche beaucoup du ferment lactique, avec lequel même il l'identifiait ; on remarque dans cette affection la production d'acides volatils. »

« Le ferment des vins tournés (fig. 322), dit Pasteur, est formé de longs filaments cylindriques, sans étranglements bien apparents, de véritables fils non rameux, et dont les articulations ne sont pas toujours bien accusées. Le ferment lactique, au contraire, est formé d'articles courts, légèrement déprimés à leur milieu, de telle sorte que, sous un certain jour, on dirait une série de points, lorsque plusieurs articles sont réunis bout à bout. Il ne faut pas, toutefois, exagérer la distinction des deux ferments d'après ce caractère. » Et il conclut en disant : « Je suis même porté à croire qu'on a réuni, sous l'expression de vins tournés, des maladies différentes, auxquelles correspondent plus d'un ferment filiforme. »

Duclaux, qui a beaucoup étudié ces sortes de maladies, rapproche ce ferment de celui de la fermentation propionique et acétique de tartrate de chaux, car tous les deux vivent aux dépens de *l'acide tartrique* ; c'est-à-dire que pendant que les acides volatils se développent avec l'intensité de la maladie, les acides fixes disparaissent peu à peu.

Les premières précautions à prendre pour prévenir cette maladie, consistent à opérer des soutirages aussi souvent que possible ; mais, pour la guérir, lorsqu'elle commence à se déclarer, il est indispensable d'ajouter au vin de la crème de tartre et à le chauffer (pasteurisation), puis à le laisser reposer dans un tonneau sulfuré et, enfin, après quelques jours, le soutirer au clair. Souvent un simple soufrage de la futaille qui doit contenir le vin suffit.

On arrête encore cette maladie en saturant le vin nouvellement soutiré avec la composition suivante :

<pre>
Tanin. . . . .   15 grammes.
Crème de tartre 100   —
</pre>

On colle et on filtre ensuite.

On peut encore se rendre maître de cette affection prise à son début, en procédant au soutirage du vin dans une futaille bien sulfurée à l'aide d'une mèche soufrée, et en y ajoutant 50 grammes d'acide citrique.

Un dernier moyen peut encore être pratiqué lorsque le vin est en pousse : c'est la pasteurisation, puis d'y ajouter 25 à 30 grammes de crème de tartre, le coller et ensuite le filtrer.

D'après M. Poulain, cette maladie accuse trois périodes :

Dans la première phase, le vin devient louche et douceâtre, sa saveur est plate.

Dans la seconde, un dégagement d'acide carbonique se produit ; la couleur se modifie et diminue d'intensité.

Enfin dans la troisième, il y a détérioration complète du vin : sa couleur prend une teinte gris sale ; l'odeur infecte et le goût rappellent l'eau croupie ou contenant des matières organiques en décomposition.

---

§ 8. — La tourne.

La maladie de la tourne est voisine de celle de la pousse sans cependant porter exactement les mêmes caractères. Le vin perd sa couleur, devient fade, plat, et d'un goût désagréable ; examiné au microscope, dans un tube de verre blanc, on y aperçoit des ondes soyeuses qui nagent dans la masse. Les ferments, par le repos, se déposent au fond. Ces ondes soyeuses sont des ferments spéciaux qui ressemblent beaucoup à ceux de la pousse.

Dans les mouvements de la tourne, on ne remarque pas de dégagement d'acide carbonique comme dans la pousse ; comme elle, ce ferment vit aux dépens de l'acide tartrique et de ses dérivés.

La guérison de cette maladie est plus difficile que la précédente. Le moyen le plus radical consiste à soutirer le vin dans une futaille sulfurée et d'y ajouter ensuite la composition suivante :

Eau.	100 grammes.
Alcool.	50 —
Tanin.	15 —
Acide citrique	60 —

Aussitôt le tout bien incorporé, après avoir dissous le tanin dans l'alcool, on procède à un collage énergique, en dissolvant 20 grammes de gélatine dans 500 grammes d'eau par hectolitre, que l'on ajoute au vin malade.

Le vin collé de cette façon sera ensuite filtré au clair brillant ; il vaut mieux filtrer moins vite et obtenir le brillant, ce qui indique qu'il y a déjà eu précipitation d'une très grande partie des ferments. On complète ce traitement par le chauffage du vin (pasteurisation).

On peut encore ramener un vin tourné en le faisant filtrer doucement sur des marcs nouveaux sortant du pressurage.

Après toutes les opérations, il sera toujours utile de filtrer à clair et brillant.

---

§ 9. — La casse.

La casse est une maladie assez fréquente dans les pays chauds où le vin atteint une maturité excessive en perdant l'équilibre de ses éléments constitutifs. Cette maladie se manifeste quelquefois dans les foudres et jamais dans les amphores ; mais, le plus souvent, quand on soutire le vin et qu'on l'expose quelque temps à l'air, ce liquide se trouble et y subit une décomposition plus ou moins complète.

Dans tous les cas, le viticulteur doit toujours s'assurer de la solidité de son vin en en tirant un verre 24 heures avant et en l'exposant à l'air.

Si le vin, laissé ainsi à l'air, se maintient limpide et brillant, on peut compter sur lui ; mais s'il se trouble et qu'une partie de sa matière colorante se précipite au fond, il faut le traiter pour le ramener à l'état normal.

25 à 30 grammes d'acide citrique ajoutés par hectolitre suffisent souvent pour le remettre en état.

Cependant, il est toujours prudent de faire un essai sur un litre, et si on voit que le vin se trouble encore, on augmente la quantité jusqu'à 60 grammes, et on y ajoute en même temps 7 grammes de tanin dissous dans 25 grammes d'alcool.

Le chauffage est également une excellente opération, mais, dans tous les cas, l'adjonction d'une certaine quantité d'acide citrique et tanique s'impose dans ce traitement.

---

§ 10. — **Vin amer.**

L'amerturme est une maladie spéciale aux vins rouges, elle se produit aussi bien dans les vins en fûts que dans ceux en bouteilles. M. de Vergnette-Lamotte, distingue deux sortes d'amertume dans les vins.

« La première, celle qui les atteint, de la deuxième à la troisième année de leur âge, et l'autre que l'on rencontre dans les vins très vieux. Cette dernière maladie, à laquelle on peut plus spécialement donner le nom de *goût de vieux*, et loin de présenter autant de gravité que la première en ce sens que les vins qu'elle atteint ont été et sont restés bons pendant de longues années, tandis que *l'amertume proprement dite* altère et détruit même complètement les vins dans ses premières années. Au début du mal, le vin commence par présenter une odeur *sui generis* ; sa couleur est moins vive, au goût fade ; nos tonneliers disent que le vin *doucine*. — La saveur amère n'est pas encore prononcée, mais elle est imminente, si l'on n'y prend garde ; tous ces caractères ne tardent pas à augmenter rapidement. Bientôt le vin devient amer et l'on reconnaît à la dégustation un léger goût de fermentation dû à la présence du gaz acide carbonique. Enfin la maladie peut s'agraver encore, la matière colorante s'altère complètement, le tartre est décomposé et le vin n'est plus buvable. »

« L'amertume des vins est donc une maladie qui fait le plus de tort aux grands crûs de *bourgogne* ou mieux aux vins rouges de Pinot de la Bourgogne et de la Champagne. L'amertume est pour nous la maladie organique des vins de Pinot. »

En examinant le dépôt du vin vieux atteint de l'amer, on aperçoit des filaments très tenus d'un faible diamètre : ils sont enchevêtrés les uns dans les autres (fig .323).

D'après Pasteur, ce ferment s'attaquerait de préférence à la glycérine.

Le moyen le plus pratique pour arrêter les progrès de cette maladie consiste à sulfurer une futaille nouvellement rincée, dans laquelle on versera le vin au clair; on y ajoutera ensuite, par hectolitre, la composition suivante :

Alcool.	100 grammes.
Glycérine	400 —
Tanin.	25 —
Sucre.	260 —
Acide citrique.	50 —
Eau.	500 —

On dissout d'abord le sucre dans l'eau chaude ; ensuite on mélange la glycérine avec l'alcool dans lequel est dissout le tanin, puis on mélange le tout ensemble et on filtre.

§ 11. — La graisse.

La maladie de la graisse est particulière aux vins blancs. C'est surtout dans les contrées méridionales qu'on la rencontre, elle n'affecte que les vins peu généreux. Les vins atteints sont désignés comme filants ; ils sont d'un aspect visqueux, mucilagineux qui rappelle celui du blanc d'œuf, il coule comme de l'huile. Si on l'agite énergiquement avec un bâton, il reprend sa limpidité et sa fluidité et dégage une certaine quantité d'acide carbonique ; mais plus tard, il reprend son caractère filant.

Chaptal, François, Maumensé, de Vergnette, Lamotte, Ladrez, etc., attribuent cette maladie à la présence, dans le vin, de la glaïadine ou glutine. Mais il était réservé à Pasteur de déterminer la cause de ce principe ; il nous dit que la cause première consiste en un ferment doué de caractères très spéciaux, qui le distinguent des autres. Ce ferment se présente sous forme de petits globules sphériques (fig. 324) réunis en chapelet et dont le diamètre, bien que variable d'après la nature du vin dans lequel on l'étudie, est voisin de $\frac{1}{1.000}$ de diamètre, la réunion de ces petits globules donne naissance à des ferments qui rendent la masse gélatineuse et filante.

On constate que les vins atteints de cette maladie sont généralement faibles en alcool et en tanin.

Le remède le plus pratique et le plus économique consiste dans le fouettage du vin et dans l'addition de 10 grammes de tanin dissous dans 100 grammes d'alcool pour un hectolitre, puis coller légèrement à l'aide de la colle de poisson.

Pasteur préconise le chauffage ; on sait que le chauffage du vin blanc comme du vin rouge le sèche ; alors, dans ce cas, il suffit d'y ajouter 4 grammes de glycérine et 100 grammes de sucre par hectolitre. L'aération sur un vin gras le rétablit quelquefois.

---

§ 12. — **Goût de moisi et pourri.**

Le vin, qui porte un goût de moisi, a contracté ce défaut dans le séjour qu'il a fait, pendant un certain temps, dans une futaille qui a été elle-même moisie ou insuffisamment nettoyée au moment de l'entonnage. Quelquefois le vin contracte encore un goût de moisi quand il a été fait avec des raisins moisis par suite d'humidité.

Le goût de moisi est inconnu dans les caves où les chais conduits par des cavistes du métier et non par les premiers garçons venus que l'on rencontre encore si souvent dans les exploitations viticoles.

Le mal ne vient donc pas de la nature du vin, mais bien des cryptogames qui infestent les futailles, ainsi que nous l'avons déjà maintes fois répété.

Le moyen le plus expéditif et le plus pratique est basé sur la propriété que possède l'huile d'absorber les odeurs avec une extrème facilité. A cet effet, on retire un à deux litres de vin de la futaille, qui est ensuite remplacé par autant d'huile d'olive neutre de goût, puis on fouette vigoureusement à plusieurs reprises pendant une journée et on laisse reposer ; le lendemain l'huile s'est détachée du vin et elle est remontée à la surface En soutirant le vin, on constate que le goût a disparu.

---

§ 9. — **Le jaune des vins blancs.**

« Le vin qui jaunit contracte ce défaut, dit Robinet, par un micoderme d'une nature spéciale, qui peut se reconnaître au moyen d'un microscope très puissant.

» Celui que j'emploie me donne un grossissement de 900 diamètres et me permet de distinguer aisément le micoderme. Il est extrêmement petit, de forme oblongue ; il mesure dans sa plus grande longueur 1/600 de millimètre et dans sa largeur 1/900 de millimètre. Son épaisseur est si faible, qu'il peut facilement tourner sur lui-même entre les verres minces du porte-objet du microscope.

» La reproduction se fait par bourgeonnement, comme pour les *Saccharomyces Elipsoïdeus.*

» Il ressemble beaucoup, par sa grandeur, au *micoderma acéti* ; seulement, il en diffère, par sa forme, puis par cette différence qu'il vit seul ; rarement on en trouve plusieurs soudés ensemble. Sa production est très rapide ; il n'altère pas le goût du vin, mais il est

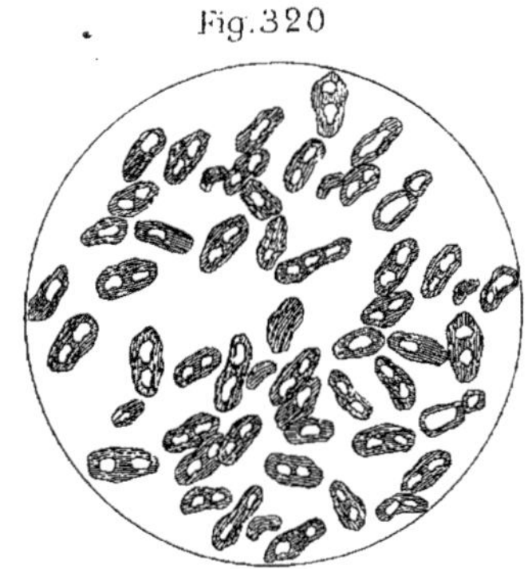

Fig. 320

Fleurs de Vin *(Saccharomyces vini)*

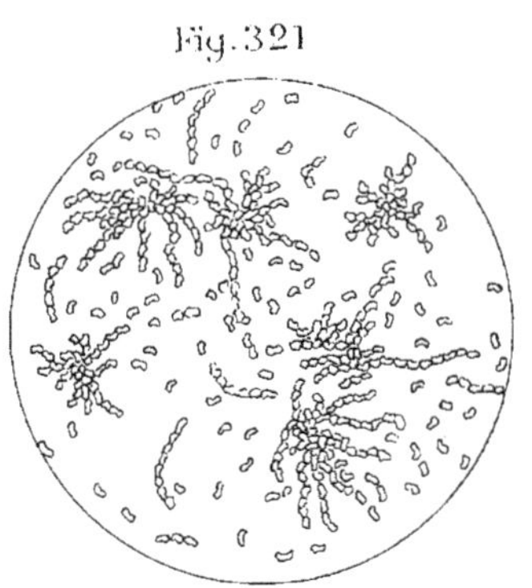

Fig. 321

Ferment acétique *(Diplococcus aceti)*

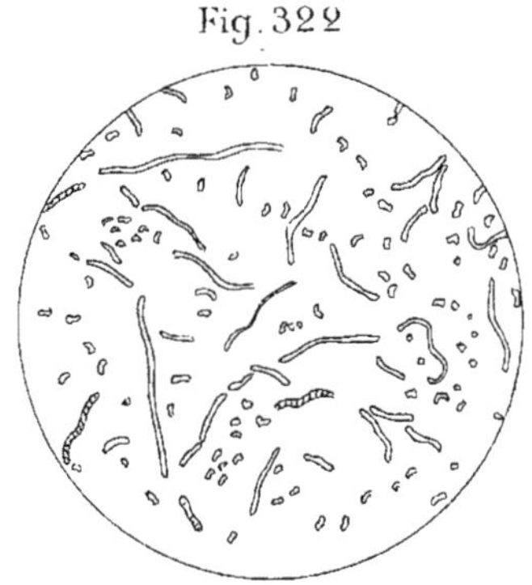

Fig. 322

Ferment de la pousse

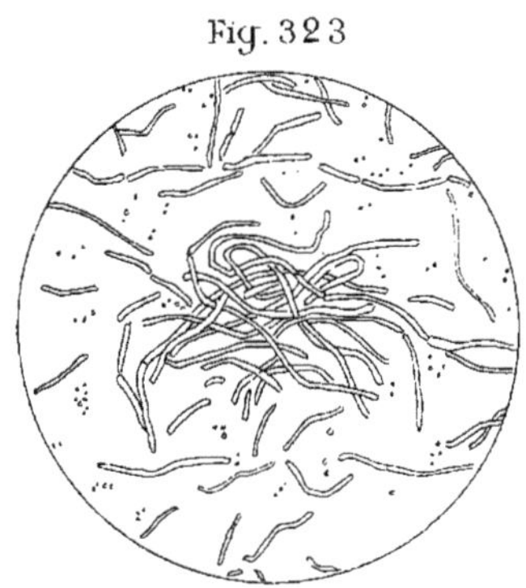

Fig. 323

Ferment de l'amertume

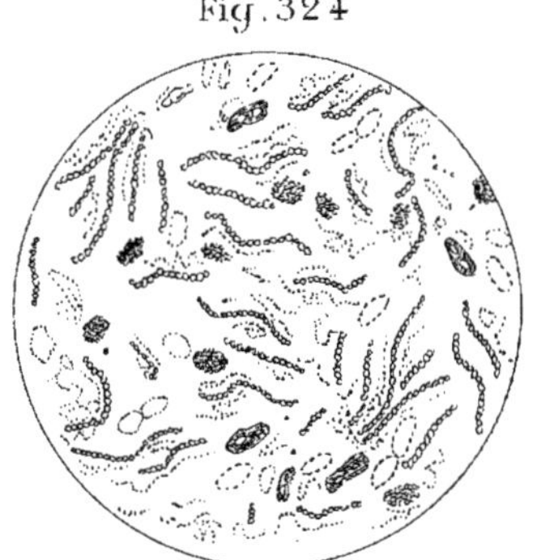

Fig. 324

Ferment de la graisse

un premier acheminement à une nouvelle fermentation qui, elle, le dénature entièrement.

» Le seul moyen d'arrêter ce mal, serait de chauffer le vin, mais par ce fait seul, il devient impropre à la fabrication des vins mousseux ; il faut chercher ailleurs un remède, et c'est ce qui fera l'objet d'une nouvelle série d'études.

» Je n'aurais rien à ajouter à cet exposé de la maladie du jaune, si je n'avais pas poussé plus loin mes recherches ; mais, heureusement, j'ai pu compléter cette étude par une nouvelle série d'observations.

» Les vins sujets au mal du jaune sont les vins pauvres en alcool, en tartre, en tanin, en acide tartrique et riches en acide malique. J'ai pu constater ce fait dans diverses espèces, telles que les vins blancs d'entre deux mers et Terré-Bourré, vins blancs des plaines du Midi. »

Voici le procédé qui a été employé pour paralyser les effets du jaune : Addition de 20 à 25 grammes d'acide citrique, dissous dans 100 grammes d'eau et un litre d'alcool par hectolitre de vin et, quelques jours après, tanisage et collage.

---

§ 10. — **Le bleu.**

Le bleu est une maladie qui se produit spécialement dans les vins blancs pauvres en alcool. La cause est due à une nouvelle fermentation ; en observant ce vin au microscope, on constate la présence d'une foule de vessicules flottantes dans la masse.

« Ces petits mycodermes, dit E. Robinet, ont une teinte grise, peu transparente, peu réfringeante et se reproduisent par bourgeonnement comme le *Saccharomyces Ellypsoïdeus*.

» Dès qu'un vin tourne au bleu ou est déjà bleu, il faut élever fortement son titre alcoolique, l'additionner de tanin (6 à 8 grammes par hectolitre), le laisser reposer 24 heures, puis le coller à la colle de poisson préparés avec de l'acide tartrique, ou des blancs d'œufs salés, si on a affaire à du vin rouge. Le vin doit être mis en cave. Il est rare que le mal ne disparaisse pas après ce traitement énergique. Dans le cas d'échec, il faut le soutirer et le laisser en cave dans des fûts pleins. Au bout de quelques mois, il devient clair.

» L'emploi de l'acide citrique à la dose de 15 à 25 grammes par hectolitre est le plus puissant agent qu'on puisse employer pour modifier un vin, et celui qui donne les meilleurs résultats. »

Si le vin résistait au divers traitements que nous venons de signaler, il faudrait avoir recours à des collages énergiques, en l'additionnant de 10 à 12 grammes de tanin chaque fois.

---

§ 11. — **Vin plombé.**

Certains vins blancs plombent lorsqu'ils sont exposés à la lumière. En Algérie, nous avons quelques vins blancs de cette espèce.

Ce vin se trouble insensiblement et, quelques heures après son exposition à la lumière, il devient gris bleuâtre ; cependant, ce défaut n'a rien de commun avec le bleu que nous venons de décrire, car ici ce n'est pas le manque d'alcool qui occasionne ce défaut. En effet, j'ai eu à rétablir des vins blancs qui dosaient 13° centigrades et qui plombaient à la lumière.

D'après l'analyse, ces vins manquent d'acidité, et, surtout, le tanin y fait défaut.

Voici le procédé que j'ai employé pour arriver à guérir ces vins :
On dissout dans un litre d'eau bouillante 15 grammes de tanin et 50 grammes d'acide citrique que l'on incorpore au vin en traitement ; on le fouette bien et on le colle, le lendemain, avec de la colle de poisson. Dès ce moment, le vin ne plombe plus.

DISTILLATION DES ALCOOLS

ET DES EAUX-DE-VIE

SOMMAIRE :

L'alcool et ses propriétés. — Tables de correction et de densité. — Distillation par la vapeur et par macération. — Eau-de-vie provenant de marcs non fermentés. — Eau-de-vie fine algérienne. — Appareils à feu nu et à feu continu. — Prix de revient afférant à chaque système. — Distillation des lies. — Neutralisation des vins piqués.

ALCOOLS & EAUX-DE-VIE

La consommation en général, recherche aujourd'hui de plus en plus des vins corsés et généreux pour délaisser les petits vins légers, soit de plaine, soit de plateau. Ces derniers liquides sont particulièrement peu colorés et d'une tenue inférieure aux premiers qui sont produits sur coteau ou versants, mais cependant d'une richesse suffisante pour servir à la fabrication des eaux-de-vie. L'expérience nous a surabondamment prouvé que celles-ci ne le cédaient en rien aux meilleures marques renommées, — et nous en trouvons la preuve concluante dans les nouveaux débouchés qui s'ouvrent chaque jour pour ces produits qui s'assimilent merveilleusement avec ceux de France, devant les succès obtenus et, en raison de ces faits, nous avons jugé utile de consacrer un chapitre spécial à la fabrication des alcools et des eaux-de-vie.

Les essais industriels de distillation faits, en Algérie, jusqu'à maintenant, se sont seulement bornés à la transformation, en alcool et en eau-de-vie, des vins rouges et blancs plus ou moins avariés, en employant cependant que très rarement quelques vins blancs.

On ne croyait pas d'abord au succès, mais il a fallu se rendre à l'évidence, et les eaux-de-vie sorties des alambics de nos distillateurs, sont cotées comme eau-de-vie de premier ordre, à tel point que les grandes maisons de France, comme la Grande-Chartreuse et la Bénédictine, etc., ne se servent qu'en Algérie.

C'est donc avec confiance dans le succès que l'on devra pratiquer cette fabrication en employant des vins blancs spéciaux pour faire les *Fines Algériennes* et des vins rouges (des piquettes aussi) pour les *Fins bois*. Quant aux eaux-de-vie de marcs, nous les signalerons comme produits complémentaires.

§ 1. — L'alcool et ses propriétés chimiques et physiques.

L'alcool, à l'état pur, est un liquide incolore dont nous avons déjà décrit les propriétés générales et la composition particulière — ainsi que les qualités physiques — au chapitre : *Dosage de l'alcool.*

C'est, en résumé, un liquide volatil, très fluide et caustique, brûlant avec une vive flamme jaune quand il est pur, bleue quand il est hydraté.

Sa composition chimique est la suivante :

Carbonne.	52.17 %
Hydrogène	13.04
Oxygène	34.79

Ce qu'on exprime par la formule $C^4 H^6 O^2$

L'alcool pur est très hygroscopique. Il se mélange en toute proportion avec l'eau mais il se contracte dans ce cas.

Le maximum de cette contraction se produit lorsque le mélange renferme les proportions suivantes :

53 739 partie d'alcool)
49 836 partie d'eau   ) donnent 100 parties en volume.

Au lieu de 103 575 comme on pourrait le croire.

Le volume total a donc subi une contraction de 3 parties 575 % . — On se trouve alors en présence d'une véritable combinaison dont la densité à 10° centigrades est de 0,927 et que l'on peut représenter par la formule suivante :

$$C^4 H^6 O^2 + 6 HO$$

Voici d'après Budberg une table de contraction des mélanges d'eau et d'alcool calculée d'après les tables de densité de Gay-Lussac :

Table de correction des mélanges d'eau et d'alcool à + 15°

100 litres d'alcool	et	0 litres d'eau	se contractent de	0 litres
95	—	5	—	1.18
90	—	10	—	1.94
85	—	15	—	2.47
80	—	20	—	2.87
75	—	25	—	3.19
70	—	30	—	3.44
65	—	35	—	3.615
60	—	40	—	3.73
54	—	45	—	3.77
50	—	50	—	3.745
45	—	55	—	3.64
40	—	60	—	3.44
35	—	65	—	3.14
30	—	70	—	2.72
25	—	75	—	2.24
20	—	80	—	1.72
15	—	85	—	1.20
10	—	90	—	0.72
5	—	95	—	0.30
0	—	100	—	

La densité alcoolique varie suivant sa température ; voici, d'après Trables, un tableau indiquant la densité de l'alcool à différentes températures :

Table de la densité de l'alcool à différentes températures, d'après Tralles

Alcool 0/0 en volume du liquide	DENSITÉ AUX TEMPÉRATURES DE								
	+1°1	+1°7	+4°7	+7°2	+10°	+12°8	+15°6	+18°3	+21°7
0	0.9994	0.9997	0.9997	0.9998	0.9995	0.9994	0.9991	0.9987	0.9981
5	0.9924	0.9926	0.9926	0.9926	0.9925	0.9922	0.9919	0.9915	0.9909
10	0.9868	0.9868	0.9868	0.9867	0.9865	0.9861	0.9857	0.9852	0.9845
15	0.9823	0.9820	0.9820	0.9817	0.9813	0.9807	0.9862	0.9796	0.9788
20	0.9786	0.9782	0.9777	0.9772	0.9766	0.9759	0.9751	0.9743	0.9733
25	0.9753	0.9746	0.9738	0.9729	0.9720	0.9709	0.9700	0.9690	0.9678
30	0.9717	0.9707	0.9695	0.9684	0.9672	0.9659	0.9646	0.9632	0.9618
35	0.9671	0.9658	0.9644	0.9629	0.9616	0.9599	0.9583	0.9566	0.9549
40	0.9615	0.9598	0.9581	0.9563	0.9546	0.9528	0.9510	0.9471	0.5472
45	0.9544	0.9525	0.9506	0.9486	0.9467	0.9447	0.9427	0.9406	0.9385
50	0.9460	0.9440	0.9420	0.9399	0.9378	0.9356	0.9335	0.9313	0.9290
55	0.9368	0.9347	0.9325	0.9302	0.9279	0.9526	0.9234	0.9211	0.9187
60	0.9267	0.9245	0.9222	0.9198	0.9174	0.9150	0.9126	0.9102	0.9076
65	0.9162	0.9138	0.9113	0.9088	0.9063	0.9038	0.9013	0.8988	0.8962
70	0.9046	0.9021	0.8996	0.8970	0.8944	0.8917	0.8892	0.8866	0.8839
75	0.8925	0.8899	0.8873	0.8847	0.8820	0.8792	0.8765	0.8738	0.8710
80	0.8798	0.8771	0.8744	0.8716	0.8688	0.8659	0.8631	0.8602	0.8573
85	0.8663	0.8635	0.8606	0.8577	0.8547	0.8517	0.8488	0.8458	0.8427
90	0.8517	0.8486	0.8455	0.8425	0.8395	0.8363	0.8332	0.8300	0.8268

Le distillateur peut avoir également besoin de savoir, pour se renseigner, quelle est la densité des mélanges d'eau et d'alcool à + 15°

Densité des mélanges d'eau et d'alcool à + 15

Alcool en volume degré alcoométrique	DENSITÉ	Alcool en volume degré alcoométrique	DENSITÉ	Alcool en volume degré alcoométrique	DENSITÉ	Alcool en volume degré alcoométrique	DENSITÉ	Alcool en volume degré alcoométrique	DENSITÉ
0	1.000	20	0.9763	40	0.9523	60	0.9141	80	0.8645
1	0.9985	21	0.9753	41	0.9507	61	0.9119	81	0.3617
2	0.9970	22	0.9742	42	0.9491	62	0.9096	82	0.8589
3	0.9956	23	0.9732	43	0.9474	63	0.9073	83	0.8560
4	0.9942	24	0.9722	44	0.9457	64	0.9050	84	0.8531
5	0.9929	25	0.9711	45	0.9440	65	0.9027	85	0.8502
6	0.9916	26	0.9700	46	0.9422	66	0.9004	86	0.8472
7	0.9903	27	0.9690	47	0.9404	67	0.8980	87	0.8442
8	0.9891	28	0.9679	48	0.9386	68	0.8956	88	0.8411
9	0.9878	29	0.9668	49	0.9367	69	0.8932	89	0.8379
10	0.9867	30	0.9657	50	0.9348	70	0.8907	90	0.8346
11	0.9855	31	0.9645	51	0.9329	71	0.8882	91	0.8312
12	0.9844	32	0.9633	52	0.9309	72	0.8857	92	0.8278
13	0.9833	33	0.9621	53	0.9289	73	0.8831	93	0.8242
14	0.9822	34	0.9608	54	0.9269	74	0.8805	94	0.8206
15	0.9812	35	0.9594	55	0.9248	75	0.8779	95	0.8168
16	0.9802	36	0.9581	56	0.9227	76	0.8753	96	0.8128
17	0.9792	37	0.9567	57	0.9206	77	0.8726	97	0.8086
18	0.9782	38	0.9553	58	0.9185	78	0.8699	98	0.8042
19	0.9773	39	0.9538	59	0.9163	79	0.8672	99	0.7996

Lorsque l'on fait un mélange d'eau et d'alcool, il y a dégagement de chaleur; et si on fait chauffer les deux liquides mélangés, il y a séparation de celui qui est le plus léger et qui s'évapore le premier, c'est l'alcool qui bout à 78° 3 c., tandis que l'eau ne bout qu'à 100° c.

Dans la distillation des liquides fermentés, les premiers fluides qui s'écoulent sont les alcools, d'abord les plus légers et ensuite les plus lourds, et comme l'eau est plus lourde dans son évaporation que l'alcool proprement dit, il s'en suit qu'elle reste en dernier lieu dans les appareils à distillation.

Au fur et à mesure que la distillation avance, l'alcool est en petit volume, tandis que celui de l'eau augmente jusqu'à ce que l'on ne rencontre plus d'alcool.

Si l'on distille par exemple un vin qui contient une partie d'alcool sur quinze parties d'eau, soit un mélange de 6, 7 % parties d'alcool. En recueillant le produit dans un vase différent chaque fois qu'on a obtenu 2 % de la quantité totale du liquide, le 1er échantillon renferme 60 % d'alcool — le deuxième, 54 — le troisième, 48 — le quatrième, 42 — le cinquième, 36 — le sixième, 30 — le septième, 24 — le huitième, 18 — le neuvième, 12 — le dixième, 6.

La composition des vins forme la base des résultats à obtenir dans la qualité des eaux-de-vie.

On sait déjà que plus un vin est dépouillé de matières colorantes pectiques et azotées, plus fins sont ses alcools.

La finesse et le bon goût d'une eau-de-vie dépend aussi de la nature du raisin qui a donné naissance au vin initial de distillation.

Généralement les vins qui ont été faits avec des raisins non égrappés donnent des eaux-de-vie inférieures à celles obtenues de vins issus d'égrappage.

Les vins blancs moelleux et nouveaux donnent toujours de meilleurs produits que ceux qui ont vieilli en se desséchant, car les eaux-de-vie provenant de vins vieux sont plus éthérées que celles obtenues par la distillation des vins nouveaux.

Les eaux-de-vie que l'on obtient des produits d'une exploitation viticole se décomposent ainsi :

Eau-de-vie de marcs direct ;

Eau-de-vie de marcs lessivés ;

Eau-de-vie de vin taré ;

Eau-de-vie de vin blanc ;

Alcool de vin.

---

§ 2. — **Eau-de-vie de marcs.**

Une des plus grandes préoccupation du viticulteur, à l'époque du pressurage, est de savoir quel parti il pourra tirer de ses marcs, et suivant d'anciennes habitudes, devant la crainte du nouveau ou de l'inconnu il les utilisera à faire de l'eau-de-vie de marc, sans s'occuper qu'il en sera l'écoulement plus ou moins rapide, car il est reconnu que si beaucoup de personnes préfèrent encore l'alcool sous cette forme le nombre de ses admirateurs diminue de jour en jour.

Mais ce n'est là qu'une question secondaire et qui ne doit être discutée ici. Nous nous bornons à une étude technique et pratique avec des chiffres à l'appui, laissant le lecteur et le viticulteur juge en la matière.

Les marcs de raisin après avoir été soumis à une pression énergique contiennent encore une notable quantité d'alcool que l'on extrait de plusieurs manières, soit en les distillant directement sous l'action d'un feu nu, soit en procédant avec la coopération de la vapeur.

La première précaution à prendre est de s'assurer si les marcs que l'on va traiter ne sont pas devenus acides (piqués); il vaudrait mieux alors les jeter sans pitié sur le fumier plutôt que de chercher à les utiliser en distillation.

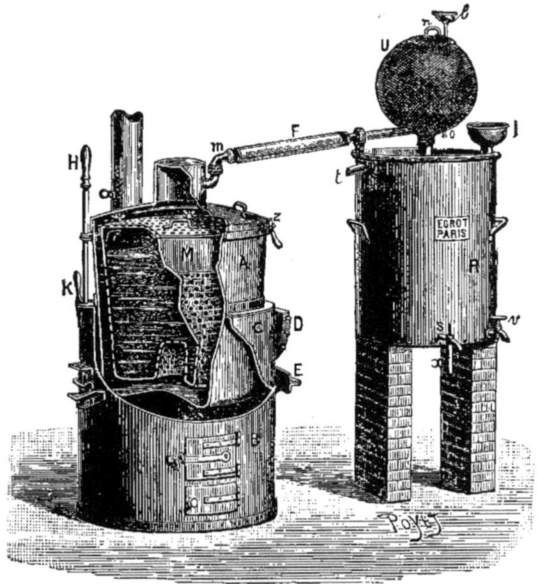

Fig. 326. — Alambic Egrot, à paniers, en fonction.

La distillation des marcs s'opère de la façon suivante : Ces matières sont versées dans la chaudière (A) de l'alambic (fig. 326) avec environ un tiers de son volume d'eau et la distillation s'opère comme pour le vin ; il est préférable de verser tout d'abord la quantité totale d'eau et de jeter ensuite le marc, finement émietté, dans la chaudière ; puis le couvercle est ajusté et serré au moyen des écrous (z), et on s'assure également que le réfrigérant (R) est garni d'eau. Ces précautions indispensables prises, on chauffe doucement le feu du fourneau (B), on règle la chaleur de façon à ne pas brusquer l'évaporation, et les vapeurs s'engagent par le col de cygne (M) et (F) pour aller se condenser dans le serpentin du réfrigérant et sortir par le robinet de sortie (s).

L'essentiel est de faire couler de l'eau en suffisante quantité dans le réfrigérant, afin que celle qui s'y trouve encore ne s'échauffe pas trop.

Dans le cas où on voudrait employer les petites eaux dépourvues d'alcool pour renforcer les parfums des charges suivantes, on les reçoit par le conduit (L).

Fɪɢ. 327. — Alambic Egrot, pendant la vidange du liquide seul.

Une fois que l'opération est finie, on arrête la distillation en modérant le feu sans l'éteindre, puis à l'aide du levier (ʜ) et l'ouverture du verrou (ᴋ) on bascule la chaudière qui a été dégagée du couvercle. La (fig. 527) donne le dessin de la chaudière basculée. Alors on retire les marcs distillés pour en extraire le tartre et les jeter ensuite au fumier, par cette disposition du panier perforé la distribution la plus régulière des vapeurs au travers du marc est assurée, ce panier est fixé dans l'alambic à bascule, de façon à permettre sa vidange par renversement, ce qui évite l'emploi d'un second panier et d'une potence à levier.

En admettant que l'on veuille repasser ces eaux-de-vie, il suffit d'enlever le panier et de distiller les liquides sans son concours.

***

DISTILLATION DES MARCS PAR LA VAPEUR

Les marcs peuvent être avantageusement distillés par la vapeur. Les eaux-de-vie, provenant de ce procédé, sont plus fines et plus riches en degrés que celles faites par la distillation à feu nu.

« Le marc à distiller est versé dans les trois vases A qui composent l'appareil, les couvercles sont fermés hermétiquement, et la vapeur produite par le générateur qui fait partie de l'appareil, est introduite dans le fond d'un des vases. Elle traverse de bas en haut, s'imprégnant de l'alcool et des autres produits qui constitueront l'eau-de-vie.

Ces vapeurs sortant du premier vase sont conduites de même au bas du deuxième, puis du troisième. Là elles sont dirigées dans une colonne d'épuration B, puis dans le déflegmateur (c), où les petites eaux sont condensées ; ces petites eaux s'écoulent dans l'épurateur ou elles se dépouillent et retombent de là dans le vase.

Les vapeurs d'eaux-de-vie continuent leur chemin, vont se condenser et sont recueillies d'excellente qualité à l'éprouvette de sortie M.

Lorsque le degré baisse légèrement à l'éprouvette, le marc contenu dans le premier vase est épuisé ; on change alors la direction de la vapeur, que l'on fait arriver directement dans le vase n° 2, on décharge rapidement le vase épuisé en le basculant et on le remplit également très vite, sans qu'on ait besoin de paniers ni de palans, le bord du vase étant seulement à 1^m,30 environ du sol.

Fig. 328

Vue d'un appareil fixe à trois vases basculants, pendant le chargement des vases.

Le couvercle remis, la vapeur alcoolique sortant des deux vases en fonction est amené au fond du dernier chargé, et ainsi de suite alternativement pour chaque vase.

Une très importante particularité de ce système est que la simplification des tuyaux, robinets, est telle qu'il suffit d'un seul tour de clé pour que la manœuvre soit faite, à la fois à tous les vases.

Une petite pompe à vapeur E fait partie de l'appareil. Elle sert à alimenter le générateur D et à élever l'eau froide dans le réservoir supérieur L. Cette eau après qu'elle a servi à la réfrigération, est récoltée en un petit bac spécial placé au-dessus des vases ; on a donc constamment une provision d'eau chaude qu'on emploie à l'alimentation de la chaudière, et qu'on peut commodément verser dans les vases, opération nécessaire dans l'extraction du tartre, comme on le verra plus loin.

DISTILLATION DES MARCS PAR MACÉRATION

Pour obtenir de l'eau-de-vie plus fine et de meilleur goût, on soumet les marcs de raisin à un lessivage à l'eau ; c'est la diffusion, c'est-à-dire que l'on déplace l'alcool au moyen de l'eau qui l'entraîne dans son passage.

Fig. 329

Vue d'un appareil sur roues à trois vases, pendant le basculement d'un des vases.

Dans la fabrication de la piquette pour mélanger aux vins, on n'emploie qu'une seule cuve, car dans ce cas il est nécessaire d'enlever avec l'alcool tous les acides du même coup, tandis qu'ici on se contente simplement de l'alcool.

On opère ce lavage au moyen d'une série de cuves ou de tonneaux de 600 litres, défoncés d'un côté, placés debout sur un chantier élevé de 60 centimètres au-dessus du sol et reliés entre eux par des tubes. Chaque cuve ou tonneau est muni d'un robinet de vidange placé à la partie inférieure et d'un couvercle mobile en bois qui s'ajuste pendant l'opération ; mais pour que le liquide circule facilement à sa base, il est réservé un vide de cinq centimètres au moyen d'un faux fond.

Pour épuiser les marcs, il est indispensable de les laver avec six fois leur poids d'eau. On établit donc 6 tonneaux que l'on charge avec des marcs que l'on tasse en les pressant jusqu'à 25 centimètres du bord, puis on ajuste le couvercle en bois pour empêcher le gonflement des marcs.

Les marcs, ainsi disposés, subiront le parcours d'un léger courant d'eau chaude qui s'établira à partir du tonneau n° 1 en passant successivement dans les autres jusqu'au n° 6 ; on attendra que le n° 1 soit lui-même épuisé, ce qui sera facile à contrôler par ses dernières eaux, c'est-à-dire quand ses marcs auront été lessivés par 6 fois son poids d'eau ; alors on enlève les marcs épuisés pour les porter au fumier, ou on les sale 'et les presse pour les donner aux cochons et aux volailles.

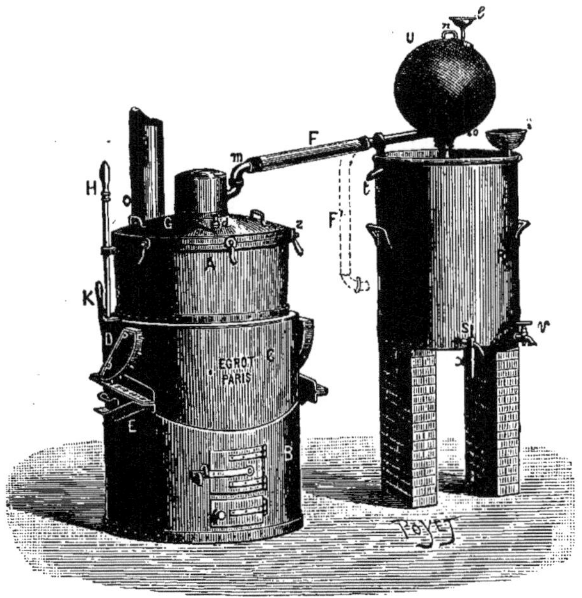

Fig. 330. — Alambic Egrot en fonctionnement.

Les piquettes de lessivage qui ont été réunies, soit dans des foudres, soit dans des cuves en céramiques, sont ainsi prêtes à distiller.

Les appareils les mieux appropriés pour ce genre d'opération, sont les alambics à feu nu à simple rectificateur sphérique ; le **dernier** modèle est dû à M. Egrot (fig. 330) ; cet alambic est à bascule **pour** l'écoulement et le nettoyage rapide de la chaudière, de façon à en rejeter les impuretés qui peuvent s'y fixer par coup de feu.

On verse dans la chaudière la piquette à distiller, puis on chauffe doucement et on continue ainsi jusqu'à ce que les petites eaux ne contiennent plus de trace d'alcool.

Lorsque l'on veut obtenir des eaux-de-vie à bouquet, on retire le rectificateur sphérique et on le remplace par une simple lentille ; mais, comme le cas se présente rarement lorsqu'on distille des piquettes, nous laisserons au viticulteur le soin de juger quel sera le meilleur mode à sa convenance ou encore le plus pratique et le mieux approprié à son installation.

Dans le classement des eaux-de-vie qui s'écoulent des serpentins, il faut toujours mettre les flegmes à part pour les redistiller, si on ne les rectifie pas du premier jet.

Les piquettes ou lessives alcooliques qui proviennent des marcs peuvent être distillées avec une plus grande rapidité, si on emploie un alambic à rectification à un grand travail.

Nous donnons (fig. 332) le dessin d'une distillerie de 3 cuves contenant des piquettes ou des lessives de marcs et pouvant distiller 200 hectolitres par 24 heures.

Dans les mêmes cuves, on peut également distiller des marcs en nature, ainsi que tous autres.

Fig. 331.
Vue de l'alambic Egrot basculé.

Ces derniers sont versés dans les vases (AA) ; on fixe les couvercles et on introduit dans ces mêmes récipients, par les robinets (BB), la vapeur provenant d'un générateur qui agit sur les marcs et en dégage l'alcool qui constitue le produit volatil. En sortant du vase (A), ces vapeurs sont ensuite conduites dans le rectificateur (D), et de là elles vont se condenser dans le condensateur, pour s'écouler toutes rectifiées à l'état d'alcool ou d'eau-de-vie à 90° (C), dans un tonneau disposé à cet effet près du robinet de sortie.

---

§ 3. — **Eau-de-vie provenant de la distillation des marcs non fermentés.**

Les marcs qui proviennent des fouloirs-pressoirs continus ou même des pressoirs mécaniques, mais dont l'origine est de cépages blancs, doivent subir l'opération d'une fermentation complète, pour pouvoir en extraire l'alcool produit par le sucre qu'ils contiennent.

Comme pour le vin rouge, on les introduit dans une cuve amphore ou tout autre récipient à fermenter, et lorsque l'appareil choisi est aux

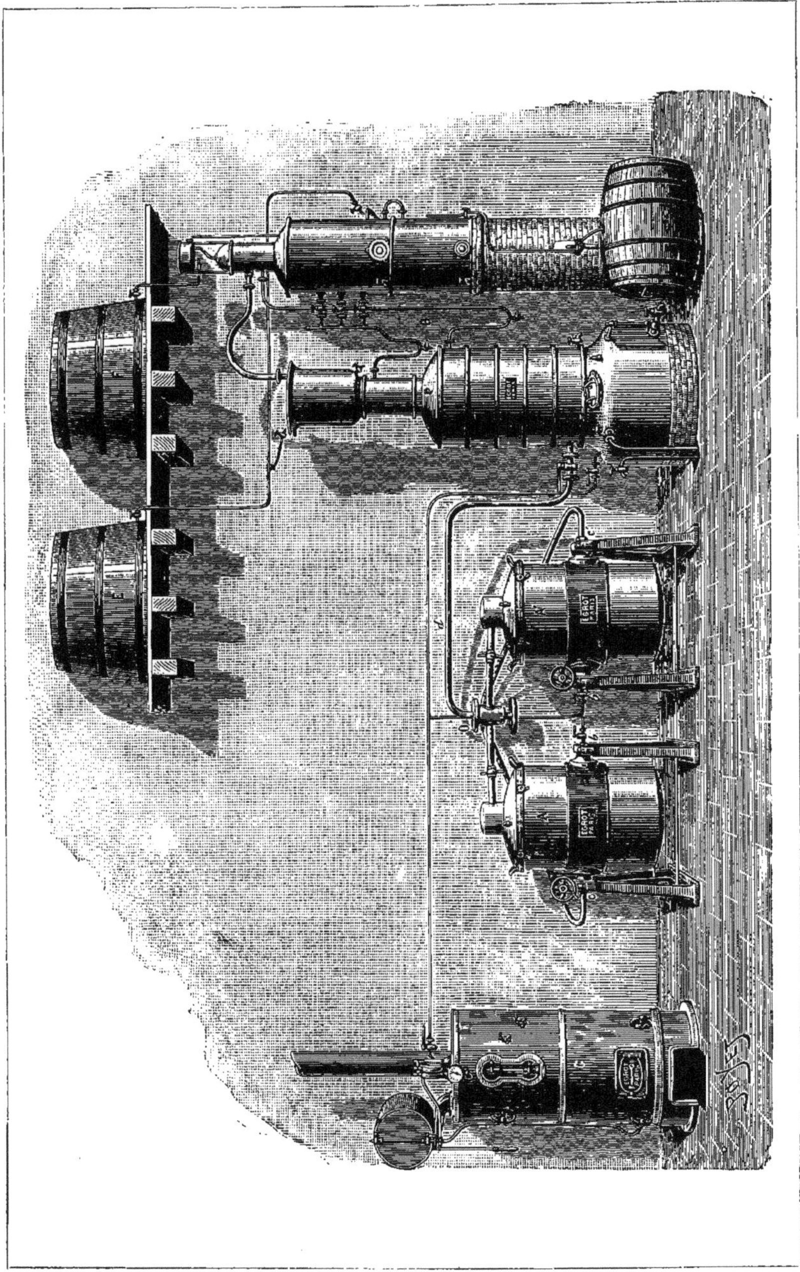

Fɪɢ. 332

Vue d'ensemble d'une distillerie à vapeur pour les vins et les marcs en nature.

deux tiers rempli, on verse de l'eau dessus jusqu'à 50 centimètres du bord, puis on ajoute les claies de soutient.

La fermentation commence quelques heures après, si les marcs et l'eau sont à une température de 22 à 25° ; elle suit son cours pendant 4 à 5 jours maximum, puis elle s'arrête ; on soutire le liquide et on presse ensuite les marcs que l'on soumet à la diffusion.

Les liquides sont recueillis ensemble, et on les distille dans un alambic semblable à celui que l'on a employé pour distiller les piquettes.

Ce vin à distiller est faible en alcool, mais, en revanche, il produit une bonne eau-de-vie sans arrière-goût.

Comme pour les marcs lessivés, on peut les recueillir et les mettre en consommation pour les animaux qui servent à l'exploitation, tels que les mulets, les moutons ou encore les volailles.

Les eaux de vinasses de chaque charge d'alambic seront mises à part pour en extraire les produits tartreux qu'elles contiennent.

---

§ 4. — Eau-de-vie fine algérienne.

Ainsi que nous le disons plus haut, c'est avec le vin blanc que l'on fait les meilleures eaux-de-vie, et il est intéressant d'étudier, à côté de ces cépages, quels sont ceux à vin rouge à planter en vue de cette production. Les expériences auxquelles nous nous sommes livrés à ce sujet ont donné d'excellents résultats.

En 1871, au camp d'Erlon, à Boufarik, on a distillé une petite partie de vin blanc fait avec un mélange de raisins blancs et rouges, à l'aide d'un alambic ancien système ; l'eau-de-vie qui en est résultée est devenue, après trois ans de séjour dans un tonneau de bon bois, d'une finesse et d'un arôme qui peuvent rivaliser avec les meilleures marques d'Europe de son âge.

Plus tard, en 1880 et 1881, nous distillâmes des vins blancs provenant de cépages blancs et rouges, pour faire des alcools de remontage et un peu d'eau-de-vie pour la vente et notre consommation. Ce vin a produit une eau-de-vie très fine et d'un goût remarquable.

Nous inspirant des résultats obtenus avec les vins blancs provenant de *Folle-Blanche*, d'*Ugni* et de *Mondeuse* ou *Grillah*, notre choix s'arrêta définitivement sur ces cépages, comme base fondamentale de nos futures eaux-de-vie. Ajoutons que, dans les Charentes, la *Folle-Blanche*, uniquement employée, produit ces fines champagnes qui portent si haut leurs marques.

On doit sans doute s'étonner de voir figurer la Mondeuse ou le Grillah dans notre composition « *fine algérienne* ». Le vin provenant de ces cépages est austère et acide, même au neuf-dixième de sa maturité, époque approchant son dernier terme ; sa présence en combinaison avec les autres provoque un excellent bouquet persistant en raison de son degré *d'acidité*. La composition suivante du nº 31 fournit l'eau-de-vie la plus fine.

En Algérie comme en Tunisie, la Folle-Blanche mûrit mieux qu'en Europe et produit, par conséquent, plus d'alcool. C'est un cépage à propager dans les plaines un peu humides.

§ 5. — Fabrication des vins blancs pour distiller.

Les raisins blancs destinés à être convertis en vin blanc pour la distillation seront, suivant nos recommandations, récoltés et rafraîchis avant d'être soumis à la compression. Ces matières, une fois comprimées et débarrassées de leur jus, seront transformées en un vin de marcs frais qui fera aussi de bonnes eaux-de-vie.

Le moût sortant de la pression des raisins sera mis en fermentation dans de petites futailles de 600 litres, afin qu'elle s'accomplisse rapidement.

Chaque fois que le vin d'une futaille a terminé son travail de fermentation, il faut mettre ce liquide dans une amphore de conserve.

Il est aujourd'hui parfaitement établi que le vin conservé en amphore en céramique produit des eaux-de-vie plus fines et plus aromatiques que celles obtenues de vin conservé en petite futaille.

Les appareils les mieux appropriés pour produire de bonnes eaux-de-vie sont assez nombreux pour que nous ayons pris le soin de les étudier, suivant leurs caractères économiques au point de vue algérien.

Pour les exploitations jusqu'à 20 hectares, on peut encore employer l'appareil (fig. 333), mais lorsque l'on dépasse cette production, il est nécessaire d'avoir recours à l'alambic à grand travail.

L'appareil Multiplex que représentre la figure, est parfaitement disposé pour la production des eaux-de-vie fines.

MARCHE DE L'APPAREIL

Le vin, élevé dans une cuve située au-dessus de l'appareil, est amené dans le réfrigérant (ʀ), puis dans le rectificateur d'où il ne sort qu'à la température de 70 à 80°, indiquée par le thermomètre (o), pour entrer dans le chauffe-vin (ᴍ). Ce chauffe-vin est vide au commencement de chaque opération, et sa capacité est proportionnée à celle de l'alambic (ᴀ). Les vapeurs alcooliques produites dans la chaudière (ᴀ) sont épurées dans le rectificateur, puis pénètrent dans les serpentins contenus dans le chauffe-vin (ᴍ) d'abord, et dans le réfrigérant (ʀ) ensuite, où elles se condensent pour sortir à l'éprouvette (x).

Sous l'influence des vapeurs passant dans le serpentin, le vin qui arrive dans le chauffe-vin déjà très chaud, ne tarde pas à émettre lui-même des vapeurs plus volatiles que l'eau-de-vie, qui sont condensées à part et recueillies à l'éprouvette spéciale (x'). Ces produits, de mauvais goût, sont donc évacués séparément et ne viennent pas souiller le se rpentin chargé de recueillir la bonne eau-de-vie.

Lorsque la distillation est terminée et la chaudière (A) vidée, on la remplit de nouveau par le contenu du chauffe-vin (M).

Le même appareil peut fonctionner à la vapeur : il suffit de changer la chaudière à bascule par une chaudière fixée sur trois pieds.

La vapeur pénètre dans la chaudière (A) par le robinet (E).

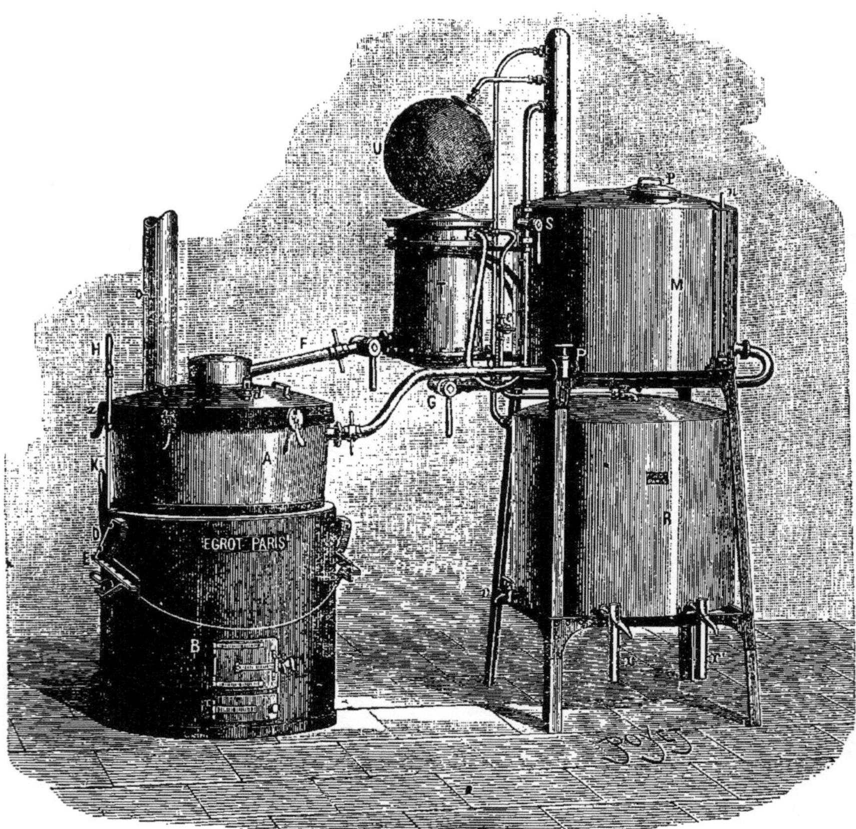

FIG. 333. — Alambic *Multipleix* fixe à feu nu.

Pour les mêmes exploitations, plus ou moins éloignées d'un centre, on emploie souvent l'appareil de distillation continu monté sur roues, pouvant se transporter d'un point sur un autre. Cet appareil, perfectionné, rend de grands services dans les campagnes où les petits colons, n'ayant pas les moyens d'acheter un alambic, font distiller leur vin et les piquettes à façon.

L'alambic Multiplex, monté sur roues, est absolument le même que celui désigné sous la fig. 333 : il est, comme lui, à feu nu.

Lorsque l'on veut produire de fortes quantités d'alcool en un temps donné, il est nécessaire d'avoir alors recours à un appareil continu à grand travail (fig. 334).

Le vin est versé dans les réservoirs (EF) ; il descend dans le chauffe-vin, et de là dans le récipient. Ce liquide, après avoir été porté à une certaine température, descend dans les alambics (A) où il reçoit de la

Fig. 334. — Alambic *Multiplex* à vapeur.

chaleur provenant du fourneau d'un générateur. L'alcool se dégage du liquide et va ensuite circuler dans l'appareil à plateau rectificateur, puis il se condense et s'écoule dans le tonneau placé à cet effet.

Cet alcool varie entre 88 à 92° centigrades, complètement rectifié.

§ 5. — **Résumé des divers prix de revient de la fabrication des eaux-de-vie de marc et des eaux-de-vie fines et extra-fines.**

D'après tous les rendements que peuvent donner, soit les marcs en nature, soit les produits provenant de leur macération et les divers vins, nous avons condensé toutes les observations suivantes pour établir les prix de revient de ces divers modes de fabrication.

Distillation directe des marcs en nature.

Sachant que les marcs fermentés contiennent encore, après leur pressurage, environ 4 litres d'alcool pur par 100 kilos, nous établirons le prix de revient sur la distillation de 2,000 kilos de marcs qui donneront 80 litres d'alcool pur ou, autrement dit en pratique, 133 litres d'eau-de-vie à 60° centigrades : 5 charges de marcs de 400 kilos chacune occasionnent une distillation dont la durée est évaluée à un jour sur un alambic à bascule.

Une journée d'ouvrier distillateur à 5 francs. . . .	5 »
Une journée d'aide à 2 fr. 50	2 50
Combustible : 200 kilos à 2 francs	4 »
Frais généraux : 12 0/0 sur 11 fr. 50	1 38
Intérêt amortissement sur 2,500 fr. à 12 0/0 = 300 fr.	
à diviser par 200 jours de travail	1 50
Total.	13 38

La production, pour une dépense de 13 fr. 38 étant de 133 litres, le prix de revient de l'hectolitre se monte donc à 10 fr. 05.

Les mêmes marcs se distillent aussi par la vapeur, surtout quand on sait s'organiser Le prix de revient, dans ce cas, est encore moins élevé de 10 à 15 0/0 .

Mais l'eau-de-vie est beaucoup plus fine.

Distillation des marcs par macération.

Les marcs qui ont été lessivés, ainsi que nous l'avons expliqué, donnent des produits liquides (piquettes) qui se distillent, soit à feu nu, soit au moyen de la vapeur. Les eaux-de-vie qui en découlent sont supérieures à celles obtenues par la distillation des marcs directement.

Les dépenses de cette distillation sont subordonnées au système que l'on emploie ici : nous allons nous servir de l'alambic brûleur Multiplex.

Pour distiller 80 hectolitres de piquette à 2°, soit une production de 266 litres d'eau-de-vie à 60°, il faudra :

Une journée d'ouvrier distillateur à 5 francs	5 »
Deux journées d'aide à 2 fr. 50	5 »
Combustible : 350 kilos à 2 francs.	7 »
Frais généraux : 12 0/0 sur 17 francs.	2 »
Intérêt amortissement sur 4,600 fr. à 12 0/0 = 540 fr.	
à diviser par 100 jours de travail	5 40
Frais de lessivage des marcs et manipulation. . . .	12 40
Total.	36 80

Soit $\dfrac{36\ 80}{266} = 0{,}13{,}3$ par litre d'eau-de-vie,

Les mêmes piquettes peuvent être également distillées par la vapeur. Le prix de revient est de 10 0/0 moindre.

Distillation de vins blancs pour fine algérienne.

Les rendements en vins blancs peuvent atteindre dans les vignes ordinaires, soit en Folle-Blanche, soit en mélange suivant le n° 31, jusqu'à 100 hectolitres à l'hectare ; mais dans le cas qui nous occupe nous n'admettrons que 70 hectolitres ; ces vins blancs, après avoir été soumis à une fermentation soigneuse et méthodique, doseront 12° au moins, soit, exprimant ensemble pour un hectare, 840° d'alcool pur ou, pour mieux dire, 1,433 litres 33 d'eau-de-vie à 60° centigrades. Mais, comme il est nécessaire de séparer les qualités qui peuvent se produire, c'est-à-dire que le vin représente 90 0/0 de l'eau-de-vie fine à produire et 10 0/0 celle issue des piquettes de marcs blancs.

Voici donc les proportions que nous obtiendrons :

1° Eau-de-vie de vin de goutte, 1,290 litres à 75 fr. l'hectolitre . .	967	50
2° — de piquettes, 144 litres 33 à 65 fr. — . .	93	80
Déchets	4	70
TOTAL DE LA VENTE. . . .	1.066	»

Distillation, 1 jour 1/2 à 5 fr	7 50	
Ouvriers, 2 jours à 2 fr. 50.	5 »	
Combustible, 900 kilos, à 2 fr. . . .	18 »	
Frais généraux, sur 30 fr. 50 à 12 0/0.	3 66	
Intérêts et amortissement.	6 »	
Frais de fabrication. . . 40 16 ⎞		
Frais de culture, vendange, etc. . . 700 » ⎠	740 16	
BÉNÉFICE NET PAR HECTARE. .	325 84	

La distillation sera faite avec des appareils chauffés à la vapeur ou au feu nu, mais graduellement amenée à une chaleur relativement modérée.

---

§ 6. — Distillation des vins en général.

Le petits vins d'une vente directe souvent difficile, et les piquettes filtrées, etc., sont des matières de second ordre avec lesquelles on fait des eaux-de-vie d'une finesse appréciable, qui occupent la plus grande place dans l'alimentation.

Lorsque ces liquides sont distillés dans des alambics continus, dont le jet reste réglé entre 86 et 90°, la production peut s'élever à 100 litres d'alcool à 86° à l'heure, soit 1,032 dègrés par jour ou 1,720 litres d'eau-de-vie à 60° centigrades.

Le prix de revient de cette fabrication est plus bas que celui obtenu dans les appareils simples qui donnent au premier jet des alcools rectifiés en se basant sur une marche continuelle.

Prix de revient de la façon d'un degré d'alcool.

Distillation, 1 jour à 5 fr	5 »
Ouvriers, 3 jours à 2 fr. 50	7 50
Combustible, 1,200 kilos à 2 fr. . .	24 »
Frais généraux, sur 36 fr. 50 à 12 0/0.	4 38
Intérêts et amortissement.	7 20
TOTAL. . . .	48 08

48 fr. 08 : 1,032° = 004,65 le degré ; le prix de revient est donc de 4 fr. 65 l'hectolitre d'alcool pur.

Cependant, si on dédouble l'alcool pour en ramener le degré à 60, dans le but d'en faire de l'eau-de-vie, on consultera la *table de mouillage* que nous donnons au chapitre spécial.

---

§ 7. — Distillation des lies.

Les lies sont décantées dans une barrique où les gros dépôts s'effectuent, elles sont ensuite versées dans un alambic brûleur muni d'un mouvement d'agitation, système Egrot. On chauffe très doucement la matière en l'agitant et, peu à peu, l'alcool se distille. L'eau-de-vie ainsi distillée peut être rectifiée et prendre sa place dans les usages industriels.

---

§ 8. — Neutralisation des vins piqués.

Les vins piqués, toujours chargés d'acide acétique, sont assez difficiles à neutraliser pour les dégager des quelques traces restantes.

Une des bonnes précautions à prendre, avant de distiller ces sortes de vin, c'est de les neutraliser ; à cet effet, on délaie de la chaux vive dans une éprouvette d'eau, on verse de cette solution dans un litre de vin à essayer et on s'arrête lorsque le papier de tourne-sol commence à prendre une teinte violette. On calcule quel est le poids de chaux employée que l'on multiplie par le vin à distiller.

On verse le vin, ainsi neutralisé, dans l'alambic et on distille avec rectification.

---

§ 9. — Choix des fûts pour la conservation des eaux-de-vie.

Les distillateurs des Charentes, très experts en matière de conservation d'eaux-de-vie, apportent au choix du bois destiné à la confection des fûts de cognac, l'attention la plus judicieuse, et cela, par suite d'expériences pratiques.

Les bois de chêne de Trieste et des contrées où les arbres ont une exéburance de végétation trop rapide ou qui ont poussé trop vite, sont exclus de la fabrication des fûts à cognac, car on sait, par expérience, que ces bois, très poreux, occasionnent une trop grande déperdition en un laps de temps très court, tandis qu'au contraire, le *bois de chêne d'Angoumais*, celui du *Limouzin* et le *bois du Berri*, sont des matières premières quoique d'un prix élevé, on ne peut plus propices à ce genre de fabrication.

On a observé qu'il faut éviter de se servir de bois qui contiennent trop de principes extractifs, tels que tanin, résine, etc.

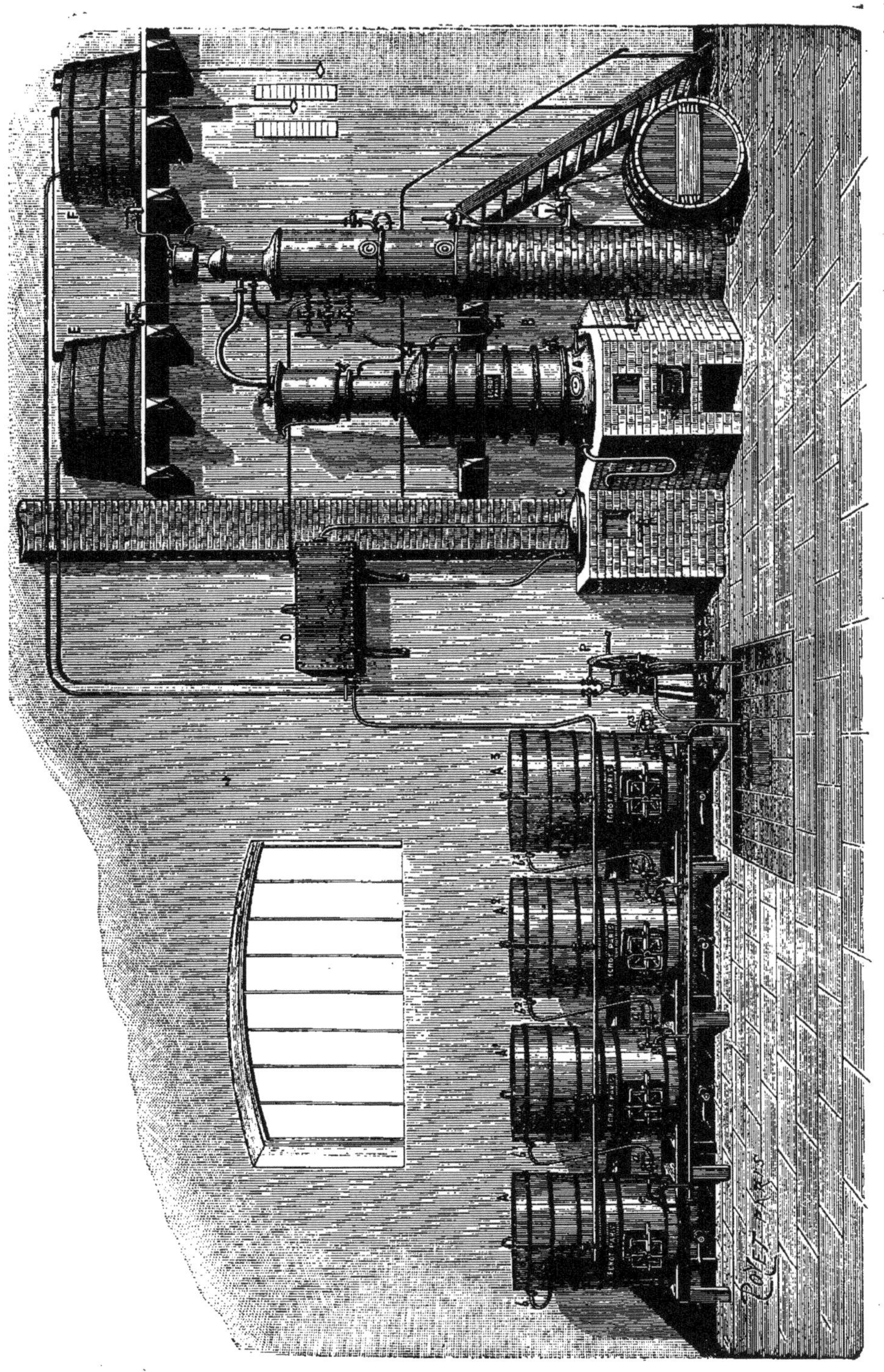

Une des bonnes mesures à prendre pour neutraliser les futailles neuves, c'est d'y faire séjourner de l'eau chaude à plusieurs reprises pendant 24 heures. Si on dispose d'une étuveuse, il est encore préférable d'employer la vapeur pour faire déloger le bois.

L'eau-de-vie, conservée dans ce tonneau ainsi nettoyé, se colore en beau jaune en vieillissant graduellement. Ce vieillissement s'obtient normalement avec le temps.

« A mesure que l'eau-de-vie vieillit dans un fût en bois de chêne, fait observer le distillateur charentais, elle acquiert de grandes qualités : bouquet, saveur moelleuse et énergique. »

Le temps nécessaire pour atteindre le vieillissement suffisant que réclame le commerce, serait de 3 à 4 ans en Algérie et 10 à 12 ans en France. Il ne faut pas laisser séjourner l'eau-de-vie plus de 15 ans dans un fût, car elle s'affaiblit par trop.

L'eau-de-vie destinée à être conservée en fût doit avoir de 60 à 70°.

On a constaté qu'une eau-de-vie distillée à 60° se conservait parfaitement en s'améliorant, tandis que celle distillée à 50° perdait par trop de ses qualités de bouquet ; en 15 ans, une pièce de 500 litres à 60° se réduit à 400 litres à 48°.

MOUILLAGE DES ALCOOLS

SOMMAIRE:

Du mouillage des alcools. — Epuration de l'eau. — Préparation des futailles à alcool. — Désinfection des eaux-de-vie (Goût de fumée, goût de résine, goût d'huile, goût de moisi). — Eau-de-vie à décolorer. — Alcool à décolorer. — Opération du mouillage.—Table de mouillage des alcools indiquant la quantité d'eau à employer par hectolitre d'alcool pour la réduction de degrés supérieurs en degrés inférieurs.

MOUILLAGE DES ALCOOLS

Le mouillage de l'alcool a pour but de le réduire à un degré déterminé ; ajoutons que cette pratique est admise dans l'usage de la consommation, soit comme eau-de-vie, soit comme spiritueux pour la fabrication des liqueurs.

Le mouillage s'effectue avec de l'eau aussi pure que possible.

Lorsqu'il s'agit des alcools et des eaux-de-vie, c'est le cas de faire exercer l'influence de l'eau pour amener ces produits au point voulu ou recherché et cette eau qui entre dans les coupages des eaux-de-vie, doit être indemne de corps étrangers appartenant à l'ordre des êtres vivants ou végétaux. Aussi est-il nécessaire de l'épurer préalablement.

§ 1. — Epuration de l'eau.

L'épuration de l'eau se fait en la mélangeant de chaux grasse, en petite quantité, de 200 à 250 grammes par mètre cube. La chaux est déliée et réduite à l'état de lait de chaux. On agite le liquide pour le mélanger ; le bi-carbonate se décompose en s'emparant de l'acide carbonique et se précipite ensuite avec le carbonate formé ; et les matières organiques sont également décomposées et précipitées à leur tour ; une filtration bien établie suffit pour retenir ces produits et laisser une eau bien épurée.

Après la chaux, on peut employer avec succès le charbon de bois en poudre.

Parmi les divers procédés, mentionnons le suivant qui consiste à distiller l'eau et la rendre à l'état de pureté aussi complète que possible.

Pour filtrer l'eau, rien n'est plus simple ; il suffit de prendre un demi-muid de 500 à 600 litres et de le remplir de charbon de bois concassé.

La première couche du bas aura 10 centimètres d'épaisseur, et les molécules auront 5 à 6 millimètres de diamètre ;

La seconde couche aura 15 centimètres d'épaisseur et les molécules auront 3 à 4 millimètres ;

La troisième couche aura 40 centimètres d'épaisseur, et les molécules auront 1 millimètre environ ;

La quatrième sera semblable à la seconde ;

La cinquième semblable à la première.

Lorsque ces couches de charbon seront superposées, on ajoute un faux-fond percé au-dessus, pour laisser passer l'air. En bas, on ajoute une canelle en bois qui laisse écouler l'eau à volonté.

Ce filtre donne le temps de filtrer 5,000 hectolitres sans changer le charbon, si l'eau n'est pas trop impure.

Epuration par la distillation. — L'eau soumise à la distillation est on ne peut mieux épurée : c'est sans contredit le meilleur moyen de l'obtenir sous cette forme.

L'appareil Egrot, spécialement construit à cet effet, donne d'excellents résultats au point de vue de la pureté et de l'économie. Les eaux que l'on obtient ainsi sont parfaites pour la réduction des eaux-de-vie, car elles sont chimiquement pures.

---

§ 2. **Préparation des futailles à alcools.**

Les futailles, qui ont contenu du vin rouge, seront dérougies suivant la méthode que nous avons indiquée au chapitre : *Nettoyage des futailles.* La vapeur et les divers moyens enseignés déjà suffiront pour obtenir ce résultat.

Lorsque l'on fait voyager des alcools dépassant 80° et que l'on désire éviter une certaine évaporation, on les enduit à l'intérieur d'une couche de gélatine dissoute dans l'eau ; 200 grammes de ce produit, dissous dans 2 litres d'eau chaude, constituent de quoi enduire l'intérieur d'une futaille de 600 litres.

---

§ 3. — **Désinfection des eaux-de-vie.**

Les eaux-de-vie s'imprègnent bien vite des odeurs que conserve le récipient où elles séjournent. Ces odeurs sont de différents ordres ; nous les analysons succinctement, en donnant pour chacune d'elles, le moyen curatif d'en débarrasser le produit cherché.

GOUT DE FUMÉE

Lorsque l'on met de l'eau-de-vie dans un fût neuf qui a été soumis au feu, elle contracte souvent un goût de fumée, si cette futaille n'a pas été brossée et lavée convenablement, avec une lessive de savon vert ou noir.

L'eau-de-vie qui est imprégnée de ce goût sera traitée par la poussière de charbon de bois (braise de boulanger réduite en poudre). Un kilog. de braise suffit pour désinfecter 250 litres.

La poussière de charbon de bois est mise en mélange avec l'eau-de-vie que l'on agite 2 fois par jour pendant 3 jours ; on colle ensuite à la gélatine et, quelques jours après, la clarification, ainsi que la désinfection, se produisent sûrement.

GOUT DE RÉSINE

Les bois résineux communiquent souvent le goût de résine à l'eau-de-vie. Pour se débarrasser de cette affection, le moyen est de beaucoup semblable au premier, déjà décrit ; on écrase d'abord finement 500 grammes de charbon de bois (braise de boulanger), que l'on met dans un litre d'eau-de-vie et on jette ce mélange dans un hectolitre d'eau-de-vie à désinfecter ; on agite la masse à plusieurs reprises, pendant 2 jours ; après quoi, on colle comme dans le premier procédé.

GOUT D'HUILE

Le meilleur procédé pour enlever le goût d'huile réside dans la redistillation à l'alambic du produit taré.

La filtration dans du sable fin, mélangé de charbon, enlève un peu de ce goût.

Le traitement par la poudre de charbon, le collage et la filtration améliorent le produit, mais ne peuvent jamais enlever complètement ce goût qui ne peut disparaître que par la distillation.

GOUT DE MOISI

Le procédé est le même que pour les deux premiers, mais il reste encore dans le produit quelques traces de ce goût après ce traitement.

Ajoutons cependant que si on ajoute 50 grammes d'acide sulfurique par hectolitre d'eau-de-vie et qu'on neutralise ensuite cet acide par 200 grammes de poudre de marbre, en ayant soin d'agiter d'heure en heure le liquide, on obtient un succès complet.

EAU-DE-VIE A DÉCOLORER

Un litre de lait bouilli incorporé à un hectolitre d'eau-de-vie et 200 grammes de charbon de bois, décolore ce produit en 25 heures ; mais il faut ensuite le coller comme d'habitude, suivant les indications données.

ALCOOL A DÉCOLORER

L'alcool se décolore avec un demi-litre de lait par hectolitre et un peu de charbon.

Si la teinte est fortement colorée, il faut avoir recours au noir

mal neutralisé par l'acide et lavé (25 grammes par hectoli
agite le tout ensemble et, 24 heures après, la décoloration est ausi
complète que possible.

---

§ 4. — Opération du mouillage des alcools.

L'eau-de-vie en usage dans le commerce en gros varie de 50 à 60° et
de 48 à 54° dans la consommation usuelle. Le mesurage des degrés
alcooliques se fait à l'aide d'un aéromètre à poids constant, gradué à la
température de 15° centigrades ; son échelle est divisée en 100 parties
ou degrés dont chacun représente un centième d'alcool absolu. La
division commence par 0 jusqu'à 100 ; la division 0 correspond à l'eau
pure et la division 100 à l'alcool absolu.

C'est à Guy-Lussac que l'on doit cette application méthodique de
l'unité par centième. L'alcoomètre, plongé dans un liquide spiritueux
à la température de 15° centigrades, en fait connaître immédiatement la
force. Par exemple, si dans une eau-de-vie marquant une température de
15° centigrades, il s'enfonce jusqu'à la division 56, il indique que la
force de cette eau-de-vie est de 56 centièmes, ou, autrement dit, qu'elle
contient 56 centièmes de son volume d'alcool pur.

Veut-on connaître la quantité d'alcool absolu dans un liquide
spiritueux qui ne contient que de l'alcool et de l'eau ? On l'obtient
immédiatement, d'après l'indication de l'instrument, en multipliant le
nombre qui exprime le volume du liquide par la force de ce même
liquide.

Par exemple, une pièce d'eau-de-vie de 600 litres de la force de
56° centesimaux ou 0,56, contient : $600 \times 0,56 = 336$. Soit, 336 litres
d'alcool pur.

Pour éviter de ramener à la température de 15° l'échantillon à essayer,
soit en l'échauffant, soit en le refroidissant, Gay-Lussac a calculé une
table intitulée : *Correction de l'alcoomètre donnant le volume d'alcool
à 15°*, que nous donnons ci-après.

Exemple d'application. — On désire connaître le degré réel d'une
eau-de-vie qui accuse une force apparente de 60°, mais dont la température est de 20° centigrades, il suffit de se reporter à la table de
correction, page 685, table établie sur des données précises, et dont la
lecture facile pour tous, nous évite d'entrer dans des détails qui
pourraient paraître oiseux.

Lorsque l'on veut réduire l'alcool à un degré voulu, il faut nécessairement avoir recours à l'addition de l'eau, dans des mesures données.
Pour économiser le temps et procéder avec sûreté, on a établi à ce
sujet des tables de mouillage qui, à première vue, donnent le volume
d'eau que l'on doit ajouter pour amener un alcool à son point désiré.
En voici une :

TABLE DE MOUILLAGE

DEGRÉ à réduire	DEGRÉ à obtenir	QUANTITÉ d'eau à ajouter	DEGRÉ à réduire	DEGRÉ à obtenir	QUANTITÉ d'eau à ajouter	DEGRÉ à réduire	DEGRÉ à obtenir	QUANTITÉ d'eau à ajouter	DEGRÉ à réduire	DEGRÉ à obtenir	QUANTITÉ d'eau à ajouter	DEGRÉ à réduire	DEGRÉ à obtenir	QUANTITÉ d'eau à ajouter
de	à	lit. déc.	de	à	lit. déc.	de	à	lit. déc.	de	à	lit. déc.	de	à	lit. déc.
98°	38°	166.0	97°	38°	163.0	96°	38°	160.1	95°	38°	157.1	94°	38°	147.6
	39	159.3		39	156.4		39	153.5		39	150.6		39	141.5
	40	153.0		40	150.1		40	147.3		40	144.5		40	135.6
	41	146.9		41	144.1		41	141.4		41	138.6		41	130.0
	42	141.1		42	138.4		42	135.7		42	133.0		42	124.7
	43	135.6		43	132.9		43	130.3		43	127.6		43	119.6
	44	130.3		44	127.7		44	125.1		44	122.5		44	114.8
	45	125.2		45	122.7		45	120.2		45	117.6		45	110.1
	46	120.4		46	117.9		46	115.4		46	112.9		46	105.7
	47	115.7		47	113.3		47	110.8		47	108.4		47	101.4
	48	111.3		48	108.9		48	106.5		48	104.1		48	97.3
	49	107.9		49	104.6		49	102.3		49	99.9		49	93.4
	50	102.9		50	100.6		50	98.2		50	95.9		50	89.6
	51	98.9		51	96.6		51	94.3		51	92.1		51	86.0
	52	95.1		52	92.8		52	90.6		52	88.4		52	82.5
	53	91.4		53	89.2		53	87.0		53	84.8		53	79.1
	54	87.8		54	85.7		54	83.5		54	81.4		54	75.8
	55	84.4		55	82.3		55	80.2		55	78.1		55	72.7
	56	81.1		56	79.0		56	76.9		56	74.8		56	69.6
	57	77.9		57	75.9		57	73.8		57	71.7		57	66.7
	58	74.8		58	72.8		58	70.8		58	68.7		58	63.9
	59	71.8		59	69.8		59	67.8		59	65.8		59	61.1
	60	68.9		60	67.0		60	65.0		60	63.1		60	58.5
	61	66.1		61	64.2		61	62.3		61	60.3		61	55.9
	62	63.4		62	61.5		62	59.6		62	57.7		62	53.4
	63	60.8		63	58.9		63	57.0		63	55.1		63	51.0
	64	58.2		64	56.4		64	54.5		64	52.7		64	48.6
	65	55.7		65	53.9		65	52.1		65	50.3		65	46.3
	66	53.3		66	51.5		66	49.7		66	47.9		66	44.1
	67	51.0		67	49.2		67	47.4		67	45.6		67	42.0
	68	48.7		68	46.9		68	45.2		68	43.4		68	39.9
	69	46.5		69	44.8		69	43.0		69	41.3		69	37.9
	70	44.3		70	42.6		70	40.9		70	39.2		70	35.9
	71	42.2		71	40.5		71	38.8		71	37.2		71	33.9
	72	40.2		72	38.5		72	36.8		72	35.2		72	32.1
	73	38.2		73	36.5		73	34.9		73	33.2		73	30.2
	74	36.3		74	34.6		74	33.0		74	31.4		74	28.4
	75	34.4		75	32.8		75	31.1		75	29.5		75	26.7
	76	32.5		76	30.9		76	29.3		76	27.7		76	25.0
	77	30.7		77	29.1		77	27.5		77	26.0		77	23.3
	78	28.9		78	27.4		78	25.8		78	24.3		78	21.7
	79	27.2		79	25.5		79	24.1		79	22.6		79	20.1
	80	25.5		80	24.0		80	22.5		80	21.0		80	18.6
	81	23.9		81	22.4		81	20.9		81	19.4		81	17.1
	82	22.3		82	20.8		82	19.3		82	17.8		82	15.6
	83	20.7		83	19.2		83	17.8		83	16.3		83	14.2
	84	19.2		84	17.7		84	16.3		84	14.8		84	12.7
	85	17.7		85	16.2		85	14.8		85	13.3		85	11.4
	86	16.2		86	14.7		86	13.3		86	11.9		86	10.0
	87	14.7		87	13.3		87	11.9		87	10.5		87	8.7
	88	13.2		88	11.9		88	10.5		88	9.1		88	7.4
	89	12.0		89	10.6		89	9.2		89	7.8		89	6.1
	90	10.5		90	9.2		90	7.8		90	6.4		90	4.8
	91	9.1		91	7.8		91	6.4		91	5.1		91	3.6
	92	7.8		92	6.4		92	5.1		92	3.8		92	2.4
	93	6.5		93	5.1		93	3.8		93	2.5		93	1.2
	94	5.2		94	3.9		94	2.5		94	1.2			
	95	3.9		95	2.6		95	1.3						
	96	2.6		96	1.7									
	97	1.3												

DEGRÉ à réduire	DEGRÉ à obtenir	QUANTITÉ d'eau à ajouter	DEGRÉ à réduire	DEGRÉ à obtenir	QUANTITÉ d'eau à ajouter	DEGRÉ à réduire	DEGRÉ à obtenir	QUANTITÉ d'eau à ajouter	DEGRÉ à réduire	DEGRÉ à obtenir	QUANTITÉ d'eau à ajouter	DEGRÉ à réduire	DEGRÉ à obtenir	QUANTITÉ d'eau à ajouter
de	à	lit. déc.	de	à	lit. déc.	de	à	lit. déc.	de	à	lit. déc.	de	à	lit. déc.
93°	38°	146.4	92°	38°	145.2	91°	38°	144.0	90°	38°	142.8	89°	38°	140.0
	39	140.3		39	139.1		39	137.9		39	136.7		39	133.9
	40	134.4		40	133.2		40	132.0		40	130.8		40	128.1
	41	128.8		41	127.6		41	126.4		41	125.2		41	122.6
	42	123.5		42	122.3		42	121.1		42	119.9		42	117.3
	43	118.4		43	117.2		43	116.0		43	114.8		43	112.3
	44	113.6		44	112.4		44	111.2		44	110.0		44	107.5
	45	108.9		45	107.7		45	106.5		45	105.3		45	102.9
	46	104.5		46	103.3		46	102.1		46	100.9		46	98.5
	47	100.2		47	99.0		47	97.8		47	96.6		47	94.3
	48	96.1		48	94.9		48	93.7		48	92.5		48	90.2
	49	92.2		49	91.0		49	89.8		49	88.6		49	86.2
	50	88.4		50	87.2		50	86.0		50	84.8		50	82.6
	51	84.8		51	83.6		51	82.4		51	81.2		51	79.0
	52	81.3		52	80.1		52	78.9		52	77.7		52	75.5
	53	77.9		53	76.7		53	75.5		53	74.3		53	72.2
	54	74.6		54	73.4		54	72.2		54	71.0		54	69.0
	55	71.5		55	70.3		55	69.1		55	67.9		55	65.9
	56	68.4		56	67.2		56	66.0		56	64.8		56	62.9
	57	65.5		57	64.3		57	63.1		57	61.9		57	60.0
	58	62.7		58	61.5		58	60.3		58	59.1		58	57.2
	59	59.9		59	58.7		59	57.5		59	56.3		59	54.4
	60	57.3		60	56.1		60	54.9		60	53.7		60	51.8
	61	54.7		61	53.5		61	52.3		61	51.1		61	49.3
	62	52.2		62	51.0		62	49.8		62	48.6		62	46.8
	63	49.8		63	48.6		63	47.4		63	46.2		63	44.4
	64	47.4		64	46.2		64	45.0		64	43.8		64	42.1
	65	45.1		65	43.9		65	42.7		65	41.5		65	39.3
	66	42.9		66	41.7		66	40.5		66	39.3		66	37.6
	67	40.8		67	39.6		67	38.4		67	37.2		67	35.5
	68	38.7		68	37.5		68	36.3		68	35.1		68	33.4
	69	36.7		69	35.5		69	34.3		69	33.1		69	31.4
	70	34.7		70	33.5		70	32.3		70	31.1		70	29.5
	71	32.7		71	31.5		71	30.3		71	29.1		71	27.5
	72	30.9		72	29.7		72	28.5		72	27.3		72	25.7
	73	29.0		73	27.8		73	26.6		73	25.4		73	23.9
	74	27.2		74	26.0		74	24.8		74	23.6		74	22.1
	75	25.5		75	24.3		75	23.1		75	21.9		75	20.4
	76	23.8		76	22.6		76	21.4		76	20.2		76	18.7
	77	22.1		77	20.9		77	19.7		77	18.5		77	17.1
	78	20.5		78	19.3		78	18.1		78	16.9		78	15.5
	79	18.9		79	17.7		79	16.5		79	15.3		79	13.9
	80	17.4		80	16.2		80	15.0		80	13.8		80	12.4
	81	15.9		81	14.7		81	13.5		81	12.3		81	10.9
	82	14.4		82	13.2		82	12.0		82	10.8		82	9.4
	83	13.0		83	11.8		83	10.6		83	9.4		83	8.0
	84	11.5		84	10.3		84	9.1		84	7.9		84	6.6
	85	10.2		85	9.0		85	7.8		85	6.6		85	5.2
	86	8.8		86	7.6		86	6.4		86	5.2		86	3.9
	87	7.5		87	6.3		87	5.1		87	3.9		87	2.6
	88	6.2		88	5.0		88	3.8		88	2.6		88	1.3
	89	4.9		89	3.7		89	2.5		89	1.3			
	90	3.6		90	2.4		90	1.3						
	91	2.4		91	1.2									
	92	1.2													

DEGRÉ à réduire	DEGRÉ à obtenir	QUANTITÉ d'eau à ajouter	DEGRÉ à réduire	DEGRÉ à obtenir	QUANTITÉ d'eau à ajouter	DEGRÉ à réduire	DEGRÉ à obtenir	QUANTITÉ d'eau à ajouter	DEGRÉ à réduire	DEGRÉ à obtenir	QUANTITÉ d'eau à ajouter	DEGRÉ à réduire	DEGRÉ à obtenir	QUANTITÉ d'eau à ajouter
de	à	lit. déc.	de	à	lit. déc.	de	à	lit. déc.	de	à	lit. déc.	de	à	lit. déc.
88°	38°	137.1	87°	38°	134.3	86°	38°	131.5	85°	38°	128.7	84°	38°	125.9
	39	131.1		39	128.4		39	125.6		39	122.9		39	120.1
	40	125.4		40	122.7		40	120.0		40	117.3		40	114.7
	41	120.0		41	117.3		41	114.7		41	112.1		41	109.5
	42	114.7		42	112.2		42	109.6		42	107.1		42	104.5
	43	109.8		43	107.3		43	104.8		43	102.3		43	99.8
	44	105.0		44	102.6		44	100.1		44	97.7		44	95.5
	45	100.5		45	98.1		45	95.7		45	93.3		45	90.9
	46	96.1		46	93.8		46	91.4		46	89.1		46	86.7
	47	92.0		47	89.7		47	87.4		47	85.1		47	82.8
	48	88.0		48	85.7		48	83.4		48	81.2		48	78.9
	49	84.1		49	81.9		49	79.7		49	77.5		49	75.3
	50	80.4		50	78.2		50	76.1		50	73.9		50	71.7
	51	76.9		51	74.7		51	72.6		51	70.5		51	68.3
	52	73.4		52	71.3		52	69.2		52	67.1		52	65.1
	53	70.1		53	68.1		53	66.0		53	64.0		53	61.9
	54	66.9		54	64.9		54	62.9		54	60.9		54	58.9
	55	63.9		55	61.9		55	57.9		55	57.9		55	55.9
	56	60.9		56	58.9		56	57.0		56	55.0		56	53.1
	57	58.0		57	56.1		57	51.2		57	52.3		57	50.4
	58	55.3		58	53.4		58	51.5		58	49.6		58	47.7
	59	52.6		59	50.7		59	48.8		59	47.0		59	45.1
	60	50.0		60	48.1		60	46.3		60	44.5		60	42.7
	61	47.4		61	45.6		61	43.8		61	42.1		61	40.3
	62	45.0		62	43.2		62	41.5		62	39.7		62	37.9
	63	42.6		63	40.9		63	39.1		63	37.4		63	35.7
	64	40.3		64	38.6		64	36.9		64	33.2		64	33.5
	65	38.1		65	36.4		65	34.7		65	33.0		65	31.3
	66	35.9		66	34.3		66	32.6		66	30.9		66	29.3
	67	33.8		67	32.2		67	30.5		67	28.9		67	27.3
	68	31.8		68	30.2		68	28.5		68	26.9		68	25.3
	69	29.8		69	28.2		69	26.6		69	25.0		69	23.4
	70	27.9		70	26.3		70	24.7		70	23.1		70	21.6
	71	26.0		71	24.4		71	22.9		71	21.3		71	19.8
	72	24.1		72	22.6		72	21.1		72	19.5		72	18.0
	73	22.3		73	20.8		73	19.3		73	17.8		73	16.3
	74	20.6		74	19.1		74	17.6		74	16.1		74	14.6
	75	18.9		75	17.4		75	15.9		75	14.5		75	13.0
	76	17.2		76	15.8		76	14.3		76	12.9		76	11.4
	77	15.6		77	14.2		77	12.7		77	11.3		77	9.9
	78	14.0		78	12.6		78	11.2		78	9.8		78	8.4
	79	12.5		79	11.1		79	9.7		79	8.3		79	6.9
	80	11.0		80	9.6		80	8.2		80	6.8		80	5.5
	81	9.5		81	8.1		81	6.8		81	5.4		81	4.0
	82	8.1		82	6.7		82	5.4		82	4.0		82	2.7
	83	6.6		83	5.3		83	4.0		83	2.6		83	1.3
	84	5.3		84	3.9		84	2.6		84	1.3			
	85	3.9		85	2.6		85	1.3						
	86	2.6		86	1.3									
	87	1.3												

DEGRÉ à réduire	DEGRÉ à obtenir	QUANTITÉ d'eau à ajouter	DEGRÉ à réduire	DEGRÉ à obtenir	QUANTITÉ d'eau à ajouter	DEGRÉ à réduire	DEGRÉ à obtenir	QUANTITÉ d'eau à ajouter	DEGRÉ à réduire	DEGRÉ à obtenir	QUANTITÉ d'eau à ajouter	DEGRÉ à réduire	DEGRÉ à obtenir	QUANTITÉ d'eau à ajouter
de	à	lit. déc.	de	à	lit. déc.	de	à	lit. déc.	de	à	lit. déc.	de	à	lit. déc.
83°	38°	123.1	82°	38°	120.3	81°	38°	117.5	80°	38°	114.7	79°	38°	111.9
	39	117.4		39	114.7		39	111.9		39	109.2		39	106.5
	40	112.0		40	109.3		40	106.7		40	104.0		40	101.4
	41	106.9		41	104.3		41	101.7		41	99.1		41	96.5
	42	102.0		42	99.4		42	96.9		42	94.3		42	91.8
	43	97.3		43	94.8		43	92.3		43	89.8		43	87.3
	44	92.8		44	90.4		44	87.9		44	85.5		44	83.1
	45	88.5		45	86.1		45	83.7		45	81.3		45	79.0
	46	84.4		46	82.1		46	79.7		46	77.4		46	75.1
	47	80.5		47	78.2		47	75.9		47	73.6		47	71.3
	48	76.7		48	74.5		48	72.2		48	70.0		48	67.8
	49	73.1		49	70.9		49	68.7		49	65.5		49	64.3
	50	69.6		50	67.4		50	65.3		50	63.1		50	61.0
	51	66.2		51	64.1		51	62.0		51	59.9		51	57.8
	52	63.0		52	60.9		52	58.8		52	56.8		52	54.7
	53	59.9		53	57.8		53	55.8		53	53.8		53	51.7
	54	56.9		54	54.9		54	52.9		54	50.9		54	48.9
	55	54.0		55	52.0		55	50.0		55	48.1		55	46.1
	56	51.2		56	49.2		56	47.3		56	45.4		56	43.4
	57	48.5		57	46.5		57	44.7		57	42.8		57	40.9
	58	45.8		58	44.0		58	42.1		58	40.2		58	38.4
	59	43.3		59	41.5		59	39.6		59	37.8		59	36.0
	60	40.9		60	39.0		60	37.2		60	35.4		60	33.6
	61	38.5		61	36.7		61	34.9		61	33.1		61	31.4
	62	36.2		62	34.4		62	32.7		62	30.9		62	29.2
	63	33.9		63	32.2		63	30.5		63	28.8		63	27.1
	64	31.8		64	30.1		64	28.4		64	26.7		64	25.0
	65	29.7		65	28.0		65	26.3		65	24.7		65	23.0
	66	27.6		66	26.0		66	24.3		66	22.7		66	21.1
	67	25.6		67	24.0		67	22.4		67	20.8		67	19.2
	68	23.7		68	22.1		68	20.5		68	18.9		68	17.3
	69	21.8		69	20.3		69	18.7		69	17.1		69	15.5
	70	20.0		70	18.4		70	16.9		70	15.3		70	13.8
	71	18.2		71	16.7		71	15.2		71	13.6		71	12.1
	72	16.5		72	15.0		72	13.5		72	12.0		72	10.5
	73	14.8		73	13.3		73	11.8		73	10.3		73	8.8
	74	13.1		74	11.7		74	10.2		74	8.7		74	7.3
	75	11.6		75	10.1		75	8.6		75	7.2		75	5.7
	76	10.0		76	8.5		76	7.1		76	5.7		76	4.3
	77	8.5		77	7.0		77	5.6		77	4.2		77	2.8
	78	7.0		78	5.6		78	4.2		78	2.8		78	1.4
	79	5.5		79	4.1		79	2.7		79	1.4			
	80	4.1		80	2.7		80	1.4						
	81	2.7		81	1.3									
	82	1.3												

DEGRÉ à réduire	DEGRÉ à obtenir	QUANTITÉ d'eau à ajouter	DEGRÉ à réduire	DEGRÉ à obtenir	QUANTITÉ d'eau à ajouter	DEGRÉ à réduire	DEGRÉ à obtenir	QUANTITÉ d'eau à ajouter	DEGRÉ à réduire	DEGRÉ à obtenir	QUANTITÉ d'eau à ajouter	DEGRÉ à réduire	DEGRÉ à obtenir	QUANTITÉ d'eau à ajouter
de	à	lit. déc.	de	à	lit. déc.	de	à	lit. déc.	de	à	lit. déc.	de	à	lit. déc.
78°	38°	109.1	77°	38°	106.3	76°	33°	103.5	75°	38°	100.8	74°	38°	98.0
	39	103.8		39	101.1		39	98.3		39	95.6		39	92.9
	40	98.7		40	96.1		40	93.4		40	90.8		40	88.1
	41	93.9		41	91.3		41	88.7		41	86.1		41	83.5
	42	89.3		42	86.7		42	84.2		42	81.7		42	79.2
	43	84.9		43	82.4		43	79.9		43	77.5		43	75.0
	44	80.7		44	78.2		44	75.8		44	73.4		44	71.0
	45	76.6		45	74.3		45	71.2		45	69.5		45	67.2
	46	72.8		46	70.5		46	68.1		46	65.8		46	63.5
	47	69.1		47	66.8		47	64.5		47	62.3		47	60.0
	48	65.5		48	63.3		48	61.1		48	58.9		48	56.7
	49	62.1		49	59.9		49	57.8		49	55.6		49	53.4
	50	58.8		50	56.7		50	54.6		50	52.4		50	50.3
	51	55.7		51	53.6		51	51.5		51	49.4		51	47.3
	52	52.7		52	50.6		52	48.5		52	46.5		52	44.4
	53	49.7		53	47.7		53	45.7		53	43.7		53	41.6
	54	46.9		54	44.9		54	42.9		54	40.9		54	39.0
	55	44.2		55	42.2		55	40.3		55	38.3		55	36.4
	56	41.5		56	39.6		56	37.7		56	35.8		56	33.9
	57	39.0		57	37.1		57	35.2		57	33.3		57	31.5
	58	36.5		58	34.7		58	32.8		58	31.0		58	29.1
	59	34.1		59	32.3		59	30.5		59	28.7		59	26.9
	60	31.8		60	30.0		60	28.3		60	26.5		60	24.7
	61	29.6		61	27.8		61	26.1		61	24.3		61	22.6
	62	27.4		62	25.7		62	24.0		62	22.2		62	20.0
	63	25.3		63	23.6		63	21.9		63	20.2		63	18.5
	64	23.3		64	21.6		64	19.9		64	18.3		64	16.6
	65	21.3		65	19.7		65	18.0		65	16.4		65	14.7
	66	19.4		66	17.8		66	16.2		66	14.5		66	12.9
	67	17.6		67	15.9		67	14.3		67	12.7		67	11.1
	68	15.7		68	14.2		68	12.6		68	11.0		68	9.4
	69	14.0		69	12.4		69	10.9		69	9.3		69	7.7
	70	12.3		70	10.7		70	9.2		70	7.6		70	6.1
	71	10.6		71	9.1		71	7.5		71	6.0		71	4.5
	72	9.0		72	7.5		72	6.0		72	4.5		72	3.0
	73	7.4		73	5.9		73	4.4		73	2.9		73	1.5
	74	5.8		74	4.4		74	2.9		74	1.4			
	75	4.3		75	2.9		75	1.4						
	76	2.8		76	1.4									
	77	1.4												

DEGRÉ à réduire	DEGRÉ à obtenir	QUANTITÉ d'eau à ajouter	DEGRÉ à réduire	DEGRÉ à obtenir	QUANTITÉ d'eau à ajouter	DEGRÉ à réduire	DEGRÉ à obtenir	QUANTITÉ d'eau à ajouter	DEGRÉ à réduire	DEGRÉ à obtenir	QUANTITÉ d'eau à ajouter	DEGRÉ à réduire	DEGRÉ à obtenir	QUANTITÉ d'eau à ajouter
de	à	lit. déc.	de	à	lit. déc.	de	à	lit. déc.	de	à	lit. déc.	de	à	lit. déc.
73°	38°	95.2	72°	38°	92.4	71°	38°	89.7	70°	38°	86.9	69°	38°	84.1
	39	90.2		39	87.5		39	84.8		39	82.1		39	79.4
	40	85.5		40	82.8		40	80.2		40	77.6		40	75.0
	41	81.0		41	78.4		41	75.8		41	73.2		41	70.7
	42	76.7		42	74.1		42	71.6		42	69.1		42	66.6
	43	72.5		43	70.1		43	67.6		43	65.2		43	62.7
	44	68.6		44	66.2		44	63.8		44	61.4		44	59.0
	45	64.8		45	62.5		45	60.1		45	57.8		45	55.4
	46	61.2		46	58.9		46	56.6		46	54.3		46	52.0
	47	57.8		47	55.5		47	53.2		47	51.0		47	48.7
	48	54.4		48	52.2		48	50.0		48	47.8		48	45.6
	49	51.2		49	49.1		49	46.9		49	44.7		49	42.6
	50	48.2		50	46.0		50	43.9		50	41.8		50	39.7
	51	45.2		51	43.1		51	41.1		51	39.0		51	36.9
	52	42.4		52	40.3		52	38.3		52	36.2		52	34.2
	53	39.6		53	37.6		53	35.6		53	33.6		53	31.6
	54	37.0		54	35.0		54	33.1		54	31.1		54	29.1
	55	34.4		55	32.5		55	30.6		55	28.6		55	26.7
	56	32.0		56	30.1		56	28.2		56	26.3		56	24.4
	57	29.6		57	27.7		57	25.9		57	24.0		57	22.1
	58	27.3		58	25.5		58	23.6		58	21.8		58	20.0
	59	25.1		59	23.2		59	21.4		59	19.6		59	17.8
	60	22.9		60	21.1		60	19.3		60	17.6		60	15.8
	61	20.8		61	19.1		61	17.3		61	15.6		61	13.8
	62	18.8		62	17.1		62	15.3		62	13.6		62	11.9
	63	16.8		63	15.1		63	13.4		63	11.7		63	10.1
	64	14.9		64	13.2		64	11.6		64	9.7		64	8.2
	65	13.1		65	11.4		65	9.8		65	8.1		65	6.5
	66	11.3		66	9.7		66	8.0		66	6.4		66	4.8
	67	9.5		67	7.9		67	6.3		67	4.7		67	3.2
	68	7.8		68	6.3		68	4.7		68	3.1		68	1.6
	69	6.2		69	4.6		69	3.1		69	1.5			
	70	4.6		70	3.0		70	1.5						
	71	3.0		71	1.5									
	72	1.5												

DEGRÉ à réduire	DEGRÉ à obtenir	QUANTITÉ d'eau à ajouter	DEGRÉ à réduire	DEGRÉ à obtenir	QUANTITÉ d'eau à ajouter	DEGRÉ à réduire	DEGRÉ à obtenir	QUANTITÉ d'eau à ajouter	DEGRÉ à réduire	DEGRÉ à obtenir	QUANTITÉ d'eau à ajouter	DEGRÉ à réduire	DEGRÉ à obtenir	QUANTITÉ d'eau à ajouter
de	à	lit. déc.	de	à	lit. déc.	de	à	lit. déc.	de	à	lit. déc.	de	à	lit. déc.
68°	38°	81.4	67°	38°	78.6	66°	38°	75.9	65°	38°	73.1	64°	38°	70.4
	39	76.7		39	74.1		39	71.9		39	68.7		39	66.0
	40	72.3		40	69.7		40	67.1		40	64.5		40	61.9
	41	68.1		41	65.6		41	63.0		41	60.5		41	57.9
	42	64.1		42	61.6		42	59.1		42	56.6		42	54.1
	43	60.3		43	57.8		43	55.4		43	52.9		43	50.5
	44	56.6		44	54.2		44	51.8		44	49.4		44	47.1
	45	53.1		45	50.8		45	48.4		45	46.1		45	43.8
	46	49.7		46	47.4		46	46.1		46	42.9		46	40.6
	47	46.5		47	44.3		47	42.0		47	39.8		47	37.6
	48	43.4		48	41.2		48	39.0		48	36.8		48	34.6
	49	40.4		49	38.3		49	36.1		49	34.0		49	31.8
	50	37.6		50	35.5		50	33.4		50	31.3		50	29.2
	51	34.8		51	32.8		51	30.7		51	28.6		51	26.6
	52	32.2		52	30.1		52	28.1		52	26.1		52	24.1
	53	29.6		53	27.6		53	25.6		53	23.7		53	21.7
	54	27.2		54	25.2		54	23.2		54	21.3		54	19.4
	55	24.8		55	22.9		55	20.9		55	19.0		55	17.1
	56	22.5		56	20.6		56	18.7		56	16.8		56	15.0
	57	20.3		57	18.4		57	16.6		57	14.7		57	12.8
	58	18.1		58	16.3		58	14.5		58	12.7		58	10.9
	59	16.0		59	14.3		59	12.5		59	10.7		29	8.9
	60	14.0		60	12.3		60	10.5		60	8.8		60	7.0
	61	12.1		61	10.4		61	8.6		61	6.9		61	5.2
	62	10.2		62	8.5		62	6.8		62	5.1		62	·3.4
	63	9.4		63	6.7		63	5.0		63	3.3		63	1.7
	64	6.6		64	4.9		64	3.3		64	1.6			
	65	4.9		65	3.2		65	1.6						
	66	3.2		66	1.6									
	67	1.6												

DEGRÉ à réduire	DEGRÉ à obtenir	QUANTITÉ d'eau à ajouter	DEGRÉ à réduire	DEGRÉ à obtenir	QUANTITÉ d'eau à ajouter	DEGRÉ à réduire	DEGRÉ à obtenir	QUANTITÉ d'eau à ajouter	DEGRÉ à réduire	DEGRÉ à obtenir	QUANTITÉ d'eau à ajouter	DEGRÉ à réduire	DEGRÉ à obtenir	QUANTITÉ d'eau à ajouter
63°	38°	67.6	62°	38°	64.9	61°	38°	62.2	60°	38°	69.4	59°	38°	56.7
	39	63.3		39	60.7		39	58.0		39	55.3		39	52.7
	40	59.3		40	57.6		40	54.0		40	51.5		40	48.8
	41	55.4		41	52.8		41	50.3		41	47.7		41	45.2
	42	51.6		42	49.1		42	46.7		42	44.2		42	41.7
	43	48.1		43	45.6		43	43.2		43	40.8		43	38.4
	44	44.7		44	42.3		44	39.9		44	37.5		44	35.2
	45	41.4		45	39.1		45	36.8		45	34.5		45	32.1
	46	38.3		46	36.0		46	33.8		46	31.5		46	29.2
	47	35.3		47	33.1		47	30.9		47	28.6		47	26.4
	48	32.5		48	30.3		48	28.1		48	25.9		48	23.7
	49	29.7		49	27.6		49	25.4		49	23.3		49	21.2
	50	27.1		50	25.0		50	22.9		50	20.8		50	18.7
	51	24.5		51	22.5		51	20.4		51	18.3		51	16.3
	52	22.1		52	20.0		52	18.0		52	16.0		52	14.0
	53	19.7		53	17.7		53	15.7		53	13.7		53	11.8
	54	17.4		54	15.5		54	13.5		54	11.6		54	9.6
	55	15.2		55	13.3		55	11·4		55	9.5		55	7.6
	56	13.1		56	11.2		56	9.3		56	7.4		56	5.6
	57	11.0		57	9.2		57	7.3		57	5.5		57	3.7
	58	9.0		58	7.2		58	5.4		58	3.6		58	1.8
	59	7.1		59	5.3		59	3.5		59	1.8			
	60	5.2		60	3.6		60	1.7						
	61	3.4		61	1.7									
	62	1.7												

Degré à réduire	Degré à obtenir	Quantité d'eau à ajouter	Degré à réduire	Degré à obtenir	Quantité d'eau à ajouter	Degré à réduire	Degré à obtenir	Quantité d'eau à ajouter	Degré à réduire	Degré à obtenir	Quantité d'eau à ajouter	Degré à réduire	Degré à obtenir	Quantité d'eau à ajouter
de	à	lit. déc.	de	à	lit. déc.	de	à	lit. déc.	de	à	lit. déc.	de	à	lit. déc.
58°	38°	54.0	57°	38°	51.2	56°	38°	48.5	55°	38°	45.8	54°	38°	43.1
	39	50.0		39	47.3		39	44.7		39	42.0		39	39.4
	40	46.2		40	43.6		40	41.1		40	38.5		40	35.9
	41	42.6		41	40.1		41	37.6		41	35.0		41	32.5
	42	39.2		42	36.7		42	34.3		42	31.8		42	29.3
	43	35.9		43	33.5		43	31.1		43	28.7		43	26.3
	44	32.8		44	30.5		44	28.1		44	25.7		44	23.4
	45	29.8		45	27.5		45	25.2		45	22.9		45	20.6
	46	26.9		46	24.7		46	22.7		46	20.2		46	17.9
	47	24.2		47	22.0		47	19.8		47	17.6		47	15.3
	48	21.6		48	19.4		48	17.2		48	15.1		48	12.9
	49	19.0		49	16.9		49	14.8		49	12.7		49	10.5
	50	16.6		50	14.5		50	12.4		50	10.3		50	8.3
	51	14.2		51	12.2		51	10.2		51	8.1		51	6.1
	52	12.0		52	10.0		52	8.0		52	6.0		52	4.0
	53	9.9		53	7.8		53	5.9		53	3.9		53	1.9
	54	7.7		54	5.8		54	3.8		54	1.9			
	55	5.7		55	3.8		55	1.9						
	56	3.7		56	1.9									
	57	1.8												

Degré à réduire	Degré à obtenir	Quantité d'eau à ajouter	Degré à réduire	Degré à obtenir	Quantité d'eau à ajouter	Degré à réduire	Degré à obtenir	Quantité d'eau à ajouter	Degré à réduire	Degré à obtenir	Quantité d'eau à ajouter	Degré à réduire	Degré à obtenir	Quantité d'eau à ajouter
de	à	lit. déc.	de	à	lit. déc.	de	à	lit. déc.	de	à	lit. déc.	de	à	lit. déc.
53°	38°	40.3	52°	38°	37.6	51°	38°	34.9	50°	38°	32.2	49°	38°	29.5
	39	36.7		39	34.1		39	31.4		39	28.8		39	26.2
	40	33.3		40	30.7		40	28.1		40	25.6		40	23.0
	41	30.0		41	27.5		41	25.0		41	22.5		41	20.0
	42	26.9		42	24.4		42	22.0		42	19.5		42	17.1
	43	23.9		43	21.5		43	19.1		43	16.7		43	14.3
	44	21.0		44	18.7		44	16.3		44	14.0		44	11.6
	45	18.3		45	16.0		45	13.7		45	11.4		45	9.1
	46	15.7		46	13.4		46	11.2		46	8.9		46	6.7
	47	13.2		47	11.0		47	8.7		47	6.6		47	4.4
	48	10.7		48	8.6		48	6.4		48	4.3		48	2.1
	49	8.4		49	6.3		49	4.2		49	2.1			
	50	6.2		50	4.1		50	2.1						
	51	4.1		51	2.0									
	52	2.0												

Degré à réduire	Degré à obtenir	Quantité d'eau à ajouter	Degré à réduire	Degré à obtenir	Quantité d'eau à ajouter	Degré à réduire	Degré à obtenir	Quantité d'eau à ajouter	Degré à réduire	Degré à obtenir	Quantité d'eau à ajouter	Degré à réduire	Degré à obtenir	Quantité d'eau à ajouter
de	à	lit. déc.	de	à	lit. déc.	de	à	lit. déc.	de	à	lit. déc.	de	à	lit. déc.
48°	38°	26.8	47°	38°	24.1	46°	38°	21.4	45°	38°	18.7	44°	38°	16.0
	39	23.5		39	20.9		39	18.3		39	15.7		39	13.0
	40	20.4		40	17.9		40	15.3		40	12.7		40	10.2
	41	17.4		41	14.9		41	12.4		41	9.9		41	7.5
	42	14.6		42	12.2		42	9.7		42	7.3		42	4.9
	43	11.9		43	9.5		43	7.0		43	4.7		43	2.4
	44	9.3		44	7.0		44	4.6		44	2.3			
	45	6.8		45	4.6		45	2.3						
	46	4.5		46	2.2									
	47	2.2												

Degré à réduire	Degré à obtenir	Quantité d'eau à ajouter	Degré à réduire	Degré à obtenir	Quantité d'eau à ajouter	Degré à réduire	Degré à obtenir	Quantité d'eau à ajouter	Degré à réduire	Degré à obtenir	Quantité d'eau à ajouter	Degré à réduire	Degré à obtenir	Quantité d'eau à ajouter
de	à	lit. déc.	de	à	lit. déc.	de	à	lit. déc.	de	à	lit. déc.	de	à	lit. déc.
43°	38°	13.4	42°	38°	10.7	41°	38°	8.0	40°	38°	5.3	39°	38°	2.7
	39	10.4		39	7.8		39	5.2		39	2.6			
	40	7.6		40	5.1		40	2.5						
	41	5.0		41	2.5									
	42	2.4												

USAGE DE LA TABLE DE MOUILLAGE

Cette table est divisée en trois colonnes distinctes : la première indique le degré alcoolique à réduire ; la deuxième le degré auquel on veut amener le liquide de la première colonne ; la troisième le nombre de litres d'eau qu'il faut ajouter à un hectolitre d'alcool indiqué dans la première colonne. De cette façon, on obtiendra le degré que l'on désire, et indiqué dans la deuxième colonne.

Exemple. — On veut réduire 100 litres d'alcool de 90° à 56° degrés centésimaux ; en cherchant dans la première colonne, on trouve 90° et en descendant jusqu'à ce qu'on rencontre le nombre 56 dans la deuxième colonne, et à côté en regard sur la même ligne on trouve 64,8 ; il faut donc, pour faire une eau-de-vie à 56° avec de l'alcool à 90°, 100 litres de 90° et 64 litres 8 d'eau. On recommande de faire ces mélanges à une température égale pour chaque liquide, mais malgré cela il y aura contraction ; cet effet est d'environ 4 0/0 à ce degré, mais dans la pratique on n'en tient guère compte.

On peut également opérer sur des qualités différentes.

Exemple, — On veut réduire 550 litres d'alcool de 92° à 50° ; on cherche la quantité d'eau nécessaire pour convertir 100 litres de 92 à 50°, et on trouve 87,2.

On multiplie 550 litres par 87,2 et on obtient 47,960 qui, divisé par 100 donne 479 litres 60 d'eau.

$$\frac{550 \times 87.2}{100} = 479.60$$

EXTRACTION DU TARTRE

SOMMAIRE :

De l'utilisation des déchets. — Extraction des sels de tartre, des lies, des vinasses de distillerie, etc. — De l'acide tartrique et des procédés pour l'extraire des déchets vineux.

EXTRACTION DES SELS DE TARTRE

Les dépôts des vins nouveaux forment des produits qui, en résumé, donnent un certain revenu chaque année dans une exploitation bien conduite. Les déchets de toute nature provenant des vins et de leurs dérivés, doivent être recueillis avec soin pour en faire une matière première, livrable à l'industrie. Ces déchets, dans leur état brut, n'ont rien qui révèle en apparence leur véritable valeur ; aussi est-il plus avantageux de les transformer en sel que de les vendre dans leur état bourbeux.

LIES

Les lies sont réunies dans des futailles défoncées pour en séparer la partie solide du liquide, soit par soutirage, soit par filtration ; il est encore préférable de les déposer dans un filtre-presse, parce que la partie liquide s'écoule pendant que la matière solide reste sur le filtre ; ces produits sont recueillis ensuite et mis à sécher au soleil.

Les lies, en partie, sont déposées dans un chaudron évaporateur en cuivre, avec de l'eau en quantité suffisante et portées à l'ébullition ; lorsqu'elles sont amenées à ce point, on verse dans la masse 2 kilos d'acide chlorydrique pour 100 kilos de lies sèches pressées. On maintient encore cette ébullition encore pendant dix minutes, après quoi on filtre rapidement dans un filtre grossier. Pendant que cette lie est encore chaude, le liquide qui en découle est porté ensuite dans une bassine à concentrer, et de là dans un réservoir en bois pour cristalliser ; cette méthode expéditive, peu onéreuse, permet d'obtenir 80 0/0 des produits utiles contenus dans ces lies.

ACIDE TARTRIQUE

« Lorsqu'il s'agit de s'emparer de tout l'acide tartrique, dit M. Robinet, qui existe dans la masse, on opère une réaction qui doit donner un sel insoluble, du tartrate neutre de chaux, on additionne le liquide, encore chaud, de craie en poudre (carbonate de chaux naturel). Cette addition doit se faire par petites fractions, et en agitant énergiquement, il se produit une violente effervescence, et on ajoute d'autre craie lorsqu'elle est calmée.

» On additionne ainsi successivement du réactif, jusqu'à ce que le liquide soit neutralisé : on agite une dernière fois fortement et on laisse reposer.

» Il se forme, au fond de la cuve, un dépôt abondant et lourd de tartrate de chaux et d'un peu de carbonate qui a échappé à la réaction. On laisse la masse en repos pendant 24 heures, puis on décante le liquide, qui contient des éléments divers, mais surtout du chlorure de potassium, qui peut être utilisé dans les grandes usines.

» Quand la masse est devenue compacte après le soutirage, on la coupe en tranches et on la fait sécher. C'est de cette masse qu'on extrait l'acide tartrique.

» Pour extraire l'acide tartrique de cette masse terreuse, elle est pesée avec soin, puis délayée avec de l'eau dans des cuves en bois ; quand elle est suffisamment fluide, on l'additionne d'acide sulfurique ; il se fait une nouvelle composition : le tartrate de chaux est transformé en sulfate de chaux et l'acide tartrique devient libre. Quand la réaction est terminée, on laisse reposer le tout et, 24 heures après, on décante le liquide clair qu'on met à concentrer dans des chaudières en cuivre ; on pousse la concentration jusqu'à ce qu'il devienne sirupeux : on verse dans les cristallisoirs en bois et on laisse reposer ; au bout de quelques jours, on a de beaux cristaux d'acide tartrique qu'on sépare des eaux-mères par décantation et qu'on met à sécher.

» Les eaux-mères servent à mouiller de nouvelles masses de tartres de chaux : comme cela, on évite les pertes, et si on a trop employé d'acide sulfurique, comme il se trouve dans ces eaux, il est employé à décomposer le nouveau tartrate de chaux.

» La quantité d'acide sulfurique à employer pour décomposer le tartrate de chaux se règle de la manière suivante :

$$(C a O)^2 , C^8 H^4 O^{10}, 8 H O$$

Soit $(C a O)^2$ chaux	21 53
$C^8 H^4 O^{10}$ acide tartrique	50 76
8 A O eau	27 60
	100 »

Il s'agit de déplacer 21,53 % du poids de tartre qui est de la chaux, pour avoir 56,76 d'acide tartrique.

La formule du sulfate de chaux est :

$S O^3 , C a O$	58 4
Soit $C a O$ chaux.	41 6
	100 »

» Connaissant ces deux éléments, il faut multiplier le poids du tartrate de chaux par 21.53 et diviser par 100 pour avoir le poids de la chaux ; et pour l'acide sulfurique à employer, multiplier le poids de de chaux par 58,4 et diviser par 41,6 ; le résultat donnera le poids d'acide cherché. Exemple :

Pour 250 kilos de tartrate de chaux à décomposer, on opère ainsi :

$$\frac{250 \times 21.53}{100} = 53 \text{ kilog. 820 gr. de chaux.}$$

$$\frac{53 \text{ k. } 820 \text{ g. } \times 58.4}{41.60} = 75 \text{ k. } 520 \text{ g.} \quad —$$

» 250 kilos de tartrate sec exigent donc 75 k. 520 d'acide sulfurique pour libérer l'acide tartrique qu'ils contiennent, mais cette proportion n'est que théorique et, dans la pratique usuelle, il vaut mieux élever cette dose. On emploie la formule que voici : on multiplie le poids du tartre brut par 32 et on divise par 100. On aurait, dans le cas cité plus haut, 80 kilos d'acide. »

Toutes les lies soit nouvelles, soit anciennes, comme les débris de détartrage, subiront la même opération.

DÉCHETS DES ALAMBICS

Après la distillation des marcs ou des vins, il reste dans le fond de l'alambic des vinasses qui contiennent tous les principes tartreux que la matière première contenait.

Ces vinasses seront filtrées rapidement pendant qu'elles seront chaudes, ensuite on les concentrera pour les faire cristalliser au bac cristallisoir.

Si ce sont des marcs que l'on distille, après cette opération, on les laisse macérer dans de l'eau bouillante pendant 15 à 20 minutes, temps minimum nécessaire à la dissolution de la crême de tartre. Cette eau soutirée est passée au filtre et abandonnée au refroidissement dans des bacs où se trouvent des ficelles tendues verticalement, ou des tiges de bois de chêne, de façon à présenter une grande surface cristallisante. Le tartre, peu soluble dans l'eau froide, est mis en liberté au fur et à mesure du refroidissement et vient se déposer dans les ficelles, les tiges de bois et les parois du bac.

Les eaux mères contiennent encore des principes tartreux qu'il ne faut pas perdre ; on les conserve, pour les utiliser dans le cas d'une nouvelle distillation en place d'eau.

Lorsque toutes les ficelles, etc., sont fortement couvertes de ces cristaux, on les retire et on les fait sécher.

Ainsi obtenu, ce tartre est coloré et se vend généralement tel quel aux teinturiers et aux fabricants d'acide tartrique.

RENDEMENT

Certains marcs contiennent peu de tartre ; d'autres, au contraire, en produisent jusqu'à 3 kilos par 100 kilos de matières premières ; la moyenne est de 1,500 grammes de crème de tartre brute.

L'hectolitre de vin fermenté laisse derrière lui des lies, des marcs et des déchets divers qui donnent environ 1 kilo de tartre, dont la valeur représente 1 franc au moins.

LE VINAIGRE

SOMMAIRE:

Fabrication du vinaigre. — Vinaigre d'alcool et de piquettes. — Des divers modes de fabrication. — Le vinaigre. — Conseils et recettes.

FABRICATION DU VINAIGRE

Tirer parti d'un produit dont on ne sait souvent trop comment s'en débarrasser avec profit, c'est une mesure d'ordre économique principale dans toute exploitation viticole.

Les déchets liquides, provenant des soutirages et de la classification, constituent à la fin de l'année un produit qui peut s'élever à 6 0/0 du vin fait. Ils sont réunis ensemble pour en faire un seul vin que l'on colle très fortement et que l'on filtre et, préparé ainsi, ce vin (si nous pouvons parler ainsi) présente d'excellentes qualités pour en faire un bon vinaigre, soit rouge, soit blanc, suivant le désir de l'opérateur.

Si le vin est rouge et que l'on veuille en faire du vinaigre blanc, on ne se contente pas d'un simple collage, il faut le décolorer énergiquement par la sulfuration, c'est-à-dire par l'addition du noir animal, le collage et la filtration.

Première opération. — Pour lui enlever une grande partie de sa couleur, il est nécessaire de procéder préalablement à la sulfuration. Cette opération consiste à verser dans un fût de 250 litres le tiers de vin, puis de brûler dans le vide une mèche soufrée de 10 grammes et bonder immédiatement; puis on roule la pièce en l'agitant. Une heure après on en verse encore un tiers et on brûle une mèche soufrée de 5 grammes seulement et on recommence la même opération. Dix heures après, on verse un quart de vin et on brûle encore une petite mèche, et après quelques heures, on finit de remplir.

Deuxième opération. — La deuxième opération se résume à un collage très énergique.— On délaye bien 20 grammes de noir animal dans 100 grammes de vin que l'on incorpore à la masse en l'agitant pendant quelques minutes avec un bâton.

Troisième opération. — Elle consiste à coller énergiquement le vin dont il s'agit, en dissolvant 25 grammes de gélatine dans 200 grammes d'eau chaude par hectolitre. On verse cette solution dans le vin et on le fouette pendant cinq minutes avec un bâton.

Quatrième opération. — Le vin qui a subi les trois opérations précédentes est à peu près décoloré, il ne s'agit plus que de le dépouiller de ses impuretés. C'est par la filtration cette fois que l'on obtient ce résultat. Il est nécessaire de filtrer à clair pour que le vin sorte blanc de l'appareil à filtrer.

ACÉTIFICATION

Le procédé orléanais est certainement celui qui offre les garanties les plus sérieuses pour atteindre le but que réclame l'hygiène.

Le vinaigre fabriqué par ce procédé est beaucoup plus lent que le procédé rapide allemand, mais il est plus à la portée du viticulteur.

On procède de la manière suivante :

Dans un local que l'on peut fermer et produire de la chaleur en hiver, on installe des tonneaux de 700 litres, en rangée, placés sur trois rangs et couchés les uns sur les autres ; ces tonneaux sont percés, dans le fond, d'un trou de 50 à 60 millimètres de diamètre pour laisser passer l'air à l'intérieur du tonneau.

Ces tonneaux seront choisis de préférence parmi les meilleurs de ceux qui auront déjà servi à cet usage, ou même à contenir du vin blanc.

On arrose chaque tonneau avec 100 litres de fort et bon vinaigre bouillant ou (ce qui est encore préférable) avec du très fort vinaigre ; après huit à dix jours de contact, on ajoute au vinaigre déjà contenu, dix litres de vin clarifié, et on renouvelle cette opération tous les jours jusqu'à ce que les tonneaux soient à demi-pleins.

On laisse ce mélange séjourner ainsi pendant une quinzaine de jours ; il s'acétifie sous l'action d'une température de 27 à 29 degrés. Ce temps écoulé, tout le vin s'est transformé en vinaigre ; on soutire alors la moitié du produit que l'on remplace par du vin, et on continue de la sorte successivement l'acétification, en ajoutant au tonneau, de temps en temps, régulièrement, un volume égal à celui du volume de vinaigre retiré.

Le vinaigre obtenu est toujours un peu louche, il manque de translucidité ; aussi faut-il le coller le plus tôt possible, avant de le livrer au commerce.

Pour contrôler la marche de l'acétification, on plonge dans le tonneau un bâton légèrement recourbé à l'extrémité. Si, en le retirant du liquide, il est chargé d'une écume blanchâtre, c'est que le travail va bien ; mais si cette écume est rouge, c'est un indice que l'acétification est arrêtée ou qu'elle se ralentit ; il suffit dans ce dernier cas d'ajouter au liquide une certaine quantité de vinaigre fort et d'élever un peu la température.

Dans une fabrication régulière et constante, il se forme une mère de vinaigre, sorte de matière gluante assez resistante qui se maintient dans le fond du tonneau. Cette mère entretient la génération des *micodermes aceti*.

L'ABRASTOL

SOMMAIRE :

Composition de l'abrastol. — Ses propriétés antiseptiques. — De son influence conservatrice des vins et boissons fermentées.

L'ABRASTOL

L'abrastol, ainsi que nous l'avons dit en parlant des pocédés de mutage des vins, des liqueurs (pages 597 et 598), est un produit qui dérive d'une combinaison de l'acide sulfurique avec le naphtol (sulfoné de naphtol).

Ce produit a été créé par M. Yvar Bang, en vue de pouvoir conserver les substances alimentaires et, en particulier, toutes les boissons fermentées.

Cet agent antiseptique a été, en outre, étudié dans les services de M. Dujardin-Baumetz, à l'hôpital Cochin par MM. les docteurs Stackler et Dubief. Au point de vue médical, il possède une action marquée sur la culture du bacille cholérique, de la fièvre typhoïde, de l'herpès tonsurant. Il a pu être utilisé avec avantage dans certains cas de fièvre typhoïde, dans l'arthritisme et le rhumatisme aigu ; à l'intérieur, il agit comme antithermique. L'ingestion de l'abrastol peut avoir lieu aux doses de 4, 5 et même 10 grammes par 24 heures, sans amener d'accident. Telles sont les propriétés médicales de cet agent étudié par les savants.

Il joint donc à l'avantage d'un pouvoir antiseptique marqué, celui d'être à peu près inoffensif, même à des doses élevées.

L'abrastol (ou sulfo-naphtol) se présente sous une forme de poudre blanche légèrement rosée, inodore, à saveur acide et brûlante légèrement sapique puis sucrée, soluble dans l'eau et dans l'alcool, insoluble dans l'éther.

La formule chimique du composé est :

$$(C^{10} H^7 OSO^3) (2 Ca + 2 H^2 O)$$

En dehors des études thérapeutiques faites par les savants docteurs que nous venons de signaler, M. Yvar Bang a constaté également l'innocuité à peu près complète de cet agent sur l'économie animale, car le dosage employé, pour le vin par exemple, correspond à 5 et 10 grammes au maximum par hectolitre, dose qui, comme l'ont expérimenté MM. Dujardin-Baumetz et Stackler, sont tolérées sans accident par l'organisme humain dans une période de 24 heures.

Il a été reconnu, par expérience, que toutefois ces faibles proportions qui correspondent à $\frac{5}{100\,000}$ ou, au maximum $\frac{1}{10\,000}$ suffisaient, en autres effets, pour paralyser le développement du *bacillus aceti*.

Il est parfaitement reconnu aujourd'hui que le développement des *bacillus aceti* est enrayé, dès son début, avec 10 fois moins d'antiseptique qu'au moment de la complète formation de son corps.

M. Grandeau rapporte différentes expériences très significatives, faites en France et en Algérie, sur des vins additionnés de 10 gram. d'abrastol par hectolitre. Deux petits fûts de vin blanc, à 11° 1/2 d'alcool, l'un abrastolé, l'autre sans addition, conservé à titre de témoin, ont été exposés dans un grenier, du 20 mai au 10 septembre. La température a atteint dans ce local jusqu'à 45° centigrades. Or, le vin abrastolé s'est conservé intact, tandis que le témoin s'est converti en vinaigre. D'autres expériences semblables ont été répétées dans plusieurs villes de France et d'Algérie. Les résultats ont été identiques.

Ces divers essais démontrent l'efficacité de ce nouveau produit pour préserver le vin des altérations si fréquentes, dues à l'acescence.

A côté de ces essais si favorables, M. Rouffart, professeur d'œnologie à l'Ecole nationale d'Agriculture de Montpellier, dit qu'en opérant sur des *vins naturels*, il a toujours obtenu le développement normal du *Mycoderma vini* et du *Mycoderma aceti*, quoiqu'il ait doublé la dose présentée par les auteurs du produit.

La question avant tout, est de savoir si, dans l'état de conservateur, étranger aux éléments constitutifs des vins, son emploi peut être considéré comme licite. La loi du 11 juillet 1891, tendant à réprimer la fraude dans la vente des vins, s'exprime ainsi dans son article 2 :

« Constitue la falsification de denrées alimentaires, prévue et répri-
« mée par la loi du 27 mars 1850, toute addition au vin, au vin de sucre
« ou de marc, au vin de raisins secs ; 1° de matières colorantes quel-
« conques ; 2° de produits, tels que les acides sulfurique, nitrique,
« chlorydrique, salicilique, borique *ou autres analogues.* »

Ces explications démontrent suffisamment que l'abrastol doit être compris dans les produits analogues.

Jusqu'à nouvel ordre, nous pensons qu'il faut s'abstenir d'en faire usage dans les vins courants, cependant nous avons signalé une expérimentation à faire sur les vins de liqueur, par l'emploi de cet agent, pour les muter.

En attendant le résultat de nouvelles expériences, le laboratoire municipal de Paris considère comme falsifié un vin qui sera additionné d'abrastol et, par conséquent, l'auteur ou le vendeur peuvent être poursuivis.

TABLES

TABLE DES MATIÈRES

QUATRIÈME PARTIE

CINQUIÈME PARTIE

BIBLIOTHÈQUE NATIONALE / R F / IMPRIMÉS.

ERRATA

Page 48, ligne 16, *au lieu de* défrichement, *lisez* défoncement.

321, ligne 17, *au lieu de* 2 fr. 70, *lisez* 3 fr.

323, ligne 5, *au lieu de* une journée, *lisez* une journée et demie.

393, ligne 3 après le tableau, *au lieu de* 3,000 litres, *lisez* 3,000 hectolitres, *et conséquemment* 6,000 hectolitres *au lieu de* 6,000 litres.

417, ligne 8, *au lieu de* 1860, *lisez* 1880.

423, ligne 14, *au lieu de* ou, *lisez* de.

430, ligne 42, *au lieu de* 39º *lisez* 30º

432, ligne 21, *au lieu de* Bakroun, *lisez* Bakhora.

— ligne 33, *au lieu de* adduction, *lisez* addition.

335, ligne 9, *au lieu de* de sans, *lisez* avec.

ALGER — IMPRIMERIE ADMINISTRATIVE ET COMMERCIALE HEINTZ
37, Rue d'Isly et Place Bugeaud
SUCCURSALE : 1, RUE DU SOUDAN (PRÈS LA PLACE DU GOUVERNEMENT)

www.ingramcontent.com/pod-product-compliance
Ingram Content Group UK Ltd.
Pitfield, Milton Keynes, MK11 3LW, UK
UKHW021913070726
13614UKWH00001B/7